国家社会科学基金会重大招标项目
中国西南地区濒危文字文献丛书
水族水书文献译注丛书

项目主持人：赵丽明　孙宏开

《六十甲子·时辰》解读

韦仕钊　吴贵飙　赖静如　韦见　著

主　编：吴贵飙
副主编：韦仕钊　赖静如　韦见

贵州出版集团
贵州人民出版社

图书在版编目（C I P）数据

《六十甲子•时辰》解读 : 汉、水 / 韦仕钊等著
. -- 贵阳 : 贵州人民出版社, 2024.11
ISBN 978-7-221-18126-8

Ⅰ. ①六… Ⅱ. ①韦… Ⅲ. ①水族－古历法－研究－中国－汉、水 Ⅳ. ①P194.3

中国国家版本馆CIP数据核字(2023)第256312号

《六十甲子·时辰》解读 LIUSHI JIAZI SHICHEN JIEDU

韦仕钊　吴贵飙　赖静如　韦见　著

出 版 人	朱文讯
策划编辑	张云端
责任编辑	潘　媛　康征宇
装帧设计	狮扬文化
责任印制	黄虹梅
出　　版	贵州人民出版社
地　　址	贵州省贵阳市观山湖区中天会展城会展东路 SOHO 办公区 A 座
印　　刷	浙江海虹彩色印务有限公司
印　　张	44.75
开　　本	889×1194　1/16
版　　次	2024 年 11 月第 1 版
印　　次	2024 年 11 月第 1 次印刷
字　　数	1020 千字
书　　号	ISBN　978-7-221-18126-8
定　　价	420.00 元

总　序

本套丛书是国家社会科学基金2010年度立项的重大招标项目《中国西南地区濒危文字及其文献抢救、整理与研究》(批准号为10&ZD123)的成果。本项目由清华大学赵丽明教授和我共同主持。子课题有纳西族东巴经书译注、普米族韩规经书译注、彝族他留文译注、壮族歌书译注、水族水书文献译注、尔苏沙巴经书译注、木雅经书译注、纳木依帕孜经书译注等10多个子项目组成。

早在20世纪50年代,中国科学院和中央民族事务委员会组织了7个工作队,对少数民族语言文字进行全国性大规模的普遍调查,当时的主要任务是通过对全国的少数民族语言文字调查研究,在掌握大量第一手资料的基础上,为无文字的民族创制文字,为文字不完备的民族改革或改进其文字。其中第7工作队主要调查研究藏语以及周边的羌、普米(当时称西番)、嘉绒、门巴、珞巴等族群的语言。在此次调查过程中,我们就已经在四川西部和云南西北部发现了这一带宗教活动者手里有一些经书。这些经书是建国初期未被没收、焚烧的遗留。在那个时代,人们往往把这些经书当作宗教祭祀者从事迷信活动的"道具"加以歧视,并"不屑一顾"。

"文革"中,这些保存经书的祭祀者再一次遭受劫难,他们往往被当成"牛鬼蛇神"加以批斗,他们正常的宗教活动往往被当成"迷信"而加以禁止,他们手里残存的经书往往被当成"四旧"加以没收、焚烧,以至于一些祭祀者不得不将这些经书藏在山洞里、阁楼上,有的甚至深埋在地下。

粉碎"四人帮"以后,通过拨乱反正,各条战线陆续清算了极"左"路线。过去被当成"四旧"的东西,包括宗教活动时使用的经书在内,也陆陆续续恢复了名誉,人们从山洞里、阁楼上把这些长期不见天日的珍贵文献又请了出来,恢复了正常的祭祀活动,以至于我们这些民族语言调查研究者们能够一睹为快。

与此同时,结合改革开放以后国家开展的民族识别工作,自1976年~1982年,我们在这一带新发现了9种过去少数民族语言普查时期未发现或者未深入调查的语言,他们是贵琼语、木雅语、尔苏语、扎巴语、却域语、纳木依语、史兴语、尔龚语、拉乌戎语,更深入调查研究了这些语言内部的方言差异。费孝通先生高度评价了这一带新发现的语言和族群,他在《关于我国的民族识别问题》(《中国社会科学》1980年第1期)一文中说:"我们以康定为中心向东和向南大体上划出了一条走廊。这走廊中一向存在着的语言和历史上的疑难问题,一旦串联起来,有点像下围棋,一子相连,全盘皆活。这条走廊正处在彝、藏之间,沉积着许多现在还活着的历史遗留,应当是历史与语言科学的一个宝贵的园地。”费先生根据语言学和民族学调查研究的新成果总结出的“藏彝走廊”理论,成为近十多年地区研究的一个热点。成为境内外人类学、民族学、考古学、历史学、宗教学、语言学研究者们的乐园。

通过少数民族语言调查研究取得的初步成果所提供的线索,我们从这一带操各语种的祭师们手里保存的经书入手,请他们讲解经书的基本内容,然后用国际音标原原本本记录下来,进行对译和意译,以保持该经书原汁原味的面貌。通过初步研究,我们认识到这项研究的意义在于:

语言学方面的价值。我们在这一带发现的经书,大都是祭祀者祖祖辈辈许多代人流传下来的。有的说有 20 多代,有的说有 10 多代,还有的说他们与诸葛亮打仗的时候就有了。有的像图画,有的已经步入文字门槛,还有不少是用藏文符号记录的当地少数民族语言,其中有的也夹杂有许多图画。在记录和翻译各族群经书过程中,首先我们要了解这个语言和方言的基本特点,记录2000~3000个常用词,在这个基础上整理出这个调查点的语音系统,并大体了解这个语言的基本语法特点,否则无法翻译这个语言经书的意义。这样我们就基本上掌握了这个语言各个子系统的结构特点,揭示了这个语言语音、词汇、语法的基本面貌,为语言学提供了一份新鲜的资料。

文字学方面的价值。文字是记录语言的符号,历史上各民族的祭师们为了将自己认识到的各种自然现象和社会现象记录下来,以便从事祭祀活动的时候提示自己,开始用图画来帮助自己的记忆,久而久之,图画逐渐简化,形成了图画文字。本项目涉及的语言文字有彝语支、藏语支和羌语支的语言文字,记录宗教活动的文献有藏文、彝文、纳西东巴文等已知文字,新发现的文种有尔苏沙巴文、彝族铎系文字等比较原始的文字,还有羌族的释比图经等。这些文字有的有悠久的历史,如藏文、彝文、纳西东巴文等,有的是近几年才陆续解读,性质也比较原始。从文字的性质来看,多样性显而易见,有比较完善的拼音文字,如藏文;有比较系统的表意文字,如原有彝文(或称老彝文)。更多的是比较原始的图画性质的文字,如纳西东巴文和尔苏沙巴文等,还有完全图画性质的长卷羌族释比图经《刷勒日》。从图画到图画文字再到表意文字和拼音文字,我们看到了一条非常丰富多样的文字产生、发展和演变链,展现了一幅文字从表形到表意再到表音的学术画卷,成为研究文字产生普遍规律的一个明显的例证。此外,从文字学的角度看,什么样的图经算文字,什么样的情况只能够算图画,也就是说图画与文字的界限与区别在哪里,这一带的许多文献也向我们提供了许多研究的实例。

宗教学方面的价值。执行这个项目，开展广泛调查研究过程中，课题组接触到的有藏传佛教和藏族的苯教，更多的是原始多神教和大量的自然崇拜，包括彝族的毕摩、羌族的释比、纳西的东巴、普米的韩归、尔苏的沙巴、纳木依的帕孜、贵琼的公嘛……以及他们保存的大量经书，在调查研究过程中，我们接触到许多祭师们的宗教活动，这些宗教活动许多带着一定的神秘性，拨开某些迷信色彩的东西，我们不难发现大量通过宗教祭祀活动表现出来对自然界的敬畏和崇拜，在驱鬼祭神的各种活动中，又展现出一些民间治病的一些技艺和秘方。几千年来，他们就是依靠这种活动慰藉人们的心灵，医治人们的疾病，抚慰人们的伤痛。在仔细研究他们古老的经典过程中，我们不难发现，许多经典包含了一些模糊的哲理、人生的经验和度人苦难的精神安慰。这些经典反映的仪轨既受藏传佛教尤其是苯波教的影响，也有许多汉族佛教的渗透，尤其受汉族六十甲子思想的深刻影响。

历史学方面的价值。我们从祭师们娓娓道来的送魂经中，从许多包含在经典释读的历史故事中，分析出他们经历过大量族群迁徙、征战以及与自然界灾难抗争的经历。虽然这些文字中包含了一些荒诞的情节。但是，剥去一些离奇古怪的神话，留下了一些耐人寻味的史料，与正史记载的史实相印证，使我们打开了了解这一带族群历史来源的另一扇窗户，尤其我们从分析这些族群使用语言的分化情况，远近关系的情况，互相接触的情况，向我们提供了大量解开这一带族群历史来源的重要证据。

考古学方面的价值。本项目调查研究的是居住在岷江、大渡河、雅砻江、金沙江、澜沧江、怒江流域各族群所保留的文字及其文献，在这一地区，近几十年大量发掘了许多遗址，其中包括三星堆遗址、金沙遗址、营盘山遗址……这一地区还是古蜀道的必经之地，也是藏缅各民族迁徙的走廊，目前居住在这一带的族群多数是使用羌语支语言的族群，根据正史记载，他们应该就是周秦以来在这一带定居的古氐羌的后裔，他们经过了大浪淘沙，保留到现在，他们与早先居住在这些遗址的人群是什么关系？纵观西南地区的族群，基本上是汉族与藏缅语族两大族系，而藏缅族系是这一带最古老的族系之一，他们曾经通过这条民族走廊向南、向西迁徙，一直到喜马拉雅南麓，形成现在定居在喜马拉雅南麓的200多个藏缅语族各支系。因此对这一带语言文字及其文化的调查研究，对于解开许多考古之谜提供了许多新的线索。

文学方面的价值。在记录和解读文字和文献的过程中，我们记录了大量诗歌、故事、寓言、神话、历史传说、唱词……有的神话故事,情节曲折动人,引人入胜,不亚于西游记;有的叙事长诗不亚于藏族的格萨尔,有描写征战的,有描写爱情的,有战胜邪恶的,有歌颂真善美的;有的寓言,哲理丰富,令人回味无穷……。我们边调查,边感慨,这些文学素材,也许是制作动漫的好思路、好素材。创作这些文学素材的,是根植于民间并经历了千千万万个苦难的劳苦大众,他们仅仅依靠自己最原始的记录方式——图画或类似图画的文字,有的靠口耳相传,一代一代延续至今。今天,发掘这些埋没了多少代的文学作品,是我们这一代学人义不容辞的责任。

民族学、人类学方面的价值。分布在这一带的族群,其中多数是依附于大民族的一些小族群。费孝通 1980 年发表的关于民族识别的那篇重要文章,以及同时期国家民委一系列有关民族识别的文件,没有能够把他们推上中华民族之林的舞台。但是他们的历史、文化是无法也是不应该被埋没的,近几年大量境内外民族学与人类学学者的调查研究,陆续揭开了蒙在他们的头上几千年的面纱。他们的建筑、他们的服饰、他们的音乐舞蹈、他们的风俗习惯、他们的节日、他们的喜怒哀乐……一切的一切,受到了学者们的关注。他们也是中华民族灿烂文化的一个“小小的”组成部分,有权利占据中华民族多彩文化大家庭这个园地中的一席之地。

保护非遗方面的价值。语言文字与非物质文化遗产有密切关系,根据联合国教科文组织的看法,语言本身就是非物质文化遗产的重要组成部分。我们所要记录的这些文献承载着这一带族群大量非物质文化遗产的口头作品、表演艺术以及大量记忆遗产,我们把这个课题叫作濒危文字及其文献保护研究,主要出自于两个基本事实:第一,我们要调查研究的对象基本上都是新发现的小语种,使用人口不多,而且越来越少,有的已经处在极度濒危状态;第二,几乎所有的宗教文献都是中华人民共和国成立以前就已经存在,经过多次劫难,保留至今,已经实属不易。原文献持有者几乎都已经过世,他们的后代能够释读这些文献的祭师已经越来越少,有的文献已经无人能够解读。因此,记录、释读这些经典已经是十分迫切的事情了。否则记录该文献的语言消失了,能够释读这些文献的祭师过世了,这些文献也就成了废纸一堆。

文献学方面的价值……要说的话还有很多,最好由读者来评判吧!

开展此项调查研究的基本队伍主要是清华大学的师生,而且大部分为在读的研究生和本科生,也包括地方院校和科研机构的一些学者,尤其是一些本民族的学者。他们从接受记录少数民族语言的专业培训，到深入实地寻访各种文献的持有者，动员他们将文献公之于世，开展解读和记录工作，经历了难以想象的困难，克服了许多意想不到的阻力。能够完成这样一套抢救性记录的丛书，而且从一开始的数种增加到现在的十多卷，个中酸甜苦辣，只有亲身经历过的人才能够切实地感受到。我对这样一支边训练、边工作，在实际工作中不断提高自己专业素质的队伍感到由衷的钦佩，他们完成了一项在中国文化史上具有重要历史意义的工作。我对他们能够完成这样一件重大的文化工程给予高度评价，对他们付出的艰辛表示表示崇高的敬意！

广西师范大学出版社和贵州人民出版社的领导和编辑们，独具慧眼，给予了大力支持。贵州人民出版社有着水书编辑出版的丰富经验，承担了水书《〈陆道根原〉译著》《〈六十甲子·时辰〉解读》等卷的编辑出版工作。编辑们对书稿进行了细致的校核，对书稿质量的提高起到了重要的作用。本套丛书最终能够与读者见面，与他们付出的劳动和财力上的支持是分不开的。他们无愧于出版家（而不是出版商）的称号。在此，向他们表示衷心的感谢！

中国社会科学院荣誉学部委员：孙宏开

序于安贞桥寓所

2013 年 1 月 15 日

前 言

水族是中华民族大家庭中的一员,具有悠久的历史文化,是一个文化底蕴深厚的民族。在漫长的历史长河中,水族形成了丰富多彩而具有自己民族特色的优秀文化,为人类文化的发展做出了自己的贡献。水族主要分布在贵州省黔南布依族苗族自治州的三都水族自治县、荔波、独山、都匀等县市,黔东南苗族侗族自治州的榕江、丹寨、雷山、从江、黎平等县;广西壮族自治区北部的河池、南丹、环江、宜州、融水等县市以及云南省富源县也有水族村落分布。三都水族自治县是全国唯一的水族自治县。1956年9月11日,国务院全体会议第三十七次会议作出决定,撤销三都县,设置三都水家族自治县,同年12月21日,将三都水家族自治县更名为三都水族自治县。1957年1月2日,三都水族自治县正式成立。水族与周边的汉、苗、布依、侗、瑶、壮等民族友好相处,共建家园。2010年全国水族总人口411847人。

水族自称“睢(sui^{3})”,水族的来源在民间和学术界有殷人(河南)后裔说、百越(两广)源流说、江西迁来说、土著说等说法,实际是针对水族发展史上某一时段或某一分支而论,都有一定的历史性与合理性。据《百越源流史》(何光岳,江西教育出版社,1989)载,大约在殷商之后,水家先民从中原往南迁徙,逐步融入百越族群之中,逐步形成了以中原文化、百越文化为主流的,南北民族融合的二元结构形式。岭南地区以及东南沿海一带,古代居住着许多部落,史学界统称为“百越”。水族先民南迁之后可能融入百越的“骆越”支系中,然后逐步发展成为单一民族。因此,水族社会保留着殷商文化圈和百越族群的浓郁文化遗存。

水族有自己的语言(水语)、文字(水字、水文)和文献(水书)。水书是水族文化的精髓,是水族文明特有的重要标志,是中华文明的重要组成部分,是中华民族的宝贵财富。水书习俗仍在水族民间流传。水书典籍作为水族传统文化的重要载体,作为珍贵而不可再生的文化资源,记载着水族的辉煌历程,铭刻着水族的伟大创造,延续着水族的精神血脉。

水族有丰富的物质文化和精神文化,包括生产、饮食、服饰、居住、交通、物产等,教育、科技、医药、文学、艺术、体育、歌舞等,社会组织、家庭礼仪、交往礼仪、节庆习俗、亲属称谓、婚姻习俗、生育习俗、丧葬习俗等,宗教信仰、宗教活动等。

水族文化博大精深,是中华民族多元文化的一块瑰宝,我们希望这样的优秀民族文化能够发扬光大,并流传下去。但在经济文化全球化的今天,水族文化的传承与发展受到前所未有的冲击。学习水文和水书的人逐渐减少,水书文化和水书习俗的传承面临着后继无人的局面。

2010年，由首席专家赵丽明、孙宏开先生主持的“中国西南濒危文字文献抢救整理与研究项目”获国家社科基金重大招标项目批准立项（项目编号：10 & ZD123），子课题“水族水文、水书抢救、整理与研究”负责人吴贵飙与课题组成员韦仕钊、赖静如、韦见等按照首席专家赵丽明、孙宏开先生的要求，先后到贵州省的三都水族自治县、荔波县、独山县、榕江县、黎平县、都匀市，广西壮族自治区的南丹县、河池市、宜州市、融水县，云南省的富源县的水族村寨进行调研，了解水族的语言和文字及水书的使用状况。到全国收藏有水书的图书馆、档案馆、博物馆、展览馆等单位调研水书的整理、研究、保护情况。到省、州、县的民委（宗教局）、古籍办、研究所、水家学会等机构调研水书的抢救、整理、研究、译注情况。最后选定使用范围较广的从贵州省榕江县征集现收藏在中国民族图书馆的水书《六十甲子·时辰》进行解读。

水文《六十甲子·时辰》是水族人民日常用于择吉避凶的水历之一。水历六十甲子是纪年、纪月、纪日、纪时的历法，与汉族历法的六十甲子基本一致，纪年为60年一个周期，纪月为5年一个周期，纪日为60天一个周期，纪时为5天一个周期。用十天干和十二地支进行循环组合：甲子、乙丑、丙寅、丁卯……一直到癸亥，共得到60个组合，称为六十甲子，如此周而复始，无穷无尽。年月日时都是60一个循环。中国传统的每天12个时辰（时辰也就是大时，两个小时为一个大时），中国用5天作为一个时辰的大循环，所谓“五日一候”，共是60个时辰。

总序由孙宏开撰写。

前言由吴贵飙撰写。

第一章由吴贵飙撰写。

第二章由赖静如撰写。

第三章由韦仕钊、韦见解读，韦仕钊语音标注，赖静如审定；韦仕钊翻译注解。

第四章由吴贵飙、韦仕钊撰写。

第五章由吴贵飙撰写。

第六章由吴贵飙撰写。

目 录

第一章　水族水文水书整理与研究概况

水族有自己的语言和文字，有用水族文字写成的书籍。

水语“泐(lè)”包含文字和书籍两个内容，例如水语“挽(wán)泐(lè)”是“写字”的意思，水语“咛(níng)泐(lè)”是“看书”的意思。水语“睢(suī)”包含水语(水话)和水族两个内容，例如水语“吩(fèn)睢(suī)”是“讲水语(水话)”的意思，水语“任睢(rěn suī)”是“水族”的意思。水语“泐(lè)睢(suī)”属一音多意语，当把水语翻译成汉语时，应该用汉语言文字准确的含义去表述水语的不同意思，不能简单地用一个汉字去统括水语的多意语，在汉语言文字系统里，文字和书籍是不同的，从语言学、文字学、文献学的角度，当把水语“泐(lè)睢(suī)”翻译成汉文指文字时，即是“水字”“水文”；当把水语“泐(lè)睢(suī)”翻译成汉文指文献、书籍时，即是“水书”。因此，在汉语言文字系统里，水族的文字用“水字”“水文”名称，用水字、水文写(印)成的书籍用“水书”名称，这样比较科学。经2008年5月30日贵州省第十一届人民代表大会常务委员会第二次会议批准，2008年6月20日三都水族自治县人民代表大会常务委员会公告公布，自2008年10月1日起施行的《三都水族自治县水书文化保护条例》“第三条本条例所保护的水书文化是指：(一)各个历史时期用水族文字手抄、刻印的水书文物古籍；(二)水族文字、水书文献，有水族文字的篆刻、碑文、木竹刻、刺绣、金属饰品、器皿、楹联等水书载体”，已明确将水族文字、水书文献分开表述，而不是用“水书”名称笼统代表文字和文献。

水文的字形独特古朴，是中华古文字的“活化石”；水书内容博大精深，是水族人民智慧的结晶，是水族的“百科全书”。水文、水书支撑着水族千百年来的文字史和文化史。水文主要用来记载水族的天文、地理、宗教、民俗、伦理、哲学等文化信息，形成水族文化传承的载体——水书。至今，水书的运用主要表现在婚嫁、营建、祭祀、丧葬、出行、节令、生产、占卜等等活动之中。

关于水文和水书的产生年代由于缺乏史料记载，无从查考。民间传说水文和水书是水族的一位先祖创造的，在很早很早以前水语称为“龚略铎”(gong lue duo，翻译成汉文应该是“六一公”的意思)的先生创制的。水族是我国南方由古代“百越”族群中“骆越”的一支逐渐发展成为单一的民族。水族文字是一种有独特体系的文字，绝不是一两个文化人就可以创造并被全民族所认同的。根据水族文字存在的来源，一是类似甲骨文，二是必须有一个相对固定的社会环境的呵护。否则，水族文字不会在群体中被广泛接受，成为全民族的精神支柱。

一、水文整理与研究

水族的文字是独立的来自原始社会最简单的图画和花纹产生出来的，这些文字最初仅仅是一种图画字，后来才发展成为象形文字。水文是一种方块字兼图画文字，以表意为主。它与古汉字有密切的联系，但又有自己独到的特点——最大的特点是用水语识读的文字。

（一）水文的字形结构

水文属象形文字，象形字和图形符号占多数，与殷商甲骨文有姻缘关系。其中部分表意字类似甲骨文或金文。它由点、横、竖、撇、捺、钩、挑、折构成，字形复杂，书写的笔画与古汉文字相似。水文构成以象形、指事为主，存在会意、假借。

水文有单音字、多音字，同音字、异音字，多音多义字。字少意繁，有些是一个字符在不同的水书篇目中水书先生诵读时（不同语言环境中）可变成双音词、多音词、一句话或一段话等。总之，水文构造复杂多样。

由于水文字数较少，在使用上有自己的特点：首先在条目上，一是一字多音，即在水书中往往一个符号，在不同的词语结构中有不同的读音；二是一字多意，即往往一个符号，在特定的条件下，读音不同，其字义有别。三是合体读音，即水书文字在水书卷本中，有时把一个符号变成双音词或多音词来读，其表达的内容也不一样。

（二）水文的使用范围

水文主要是水书先生用来记载天干地支、六十甲子、五行九星、二十八宿、八卦六爻、吉凶兆象等等，也记载水族古代的天文、地理、历法、民俗、伦理、哲学、美术、宗教信仰等文化信息，记载歌谣、传说以及有关水族迁徙等方面的史料。

（三）水文的整理研究

水文作为水族人民思想智慧的结晶，它以水族人民的言行交流和思想认识的记录符号而诞生，千百年来人们一直在运用。到了近代，随着社会科学的发展和多元文化的认同，涌现了许多整理和研究水文的专家学者，如莫友芝、岑家梧、张为纲、陈国均、李方桂、潘一志、石尚昭、吴支贤、王品魁、石国义、潘朝霖、韦宗林、刘世彬、韦世方等。

关于水族古文字的来源问题的研究情况，刘世彬先生在《莫友芝对水族古文字的研究》[①]一文中说："今读莫友芝的《红崖古刻歌》知，早在清咸丰庚申年（公元 1860 年），莫友芝就已对水族古文字作过研究，并提出了水族古文字'初本皆从竹简过录''云自三代''核其字画，疑斯篆前最简古文'的观点。莫友芝对水族古文字起源的观点，至今仍有重要的参考价值，值得水族古文字研究者重视和思考。"莫友芝的《红崖古刻歌》为七言古体诗，448 言，诗前有 730 多字的序，诗中有 230 多字的注。据诗序中知，此诗写于"咸丰庚申四月，友芝将出都"时，书于"潘伯寅祖荫大理"藏拓的红崖古刻卷端。经他考证，认为红崖古刻非殷王武丁伐鬼方的纪功碑，也不是诸葛亮平蛮的纪事碑，而是"三危

① 黔南民族师范学院学报，2006，(1)。

禹逊”[②]。在考证红崖古刻的古老文字时，他说：“叔重古文换秦篆，十不存一苦斠铨。稍从乘马究虞哥，水书竹历参摩研。”关于水族古文字，莫友芝在注中说：“吾独山土著有水家一种。其师师相传，有医、历二书，云自三代。舍弟祥芝曾录得其六十纳音一篇。甲、子、乙、丑金作，丙、寅、丁、卯火，戊、辰、已、巳木作。且云其初本皆从竹简过录，其声读迥与今异，而多含古音，核其字画，疑斯篆前最简古文也。”莫友芝当时已注意到他故乡独山的水族，有一种靠水书先生代代相传的有关医与历的水书，说是来自三代，即夏、商、周时期。他的胞弟莫祥芝曾录有水族“六十纳音一篇”，发现有的水族文字金文中有，有的水族文字颇类木牍上的文字（木牍与竹简并称为“简”，据此他认为水族古文字“初本皆从竹简过录”）。再考其读音又多合古音，并称其字画，认为水族古文字是“斯籀前最简古文也”。也就是说莫友芝认为水族古文字源于秦丞相李斯以“籀书”（即大篆）和小篆为标准整理文字之前最为简古的文字。从上下文联系看，莫友芝认为水族古文字应来源于秦代以前的金文和竹简。

水文在20世纪初，也引起人们的关注和研究。《都匀县志稿》[③]收录水文97个，说水族文字类似古籀和小篆。《贵州通志·土民志》[④]除延续《都匀县志稿》对水文的评说之外，收录104个水文，附注汉译意。《三合县志略》[⑤]对水族文字作了较为详细的介绍，并肯定它创编历史久远；但对水族文字的认识仍然囿于《都匀县志稿》的观点。这三本志书，虽对水族文字作简单的介绍，也是为人们对水族文字研究的滥觞。

刘世彬先生在《潘一志对水族古文字的研究》[⑥]一文谈道：潘一志先生的成果则集中体现在1944年10月编纂完成的《荔波县志稿》中，卷二“氏族志”中潘一志写道：“荔波所有文字，除汉字外，水家另有一种文字，俗谓之反书。其笔画多与古象形文类似”“或为秦以前之另一体文字”，又说“本县水家文字，与古象形文类似者颇多，亦可作研究民族源流之一助”。书中还附有20个水族文字与象形文、篆文、“古文”的比较表。还列有“汉文水文对照表”，共收入130多字，其中包括不少水族文字的异体字。1953年，潘一志先生利用工作之余，着手修订《荔波县志稿》，将原稿中的内容改编为地理资料、民族资料、社会资料、历史资料“四编”，继续对水族文字进行研究，于1954年2月完成《荔波县志资料》初稿。在第二编民族资料第二章分述中，专列了第二节水族。其中包括：一是户口及姓氏分布情况，二是风俗习惯（含节日、婚嫁、丧葬、迷信等），三是年历，四是反书，五是文字共五部分。在“反书”一段中，潘一志先生指出：“反书是水族婚丧、起造、择吉日以及看病用鬼、割蛋判凶吉所用的一种迷信书，但本族人称之为‘ㄌㄜ’（勒去声，是书的意思），‘ㄙㄨㄟ’（水阳平，是水族名称），即水书的意思。”讲述了水书在水族民间的广泛用途，解释了水语读音和本意，即后来常说的“泐虽”。在“文字”一段中，潘一志先生说：“水族文字即反书中所用之字，其笔画多与古象形文类似”，附有《汉水文字对照表》，共收入145个字，其中包括41个水族文字的异体字。水书为什么称之为“反书”？潘一志先生写道：“据

② 黄万机：《莫友芝评传》，贵州人民出版社，1992。

③ 《都匀县志稿二十二卷》，民国十四年（1925）印本。

④ 《贵州通志一百七十卷》，民国三十七年（1948）印本。

⑤ 《三合县志略四十四卷 附勘误表》，民国二十九年（1940）印本。

⑥ 《黔南民族师范学院学报》，2008，第2期。

说它与汉人所用的通书是相反的，所以汉人叫它做反书。”这种对“反书”的诠释至今仅见于此，存此一说。1958年后，潘一志先生开始编纂《水族社会历史资料稿》，于1959年底完成初稿，共30多万字。在该书的第六章水族地区历史经济、文化、教育事业的发展、文化艺术中的“水族文字”一节，潘先生这样写道：(水族)“相传有一种鬼师作择日占卜等迷信之用的一百多个古老文字，用这种文字写的迷信书，叫作‘水书’(译意)。书中所用的天干、地支、五行生克、八卦六爻、二十八宿等等，与汉族的通书大致略同，而其字体则甚古。他们以前不用毛笔写，是用竹片或小木桠烧炭来刻画在较硬的夹纸上，所以其字迹与用刀刻的甲骨文及金文类似。水书中的文字倒置斜置是很多的。又有些字像秦的小篆体。在新中国成立前，曾看见清光绪年间的水书抄本，其字较古。目前所看到的都是清光绪时代以后的，多用毛笔写，有些字增加，形式也有些逼近今体汉字，但其结构仍保持原状。追溯往古，也是说明水族文化与汉族的渊源是很古的。”还附有“汉字对照表”，共录有200个水族文字，其中有45个字有异体字。在这里潘一志先生一方面肯定地指出水族文字渊源很古，有的似甲骨文、金文，有的似秦时的小篆；另一方面他也指出，在清光绪以后，水族文字还在变化之中，字数在增加，形式逼近今体汉字，说明了水族文字是一直在民间运用的“活”的文字。此外，他还指出，以前水族文字的书写是用竹片、小木桠烧炭在较硬的夹纸上刻画而成的，所以字迹与用刀刻的甲骨文、金文相似。水族文字的这种刻写方法现在已不多见了。更难得的是他记录了许多水族文字的异体字。这些都是近年来研究水族文字的基础和宝贵的资料。

潘朝霖、韦宗林先生在《中国水族文化研究》⑦一书中说：“水族古文字早在20世纪初就引起了人们的关注和研究”，因为由窦全曾修、陈矩等纂的《都匀县志稿》中已刊载有二页共56个水族古文字，并提出“水书，一称反书，大氐古篆之遗”观点，“可谓水族古文字和《水书》研究的滥觞”；1943年岑家梧、张为纲、吴泽霖、陈国钧、李方桂等到水族地区调查水书和水族古文字，岑家梧先生发表于《西南民族文化论丛》中的《水书与水家来源》⑧一文认为“水书与古代殷人甲骨文之间，当有若干姻缘关系”，张为纲先生在《水家来源初探》⑨一文认为：水文“与武丁时期之甲骨文字极为相似”，“首开了水族古文字和水书系统研究的”先河。新中国成立以后，特别是1978年中国共产党十一届三中全会以来，水族古文字研究进入了新的繁荣时期。应春华2004年5月发表的文章《少数民族文字研究的新发现——水书源头可溯至夏代——夏陶神秘符号在水书中找到相同记载》⑩和荔波县档案局(馆)、贵州省水家学会荔波中心组2004年10月在荔波县召开的贵州省水家学会第四次会员代表大会暨学术讨论会上公布了破译夏朝古都陶片神秘符号的过程，用无可争辩的事实证明了水族古文字与夏陶神秘符号间的关系。这就从时限上、字体上、笔意上与莫友芝提出的水族古文字源自三代、为斯籀前最简古文的观点暗合。这也说明了早在145年前莫友芝关于水族古文字来源之说的正确性。

研究水文的论文有：孙易的《水字新论》(南开大学硕士论文，2003)、《水族文字研究》(南开大学博士论文，2006)；朱建军的《水文常见字异体现象刍议》(华东师范大学中国文字研究与应用中心(编)

⑦ 潘朝霖，韦宗林：《中国水族文化研究》，贵州人民出版社，2004。

⑧ 三都水族自治县民族文史研究组：《水族源流考(内部资料)》，1985。

⑨ 《贵州苗夷社会研究》，贵阳文通书局印行，1942。

⑩ 中国民族报，2004-5-14。

《中国文字研究》第六辑，南宁：广西教育出版社，2005）；韦宗林的《水文字书法试探》（《贵州民族学院学报》1995年第2期）、《水族古文字"反书"成因简议》（贵州省水家学会（编）《水家学研究》（三），内部编印，1999）、《水族古文字"反书"的成因》（《贵州民族学院学报》1999年第4期）、《水族古文字计算机输入法》（《贵州民族学院学报》2000年第4期）、《水族古文字探源》（《贵州民族研究》2002年第2期）、《水族古文字源头的几个问题》（贵州省水家学会，《水家学研究》（四），内部编印，2004）、《水族古文字与甲骨文的联系》（《贵州民族学院学报》2006年第1期）；曾晓渝，孙易的《水族文字新探》（《民族语文》，2004年第4期）；刘世彬的《黔南老方志及〈水族社会历史资料稿〉中关于水族古文字的信息》（祖明.《采风论坛》（7）.北京：中国文联出版社，2006）、《莫友芝对水族古文字的研究》（2006）；石国义的《水族古文字与（水书）的文化内涵及其历史价值》；西田龙雄《水文字历的释译》（1980）；姜永兴《漫话水族古文字——水书》（1983）；李炳泽《从水族传说论水族民间文字》（1985）、《神秘的水族文字——水书》（1996）；吴支贤、石尚昭《水族文字浅谈》（1985）、《水族文字研究》（1993）；王国宇《水书与一份水书样品的释读》（1987）、《水族古文字考释》（1993）；吴正彪《三都县水族"水书"简介》（1987）；雷广正、韦快《〈水书〉古文字探析》（1990）、《古"百越"族团的陶文、水文、甲骨文对比分析》（1995）；刘日荣《水书研究——兼论水书中的汉语借词》（1990）、《〈水书〉中的干支初探》（1994）；陈昌槐《水族文字与〈水书〉》（1991）；贾光杰《水族古文字》（1991）；黎汝标《形象生动的水族古文字》（1991）；王品魁《水族画像石葬和水文字石葬初探》（1992）、《拉下村水文字墓碑辨析》（1998）；冷天放《〈水书〉探源》（1993）；韦正言《泐虽——水族文字》（1994）；吴承玉《三都水族的语言文字》（1995）；刘凌《"水书"文字性质探索》（1999）；罗燕《〈水书〉探析》（2002）；王元鹿《"水文"中的数目字与干支字研究》（2003）；高慧宜《水文造字方法初探》（2004）；王锋《试论水书的书写系统及其文化属性》（2004）；邓章应《水书造字机制探索》（2005）；董芳、周石匀、郑文瑾《水书文字规范标准建设与信息化的研究》（2005）；蒙景村《"水书"及其造字方法研究》（2005）；潘淘洁《水书文字"酉、鸡"字形书写特色初探》（2006）、《水族图画文字的特征浅析》（2006）；叶成勇《水书起源时代试探》（2006）。这些论文从不同的角度，对水文作为一种文字系统从不同的侧面（包括起源、读音、辨析、解读、书写、造字机制、文字性质、文化属性、计算机处理等）进行了论述或者介绍，大部分论文论述都具有一定的研究深度，但研究深度与水书所蕴含的整体信息而言，仍然具有很大的研究空间，需要进行更加深入的研究。例如：西田龙雄《水文字历的释译》（1980）对水书的文字进行了释译，当时他没有看到岑家梧1943年的《水书与水家来源》（岑家梧，1992）论文，就仅从文字的角度进行阐释，对水书中的二十八宿和九星等内容也不太清楚，因此光从文字学的角度去解释，尽管费了很大的功夫，还是有一些字无法解释。如果只从文字学的角度去研究水书，特别是对水族文化尤其是对水语的不理解，只就文字而论文字，就很难对水书进行深入研究，但就目前而言，既懂民族语言又懂文字理论和语言理论又熟悉现代科技的学者少之又少。在不久的将来，即使是完全从文字的角度出发，对水书的研究也是可以取得一定成就的，也相信水书的研究就从文字学的角度而言，也是大有可为的。

研究水文的论著有：中国科学院少数民族语言调查第一工作队（编）的《水语调查报告初稿》（1958）；中国科学院语言研究所（编）的《水族简史简志合编》（1963）；李方桂《水话研究》（1977）；张均如《水语简志》（1980）；倪大白《侗台语概论》（1990）；马学良（主编）《汉藏语概论》（1991）；周有光《世界文字发展史》[11]（1997）；王锋《从汉字到汉字系文字——汉字文化圈研究》（2003）涉

及水文。这些著作一般都把水文作为一种语言的记录系统加以研究和阐述,对水文的字形、读音、汉语对译等内容加以研究。周有光先生在他的《世界文字发展史》第一卷原始文字第二章“文字幼儿之一:水族的水书”认为:水书的符号是“图符”(图形字和篆书字),没有笔画化。水书的话段是“词组和语词”。水书的表达法主要是“表形和表意”。写出实词而不写出虚词,不能按照语词次序无遗漏地书写语言。水书的类型是:“图符·词组和语词·表形象表意”——形意文字。水书是一种“卜筮文字”,现在还有少数书师能够认识、没有成为日常生活的文字。水书是“文字活化石”,有文字学和民俗学的研究价值。水书使我们具体地了解早期文字跟巫术的关系。

1985年,石尚昭、吴支贤先生编著,三都水族自治县民委印刷的《水族文字研究》一书首次专门对水族的文字进行研究,概述水文字的性质是表意文字及其与水语的联系,水文字的结构分为象形字、表意字、谐音字三种,对50个单体象形字做了解读。

2007年,贵州省三都水族自治县水族研究所韦世方先生编著,贵州民族出版社出版的《水书常用字典》是我国第一部关于水族文字的字典。该字典录选常用文字468个进行编写(不含异体字),连其异体字一起共1780个。它以水族长期以来公认为最具有代表性的三洞水话为标准语音,并引用了关系到这些文字的水书字句等。这部字典是水、汉两族语言信息的交流的工具书,对今后宣传水族文化,深入开展水书、水语研究及汉藏语系语言的历史比较研究,具有一定的辅助价值。本字典收录的水文字均为单字条目,以较大的水文字领头标识。一般形、音、义相同或只有形、义相同的设一个条目;形、义基本相同但音不同的在条目中另立小条目,即共用条目水文字;形同而音、义不同的或形同音同而译义上需要分别处理的分立条目,另设条目水文字。2013年进行修订,增加单字61字、异体字70字,总字数达到1911字。

2007年10月,堪称天下第一的水族文字碑林在贵州省三都水族自治县三洞乡水根村怡心园正式落成。这是目前国内集纳水族古文字最多的碑林,碑林共由9块碑(18面)组成,石碑高137～165厘米、宽66～86厘米不等,刻录水族文字1500多字。三都水族同胞为了抢救和保护濒临消亡的本民族独特的“水书文化”,自发集资,刻载水族文字,特邀贵州民族学院·贵州水书文化研究院副院长、研究员潘朝霖撰稿、辑录水族古文字、书写碑文。

二、水书保护与传承

(一)水书的抢救保护工作

1979年12月6日,贵州省三都水族自治县潘国炯、潘朝霖、潘朝鼎、王品魁、潘绍献、韦廷龙、韦锦昌、石国义8位同志,联名向全国人大、国家民委及省、州、县有关领导和有关单位呈送了《请求落实民族政策解决水族文史资料等有关问题的情况报告》,抢救水书是其中一个重要内容。《报告》很快得到

⑪ 《世界文字发展史(第三版)》,上海教育出版社,2011。

国家民委办公厅肯定性的答复:"你们反映的问题很重要。抢救民族文化遗产,有条件要执行,没有条件的创造条件也要执行。"这表明了水书的抢救工作得到了政府的重视。

1980年3月,贵州省三都水族自治县成立"民族文史研究组",专门负责水族文化(含水书)的抢救和研究工作,组长为王品魁,成员有潘国炯、潘朝霖、石国义、姚福祥。这标志着水书的抢救工作正式在政府的领导下启动。

1986年9月,贵州省少数民族古籍整理出版规划小组在贵阳主持召开了"水族古籍'七五'规划会议"。会议决定把搜集、整理、编审水书工作列入重点项目。1986年,三都水族自治县档案局在贵州省档案局、黔南布依族苗族自治州档案局的支持下,首次将水书作为民族特色档案开展征集抢救工作。至1994年共征集到不同类别的水书200余卷,县档案馆对征集的水书进行登记、注录、消毒、修补、裱糊、编号、装档上柜保护。

1990年6月,贵州省水家学会成立"搜集整理研究翻译水书领导小组",对水书的搜集、翻译、研究工作进行了统筹安排。1993年10月,贵州省水家学会荔波中心组成立水书抢救小组。1995年世界档案大会在北京召开,会议期间播放了由三都水族自治县人民政府协助贵州省档案局、贵州省电视台在三都水族自治县拍摄的水书专题片《没有句号的档案》,水书引起国内外学者的关注。

2002年7月,贵州省荔波县民宗局、文化局、档案局、水家学会荔波中心组在水尧水族乡召开"荔波县拯救水书座谈会",开始全面抢救征集水书。2002年10月,荔波县召开"全县水书先生暨征集抢救水书会议",参会的43名水书先生无偿向县档案馆捐赠了祖传水书原件77本,率先在全省、全国大规模开展水书抢救工作,从而在国内外产生了强烈的影响;县档案馆对征集的水书进行登记、著录、消毒、修补、裱糊、编号、装档上柜保护,并扫描录入计算机管理保存。2002年11月,荔波县人大常委会做出了《关于我县开展拯救水书工作情况汇报的审议意见》(荔人常〔2002〕19号)。

2003年,中共三都水族自治县委员会、三都水族自治县人民政府决定把水书抢救工作列入县委、县人民政府重要工作日程,成立了以县委书记任组长,县四大班子有关领导任副组长和有关部门负责人为成员的水书抢救领导小组,组建了水书征集整理和研究翻译两个办公室,专门负责水书的征集、整理、研究、翻译、出版工作,县委、县人民政府先后下发了《关于开展水书抢救征集工作的通知》,颁布了水书征集保护的《公告》。2003年3月12日,荔波县第十四届人民代表大会第一次会议做出了《关于抢救整理开发利用古老文化——水书并申报为世界文化遗产的决议》。2003年3月15日,政协荔波县委员会第六届第一次会议召开,全县共有68名委员提出了《关于挖掘古老民族文化,开发利用水书,申报为世界文化遗产的提案》(荔波县第124号政协提案)。2003年5月,荔波县档案局、县民宗局、县文体广播电视局、县水家学会做出了《关于表彰欧海金等水书先生对征集抢救水书做出贡献的决定》(荔档发〔2003〕06号)。2003年7月,为解决经费问题,荔波水家学会发出"抢救水书捐款倡议书",8月在中国民族报刊登"抢救水书募捐倡议书"。2003年10月,中共荔波县委、县人民政府成立了"荔波县水书征集抢救工作领导小组"。

2004年2月,荔波县委、县人民政府将水书抢救工作列入了"荔波县2004年十件实事"。2004年4月,荔波县人民政府下发了《关于征集抢救水书的通知》(荔府〔2004〕70号文件)。2004年5月,荔波县委、县人民政府两办下发了《荔波县2004年征集抢救水书工作实施方案》(荔党办发〔2004〕17号)。2004年5月24日,贵州省黔南布依族苗族自治州人民政府成立了"黔南布依族苗族自治州水书抢救工作领导小组”，并于5月27日召开了水书抢救工作领导小组第一次会议，会议强调全州按照“统一规划、整体推进、分县实施和重点突破”的原则抓好水书的抢救保护和开发利用工作，以此打造民族文化品牌。2004年7月，三都水族自治县人大常委会通过了《三都水族自治县水书保护办法》，把水书的保护工作列入了法制化的范畴。中共三都水族自治县委员会、县人民政府决定在县档案局建立中国水书藏馆。2004年，中共独山县委、县人民政府成立由县领导任组长的“独山县水书抢救工作领导小组”，加强对“水书”的征集和抢救工作。

2005年3月，荔波县委、县人民政府又将水书抢救工作列入了“荔波县2005年十件实事”。2005年5月，贵州省人民政府召开专题会议，做出了《研究水书抢救保护工作有关问题》(黔府专议〔2005〕19号)。2005年8月，黔南布依族苗族自治州人民政府召开专题会议，做出了《关于水书抢救保护工作有关问题的专题会议纪要》。2005年12月，荔波县政府颁布《荔波县水书抢救保护工作实施办法(试行)》。

2008年6月20日，三都水族自治县人民代表大会常务委员会公告公布《三都水族自治县水书文化保护条例》，标志着三都水族自治县水书文化进入了法制管理的新时代。《三都水族自治县水书文化保护条例》是2008年1月15日三都水族自治县第十四届人民代表大会第二次会议通过，2008年5月30日贵州省第十一届人民代表大会常务委员会第二次会议批准，自2008年10月1日起施行。

2008年7月13日，中共三都水族自治县委、县人民政府为展示水书抢救成果，宣传水族文化，进一步发挥各界人士在抢救保护水书工作的积极性和创造性，对抢救水书的先进集体和先进个人进行表彰奖励。三都水族自治县委、县人民政府把抢救水书列入工作的重要日程后，水书抢救领导小组成员到三都、荔波、独山、都匀等县(市)30多个乡(镇)216个村共征集到散落在民间的水书手稿近万册，水文对联2幅，条幅15幅，水文碑3块和一床水文马尾绣背带，先后聘请水书先生200余人次担任破译小组顾问，并对一批年事已高的资深水书先生进行录像、录音、建档。这次嘉奖已故的3名水书专家，获特殊贡献奖，推动水书研究专家奖6名，水书抢救先进集体7个，水书抢救先进个人奖20名，优秀水书先生奖20名。

2002年、2003年、2006年，贵州省的荔波县、三都水族自治县、黔南民族师范学院分别建立了水书特藏室和水书展馆。从此，到水族地区的考察的人们能够全面地了解水族的水书文化。水书倍受社会的广泛关注，抢救开发利用水书的浓厚社会氛围蔚然形成。

(二)水书现存情况

水书是千百年来以水书先生为载体，活态传承的文献，主要是由水书先生传抄使用并保存在水书先生家里。新中国成立以后，才逐步被收集到档案馆、图书馆珍藏。据不完全统计，全国水书的藏量约有5万余册。

经过30多年的水书抢救征集工作，取得阶段性成效。截至2019年底，全国各收藏单位从水族地区民间征集到不同版本的水书手抄本约2.2万册，其中在贵州省黔南布依族苗族自治州的三都水族自治县档案馆7405册，荔波县档案馆9326册，都匀市档案馆247册，独山县民宗局95册，黔南民族师范学院97余册，黔南州图书馆35册，黔南州档案馆64册；在黔东南苗族侗族自治州的州博物馆16册，凯里学院博物馆15册；在贵阳市的贵州民族大学图书馆50册，贵州民族图书馆1443册。在北京市的中国民族图书馆1615册，中央民族大学博物馆42册、中央民族大学国少数语言研究院5

册，中国国家图书馆 37 册，中国国家博物馆 30 册，清华大学图书馆 10 册，国家档案馆也有部分水书收藏。在广东省的中山大学图书馆 1635 册。国外的日本东洋文库、美国夏威夷大学、英国伦敦大英博物馆、瑞士苏黎世大学博物馆等也有收藏。

（三）水文古籍申报文化遗产

2002 年 3 月，由贵州省三都水族自治县配合贵州省档案局征集、申报的“水书文献”被首批列入《中国档案文献遗产名录》。2005 年 12 月，荔波县成立了荔波县水书申遗领导小组（荔党办通字〔2005〕107 号）。2005 年 12 月，荔波县委办、县人民政府办联合发文，成立荔波县水书申报国家级非物质文化遗产代表作名录领导小组。2006 年 5 月，黔南布依族苗族自治州申报的“水书习俗”入选第一批国家非物质文化遗产名录。2006 年 9 月 29 日明确了黔南布依族苗族自治州文学艺术研究所为水书习俗责任单位，为下一步明确责任目标，加强组织协调，落实各项措施，切实保护好、管理好、利用好水书提供了保障。2006 年 12 月 26—28 日，荔波县召开“荔波县特邀专家水书精品鉴定评审会议”，向黔南布依族苗族自治州推荐水书“申遗”文本原件《金银》《泐金》《亥子》3 本，2007 年 4 月，应黔南布依族苗族自治州水书申遗办要求，撰写《中国水族水书古籍文献世界记忆工程申报表》。现在贵州省黔南布依族苗族自治州正在积极将“水书文献”申报“世界记忆遗产名录”。

自 2007 年中华古籍保护计划实施以来，至 2016 年，共有 74 部水文古籍入选“国家珍贵古籍名录”，1 个水书藏馆被命名为“全国古籍重点保护单位”。

2008 年 3 月，国务院公布第一批全国古籍重点保护单位，贵州省荔波县档案馆被命名为“全国古籍重点保护单位”；国务院公布第一批国家珍贵古籍名录，有 8 部水文古籍入选第一批《国家珍贵古籍名录》。其中贵州省三都水族自治县档案馆 3 部（清韦景春抄本《吉星》2 册、清抄本《万年经镜》3 册、清抄本《六十龙备要》4 册）；贵州省荔波县档案馆 3 部（清道光二十九年（1849）韦朝忠抄本《庚甲》、清抄本《泐金·纪日》、清抄本《金银》）；中国民族图书馆 1 部（清光绪十八年（1892）韦锦秀抄本《逢井》）；贵州民族学院潘朝霖 1 部（清嘉庆抄本《九星诵读》）。

2009 年 6 月，国务院公布第二批国家珍贵古籍名录，有 16 部水文古籍入选第二批《国家珍贵古籍名录》。其中贵州省三都水族自治县档案馆 7 部（清抄本《八贪》、清抄本《二十八宿》、清抄本《九星》、清抄本《六十甲子》、清抄本《秘籍》、清抄本《纳音五行》、清抄本《贪巨甲子》）；贵州省荔波县档案馆 6 部（清嘉庆二十二年（1817）抄本《挡》、清道光十二年（1832）潘士八抄本《大旺》、清道光二十年（1840）王朝凤抄本《贪巨》、清咸丰元年（1851）潘士八抄本《瓜》、清光绪十三年（1887）韦阿巧抄本《俄益》、清光绪十六年（1890）潘锡佑等抄本《大吉把贪》）；国家图书馆 2 部（清抄本《历法》、清抄本《农事占卜》）；中国民族图书馆 1 部（清抄本《正七》）。

2010 年 6 月，国务院公布第三批国家珍贵古籍名录，有 33 部水文古籍入选第三批《国家珍贵古籍名录》。其中：贵州省荔波县档案馆 11 部［清道光十三年（1833）抄本《万事明指》、清光绪六年（1880）潘智基抄本《丑辰》、清光绪九年（1883）韦自修抄本《挡朵》、清光绪二十九年（1903）抄本《通用大吉》、清潘玉隆抄本《看日阴阳》、清抄本《探祝龙》、清潘芝贤抄本《纳牲》、清光绪二十年抄本《开新吉凶》、清抄本《辰戌》、清抄本《亥子》、清抄本《胜益》］；贵州省三都水族自治县档案馆 8 部［清光绪二十八年（1902）抄本《逮昔》、清抄本《大吉》、清抄本《吉书》、清抄本《壬辰》、清抄本《申子》、清抄本《所项》、清抄本《阴阳》、清抄本《正七》］；黔南民族师范学院 4 部［清光绪二十七年（1901）抄本《八宫取用》、清光绪二十七年(1901)抄本《壬辰》、清抄本《百事大吉出富贵》、清抄本《子午》];贵州民族学院潘朝霖4部[清同治二年(1863)抄本《通书八贪》、清抄本《六十甲子流年》、清抄本《八十银》、清抄本《把井学文书》];黔南布依族苗族自治州图书馆3部[清光绪二十四年(1898)抄本《安葬吉日通用井》、清抄本《辰戌》、清抄本《寅丑》];国家图书馆2部[清抄本《卜辞》、清抄本《都讲》];中国民族图书馆1部[清抄本《龙戏》]。

2013年3月,国务院公布第四批国家珍贵古籍名录,有12部水文古籍入选第四批《国家珍贵古籍名录》。其中:贵州省三都水族自治县档案馆5部[清咸丰元年(1851)抄本《题解书旨》、清光绪二年(1876)韦银受抄本《大柱》、清光绪八年(1882)陆光文抄本《子午卯酉》、清光绪八年(1882)陆光文抄本《子午年正七》、清光绪二十年(1894)抄本《正辰甲》];贵州省荔波县档案馆2部[清光绪十年(1884)抄本《立碑择吉》、清光绪三十四年(1908)杨永青抄本《挡华》];贵州民族文化宫图书馆2部[清光绪三十年(1904)抄本《子午卯酉辰》、清光绪三十年(1904)抄本《九星配日》];黔南民族师范学院1部[清光绪二十六年(1900)抄本《六十年吉凶日》];黔南布依族苗族自治州图书馆1部[清同治九年(1870)抄本子午卯酉寅申];中国民族图书馆1部[清同治元年(1862)抄本《子午卯酉年探》]。

2016年3月,国务院公布第五批国家珍贵古籍名录,有5部水文古籍入选第五批《国家珍贵古籍名录》。其中:贵州省三都水族自治县档案馆1部[清抄本《小儿命理》];贵州省荔波县档案馆1部[清嘉庆二十年(1815)抄本《保福书》];黔南民族师范学院1部[清同治元年(1862)抄本《陆夺总会》];贵州民族文化宫民族图书馆1部[清光绪抄本《金堂卷》];国家图书馆1部[清抄本《论攻守》]。

(四)水书的分类

关于水书的内容分类,按性质可以分为吉凶两类,吉祥类的水书水语称为"泐多",意为白色干净无忌无戒的书,它有代旺、九高、九笨、龙定、龙派、金堂、木堂、四雄、天罡等40多个条目;凶祸类的水书水语称为"泐凶",意为凶祸灾害的书,包括有梭项、歹耿、龙犬、大败、九火、不倒、花肖、十干、八平、堂华、尼排、引贯、念友、都居等近200个条目。这些条目名称都是水语音译。在吉凶两类水书中,又分为普通水书和秘籍水书两种,普通使用的水书水语称为"泐敢"或"泐八",意为直述无隐语的"白书";秘籍使用的水书水语称为"泐弄",用词多隐语,汉译"黑书"。现存的水书多为"白书"。

按形式划分,水书可分为朗读本、阅览本、遁掌本、时象本、方位本、星宿本等。朗读本水语称为"泐借喜",是学习水书的基础读本,为民歌体,用词谨严、比喻夸张、易于诵读。阅览本水语称为"泐改",是对水书读本的注释,主要用来编修水历,是水书的主体部分之一。水书遁掌卷本水语称为"泐点冻",意为掐指遁掌的书,专门讲授计算星宿十二宫的方法,也用于编历书、预报气象等。时象本水语称为"泐万昔",记载地支方位于逐年、逐月、逐日的吉凶兆象。水书的方位卷本水语称为"泐放",是专门测算地理方位及某一地理方位在某一时刻的凶吉兆象。水书的星宿卷本水语称为"泐菊",是记载二十八宿在一定年月日时内的吉凶兆象。

(五)水书的翻译、出版

水书的翻译、注解是从三都水族自治县的王品魁先生1987年调到三都水族自治县政协工作后开始的,他潜心研究"水书",请三都水族自治县塘州乡拉海村梅斜组的水书先生潘焕文、独山县本寨水族乡天星大寨的水书先生韦光荣等到三都县城解读水书。

1994年11月,王品魁先生译注的《水书·正七卷壬辰卷》由贵州民族出版社出版,该书是水书的首次破译出版，为水书研究做出了开拓性的工作。该书《正七卷》是《水书》忌戒条目的总揽，《壬辰卷》是《水书》吉祥条目的总揽，所以《正七卷》是属于凶煞的内容，《壬辰卷》是属于喜神的内容，两卷合计有二百三十二章。之后他深入水族民间收录了水书的《丧葬卷》《营造卷》《日历卷》《时辰卷》《春寅卷》《七元宿卷》《祭祖卷》《婚嫁卷》《超度卷》《秘籍卷》《五行卷》《九星卷》《三元集卷》等书目及抄录了部分篇目的内容。遗憾的是他来不及整理、翻译、出版就于 2004 年悄然离世。之后三都水族自治县水族研究所通过归类整理又增加了《金堂卷》《祈福卷》《扫伤卷》《中子辰卷》《甲己卷》。至 2004 年底，三都水族自治县水族研究所共完成《金堂卷》《日历卷》《时辰卷》《寿寅卷》等四部水书书稿的翻译、注音工作；并于 2005 年 2 月 21 日召开审稿会，对四部书稿进行审稿，之后又复审两次。2005 年 8 月 31 日黔南布依族苗族自治州成立了水书抢救翻译研究专家组，使水书翻译工作科学有序地进行。

2005 年 11 月，王品魁、潘朝霖先生译注的《水书·丧葬卷》由贵州民族出版社出版，该书是以贵州省独山县本寨乡天星村大寨韦光荣祖传的水书为蓝本，主要记述了丧葬的忌戒日地方位，属于丧葬凶相条目的汇编，是水书中极为重要的卷本，集中反映了水族先民信仰世界的生死观、鬼神观，以及企盼从死亡中追求永生和发展的功利目的。它围绕如何安抚祖先灵魂，如何敬鬼、媚鬼、酬鬼，使其在物质上得到满足，在精神上得到愉悦，然后能欢心尽力地保佑后裔、赐福消灾。但水族丧葬活动中的忌戒还远不止书上所列的内容，这本《水书·丧葬卷》只是水书丧葬内容的一部分。

2006 年 7 月三都水族自治县将四部书稿交黔南布依族苗族自治州水书抢救、翻译专家组审稿，等待出版。至 2010 年，三都水族自治县水族研究所完成《营造卷》《祭祖卷》《婚嫁卷》《超度卷》《秘籍卷》《三·七元宿卷》《贪巨卷》《申子辰卷》《甲己卷》《金水卷》《扫伤卷》《正七卷续编》的翻译、注音。2010 年 6 月，陆春译注的《水书·秘籍卷》由贵州民族出版社出版。该书是三都水族自治县中和镇拉旦村水书先生陆廷志先生的家藏卷本。该书分两部分，即第一部分为水书原件扫描，第二部分为译注部分，此书共 470 千字。该书的出版问世，对热爱水书文化的爱好者了解水书文化有一定的帮助。2014 年 4 月，韦仕钊、韦世方译注的《水书·六十年日历解读》由中国图书出版社出版。2015 年 8 月，陆春译注的《水书·九星卷》由贵州大学出版社出版。

2007 年 10 月，贵州省档案局（馆）、荔波县人民政府译注《泐金·纪日卷》由贵州人民出版社出版。该书是对明代水书《泐金·纪日卷》抄本进行译注，并附录原件彩图。

至 2007 年底止，都匀市已翻译完成《水书“正五”》《水书“仲散”》《正七壬辰》《正七八井》《水书“八申”》《正五泐端卷》等 6 本集子。2011 年 5 月，蒙邦敏、蒙君昌、韦佩君、蒙耀远译注的《水书·正五卷》由贵州民族出版社出版。

2009 年 6 月，张振江、姚福祥著的《水书与水族社会：以〈陆道根原〉为中心的研究》由中山大学出版社出版，该书以贵州省荔波县老水书先生欧海金的家传手抄本《陆道根原》（即《亥子丑卷》，现藏于贵州省荔波县档案馆，简称欧本）为底本，同时着重参考了姚福祥先生生前手写的《水族古书·亥子丑卷》稿本（现藏于贵州省荔波县档案馆，简称姚本）。作者主要使用文化人类学的方法，结合使用民族学、语言学、社会学、历史学、文化学以及考古学等学科的方法，综合研究水书与水族社会。该书的主要目的，不是试图解释水书的数术及其内在逻辑结构，也不是试图解释其民间信仰或者宗教含义，而是重在通过水书与水族社会互证，来认识水书、认识水族社会，以期深入理解水书、水族及其民族社会历史文化意蕴。正文主要依照姚本，书末附录有欧本影印件，以展示欧本原貌。从本源上看，姚本来自欧本。如细细相较，二者在条目名称及具体顺序等方面虽然有一定的差异，但各个条目内具体的水书文字则大体如一。此外，在该书的具体条目中，还适当地根据欧海金先生的见解补入了若干成分。因此，该书不完全是依据底本水书文本而来的逐字对译，而一定程度上可视为实际朗读时的记录。由于这个缘故，水书条目中出现虽然有标音、但文本中无相应的水字的情况，也见到某些水字的读音与他处读音不同的情况。该书正文中一个具体条目的全部内容，依次包括条目标题、水书原文、口诀、释义、注释和研究等几个部分。

从2004年起，独山县组织水书研究专家对水书进行翻译，至2010年共完成了水书《正七卷》《九星八卦卷》《盈亏卷》《九宫飞拳卷》《五宫飞拳卷》《龙神煞》《六甲卷》《丧葬卷》的（子、丑、寅、卯）4卷和《开山卷》《用金》上下卷共14卷。已把翻译完成的《金用卷》《麒麟正七卷》《太平卷》（丧葬上、下）《八山卷》（八卦）等水书译稿交到黔南布依族苗族自治州水书翻译专家组，通过州专家审核后出版发行，与公众见面。2011年10月，杨介钦、韦光荣译注的《水书·麒麟正七卷》《水书·金用卷》由贵州民族出版社出版。

2010年10月，梁光华、蒙景村、蒙耀远、蒙君昌译注的《水书·婚嫁卷》由贵州民族出版社出版，该书根据高级水书师蒙君昌先生祖传原始卷本进行译注，译注体例在借鉴已出版水书译注体例的基础上有所创新，通过四对照，实现一字一音，一音一义，对难以理解的字词作具体的解释说明，力求通俗易懂。2011年9月，蒙耀远译注的《水书·阴阳五行卷》由贵州民族出版社出版。

近几年，贵州省黔南布依族苗族自治州有重点翻译、审定、编印和出版了一批水书古籍，其中翻译了《日历卷》（上、中、下）《金堂卷》《寿寅卷》《时辰卷》《祁福卷》《祭祖卷》《营造卷》《秘籍卷》《正七卷》《九星八卦卷》《盈亏卷》《九宫飞拳卷》《五宫飞拳卷》《九神煞》《介甲卷》《丧葬卷》中的《子卷》《丑卷》《寅卷》《亥子丑卷》《陆道根源卷》《春寅卷》等50卷水书译稿；审定10卷；出版水族古籍丛书10余本——《水书·婚嫁卷》《泐金·纪日卷》《水书·秘籍卷》《水书研究史略》《已丑年（2009）汉水两用历书》《庚寅年（2010）汉水两用历书》《荔波县馆藏水书内容提要总目概览》《水书习俗择课汇编》，都匀市阳和、基长、奉合水族乡学校校本试用教材——《水书》第一册，三都水族自治县编《水族文化进校园小读本》、《水族文化进校园读本》等等，其中亦有不少堪称为黔南少数民族古籍资料里的精品之作，在文学、哲学、历史、天文等学科中均有十分重要的研究价值，并引起国际上专家学者的关注，为研究民族史、民族学、民族语言、民族艺术、民族习俗、宗教等提供了重要的参考资料，为弘扬民族文化，振奋民族精神，加强民族团结，建设和谐社会发挥了积极的作用。

2006年11月，中国水书文献系列编委会策划的5本套装影印本《水书·正七卷》《水书·八探卷》《水书·分割卷》《水书·探巨卷》《水书·寅申卷》由贵州民族出版社出版，这是水书发展史上第一次由出版社影印出版。“中国水书”文献影印本的出版，首先，对抢救濒临失传的水书来说，具有十分积极的作用。通过水书影印本的出版，可以使那些几近损坏的有重要价值的珍本、孤本“再生”，使其内容由影印本的形式保存了下来，这就为下一步对水书的研究开发保存了很好的资料。其次，通过水书影印本的出版，可以让更多的国内外的，对水书研究有兴趣的专家学者目睹水书的原生态，得到水书研究的珍贵资料，这就为水书研究开发的广泛化和国际化提供了前提条件。其三，这对抢救、宣传、弘扬宝贵的民族民间文化遗产，发展少数民族文化具有重要的价值与意义。

2006年12月，巴蜀书社、四川民族出版社策划的八开160册巨著《中国水书》出版，该书主要是从贵州省三都水族自治县档案馆、荔波县档案馆和贵州民族学院潘朝霖先生收藏的水书中精选1353种水书手抄本编辑影印而成，其中三都卷100册、荔波卷50册、潘藏卷10册。该书从基础启蒙诵读本《正经卷》《亥子丑卷》《正马三丑卷》等，到《二十八宿卷》《方位卷》《年历卷》《时辰卷》《掌宫卷》，再到《丧葬卷》《起造卷》《婚嫁卷》《祭祖卷》《占卜卷》《招魂卷》等，其内容包罗万象，十分丰富，涉及文字学、民族学、人类学、宗教、哲学、天文、地理、美学等文化领域，可谓水族文化的百科全书，为水书研究者提供了翔实的水族文化史料，它的出版发行，亦将会把水书的研究工作推向一个新阶段。这部影印本《中国水书》作为水族思想的文化载体、水书抄本原汁原味地呈现在中外读者面前，从根本上解决了中外学者"水书原件难觅"的问题。该书由我国著名设计大师吕敬人设计，国内一流古籍印制厂金坛古籍印制厂印制，绢制封面，高档宣纸内文，是古老文化内涵与传统制作工艺的完美结合。

（六）水书的研究

1942年，著名社会学家岑家梧教授到水族地区进行实地调查，他在与水族著名社会学家潘一志的频繁交往过程中发现了水书，在潘一志先生对水书的提供、指引下接触了水书各类卷本，对于神秘浩繁的水书甚为惊叹。后来，岑家梧教授以《水书与水家来源》为题在当时的《西南民族文化论丛》发表文章，将水书古老文字与甲骨文、金文作了比较。他说："水书（水书文字）制造之时代极为古远。""至少水书（水书文字）与古代殷人甲骨文之间，当有若干姻缘关系，亦可断言也"；"今日贵州全省，除大定有夷文外，土著中则唯水家有文字，其余苗、瑶、仡佬之属则无之。而水族文字中，除天干地支及象形文字外，居然有贪、巨、禄、文、廉、武、破、辅、弼等字，假使当时无文化思想政治组织焉有此等深切会意形容之文字？准此以谈，则水家在吾黔南为先进民族，故文化水准，亦较他族为优，后视不察，视为异类，失之过矣！"；"《水书》行文体例，先注年、月、日、时、方，下注兆象及说明，犹甲骨文及之先注占卜时日，下注贞兆。水家何以独能保存此种文字，疑其与殷人有关"。这些论断即是对水书较早的认识。岑家梧对水族及水书文字来源研究的论断应该是很具准确性和权威性的。

当时来黔考察的张为纲先生也发表了《水家来源试探》一文，他认为"今日之水书，已失却文字的功用，转而咒术之工具。然细考其字形，竟有与武丁时期之甲骨文字极为近似者"。他还说："今日水家之所以'鬼名'繁多，所以尊崇巫师，所以有为咒术用之'反书'，皆可为殷代文化遗留之铁证。"其观点尤其明确，水族文字是殷墟文字的文化遗存。另外当时吴泽霖、陈国均、李方桂等"民国"时期的资深学者、专家也对水书进行了深入的研究，发表了不同的见解。

20世纪50年代以前，水族虽然也有少量的文人学者，也许是时间和空间不允许他们去关心水书文字和水书的研究，所以人们也很少关注水族人民千百年来一直使用的古文字。然而，岑家梧、张为纲两位先生的研究与晚清著名学者莫友芝先生在清咸丰庚中（庚申）年（1860）四月提出"水书初本皆从竹简过录"的研究，都是从文字学、历史学、社会学的角度审视，乃空谷之音，一语中的。给水书文字和水书研究奠定了坚实的基础。

2005年以来，相继成立了水书研究机构。2005年10月，三都水族自治县、荔波县分别与中山大学合作，挂牌成立"中国水族文化教学研究基地""中山大学荔波水书研究基地"。2006年1月，荔波县成立水书研究基地。2006年5月，贵州民族学院人文学院成立了贵州水书文化研究院。黔南布依族苗族自治州黔南民族师范学院成立黔南州水书抢救翻译研究专家组。三都水族自治县民族研究所由股级单位升格为县科级单位，并更名为“水族研究所”。这样，为水书提供了前所未有的研究阵地。2007 年 8 月，荔波县成立“荔波县水书研究院”。

2006 年 7 月 1 日，三都水族自治县组织召开“中国三都·水书国际研讨会”。2007 年 1 月 27 日至 29 日，黔南民族师范学院组织召开“中国水书文化研究与保护首届国际学术研讨会”。2008 年 7 月 11 日至 14 日，中共三都水族自治县委员会、三都水族自治县人民政府和黔南民族师范学院联合在三都县召开“贵州三都·中国水书第二次国际学术研讨会”。2009 年 10 月中国民族古文字研究会在贵阳召开“水书及南方民族古文字研讨会”。

对水文古籍研究的专著有：

韦章炳先生著的《中国水书探析》2007 年由中国文史出版社出版。全书七单元，62 章，52 万字，集水书探奇、水书讲析于一体。该书主要从三方面体现其价值：(1) 是以水书文化作为专题对象的第一部研究专著；(2) 是目前水书研究容量最大的成果；(3) 成果对水书文化的研究具有相当的广度与深度。该书内容十分广博，从水族古文字、语言，到水书创始人、姓氏；从水族岁时节日，到信仰禁忌、婚丧嫁娶起造等习俗；从水书与《连山易》《归藏易》《周易》，到中原古文化的含山玉版；从独山县交陇洞，到红岩天书、巴楚文化；从水书条目内容结构，到口传的主要掌宫及遁掌玄机；从点滴的水书民俗事象，到专题的论述等。该书对水书与易学关系，水书与含山玉版，水书传承与古代中原豕韦、水族韦姓家族关系等方面做了较深入的研究。该书收集与记录了在水书文本之外，靠口口相传的遁掌资料等。

韦章炳先生著的《水书与水族历史研究》2009 年由中国文史出版社出版。本书从人类学角度，深入水书内核，成功利用水书理论，广泛分析水族古歌、传说及习俗特征而撰写的水族历史研究著作。

王传福、熊宗仁先生主编的《揭秘水书：水书先生访谈录》2010 年 4 月由贵州民族出版社出版，全书共 100 万字，分上下两册。该书通过对贵州省三都、荔波、都匀、独山等县水族村寨吴有凤、欧海金、蒙文兵、潘老平、姚舜坛、潘永会、姚覃军、陆昌辉、潘秀业、谢朝海、潘世洪、韦见、潘焕文、韩荣祖、韦光荣、韦树美 16 位水书先生进行采访，记录来自水书先生口述的第一手田野访谈资料，忠实地记录下他们一般不外传的“咒语”和对水书文字或文本的解读，把他们从不同师承源流中获得的水书文化智慧发掘整理出来，对于水族的民俗事象、历史文化以及水书文字的深入研究提供了一个新的视角，为研究者提供了一把打开水书之谜的钥匙，使水书走出神秘的阴影，拂去历史的尘埃，还其本来的面目并重新走入寻常百姓家。水书从来没有统一的版本，其传承方式完全靠水书先生口传手抄。一个水书先生，就是一座水族传统文化的“活宝库”。随着时间的推移，能精通使用水书的水书先生绝大多数已年逾古稀，而年轻一辈中又少有致力于水书研究的人，这给水书及水族古文字的传承带来很大的难度。该书的出版为抢救性地保护水书及水书先生做出了开拓性的工作。该书内容严格依照原始采访录音资料，保持了每一位水书先生的师承文脉和口述风格，涵盖了水书先生个人基本信息、水族的源流传说、水族的神话传说、民间故事、水书先生的师承源流及六部异同、水族的巫事活动、水族的古歌和史诗、水族的信仰崇拜、水书的源流及书写工具、材料与来源、水书的功能、水族民众对水书先生的评价、水书的文字符号及水语语法、水族的服饰演变、水族的民间艺术门类及特色、水族的歌舞、水族的习俗、水族的星历、水族的墓葬、水族的建筑、水族的婚姻、水族的礼仪。

陈思著的《水书揭秘》2010 年 12 月由光明日报出版社出版。本书将引领读者走进水书的世界，探索水书穿越数千年漫长的历史时空，依旧鲜活地存在于水族社会中的奥秘，从而揭开水书神秘面纱。该书内容包括水书概况，水书的古往今来，水书的文字、文化解读，水文体系的认识，水书图画文字的传承，水书的“硬件”与“软件”，水书篇目的命名，水字地支多音诵读，水书的省读、溢读法，水书分“白书”与“黑书”，水书与主流文化，水书、水历的悠久历史，水书抄本赏析，水文与夏禹书、仓颉书、东巴文等的比较欣赏，水字书法艺术赏析等等。

对水文古籍研究的论文有：王国宇《水书与一份水书样品的释读》（1987）、《略论水书与二十八宿》（1991），王品魁《水书源流新探》（1990）、《〈水书〉探源》（1991）、《〈水书〉七元宿的天象历法》（1994）、《〈水书〉二十八宿》（1996）、《水书与其抢救》（2002）、《天文学四象与水书二十八宿》（2003），王思民《水书图像与水族舞蹈关系浅析》（1990），韦忠仕、王品魁《〈水书〉研究价值刍论》（1991），蒙爱军《谈水族鬼神观与〈水书〉五行观中的认识结构》（1991）、《水家族水书阴阳五行观的认识结构》（2002），冷天放《〈水书〉探源》（1993），黎汝标、韦忠仕《水书研究述评》（1993），刘日荣《水书评述》（1995），孔燕君《水族的“百科全书”——评〈水书·正七卷壬辰卷〉》（1996），莫定武《内涵丰富的水书》（2002），潘朝霖《关于水书研究若干问题的思考》（2004），石国义《水族经典古籍〈水书〉的历史渊源及其文化价值》（2002），石尚昭《〈水书〉通义——天文历法》（1991），唐泽荣《试论水书与甲骨文相结合在生活中的运用》（2003）、《水族的水书》（2003），刘守华《水书：古老文明的遗存》（2007），梁敏《关于水族族源和水书形成之我见》（2008），文毅、王观玉《全球化视野下水书文献资源共享探析》（2008），张振江《贵州水族的水书与水书传承扎记》（2008），蒙爱军、李德建《水书与水族适度理性的经济行为》（2009），文毅《论水族水书文献的保护与利用》（2009），韦章炳《水书内容的“气”与“坟”》（2010），韦仕钊《水书历法对民众生活的影响》（2010），潘兴文《无润水书历法试探》（2010），陈琳《水书之仿木刻版本》（2010），姚覃军《水书翻译刍议》（2010），蒋国生《“水书”定义之见》（2010），蒙熙儒《水书日常运用点滴》（2010），蒙耀远《水书习俗及其文化内蕴》（2010），唐建荣、任睢阿闹《水书蕴含的水族哲学思想解读》（2010），张霁《谈水书的研究和应用》（2010），韦世方《水书与水书先生》（2010），蒙熙林《水书抢救的政府作为与民间行为紧密结合》（2010），陈琳《水书的研究现状及申报〈国家珍贵古籍名录〉述略》（2011）等等。

（七）水书传承研究

水书的传承是靠一代又一代水书先生手抄、口授下来的。凝聚着无数水书先生的心血。在水族社会里一直没有学校类型的水文和水书教学。它的传承是祖传和选择徒弟传授两种方式。祖传方式：水书的传承以祖传为主，即水书从祖辈传到父辈，再由父辈传子辈，一代又一代往下传。一般传授的条件是，所传的子辈愿意接受，所传的子辈有接受的基本能力和素质。如果子辈有这个条件，那么，作为儿子在这种环境下，耳濡目染，加之父辈有意识指点，儿子就有希望成为掌握水书的传人。在祖传方式里，多数水书先生说：“水书在过去的传承是，传内不传外，传男不传女。”择徒传授：择徒传授是水书先生的儿子不愿意学或者不具备条件学习水书的情况下，由水书先生选择徒弟进行传授。水书先生在水族社会中有很高的地位，因此，水族青年中（过去）有不少人想学习水书，徒弟可以由别人推荐，也可以是徒弟主动上门求师，但都由水书先生自己选择确定。选择徒弟比选择儿子的条件要略高一筹，这些徒弟首先应该是品性好的，大家公认没有劣迹的；在同辈人中，有一定威望的。重要的是，还看这个人的生辰八字是否硬朗。据说，这样对鬼神才有威慑力，不怕被鬼神纠缠。想当徒弟的人，自己对学习水书还必须有浓烈的兴趣。只有具备了这些条件，才可望成为学习水书的徒弟。这样的徒弟可以是一个，也可以是多个。徒弟拜师，要送给水书先生一只大公鸡（或带有黄、黑、白色花毛的大母鸡）、六条鱼、一定数量的烟酒肉钱粮。徒弟将带的母鸡、鱼、肉在先生家里煮熟，在先生设立的"六一公"牌立前进行奉供时举行拜师仪式。徒弟给先生送的烟酒肉钱粮数量不多，但一般都是吉祥的数字。

水书由有形的外在形式和无形的内在形式两个部分有机组合而成。有形的外在形式，是指用水文编著的水书文本。无形的内在形式，指的是水书文字之外的内容，保留在水书先生头脑中靠口口相传的大量相关的内容（歌诀、咒语部分），以及诸多活态传承的相关民俗事象。

水书在传抄过程中，因不同的地区、不同的师承，难免出现异体字。同一字在不同的书或在同一本书不同的位置在写法上就有不同。

水书的传承是在水族地区民间，是在水族人民的生活状态中，受到历次政治运动对民族文化冲击的影响。特别是"宋代大中祥符年间"和"太平天国运动"对水书进行了大肆剿灭，使水书文字基本处于断层状态，"文化大革命"期间水书遭受极大的破坏，拿水书先生批斗，大肆烧毁水书，再次使水书文字面临断层。

目前，水文、水书面临濒危表现如下：

1. 水书及水书文字传承的土壤是水族民间，依托于水书先生代代相传。我们调查掌握到，绝大部分水书先生年事已高，一位水书先生相当于一座活着图书馆，倒下一位水书先生，等于毁灭一座水书图书馆。

2. 随着国务院批准"水书习俗"列为第一批国家级非物质文化遗产名录，各级政府到民间把水书手抄卷本征集保存，使水书手抄卷本在民间活态流传已濒临灭绝。

3. 各级政府到民间把水书手抄卷本征集保存，使水书手抄卷本与水书先生隔离，从而导致它在民间传承功能更趋于颓势。

4. 有关出版商出版水书影印件，价格昂贵，使水书先生或想学习水书的人望而生畏。

5. 政府把征集到的水书手抄卷本集中保存，万一水书手抄卷本贮藏库有什么闪失，水书典籍在瞬间被毁于一旦，损失不可估量。

6. 政府把征集到的水书手抄卷本集中保存，这种保存方法只是静态的保存，没有起到真正意义上的保护。

7. 政府要征集水书手抄卷本，并进行集中保存，只能对那些无人使用的家藏的水书手抄卷本进行征集后统一保管。不能一味地向健在的年事已高的水书先生征集他们手里还在使用的水书手抄卷本，然后给他们复印件，因为复印件的寿命很短暂。

8. 现代文明迅猛发展的今天，传统文化受到致命的冲击。即使想学习水书文化的人，认为水书文字难写又难认，为了图方便能用汉字记录的部分已看不到水书文字的迹象了。

9. 打工热潮掀风鼓浪，农村里年轻人越走越远或不愿意学习水书。

10. 尽管贵州省各级政府采取措施尽力抢救，由于种种原因没有及时把水书手抄卷本整理、翻译和出版；即使出版，其价格使水书先生无法承受。

11. 由于水书曾被划为"牛鬼蛇神"，很多现代人总认为水书是一种"迷信"的东西而不愿学。

12. 由于水书内容深奥、抽象,水书文字字形构造复杂,现代人不愿学习水书。

(八)水文、水书列入国家级和省部级研究的课题

自进入21世纪以来,在党和国家高度重视民族文化的政策支持下,水文、水书立项研究工作取得了突破性的进展,截至2013年,水文、水书的研究已被纳入到国家和贵州省、国家民委的研究项目中,成绩可喜。

国家级科研课题有:

潘朝霖主持2004年国家社科基金项目:象形文字的最后领地——水书解读;

唐建荣主持2005年国家社科基金项目:水书抢救保护与开发利用研究;

韦宗林主持2005年国家社科基金项目:释读旁落的文明——濒危水族古文字与古汉字的对比研究;

梁光华主持2007年国家社科基金西部项目:水族水书语音语料库系统研究;

蒙爱军主持2009年国家社科基金项目:水书版本与内容调查研究;

吴贵飙主持2010年国家社科基金项目:水族水书传承文化研究;

赵丽明、孙宏开主持2010年国家社科基金重大招标项目"中国西南地区濒危文字抢救、整理与研究":子课题"水族水文、水书抢救、整理与研究",吴贵飙负责;等。

水书文化研究的省部级课题:

潘朝霖主持2002年贵州省社科规划办课题:水书调查研究;

潘朝霖主持2005年省长资金课题:水书文化生态保护与研究;

吴贵飙主持2007年国家民委科研课题:水族古籍《水书》保存保护的现状及对策研究;等。

综上所述,水书的抢救、整理、保护、翻译和研究不仅取得了丰硕的研究成果,而且在组织机构设置上,也给水书研究带来新的研究生机。为抢救、整理、翻译和研究水书,水族的主要聚居地贵州省黔南苗族布依族自治州、三都水族自治县、荔波县、独山县、都匀市等县市成立了水书抢救工作领导小组,当地政府倾力将抢救、挖掘和整理水书作为保护民族文化的重点工程来实施,组织力量进行抢救、挖掘、整理和征集民间的水书原件,设立专门机构、配备专业人员对水书进行翻译和研究工作。2011年10月18日中国共产党第十七届中央委员会第六次全体会议通过的《中共中央关于深化文化体制改革推动社会主义文化大发展大繁荣若干重大问题的决定》将为水文古籍的研究提供更好的环境,水书文化将得到更好的保护。

三、水文水书研究成果

(一)专著、论文集

[1]窦全曾修,陈矩等纂.都匀县志稿(二十二卷首一卷)[M].民国十四年(1925)铅印本.

[2]许用权修,胡羽高纂.三合县志略(四十四卷)[M].民国二十九年(1940)铅印本.

[3]刘显世、谷正伦修,任可澄、杨恩元纂.贵州通志[M].民国三十七年(1948)铅印本.

[4]中国科学院民族研究所贵州少数民族社会历史调查组.水族简史简志合编:初稿[M].北京:

中国科学院民族研究所贵州少数民族社会历史调查组，1963.

[5]王华裔修，艾应芳纂 . 独山县志（二十八卷）[M]. 民国三年（1914）稿本，贵州省图书馆油印本，1965.

[6]李方桂 . 水话研究："中央研究院" 历史语言研究所专刊之七十三 [M]. 台北："中央研究院" 历史语言研究所，1977.

[7]潘一志 . 水族社会历史资料稿 [M]. 三都：三都水族自治县文史资料组，1981.

[8]三都水族自治县文史组 . 水族源流考 [C]. 三都：三都水族自治县文史组，1985.

[9]吴支贤，石尚昭 . 水族文字研究 [M]. 三都：三都水族自治县民委，1985.

[10]水族简史编写组 . 水族简史 [M]. 贵阳：贵州民族出版社，1985.12.

[11]《三都水族自治县概况》编写组 . 三都水族自治县概况 [M]. 贵阳：贵州人民出版社，1986.

[12]中国各民族宗教与神话大辞典编写组 . 中国各民族宗教与神话大辞典 [M]. 北京：学苑出版社，1990.

[13]傅懋勣 . 中国民族古文字图录 [M]. 北京：中国社会科学出版社，1990.

[14]三都水族自治县志编纂委员会 . 三都水族自治县志 [M]. 贵阳：贵州人民出版社，1992.8.

[15]中国大百科全书语言文字卷编委会 . 中国大百科全书·语言文字卷 [M]. 北京：中国大百科全书出版社，1992.

[16]聂鸿音 . 中国文字概略 [M]. 北京：语文出版社，1993.

[17]贵州省水家学会编 . 水家学研究（一）[C]. 贵阳：贵州民族出版社，1993.

[18]贵州省水家学会编 . 水家学研究（二）[C]. 都匀：贵州省水家学会，1993.6.

[19]王品魁译注 . 水书·正七卷壬辰卷 [M]. 贵阳：贵州民族出版社，1994.

[20]李晋有，方鹤春 . 中国少数民族古籍论 [C]. 成都：巴蜀书社，1997.

[21]张公瑾 . 民族古文献概览 [M]. 北京：民族出版社，1997.

[22]周有光 . 世界文字发展史 [M]. 上海：上海教育出版社，1997.

[23]聂鸿音 . 中国文字概略 . 北京：语文出版社，1998.

[24]贵州省水家学会编 . 水家学研究（三）[C]. 都匀：贵州省水家学会，1999.10.

[25]黄润华、史金波 . 少数民族古籍版本——民族文字古籍 [M]. 南京：江苏古籍出版社，2002.12.

[26]王锋 . 从汉字到汉字系——汉字文化圈研究 [M]. 北京：民族出版社，2003.

[27]潘朝霖，韦宗林 . 中国水族文化研究 [M]. 贵阳：贵州人民出版社，2004.

[28]魏忠 . 中国的多民族文字及文献 [M]. 北京：民族出版社，2004.

[29]吴泽霖，陈国均等 . 贵州苗夷社会研究 [C]. 北京：民族出版社，2004.

[30]刘世彬 . 黔南民族古籍（三）——黔南碑刻研究 [C]. 黔南州民族宗教委员会古籍办公室，2004.5.

[31]李方桂 . 李方桂全集（5）——莫话记略·水话研究 [M]. 北京：清华大学出版社，2005.

[32]王品魁，潘朝霖 . 水书·丧葬卷 [M]. 贵阳：贵州民族出版社，2005.

[33]石国义 . 水书·正七卷 [M]. 贵阳：贵州民族出版社，2006.11.

[34]石国义．水书·分割卷[M]. 贵阳：贵州民族出版社，2006.11.

[35]石国义．水书·寅申卷[M]. 贵阳：贵州民族出版社，2006.11.

[36]石国义．水书·探巨卷[M]. 贵阳：贵州民族出版社，2006.11.

[37]石国义．水书·八探卷[M]. 贵阳：贵州民族出版社，2006.11.

[38]中国水书编辑委员会．中国水书[M]. 成都：巴蜀出版社，四川民族出版社，2006.12.

[39]贵州省黔南州水书抢救工作领导小组等．中国水书文化国际学术研讨会论文集[C]. 都匀：黔南民族师范学院，内部编印，2007.1.

[40]韦世方．水书常用字典[M]. 贵阳：贵州民族出版社，2007.6.

[41]韦章炳．中国水书探析[M]. 北京：中国文史出版社，2007.6.

[42]贵州省档案局（馆），荔波县人民政府．泐金·纪日卷[M]. 贵阳：贵州人民出版社，2007.10.

[43]祖明，潘朝霖．采风论坛8[C]. 北京：中国文化出版社，2007.

[44]罗燕．黔南民族古籍（五）[C]. 都匀：黔南州民族宗教委员会古籍办公室，2007.12.

[45]陆勇昌，潘朝霖．采风论坛9[C]. 北京：中国文联出版社，2008.

[46]李方桂．李方桂全集（6）——水话词汇[M]. 北京：清华大学出版社，2008.

[47]张振江，姚福祥．水书与水族社会：以《陆道根原》为中心的研究[M]. 广州：中山大学出版社，2009.

[48]韦章炳．水书与水族历史研究[M]. 北京：中国戏剧出版社，2009.

[49]潘朝霖，唐建荣．水书文化研究[C]. 贵阳：贵州民族出版社，2009.

[50]罗燕．黔南民族古籍（六）[C]. 都匀：黔南州民族宗教委员会古籍办公室，2009.5.

[51]陆勇昌，潘朝霖．采风论坛10[C]. 北京：光明日报出版社，2009.12.

[52]王传福，熊宗仁．揭秘水书：水书先生访谈录[M]. 贵阳：贵州民族出版社，2010.4.

[53]梁光华，蒙景村，蒙耀远，蒙君昌．水书·婚嫁卷[M]. 贵阳：贵州民族出版社，2010.

[54]贵州省水家学会．水家学研究（第五集）[C]. 水家族文明．贵阳文史，2010（2，增刊）. 贵阳：《贵阳文史》杂志社

[55]罗燕．黔南民族古籍（七）[C]. 黔南州民族宗教委员会古籍办公室，2010.4

[56]陆春．水书·秘籍卷[M]. 贵阳：贵州民族出版社，2010.6.

[57]都匀市水家学会．都匀市水家学研究（第一辑）[C]. 都匀市水家学会印，2010.6.

[58]中国水书·易经三都论坛论文汇编[C].2010.10.

[59]陆勇昌，潘朝霖．采风论坛11[C]. 北京：中央文献出版社，2010.11.

[60]陈思．水书揭秘[M]. 北京：光明日报出版社，2010.12.

[61]黔南民族师范学院水族文化研究所．贵州省水家学会第九次学术研讨会参会论文[C]. 都匀：黔南民族师范学院水族文化研究所，2010.12.

[62]贵州民族学院·贵州水书文化研究院．贵州省水家学会第九次学术研讨会论文汇编[C]. 贵阳：贵州民族学院·贵州水书文化研究院，2010.12.

[63]贵州省荔波县水家学会．贵州省水家学会第九次学术研讨会论文集[C]. 贵州省荔波县水家学会，2010.12.

[64]水家学会三都水族自治县工委会，三都水族自治县水族研究所．贵州省水家学会第九次学术研讨会三都论文集[C]．三都：水家学会三都水族自治县工委会、三都水族自治县水族研究所，2010.12.

[65]罗燕．黔南民族古籍(八)[C]．都匀：黔南州民族宗教委员会古籍办公室，2011.4.

[66]周有光．世界文字发展史(第三版)[M]．上海：上海教育出版社，2011.7.

[67]韦章炳．水书文化与中华断代文明．北京[M]：光明日报出版社，2012.8.

(二)学位论文、报告

[1]刘凌．“水书”文字性质探索[D]．华东师范大学硕士论文，1999.

[2]孙易．水字新论[D]．南开大学硕士论文，2003.

[3]孙易．水族文字研究[D]．南开大学博士论文，2006.

[4]翟宜疆．水文造字机制研究[D]．华东师范大学博士论文，2007.

[5]邓章应．西南少数民族原始文字的产生与发展[D]．华东师范大学博士论文，2007.

[6]王学文．村寨生活与族群社会：贵州荔波水利大寨的生活文化考察[D]．北京师范大学博士论文，2008.

[7]蒙爱军．水族经济行为的文化解释[D]．云南大学博士论文，2008.

[8]李杉．水文异体字研究[D]．华东师范大学硕士论文，2008.

[9]董世兵．水书先生传承研究[D]．中山大学硕士论文，2009.

[10]廖崇虹．水书文化开发性保护的产业化发展战略研究[D]．天津大学硕士论文，2010.

[11]韦学纯．水语描写研究[D]．上海师范大学博士论文，2011.

[12]中国科学院少数民族语言调查第一工作队编．水语调查报告初稿[R]．内部资料，1958.

[13]贵州省民委古籍办．关于对“水书”抢救、保护、出版情况的调研报告[R]．民族古籍，2011,(3)

(三)期刊文章

[1]张为纲．水家来源试探[J]．社会研究，1942,(36)

[2]韦庆稳．水语概况[J]．中国语文，1965,(5)

[3]西田龙雄．水文字历的释译[J]．言语，1980,(8)

[4]姜永兴．漫话水族古文字——水书[J]．民族文化，1983,(2)

[5]吴支贤，石尚昭．水族文字浅谈[J]．贵州社科通讯，1983,(10)

[6]李炳泽．从水族传说论水族民间文字[J]．采风，1985,(3)

[7]王国宇．水书与一份水书样品的释读[J]．民族语文，1987,(6)

[8]王品魁．水书源流新探[J]．黔南民族，1990,(1)

[9]雷广正，韦快．《水书》古文字探析[J]．贵州民族研究，1990,(3)

[10]王思民．水书图像与水族舞蹈关系浅析[J]．贵州文化，1990,(10)

[11]刘日荣．水书研究——兼论水书中的汉语借词[J]．中央民族学院学报，1990,(增刊)

[12]王连和，刘宝耐．水族的天象历法[J]．河北省科学院学报，1990,(1)

[13]王品魁．《水书》探源[J.]贵州文史丛刊，1991,(3)

[14]陈昌槐.水族文字与《水书》[J].中央民族学院学报,1991,(3)
[15]蒙爱军.谈水族鬼神观与《水书》五行观中的认识结构[J].贵州民族学院学报,1991,(4)
[16]石尚昭.《水书》通义——天文历法[J].黔南教育学院学报,1991,(4)
[17]贾光杰.水族古文字[J].民族团结,1991,(4)
[18]王品魁.水族画像石葬和水文字石葬初探[J].黔南民族,1992,(2)
[19]韦忠仕.古今水族历法考略[J].黔南民族,1992,(2)
[20]吴贵飙.水族经典——水书[J].民族古籍,1992,(3)
[21]韦忠仕."水书"研究概况[J].贵州文史丛刊,1992,(4)
[22]冷天放.《水书》探源[J].贵州民族研究,1993,(1)
[23]潘朝霖.水家巫祝文学浅识[J].民族艺术,1993,(2)
[24]韦忠仕.古今水族历法考略[J].贵州文史丛刊,1993,(3)
[25]刘日荣.《水书》中的干支初探[J].中央民族大学学报,1994,(6)
[26]韦正言.泐虽——水族文字[J].贵州档案,1994,(2)
[27]韦宗林.水文字书法试探[J].贵州民族学院学报,1995,(2)
[28]王思民.水书图象与水族舞蹈关系浅析[J].民族艺术,1995,(2)
[29]吴承玉.三都水族的语言文字[J].贵州文史丛刊,1995,(3)
[30]雷广正,韦快.古"百越"族团的陶文、水文、甲骨文对比分析[J].黔南民族,1995,(3)
[31]刘日荣.水书述评[J].中央民族大学学报,1995,(6)
[32]李炳泽.神秘的水族文字——水书[J].百科知识,1996,(11)
[33]孔燕君.水族的"百科全书"——评《水书·正七卷、壬辰卷》[J].中国出版,1996,(6)
[34]潘朝霖."水家族""水族"泛谈[J].贵州民族学院学报(哲学社会科学版),1996,(4)
[35]王品魁.《水书》二十八宿[J].贵州文史丛刊,1996,(2)
[36]王品魁.拉下村水文字墓碑辨析[J].黔南民族,1998,(1-2)
[37]吴正彪.水书翻译管窥[J].黔南民族,1998,(1-2)
[38]韦宗林.水族古文字"反书"的成因[J].贵州民族学院学报(哲学社会科学版),1999,(4)
[39]吴端端,蒋国生.中国水族文字档案的形成与特点[J].档案学研究,1999,(4)
[40]潘朝霖.水族汉族二十八宿比较研究[J].贵州民族学院学报(哲学社会科学版),2000,(2)
[41]韦宗林.水族古文字计算机输入法[J].贵州民族学院学报(哲学社会科学版),2000,(4)
[42]潘朝霖.水苗汉二十八宿比较研究[J].贵州民族研究,2001,(3)
[43]韦宗林.水族古文字探源[J].贵州民族研究,2002,(2)
[44]王品魁.《水书》七元宿的天象历法[J].民族古籍,2002,(3)
[45]王品魁.《水书》与其抢救[J].民族古籍,2002,(3)
[46]罗燕.《水书》探析[J].民族古籍,2002,(3)
[47]石国义.水族经典古籍《水书》的历史渊源及其文化价值[J].民族古籍,2002,(3)
[48]吴正彪.水书翻译管窥[J].民族古籍,2002,(3)
[49]莫定武.内涵丰富的水书[J].中国民族,2002,(3)

[50]蒙爱军.水家族水书阴阳五行观的认识结构[J].贵州民族学院学报,2002,(5)
[51]石冬梅.水族古文字档案——《水书》[J].贵州档案,2002,(5)
[52]潘朝霖.神秘水书的传承人潘广礼[J].贵州民族学院学报(哲学社会科学版),2003,02-25
[53]王元鹿.水族方位字研究及其对普通文字学研究的启发——兼论水文研究的必要性和方法论[J].湖州师范学院学报,2003,(2)
[54]唐泽荣.水族的水书[J].文史天地,2003,(3)
[55]王元鹿."水文"中的数目字与干支字研究[J].华东师范大学学报,2003,(4)
[56]姚炳泰.水书[J].中国档案,2004,(2)
[57]王锋.试论水书的书写系统及其文化属性[J].贵州民族研究,2004,(2)
[58]向宗鼎,莫开灿."水书"大师王品魁[J].重庆与世界,2004,(2)
[59]曾晓渝,孙易.水族文字新探[J].民族语文,2004,(4)
[60]潘朝霖.水族历法与端节准确诠释"年"的本义[J].南开语言学刊,2004,(5)
[61]周芙蓉.活化石"水书"传承水族历史[J].记者观察,2004,(11)
[62]蒙景村."水书"及其造字方法研究[J].黔南民族师范学院学报,2005,(1)
[63]潘朝霖.水书,密林深处的原始灵光[J].人与生物圈,2005,(2)
[64]邓章应.水书造字机制探索[J].黔南民族师范学院学报 2005,(2)
[65]潘朝霖.关于水书研究若干问题的思考[J].黔南民族职业技术学院学报,2005,(4)
[66]范波.试述贵州民族文献[J].贵州民族研究,2005,(5)
[67]董芳,周石匀,郑文瑾.水书文字规范标准建设与信息化的研究[J].黔南民族师范学院学报,2005,(5)
[68]何仕银,梁卫民.打开神秘的水书[J].中华遗产,2005,(5)
[69]潘朝霖.纸上化石——水书[J].西部论坛,2005,(9)
[70]周艳琼.发现"水书"[J].民族,2005,(10)
[71]罗春寒.水书的抢救及存在的问题浅议[J].贵州民族研究,2006,(1)
[72]潘朝霖."水书"难以独立运用的死结何在? [J].贵州民族学院学报,2006,(1)
[73]韦宗林.水族古文字与甲骨文的联系[J].贵州民族学院学报,2006,(1)
[74]叶成勇.水书起源时代试探[J].贵州民族学院学报,2006,(1)
[75]潘淘洁.水书文字"酉、鸡"字形书写特色初探[J].贵州民族学院学报,2006,(1)
[76]刘世彬.莫友芝对水族古文字的研究[J].黔南民族师范学院学报,2006,(1)
[77]潘朝霖.宋代"贵州水族'水书'大钱"考略[J].黔南民族职业技术学院学报,2006,(2)
[78]潘朝霖.难以独立运用的神秘水书[J].中华文化画报,2006,(2)
[79]朱建军.从文字接触视角看汉字对水文的影响[J].贵州民族研究,2006,(3)
[80]菊子.《水书·丧葬卷》出版[J].民族语文,2006,(4)
[81]戴丹,董芳.水文输入法的设计与实现[J].大众科技,2006(4)
[82]潘朝霖.走近水族 认识水书[J].中国妇女(外文期刊),2006,(9)
[83]潘朝霖.水书不再是被压迫者使用的文字[J].社会科学报,2007.

[84]刘守华 . 水书：古老文明的遗存 [J]. 中国档案，2007，(1)

[85]潘朝霖 . 水书研究的开山鼻祖——莫友芝[J]. 黔南民族职业技术学院学报，2007，(2)

[86]李子涵 . 从记录语言的方式看水文自造字和汉字的同义[J]. 甘肃联合大学学报(社会科学版)，2007，(3)

[87]潘兴文 . 试探水书碑文识读[J]. 黔南民族师范学院学报，2007，(5)

[88]刘世彬 . 潘一志对水族古文字的研究[J]. 黔南民族师范学院学报，2008，(2)

[89]梁敏 . 关于水族族源和水书形成之我见[J]. 广西民族研究，2008，(3)

[90]文毅，王观玉 . 全球化视野下水书文献资源共享探析[J]. 现代情报，2008，(3)

[91]文毅 . 从水书研究看民族高校图为馆的特色馆藏建设[J]. 图书馆工作与研究，2008，(3)

[92]高慧宜 . 水族水文和傈僳族竹书的异体字比较研究[J]. 民族论坛，2008，(3)

[93]张振江 . 贵州水族的水书与水书传承扎记[J]. 文化遗产，2008，(4)

[94]董芳 . 水书水字类属码研究[J]. 中文信息学报，2008，(5)

[95]邓章应 . 水族古文字的科学定名[J]. 中国科技术语，2009，(3)

[96]蒙爱军，李德建 . 水书与水族适度理性的经济行为[J]. 贵州民族研究，2009，(6)

[97]潘淘洁 . 水书中的龙形图文初窥[J]. 贵州社会科学，2009，(10)

[98]潘朝霖：神秘水书的传承人潘广礼[J]. 原生态民族文化学刊，2009-12-28

[99]周泽亮，姚炳烈，潘朝霖，吴贵飙，罗春寒 . 国家级珍贵古籍名录：水书[J]. 原生态民族文化学刊，2009-12-28

[100]文毅 . 论水族水书文献的保护与利用[J]. 图书馆建设，2009，(6)

[101]梁光华，石尚彬，欧阳大霖，蒙景村 . 连周共易风情古 水汉同源文化昌——黔南民族师范学院水书文化研究巡礼[J]. 贵阳文史(水家族文明，水家学研究第五集)，2010，(2，增刊)

[102]潘忠黎 . 水书抢救工作扫描[J]. 贵阳文史(水家族文明，水家学研究第五集)，2010，(2，增刊)

[103]韦章炳 . 水书内容的“气”与“坟”[J]. 贵阳文史(水家族文明，水家学研究第五集)，2010，(2，增刊)

[104]韦仕钊 . 水书历法对民众生活的影响[J]. 贵阳文史(水家族文明，水家学研究第五集)，2010，(2，增刊)

[105]潘兴文 . 无润水书历法试探[J]. 贵阳文史(水家族文明，水家学研究第五集)，2010，(2，增刊)

[106]韦世方 . 从水书结构看汉字对水族文字之影响[J]. 贵阳文史(水家族文明，水家学研究第五集)，2010，(2，增刊)

[107]陈琳 . 水书之仿木刻版本[J]. 贵阳文史(水家族文明，水家学研究第五集)，2010，(2，增刊)

[108]姚覃军 . 水书翻译刍议[J]. 贵阳文史(水家族文明，水家学研究第五集)，2010，(2，增刊)

[109]蒋国生 . “水书”定义之见[J]. 贵阳文史(水家族文明，水家学研究第五集)，2010，(2，增刊)

[110]蒙熙林 . 水书抢救的政府作为与民间行为紧密结合[J]. 贵阳文史(水家族文明，水家学研究第五集)，2010，(2，增刊)

[111]蒙熙儒.水书日常运用点滴[J].贵阳文史(水家族文明,水家学研究第五集),2010,(2,增刊)

[112]蒙耀远.水书习俗及其文化内蕴[J].贵阳文史(水家族文明,水家学研究第五集),2010,(2,增刊)

[113]韦宗林.谈水书的古文字笔画元素[J].贵州民族学院学报,2010,(5)

[114]潘朝霖.水书地支多种读音探析[J].贵州民族学院学报,2010,(5)

[115]唐建荣,任雎阿闹.水书蕴含的水族哲学思想解读[J].贵州民族学院学报,2010,(5)

[116]白小丽.水书《正七卷》纪时地支的文字异读[J].贵州民族学院学报,2010,(5)

[117]牟昆昊.水书"二十八星宿"声母总结分析[J].贵州民族学院学报,2010,(5)

[118]陈思.水书文字兼容性的探索[J].贵州民族学院学报,2010,(5)

[119]王炳江,王德和.水书启蒙拜师仪式调查研究[J].贵州民族学院学报,2010,(5)

[120]韦荣平.都匀市水书文化传承调查研究[J].贵州民族学院学报,2010,(5)

[121]张霁.谈水书的研究和应用[J].吉林省教育学院学报,2010,(2)

[122]郑高山,陈笑蓉,杨撼岳.基于 Windows IME 水书文字输入法的设计[J].贵州大学学报(自然科学版),2010,(1)

[123]农建萍,陈鹏.象形文字的活化石——水书[J].山西档案,2010,(3)

[124]韦世方.水书与水书先生[J].民族文学.2010,(11)

[125]陈琳.水书的研究现状及申报《国家珍贵古籍名录》述略[J].贵州文史丛刊,2011,(1)

[126]杨撼岳,陈笑蓉,郑高山.水族文字笔形编码方法研究[J].计算机工程,2011,(14)

(四)论文集中的析出文献

[1]张为纲.水家来源初探[J].贵州苗夷社会研究[C].贵阳文通书局印行,1942.

[2]岑家梧.水书与水家来源[J].西南民族文化论丛[C].广州岭南大学西南社会经济研究所,1949.

[3][日]西田龙雄著,王云祥译.水文字历的释译[A].民族语文研究情况资料集[C].北京:1983.2.

[4]岑家梧.水书与水家来源[A].三都县文史组.水族源流考[C].三都:三都县文史组,1985.

[5]张为纲.水家来源试探[A].三都县文史组.水族源流考[C].三都:三都县文史组,1985.

[6]吴正彪.三都水族"水书"简介[A].民族调查资料汇编(一)[C].1987.

[7]王国宇.水族古文字考释[A].中国民族古文字图录[C].北京:中国社会科学出版社,1990.10.

[8]王国宇.略论水书与二十八宿[A].中国民族古文字研究第一辑[C].天津:天津古籍出版社,1991.12.

[9]李旭练.谈谈水族古文字[A].都匀文史资料选集(七)[C].1991.

[10]岑家梧.水书与水家来源[A].岑家梧民族研究文集[C].北京:民族出版社,1992.

[11]韦忠仕,王品魁.《水书》研究价值刍议[A].采风论坛1[C].1993.6.

[12]韦忠仕,王品魁《水书》研究价值刍议[A].贵州省水家学会.水家学研究(一)[C].贵阳:

贵州民族出版社,1993.6.

[13]王品魁.《水书》探源[A].贵州省水家学会.水家学研究(一)[C].贵阳:贵州民族出版社,1993.6.

[14]蒙爱军.论水家鬼神观与水书五行观的认识结构[A].贵州省水家学会.水家学研究(二)[C].都匀:贵州省水家学会,1993.6.

[15]黎汝标,韦忠仕.《水书》研究述评[A].贵州省水家学会.水家学研究(二)[C].都匀:贵州省水家学会,1993.6.

[16]王品魁.《水书》来源新探[A].贵州省水家学会.水家学研究(二)[C].都匀:贵州省水家学会,1993.6.

[17]韦忠仕.古今水族历法考略[A].贵州省水家学会.水家学研究(二)[C].都匀:贵州省水家学会,1993.6.

[18]石尚昭,吴支贤.水族文字研究[A].中国民族古文字研究第二辑[C].天津:天津古籍出版社,1993.10.

[19]王国宇.水族古文字考释[A].中国民族古文字研究第二辑[C].天津:天津古籍出版社,1993.10.

[20]潘道益.水族七元历制初探[A].贵州省水家学会.水家学研究(三)[C].都匀:贵州省水家学会,1999.10.

[21]王品魁.拉下村水文字碑辨析[A].贵州省水家学会.水家学研究(三)[C].都匀:贵州省水家学会,1999.10.

[22]韦宗林.水族古文字"反书"成因简议[A].贵州省水家学会.水家学研究(三)[C].都匀:贵州省水家学会,1999.10.

[23]唐泽荣.试论水书与甲骨文结合在生活中的运用[A].黔南州民宗委古籍办.黔南民族古籍(二)[C].都匀:黔南州民宗委古籍办,2003.

[24]高慧宜.水文造字方法初探[A].中国文字研究(第五集)[C].南宁:广西教育出版社,2004.

[25]石国义.水族经典古籍《水书》的内容结构及其文化价值[A].贵州世居民族研究第1卷[C]贵阳:贵州民族出版社,2004.11.

[26]潘朝霖.水书地支"酉"六种读音研究[A].贵州世居民族研究第1卷[C]贵阳:贵州民族出版社,2004.11.

[27]蒙爱军,潘朝霖.荔波县水书调查[A].贵州世居民族研究第1卷[C].贵阳:贵州民族出版社,2004.11.

[28]王品魁.天文学四象与水书二十八宿[A].贵州省水家学会.水家学研究(四)[C].都匀:贵州省水家学会,2004.10.

[29]韦宗林.水族古文字源头的几个问题[A].贵州省水家学会.水家学研究(四)[C].都匀:贵州省水家学会,2004.10.

[30]蒙爱军.水书阴阳五行观的认识结构[A].贵州省水家学会.水家学研究(四)[C].都匀:

贵州省水家学会，2004.10.

[31]王基华．努力把水文字融入先进的社会主义文化[A]．贵州省水家学会．水家学研究（四）[C]．都匀：贵州省水家学会，2004.10.

[32]张为纲．水家来源试探[A]．贵州苗夷社会研究[C]．北京：民族出版社，2004.

[33]潘朝霖．水书保护现状与对策[A]．民族文化保护与旅游开发[C]．贵阳：贵州科技出版社，2005.

[34]潘朝霖．《水书·丧葬卷》初识[A]．水书·丧葬卷[M]．贵阳：贵州民族出版社，2005.

[35]朱建军．水文常见字异体现象刍议[A]．中国文字研究第六集[C]．南宁：广西教育出版社，2005.

[36]樊敏．试论水书的翻译[A]．贵州世居民族研究第2卷[C]．贵阳：贵州民族出版社，2005.12.

[37]潘朝霖．神奇水字 神秘水书——《中国水书》管窥[A]．中国水书[C]．成都：巴蜀书社、四川民族出版社，2006.12.

[38]刘世彬．黔南老方志及《水族社会历史资料稿》中关于水族古文字的信息[A]．陆勇昌，潘朝霖．采风论坛7[C]．北京：中国文联出版社，2006.12.

[39]潘朝霖．水书文化研究150年概述[A]．陆勇昌，潘朝霖．采风论坛7[C]．北京：中国文联出版社，2006.12.

[40]潘淘洁．水族图画文字的特征浅析[A]．贵州世居民族研究第3卷[C]．北京：中国文联出版社，2006.12.

[41]唐建荣，潘朝霖．水书抢救保护述评[A]．贵州世居民族研究第3卷[C]．北京：中国文联出版社，2006.12.

[42]韦述启．访水书先生韦朝贤[A]．贵州世居民族研究3[C]．北京：中国文联出版社，2006.12.

[43]潘朝霖．水书与水族和谐社会[A]．贵州世居民族研究3[C]．北京：中国文联出版社，2006.12.

[44]曾晓渝，孙易．水字研究概况及对水字起源传说的重新解读[A]．贵州省黔南州水书抢救工作小组等．中国·水书文化国际学术研讨会论文集[C]．都匀：黔南民族师范学院，2007.1.

[45]韦学纯．水书研究的历史分期与未来趋势探索[A]．贵州省黔南州水书抢救工作小组等．中国·水书文化国际学术研讨会论文集[C]．都匀：黔南民族师范学院，2007.1.

[46]罗春寒．水族、水书与水书研究述评[A]．贵州省黔南州水书抢救工作小组等．中国·水书文化国际学术研讨会论文集[C]．都匀：黔南民族师范学院，2007.1.

[47]梁光华，石尚彬，欧阳大霖，蒙景村．连周共易风情古 水汉同源文化昌——黔南民族师范学院水书文化研究巡礼[A]．贵州省黔南州水书抢救工作小组等．中国·水书文化国际学术研讨会论文集[C]．都匀：黔南民族师范学院，2007.1.

[48]蒙景村．水书文化保护与传承研究[A]．贵州省黔南州水书抢救工作小组等．中国·水书文化国际学术研讨会论文集[C]．都匀：黔南民族师范学院，2007.1.

[49]樊敏．试论水书的传承[A]．贵州省黔南州水书抢救工作小组等．中国·水书文化国际学术研讨会论文集[C]．都匀:黔南民族师范学院,2007.1.

[50]蒙耀远．水书传承问题刍议[A]．贵州省黔南州水书抢救工作小组等．中国·水书文化国际学术研讨会论文集[C]．都匀:黔南民族师范学院,2007.1.

[51]董世兵．人类学视野下水书先生的传承——以荔波县永康乡为例[A]．贵州省黔南州水书抢救工作小组等．中国·水书文化国际学术研讨会论文集[C]．都匀:黔南民族师范学院,2007.1.

[52]姚覃军,蒙熙林,姚炳烈．浅谈水书及其抢救[A]．贵州省黔南州水书抢救工作小组等．中国·水书文化国际学术研讨会论文集[C]．都匀:黔南民族师范学院,2007.1.

[53]欧阳大霖．论水书旅游产品开发的社会意义[A]．贵州省黔南州水书抢救工作小组等．中国·水书文化国际学术研讨会论文集[C]．都匀:黔南民族师范学院,2007.1.

[54]罗燕．水族非物质文化遗产的保护和传承[A]．贵州省黔南州水书抢救工作小组等．中国·水书文化国际学术研讨会论文集[C]．都匀:黔南民族师范学院,2007.1

[55]潘中西．浅谈水书的保护与开发[A]．贵州省黔南州水书抢救工作小组等．中国·水书文化国际学术研讨会论文集[C]．都匀:黔南民族师范学院,2007.1.

[56]潘朝霖．“水书”含义新探[A]．贵州省黔南州水书抢救工作小组等．中国·水书文化国际学术研讨会论文集[C]．都匀:黔南民族师范学院,2007.1.

[57]韦宗林．水族古文字讹变现象及原因[A]．贵州省黔南州水书抢救工作小组等．中国·水书文化国际学术研讨会论文集[C]．都匀:黔南民族师范学院,2007.1.

[58]李明．试论水族古文字的社会文化属性[A]．贵州省黔南州水书抢救工作小组等．中国·水书文化国际学术研讨会论文集[C]．都匀:黔南民族师范学院,2007.1.

[59]高慧宜．浅议水族“反书”[A]．贵州省黔南州水书抢救工作小组等．中国·水书文化国际学术研讨会论文集[C]．都匀:黔南民族师范学院,2007.1.

[60]王元鹿．水文在文字学研究中的认识价值与研究方法[A]．贵州省黔南州水书抢救工作小组等．中国·水书文化国际学术研讨会论文集[C]．都匀:黔南民族师范学院,2007.1.

[61]李杉．水字异体字初步研究[A]．贵州省黔南州水书抢救工作小组等．中国·水书文化国际学术研讨会论文集[C]．都匀:黔南民族师范学院,2007.1.

[62]李子涵．从记录语言的方式看水文自造字和汉字的同义[A]．贵州省黔南州水书抢救工作小组等．中国·水书文化国际学术研讨会论文集[C]．都匀:黔南民族师范学院,2007.1.

[63]刘世斌．莫友芝对水族古文字的研究[A]．贵州省黔南州水书抢救工作小组等．中国·水书文化国际学术研讨会论文集[C]．都匀:黔南民族师范学院,2007.1.

[64]李小雅．水文自源字和借源字研究[A]．贵州省黔南州水书抢救工作小组等．中国·水书文化国际学术研讨会论文集[C]．都匀:黔南民族师范学院,2007.1.

[65]刘凌．关于水字历史的一点思考[A]．贵州省黔南州水书抢救工作小组等．中国·水书文化国际学术研讨会论文集[C]．都匀:黔南民族师范学院,2007.1.

[66]朱建军．从文字接触视角看汉字对水文的影响[A]．贵州省黔南州水书抢救工作小组等．中国·水书文化国际学术研讨会论文集[C]．都匀:黔南民族师范学院,2007.1.

[67]喻遂生．水书和纳西东巴文、汉古文字的初步比较[A]．贵州省黔南州水书抢救工作小组等．中国·水书文化国际学术研讨会论文集[C]．都匀:黔南民族师范学院,2007.1.

[68]黄思贤．水字、古汉字及纳西东巴文同义比较举例[A]．贵州省黔南州水书抢救工作小组等．中国·水书文化国际学术研讨会论文集[C]．都匀:黔南民族师范学院,2007.1.

[69]王秋池．水文与方块壮字造字理据比较[A]．贵州省黔南州水书抢救工作小组等．中国·水书文化国际学术研讨会论文集[C]．都匀:黔南民族师范学院,2007.1.

[70]翟宜疆．水文和日本国字中异体字的初步比较[A]．贵州省黔南州水书抢救工作小组等．中国·水书文化国际学术研讨会论文集[C]．都匀:黔南民族师范学院,2007.1.

[71]龙向洋．关于水书研究文献目录数据库建设的构想[A]．贵州省黔南州水书抢救工作小组等．中国·水书文化国际学术研讨会论文集[C]．都匀:黔南民族师范学院,2007.1.

[72]潘兴文．水书历法无润历制初探[A]．贵州省黔南州水书抢救工作小组等．中国·水书文化国际学术研讨会论文集[C]．都匀:黔南民族师范学院,2007.1.

[73]韦章炳．论水书在唯物视野中的价值作用[A]．贵州省黔南州水书抢救工作小组等．中国·水书文化国际学术研讨会论文集[C]．都匀:黔南民族师范学院,2007.1.

[74]邓章应．纳水形体词语用字比较[A]．贵州省黔南州水书抢救工作小组等．中国·水书文化国际学术研讨会论文集[C]．都匀:黔南民族师范学院,2007.1.

[75]刘凌．关于水字历史的思考[A]．中国文字研究第二辑,2007.

[76]韦章炳．刍议《连山》、《水书》与含山玉版之谜[A]．陆勇昌,潘朝霖．采风论坛 8 [C]．北京:中国文化出版社,2007.10.

[77]潘兴文．试探水书墓碑文[A]．陆勇昌,潘朝霖．采风论坛 8 [C]．北京:中国文化出版社,2007.10.

[78]韦光荣．严肃的丧葬测课[A]．陆勇昌,潘朝霖．采风论坛 8 [C]．北京:中国文化出版社,2007.10.

[79]王学文．水书研究史及其反思[A]．陆勇昌,潘朝霖．采风论坛 9[C]．北京:中国文联出版社,2008.11.

[80]王炳江．水书传承断层现象浅析——以榕江县水尾乡水盆村为例[A]．陆勇昌,潘朝霖．采风论坛 9 [C]．北京:中国文联出版社,2008.11.

[81]韦章炳．试论“口传水书”与“口头易”[A]．陆勇昌,潘朝霖．采风论坛 9 [C]．北京:中国文联出版社,2008.11.

[82]韦佩君．水族祖师——公六铎[A]．陆勇昌,潘朝霖．采风论坛 9[C]．北京:中国文联出版社,2008.11.

[83]莫友芝．红崖古刻歌[A]．潘朝霖,唐建荣．水书文化研究[C]．贵阳:贵州民族出版社,2009.10

[84]刘世彬．莫友芝对水族古文字的研究[A]．潘朝霖,唐建荣．水书文化研究[C]．贵阳:贵州民族出版社,2009.10.

[85]岑家梧．水书与水家来源[A]．潘朝霖,唐建荣．水书文化研究[C]．贵阳:贵州民族出版社,

2009.10.

［86］张为纲．水家来源试探［A］．潘朝霖，唐建荣．水书文化研究［C］．贵阳：贵州民族出版社，2009.10.

［87］王品魁．水书是水族古老的宗教文化典籍［A］．潘朝霖，唐建荣．水书文化研究［C］．贵阳：贵州民族出版社，2009.10.

［88］王品魁．水书源流初探［A］．潘朝霖，唐建荣．水书文化研究［C］．贵阳：贵州民族出版社，2009.10.

［89］蒋南华，蒙育民．远古文字之奇珍 中华历法之瑰宝——水书承载着中华六千余年的文字和历法［A］．潘朝霖，唐建荣．水书文化研究［C］．贵阳：贵州民族出版社，2009.10.

［90］潘朝霖．神奇水字 神秘水书——《中国水书》管窥［A］．潘朝霖，唐建荣．水书文化研究［C］．贵阳：贵州民族出版社，2009.10.

［91］唐建荣，任睢．水书传承社会生态的思考［A］．潘朝霖，唐建荣．水书文化研究［C］．贵阳：贵州民族出版社，2009.10.

［92］韦章炳．试论水书视觉下含山玉版的使用价值［A］．潘朝霖，唐建荣．水书文化研究［C］．贵阳：贵州民族出版社，2009.10.

［93］潘朝霖．“水书习俗”的文化价值与研究［A］．潘朝霖，唐建荣．水书文化研究［C］．贵阳：贵州民族出版社，2009.10.

［94］韦忠仕，王品魁．水书研究价值刍论［A］．潘朝霖，唐建荣．水书文化研究［C］．贵阳：贵州民族出版社，2009.10.

［95］韦章炳，韦光荣，赵丽明．水族近代史故地考——都柳江源头水族文化初探［A］．潘朝霖，唐建荣．水书文化研究［C］．贵阳：贵州民族出版社，2009.10.

［96］蒙熙林．水书破译夏陶神秘符号［A］．潘朝霖，唐建荣．水书文化研究［C］．贵阳：贵州民族出版社，2009.10.

［97］石国义．水书“活化石”的千古之谜［A］．潘朝霖，唐建荣．水书文化研究［C］．贵阳：贵州民族出版社，2009.10.

［98］韦宗林．论水族文字的“楷变”［A］．潘朝霖，唐建荣．水书文化研究［C］．贵阳：贵州民族出版社，2009.10.

［99］韦宗林．对水族文字价值的讨论［A］．潘朝霖，唐建荣．水书文化研究［C］．贵阳：贵州民族出版社，2009.10.

［100］韦宗林．水族文字书写的本体理念［A］．潘朝霖，唐建荣．水书文化研究［C］．贵阳：贵州民族出版社，2009.10.

［101］潘朝霖．宋代“贵州水族‘水书’大钱”考略［A］．潘朝霖，唐建荣．水书文化研究［C］．贵阳：贵州民族出版社，2009.10.

［102］潘淘洁．水书中的龙形图文初窥［A］．潘朝霖，唐建荣．水书文化研究［C］．贵阳：贵州民族出版社，2009.10.

［103］罗春寒．水族、水书和水书研究［A］．潘朝霖，唐建荣．水书文化研究［C］．贵阳：贵州民

族出版社，2009.10.

[104]田铁，阿闹．水书与彝文的对比研究[A]．潘朝霖，唐建荣．水书文化研究[C]．贵阳：贵州民族出版社，2009.10.

[105]潘朝霖．水书与水族和谐社会[A]．潘朝霖，唐建荣．水书文化研究[C]．贵阳：贵州民族出版社，2009.10.

[106]蒙爱军．水族水书阴阳五行观的认识结构[A]．潘朝霖，唐建荣．水书文化研究[C]．贵阳：贵州民族出版社，2009.10.

[107]吴贵飙．水族古籍水书保存保护现状及对策研究[A]．潘朝霖，唐建荣．水书文化研究[C]．贵阳：贵州民族出版社，2009.10.

[108]潘朝霖．水书古籍抢救概况及版本鉴定定级审视[A]．潘朝霖，唐建荣．水书文化研究[C]．贵阳：贵州民族出版社，2009.10.

[109]潘朝霖．水书摩崖石刻考略[A]．潘朝霖，唐建荣．水书文化研究[C]．贵阳：贵州民族出版社，2009.10.

[110]潘朝霖．水族历法与端节准确诠释"年"的本义[A]．潘朝霖，唐建荣．水书文化研究[C]．贵阳：贵州民族出版社，2009.10.

[111]韦仕钊．水书《姑底卷》在水书历法中的重要性[A]．潘朝霖，唐建荣．水书文化研究[C]．贵阳：贵州民族出版社，2009.10.

[112]韦世方．浅谈水书的基本文化属性[A]．潘朝霖，唐建荣．水书文化研究[C]．贵阳：贵州民族出版社，2009.10.

[113]潘兴文．无闰月水历[A]．潘朝霖，唐建荣．水书文化研究[C]．贵阳：贵州民族出版社，2009.10.

[114]潘永会．我家水书的传承[A]．潘朝霖，唐建荣．水书文化研究[C]．贵阳：贵州民族出版社，2009.10.

[115]韦述启．访水书先生韦朝贤[A]．潘朝霖，唐建荣．水书文化研究[C]．贵阳：贵州民族出版社，2009.10.

[116]王炳江．水书传承断层现象浅析——以榕江县水尾乡水盆村为例[A]．潘朝霖，唐建荣．水书文化研究[C]．贵阳：贵州民族出版社，2009.10.

[117]刘洁．浅析水书的天人合一理念和民本思想——《泐金·纪日卷》英译后[A]．潘朝霖，唐建荣．水书文化研究[C]．贵阳：贵州民族出版社，2009.10.

[118]潘朝霖．咸丰迄今的水书文化研究[A]．潘朝霖，唐建荣．水书文化研究[C]．贵阳：贵州民族出版社，2009.10.

[119]韦学纯．中国水书研究未来趋势分析[A]．潘朝霖，唐建荣．水书文化研究[C]．贵阳：贵州民族出版社，2009.10.

[120]韦学纯．中国水书研究未来趋势分析[A]．陆勇昌，潘朝霖．采风论坛 10[C]．北京：光明日报出版社，2009.12.

[121]王炳江．东巴文、水书、彝文试比较[A]．陆勇昌，潘朝霖．采风论坛 10[C]．北京：光明

日报出版社，2009.12.

[122]潘朝霖．水书篇目名称命名规律探析[A]．陆勇昌，潘朝霖．采风论坛11[C]．北京：中央文献出版社，2009.11.

[123]蒙耀远．水书习俗及其文化内蕴[A]．陆勇昌，潘朝霖．采风论坛11[C]．北京：中央文献出版社，2009.11.

[124]王炳江．浅析水书拜师祝词中的娱神文化[A]．陆勇昌，潘朝霖．采风论坛11[C]．北京：中央文献出版社，2009.11.

[125]骆娴．水族特有的民族文化[A]．陆勇昌，潘朝霖．采风论坛11[C]．北京：中央文献出版社，2009.11.

[126]牟昆昊．水书"二十八星宿"宿象字形的历史文化含义分析[A]．陆勇昌，潘朝霖．采风论坛11[C]．北京：中央文献出版社，2009.11.

[127]潘兴文．水书摩崖与当地历史初探[A]．黔南州民族宗教委员会古籍办公室．黔南民族古籍七[C]．都匀：黔南州民族宗教委员会古籍办公室，2010.4.

[128]温明慧．浅议水书文化抢救应注意的几个问题[A]．黔南州民族宗教委员会古籍办公室．黔南民族古籍七[C]．都匀：黔南州民族宗教委员会古籍办公室，2010.4.

[129]潘朝霖．水文急剧消亡的原因探析[A]．首届中国少数民族古籍文献国际学术研讨会论文．北京：中央民族大学，2010.10.

[130]吴贵飙．水族水文古籍版本与水书传承研究[A]．首届中国少数民族古籍文献国际学术研讨会论文．北京：中央民族大学，2010.10.

[131]潘朝霖．水书：卵崇拜启示产生太极图[A]．中国水书·易经三都论坛论文汇编[C]．三都：2010.10.

[132]吴苏民，麻福昌，张继泽．水书即是易——水书易的探索性的界定与思考[A]．中国水书·易经三都论坛论文汇编[C]．三都：2010.10.

[133]麻福昌，吴苏民，张继泽，李宗声，贺筑鸣．水书易探言——关于水书易的探索性的界定[A]．中国水书·易经三都论坛论文汇编[C]．三都：2010.10.

[134]罗春寒．水书传承式微原因探析——以黔东南州丹寨县高寨村为例[A]．中国水书·易经三都论坛论文汇编[C]．三都：2010.10.

[135]孟师白．浅说水易[A]．中国水书·易经三都论坛论文汇编[C]．三都：2010.10.

[136]蒙景村，高小雷．浅谈水书非物质文化遗产的抢救保护与开发利用[A]．中国水书·易经三都论坛论文汇编[C]．三都：2010.10.

[137]韦章炳．试析水书与《连山》的亲缘关系[A]．中国水书·易经三都论坛论文汇编[C]．三都：2010.10.

[138]潘永行．《水书易》美学价值初探[A]．中国水书·易经三都论坛论文汇编[C]．三都：2010.10

[139]石国义．水书研究阶段性学术价值取向述评[A]．中国水书·易经三都论坛论文汇编[C]．三都：2010.10

[140]周泽亮.水书——亟待破译的古华夏文化信息遗存[A].中国水书·易经三都论坛论文汇编[C].三都:2010.10

[141]潘兴文.水书文化阶段研究的浅析[A].中国水书·易经三都论坛论文汇编[C].三都:2010.10

[142]韦仕钊.初探水书“姑底”在历法上与《易》的关联[A].中国水书·易经三都论坛论文汇编[C].三都:2010.10.

[143]陆春.简析水书地支在不同条目中的读音[A].中国水书·易经三都论坛论文汇编[C].三都:2010.10.

[144]蒙耀远.构建水书学学科的思考[A].黔南民族师范学院水族文化研究所.贵州省水家学会第九次学术研讨会参会论文[C].都匀:黔南民族师范学院水族文化研究所,2010.12.

[145]文毅.论水族水书文献的保护与利用[A].黔南民族师范学院水族文化研究所.贵州省水家学会第九次学术研讨会参会论文[C].都匀:黔南民族师范学院水族文化研究所,2010.12.

[146]韦宗林.水族文字的主要携带者——以水族大姓韦氏为例[A].贵州民族学院·贵州水书文化研究院.贵州省水家学会第九次学术研讨会论文汇编[C].贵阳:贵州民族学院·贵州水书文化研究院,2010.12.

[147]潘朝霖.水文艺术体探析[A].贵州民族学院·贵州水书文化研究院.贵州省水家学会第九次学术研讨会论文汇编[C].贵阳:贵州民族学院·贵州水书文化研究院,2010.12.

[148]牟昆昊.水书二十八北方七宿声母分析[A].贵州民族学院·贵州水书文化研究院.贵州省水家学会第九次学术研讨会论文汇编[C].贵阳:贵州民族学院·贵州水书文化研究院,2010.12.

[149]石国义.走向21世纪的水家学研究[A].水家学会三都水族自治县工委会,三都水族自治县水族研究所.贵州省水家学会第九次学术研讨会三都论文集[C].三都:水家学会三都水族自治县工委会,三都水族自治县水族研究所,2010.12.

[150]潘永行.水书美学价值初探[A].水家学会三都水族自治县工委会,三都水族自治县水族研究所.贵州省水家学会第九次学术研讨会三都论文集[C].三都:水家学会三都水族自治县工委会,三都水族自治县水族研究所,2010.12.

[151]石国义.水书研究阶段性学术价值取向述评[A].水家学会三都水族自治县工委会,三都水族自治县水族研究所.贵州省水家学会第九次学术研讨会三都论文集[C].三都:水家学会三都水族自治县工委会,三都水族自治县水族研究所,2010.12.

[152]周泽亮.水书——亟待破译的古华夏文化信息遗存[A].水家学会三都水族自治县工委会,三都水族自治县水族研究所.贵州省水家学会第九次学术研讨会三都论文集[C].三都:水家学会三都水族自治县工委会,三都水族自治县水族研究所,2010.12.

[153]潘兴文.水书文化阶段性研究的浅析[A].水家学会三都水族自治县工委会,三都水族自治县水族研究所.贵州省水家学会第九次学术研讨会三都论文集[C].三都:水家学会三都水族自治县工委会,三都水族自治县水族研究所,2010.12.

[154]潘瑶.浅谈水书及其所属习俗对水族非物质文化遗产项目的影响和作用[A].水家学会三都水族自治县工委会,三都水族自治县水族研究所.贵州省水家学会第九次学术研讨会三都论文

集[C]. 三都:水家学会三都水族自治县工委会,三都水族自治县水族研究所,2010.12.

[155]胡进才. 河图、洛书、水书及岭南文化之我见[A]. 水家学会三都水族自治县工委会,三都水族自治县水族研究所. 贵州省水家学会第九次学术研讨会三都论文集[C]. 三都:水家学会三都水族自治县工委会,三都水族自治县水族研究所,2010.12.

[156]潘殿喻. 水书书法的魅力[A]. 水家学会三都水族自治县工委会,三都水族自治县水族研究所. 贵州省水家学会第九次学术研讨会三都论文集[C]. 三都:水家学会三都水族自治县工委会,三都水族自治县水族研究所,2010.12.

[157]韦仕钊. 试探水书"姑底"在历法上与《易》的关联[A]. 黔南州民族宗教委员会古籍办公室. 黔南民族古籍八[C]. 都匀:黔南州民族宗教委员会古籍办公室,2011.4.

[158]王炳江. 浅析水书与水族地区社会整合[A]. 黔南州民族宗教委员会古籍办公室. 黔南民族古籍八[C]. 都匀:黔南州民族宗教委员会古籍办公室,2011.4.

[159]潘兴文. 水书文化阶段研究的浅析[A]. 黔南州民族宗教委员会古籍办公室. 黔南民族古籍八[C]. 都匀:黔南州民族宗教委员会古籍办公室,2011.4.

[160]胡进才. 河图、洛书、水书及岭南文化现象之我见[A]. 黔南州民族宗教委员会古籍办公室. 黔南民族古籍八[C]. 都匀:黔南州民族宗教委员会古籍办公室,2011.4.

（五）会议论文

[1]蒙景村. "水书"造字研究. 中国文字国际会议论文,2004.

[2]韦章炳. 解读华夏奇书——水书. 贵州省水家学会第七次学术研讨会论文,2004.

[3]韦学纯. 百年"水书"研究综述. 上海:第二届语言接触与语言比较国际学术研讨会论文,2006.

[4]吴贵飙. 水书书名条目译汉标准化研究. 贵阳:水书及南方民族古文字研讨会论文,2009.10.

[5]潘朝霖. 水文字急剧消亡的原因探析. 北京:首届中国少数民族古籍文献国际学术研讨会论文,2010.10.

[6]吴贵飙. 水文古籍版本研究及水书传承. 北京:首届中国少数民族古籍文献国际学术研讨会论文,2010.10.

[7]吴贵飙. 中国民族图书馆藏水族水书概述. 北京:薪火相传——西夏学国际学术研讨会论文,2010.10.

[8]吴贵飙. 贵州省独山县水族水书传承与研究. 北京:清华百年——中国西南地区濒危文字文献展暨研讨会论文,2011.5.

（六）报纸文章

[1]黎汝标. 形象生动的水族古文字[N]. 黔南报,1991-11-30

[2]徐波. 贵州抢救濒临失传的水书[N]. 新华每日电讯,2003年

[3]徐波. 学者眼中的神秘水书[N]. 人民日报海外版,2003年

[4]徐波. "活"着的象形文字:水书[N]. 人民日报海外版,2003年

[5]徐波. 中国全力抢救神秘的"水书"[N]. 人民日报海外版,2003年

[6]应春华. 水书:"活"着的象形文字[N]. 中国民族报,2003-8-26

[7]本报讯. 三都50万巨资抢救神秘"水书"[N]. 贵州日报,2003-11-14(1)

[8]姚炳泰.水书引领荔波走向世界[N].中国档案报,2003年

[9]王彤,欧娅.水书:徘徊在消亡边缘[N].贵州政协报,2004-3-2

[10]何佑中,何云江.珍存象形文字"活化石"贵州征集"水书"原件[N].新华每日电讯,2004-3-31

[11]应春华.水族古文字与夏陶符号的"不解之缘"是这样发现的[N].中国民族报,2004-5-14(5)

[12]姚炳泰.走进神秘的"水书"世界[N].中国档案报,2004-9-17

[13]周芙蓉.水书新发现助解"夏都"之谜[N].北京日报,2004-9-18(9)

[14]潘朝霖.神秘水书揭示水族来源[N].北京科技报,2004-9-29(A11)

[15]潘朝霖.透过"年"字看水书[N].北京科技报,2004-9-29

[16]周芙蓉.黔南:活化石"水书"地摊摆着卖[N].新华每日电讯,2004-10-27

[17]潘朝霖.水书象形文字的活化石[N].西部时报,2004-10-13

[18]本报讯.象形文字的最后领地——水书——潘朝霖访谈录[N].贵州民族报,2004-10-28(3)

[19]潘朝霖.水族历法准确诠释"年"的本义[N].贵州民族报,2004-10-28(3)

[20]潘朝霖."年"与水族历法[N].贵州民族报,2004-10-28(3)

[21]周芙蓉.告急"水书"流失严重[N].民族时报,2004-11-17(A3)

[22]潘朝霖.水族,神秘水书揭示水族来源[N].北京科技报,2004-9-29

[23]周芙蓉.贵州破译四卷古老水族水书[N].人民日报,2005-2-25

[24]本报讯.水书古文字已发现2000多个[N].贵州日报,2005-3-4

[25]王太师."水书先生"成文化抢救与保护重点[N].贵州日报,2005-4-13

[26]樊敏.试论水书的翻译[N].贵州民族报,2005-4-25(3)

[27]周芙蓉."水书先生"水族文化的"活宝库"[N].中国改革报,2005-5-14

[28]周芙蓉.水书先生:"能与鬼神对话的人"[N].新华每日电讯,2005-5-17

[29]周芙蓉.象形文字的最后领地——"水书"[N].贵阳日报,2005-6-13

[30]王志球.水书:捡拾文明的记忆[N].人民日报,2005-7-13(11)

[31]周芙蓉.象形文字的最后领地——"水书"[N].中国审计报,2005-8-17

[32]文勇.国内第一对"牛角水书"惊现荔波[N].中国民族报,2006-2-6,(1)

[33]姚炳泰.贵州发现"陶瓷水书"[N].中国档案报,2006-3-13

[34]周芙蓉.专家发现一有研究价值的水书古墓[N].参考消息,2006-6-1,(5)

[35]潘朝霖.纸上化石——水书[N].中国新闻出版报,2007-2-2

[36]龙毓虎.独山水书抢救取得新成果[N].贵州民族报,2007-1-18

[37]杜再江.专家悬赏万元寻求释读水书高手[N].贵州民族报,2007-2-15

[38]周芙蓉.贵州水书保护有望纳入法制轨道[N]西部时报,2008-4-18

[39]周芙蓉.专家认为保护《水书》传人更重要[N].贵州民族报,2008-8-14

[40]龙平久.浅议水书及水书先生[N].贵州民族报,2009-11-30

[41]潘兴殿.水书专家认为:水书或为失传已久的《连山易》[N].贵州民族报,2010-11-3

第二章　水族语言概况与音系

一、水族语言简介

水语：国际语种代号 ISO639-3（SWI）

水族人民自称 suic [ʔai^{13} sui^{33}]，有属于自己的语言。水语属汉藏语系 - 壮侗语族 - 侗水语支，同语族有壮语、布依语、侗语、毛南语、莫话和仫佬语等等，其中与侗语、莫话、毛南语的关系更为密切，水语是个具有活力的语言。

侗水语支（梁敏、张均如在《侗台语族概论》（1996）中的语言谱系如下）：

侗	侗语、仫佬语
	拉珈语、标话
水	水语、毛南语
	锦语、莫语
	佯僙语

因着越来越多的语言被发现，在世界少数民族语文研究院（SIL International）的世界语言志（Ethnologue）中，侗水语支列有 12 个语种，有锦语、标话、草苗话、茶洞话、北侗语、南侗语、康话、莫话、毛南语、仫佬语、水语、佯僙语等。因为水语保留的词汇、语音丰富，在研究语言亲属关系与分类上具重要参考价值。目前有关语言亲属关系相近程度，仍有进一步研究的空间。

水族语言主要分成三个土语：

（1）**三洞土语**：包括的地区有贵州黔南州三都水族自治县的三洞、廷牌、苗草、水龙、中和、都江、恒丰、周覃、九阡、塘州、安塘、合江，独山县的本寨（塘立）、天星，荔波县的水尧、永康、水利、水岩、佳荣，以及榕江县一带的水语地区。

（2）**阳安土语**：覆盖面为阳安、阳乐、独山县的温泉、董渺。

（3）**潘洞土语**：亦称王司土语区，为奉合、阳和、基长等地。

三个土语，以三洞土语的语言使用人数较多，覆盖面也最广。

在过去的资料中，水语内部一致性较大，彼此差异小，各地调类基本一致。不同土语的通话理解可作近一步的调解，同一土语区虽有少许词汇以及声调的差异，但语言通话理解较高。

近来有学者称可能三洞土语的南片区荔波县的水语可能可以归为另一个土语，这尚有待进一步在语言解读以及对水族同胞语言交际多做深入了解。同属三洞土语区的荔波县的水族人民（南片区）与三都县的水族（北片区）在节日上有不同的特色，南片区过卯节，北片区过端节，但水族人民分布较其他民族相对集中，南北片区在生活与姻亲中往来密切，处三洞土语区范围的水族人民大多可以听懂对方的语言。

水族人因为没有记录语言的文献，大多的靠口传方式，如水歌，传递集体的记忆与智慧，具有教育意义。不同地区的水族却是用相同的水歌来传达情谊与记忆，许多口语不表达的发音也保留在水族歌谣之中。

目前大部分的水族语言文字的出版品多用音位化国际音标标注，多采用属水语简志的标音方式。近年对水书解读的研究渐多，也让学习水族语言的记音渐多。在2007年贵州民族文化进校园的推动中，为了让学生能更容易看懂水语的拼写，拉丁字母的拼音文字也在出版品中出现。不止面临传承难题的水书需要解读与记录，水族人民日常生活中的集体智慧也应该记录与保护，记录水语是关键。

水语是壮侗语族中声母、韵母较多的一个语种，各地水语的声母有70多个，少的也有50个左右，韵母一般有50多个。

二、水语音位系统

按辅音元音分类共有：

辅音44个（单辅音35个与前喉塞音的复辅音9个）

元音16个（单元音8个、双元音8个）

按声韵母分法：

声母73个（其中有辅音44个、20个颚化音与9个唇化音）

韵母56个（单双元音16个加上以m、n、ŋ、p、t、k为韵尾的40个韵母）

声调8个

水语的特点是声母系统整齐，与同语族的语言相比，相对复杂，在语音对比研究时具重要的参考价值。

1. 辅音

辅音 44 个 。

	双唇音	唇齿音	齿龈音	龈腭音	软腭音	小舌音	声门音
塞音	p		t		K	q	ʔ
	p^h		t^h		k^h	q^h	
	^mb		nd				
	ʔb		ʔd				
鼻音(清)	m̥		n̥	ȵ̊	ŋ̊		
(浊)	m		n	ȵ	ŋ		
	ʔm		ʔn	ʔȵ	ʔŋ		
擦音(清)		f	s	ɕ	x	ʁ	h
(浊)		v	z		ɣ		
					ʔɣ		
塞擦音			ts	ȶ			
			ts^h	$ȶ^h$			
近音、边音	w		l	j			
	ʔw			ʔj			

2. 元音

元音共 16 个（8 个单元音和 8 个双元音)。

单元音	i	e	a	aː	o	u	ə	ɿ*
双元音			ai	aːi	oi	ui		
	iu	eu	au	aːu				

舌尖元音 ɿ 主要出现在汉语借词中。

3. 声调

声调(8 个)。

调类	舒声调						促声调	
	1	2	3	4	5	6	7（短)(长)	8（短)(长)
调值	13	31	33	52	35	55	55 35	32 42

4. 声母、韵母

声母 73 个（辅音 44 单辅音，加上 20 个颚化音、9 个唇化音）。

	双唇音		唇齿音		齿龈音			龈腭音	软腭音		小舌音	声门音
塞音	p	pj			t	tj	tw		k	kw	q	ʔ
	p^h	p^hj			t^h	t^hj			k^h	k^hw	q^h	
	^mb	^mbj			nd	^ndj						
	ʔb	ʔbj			ʔd	ʔdj						
鼻音（清）	m̥	m̥j			n̥	n̥j		ɲ̊	ŋ̊			
（浊）	m	mj			n	nj		ɲ	ŋ	ŋw		
	ʔm				ʔn	ʔnj		ʔɲ	ʔŋ	ʔŋw		
擦音（清）			f	fj	s	sj	sw	ɕ	x		ʁ	h
（浊）			v	vj	z				ɣ			
									ʔɣ			
塞擦音					ts	tsj	tsw	ʨ				
					ts^h	ts^hj	ts^hw	$ʨ^h$				
近音、边音			w	wj	l	lj	lw	j				
			ʔw					ʔj				

韵母

7 个单元音韵母（a 长音只在有韵尾的音节出现）与 8 个复合双元音韵母，加上以辅音 m、n、ŋ、p、t、k 为韵尾的韵母 40 个，共 55 个韵母。

单元音韵母	i	e	a	（aː）	o	u	ə	ɿ*
双元音韵母			ai	aːi	oi	ui		
	iu	eu	au	aːu				
m 韵尾	im	em	am	aːm	om	um		
n 韵尾	in	en	an	aːn	on	un	ən	
ŋ 韵尾	iŋ	eŋ	aŋ	aːŋ	oŋ	uŋ	əŋ	
p 韵尾	ip	ep	ap	aːp	op	up		
t 韵尾	it	et	at	aːt	ot	ut	ət	
k 韵尾	ik	ek	ak	aːk	ok	uk	ək	

5. 声母例字与说明

	双唇音		唇齿音		齿龈音			龈腭音	软腭音		小舌音	声门音
塞音	p	pj			t	tj	tw		k	kw	q	ʔ
	p^{h}	p^{h}j			t^{h}	t^{h}j			k^{h}	k^{h}w	q^{h}	
	^{m}b	^{m}bj			^{n}d	^{n}dj						
	ʔb	ʔbj			ʔd	ʔdj						
鼻音(清)	m̥	m̥j			n̥	n̥j		ȵ̊	ŋ̊			
(浊)	m	mj			n	nj		ȵ	ŋ	ŋw		
	ʔm				ʔn	ʔnj		ʔȵ	ʔŋ	ʔŋw		
擦音(清)			f	fj	s	sj	sw	ɕ	x		ʁ	h
(浊)			v	vj	z				ɣ			
									ʔɣ			
塞擦音					ts	tsj	tsw	ʨ				
					ts^{h}	ts^{h}j	ts^{h}w	ʨ^{h}				
近音、边音			w	wj	l	lj	lw	j				
			ʔw					ʔj				

声母 73 个（辅音 44 单辅音，加上 20 个颚化音、9 个唇化音）。

5.1 声母例词

编号	水语声母	例字 1	词意	例字 2	词意
1	p	pa^{33}	伯母	pu^{52}	父亲
2	pj	pja^{13}	山	pjam^{13}	孵
3	p^{h}	p^{h}a^{13}	灰色	p^{h}aːŋ^{33}	灰尘
4	p^{h}j	p^{h}ja^{33}	一次	p^{h}jaːu^{13}	烤(火)
5	^{m}b	^{m}ba^{33}	靠拢	^{m}biŋ^{13}	贵
6	^{m}bj	^{m}bja^{13}	栽种	^{m}bjeŋ^{35}	像
7	ʔb	ʔbin^{33}	席子	ʔbən^{13}	天
8	ʔbj	ʔbja^{35}	无聊	ʔbjaːi^{35}	瓢子
9	m	ma^{31}	舌头	ma^{52}	马
10	mj	mja^{13}	手	mjen^{31}	棉被
11	ʔm	ʔma^{13}	菜	ʔmen^{35}	木板
12	m̥	m̥a^{13}	狗	m̥u^{35}	猪
13	m̥j	m̥jaːn^{33}	半新旧	m̥ai^{35} m̥jen^{33}	新

编号	水语声母	例字 1	词意	例字 2	词意
14	f	fa^{33}	帕子	fən^{31}	坟墓
15	fj	ʔau^{52} fja:ŋ^{33}	小米	fja:n^{33}	玩
16	v	va^{33}（wa^{33}）	云	vi^{13}	火
17	vj	vja:ŋ^{13}	穗	vjan^{13}	齿
18	ʔw	ʔwa^{33}	傻	ʔwa^{35}	脏
19	t	ta^{13}	虫子	to^{13}	门
20	tj	tjau^{35}	箩筐	tjem^{55}	桌子
21	tw	twa^{33}	端节		
22	t^{h}	t^{h}a^{13}	丢失	t^{h}oŋ^{33}	桶
23	t^{h}j	t^{h}jeu^{13}	挑（刺）	t^{h}je^{35}	替
24	^{n}d	^{n}da^{13}	眼睛	^{n}d ən^{13}	身体
25	^{n}dj	^{n}djai^{33}	买	^{n}d jak^{55}	蚱蜢
26	ʔd	ʔdai^{33}	得	ʔda:i^{13}	好
27	ʔdj	ʔdjai^{35}	浅	ʔdja:ŋ^{33}	（斤）两
28	n	nam^{33}	水	na:ŋ^{13}	有
29	nj	nja:n^{31}	月亮	njut^{43}	胡子
30	ʔn	ʔna^{33}	脸	ʔnaŋ^{13}	鼻子
31	ʔnj	ʔnja^{13}	河	ʔnja:ŋ^{13}	水沟
32	n̥	n̥i^{33}	想	n̥o^{33}	老鼠
33	n̥j	n̥ja^{35}	胰脏	n̥jeu^{13}	纠缠
34	l	loŋ^{31}	肚子	loŋ^{52}	箱子
35	lj	lja:n^{33}	蚊子	lja:n^{35}	辣椒
36	lw	lwa:n^{13}	乱		
37	ts	tsoŋ^{13}	杯子	tsi^{33}	纸
38	tsj	tsja^{31}	茶	tsja^{33}	（线）错乱
39	tsw	tsawa:ŋ^{13} ts^{h}u^{52}	壮族	tswa:ŋ^{13} ta^{13}	壮大
40	ts^{h}	ts^{h}ə^{33}	车	ts^{h}o^{13}	错
41	ts^{h}j	ts^{h}jen^{33}	铅	ts^{h}ja:ŋ^{52}	详
42	ts^{h}w	ts^{h}wa:ŋ^{13}	撞	ts^{h}wa:ŋ^{13} ts^{h}a:u^{13}	创造
43	s	sa^{35}	晒	sa^{13}	喂
44	sj	sja^{13}	赊	sjau^{13}	遭遇
45	sw	swa^{31}	刷	swoŋ^{13}	（地点）处

编号	水语声母	例字 1	词意	例字 2	词意
46	z	za^{33}	轻	zan^{13}	重
47	ȶ	ȶin^{35}	蛔虫	ȶo^{35}	锯子
48	ȶ^{h}	ȶ^{h}in^{13}	手臂	ȶ^{h}aːm^{35}	（一）步
49	ȵ	ȵa^{31}	你	ȵan^{31}	银
50	ȵ̊	ȵ̊aːk^{35}	（菜）老	ȵ̊aːŋ^{33}	扫帚
51	ʔȵ	ʔȵaːm^{13}	凶	ʔȵoŋ^{35}	虾
52	ɕ	ɕi^{31}	糍粑	ɕi^{35}	四
53	j	ja^{13}	野草	ja^{52}	奶奶
54	ʔj	ʔja^{13}	布	ʔjin^{33}	镜子
55	k	ka^{13}	龙	ka^{33}	等
56	kw	kwa^{13}	盐	kwaːn^{13}	斧头
57	k^{h}	k^{h}aːŋ^{35}	风	k^{h}a^{13}	尖
58	k^{h}w	k^{h}wən^{13}	路	k^{h}won^{13}	瘫痪
59	ŋ	ŋaːn^{55}	鹅	ŋaːn^{35}	疯子
60	ŋw	ŋwa^{52}	瓦片	ŋwaːi^{52}	麻子
61	ʔŋ	ʔŋe^{33}	哭	ʔŋa^{13}	芝麻
62	ʔŋw	ʔŋwat^{55}	点头	ʔŋwən^{13}	凳子
63	ŋ̊	ŋ̊ai^{35}	听	ŋ̊aːŋ^{35}	冷
64	ɣ	ɣa^{13}	二	ɣaːn^{13}	家
65	ʔɣ	ʔɣa^{35}	田	ʔɣaːi^{33}	长
66	q	qa^{13}	腿	qa^{33}	硬
67	q^{h}	q^{h}a^{13}	耳朵	q^{h}o^{13}	怕
68	ʁ	ʁa^{13}	蘑菇	ʁe^{13}	口水
69	ʔ	ʔau^{52}	米	ʔoi^{33}	甘蔗
70	h	ha^{13}	肩膀	ha^{31}	药
71	w	waːŋ^{35}	祭祀	waːŋ^{35}	一边……一边
72	wj	wjen^{52}	元（借汉）		
73	x	xaŋ^{13}	筛子（筛米）		

5.2 声母说明

（1）有双唇音、唇齿音、齿龈音、龈腭音、软腭音、小舌音、声门音，7 个发音部分的语音，发音方法有 5 种，分别是塞音、鼻音、擦音、塞擦音及边音。水语的声母较多，有成套的塞音、鼻音、擦音，除了分清浊（t，d）[①]，还有清塞音带送气一套（t^h），浊塞音带轻微鼻冠音（nd）以及带前喉塞音（ʔd）两套。浊鼻音另有一套带前喉塞的音（ʔn）。

（2）声母中有颚化 /j/ 及唇化 /w/ 音，有些如同元音的滑音，词汇的频率不高。为了不增为三元音的分析，分 j、w 颚化及唇化声母。但单辅音 /j/ 为首的发音则是略带摩擦的近音。

（3）声门音 ʔ，除了在浊塞音（ʔd）及鼻音（ʔn），也有前喉塞的擦音 ʔɣ 、ʔʁ 以及前喉塞近音（ʔj、ʔw）。在以元音为首的音节，发音都带有喉塞音为首。

（4）本书还是将略带前鼻冠（nd）以及带前喉塞（ʔd）的声音全都标出，过去的文章，为了方便打印印刷，会省略其中一套符号（如：ʔd——＞ d），现在为了以后介绍拼音字母的考虑，都将它标出。

（5）/ȶ/ /$ȶ^h$/ 是塞擦音 [tɕ] [$tɕ^h$] 在不同地区的水语，发音略有差异，在水尧地区，是像汉语的塞擦音声母 j[tɕ]、q [$tɕ^h$]。

（6）浊塞音的声母，会带有微微的鼻冠的音，与带前喉塞的声母有区别，但不把带前鼻冠的浊塞音定为另外的复辅音声母。

清化鼻音，先送气，再发声。

另有些比较特殊的声音。拼写为 wyeenc。

（7）唇化音声母 /lw/ /tsw/ /ts^hw/ 为汉语借词。

6. 韵母例字与说明

单元音韵母	i	e	a	（aː）	o	u	ə	ʅ*
双元音韵母			ai	aːi	oi	ui		
	iu	eu	au	aːu				
m 韵尾	im	em	am	aːm	om	um		
n 韵尾	in	en	an	aːn	on	un	ən	
ŋ 韵尾	iŋ	eŋ	aŋ	aːŋ	oŋ	uŋ	əŋ	
p 韵尾	ip	ep	ap	aːp	op	up		
t 韵尾	it	et	at	aːt	ot	ut	ət	
k 韵尾	ik	ek	ak	aːk	ok	uk	ək	

7 个单元音韵母（a 长音只在有韵尾的音节出现）与 8 个复合双元音韵母，加上以辅音 m、n、ŋ、p、t、k 为韵尾的韵母 40 个，共 55 个韵母。

① 在括号里的语音例子，以齿龈音为例。

6.1 韵母例词

编号	水语韵母	例字	词意	例字 2	词意 2
1	i	vi^{13}	火	ni^{52}	母亲
2	iu	tiu^{33}	枯萎	piu^{33}	藏
3	im	$ɕim^{33}$	爪子	lim^{52}	楔子
4	in	$ʔin^{35}$	燕子	tin^{13}	脚
5	iŋ	$siŋ^{13}$	姜	$ʔniŋ^{33}$	靠
6	ip	tip^{35}	缝	$ɕip^{43}$	水歌
7	it	mit^{43}	刀	$ƫit^{35}$	疼痛
8	ik	tik^{55}	满	sik^{55}	擦
9	e	$ʔe^{13}$	大脖子病	le^{13}	书
10	eu	meu^{52}	猫	qeu^{55}	聊天
11	em	$tjem^{52}$	席子	$ljem^{52}$	镰刀
12	en	$ɕen^{13}$	千	$ʔwen^{35}$	埋怨
13	eŋ	$qeŋ^{13}$	（猪）食	$tseŋ^{13}$	抢
14	ep	$ʔep^{35}$	鸭子	$ʁep^{35}$	窄
15	et	$ƫet^{35}$	结	$tjet^{43}$	赶(上)
16	ek	pek^{35}	百	$tsjek^{43}$	追(赶)
17	a	$^{n}da^{13}$	眼睛	da^{13}	虫子
18	ai	$ɣai^{13}$	疼爱	tai^{13}	死
19	au	$ʔau^{52}$	米	$tjau^{35}$	箩筐
20	am	ham^{13}	旱	$t^{h}am^{33}$	砌(墙)
21	an	tan^{52}	踩	han^{35}	健康
22	aŋ	$maŋ^{52}$	喜欢	$laŋ^{13}$	恨
23	ap	tap^{55}	肝	$ŋap^{43}$	关
24	at	qat^{55}	割	tat^{43}	催促
25	ak	tak^{55}	断	mak^{43}	墨
26	aːi	$laːi^{35}$	地	$faːi^{52}$	哥哥
27	aːu	$saːu^{13}$	你们	$haːu^{52}$	女婿
28	aːm	$haːm^{13}$	三	$qaːm^{13}$	山洞
29	aːn	$faːn^{55}$	线	$haːn^{33}$	红
30	aːŋ	$maːŋ^{13}$	鬼	$^{n}daːŋ^{13}$	香

编号	水语韵母	例字	词意	例字 2	词意 2
31	a:p	ta:p^{35}	挑	ʔda:p^{35}	蟑螂
32	a:t	p^{h}a:t^{35}	血	pa:t^{35}	八
33	a:k	pa:k^{35}	嘴巴	ɣa:k^{43}	锈
34	o	qo^{52}	脖子	mo^{52}	黄牛
35	oi	ʔoi^{33}	甘蔗	ȶoi^{13}	犁
36	om	tom^{35}	(一)滴	jom^{31}	召集
37	on	mon^{55}	猴子	son	穿(针)
38	oŋ	qoŋ^{13}	(做)工	poŋ^{52}	池塘
39	op	sop^{35}	锄(地)	qop^{43}	陷脚
40	ot	kot^{43}	刮	qot^{35}	刻
41	ok	ljok^{43}	六	nok^{43}	鸟儿
42	u	lu^{35}	汤	ɕu^{13}	绿色
43	ui	tsui^{31}	碗	fui^{55}	坐
44	um	tjum^{13}	斗笠	hum^{52}	房间
45	un	nun^{31}	睡觉	qun^{33}	熏
46	uŋ	kuŋ^{31}	多	luŋ^{31}	舅舅
47	up	pup^{55}	花苞	sup^{43}	十
48	ut	sut^{35}	烫	tut^{43}	抽(东西)
49	uk	kuk^{55}	衣服	nuk^{43}	花儿
50	ə	pə^{31}	北	ta:u^{13} tə^{31}	道德
51	ən	pən^{52}	难过	lən^{31}	后面
52	əŋ	səŋ^{13}	升	təŋ^{35} nəŋ^{35}	(脸)肿
53	ət	zət^{55}	星星	hət^{43}	尾巴
54	ək	ʔmək^{55} sa:n^{31}	半夜	tək^{43}	轻轻碰
55	ɿ	ʔa:u^{13} sɿ^{55}	如果	la:u^{55} sɿ^{33}	老师

6.3 韵母说明

(1)7 个单元音韵母(a 长音只在有韵尾的音节出现)与 8 个复合双元音韵母,加上以辅音 m、n、ŋ、p、t、k 为韵尾的韵母 40 个,共 55 个韵母。

(2)8 个元音 i、e、a、o、u、ə、ɿ 以及 a:,除了 a: 其余 7 个元音单独作韵母时,发音都是长元音。在有 m、n、ŋ 韵尾的音节,或与其他元音形成双元音时,元音为 a 则分长短,短元音标为 a,长元音标为 a:,如:三 [ha:m^{13}] 。其它元音则无分长短对立关系。

（3）有关元音之间的音长比较，i、e、o 较长，ə 属短元音，元音 u 发音音长与 ui、ut、un 搭配是长的，但与 m、ŋ、p、k 韵尾时是音长较短，但没有对立关系，所以不加长短音符号。

（4）a 元音接 i 韵尾时，发音近似 [ɛ] 。如：/mai⁵²/ [m ɛ i⁵²] 树。

（5）o 的发音为 [ɔ] ，有时因音长，嘴型张开时发音近似 [w ɑ]。

（5）ɿ 大多出现在汉语借词中。

7. 声调例字

调类：舒声调、促声调。

调类	舒声调						促声调	
	1	2	3	4	5	6	7（短）（长）	8（短）（长）
调值	13	31	33	52	35	55	55 35	43 43
例字	ta^{13}	ta^{31}	ta^{33}	ta^{52}	ta^{35}	ta^{55}	tak^{55} $ta{:}k^{35}$	tak^{43} $ta{:}k^{43}$
	胗	搭	野外	马	中间	经过	断钉	雄性 测量

说明：

带塞音 p 、t、k 为韵尾音节，都落于促声调 7、8 调。

8. 音节结构

水语每个音节都有声母，基本的音节形式为 cv、ccv、cvc、ccvc，将声门音定声母，则可以把水语当作是有前喉塞声母复辅音的语言。

音节形式	例字	汉译	例字	汉译
cv	la^{55}	找	lu^{35}	汤
ccv	pja^{13}	山		
cvc	nam^{33}	水	$ʔum^{33}$	抱
ccvc	$ʔnam^{13}$	黑	$njan^{31}$	月

三、语言的使用与拼音文字方案

水语在水族地区有相当的活力，许多水族村寨基本上都是以水语为基础交流的语言。除非是因生长在县城以汉语方言为第一语言的水族人或是其他因素放弃使用水语，大多的水族可以水语为交流语言。但水族没有与水语相应的文字，水书文字仅限于与水书相关的文献，无法记录日常生活的水语。

青壮年男性能说当地汉语方言，也听得懂普通话（学校以普通话教学，但生活中彼此的交流多用水语或当地汉语方言）。因为传媒电视，还有普及九年义务教育的结果，很多的年轻人在读完中学之后就外出打工，外出之后讲普通话的机会要比在家乡多，多年在外打工的水族人通过工作，除了讲普通话，也可能讲其他省份的汉语方言，如粤语、闽语等等。

不同地区的水族由于与其他民族的密切交往，水语不断吸收外民族语言来丰富自己的语言。加上许多的新的发明与产品进入水族人民的生活中，水语中也不断出现外来借词。不同地区的水语的汉语借词，也可能会有不同的发音。

受母语的影响，不少的水族人民讲汉语时，把“红衣服”说成“衣服红”，“我很辛苦”说成“我苦多”，“这不够咸”说成“这不甜盐”，是有趣的语言现象。

有关水语的语言发展，水书的文字无法记录水族的语言，目前大部分有关水族语言文化的出版品，基本是用国际音标音位记音来记录。不同地区也有不同的语音特点。

目前在三都水族自治县出版的《水族文化进校园》，其中介绍水书、水语时，开始用拼音文字来拼写水语。以下是拼音文字方案与水语国际音标音位的对照。

水语拼音文字方案草案① 与国际音标音位对照如下。

水语拼音文字草案字母表（共使用 26 个字母 分大小写）

A	B	C	D	E	F	G	H	I
a	b	c	d	e	f	g	h	i
J	K	L	M	N	O	P	Q	R
j	k	l	m	n	o	p	q	r
S	T	U	V	W	X	Y	Z	
s	t	u	v	w	x	y	z	

水语声母（共 73 个）拼音字母与国际音标对照

b	p	mb	qb	by	py	mby	qby
[p]	[p^{h}]	[^{m}b]	[ʔb]	[pj]	[p^{h}j]	[^{m}bj]	[ʔbj]
m	hm	qm		my	hmy		
[m]	[m̥]	[ʔm]		[mj]	[m̥j]		
f	v	w	qw	fy	vy		
[f]	[v]	[w]	[ʔw]	[fj]	[vj]		
d	t	nd	qd	dy	ty	ndy	qdy
[t]	[t^{h}]	[^{n}d]	[ʔd]	[tj]	[t^{h}j]	[^{n}dj]	[ʔdj]

① 本拼音文字方案草案以《汉水词典》（曾晓渝、姚福祥编著，中国社会科学院民族研究所主编，四川民族出版社出版，1996 年 5 月第一版）为基础，在 2011 年 12 月三都水族自治县民族研究所与贵州大学西南少数民族语言文化研究所研究员将代表几个声母（[q][q^{h}][ȵ] [ʁ]）符号进行调整，如将原来仅使用增加符号 h 来区别特征的，如代表小舌清塞音 [q] 的 gh 改为 gg，[q^{h}] 为 kk，[ȵ] 为 nn，使字母更为科学且直观。另外，根据部分地区水族语言特征，经调查对比后在原声母表中增加了发音为 xx [x] 声母。

n	hn		qn	dw		ndw	qdw
[n]	[n̥]		[ʔn]	[tw]		[^{n}dw]	[ʔdw]
nn	hnn		qnn	ny	hny	qny	
[ȵ]	[ȵ̊]		[ʔȵ]	[nj]	[n̥j]	[ʔnj]	
l		y	qy	ly	lw		
[l]		[j]	[ʔw]	[lj]	[lw]		
g	k	xg	qxg	gw	kw		
[k]	[kʰ]	[ɣ]	[ʔɣ]	[kw]	[kʰw]		
ng	hng		qng	ngw	qngw		
[ŋ]	[ŋ̊]		[ʔŋ]	[ŋw]	[ʔŋw]		
gg	kk	xgg	h				
[q]	[qʰ]	[ʁ]	[h]				
z	c	s	r	zy	cy	sy	ry
[ts]	[tsʰ]	[s]	[z]	[tsj]	[tsʰj]	[sj]	[zj]
j	q	x	xx	zw	cw	sw	
[ʨ]	[ʨʰ]	[ɕ]	[x]	[tsw]	[tsʰw]	[sw]	

水语韵母(共 55 个)拼音字母与国际音标对照

a	aa	o	e	ee	i	u
[a]	[aː]	[o]	[ə]	[e]	[i] [ʅ]	[u]
ai	ei	ao	ou			
[aːi]	[ai]	[aːu]	[au]			
eeu	oi	ui	iu			
[eu]	[oi]	[ui]	[iu]			
im	eem	aam	am	om	um	
[im]	[em]	[aːm]	[am]	[om]	[um]	
im	een	aan	an	on	un	en
[in]	[en]	[aːn]	[an]	[on]	[un]	[ən]
ing	eeng	aang	ang	ong	ung	eng
[iŋ]	[eŋ]	[aːŋ]	[aŋ]	[oŋ]	[uŋ]	[əŋ]
ib	eeb	aab	ab	ob	ob	
[ip]	[ep]	[aːp]	[ap]	[op]	[up]	
id	eed	aad	ad	od	ud	ed
[it]	[et]	[aːt]	[at]	[ot]	[ut]	[ət]

ig	eeg	aag	ag	og	ug	eg
[ik]	[ek]	[aːk]	[ak]	[ok]	[uk]	[ək]

水语声调（共 8 个）声调字母符号（7 个加 1 个不标）与调类、调值对照

调类	舒声调						促声调	
	1	2	3	4	5	6	7	8
							（短）（长）	（短）（长）
调值	13	31	33	52	35	55	55 35	43 43
声调符号	l	z	c	x	s	h	s	（不标）

第三章 《六十甲子·时辰》解读

一、 六十甲子日各配十二时辰解读

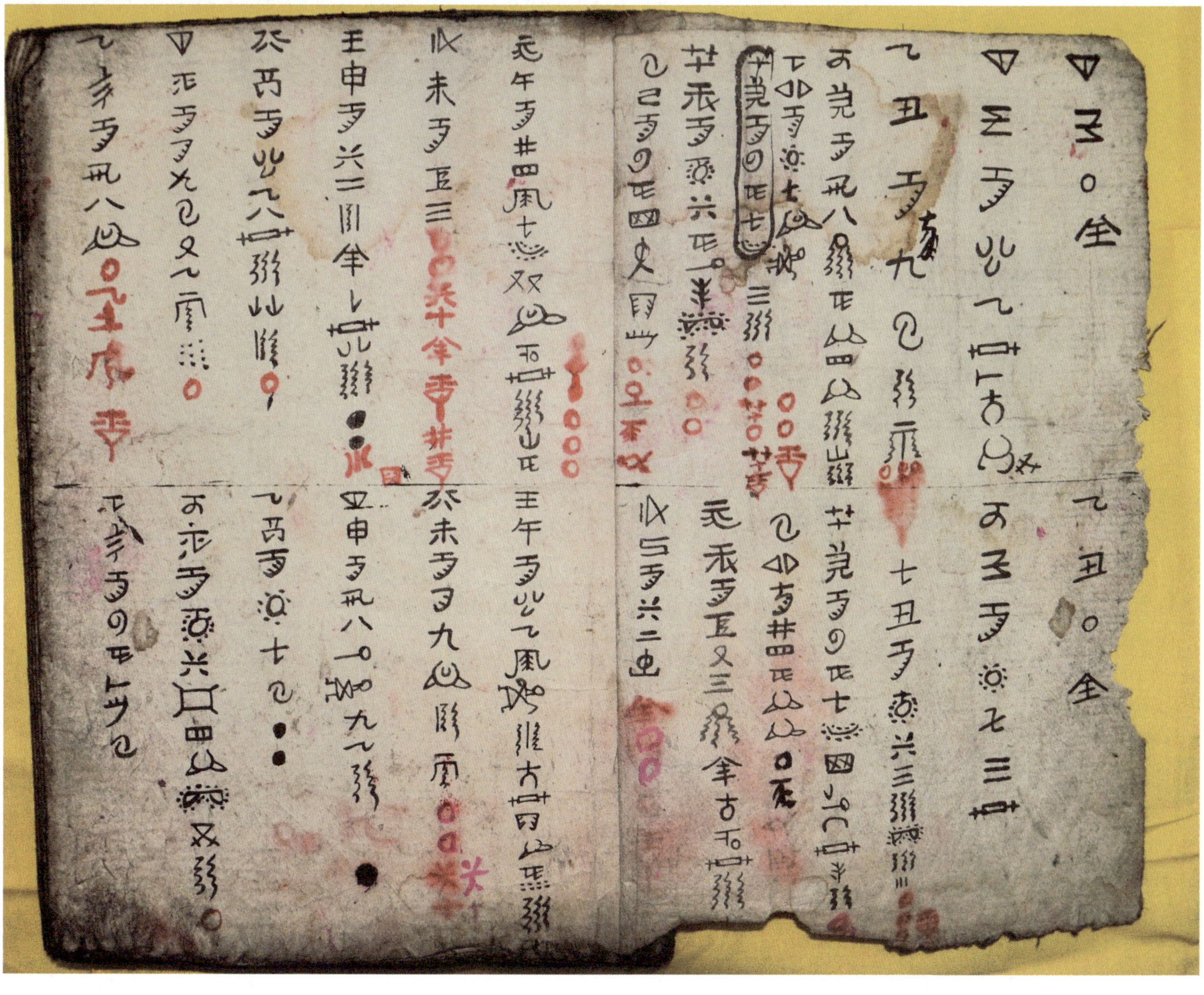

原件 1：甲子 乙丑

第 1 行

原文：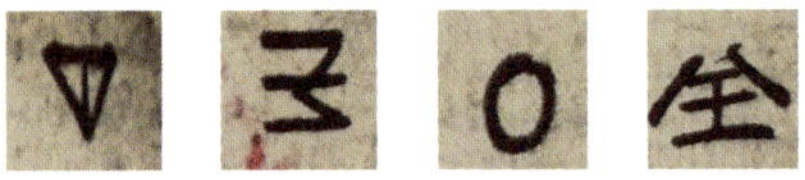

读音：	ƫa:p^7	hi^3	van^1	ƫum^1
直译：	甲	子	日	金

意译：甲子日，属金。甲子日为六十甲子日的第一日，属五行纳音金，包含从甲子时到乙亥时共十二时辰。

第 2 行

原文：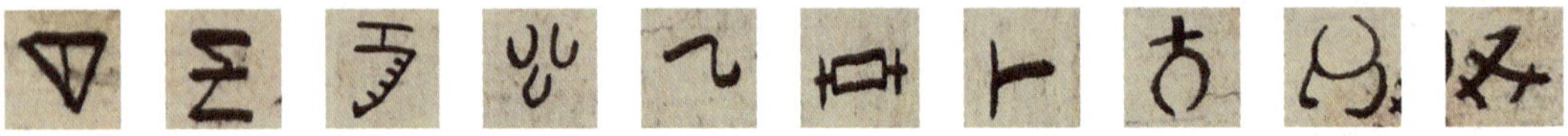

读音：	ƫa:p^7	hi^3	si^2	fan^2	ʔjət^7	ha:i^2	ʔjən^{5}kwa:n^1	hak^7	ȵu^2	ɕoŋ^1
直译：	甲	子	时	文曲①	一白②	骸③	斧头	堵塞	牛金牛⑤	凶
条目：							【引贯】	【核】④		

意译：甲子时，值北斗文曲星与风水紫白星一白坎卦相照应，北斗文曲星属土与地，上坎为水，为土克水，天地相克，为“骸（死人）”凶。又时上值忌戒条目【引贯】，且逢牛金牛宿，为特凶之时。不宜开路、安葬、嫁娶、营造等诸事。

注释：① 文曲：为北斗星之一，属北斗星的第四位。

② 一白：紫白星属八卦星位，一白水星是紫白星第一位，卦星属坎卦位。

③ 骸：水语音译，意为棺材、死人或重丧。

④ 水书忌戒条目：

【引贯】水语音译忌戒条目，意为斧头，可导致凶祸或丧命。

【核】水语音译忌戒条目，意为坎坷或堵塞。

⑤ 牛金牛：二十八宿第九位星宿。

第 3 行

原文：

读音：	ʔjət^7	su^3	si^2	ljem^2	ƫu^{3}hi^3	ƫi^1	lju^{2}li^{2}sui^3	leu^{1}foŋ^1	ƫət^7
直译：	乙	丑	时	廉贞①	九紫②	己	泪水	孝旗伞	吉
条目：							【六立水】	【料逢虎】③	

意译： 乙丑时，值北斗廉贞星与紫白星九紫离卦相照，北斗廉贞属火与地，上离火卦，为两火比和，为天地相旺。虽有【六立水】【料逢虎】之凶，但也为吉多凶少，仍为吉时。宜开路、安葬、立碑、嫁娶、营造、祭祀等。

注释： ① 廉贞：九星（北斗星）之一，属北斗星的第五位。

② 九紫：九紫星属离卦位。

③ 水书忌戒条目：

【六立水】水书忌戒条目，意为泪水，指忌哭丧。

【料逢虎】水书忌戒条目，意为孝旗伞。

第 4 行

原文：

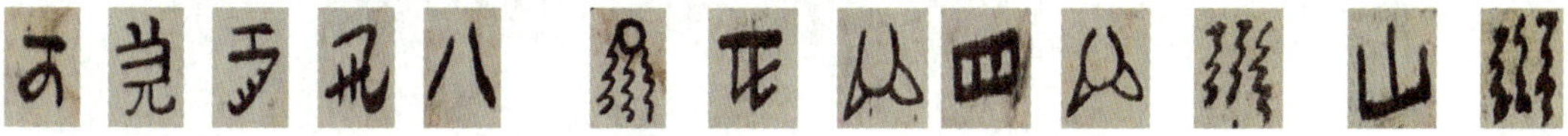

读音：	pjeŋ^{3}	ji^{2}	si^{2}	fu^{4}	pa:t^{7}	ʔjeu^{1}fon^{2}hu^{3}	ma^{4}	ŋo^{4}hu^{3}	hi^{5}	ŋo^{4}hu^{3}	so^{3}sjem^{1}	sa:n^{1}	so^{3}sjem^{1}
直译：	丙	寅	时	武曲①	八白②	孝旗伞	五	猛虎	四	猛虎	惹是生非	散③	惹是生非
条目：						**【马畅旗】**		**【五虎】**		**【五虎】**	**【所线】**		**【所线】**④

意译： 甲子日丙寅时，值北斗武曲星与风水八白艮卦相照。武曲为土，艮为土，两土为旺，天地相旺。特留意按用事者出生地支年，往下推至地支第四、五位值【五虎】【所线】，或流年八宫掌（散）凶祸之灾。不宜开路、安葬、立碑、嫁娶、营造等诸事。

注释： ① 武曲：九星（北斗星）之一，属北斗星的第六位。

② 八白：属风水九星八白星，属艮卦位。

③ 散：水语音译宫掌名称，指按用事者流年，推算八宫掌。

④ 水书忌戒条目：

【马畅旗】水语音译忌戒条目，意为孝旗伞。

【五虎】水语音译忌戒条目，意为猛虎。

【所线】水语音译忌戒条目，意为惹是生非。

第 5 行

原文：

读音：	tjeŋ^{1}	ma:u^{4}	si^{2}	pʰo^{5}	ɕət^{7}sek^{7}	ŋo^{4}hu^{3}	zən^{1}ta:u^{5}	ha:m^{1}	so^{3}sjem^{1}
直译：	丁	卯	时	破军①	七赤②	猛虎	人倒	三	惹是生非
条目：						**【五虎】**	**【人倒】**		**【所线】**③

意译：丁卯时，值北斗破军星与风水七赤兑卦相照应。破军为金，兑亦为金，两金为旺，属天地相旺。要留心【五虎】【人倒】凶祸或伤身耗损之灾，又留意按用事者出生地支年，往下推到地支第三位为【所线】之凶。

注释：① 破军：道教中九星（北斗星）之一，属北斗星的第七位。

② 七赤：属风水九星中的七赤星，属兑卦位。

③ 水书忌戒条目：

【五虎】意为猛虎。

【人倒】意为倒下之人（或死人）。

【所线】水语音译，意为惹是生非。

原文：

读音：	hak^{7}van^1	mu^8	van^1	mu^6	tət^7	hak^{7}van^1	tət^7
直译：	连日吉利	戊	日	戊	吉	连日吉利	吉
术语：	航问④	戊⑤					

意译：但按用事者出生天干年，往下推到天干戊位，连有红圈【航问】吉日，能逢凶化吉，或化去部分凶星，为吉凶参半。宜斟酌开路、安葬、嫁娶、营造等诸事。

注释：④ 航问：水语音译吉星名称，即为红圈：一个红圈意为吉日；两个红圈比一个要多吉，称为“航问”，意为连日吉利；三个红圈的，要比两个红圈更吉，称为“额问”，意为吉利重重。

⑤ 戊：指按用事者出生天干年，往下推到天干戊位。

第6行

原文：

读音：	mu^6	sən^2	si^2	pu^2	ljok^{8}pje^2	ŋo^4	qui^5	mok^8	a:n^1	lju^{2}li^{2}sui^3	ha:k^{7}van^1
直译：	戊	辰	时	辅星①	六白②		锤敲打	人头	马鞍	泪水	航问④
条目：							【五锤】	【各木】	【马鞍】	【六立水】③	

意译：戊辰时，值北斗辅星与紫白星六白乾卦相照。辅星属水，与地上六白乾卦属金，为金生水，属天地相生。要留意按用事者出生地支年，往下推到地支第五位为【五锤】【各木】【马鞍】【六立水】之凶，但又有“航问”之吉利相配，为吉凶参半。宜斟酌行事。忌设座位、造马鞍或给马驾鞍。

注释：①辅星：道教中九星（北斗星）之一，属北斗星的第八位。

② 六白：属风水紫白六白星，属乾卦。

③ 水书忌戒条目：

【五锤】水语音译水书忌戒条目，意为捶打。

【各木】水语音译水书忌戒条目，意为人头。

【马鞍】水语音译水书忌戒条目，意为翻倒之马鞍。

【六立水】水语音译水书忌戒条目，意为泪水，指忌哭丧。

④ 航问：水语音译吉星名称，意为连日吉利。

第 7 行

原文：

读音：	ʈi^{1}	hi^{4}	si^{2}	pjət^{8}	ŋo^{4}von^{2}	ton^{2}ɣon^{2}	tʰjen^{1}ta:i^{2}
直译：	己	巳	时	弼星①	五黄②	短命	垮田地
条目：						【端完】	【添大】③

意译：己巳时，值北斗弼星与风水紫白星五黄相照。弼星为水，五黄居中央为土，为土克水。又逢【端完】【添大】之凶。

注释：① 弼星：九星（北斗星）之一，属北斗星的第九位。

② 五黄：属风水九星五黄星，居中卦。

③ 水书忌戒条目：

【端完】水语音译水书忌戒条目，意为短命。

【添大】水语音译水书忌戒条目，意为垮田地。

原文：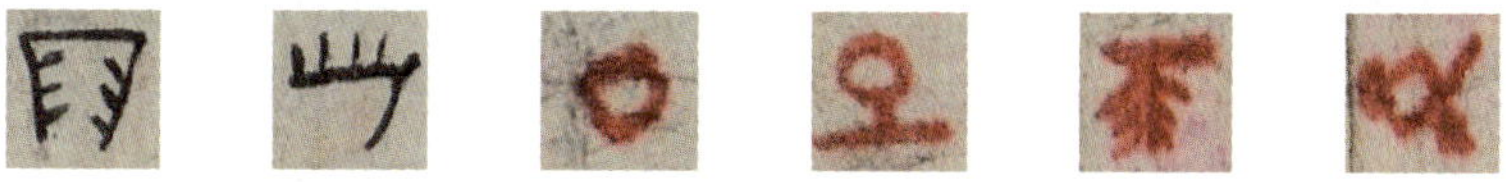

读音：	mən^{2}ja^{3}sui^{3}	ta:ŋ^{2}ʔdoŋ^{1}	van^{1}	pu^{2}	moŋ^{8}ta:ŋ^{2}	pjət^{8}
直译：	水族衙门	宽大森林	日	辅星⑤	木堂⑥	弼星⑦
条目：	【门牙水】	【当弄】④				

意译：又值水语音译忌戒条目【门牙水】【当弄】，虽有水书吉星“辅星”“弼星”“木堂”照应，但仍难以化解其凶。宜设席位、祭祀，不宜开路、安葬、嫁娶、营造等。

注释：④ 水书忌戒条目：

【门牙水】水语音译，意为水族衙门。

【当弄】水语音译，意为宽大森林。

⑤ 辅星：九星（北斗星）之一，属北斗星的第八位。在此属吉星。

⑥ 木堂：水语音译，意为富丽堂皇。

⑦ 弼星：九星（北斗星）之一，属北斗星的第九位。在此属吉星。

第 8 行

原文：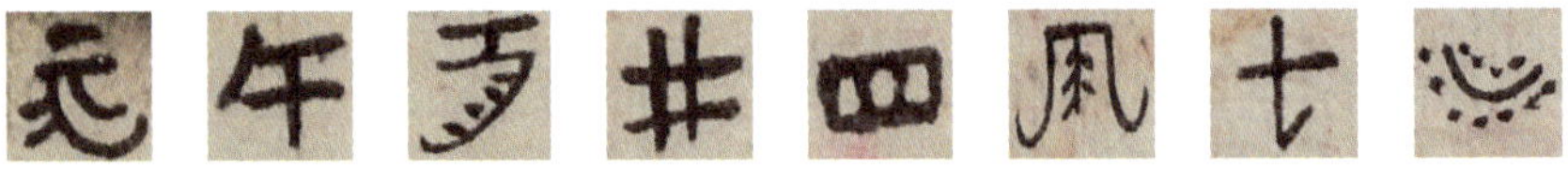

读音：	qeŋ^{1}	ŋo^{2}	si^{2}	tʰa:m^{1}	hi^{5}pik^{7}	mok^{8}foŋ^{2}	ɕət^{7}	qo^{1}tən^{1}
直译：	庚	午	时	贪狼①	四禄②	缠树藤	七	大群队移动
条目：						【木逢】		【各紧】③

意译：庚午时，值北斗贪狼与风水紫白四禄相照应。贪狼属木，四禄也为木，两木为旺，天地相旺。按用事者出生地支年，由宫掌往下推，至地支第四位，为忌戒水书条目【各紧】之凶。

注释：① 贪狼：九星（北斗星）之一，属北斗星的第一位。

② 四禄：九紫星四禄属巽卦位。

③ 水书忌戒条目：

【木逢】意为缠木藤。

【各紧】意为大群队移动。各，水语音译，意为划、移动；紧，水语音译，意为 大排场队伍。

原文：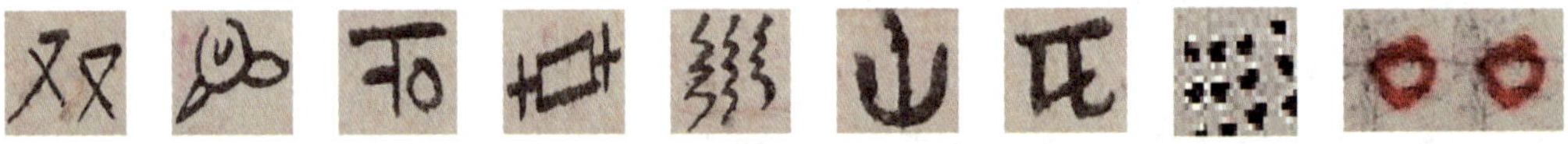

读音：	ku^{3}sup^{7}	ŋo^{4}hu^{3}	pja^{1}kʰu^{1}	ha:i^{2}	so^{3}sjem^{1}	ta:ŋ^{2}ʔdoŋ^{1}	ŋo^{4}	ta:ŋ^{2}ʔɣa^{5}	hak^{7}van^{1}
直译：	预计	猛虎	麻风病	骸⑤	惹是生非	宽大森林	五	肥沃大田	航问⑦
条目：	【估术】	【五虎】	【别扣】④		【所线】	【当弄】		【堂田】⑥	

意译：又要留心水语音译忌戒条目【估术】【五虎】【别扣】，为“骸（死人）”凶；又要留意【所线】凶祸所招之灾，注重中性水书条目【当弄】；按用事者地支出生年，由十二宫掌往下推，至地支第五位，为吉利水书条目【堂田】和吉星“航问”；虽有吉星照应，但也难以化解凶，为凶时，诸事不宜。

注释：④ 水书忌戒条目：

【估术】水语音译禁忌条目，意为预计。

【五虎】水语音译禁忌条目，意为猛虎。

【别扣】水语音译禁忌条目，意为麻风病。

⑤ 骸：水语音译，意为棺材、死人或重丧。

⑥ 水书忌戒条目：

【所线】水语音译禁忌条目，意为非事。

【当弄】水语音译中性条目，意为宽大森林。

【堂田】水语音译中性条目，意为肥沃大田。

⑦ 航问：水语音译吉星名称，意为连日吉祥。

第9行

原文：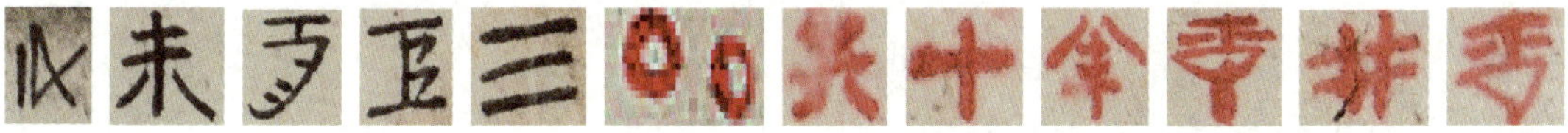

读音：	ɕən^{1}	mi^{2}	si^{2}	ʈu^{2}	haːm^{1}	hak^{7}van^{1}	ljok^{8}	sup^{8}	ʈum^{1}	ʈət^{7}	tʰaːm^{1}	ʈət^{7}
直译：	辛	未	时	巨门①	三碧②	航问③	六	十	金堂④	吉	贪狼⑤	吉

意译：辛未时，值巨门与紫白星三碧相照应。巨门土与三碧木，为地上木难克天上土。又逢水语音译水书吉星“航问”相照；按用事者出生地支年，由十二宫掌往下推，至地支第六位或第十位为“金堂”“贪狼”等吉利照应；虽存在天地相克，但有吉星照应，以化解凶星，仍为吉时。宜开路、安葬、立碑、起造、婚姻等，诸事吉。

注释：① 巨门：九星（北斗星）之一，属北斗星的第二位。

② 三碧：九紫星三碧属震卦位。

③ 航问：水语音译吉星名称，两个红圈称为“航问”，意为连日吉祥。

④ 金堂：水语音译吉星名称，意为富丽堂皇。

⑤ 贪狼：九星（北斗星）之一，属北斗星的第一位。在此属吉星。

第10行

原文：

读音：	ɳum^{2}	sən^{1}	si^{2}	ljok^{8}	ɳi^{2}hak^{7}	njem^{2}ju^{5}	ʈum^{1}	qau^{3}zaːi^{5}	haːi^{2}
直译：	壬	申	时	禄存①	二黑②	引线	金	猛兽抓拖	骸④
条目：						【引友】		【高采】③	

意译：壬申时，值禄存与紫白星二黑相照应。禄存为土，二黑为土，两土为旺。逢水语音译之水书禁忌条目【引友】；由用事者出生五行年，往下推到五行金位，为水语音译忌戒条目【高采】，为“骸（死人）”凶。

注释：① 禄存：九星（北斗星）之一，属北斗星的第三位。

② 二黑：九紫星二黑属坤卦位。

③ 水书忌戒条目：

【引友】水语音译忌戒条目，意为引线。

【高采】水语音译忌戒条目，意为猛兽抓拖。

④ 骸：水语音译忌戒条目，意为棺材。

原文：

读音： ta:p^{8} so^{3}sjen^{1} hak^{7}van^{1}ʔdjam^{5} sui^{3}

直译：死于非命 惹是生非 连日阴沉沉 水

条目：【杀伤】【所线】【航问锭】⑤

意译：还要留意【杀伤】【所线】【航问锭】凶祸所招致之灾，更为凶，诸事不宜。

注释：⑤ 水书忌戒条目：

【杀伤】水语音译忌戒条目，意为死于非命。

【所线】水语音译忌戒条目，意为惹是生非。

【航问锭】水语音译忌戒条目，意为连日阴沉沉或连日凶祸。

第11行

原文：

读音： ʈui^{5} ju^{4} si^{2} fan^{2} ʔjət^{7} pa:t^{7} ha:i^{2} so^{3}sjem^{1} tsem^{4} ɕoŋ^{1}ɕep^{7} ʈət^{7}

直译：癸 酉 时 文曲① 一白② 八 骸③ 惹是生非 凶恶 接引 吉日

条目：【所线】【占】【休显】④

意译：癸酉时，值文曲与紫白星一白相照应。文曲为水，一白为水，两水为旺，属天地相旺。按用事者出生地支年，由十二宫掌往下推，至地支第八位，为“骸（死人）”凶；又要留意为【所线】【占】【休显】凶祸招致之灾。宜祭祀，其余诸事不宜。

注释：① 文曲：九星（北斗星）之一，属北斗星的第四位。

② 一白：九紫星一白属坎卦位。

③ 骸：水语音译忌戒条目，意为棺材。

④ 水书忌戒条目：

【所线】水语音译忌戒条目，意为惹是生非。

【占】水语音译忌戒条目，指凶恶或杀伤（一触即发）。

【休显】水语音译忌戒条目，意为接引，忌报丧。

第12行

原文：

读音：	ɬa:p^{7}	hət^{7}	si^{2}	ljem^{2}	ɬu^{3}	ɬi^{1}	pjət^{8}jiŋ^{5}	ʔjət^{7}	ʔjeu^{1}foŋ^{2}hu^{3}	ta:ŋ^{1}ʔɣa^{5}	ɬət^{7}
直译：	甲	戌	时	廉贞①	九紫②	穷苦	回环	一	孝旗伞	肥沃大田	吉
条目：						【九己】	【必引】		【料逢虎】	【堂田】③	

意译：甲戌时，值北斗廉贞与紫白星九紫相照应。廉贞为火，九紫为火，为两火为旺。逢水语音译水书禁忌条目“九己”“必引”，按用事者年庚八字所属地支起，由九宫掌推演，第一位地支值水书禁忌条目“料逢虎”和中性水书条目“堂田”；为凶时，尤其不宜安葬，其他诸事斟酌应用。

注释：① 廉贞：九星（北斗星）之一，属北斗星的第五位。

② 九紫：九紫星九紫居离卦位。

③ 水书忌戒条目：

【九己】水语音译忌戒条目，意为穷苦。

【必引】水语音译忌戒条目，指回环。

【料逢虎】水语音译忌戒条目，指孝旗伞。

【堂田】水语音译中性条目，意为肥沃大田。

第13行

原文：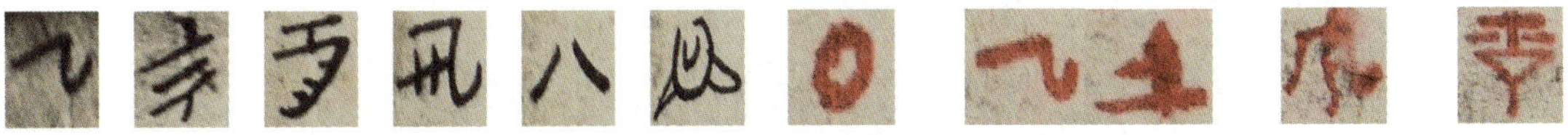

读音：	^{ʔ}jət^{7}	ʁa:i^{3}	si^{2}	fu^{4}	pa:t^{7}	ŋo^{4}hu^{3}	van^{1}ɬət^{7}	^{ʔ}jət^{7}sjeŋ̥^{3}ɬhi^{5}	thjen^{1}qa:ŋ^{1}au^{4}	ɬət^{7}
直译：	乙	亥	时	武曲①	八白②	猛虎	吉日	一生气④	稻谷丰登	吉
条目：						【五虎】③			【天罡米】⑤	

意译：乙亥时，值北斗武曲与紫白星八白相照应。武曲为金，八白为土，为土生金，为天地相生。虽留心【五虎】之凶，但又有吉日和一生气相照应，为【天罡米】，属吉利之时。宜开路、安葬、立碑、起造、婚姻。

注释：① 武曲：九星（北斗星）之一，属北斗星的第六位。

② 八白：九紫星八白居艮卦位。

③ 【五虎】意为猛虎。

④ 一生气：意为和气。

⑤ 【天罡米】稻谷丰登。

第14行

原文：

读音：	ʔjət^{7}	su^{3}	van^{1}	ʈum^{1}
直译：	乙	丑	日	金

意译：乙丑日，属金。乙丑日为六十花甲日子第二日，属五行纳音金，包含有从丙子时到丁亥时共十二时辰。

第15行

原文：

读音：	pjeŋ^{3}	hi^{3}	si^{2}	pʰo^{5}	ɕət^{7}	ha:n^{1}	ha:i^{2}
直译：	丙	子	时	破军①	七赤②	三	骸③

意译：丙子时，值道教中北斗破军星位与风水紫白星七赤相照应。破军为金，七赤为火，为火克金，属天地相克。按用事者出生地支年，由十二宫掌往下推，至地支第三位，安葬犯之，要连出重丧，为大凶之时。不宜开路、安葬、立碑、起造、婚姻。

注释：① 破军：道教中九星（北斗星）之一，属北斗星第七位。

② 七赤：属风水九星七赤星，居兑卦。

③ 骸：水语音译，意为棺材、死人或重丧。

第16行

原文：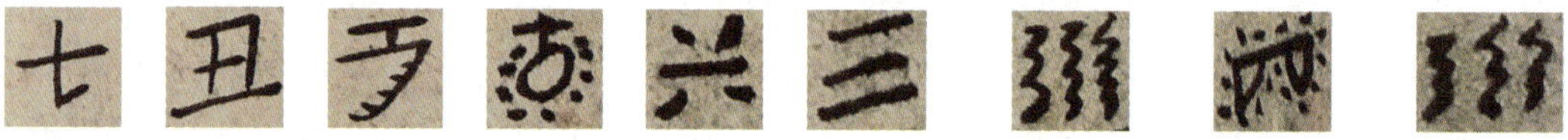

读音：	tjeŋ^{1}	su^{3}	si^{2}	pu^{2}	ljok^{8}	ha:n^{1}	qoŋ^{1}ljok^{8}ma^{4}	qʰam^{5}a:n^{1}	so^{3}sjem^{1}
直译：	丁	丑	时	辅星①	六白②	三	做工之马	翻倒马鞍	惹是生非
条目：							【工六马】	【缸鞍】	【所线】③

意译：丁丑时，值道教中北斗辅星与风水紫白星六白相照。辅星为水，六白为金，为金生水，为天地相生。要留意按用事者出生地支年往下推演，至地支第三位，值【工六马】【缸鞍】【所线】之凶。

注释：① 辅星：道教中九星（北斗星）之一，属北斗星第八位。

② 六白：属风水紫白六白星乾卦。

③ 水语音译忌戒条目：

【工六马】意为马做工，表示多匹马做工。

【缸鞍】指翻倒之马鞍。

【所线】指惹是生非。

原文：

读音：	eŋ^{1}van^{1}	ʇət^{7}
直译：	额问④	吉

意译：又有【额问】照应，宜开路、安葬、立碑、起造、婚姻，不宜造鞍、驾鞍、教马。

注释：④ 额问：水语音译，意为吉利重重。

第17行

原文：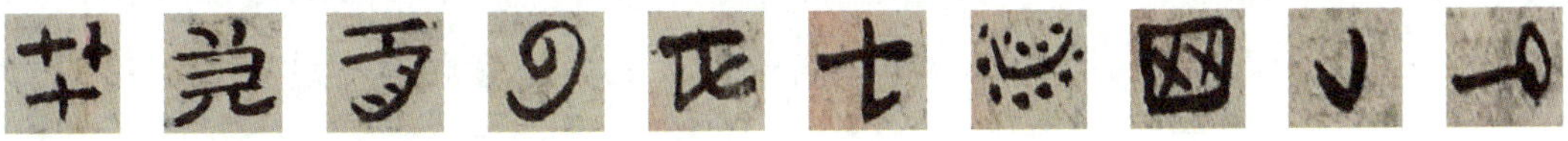

读音：	mu^{6}	ji^{2}	si^{2}	pjət^{8}	ŋo^{4}von^{1}	ɕət^{7}	qo^{1}ʇən^{1}	ton^{2}ɣon^{2}	ȵət^{7}tjeŋ^{1}	ŋo^{4}qui^{5}
直译：	戊	寅	时	弼星①	五黄②	七	大群队移动	短命	埋葬锄撬	五锤敲打
条目：							【各紧】	【端完】	【宁定】	【五锤】③

意译：戊寅时，值道教中北斗弼星位与风水紫白星五黄相照。弼星为水，五黄为土，为土克水。要留心用事者出生地支年往下推演，到地支第七位，值【端完】【各紧】【宁定】【五锤】凶祸或伤身之灾。

注释：① 弼星：道教中九星（北斗星）之一，属北斗星的第九位。

② 五黄：属风水九星中之五黄，居中位。

③ 水语音译水书忌戒条目：

【端完】水语音译，短命之意。

【各紧】大群队移动。各，水语音译，意为划、移动；紧，水语音译，意为大排场队伍。

【宁定】指埋葬的锄撬。

【五锤】五捶敲打之意。

原文：

读音：	ʔbon^{5}ham^{3}	ha:i^{2}	mok^{8}	lju^{2}li^{2}sui^{3}	van^{1}ʇət^{7}
直译：	一边罩住	骸④	人头	眼泪	吉日
条目：	【补夯】		【各木】	【六立水】⑤	

意译：还要留意水书忌戒条目【补夯】【骸】【各木】【六立水】凶祸之灾；虽有吉日照应，但也难化解其凶，仍为凶时，诸事不宜。

注释：④ 骸：水语音译，意为棺材、死人或重丧。

⑤ 水语音译水书忌戒条目：

【补夯】为意为一边反扑、罩住。

【各木】人头之意。

【六立水】水语音译水书忌戒条目，意为哭，指忌哭丧。

第18行

原文：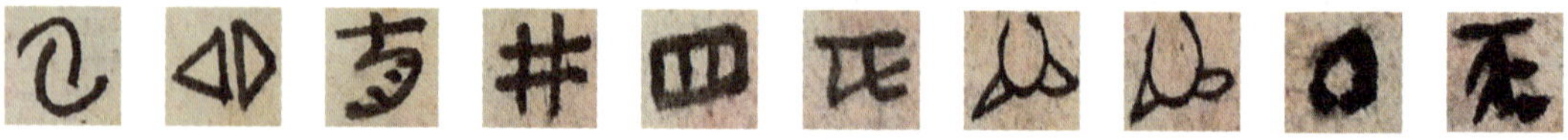

读音：	ʈi^{1}	ma:u^{4}	si^{2}	tʰa:m^{1}	hi^{5}pik^{7}	ŋo^{4}	ŋo^{4}hu^{3}	ŋo^{4}hu^{3}	van^{1}	mok^{8}
直译：	己	卯	时	贪狼①	四禄②	五	猛虎	猛虎	日	人头
条目：							【五虎】	【五虎】		【各木】③

意译：己卯时，值道教中北斗贪狼星位与风水紫白星四禄相照。贪狼为木，四禄为木，两木为旺，为天地相旺；按用事者出生地支年往下推演，到地支第五位，要留意水书忌戒条目【五虎】【各木】之凶祸；由于木旺成林，更为猛虎藏身，难以避免凶祸，为大凶之时，诸事不宜。

注释：① 贪狼：道教中九星（北斗星）之一，属北斗星的第一位。

② 四禄：属风水九星中之巽卦位。

③ 水语音译忌戒条目：

【五虎】猛虎之意。

【各木】意为人头。

第19行

原文：

读音：	qeŋ^{1}	sən^{2}	si^{2}	ʈu^{2}	ha:m^{1}	Pjət^{8}jiŋ^{5}	ma^{4}saŋ^{1}ʈi^{2}	ʈum^{1}	kup^{7}	pja^{1}kʰu^{1}	ha:i^{2}	so^{3}sjem^{1}
直译：	庚	辰	时	巨门①	三碧②	回环	马戴孝	金	咀嚼	麻风病	骸④	惹是生非
条目：						【必引】	【马畅旗】		【谷】	【别扣】③		【所线】⑤

意译：庚辰时，值道教中北斗巨门星位与风水紫白星三碧相照。巨门为土，三碧为木，木克土，为天地相克；要留心水书忌戒条目【必引】【马畅旗】之凶；按用事者出生五行年往下推演，至五行金

位，要留意忌戒条目【谷】【别扣】为“骸（死人）”，又要留意【所线】凶祸或伤身之灾，为大凶之时。不宜开路、安葬、立碑、起造、婚姻。

注释：① 巨门：道教中九星（北斗星）之一，属北斗星的第二位。

② 三碧：属风水九星中之震卦位。

③ 水语音译忌戒条目：

【必引】意为回环。

【马畅旗】意为马戴孝。

【谷】咀嚼之意。

【别扣】指麻风病。

④ 骸：水语音译，意为棺材、死人或重丧。

⑤ 【所线】水语音译忌戒条目，惹是生非之意。

第20行

原文：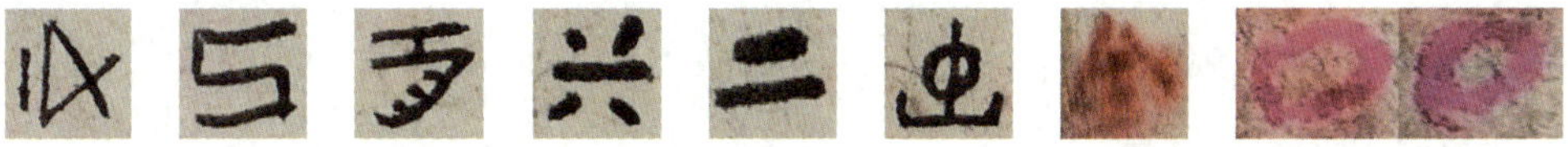

读音：	ɕən^{1}	hi^{4}	si^{2}	ljok^{8}	ȵi^{2}hak^{7}	ɕoŋ^{1}ʔjət^{7}	ʈum^{1}ta:ŋ^{2}	hak^{7}van^{1}
直译：	辛	巳	时	禄存①	二黑②	虫咬	金堂	航问④
条目：						【凶以】③		

意译：辛巳时，值道教中北斗禄存位与风水紫白星二黑相照。禄存为土，二黑为土，两土为旺；留意水书禁忌条目【凶以】之凶，又有水书吉星“金堂”“航问”照应，为逢凶化吉，属吉利之时。宜开路、安葬、立碑、起造，不宜婚姻。

注释：① 禄存：道教中九星（北斗星）之一，属北斗星的第三位。

② 二黑：属风水九星中坤卦位。

③ 水语音译忌戒条目：

【凶以】意为虫咬。

④ 水语音译吉星：

金堂：意为富丽堂皇。

航问：指连日吉祥。

第21行

原文：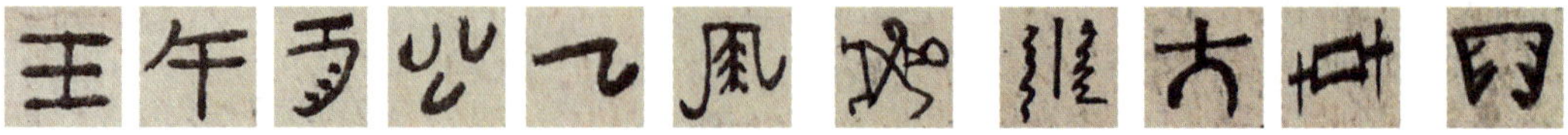

读音：	ȵum^{2}	ŋo^{2}	si^{2}	fan^{2}	ʔjət^{7}	mok^{8}fon^{2}	zən^{1}ta:u^{5}	njem^{2}ju^{5}	hak^{7}	ha:i^{2}	men^{2}ja^{3}sui^{3}
直译：	壬	午	时	文曲①	一白②	缠树藤	死人凶祸	引线	堵塞	骸④	门呀水
条目：						【木逢】	【人倒】	【引友】	【核】③		【门牙水】⑤

意译：壬午时，值道教中北斗文曲与风水紫白星一白相照应。文曲为水，一白为水，两水为旺；要留意【木逢】【人倒】【引友】【核】，值【核】为“骸（死人）”凶；还要留意【门牙水】凶祸或伤身损耗之灾。

注释：① 文曲：为北斗星之一，属北斗星第四位。

② 一白：九紫星一白属坎卦位。

③ 水书忌戒条目：

【木逢】意为缠树藤。

【人倒】指死人凶祸之意。

【引友】含有引线之意。

【核】指堵塞、坎坷之意。

④ 骸：水语音译，意为棺材、死人或重丧。

⑤ 【门牙水】水书忌戒条目，指水族衙门。

原文：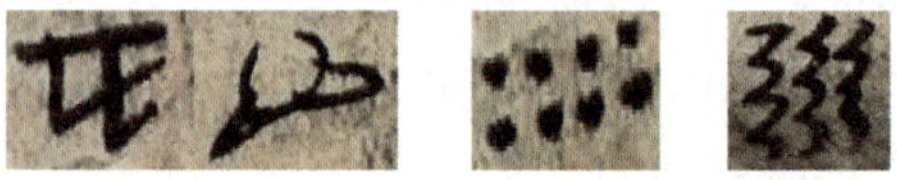

读音：	ŋo^{4}hu^{3}	ta:ŋ^{2}ʔɣa^{5}	so^{3}sjem^{1}
直译：	猛虎	肥沃大田	惹是生非
条目：	【五虎】	【堂田】	【所线】⑥

意译：还要留意【五虎】【堂田】【所线】凶祸之灾。为大凶之时，不宜安葬、婚姻、起造等用事。

注释：⑥ 水语音译忌戒条目：

【五虎】指猛虎。

【堂田】意为肥沃大田。

【所线】意为惹是生非。

第22行

原文：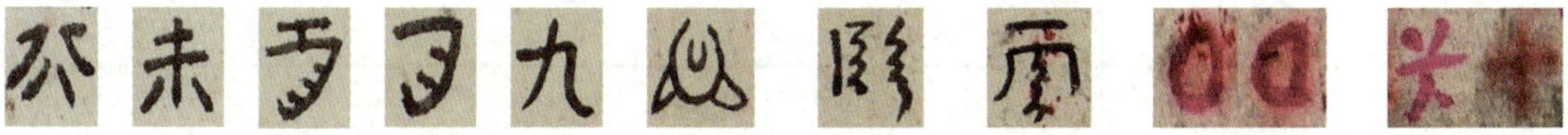

读音：	ɬui	mi^{2}	si^{2}	ljem^{2}	ɬu^{3}	ŋo^{4}hu^{3}	ɕoŋ^{1}ɕe:p^{7}	ʔjeu^{1}fon^{2}hu^{3}	hak^{7}van^{2}	ljok^{8}sup^{8}
直译：	癸	未	时	廉贞①	九紫②	猛虎	接引	孝旗伞	航问④	六 十
条目：						【五虎】	【休显】	【料逢虎】③		

意译：癸未时，值道教中北斗廉贞与风水紫白星九紫相照应。廉贞为火，九紫为火，两火为旺，为天地相旺；要留心【五虎】【休显】【料逢虎】凶祸之灾，但又有【航问】相照，按用事者出生地支年，往下推演至地支第六、十位为吉。为吉凶参半之时，宜斟酌开路、立碑、起造、婚姻，不宜超度安葬。

注释：① 廉贞：道教中九星（北斗星）之一，属北斗星的第五位。

② 九紫：属风水九星中离卦。

③ 水语忌戒条目：

【五虎】为猛虎之意。

【休显】指接引之意。

【料逢虎】意为孝旗伞。

④ 航问：为水语音译，连日吉利。

第23行

原文：

读音：	ɬa:p^{7}	sən^{1}	si^{2}	fu^{4}	pa:t^{7}	ŋo^{4}qui^{5}	zən^{1}ta:u^{5}	ɬu^{3}	ʔjət^{7}	ju^{2}li^{2}sui^{3}
直译：	甲	申	时	武曲①	八白②	多锤敲打	人倒凶祸	九	一	眼泪
条目：						【五锤】	【人倒】			【六立水】③

意译：甲申时，值道教中北斗武曲与风水紫白星八白相照应。武曲为金，八白为土，为土生金；要特别留意【五锤】【人倒】，并按用事者出生地支年，往下推演，至地支第九、一位为【六立水】之凶，属凶时。不宜安葬、立碑、开路、婚姻、起造。

注释：① 武曲：道教中九星（北斗星）之一，属北斗星的第六位。

② 八白：属风水九星中艮卦。

③ 水语忌戒条目：

【五锤】意为多锤敲打。

【人倒】意为人倒凶祸或重丧。

【六立水】意为哭，忌哭丧。

第24行

原文：

读音：ʔjət^{7}　ju^{4}　si^{2}　p^{h}o^{5}　ɕət^{7}　ʈu^{3}ʈi^{1}　hak^{7}van^{1}ʔdjam^{5}

直译：乙　酉　时　破军①　七赤②　九穷　连日阴沉

条目：【九己】　【航问锭】③

意译：乙酉时，值道教中北斗破军与风水紫白星七赤相照应。破军为金，七赤为土，土生金，为天地相生；要留心【九己】【航问锭】之凶。不宜开路、安葬、立碑、起造、婚姻、出行。

注释：① 破军：道教中九星（北斗星）之一，属北斗星的第七位。

② 七赤：属风水九星中兑卦。

③ 水语音译忌戒条目：

【九己】意为九穷或穷苦。

【航问锭】意为连日阴沉或连日凶祸。

第25行

原文：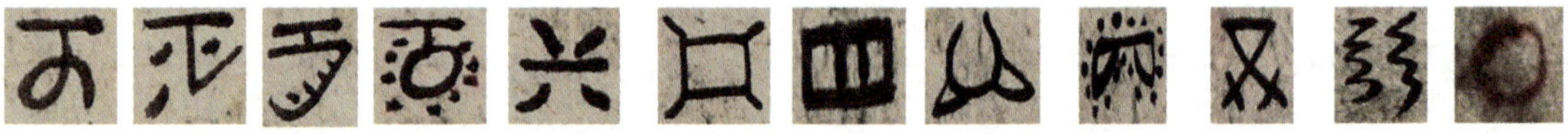

读音：pjeŋ^{3}　hət^{7}　si^{2}　pu^{2}　ljok^{8}　ŋ̊a:n^{1}hi^{5}q^{h}a^{1}　hi^{5}　ŋo^{4}hu^{3}　q^{h}am^{5}a:n^{1}　ɕoŋ^{1}　lju^{2}li^{2}sui^{3}　van^{1}

直译：丙　戌　时　辅星①　六白②　棺材四角　四　猛虎　翻倒马鞍　凶　眼泪　吉日

条目：【宁喜卡】　【五虎】【缸鞍】　【六立水】③

意译：丙戌时，值道教中北斗辅星与风水紫白星六白相照应。辅星为水，六白为金，金生水，为天地相生。特别注重【宁喜卡】凶祸之灾，还要留心按用事者出生地支年，往下推演，至地支第四位为【五虎】【缸鞍】【六立水】之灾祸，仍为凶时，不宜开路、安葬、立碑、造马鞍等。

注释：① 辅星：道教中九星（北斗星）之一，属北斗星的第八位。

② 六白：属风水九星中乾卦。

③ 水书忌戒条目：

【宁喜卡】意为棺材四角。

【五虎】指猛虎之意。

【缸鞍】为翻倒马鞍。

【六立水】水语音译，意为哭泪，指忌哭丧。

第26行

原文：

读音：tjeŋ^{1} ʁa:i^{3} si^{2} pjət^{7} ŋo^{4} ʔjən^{5}kwa:n^{1} sək^{7}ʈi^{1} ʈu^{3}ʈi^{1}

直译：丁 亥 时 弼星[①] 五黄[②] 斧头 断梳子 九穷

条目：【引贯】【省记】【九己】[③]

意译：丁亥时，值道教中北斗弼星与风水紫白星五黄相照应。弼星为水，五黄为土，土克水，为天地相克。要留意水书忌戒条目【引贯】【省记】【九己】凶祸之灾。不宜开路、安葬、立碑、婚姻。

注释：① 弼星：道教中九星（北斗星）之一，属北斗星的第九位。

② 五黄：属风水九星中央卦。

③ 水语音译忌戒条目：

【引贯】意为斧头。

【省记】指断梳子之意。

【九己】为九穷或穷困潦倒。

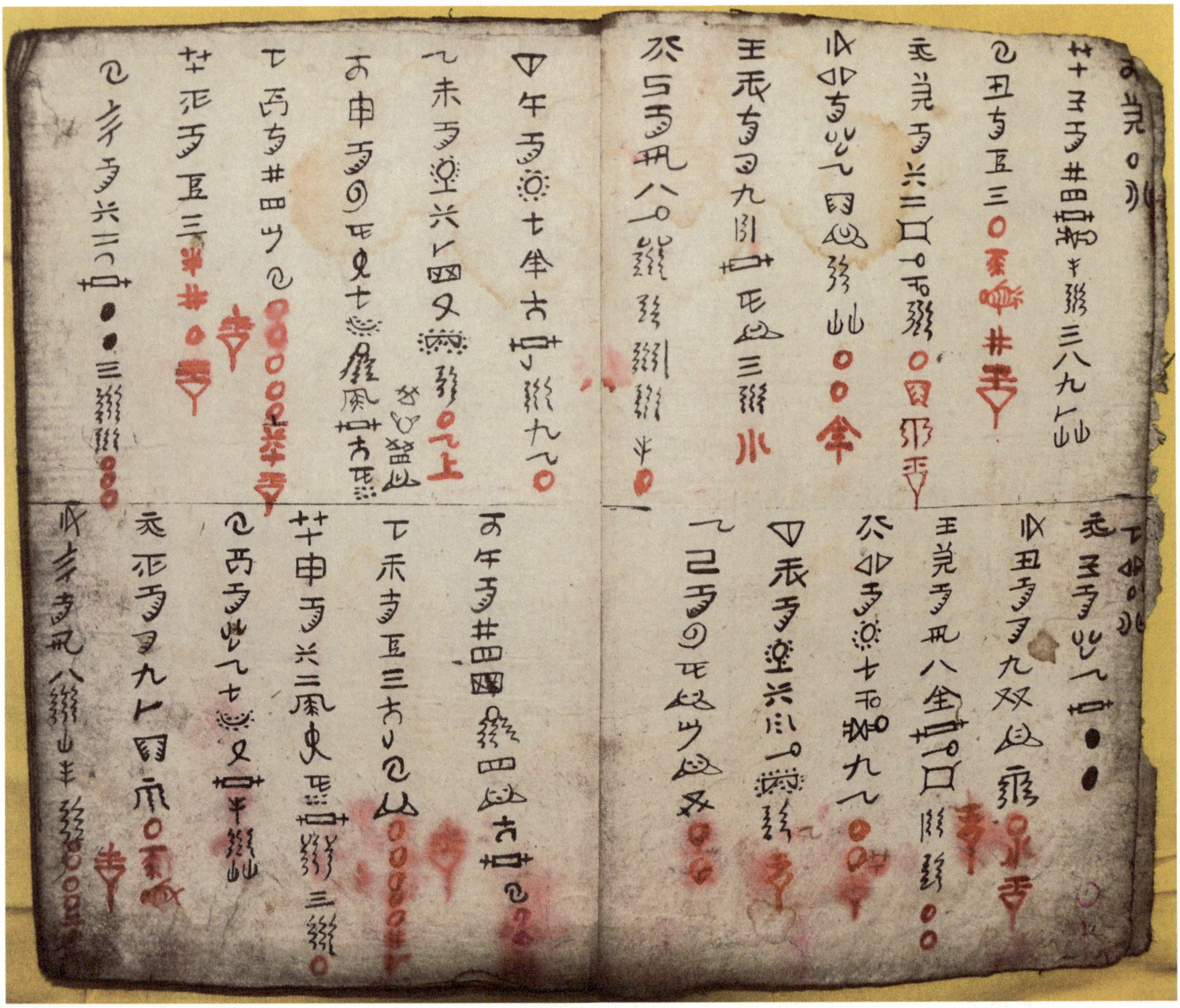

原件 2：丙寅 丁卯

第 1 行

原文：

读音：pjeŋ^{3} ji^{2} van^{2} fa^{3}

直译：丙 寅 日 火

意译：丙寅日，属火。丙寅日为六十甲子日的第三日，属五行纳音火。它包含从戊子时到己亥时共十二个时辰。

第 2 行

原文：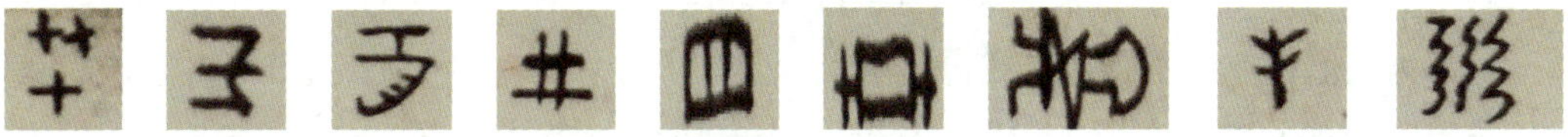

读音：mu^{6} hi^{3} si^{2} tʰa:m^{1} hi^{5} ha:i^{2} zən^{1}ta:u^{5} qok^{6}mok^{8} qoŋ^{1}ljok^{6}ma^{7}

直译：戊 子 时 贪狼① 四禄② 骸③ 死人凶祸 人头 马做工

条目：【人倒】【各木】【工六马】④

意译：戊子时，值北斗文贪狼（北斗星的第一位）与巽卦四禄风水紫白星相照应。北斗贪狼星属木，四禄巽亦为木，两木为旺，为天地旺相。值【核】为“骸（死人）”凶；又要特别留意有【人倒】【各木】【工六马】凶祸或伤身耗损之灾。

注释：① 贪狼：为北斗星之一，属北斗星的第一位。

② 四禄：紫白星属八卦第四位，为巽卦。

③ 骸：水语音译，意为棺材、死人或重丧。

④ 水语音译忌戒条目：

【人倒】指死人凶祸之意。

【各木】意为人头。

【工六马】意为干活之马，表示多匹马干活之意。

原文：

读音：ha:m^{1} pa:t^{7} ȶu^{3} ʔjən^{5}kwa:n^{1} tsjem^{4}

直译：三 八 九 斧头 凶恶

条目：【引贯】【占】⑤

意译：又留意按用事者之出生地支年，推到地支第三、八、九位，为【引贯】【占】凶祸之灾。不宜开路、安葬、嫁娶、营造。

注释：⑤ 水书忌戒条目：

【引贯】意为斧头，导致凶祸或丧命。

【占】意为凶恶或重丧，一触即发。

第 3 行

原文：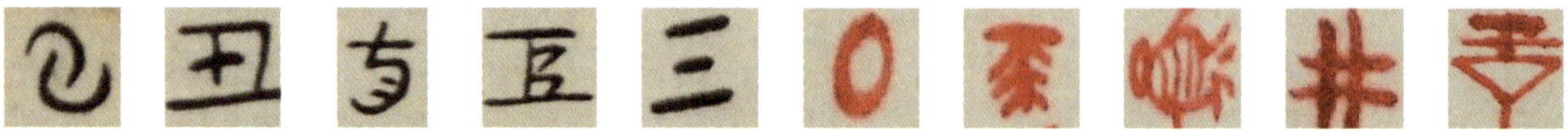

读音：ȶi^{1} su^{3} si^{2} ȶu^{2} ha:m^{1} van^{1}ȶət^{7} mok^{8}ta:ŋ^{2} pjət^{7}sui^{3}hi^{1} tʰa:m^{1} ȶət^{7}

直译：己 丑 时 巨门① 三碧② 日吉 木堂 壁水貐 贪狼③ 吉

意译：己丑时，值北斗巨门与风水紫白星三碧震卦相照应，北斗巨门星属土与地，上震木，为木克土，为天地相克。虽有吉星或吉星宿“木堂”“壁水貐”“贪狼”相照，但难以化解其天地相克，仍为吉凶参半。对开路、安葬、立碑等要谨慎用之。

注释：① 巨门：为北斗星之一，属北斗星第二位。

② 三碧：紫白星为八卦第三位，属震卦。

③ 吉星：

木堂：意为富丽堂皇。

壁水貐：为二十八宿之一，属第九位。

贪狼：属北斗九星第一位。此处为吉星用。

第 4 行

原文：

读音：qeŋ^{1} ji^{2} si^{2} ljok^{8} ŋ̥i^{6} ŋ̥a:n^{1}hi^{5}qʰa^{1} ŋ̥o^{4}qui^{5} pje^{2}kʰu^{1} qoŋ^{1}ljok^{8}ma^{4}

直译：庚 寅 时 禄存① 二黑② 棺材四角 锤敲 麻风病 多马干活

条目：【宁喜卡】【五锤】【别扣】【工六马】③

意译：庚寅时，值北斗禄存与风水紫白星二黑坤卦相照应，北斗禄存属土与地，上坤土，两土为旺，为天地相旺。要留心水语音译忌戒条目【宁喜卡】【五锤】【别扣】【工六马】凶祸之灾。

注释：① 禄存：为北斗星之一，属北斗星第三位。

② 二黑：紫白星为八卦星位第二位，属坤卦位。

③ 水语音译忌戒条目：

【宁喜卡】意为棺材四角。

【五锤】是指多锤敲打。

【别扣】意为麻风病。

【工六马】意为干活之马，表示多匹马干活。

原文：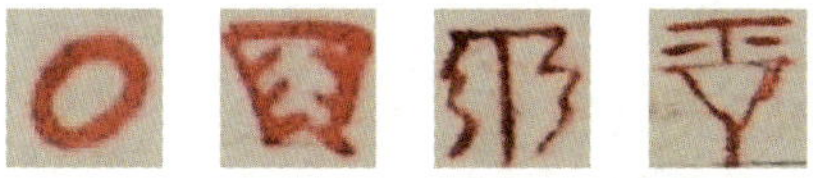

读音：van^{1} mən^{2}ja^{3}sui^{3} ti^{6}ha:ŋ^{1}fan^{1} ȶət^{7}

直译：日 水族衙门 人丁发达 吉

条目：【门牙水】【竹根代】④

意译：又有吉日和中性水书条目【门牙水】照应【竹根代】。为吉凶参半之时。宜斟酌超度、开路、安葬、立碑。

注释：④ 为中性水书条目

【门牙水】，意为水族衙门。

【竹根代】人丁发达。

第 5 行

原文：

读音：ɕən^{1} ma:u^{4} si^{2} fan^{2} ʔjət^{7} mən^{2}ja^{3}sui^{3} ŋo^{4}hu^{3} lju^{2}li^{2}sui^{3} ta:ŋ^{2}ʔdoŋ^{1}

直译：辛 卯 时 文曲① 一白② 水族衙门 猛虎 眼泪 宽大森林

条目：【门牙水】【五虎】【六立水】【当弄】③

意译：辛卯时，值北斗文曲与风水紫白星一白坎卦相照应，北斗文曲为水与地，上坎水，两水为旺，为天地相旺。要留心【门牙水】【五虎】【六立水】【当弄】凶祸所致之灾。

注释：① 文曲：为北斗星之一，属北斗星第四位。

② 一白：紫白星为八卦第一位，属坎卦。

③ 水书忌戒条目：

【门牙水】意为水族衙门。

【五虎】指猛虎之意。

【六立水】指哭、泪水，忌哭丧。

【当弄】指宽大森林。

原文：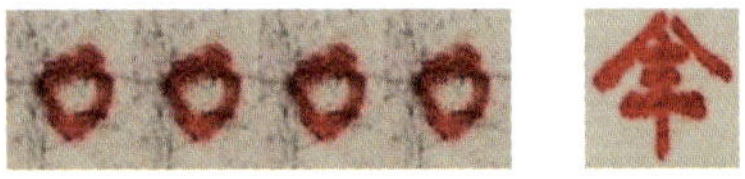

读音：eŋ^{1}van^1　　tum^1

直译：额问　　金堂④

意译：又有【额问】【金堂】与天地相旺照应，为吉时。宜开路、安葬、立碑、起造、婚姻、出行、诉讼。

注释：④　吉星：

额问：4个红圈，意为吉利重重。

金堂：水语音译，意为金银满屋、富丽堂皇。

第6行

原文：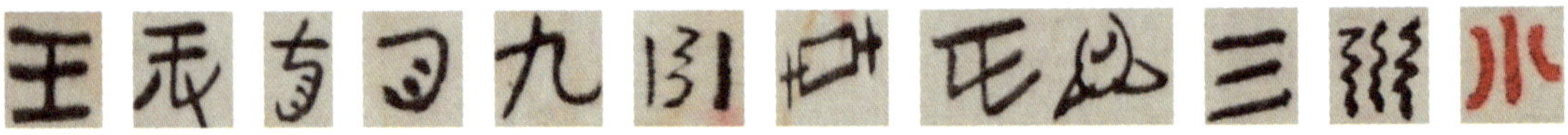

读音：ȵ̊um^2　sən^2　si^2　ljem^2　ʈu^3　njem^{2}ju^5　ha:i^2　ŋo^{4}hu^3　ha:m^1　so^{3}sjem^1　sui^3

直译：壬　辰　时　廉贞①　九紫②　引线　骸④　猛虎　三　惹是生非　水

条目：【引友】③　【五虎】　【所线】⑤

意译：壬辰时，值北斗廉贞与风水紫白星九紫离卦相照应，北斗廉贞为火与地上离火，两火为旺，为天地相旺。要留意水语音译水书忌戒条目值【引友】为"骸（死人）"凶；又要留意【五虎】凶祸之灾；还要留心按用事者出生地支年往下推，到地支第三位为【所线】之凶；虽按用事者之出生五行年往下推，至五行水位为吉利，但也难以化解其凶，仍为凶时。不宜超度、开路、安葬、立碑。

注释：①　廉贞：为北斗星之一，属北斗星第五位。

②　九紫：紫白星为八卦第九位，属离卦。

③　水语音译忌戒条目：

【引友】属引线之意，忌报丧。

④　骸：水语音译，意为棺材、死人或重丧。

⑤　水语音译忌戒条目：

【五虎】指猛虎。

【所线】意为惹是生非。

第 7 行

原文：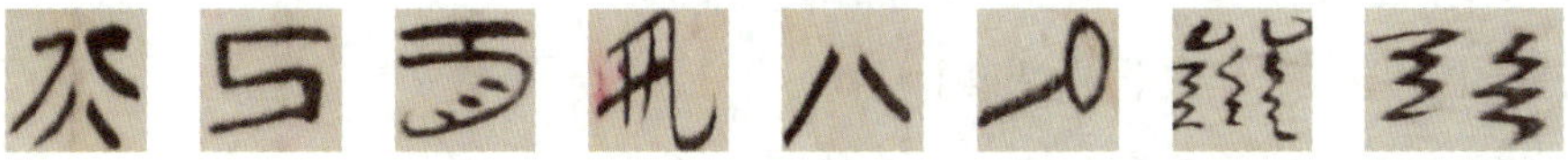

读音：	ȶui^5	hi^4	si^2	fu^4	pa:t^7	ŋ̊o^{4}qui^5	ȶui^{3}sat^{7}ȶa^1	lju^{2}li^{2}sui^3
直译：	癸	巳	时	武曲①	八白②	锤敲	鬼卷家	眼泪
条目：						【五锤】	【居散架】	【六立水】③

意译：癸巳时，值北斗武曲与风水紫白星八白离卦相照应，北斗武曲为水与地上艮土，为土克水。要留心水语音译忌戒条目【五锤】【居散架】【六立水】凶祸招致灾害。

注释：① 武曲：为北斗星之一，属北斗星第六位。

② 八白：紫白星为八卦星位第九位，属离卦。

③ 水语音译忌戒条目：

【五锤】意为五锤敲打。

【居散架】意为鬼卷家。

【六立水】意为泪如柳条，指忌哭丧。

原文：

读音：	qoŋ^{1}ljok^{8}ma^4	qok^{8}mok^8	van^1	pa:t^7
直译：	马做工	人头	日	八
条目：	【工六马】	【各木】④		

意译：又留意水语音译水书禁忌条目【工六马】【各木】凶祸之灾。不宜开路、安葬、立碑。

注释：④ 水语音译忌戒条目：

【工六马】意为马做工，表示多匹马做工。

【各木】意为人头。

第 8 行

原文：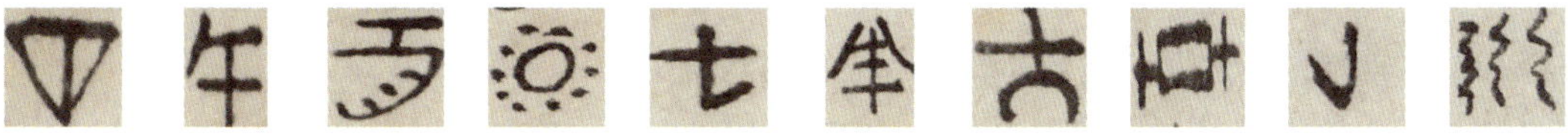

读音：	ȶa:p^7	ŋ̊o^2	si^2	p^{h}o^5	ɕət^7	ȶum^1	hak^7	ha:i^2	qau^{3}za:i^5	so^{3}sjem^1
直译：	甲	午	时	破军①	七赤②	金	堵塞	骸④	猛兽抓拖	惹是生非
条目：							【核】③		【高采】	【所线】⑤

意译：甲午时，纳音属金，值北斗破军与风水紫白星七赤兑卦相照应，北斗破军为金与地上兑

金，两金为旺，为天地相旺。又按用事者之出生五行起，推到五行金，值【核】为“骸（死人）”凶；又要留意【高采】【所线】凶祸招致灾害。

注释：① 破军：为北斗星之一，属北斗星第七位。

② 七赤：紫白星为八卦星位第七位，属兑卦。

③ 水语音译忌戒条目：

【核】意为坎坷或堵塞。

④ 骸：水语音译，意为棺材、死人或重丧。

⑤ 水语音译忌戒条目：

【高采】指猛兽抓拖。

【所线】指惹是生非。

原文：

读音：	ȶu^{3}	ʔjət^{7}	van^{1}
直译：	九	乙	日

意译：按用事者出生地支年往下推，至地支的第九位、一位，虽为吉日，但仍为凶时。不宜开路、安葬、立碑。

第 9 行

原文：

读音：	ʔjət^{7}	mi^{2}	si^{2}	pu^{2}	ljok^{8}	ʔjən^{5} kwa:n^{1}	ton^{2}ɣon^{2}	pjət^{7}jiŋ^{5}	qam^{5}a:n^{1}	lju^{2}li^{2}sui^{3}
直译：	乙	未	时	辅星①	六白②	斧头	短命	回环	翻倒马鞍	泪如柳条
条目：						【引贯】	【端完】	【必引】	【缸鞍】	【六立水】③

意译：乙未时，值北斗辅星与风水紫白星六白乾卦相照应，北斗辅星为水与地上乾金，为金生水，为天地相生。要留意【引贯】【端完】【必引】【缸鞍】【六立水】凶祸招致灾害。

注释：① 辅星：为北斗星之一，属北斗星的第八位。

② 六白：紫白星为八卦星位第六位，属乾卦。

③ 水语音译忌戒条目：

【引贯】指斧头。

【端完】意为短命。

【必引】回环之意。

【缸鞍】指翻倒马鞍。

【六立水】意为泪如柳条，指忌哭丧。

原文：

读音： van^{1} ʔjət^{7} sjeŋ^{3}

直译： 日 一生气

意译：虽有一生气，但仍为凶时。不宜开路、安葬、立碑。

第10行

原文：

读音： pjeŋ^{3} sən^{1} si^{2} pjət^{8} ŋo^{4} ɕoŋ^{1}ʔjət^{7} ɕət^{7} qo^{2}tən^{1} ma^{4}saŋ^{2}ʈi^{2} mok^{7}fon^{2} ha:i^{2} hak^{7}

直译： 丙 申 时 弼星[①] 五黄[②] 虫咬 七 大群队移动 马戴孝 缠树藤 骸[④] 堵塞

条目： 【凶以】 【各紧】【马畅旗】【木逢】[③] 【核】[⑤]

意译：丙申时，值北斗弼星与风水紫白星五黄中卦相照应，北斗弼星为水与地上中央土，土克水，为天地相克。要留心【凶以】之凶，又要留意按用事者出生地支年往下推，至地支第七位，为【各紧】【马畅旗】【木逢】【骸】【核】凶祸所招之灾害。

注释：① 弼星：为北斗星之一，属北斗星的第九位。

② 五黄：紫白星为八卦第五位，属乾卦。

③ 水语音译忌戒条目：

【凶以】意为虫咬。

【各紧】意为大群队移动。各，意为划、移动；紧，意为大排场结队。

【马畅旗】意为马戴孝。

【木逢】是指缠树藤。

④ 骸：水语音译，意为棺材、死人或重丧。

⑤ 【核】为水语音译忌戒条目，意为堵塞或坎坷。

原文：

读音： ŋo^{4} ta:ŋ^{2}ʔɣa^{5} ŋo^{4}hu^{3} ? ŋo^{4}hu^{3} ɕoŋ^{1}

直译： 五 肥沃大田 猛虎 ? 猛虎 凶

条目： 【堂田】【五虎】[⑥]

意译：还同样留意按用事者出生地支年往下推，至地支第五位，为【堂田】【五虎】之凶灾。不宜安葬、起造、婚姻、配马鞍。

注释：⑥ 水语音译条目：

【堂田】意为肥沃的大田。

【五虎】意为猛虎。

第11行

原文：

读音：	tjeŋ^{1}	ju^{4}	si^{2}	t^{h}a:m^{1}	hi^{5}	səŋ^{5}ʈi^{1}	ʈi^{1}
直译：	丁	酉	时	贪狼①	四禄②	断梳子	九穷或穷苦
条目：						【省记】	【九己】③

意译：丁酉时，值北斗贪狼与风水紫白星四禄巽卦相照应，北斗贪狼为木与地上四禄巽木，两木为旺，天地相旺。要留意【省记】【九己】之凶。

注释：① 贪狼：为北斗星之一，属北斗星的第一位。

② 四禄：紫白星为八卦星位第四位，属巽卦。

③ 水语音译忌戒条目：

【省记】意为断梳子。

【九己】意为九穷或穷苦，指第二代后丁才衰败。

原文：

读音：	eŋ^{1}van^{1}	ŋum^{2}sən^{2}	ljok^{8}	suo^{8}	ʈət^{7}	ʈət^{7}
直译：	额问④	吉星	六	十	吉	吉

意译：又值水语音译水书吉星“额问”照应，按用事者出生地支年往下推，至地支第六、十位为吉利。宜超度、开路、安葬、起造、婚姻等。

注释：④ 水语音译水书吉星：

额问：意为吉利重重。

第12行

原文：

读音：	mu^{2}	hət^{7}	si^{2}	ʈu^{2}	ha:m^{1}	mi^{1}	tʰa:m^{1}	van^{1}	ʈət^{7}
直译：	戊	戌	时	巨门①	三碧②	未	贪狼③	日	吉

意译：戊戌时，值北斗巨门与风水紫白星三碧震卦相照应，北斗巨门为土与地上三碧木，为地木难克天上土。按用事者出生地支年往下推，至地支未位，为水书吉星“贪狼”照应，为吉多凶少之时。宜安葬、起造、婚姻。

注释：① 巨门：为北斗星之一，属北斗星第二位。

② 三碧：紫白星为八卦星位第三位，属震卦。

③ 贪狼：为北斗星之一，属第一位，属水书吉星。

第13行

原文：

读音：	ʈi^{1}	ʁa:i^{3}	si^{2}	ljok^{8}	ŋ̊i^{2}	ʔbon^{5}ham^{3}	ha:i^{2}	hak^{7}van^{1}ʔdjam^{5}
直译：	己	亥	时	禄存①	二黑②	一边罩下	骸③	连日凶祸
条目：						【补夯】		【航问锭】④

意译：己亥时，值北斗禄存与风水紫白星二黑坤卦相照应，北斗禄存为土与地上二黑土，两土为旺，为天地相旺。要留意值【补夯】为“骸（死人）”凶；又要留意【航问锭】凶祸招致之灾。

注释：① 禄存：为北斗星之一，属北斗星第三位。

② 二黑：紫白星为八卦星位第二位，属坤卦。

③ 骸：水语音译，意为棺材、死人或重丧。

④ 水语音译忌戒条目：

【补夯】意为一边反扑、罩住。

【航问锭】意为连日凶祸或连日阴沉。

原文：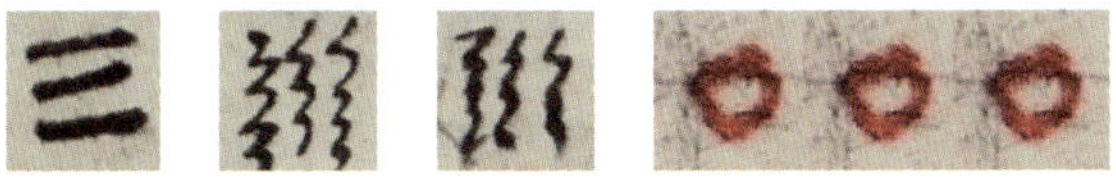

读音：	ha:m^{1}	so^{3}sjem^{1}	so^{3}sjem^{1}	eŋ^{1}van^{1}
直译：	三	惹是生非	惹是生非	额问⑥
条目：		【所线】⑤		

意译：又要留心按用事者出生地支年往下推，至地支第三位，有【所线】之灾；又有水书吉星“额问”相照，但也难以化其凶。不宜安葬、立碑、起造、婚姻等。

注释：⑤ 【所线】为水语音译忌戒条目，意为惹是生非。

⑥ 额问：是指吉利重重，在此为吉星。

第14行

原文：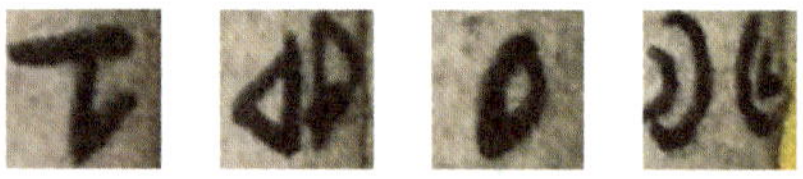

读音：	tjeŋ^{1}	ma:u^{4}	van^{1}	fa^{3}
直译：	丁	卯	日	火

意译：丁卯日，属火。丁卯日为六十甲子日第四位，属纳音五行火。它包含从庚子到辛亥时，共十二个时辰。

第15行

原文：

读音：	qeŋ^{1}	hi^{3}	si^{2}	fan^{1}	ʔjət^{7}	ha:i^{2}	hak^{7}van^{1}ʔdjam^{5}
直译：	庚	子	时	文曲①	一白②	骸③	连日阴沉
条目：							【航问锭】④

意译：庚子时，值北斗文曲与风水紫白星一白坎卦相照应，北斗文曲为水与地上一白水，两水为旺，为天地相旺。要留意为“骸（死人）”凶；又要留意值【航问锭】凶祸或伤身损耗之灾，为大凶之时。不宜安葬、立碑、起造、婚姻等诸事。

注释：① 文曲：为北斗星之一，属北斗星第四位。

② 一白：为紫白星八卦第一位，属坎卦。

③ 骸：水语音译，意为棺材、死人或重丧。

④ 水语音译忌戒条目：

【航问锭】意为连日凶祸或连日阴沉。

第16行

原文：

读音：ɕən^{1} su^{3} si^{2} ljem^{2} ʈu^{3} sup^{7} ŋo^{4}hu^{3} ʔjeu^{1}fon^{2}hu^{3} sui^{3} ʈət^{7} ʈət^{7}

直译：辛 丑 时 廉贞① 九紫② 预计 猛虎 孝旗伞 水 吉 吉

条目：【估术】【五虎】【料逢虎】③

意译：辛丑时，值北斗廉贞与风水紫白星九紫离卦相照应，北斗廉贞为火与地上九紫火，两火为旺，为天地相旺。要留心【估术】【五虎】【料逢虎】凶祸招致之灾，即使按用事者出生五行年往下推，至五行水位，有吉祥照应；但也难以抵挡其凶恶，仍为大凶时。不宜安葬、立碑、起造、婚姻等诸事。

注释：① 廉贞：为北斗星之一，属北斗星第五位。

② 九紫：为紫白星八卦第九位，属离卦。

③ 水语音译忌戒条目：

【估术】意为预定。

【五虎】指猛虎之意。

【料逢虎】意为孝旗伞。

第17行

原文：

读音：ȵum^{2} ji^{2} si^{2} fu^{4} pa:t^{7}ȵum^{1} ha:i^{2} ŋo^{4} qui^{5} ȵa:n^{1}hi^{5}q^{h}a^{1} ɕoŋ^{1}ɕep^{7} lju^{2}li^{2}sui^{3}

直译：壬 寅 时 武曲① 八白② 金 骸③ 锤敲打 棺材四角 接引 泪如柳条

条目：【五锤】【宁喜卡】【休显】【六立水】④

意译：壬寅时，值北斗武曲与风水紫白星八白艮卦相照应，北斗武曲为金与地上八白艮土，为土生金。按用事者出生五行年往下推演，至五行金位，为“骸（死人）”凶；还要留意【五锤】【宁喜卡】【休显】【六立水】凶祸所招致之灾。

注释：① 武曲：为北斗星之一，属北斗星第六位。

② 八白：为紫白星八卦第八位，属艮卦。

③ 骸：水语音译，意为棺材、死人或重丧。

④ 水语音译忌戒条目：

【五锤】指敲打，表示多锤敲打。

【宁喜卡】意为棺材四角。

【休显】意为接引（忌报丧，要接引重丧之祸）。

【六立水】指泪水如柳条，忌哭丧。

原文：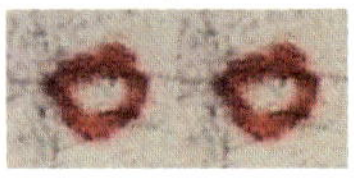

读音： hak van^{1}

直译： 航问⑤

意译：即使有“航问”相照应，但也难以化解其凶恶，仍为凶时。不宜安葬、立碑、起造、婚姻等诸事。

注释：⑤ 航问：水语音译，意为连日吉利。

第18行

原文：

读音： ȶui^{5} ma:u^{4} si^{2} $p^{h}o^{5}$ ɕət^{7} pje^{2}k^{h}u^{1} zən^{1}ta:u^{5}

直译： 癸 卯 时 破军① 七赤② 麻风病 人倒

条目： 【别库】【人倒】

意译：癸卯时，值北斗破军与风水紫白星七赤兑卦相照应，北斗破军为金与地上七赤兑金，两金为旺，为天地相旺。要留意【别库】【人倒】凶祸所招之灾。

注释：① 破军：为北斗星之一，属北斗星第七位。

② 七赤：为紫白星八卦第七位，属兑卦。

③ 水语音译忌戒条目：

【别库】意为麻风病。

【人倒】意指凶祸、或人死倒地。

原文：

读音： ȶu^{3} ʔjət^{7} hak^{7}van^{1} mu^{2} ȶət^{7}

直译： 九 一 航问④ 戊 吉

意译：并按用事者生庚八字地支起，推演至地支第九、一位，为音译水书吉利条目“航问”，或按用事者生庚八字天干起，推演至天干戊位，遇吉利，但难以化解其凶，为凶时。不宜安葬、立碑、起造、婚姻等诸事。

注释：④ 航问：水语音译，意为连日吉利。

第19行

原文：

读音：	ȶa:p^{7}	sən^{2}	si^{2}	pu^{2}	ljoko^{8}	pik^{7}sui^{3}ka:ŋ^{5}	ŋo^{4}qui^{5}	q^{h}am^{5}a:n^{1}	lju^{1}li^{2}sui^{3}	ȶət^{7}
直译：	甲	辰	时	辅星①	六白②	哭干泪水	敲打	翻倒马鞍	眼泪	吉
条目：						【比水缸】	【五锤】	【缸鞍】	【六立水】③	

意译：甲辰时，值北斗辅星与风水紫白星六白乾卦相照应，北斗辅星为水与地上六白乾金，为金生水，为天地相生。要留心【比水缸】【五锤】【缸鞍】【六立水】凶祸招致之灾。幸有其“吉”相照，为吉凶参半之时。不宜哭丧、设席、造鞍，宜斟酌安葬、立碑、起造、婚姻。

注释：① 辅星：为北斗星之一，属北斗星的第八位。

② 六白：为紫白星八卦第六位，属乾卦。

③ 水语音译忌戒条目：

【比水缸】意为泪水流干。

【五锤】指敲打，表示多锤敲打。

【缸鞍】指马鞍，表示翻倒马鞍。

【六立水】意为哭泪如柳条，忌哭丧。

第20行

原文：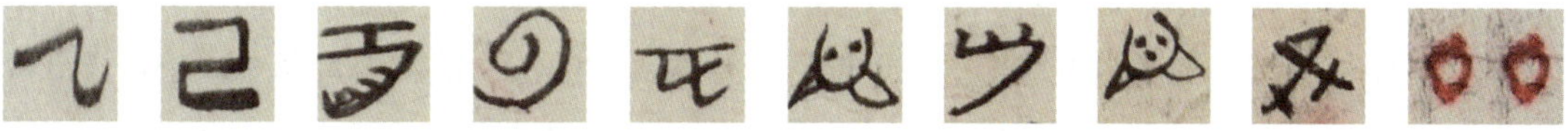

读音：	ʔjət^{7}	hi^{4}	si^{2}	pjət^{7}	ŋo^{4}	ŋo^{4}hu^{3}	sək^{7}ȶi^{1}	ŋo^{4}hu^{3}	ɕoŋ^{1}	hak^{7}van^{1}
直译：	乙	巳	时	弼星①	五黄②	猛虎	断梳子	猛虎	凶	航问④
条目：						【五虎】	【省记】	【五虎】③		

意译：乙巳时，值北斗弼星与风水紫白星五黄中相照应，北斗弼星为水与地上五黄中央土，为土克水，为天地相克。又遇【省记】和二【五虎】凶祸所招致之灾。即使带有“航问”照应，也难以化解天地相克，仍为大凶之时。不宜安葬、立碑、起造、婚姻。

注释：① 弼星：为北斗星之一，属北斗星的第九位。

② 五黄：属紫白星八卦第五位，属中央卦。

③ 水语音译忌戒条目：

【五虎】指猛虎。

【省记】意为断梳子，表示女人死后给的梳子。

④ 航问：水语音译，意为连日吉利。

第21行

原文：

读音：pjeŋ^{3}　ŋo^{2}　si^{2}　tʰa:m^{1}　hi^{5}　ton^{2}ɣon^{2}　ma^{4}saŋ^{2}ȶi^{2}

直译：丙　午　时　贪狼①　四禄②　短命　马戴孝

条目：【端完】【马畅旗】③

意译：丙午时，值北斗贪狼与风水紫白星四禄相照应。北斗贪狼为木与地上四禄巽木，两木为旺，为天地相旺。要留心【端完】【马畅旗】凶祸所致之灾。

注释：① 贪狼：为北斗星之一，属北斗星的第一位。

② 四禄：为紫白星八卦第四位，属巽卦。

③ 水语音译忌戒条目：

【端完】意为短命。

【马畅旗】意为马戴孝。

原文：

读音：hi^{5}　ŋo^{4}hu^{3}　hak^{7}　ha:i^{2}　ȶu^{3}ȶi^{1}　hak^{7}van^{1}

直译：四　猛虎　堵塞　骸⑤　九穷　航问⑦

条目：【五虎】【核】④　【九己】⑥

意译：还要留意按用事者出生地支年往下推演，至地支第四位，值水语音译忌戒条目【五虎】，为“骸（死人）”凶；又要留意【九己】凶祸或伤身损耗之灾。虽有吉利“航问”照应，也难以避免其凶祸，仍为凶时。不宜安葬、立碑、起造。

注释：④ 水语音译忌戒条目：

【五虎】意为猛虎。

【核】指堵塞或坎坷之意。

⑤ 骸：水语音译，意为棺材、死人或重丧。

⑥ 【九己】水语音译忌戒条目，意为九穷或穷困潦倒，第二代以后丁才衰败。

⑦ 航问：水语音译吉利条目，意为连日吉利。

第22行

原文：

读音：tjeŋ^{1} mi^{2} si^{2} ʈu^{2} ha:m^{1} hak^{7} qau^{3}za:i^{5} ʈu^{3}ʈi^{1} ŋo^{4}hu^{3}

直译：丁 未 时 巨门① 三碧② 堵塞 猛兽抓拖 九穷 猛虎

条目：【核】【高采】【九己】【五虎】③

意译：丁未时，值北斗巨门与风水紫白星三碧相照应。北斗巨门为木与地上三碧震木，两木为旺，为天地相旺。要留心【核】【高采】【九己】【五虎】凶祸招致之灾。

注释：① 巨门：为北斗星之一，属北斗星第二位。

② 三碧：紫白星为八卦星位第三位，属震卦。

③ 水语音译忌戒条目：

【核】意为坎坷或堵塞。

【高采】指猛兽抓拖。

【九己】意为九穷或穷苦，至第二代以后丁才衰败。

【五虎】意为猛虎。

原文：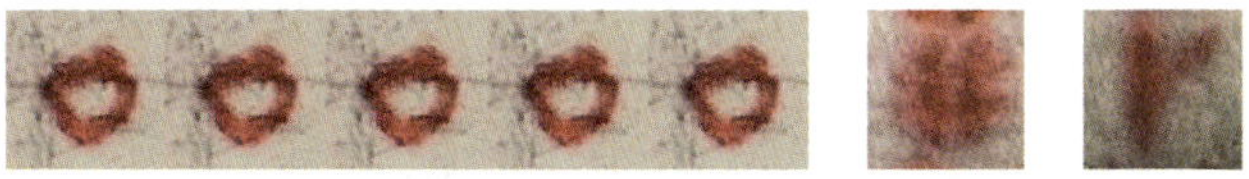

读音：eŋ^{1}van^{1} t^{h}a:m^{1} kwa:n^{1}tsai^{4}

直译：额问 贪狼 贯才④

意译：又有水语音译吉星“额问”“贪狼”“贯才”照应，也仍为吉凶参半。宜斟酌安葬、立碑，不宜造圈、起造、婚姻。

注释：④ 水语音译水书吉星：

额问：吉利条目，意为吉利重重。

贪狼：指北斗星九星第一位，这里属水书吉星。

贯才：指利斧，不吉利，属忌戒条目。

第23行

原文：

读音：	mu^{2}	sən^{1}	si^{2}	ljok^{8}	ha:m^{1}	mok^{8}fon^{2}	ɕoŋ^{1}ʔjət^{7}	ŋo^{4}	ta:ŋ^{2}ʔɣa^{5}	ha:i^{2}	ʈui^{3}sa:t^{7}ʈa^{1}
直译：	戊	申	时	禄存①	二黑②	缠树藤	虫咬	五	肥沃大田	骸③	鬼卷家
条目：						【木逢】	【凶以】		【堂田】		【居散架】④

意译：戊申时，值北斗禄存与风水紫白星二黑相照应。北斗禄存为土与地上二黑坤土，两土为旺，为天地相旺。要留意水语音译水书禁忌条目【木逢】【凶以】凶祸所招之灾；又要留心按用事者出生地支年往下推演，至地支第五位为【堂田】为“骸(死人)”凶；又要留意【居散架】凶祸招致之灾。

注释：① 禄存：为北斗星之一，属北斗星第三位。

② 二黑：为紫白星八卦第二位，属坤卦。

③ 骸：水语音译，意为棺材、死人或重丧。

④ 水语音译忌戒条目：

【木逢】指缠树藤。

【凶以】意为虫咬。

【堂田】指肥沃大田。

【居散架】指鬼卷家

原文：

读音：	ha:m^{1}	so^{3}sjem^{1}	van^{1}
直译：	三	惹是生非	日
条目：		【所线】⑤	

意译：也要留意按用事者出生地支年往下推演，至地支第三位为【所线】招致之灾。虽遇吉日，但仍为凶时。不宜安葬、立碑、起造。

注释：⑤ 【所线】为水语音译忌戒条目，意为惹是生非。

第24行

原文：

读音：	ti^{1}	ju^{4}	si^{2}	fan^{2}	ʔjət^{7}	ɕət^{7}	qo^{1}tən^{1}	pjət^{8}jiŋ^{5}	ha:i^{2}	qok^{8}mok^{8}	qoŋ^{1}ljok^{8}ma^{4}	tsjem^{4}
直译：	己	酉	时	文曲①	一白②	七	大群队移动	环绕	骸③	各木	工六马	凶恶
条目：							【各紧】	【必引】		【各木】	【工六马】	【占】④

意译：己酉时，值北斗文曲与风水紫白星一白相照应。北斗文曲为水与地上一白坎水，两水为旺，为天地相旺。按用事者出生地支年往下推演，至地支第七位，要留意值【各紧】【必引】为“骸（死人）”凶；又要留意【各木】【工六马】【占】凶祸所招致损耗之灾，为大凶之时。不宜开路、丧葬、立碑、起造、婚嫁。

注释：① 文曲：为北斗星之一，属北斗星第四位。

② 一白：为紫白星八卦第一位，属坎卦。

③ 骸：水语音译，意为棺材、死人或重丧。

④ 水语音译忌戒条目：

【各紧】意为大群队移动。

【必引】意为环绕。

【各木】指人头。

【工六马】意为马做工，表示多匹马做工。

【占】指凶恶或杀伤（一触即发）。

第25行

原文：

读音：	qeŋ^{1}	hət^{7}	si^{2}	ljem^{2}	ɬu^{3}	ʔjən^{5}kwa:n^{1}	mən^{2}ja^{3}sui^{3}	ʔjeu^{1}fon^{2}hu^{3}
直译：	庚	戊	时	廉贞①	九紫②	斧头	水族衙门	孝旗伞
条目：						【引贯】	【门牙水】	【料逢虎】③

意译：庚戌时，值北斗廉贞与风水紫白星九紫相照应。北斗廉贞为水与地上九紫离火，为两火助旺。值水语音译水书禁忌条目【引贯】【门牙水】【料逢虎】。

注释：① 廉贞：为北斗星之一，属北斗星第五位。

② 九紫：为紫白星八卦第九位，属离卦。

③ 水语音译忌戒条目：

【引贯】指斧头。

【门牙水】指水族衙门。

【料逢虎】意为孝旗伞。

原文：

读音：	van^{1}	mok^{8}ta:ŋ^{2}	lju^{4}t^{h}u^{3}tsja:ŋ^{1}
直译：	日	木堂	柳土獐④

意译：同时又值水书吉星“木堂”“柳土獐”照应，属吉多凶少之时。宜超度、安葬、婚嫁、吃新米、出行。

注释：④ 水书吉星：

木堂：意为富丽堂皇。

柳土獐：为二十八宿之一。这里属吉星照应。

第26行

原文：

读音：ɕən^{1} ʁa:i^{3} si^{2} fu^{4} pa:t^{7} qoŋ^{1}ljok^{8}ma^{4} tsjem^{4} qok^{8}mok^{8} lju^{2}li^{2}sui^{3}

直译：辛 亥 时 武曲① 八白② 马做工 凶恶或杀伤 人头 眼泪

条目：【工六马】【占】【各木】【六立水】③

意译：辛亥时，值北斗武曲与风水紫白星八白相照应。北斗武曲为水与地上八白艮土，为土克水。还要留意水语音译忌戒条目【工六马】【占】【各木】【六立水】所招之灾祸。

注释：① 武曲：为北斗星之一，属北斗星第六位。

② 八白：为紫白星八卦第八位，属艮卦。

③ 水语音译忌戒条目：

【工六马】意为马做工，表示多匹马做工。

【占】意为杀伤或凶恶（一触即发）。

【各木】意为人头。

【六立水】意为泪如柳条，忌哭丧。

原文：

读音：eŋ^{1}van^{1} tʰa:m^{1} ȶət^{7}

直译：额问④ 贪狼⑤ 吉

意译：虽有水语音译水书吉星“额问”“贪狼”照应，也难以化解天地相克之凶，仍为凶时。不宜超度、开路、立碑、安葬、婚嫁。

注释：④额问：水语音译吉星条目，意为吉利重重。

⑤贪狼：意为吉利重重。贪狼星，为水书吉星。

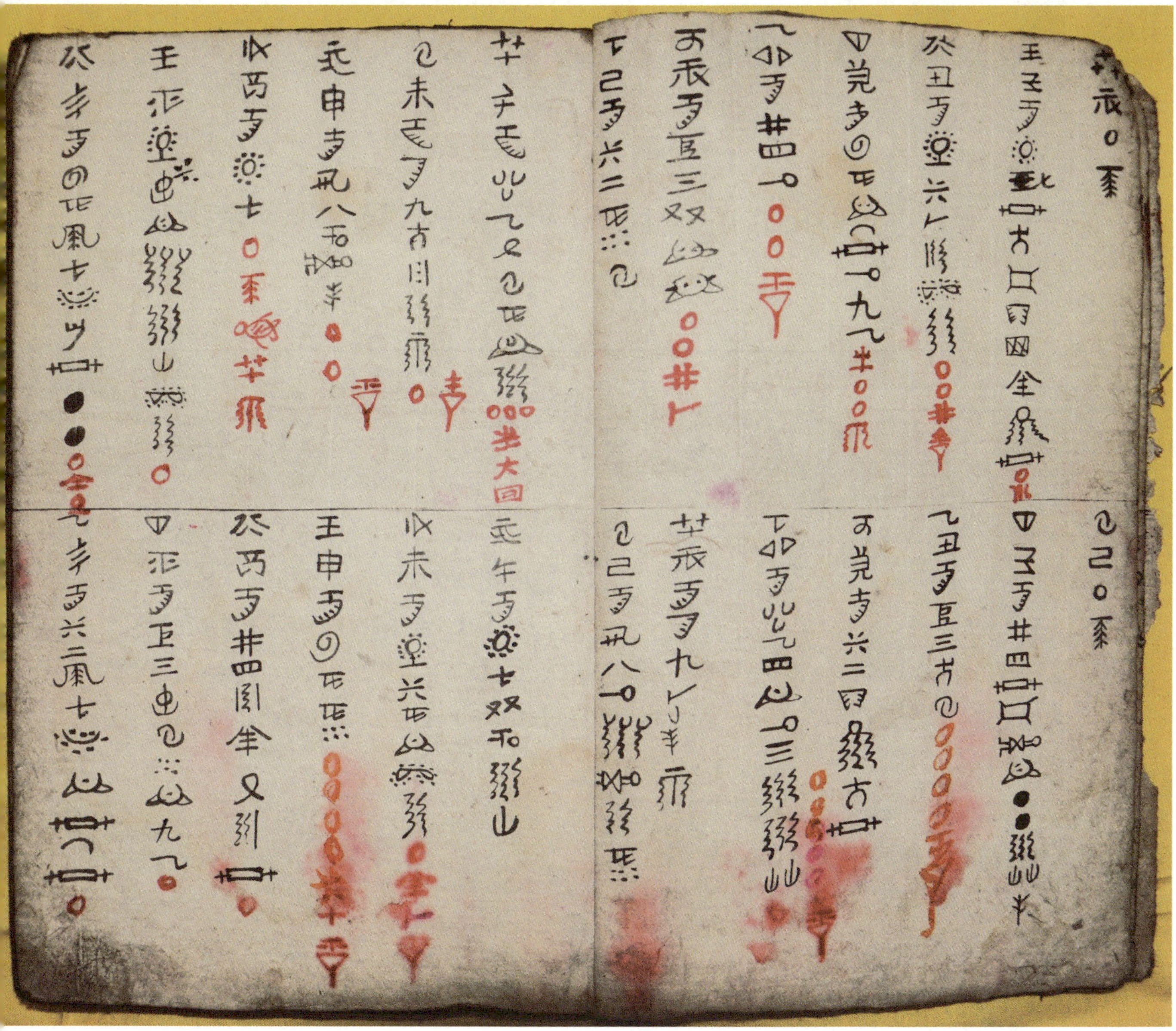

原件 3：戊辰 乙已

第 1 行

原文：

读音：mu^{2} sən^{2} van^{1} mok^{8}

直译：戊 辰 日 木

意译：戊辰日，属木。戊辰日为六十甲子中第五位，属五行纳音木。它包含从壬子时到癸亥时，共十二个时辰。

第 2 行

原文：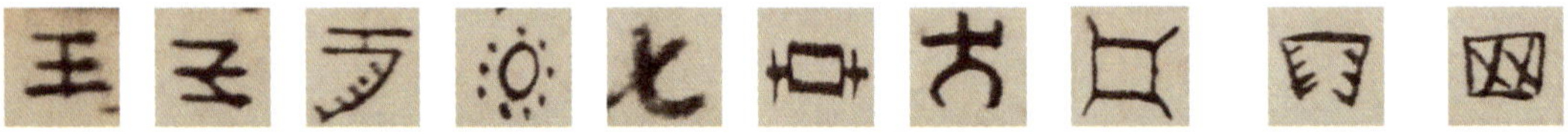

读音：ȶum^{2} hi^{3} si^{2} p^{h}o^{5} ɕət^{7} hai^{2} hak^{7} ŋ̥a:n^{1}hi^{5}q^{h}a^{1} mən^{2}ja^{3}sui^{3} ton^{2}ɣon^{2}

直译：壬 子 时 破军① 七赤② 骸③ 堵塞 棺材四角 水族衙门 短命

条目：【核】【宁喜卡】【门牙水】【端完】③

意译：壬子时，值北斗破军与风水紫白星七赤兑卦相照应，北斗破军属木与地上兑金，为金克木，天地相克。为“骸（死人）”凶；又要留意【核】【宁喜卡】【门牙水】【端完】凶祸招致之灾。

注释：① 破军：为北斗星之一，属北斗星的第七位。

② 七赤：属紫白星八卦第七位，属兑卦。

③ 骸：水语音译，意为棺材、死人或重丧。

④ 水书忌戒条目：

【核】意为坎坷或堵塞。

【宁喜卡】指棺材四角。

【门牙水】意为水族衙门。

【端完】意为短命。

原文：

读音：ȶum^{1} ma^{4}saŋ^{2}ȶi^{2} ha:i^{2} van^{1} sui^{3}

直译：金 马戴孝 骸 日 水

条目：【马畅旗】⑤

意译：还要留心按用事者出生年属五行，往下推演，至五行金位，值【马畅旗】为“骸（死人）”

凶；虽按用事者出生五行年，往下推演，遇五行水为吉日，但也难以化解其凶祸。不宜超度、开路、安葬、立碑。

注释：⑤ 水语音译忌戒条目：

【马畅旗】意为马戴孝。

第 3 行

原文：

读音：ȶui^{5} su^{3} si^{2} pu^{2} ljok^{8} ʔjə^{5}kwaːm^{1} ɕoŋ^{1}ɕep^{7} q^{h}am^{5}an^{1} lju^{2}li^{2}sui^{3}

直译：癸 丑 时 辅星① 六白② 斧头 引线 翻倒马鞍 泪如柳条

条目：【引贯】【休显】【缸鞍】【六立水】③

意译：癸丑时，值北斗辅星与风水紫白星六白乾卦相照应，北斗辅星属水与地上乾金，为金生水，为天地相生。要留意【引贯】【休显】【缸鞍】【六立水】凶祸之灾。

注释：① 辅星：为北斗星之一，属北斗星的第八位。

② 六白：属紫白星八卦第六位，属乾卦。

③ 水书忌戒条目：

【引贯】意为斧头。

【休显】意为接引（忌报丧）。

【缸鞍】意为翻倒的马鞍。

【六立水】意为泪如柳条，忌哭丧。

原文：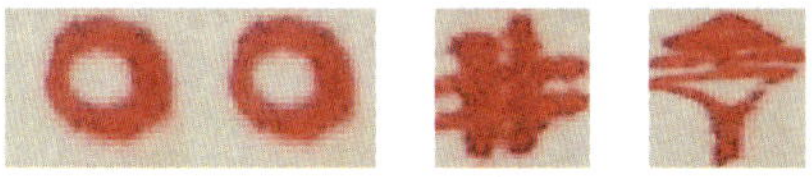

读音：hak^{7}van^{1} t^{h}aːm^{1} ȶət^{7}

直译：航问 贪狼④ 吉

意译：又值水语音译吉星“航问”“贪狼”照应，为吉凶参半之时。宜结婚，不宜超度、开路、安葬、立碑。

注释：④ 水语音译的水书吉星：

航问：意为连日吉利。

贪狼：为北斗星的第一位，这里属水书吉星。

第 4 行

原文：

读音：	ɬa:p^{7}	ji^{2}	si^{2}	pjət^{7}	ŋo^{4}	ŋo^{4}hu^{3}	ʔbon^{5}ham^{3}	ha:i^{2}	ŋo^{4}qui^{5}	ɬu^{3}	ʔjət^{7}
直译：	甲	寅	时	弼星①	五黄②	猛虎	一边反扑	骸④	锤敲	九	一
条目：						【五虎】	【补夯】③		【五锤】⑤		

意译：甲寅时，值北斗文弼星与风水紫白星五黄中央相照应，北斗弼星属水与地上中央土，为土克水。要留意按用事者出生地支年往下推演，至地支第九、第一位，值【五虎】【补夯】为“骸（死人）”凶；又要留意【五锤】凶祸或伤身耗损之灾。

注释：① 弼星：为北斗星之一，属北斗星的第九位。

② 五黄：属紫白星八卦第五位，属中央卦。

③ 水语音译忌戒条目：

【五虎】指猛虎。

【补夯】意为一边反扑、罩住。

④ 骸：水语音译，意为棺材、死人或重丧。

⑤ 【五锤】水语音译忌戒条目，指敲打，表示多锤敲打。

原文：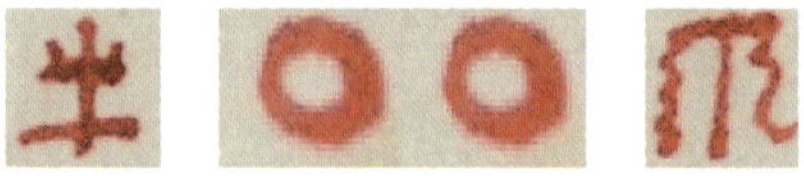

读音：	ȵu^{2}ɬum^{1}ȵu^{2}	hak^{8}van^{1}	ti^{8}ha:ŋ^{1}fan^{1}
直译：	牛金牛	航问	人丁发达
条目：	【牛金牛】	【航问】	【竹根代】⑥

意译：虽有水书吉星【牛金牛】【航问】照应【竹根代】，仍为吉凶参半。不宜开路、丧葬、立碑、设席，宜婚姻、祭祀。

注释：⑥ 水语音译吉星：

【牛金牛】为二十八宿之一，属五行金宿。

【航问】意为连日吉利。

【竹根代】人丁发达。

第 5 行

原文：

读音：	ʔjət^7	ma:u^4	si^2	tʰa:m^1	hi^5	ŋo^{4}qui^5	hak^{7}van^1	ʈət^7
直译：	乙	卯	时	贪狼①	四禄②	敲打	航问④	吉
条目：						【五锤】③		

意译：乙卯时，值北斗贪狼与风水紫白星四禄巽相照应，北斗贪狼属木与地上巽木，两木为旺，为天地相旺。虽值水书忌戒条目【五锤】，但又有水书吉星“航问”照应，为吉多凶少。宜超度、开路、丧葬、婚姻、起造，不宜出行、设席位。

注释：① 贪狼：为北斗星之一，属北斗星的第一位。

② 四禄：属紫白星八卦第四位，属巽卦。

③ 【五锤】水语音译忌戒条目，意为五锤敲打。

④ 航问：意为连日吉利。

第 6 行

原文：

读音：	pjeŋ^3	sən^2	si^2	ʈu^2	ha:m^1	ku^{3}sup^7	ŋo^{4}hu^3	hak^{7}van^1	tʰa:m^1	kwa:n^{1}tsai
直译：	丙	辰	时	巨门①	三碧②	预计	猛虎	航问	贪狼	贯才④
条目：						【估术】	【五虎】③			

意译：丙辰时，值北斗巨门与风水紫白星三碧震相照应，北斗巨门属土与地上震木，为木克土，为天地相克。还要留意【估术】【五虎】之凶；虽有吉星“航问”“贪狼”“贯才”相照，但仍难以化解其天地相克之凶，仍为大凶之时。宜赴任、诉讼，不宜超度、丧葬、立碑、起造、造圈、结婚。

注释：① 巨门：为北斗星之一，属北斗星的第二位。

② 三碧：属紫白星八卦第三位，属震卦。

③ 水语音译忌戒条目：

【估术】意为预计。

【五虎】指猛虎，表示多只猛虎。

④ 水书吉星：

航问：指连日吉利。

贪狼：为北斗星的第一位，这里为吉星。

贯才：意为利斧。

第 7 行

原文：

读音：	tjeŋ^{1}	hi^{4}	si^{2}	ljok^{8}	ŋ̥i^{2}	ŋo^{4}	ta:ŋ^{2}ʔɣa^{5}	ȶi^{1}
直译：	丁	巳	时	禄存①	二黑②	五	肥沃大田	九穷
条目：							【堂田】③	【九己】④

意译：丁巳时，值北斗禄存与风水紫白星二黑坤相照应，北斗禄存属土与地上坤卦属土，两土为旺，为天地相旺。又留意按用事者出生地支年往下推演，至地支第五位，为【堂田】【九己】之凶。为吉多凶少之时，宜斟酌丧葬、立碑、起造、嫁娶。

注释：① 禄存：为北斗星之一，属北斗星的第三位。

② 二黑：属紫白星八卦第二位，属坤卦。

③ 【堂田】为水书中性条目名称，意为肥沃大田。

④ 【九己】水书禁忌条目，意为九穷或穷苦，用事到第二代以后丁才衰败。

第 8 行

原文：

读音：	mu^{2}	ŋo^{2}	si^{2}	fan^{2}	ʔjət^{7}	pjət^{7}jiŋ^{5}	ȶi^{1}	ŋo^{4}	ŋo^{4}hu^{3}	so^{3}sjem^{1}
直译：	戊	午	时	文曲①	一白②	环绕	九穷	五	猛虎	惹是生非
条目：						【必引】	【九己】		【五虎】	【所线】③

意译：戊午时，值北斗文曲与风水紫白星一白坎相照应，北斗文曲属水与地上坎水，两水为旺，为天地相旺。要留意【必引】【九己】之凶，又留心按用事者出生地支年往下推演，至地支第五位，为【五虎】【所线】凶祸所招致之灾。

注释：① 文曲：为北斗星之一，属北斗星的第四位。

② 一白：为紫白星八卦第一位，属坎卦。

③ 水语音译禁忌条目：

【必引】意为环绕。

【九己】意为穷苦，用事到第二代以后丁才衰败。

【五虎】意为猛虎。

【所线】意为惹是生非。

原文：

读音：hak^{7}van^{1}　mi^{2}　ta:i^{2}　kwa:n^{3}ʔjən^{5}

直译：额问④　未　大　官印⑤

意译：又值水书吉星“额问”，按用事者出生地支年往下推演，至地支未位，为吉星“官印”照应，为吉凶参半。宜斟酌超度、丧葬、立碑、起造，不宜嫁娶、出行。

注释：④　额问：水语音译吉利条目，意为吉利重重。

⑤　官印：水语音译吉利条目，意为大印。

第 9 行

原文：

读音：ʈi^{1}　mi^{2}　si^{2}　ljem^{2}　ʈu^{3}　hak^{7}　pik^{7}sui^{3}ka:ŋ^{5}　lju^{2}li^{2}sui^{3}　ʔjeu^{1}fon^{2}hu^{3}

直译：己　未　时　廉贞①　九紫②　堵塞　哭干泪水　泪如柳条　孝旗伞

条目：【核】【比水缸】【六立水】【料逢虎】③

意译：己未时，值北斗廉贞与风水紫白星九紫离相照应，北斗廉贞属火与地上离火，两火为旺，为天地相旺。要留意【核】【比水缸】【六立水】【料逢虎】凶祸所招之灾。

注释：①　廉贞：为北斗星之一，属北斗星的第五位。

②　九紫：紫白星属八卦星位第九位，属离卦。

③　水语音译忌戒条目：

【核】意为坎坷或堵塞。

【比水缸】指哭干泪水。

【六立水】意为泪如柳条，指忌哭丧。

【料逢虎】意为孝旗伞。

原文：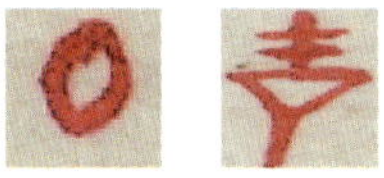

读音：van^{1}　ʈət^{7}

直译：日　吉

意译：虽有吉日照应，但难以化解其凶，仍为凶时。不宜丧葬、立碑，宜嫁娶、起造、出行。

第10行

原文：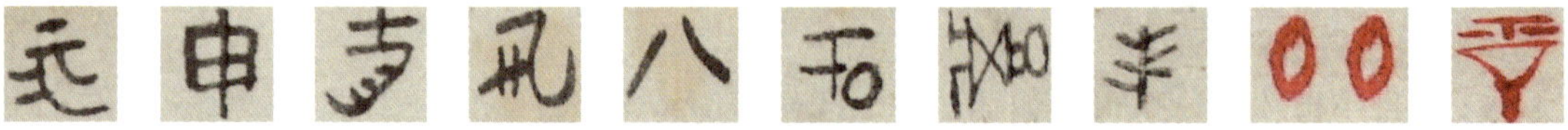

读音：	qeŋ^{1}	sən^{1}	si^{2}	fu^{4}	pa:t^{7}	pje^{2}k^{h}u^{1}	zən^{1}ta:u^{5}	mok^{8}	hak^{7}van^{1}	ɬət^{7}
直译：	庚	申	时	武曲①	八白②	别库	人倒	人头	航问③	吉
条目：						【别扣】【人倒】【各木】④				

意译：庚申时，值北斗武曲与风水紫白星八白艮相照应，北斗武曲属金与地上艮土，为土生金。要留心【别扣】【人倒】【各木】凶祸或伤身损耗之灾；但又有水书吉星“航问”照应，为吉多凶少之时。宜丧葬、立碑、嫁娶、起造、出行。

注释：① 武曲：为北斗星之一，属北斗星的第六位。

② 八白：为紫白星八卦第八位，属艮卦。

③ 航问：意为吉利重重。

④ 水语音译忌戒条目：

【别扣】指麻风病。

【人倒】意为凶祸或死人。

【各木】意为人头。

第11行

原文：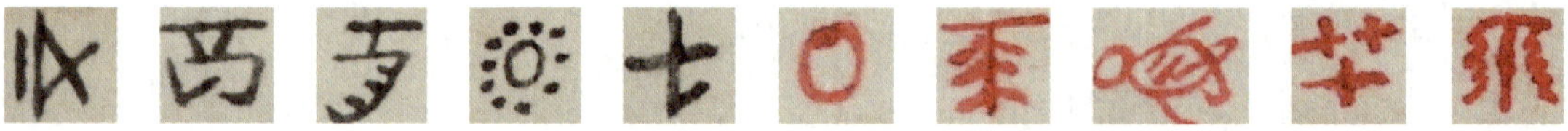

读音：	ɕən^{1}	ju^{4}	si^{2}	p^{h}o^{5}	ɕət^{7}	van^{1}	mok^{8}ta:ŋ^{2}	lju^{4}t^{h}u^{3}tsja:ŋ^{1}	mu^{2}	joŋ^{2}
直译：	辛	酉	时	破军①	七赤②	日	木堂	柳土獐③	戊	用

意译：辛酉时，值北斗破军与风水紫白星七赤兑相照应，北斗破军属金与地上兑金，两金为旺。又值水语音译的水书吉星“木堂”相照，按用事者出生天干年往下推演，至天干戊位，为“柳土獐”宿，为大吉之时。宜超度、开路、丧葬、立碑、嫁娶、起造、出行、吃新米等，百事吉。

注释：① 破军：为北斗星之一，属北斗星的第七位。

② 七赤：为紫白星八卦第七位，属兑卦。

③ 木堂：为水语音译水书吉星，意为富丽堂皇。

柳土獐：为二十八星宿之一，这里为吉星。

第12行

原文：

读音：ȵum^{2}　hət^{7}　si^{2}　pu^{2}　ljok^{8}　ɕoŋ^{1}ʔjət^{7}　ŋo^{4}hu^{3}　ljeu^{4}ta^{1}ɕon^{2}

直译：壬　戌　时　辅星①　六白②　虫咬　猛虎　鬼卷家

条目：**【凶以】【五虎】【居散架】**③

意译：壬戌时，值北斗辅星与风水紫白星六白乾相照应，北斗辅星属水与地上乾金，为金生水，为天地相生。要留心【凶以】【五虎】【居散架】凶祸招致之灾。

注释：① 辅星：为北斗星之一，属北斗星的第八位。

② 六白：紫白星属八卦星位第六位，属乾卦。

③ 水语音译忌戒条目：

【凶以】意为虫咬。

【五虎】意为猛虎。

【居散架】意为鬼卷家。

原文：

读音：qoŋ^{1}ljok^{8}ma^{4}　tajem^{4}　q^{h}am^{5}a:n^{1}　lju^{2}li^{2}sui^{3}　van^{1}

直译：马做工　凶恶　翻倒马鞍　泪如柳条　日

条目：**【工六马】　【占】　【缸鞍】　【六立水】**④

意译：也还要留意【工六马】【占】【缸鞍】【六立水】之灾害。虽有两金助旺和吉日照应，但也难以化解其诸凶，仍为大凶之时。不宜丧葬、立碑，宜嫁娶、起造、出行。

注释：④ 水语音译忌戒条目：

【工六马】指马做工，表示多匹马做工。

【占】指凶恶或杀伤（为一触即发）。

【缸鞍】意为翻马鞍。

【六立水】意为泪如柳条，指忌哭丧。

第13行

原文：

读音：ȶui^{5}　ʁaːi^{3}　si^{2}　pjət^{7}　ŋo^{4}　mok^{8}fon^{2}　ɕət^{7}　qo^{2}ȶən^{1}　sək^{7}ȶi^{1}　haːi^{2}　hak^{7}van^{1}ʔdjam^{5}

直译：癸　亥　时　弼星①　五黄②　缠树藤　七　大群队移动　断梳子　骸③　连日阴沉

条目：【木逢】　【各紧】【省记】　【航问锭】④

意译：癸亥时，值北斗弼星与风水紫白星中央五黄照应，北斗弼星属水与地上中央土，为土克水，为天地相克。要留心【木逢】之灾；还要留意按用事者出生地支年往下推演，至地支第七位，为【各紧】【省记】【骸】【航问锭】凶祸或伤身损耗之灾。

注释：① 弼星：为北斗星之一，属北斗星的第九位。

② 五黄：紫白星属八卦星位第五位，为中央卦。

③ 骸：水语音译，意为棺材、死人或重丧之意。

④ 水语音译忌戒条目：

【木逢】意为缠树藤。

【各紧】大群队移动。水语音译各，意为划、移动；水语音译紧，意为排场大队伍。

【省记】意为断梳子。

【航问锭】意为连日阴沉或连日凶祸。

原文：

读音：van^{1}　ȶum^{1}　van^{1}

直译：日　金堂⑤　日

意译：虽有吉星“金堂”照应，但都难以化解其凶，仍为大凶之时。不宜丧葬、立碑，宜嫁娶、起造、出行。宜酌情祭祀。

注释：⑤ 金堂：意为金制堂房。

第14行

原文：

读音：ȶi^{1}　hi^{4}　van^{1}　mok^{8}

直译：己　巳　日　木

意译：己巳日，属木。己巳日为六十甲子日的第六日，五行纳音属木。它包含从甲子时到乙亥时，共十二个时辰。

第15行

原文：

读音：ʈa:p^{7}　hi^{3}　si^{2}　t^{h}a:m^{1}　hi^{5}　ha:i^{2}　ŋ̥a:n^{1}hi^{5}q^{h}a^{1}　zən^{1}ta:u^{5}

直译：甲　子　时　贪狼①　四禄②　骸③　棺材四角　人倒

条目：【宁喜卡】【人倒】④

意译：甲子时，值北斗贪狼与风水紫白星四禄照应，北斗贪狼属木与地上巽木，两木为旺，为天地相旺。既要留意“骸（死人）”凶；又要留意【宁喜卡】【人倒】凶祸或伤身损耗之灾。

注释：① 贪狼：为北斗星之一，属北斗星的第一位。

② 四禄：为紫白星八卦第四位，为巽卦。

③ 骸：水语音译，意为棺材、死人或重丧。

④ 水语音译忌戒条目：

【宁喜卡】意为棺材四角。

【人倒】指凶祸死人或重丧。

原文：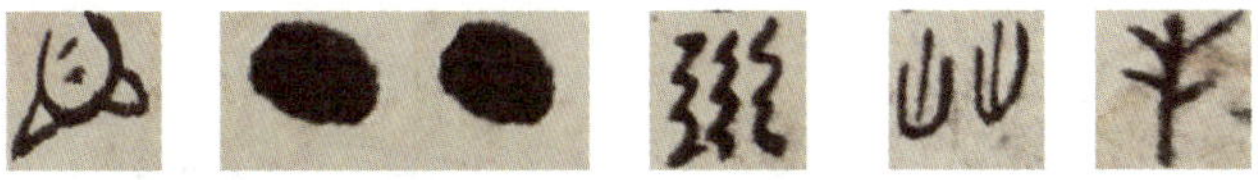

读音：ŋo^{4}hu^{3}　hak^{7}van^{1}ʔdjam^{5}　qoŋ^{1}ljok^{8}ma^{4}　tsjem^{4}　qom^{8}mok^{8}

直译：猛虎　连日阴沉　马做工　凶恶　人头

条目：【五虎】　【航问锭】　【工六马】　【占】【各木】⑤

意译：又要留心【五虎】【航问锭】【工六马】【占】【各木】招致之灾，为大凶之时。不宜丧葬、立碑，宜嫁娶、起造、出行。

注释：⑤ 水语音译忌戒条目：

【五虎】意为猛虎。

【航问锭】意为连日阴沉或连日凶祸。

【工六马】意为马做工，表示多匹马做工。

【占】指凶恶或杀伤（一触即发）。

【各木】意为人头。

第16行

原文：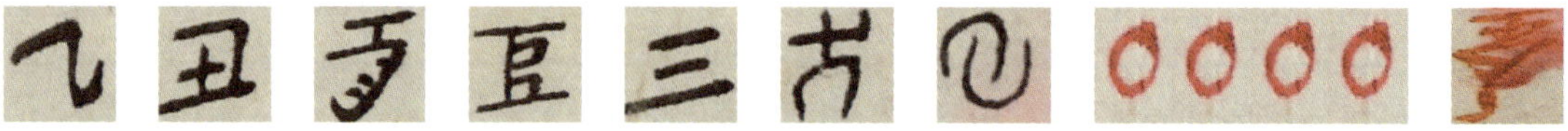

读音：	ʔjət^7	su^3	si^2	ɬu^2	ha:m^1	hak^7	ɬi^1	eŋ^{1}van^1	ɬət^7
直译：	乙	丑	时	巨门①	三碧②	堵塞	九己	额问④	吉
条目：						【核】	【九己】③		

意译：乙丑时，值北斗巨门与风水紫白星三碧照应，北斗巨门属土与地上震木，为木克土，为天地相克。又要留意【核】【九己】之灾害；虽有吉星“额问”照应，也仍为凶多吉少。不宜丧葬、立碑，宜嫁娶、起造、出行。

注释：① 巨门：为北斗星之一，属北斗星的第二位。

② 三碧：紫白星属八卦第三位，为震卦。

③ 水语音译忌戒条目：

【核】意为坎坷或堵塞。

【九己】意为九穷或穷苦，第二代以后丁才衰败。

④ 额问：意为吉利重重。

第17行

原文：

读音：	pjeŋ^3	ji^2	si^2	ljok^8	ŋ̥i^2	mən^{2}ja^{3}sui^3	ma^{4}saŋ^{2}ɬi^2	hak^7	ha:i^2
直译：	丙	寅	时	禄存①	二黑②	水族衙门	马戴孝	堵塞	骸④
条目：						【门牙水】	【马畅旗】	【核】③	

意译：丙寅时，值北斗禄存与风水紫白星二黑照应，北斗禄存属土与地上坤土，两土为旺。还要留意【门牙水】【马畅旗】【核】，为“骸（死人）”凶祸招致损耗之灾。

注释：① 禄存：为北斗星之一，属北斗星的第三位。

② 二黑：紫白星属八卦星位第二位，为坤卦。

③ 水语音译忌戒条目：

【门牙水】意为水族衙门。

【马畅旗】意为孝旗伞。

【核】意为坎坷或堵塞。

④ 骸：水语音译，意为棺材、死人或重丧。

原文：

读音：	eŋ^{1}van^{1}	ʈət^{7}
直译：	额问⑤	吉

意译：虽有水书吉星“额问”照应，也仍为吉凶参半。宜酌情丧葬、立碑，宜嫁娶、起造。

注释：⑤ 额问：为水语音译的水书吉星，意为吉利重重。

第18行

原文：

读音：	tjeŋ^{1}	ma:u^{4}	si^{2}	fan^{2}	ʔjət^{7}	hi^{5}	ŋo^{4}hu^{3}	ŋo^{4}qui^{5}	ha:m^{1}	lju^{2}li^{2}sui^{3}	tsjem^{4}
直译：	丁	卯	时	文曲①	一白②	四	猛虎	敲打	三	泪如柳条	凶恶
条目：							【五虎】	【五锤】		【六立水】	【占】③

意译：丁卯时，值北斗文曲与风水紫白星一白照应，北斗文曲属水与地上坎水，两水为旺。既要留意按用事者出生地支年，往下推演至地支第四位，为【五虎】【五锤】之凶；又要注重按用事者出生地支年，往下推演至地支第三位，为【六立水】【占】凶祸招致之灾害，为大凶之时，诸事不宜。

注释：① 文曲：为北斗星之一，属北斗星的第四位。

② 一白：属紫白星八卦第一位，为坎卦。

③ 水语音译的水书忌戒条目：

【五虎】意为猛虎。

【五锤】意为五锤敲打。

【六立水】意为泪如柳条，指忌哭丧。

【占】指凶恶或杀伤（为一触即发）。

第19行

原文：

读音：	mu^{2}	sən^{2}	si^{2}	ljem^{2}	ʈu^{3}	ʔjən^{5}kwa:n^{1}	qau^{3}za:i^{5}	qok^{8}mok^{8}	ʔjeu^{1}fon^{2}hu^{3}
直译：	戊	辰	时	廉贞①	九紫②	斧头	猛兽抓拖	人头	孝旗伞
条目：						【引贯】	【高采】	【各木】	【料逢虎】③

意译：戊辰时，值北斗廉贞与风水紫白星九紫照应，北斗廉贞属火与地上离火，两火为旺，为天地相旺。又要留意【引贯】【高采】【各木】【料逄虎】凶祸所招致之灾害，因此仍为凶时。宜酌情安葬、立碑，不宜大办超度仪式、起造、挖圈。

注释：① 廉贞：为北斗星之一，属北斗星的第五位。

② 九紫：为紫白星八卦第九位，为离卦。

③ 水语音译忌戒条目：

【引贯】意为斧头。

【高采】意为猛兽抓掩。

【各木】意为人头。

【料逄虎】是指孝旗伞。

第20行

原文：

读音：	ȶi^{1}	hi^{4}	si^{2}	fu^{4}	pa:t^{7}	ȶui^{3}sat^{7}ȶa^{1}	zən^{1}ta:u^{5}	lju^{2}li^{1}sui^{3}	ŋo^{4}	ʔjum^{5}hən^{2}
直译：	己	巳	时	武曲①	八白②	鬼卷家	人倒	泪如柳条	五	地方拥挤
条目：						【居散架】	【人倒】	【六立水】		【涌恒】③

意译：己巳时，值北斗武曲与风水紫白星八白照应，北斗武曲属金与地上艮土，为土生金，为天地相生。要留意水语音译的水书忌戒条目【居散架】【人倒】【六立水】之凶；又要按用事者出生地支年，往下推演至地支第五位，为【涌恒】凶祸所招致之灾害。仍为凶时，不宜丧葬、立碑、嫁娶、起造，宜出行。

注释：① 武曲：为北斗星之一，属北斗星的第六位。

② 八白：为紫白星八卦第八位，为艮卦。

③ 水语音译忌戒条目：

【居散架】意为鬼卷家。

【人倒】意为凶祸死人或重丧。

【六立水】意为泪如柳条，指忌哭丧。

【涌恒】意为地方拥挤或挤满天下。

第21行

原文：

读音：	qeŋ^{1}	ŋo^{2}	si^{2}	pʰo^{5}	ɕət^{7}	ku^{3}sup^{7}	pje^{2}kʰu^{1}	so^{3}sjem^{1}	tsjem^{4}
直译：	庚	午	时	破军①	七赤②	预计	麻风病	惹是生非	凶恶
条目：						【估术】	【别扣】	【所线】	【占】③

意译：庚午时，值北斗破军与风水紫白星七赤照应，北斗破军属金与地上兑金，两金为旺。要留意【估术】【别扣】【所线】【占】凶祸或伤身损耗之灾，仍为凶时。不宜丧葬、立碑，宜嫁娶、起造、出行。

注释：① 破军：为北斗星之一，属北斗星的第七位。

② 七赤：为紫白星八卦第七位，为兑卦。

③ 水语音译忌戒条目：

【估术】意为预计。

【别扣】指麻风病。

【所线】意为惹是生非。

【占】指凶恶或杀伤（为一触即发）。

第22行

原文：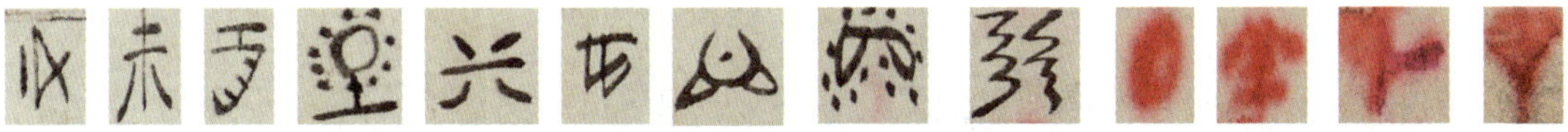

读音：	ɕən^{1}	mi^{2}	si^{2}	pu^{2}	ljok^{8}	ŋo^{4}	ŋo^{4}hu^{3}	qʰam^{5}aːn^{1}	lju^{2}li^{2}sui^{3}	van^{1}	ȶum^{1}	kwaːn^{1}tsai^{4}	ȶət^{7}
直译：	辛	未	时	辅星①	六白②	五	猛虎	缸鞍	泪如柳条	日	金	惯才④	吉
条目：							【五虎】	【缸鞍】	【六立水】③				

意译：辛未时，值北斗辅星与风水紫白星六白照应，北斗辅星属水与地上乾金，为金生水，为天地相生。要留心按用事者出生地支年往下推演，至地支第五位，值【五虎】【缸鞍】【六立水】凶祸所招致之灾；又按用事者出生五行年往下推演，推演至五行金位，值水书吉星“贯才”相应，仍为吉凶参半之时。宜斟酌超度、丧葬、立碑，不宜嫁娶、起造、出行。

注释：① 辅星：为北斗星之一，属北斗星的第八位。

② 六白：为紫白星八卦第六位，为乾卦。

③ 水语音译忌戒条目：

【五虎】意为猛虎。

【缸鞍】意为翻倒马鞍。

【六立水】意为泪如柳条，指忌哭丧。

④ 贯才：水语音译水书吉星，意为利斧。

第23行

原文：

读音：ŋ̊um^{2} sən^{1} si^{2} pjət^{8} ŋo^{4} ŋo^{4} ta:ŋ^{1}ʔɣa^{5} eŋ^{1}van^{1} ljok^{8} sup^{8} ʈət^{7}

直译：壬 申 时 弼星① 五黄② 五 肥沃大田 额问④ 六 十 吉

条目：【堂田】③

意译：壬申时，值北斗弼星与风水紫白星中央五黄照应，北斗弼星属水与地上中央土，为土克水，天地相克。按用事者出生地支年往下推演，至地支第五位，值水语音译的水书中性条目【堂田】；又值吉星“额问”照应，并按用事者年庚八字地支起，推演至地支第六位、第十位吉，但也难以化解其天地相克，仍为凶时。不宜丧葬、立碑、嫁娶、起造、出行。

注释：① 弼星：为北斗星之一，属北斗星的第九位。

② 五黄：为紫白星八卦第五位，为中央卦。

③ 【堂田】水语音译中性条目，意为肥沃大田。

④ 额问：意为吉利重重。

第24行

原文：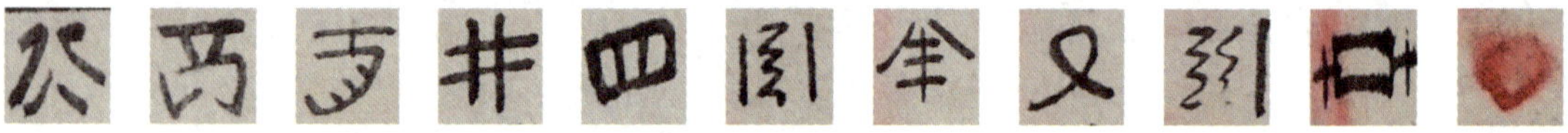

读音：ʈui^{5} ju^{4} si^{2} t^{h}a:m^{1} hi^{5} njem^{2}ju^{5} ʈum^{1} pjət^{7}jiŋ^{5} so^{3}sjem^{1} ha:i^{1} van^{1}

直译：癸 酉 时 贪狼① 四禄② 引线 金 环绕 惹是生非 骸④ 日

条目：【引友】 【必引】【所线】③

意译：癸酉时，值北斗贪狼与风水紫白星四禄照应，北斗贪狼属木与地上巽木，两木为旺，为天地相旺。要留意【引友】之凶，又要留心按用事者年庚八字五行起，推演至金位，值【必引】【所线】，为“骸（死人）”凶祸所致之灾；虽有吉日相照，但也难化解其凶，仍为凶时。不宜丧葬、立碑、嫁娶、起造、出行。

注释：① 贪狼：为北斗星之一，属北斗星的第一位。

② 四禄：为紫白星八卦第四位，为巽卦。

③ 水语音译忌戒条目：

【引友】意为引线（丧葬忌叫人名）。

【必引】意为环绕。

【所线】意为惹是生非。

④ 骸：水语音译，意为棺材、死人或重丧。

第25行

原文：

读音：	ʈa:p^{7}	hət^{7}	si^{2}	ʈu^{2}	ha:m^{1}	ɕoŋ^{1}ʔjət^{7}	ʈi^{1}	ta:ŋ^{2}ʔɣa^{5}	ŋo^{4}hu^{3}	ʈu^{3}	ʔjət^{7}	van^{1}
直译：	甲	戌	时	巨门①	三碧②	虫咬	九穷	肥沃大田	猛虎	九	一	日

条目：【凶以】【九己】【堂田】【五虎】③

意译：甲戌时，值北斗巨门与风水紫白星三碧照应，北斗巨门属土与地上震木，为木克土，为天地相克。又要留意按用事者年庚八字地支起，推演至第九、一位，值水语音译水书禁忌条目【凶以】【九己】【堂田】【五虎】凶祸招致之灾，也为凶时。不宜丧葬、立碑、嫁娶、起造、出行。

注释：① 巨门：为北斗星之一，属北斗星的第二位。

② 三碧：为紫白星八卦第三位，为震卦。

③ 水语音译忌戒条目：

【凶以】意为虫咬。

【九己】意为九穷或穷苦，第二代以后丁才衰败。

【堂田】意为肥沃大田。

【五虎】意为猛虎。

第26行

原文：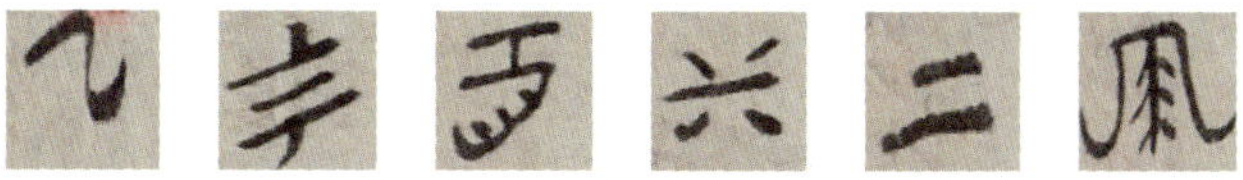

读音：	ʔjət^{7}	ʁa:i^{3}	si^{2}	ljok^{8}	ŋ̥i^{1}	qok^{8}mok^{8}
直译：	乙	亥	时	禄存①	二黑②	缠树藤

条目：【木逢】③

意译：乙亥时，值北斗禄存与风水紫白星二黑照应，北斗禄存属土与地上坤土，两土为旺，为天地相旺。值水语音译的水书禁忌条目【木逢】。

注释：① 禄存：为北斗星之一，属北斗星的第三位。

② 二黑：紫白星属八卦星位第二位，为坤卦。

③ 【木逢】为水语音译的水书忌戒条目，意为缠树藤。

原文：

读音：ɕət^{7}　qo^{2}ʈən^{1}　ŋohu^{3}　ha:i^{1}　ʔbonham^{3}　ha:i^{1}　van^{1}

直译：七　大群队移动　猛虎　骸⑤　一边罩住　骸⑤　日

条目：【各紧】【五虎】④　【补夯】⑥

意译：按用事者出生地支年往下推演，至地支第七位，要留意【各紧】【五虎】【补夯】为“骸（死人）”凶祸或伤身损耗之灾。不宜丧葬、立碑、嫁娶、起造。

注释：④ 水语音译忌戒条目：

【各紧】大群队移动。水语音译各，意为划、移动；紧，水语音译，意为大排场队伍。

【五虎】意为猛虎。

⑤ 骸：水语音译，意为棺材、死人或重丧。

⑥ 【补夯】意为一边反扑、罩住。

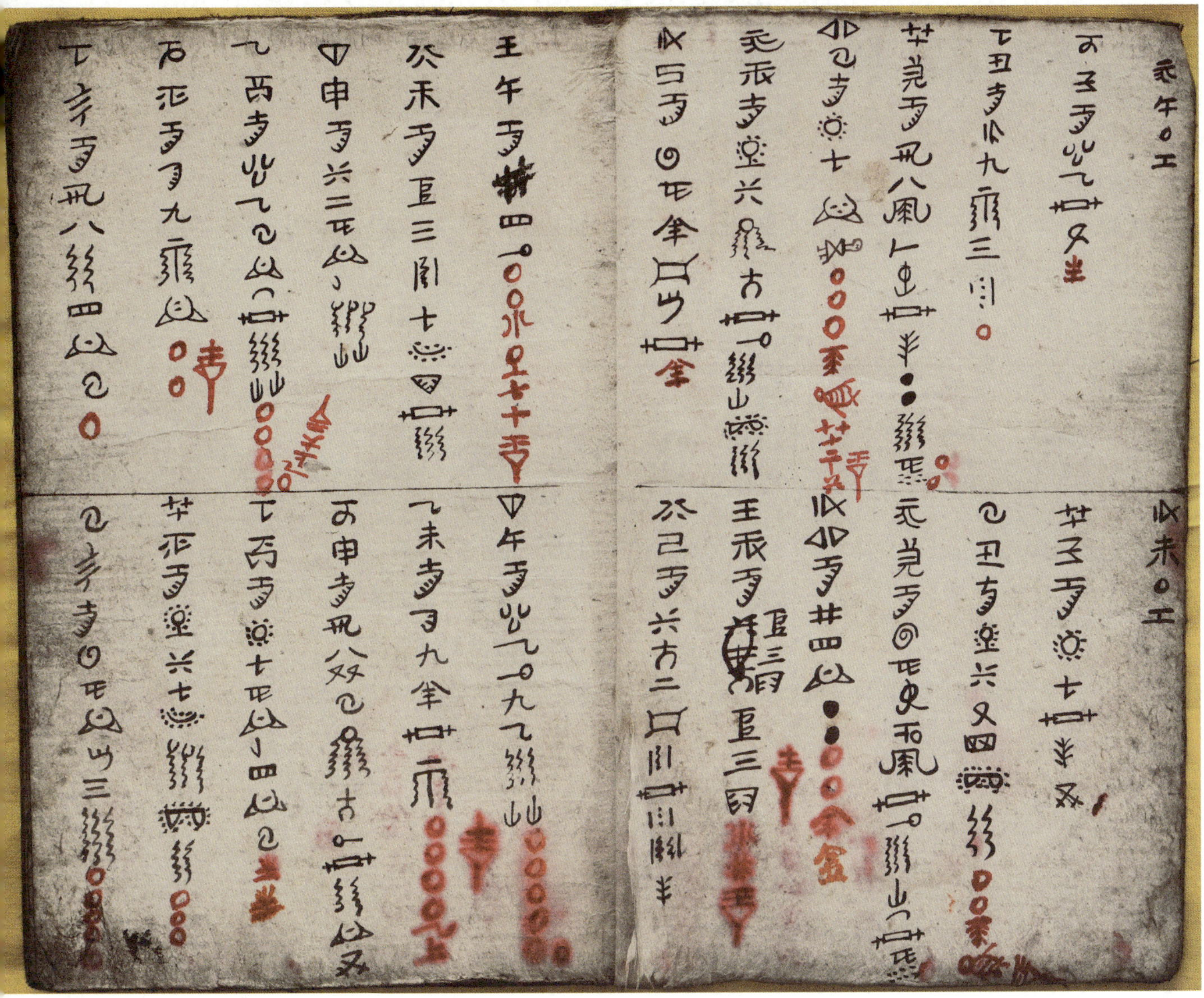

原件 4：庚午 辛未

第 1 行

原文：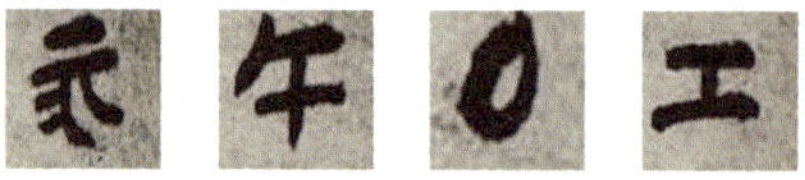

读音：	qeŋ^{1}	ŋo^{2}	van^{1}	tʰu^{3}
直译：	庚	午	日	土

意译：庚午日，属土。庚午日为六十甲子日的第七日，属五行纳音中土。它包含从丙子时到丁亥时共十二个时辰。

第 2 行

原文：

读音：	pjeŋ^{3}	hi^{3}	si^{2}	fan^{2}	ʔjət^{7}	ha:i^{2}	pjət^{7}jiŋ^{5}	ŋ̊um^{2}sən^{2}
直译：	丙	子	时	文曲①	一白②	骸③	环绕	吉利条目
条目：							【必引】④	【壬辰】⑤

意译：丙子时，值北斗文曲星与风水紫白星一白坎卦相照应，北斗文曲星属土与地上坎为水，为土克水，天地相刑，为“骸（死人）”凶。又留心值水语音译忌戒条目【必引】之灾；虽有吉利水书条目【壬辰】照应，但仍为凶时。不宜开路、安葬、嫁娶、营造等诸事。

注释：① 文曲：为北斗星之一，属北斗星的第四位。

② 一白：紫白星属八卦星位第一位，属坎卦。

③ 骸：水语音译，意为棺材、死人或重丧。

④ 【必引】水语音译忌戒条目，意为环绕。

⑤ 【壬辰】为水书吉利条目。这里作水书吉星。

第 3 行

原文：

读音：	tjeŋ^{1}	su^{3}	si^{2}	ljem^{2}	ɬu^{3}	ʔjeu^{1}fon^{2}hu^{3}	ha:m^{1}	pik^{7}sui^{3}ka:ŋ^{5}	van^{1}
直译：	丁	丑	时	廉贞①	九紫②	孝旗伞	三	泪水哭干	日
条目：						【料逢虎】		【比水缸】③	

意译：丁丑时，值北斗廉贞星与风水紫白星九紫离相照应，北斗廉贞为火与地上离火，两火为旺，天地相旺。要留意水语音译的忌戒水书条目【料逢虎】之凶。还要留心按用事者出生地支

年，往下推演，至地支第三位，值水语音译水书忌戒条目【比水缸】凶祸所招之灾害，虽有“吉日”照应，但仍为凶时。不宜开路、安葬、嫁娶、营造。

注释：① 廉贞：为北斗星之一，属北斗星的第五位。

② 九紫：紫白星属八卦星位的第九位，属离卦。

③ 水语音译忌戒条目：

【料逢虎】意为孝旗伞。

【比水缸】意为泪水哭干。

第 4 行

原文：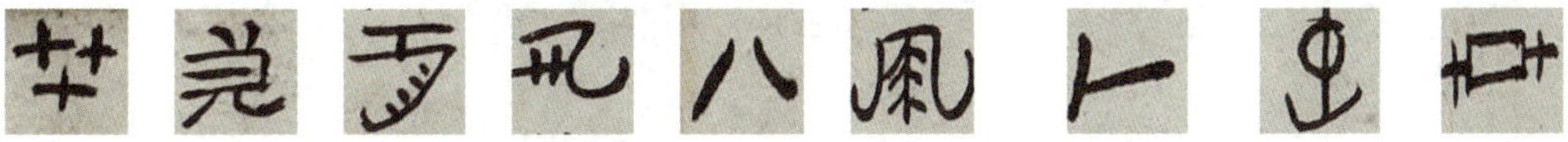

读音：	mu^{2}	ji^{2}	si^{2}	fu^{4}	pa:t^{7}	qok^{8}mok^{8}	ʔjən^{5}kwa:n^{1}	ɕoŋ^{1}ʔjət^{7}	ha:i^{1}
直译：	戊	寅	时	武曲①	八白②	缠树藤	斧头	虫咬	骸④
条目：						【木逢】	【引贯】	【凶以】③	

意译：戊寅时，值北斗武曲星与风水紫白星八白艮相照应，北斗武曲为火与地上艮土，为火生土，天地相生。要留意水语音译的忌戒水书条目【木逢】【引贯】【凶以】为“骸（死人）”凶祸所招致之灾。

注释：① 武曲：为北斗星之一，属北斗星的第六位。

② 八白：紫白星属八卦星位第八位，属艮卦。

③ 水语音译忌戒条目：

【木逢】意为缠树藤。

【引贯】意为斧头。

【凶以】意为虫咬。

④ 骸：水语音译，意为棺材、死人或重丧。

原文：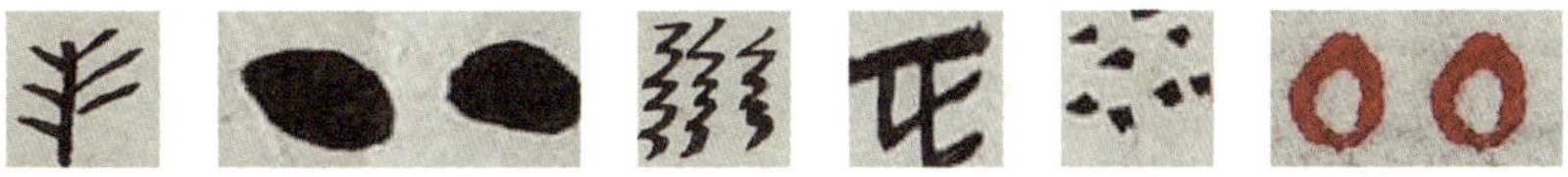

读音：	qok^{8}mok^{8}	hak^{7}van^{1}ʔdjam^{5}	ha:i^{4}ma^{4}	ŋo^{4}	ta:ŋ^{2}ʔɣa^{5}	hak^{7}van^{1}
直译：	人头	连日凶祸	马小肠	五	肥沃大田	航问⑥
条目：	【各木】	【航问锭】	【海寅】		【堂田】⑤	

意译：又要留意【各木】【航问锭】【海寅】之灾；也要注重按用事者出生地支年往下推演，至地支第五位，值水语音译中性水书条目【堂田】侧重，虽有吉星“航问”照应，但仍为凶时。不宜开路、安葬、立碑、婚姻、营造。

注释：⑤　水语音译忌戒条目：

【各木】意为人头。

【航问锭】意为连日凶祸。

【海寅】意为马肠子。

【堂田】意为肥沃大田。

⑥　航问：水语音译，意为连日吉利。

第 5 行

原文：

读音：	ʈi^{1}	ma:u^{4}	si^{2}	p^{h}o^{5}	ɕət^{7}	ŋo^{4}hu^{3}	zən^{1}ta:u^{5}
直译：	己	卯	时	破军①	七赤②	猛虎	人倒
条目：						**【五虎】【人倒】**③	

意译：己卯时，值北斗破军星与风水紫白星七赤兑相照应，北斗破军为金与地上兑为金，两金为旺，天地相旺。要留意【五虎】【人倒】凶祸招至之灾害。

注释：①　破军：为北斗星之一，属北斗星的第七位。

②　七赤：紫白星属八卦星位第七位，属兑卦。

③　水语音译忌戒条目：

【五虎】意为猛虎。

【人倒】意为凶祸死人或重丧。

原文：

读音：	eŋ^{1}van^{1}	mok^{8}ta:ŋ^{2}	lju^{4}t^{h}u^{3}tsja:ŋ^{1}	mu^{2}	ɕət^{7}	ljok^{8}	ʈət^{7}
直译：	额问	木堂	柳土獐④	戊	七	六	吉

意译：又值水书吉星“额问”“木堂”相照，且遇“柳土獐”星宿照应，且按用事者生庚八字天干推演，至第戊位，或地支第六位或第七位，更能逢凶化吉。宜开路、安葬、立碑、婚姻、营造等诸事。

注释：④水书吉星或星宿：

额问：意为吉利重重。

木堂：意为富丽堂皇。

柳土獐：为二十八星宿之一。这里为吉星。

第6行

原文：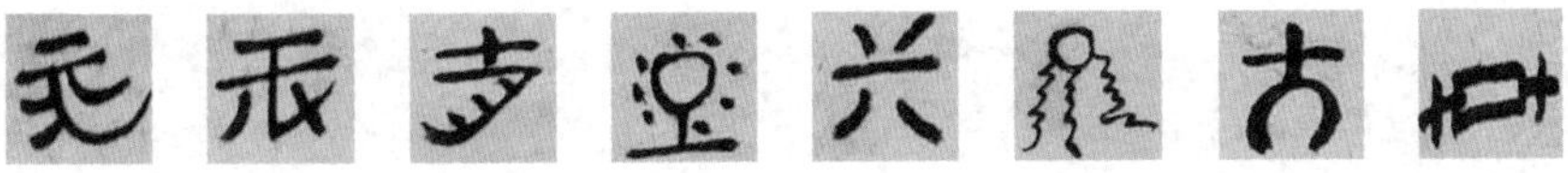

读音：qeŋ^{1}　sən^{2}　si^{2}　pu^{2}　ljok^{8}　ma^{4}saŋ^{2}ʈi^{2}　hak^{7}　ha:i^{2}

直译：庚　辰　时　辅星①　六白②　马戴孝　堵塞　骸④

条目：【马畅旗】　【核】③

意译：庚辰时，值北斗辅星与风水紫白星六白乾相照应，北斗辅星为水与地上乾为金，为金生水，天地相生。要留心值【马畅旗】【核】为“骸（死人）”凶祸招致之灾害。

注释：① 辅星：为北斗星之一，属北斗星的第八位。

② 六白：紫白星属八卦星位第六位，属乾卦。

③ 水语音译忌戒条目：

【马畅旗】意为马戴孝。

【核】意为坎坷或堵塞。

④ 骸：水语音译，意为棺材、死人或重丧。

原文：

读音：ŋo^{4}qui^{5}　qoŋ^{1}ljok^{8}ma^{4}　ta:ŋ^{2}ʔdoŋ^{1}　q^{h}am^{5}a:n^{1}　so^{3}sjem^{1}

直译：敲打　马做工　宽大森林　翻倒马鞍　惹是生非

条目：【五锤】【工六马】　【堂弄】　【缸鞍】　【所线】⑤

意译：要留意【五锤】【工六马】【堂弄】【缸鞍】【所线】凶祸或伤身损耗之灾。不宜开路、安葬、立碑、婚姻、营造。

注释：⑤ 水语音译忌戒条目：

【五锤】意为五锤敲打。

【工六马】意为马做工，表示多匹马做工。

【堂弄】意为宽大树林。

【缸鞍】意为翻倒马鞍。

【所线】意为惹是生非。

第 7 行

原文：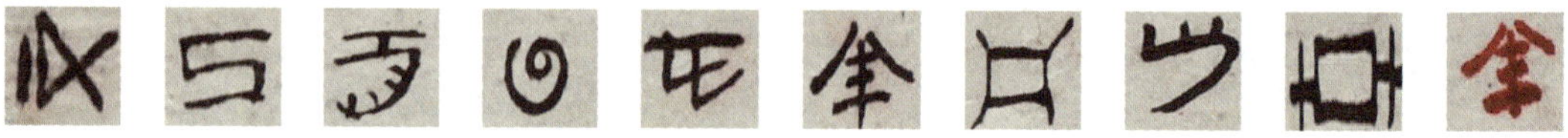

读音：	ɕən^{1}	hi^{4}	si^{2}	pjət^{7}	ŋo^{4}	ɬum^{1}	ŋ̥a:n^{1}hi^{5}q^{h}a^{1}	sək^{7}ɬi^{1}	ha:i^{2}	ɬum^{1}ta:ŋ^{2}
直译：	辛	巳	时	弼星①	五黄②	金	棺材四角	断梳子	骸④	金堂⑤
条目：							【宁喜卡】	【省记】③		

意译：辛巳时，值北斗弼星与风水紫白星中央五黄相照应，北斗弼星为水与地上中央为土，为土生水，天地相克。留意按用事者生庚八字五行推演，至五行金位，值水语音译忌戒条目【宁喜卡】【省记】为“骸（死人）”凶祸损耗之灾；虽有水书吉星“金堂”相应，但难挡其天地相克之凶。不宜开路、安葬、立碑、婚姻、营造。

注释：① 弼星：为北斗星之一，属北斗星的第九位。

② 五黄：紫白星属八卦星位第五位，属中央卦。

③ 水语音译忌戒条目：

【宁喜卡】意为棺材四角。

【省记】意为断梳（死人梳子）。

④ 骸：水语音译，意为棺材、死人或重丧。

⑤ 金堂：水语音译，意为富丽堂皇。

第 8 行

原文：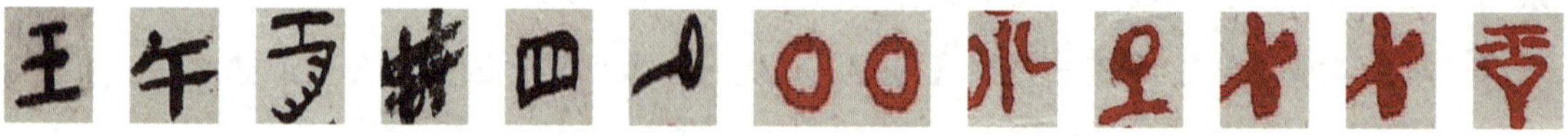

读音：	ŋ̥um^{2}	ŋo^{2}	si^{2}	t^{h}a:m^{1}	hi^{5}	ŋo^{4}qui^{5}	hak^{7}van^{1}	sui^{3}	pu^{2}	ɕət^{7}	sup^{8}	ɬət^{7}
直译：	壬	午	时	贪狼①	四禄②	敲打	航问④	水	辅星⑤	七	十	吉
条目：						【五锤】③						

意译：壬午时，值北斗贪狼与风水紫白星四禄巽相照应，北斗贪狼为木与地上巽为木，两木为旺，天地相旺。要留意【五锤】之凶；又有“航问”高照，并按用事者出生年北斗九星往下推演，至北斗九星辅星位，或且按用事者生庚八字地支推演，至第七位或第十位为大吉。宜开路、安葬、立碑、婚姻、营造、出行，不宜设席位。

注释：① 贪狼：为北斗星之一，属北斗星的第一位。

② 四禄：紫白星属八卦星位第四位，属巽卦。

③ 【五锤】意为五锤敲打。

④ 航问：为水语音译的水书吉利条目，意为连日吉利。

⑤ 辅星：水语音译的水书吉星，为北斗星第八位。这里属吉星名称。

第9行

原文：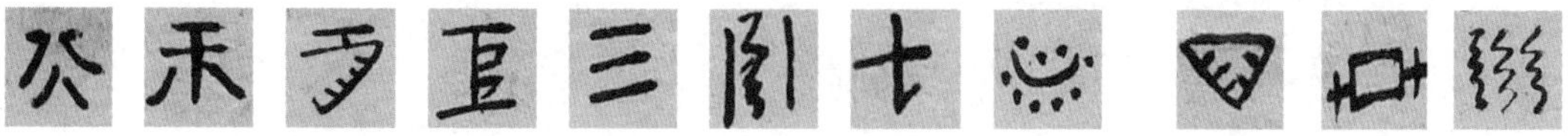

读音：ȶui^{5} mi^{2} si^{2} ȶu^{2} ha:m^{1} njem^{2}ju^{5} ɕət^{7} qo^{2}ȶən^{1} mən^{2}ja^{3}sui^{3} ha:i^{2} ɕoŋ^{1}ɕep^{7}

直译：癸 未 时 巨门④ 三碧② 引线 七 大群队移动 水族衙门 骸④ 接引

条目：【引友】 【各紧】【门牙水】③ 【休显】⑤

意译：癸未时，值北斗巨门与风水紫白星三碧震相照应，北斗巨门为土与地上震卦属木，为木克土，为天地相克。值水语音译的忌戒水书条目【引友】，按用事者年庚八字的地支起，推演至第七位，值水书忌戒条目【各紧】【门牙水】为“骸（死人）”凶；又要留意【休显】之凶；为凶时。不宜报丧、安葬、立碑、婚姻、营造、出行等。

注释：① 巨门：为北斗星之一，属北斗星的第二位。

② 三碧：紫白星属八卦星位第三位，属震卦。

③ 水语音译忌戒条目：

【引友】意为引线（丧葬忌叫人名）。

【各紧】大群队移动，水语音译各，意为划、移动；紧，水语音译，意为排场大队伍。

【门牙水】意为水族衙门。

④ 骸：水语音译，意为棺材、死人或重丧。

⑤ 【休显】水语音译忌戒条目，意为接引（报丧忌应答）。

第10行

原文：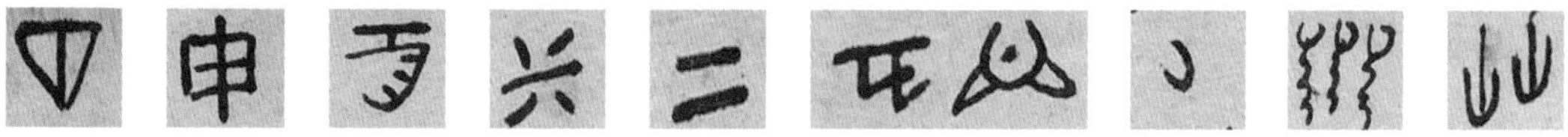

读音：ȶa:p^{7} sən^{1} si^{2} ljok^{8} ȵi^{2} ŋo^{4}hu^{3} qau^{3}za:i^{5} ȶui^{3}sat^{7}ȶa^{1} tsjem^{4}

直译：甲 申 时 禄存① 二黑② 猛虎 动物抓拖 鬼卷家 凶恶③

条目：【五虎】 【高采】【居散架】【占】③

意译：甲申时，值北斗禄存与风水紫白星二黑坤照应，北斗禄存为土与地上坤土，两土为旺，为天地相旺。要留意【猛虎】【高采】【居散架】【占】凶祸招致之灾；为凶时。不宜安葬、立碑、婚姻、营造、出行等。

注释：① 禄存：为北斗星之一，属北斗星的第三位。

② 二黑：紫白星属八卦星位第二位，属坤卦。

③ 水语音译忌戒条目：

【五虎】意为猛虎。

【高采】意为凶猛大动物抓拖。

【居散架】意为鬼卷家。

【占】指凶恶或杀伤（为一触即发）。

第11行

原文：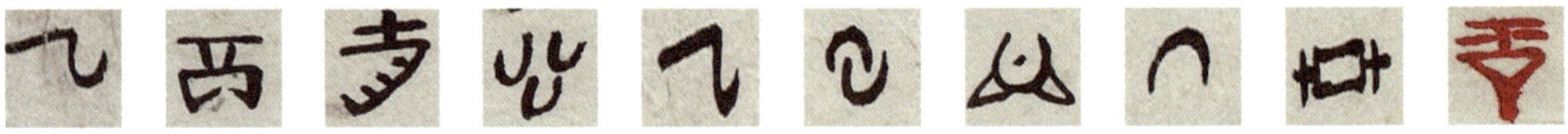

读音：	ʔjət^{7}	ju^{4}	si^{2}	fan^{2}	ʔjət^{7}	ʈi^{1}	ŋo^{4}hu^{3}	ʔboŋ^{5}ham^{3}	ha:i^{2}	ʈət^{7}
直译：	乙	酉	时	文曲①	一白②	九穷	猛虎	一边罩住	棺材	吉
条目：						【九己】	【五虎】	【补夯】	【骸】③	

意译：乙酉时，值北斗文曲与风水紫白星一白坎照应，北斗文曲为水与地上坎水，两水为旺，为天地相旺。要留意【九己】【五虎】【补夯】为“骸（死人）”凶祸招致灾害。

注释：① 文曲：为北斗星之一，属北斗星的第四位。

② 一白：紫白星属八卦星位第一位，属坎卦。

③ 水语音译忌戒条目：

【九己】意为九穷或穷困潦倒，第二代以后丁才衰败。

【五虎】指猛虎。

【补夯】意为一边反扑、罩住。

④ 骸：水语音译，意为棺材、死人或重丧。

原文：

读音：	qoŋ^{1}ljok^{8}ma^{4}	ta:ŋ^{2}ʔdoŋ^{1}	eŋ^{1}van^{1}	ʔjət^{7}sjeŋ^{3}ʈ^{h}i^{5}
直译：	马做工	宽大竹林	额问	一生气⑥
条目：	【工六马】	【堂弄】⑤		

意译：又要留意中性水书条目【工六马】【堂弄】之侧重，与吉星“额问”“一生气”照应，为吉凶参半之时。宜斟酌开路、安葬、立碑、婚姻、营造、出行等。

注释：⑤ 水语音译中性水书条目：

【工六马】指马做工，表现为多匹马做工。

【堂弄】意为宽敞茂密树林。

⑥ 水语音译吉星：

额问：意为吉利重重。

一生气：意为和气。

第12行

原文：

读音：	pjeŋ^{3}	hət^{7}	si^{2}	ljem^{2}	ȶu^{3}	ʔjeu^{1}fon^{2}hu^{3}	ŋo^{4}hu^{3}	hak^{7}van^{1}	ȶət^{7}
直译：	丙	戌	时	廉贞①	九紫②	孝旗伞	猛虎	航问④	吉
条目：						【料逢虎】【五虎】③			

意译：丙戌时，值北斗廉贞与风水紫白星九紫离照应，北斗廉贞为火与地上离火，两火为旺，为天地相旺。留意水语音译的忌戒条目【料逢虎】【五虎】之凶；但有水书吉星“航问”高照，有逢凶化吉之功。宜超度、开路、安葬、立碑、营造，不宜出行。

注释：① 廉贞：为北斗星之一，属北斗星的第五位。

② 九紫：紫白星属八卦星位第九位，属离卦。

③ 水语音译的忌戒水书条目：

【料逢虎】意为又孝旗伞。

【五虎】意为猛虎。

④ 航问：意为连日吉祥。

第13行

原文：

读音：	tjeŋ^{1}	ʁa:i^{3}	si^{2}	fu^{4}	pa:t^{7}	lju^{2}li^{2}sui^{3}	hi^{5}	ŋo^{4}hu^{3}	ȶi^{1}	van^{1}
直译：	丁	亥	时	武曲①	八白②	泪如柳条	四	猛虎	九穷	日
条目：						【六立水】		【五虎】【九己】③		

意译：丁亥时，值北斗武曲与风水紫白星八白艮照应，北斗武曲为金与地上艮土，为土生金，为天地相生。要留意【六立水】之凶，还要留心按用事者出生地支年，往下推演，至地支第四位，值【五虎】【九己】招致灾害；虽有“吉日”相照，也仍为吉凶参半。宜斟酌安葬、立碑、营造，不宜出行。

注释：① 武曲：为北斗星之一，属北斗星的第六位。

② 八白：紫白星属八卦星位第八位，属艮卦。

③ 水语音译忌戒条目：

【六立水】意为泪如柳条，指忌哭丧。

【五虎】意为猛虎。

【九己】指九穷或穷困潦倒，第二代以后丁才衰败。

第14行

原文：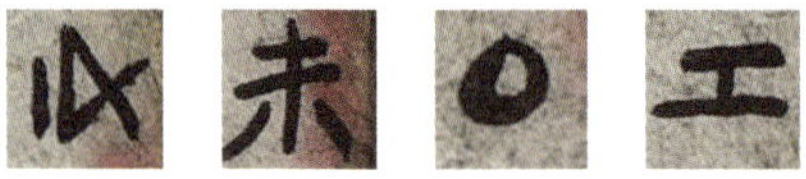

读音：	ɕən^{1}	mi^{2}	van^{1}	t^{h}u^{3}
直译：	辛	未	日	土

意译：辛未日，属土。辛未日为六十甲子日的第八日，属五行纳音土。它包含从戊子到己亥时共十二个时辰。

第15行

原文：

读音：	mu^{2}	hi^{3}	si^{2}	p^{h}o^{5}	ɕət^{7}	ha:i^{2}	qok^{8}mok^{8}	ɕoŋ^{1}
直译：	戊	子	时	破军①	七赤②	骸③	人头	凶
条目：							【各木】④	

意译：戊子时，值北斗破军与风水紫白星七赤兑照应，北斗破军为金与地上兑金，两金为旺，为天地相旺。要留意为“骸（死人）”凶；又要留意【各木】凶祸或伤身损耗之灾。不宜安葬、立碑、婚姻、营造。

注释：① 破军：为北斗星之一，属北斗星的第七位。

② 七赤：紫白星属八卦星位第七位，属兑卦。

③ 骸：水语音译，意为棺材、死人或重丧。

④ 【各木】水语音译忌戒条目，意为人头。

第16行

原文：

读音：	ti^{1}	su^{3}	si^{2}	pu^{2}	ljok^{8}	pjət^{8}jiŋ^{5}	ton^{2}ɣon^{2}	q^{h}am^{5}a:n^{1}	lju^{2}li^{2}sui^{3}
直译：	己	丑	时	辅星①	六白②	环绕	短命	翻倒马鞍	泪如柳条
条目：						【必引】	【端完】	【缸鞍】	【六立水】③

意译： 己丑时，值北斗辅星与风水紫白星六白乾照应，北斗辅星为水与地上乾金，为金生水，为天地相生。要留意【必引】【端完】【缸鞍】【六立水】凶祸或伤身损耗之灾。

注释： ① 辅星：为北斗星之一，属北斗星的第八位。

② 六白：紫白星属八卦星位第八位，属乾卦。

③ 水语音译忌戒条目：

【必引】意为回环。

【端完】意为短命。

【缸鞍】意为翻倒马鞍。

【六立水】意为泪如柳条，指忌哭丧。

原文： 

读音：	hak^{7}van^{1}	mok^{8}ta:ŋ^{2}	lju^{4}tʰu^{3}tsa:ŋ^{1}	ȶət^{7}
直译：	航问	木堂	柳土獐④	吉

意译： 又值吉星“航问”“木堂”和“柳土獐”宿照应，为吉凶各半。宜斟酌开路、安葬、立碑、婚姻、营造、出行。

注释： ④ 水语音译吉星：

航问：意为连续吉利。

木堂：意为富丽堂皇。

柳土獐：属二十八星宿之一。这里为吉星。

第17行

原文： 

读音：	qeŋ^{1}	ji^{2}	si^{2}	pjət^{7}	ŋo^{4}von^{1}	ɕoŋ^{1}ʔjət^{7}	pje^{2}kʰu^{1}	qok^{8}mok^{8}	ha:i^{2}
直译：	庚	寅	时	弼星①	五黄②	虫咬	麻风病	缠树藤	骸④
条目：						【凶以】	【别扣】	【木逢】③	

意译： 庚寅时，值北斗弼星与风水紫白星中央五黄照应，北斗弼星为水与地上中央土，为土克水，为天地相克。既要留意值【凶以】【别扣】【木逢】为“骸（死人）”凶祸招致之灾害。

注释： ① 弼星：为北斗星之一，属北斗星的第九位。

② 五黄：紫白星属八卦星位第五位，属中央卦。

③ 水语音译忌戒条目：

【凶以】意为虫咬。

【别扣】指麻风病。

【木逢】指缠树藤。

④ 骸：水语音译，意为棺材、死人或重丧。

原文：

读音：	ŋo^{4}qui^5	qoŋ^{1}ljok^{8}ma^4	tsjem^4	ʔboŋ^{5}ham^3	ha:i^2	ŋo^4	ta:ŋ^{2}ʔɣa^5	van^1
直译：	锤敲打	马做工	凶恶杀伤	一边反扑	骸⑤	五	肥沃大田	日
吉星：	【五锤】	【工六马】	【占】	【补夯】			【堂田】⑥	

意译：又要留意值【五锤】【工六马】【占】【补夯】为“骸（死人）”凶祸或伤身损耗之灾，还要留心按用事者出生地支年，往下推演至地支第五位，为水语音译中性条目【堂田】侧重，也难化解其凶祸。不宜安葬、立碑、婚姻、营造、出行。

注释：⑤ 骸：水语音译，意为棺材，死人或重丧。

⑥ 水语音译忌戒条目：

【五锤】意为五锤敲打。

【工六马】意为成群之工马。

【占】指凶恶或杀伤（为一触即发）。

【补夯】意为一边反扑、罩住。

【堂田】意为肥沃的大田。

第18行

原文：

读音：	ɕən^1	ma:u^4	si^2	t^{h}a:m^1	hi^5	ŋo^{4}hu^3	hak^{7}van^{1}ʔdjam^5	hak^{7}van^1	ʈum^1 ʈum^1
直译：	辛	卯	时	贪狼①	四禄②	猛虎	连日阴沉	航问	金 金堂④
条目：						【五虎】	【航问锭】③		

意译：辛卯时，值北斗贪狼与风水紫白星四禄巽照应，北斗贪狼为木与地上巽为木，两木为旺，为天地相旺。要留意【五虎】【航问锭】凶祸之灾；还有吉星“航问”照应，又有按用事者属五行年，往下推演至属五行金位，为“金堂”高照，为吉多凶少。宜斟酌开路、安葬、立碑、营造，不宜婚姻、出行。

注释：① 贪狼：为北斗星之一，属北斗星的第一位。

② 四禄：紫白星属八卦星位第四位，属巽卦。

③ 水语音译忌戒条目：

【五虎】意为猛虎。

【航问锭】意为连日阴沉或连日凶祸。

④ 水语音译水书吉星：

航问：意为连日吉利。

金堂：意为富丽堂皇。

第19行

原文：

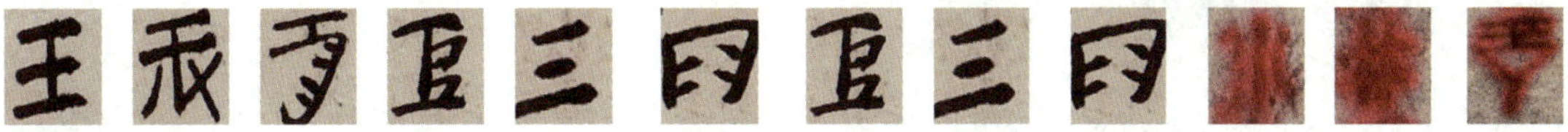

读音：	ȵum^2	sən^2	si^2	ȶu^2	ha:m^1	mən^{2}ja^{3}sui^3	ȶu^2	ha:m^1	mən^{2}ja^{3}sui^3	sui^3	t^{h}a:m^1	ȶət^7
直译：	壬	辰	时	巨门①	三碧②	水族衙门	巨门①	三	水族衙门	水	贪狼④	吉
条目：						【门牙水】			【门牙水】③			

意译：壬辰时，值北斗巨门与风水紫白星三碧震照应，北斗巨门为土与地上震为木，为木克土，为天地相克。又值水语音译中性水书条目【门牙水】；特别留意按用事者出生年属北斗星，往下推演至北斗星巨门位；或按用事者出生地支年，往下推演，至地支第三位，值水语音译中性条目【门牙水】所招致之灾，虽值五行“水”位，有水书吉星“贪狼”高照，也难化解其凶祸。不宜斟酌开路、安葬、立碑、婚姻、营造、出行。

注释：① 巨门：为北斗星之一，属北斗星的第二位。

② 三碧：紫白星属八卦星位第三位，属震卦。

③ 【门牙水】为水语音译中性水书条目，意为水族衙门。

④ 贪狼：为北斗星的第一位，这里属水书吉星。

第20行

原文：

读音：	ȶui^5	hi^4	si^2	ljok^8	ȵi^2	hak^7	ȵa:n^{1}hi^{5}q^{h}a^1	ɕoŋ^{1}ɕe:p^7	ha:i^2
直译：	癸	巳	时	禄存①	二黑②	堵塞	棺材四角	接引	骸④
条目：						【核】	【宁喜卡】	【休显】③	

意译：癸巳时，值北斗禄存与风水紫白星二黑坤照应，北斗禄存为土与地上坤土，两土为旺，为天地相旺。要留意水语音译忌戒条目【核】【宁喜卡】【休显】为“骸（死人）”凶祸之损害。

注释：① 禄存：为北斗星之一，属北斗星的第三位。

② 二黑：紫白星属八卦星位第二位，属坤卦。

③ 水语音译的忌戒水书条目：

【核】意为坎坷或堵塞。

【宁喜卡】意为棺材四角。

【休显】意为接引（指忌报丧）。

④ 骸：水语音译，意为棺材、死人或重丧。

原文：

读音：pik^{7}sui^{3}ka:ŋ^{5} njem^{2}ju^{5} qok^{8}mok^{8}

直译：泪水哭干 引线 人头

条目：【比水缸】【引友】【各木】⑤

意译：还要留意【比水缸】【引友】【各木】凶祸招致之灾。不宜开路、安葬、立碑、婚姻、营造、出行。

注释：⑤ 水语音译的忌戒水书条目：

【比水缸】意为泪水哭干。

【引友】意为引线（丧葬忌叫人名）。

【各木】意为人头。

第21行

原文：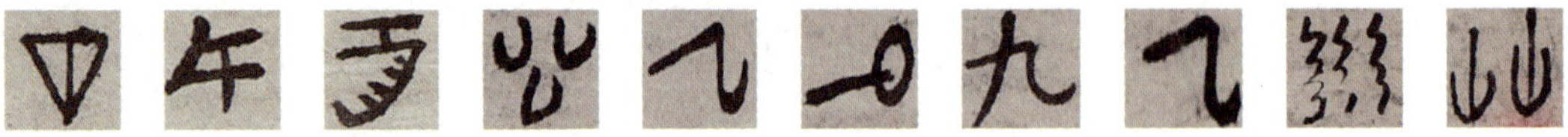

读音：	ɬa:p^{7}	ŋo^{2}	si^{2}	fan^{2}	ʔjət^{7}	ŋo^{4}qui^{5}	ɬu^{3}	ʔjət^{7}	so^{3}sjem^{1}	tsjem^{4}
直译：	甲	午	时	文曲①	一白②	锤敲打	九	一③	惹是生非	霎时凶恶
条目：						【五锤】			【所线】	【占】④

意译：甲午时，值北斗文曲与风水紫白星一白坎照应，北斗文曲为水与地上坎水，两水为旺，为天地相旺。要留心水语音译的忌戒水书条目【五锤】之凶，还要留意按用事者出生地支年，往下推演，至地支第九、一位，为【所线】【占】凶祸之灾。

注释：① 文曲：为北斗星之一，属北斗星的第四位。

② 一白：紫白星属八卦星位第一位，属坎卦。

③ 九、一：均为地支位置。

④ 水语音译忌戒条目：

【五锤】意为锤敲打，表示多锤敲打。

【所线】惹是生非。

【占】指霎时间凶恶或杀伤（为一触即发）。

原文：

读音：eŋ^{1}van^{1}

直译：额问⑤

意译：又有水书吉星“额问”高照，为吉凶参半之时。宜斟酌开路、安葬、立碑、婚姻、营造、出行。

注释：⑤ 额问：意为吉利重重。

第22行

原文：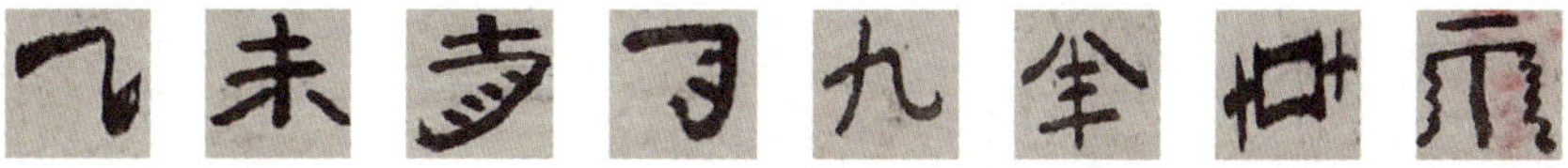

读音：	ʔjət^{7}	mi^{2}	si^{2}	ljem^{2}	ʈu^{3}	ʈum^{1}	ha:i^{1}	ʔjeu^{1}fon^{2}hu^{3}
直译：	乙	未	时	廉贞①	九紫②	金	骸③	孝旗伞
条目：								【料逢虎】④

意译：乙未时，值北斗廉贞与风水紫白星九紫离照应，北斗廉贞为火与地上离火，两火为旺，为天地相旺。按用事者年庚八字五行推演，至金位，为“骸（死人）”凶；又留心水语音译水书禁忌条目【料逢虎】之凶。

注释：① 廉贞：为北斗星之一，属北斗星的第五位。

② 九紫：紫白星属八卦星位第九位，属离卦。

③ 骸：水语音译，意为棺材、死人或重丧。

④ 【料逢虎】水语音译忌戒条目，意为孝旗伞。

原文：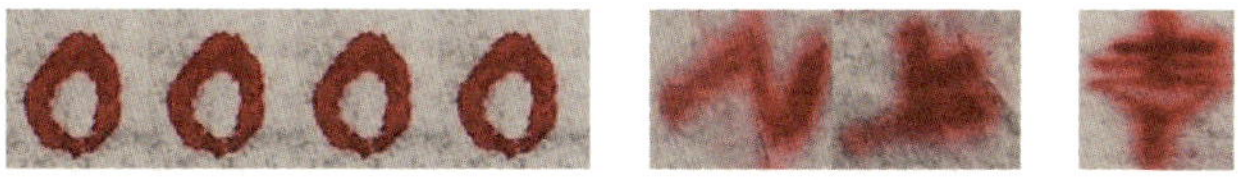

读音：	eŋ^{1}van^{1}ʈət^{7}	ʔjət^{7} sjeŋ^{2} tʰi^{5}	ʈət^{7}
直译：	额问⑤	一生气⑥	吉

意译：又有水书吉星“额问”和“一生气”照应，为吉凶各半。宜斟酌开路、安葬、立碑、婚姻、营造、出行。

注释：⑤ 额问：水语音译吉星，意为吉利重重。

⑥ 一生气：水语音译吉星，意为和气。

第23行

原文：

读音：	pjeŋ^3	sən^1	si^2	fu	pa:t	ku^{3}sup	ʈi^1	masaŋ^{1}ʈi^2	hak	ŋoqui
直译：	丙	申	时	武曲①	八白②	预计	九穷	马戴孝	堵塞	锤敲
条目：						【估术】	【九己】	【马畅旗】	【核】	【五锤】③

意译：丙申时，值北斗武曲与风水紫白星八白艮照应，北斗武曲为金与地上艮土，为土生金，为天地相生。要留意【估术】【九己】【马畅旗】【核】【五锤】凶祸之灾。

注释：① 武曲：为北斗星之一，属北斗星的第六位。

② 八白：紫白星属八卦星位第八位，属艮卦。

③ 水语音译忌戒条目：

【估术】意为预计。

【九己】指九穷或穷困潦倒，第二代以后丁才衰败。

【马畅旗】意为马戴孝。

【核】指坎坷或堵塞。

【五锤】意为五锤敲打。

原文：

读音：	ha:i^2	lju^{2}li^{2}sui^3	ŋo^{4}hu^3	ɕoŋ^1
直译：	骸④	泪如柳条	猛虎	凶
条目：		【六立水】	【五虎】⑤	

意译：又要留心“骸（死人）”凶；还要留意水语音译的忌戒水书条目【六立水】【五虎】凶祸所招致损害，为大凶时。诸事不宜。

注释：④ 骸：水语音译，意为棺材、死人或重丧。

⑤ 水语音译忌戒条目：

【六立水】意为泪如柳条，指忌哭丧。

【五虎】意为猛虎。

第24行

原文：

读音：tjeŋ^{1}　ju^{4}　si^{2}　p^{h}o^{5}　ɕət^{7}　ŋo^{4}　ŋo^{4}hu^{3}　qau^{3}zaːi^{5}

直译：丁　酉　时　破军①　七赤②　五　猛虎　猛兽抓拖

条目：【五虎】【高采】③

意译：丁酉时，值北斗破军与风水紫白星七赤兑照应，北斗破军为金与地上兑金，两金为旺，为天地相旺。要留意按用事者出生地支年，往下推演，至地支第五位，值水语音译忌戒条目【五虎】【高采】凶祸招致之灾害。

注释：① 破军：为北斗星之一，属北斗星的第七位。

② 七赤：紫白星属八卦星位第七位，属兑卦。

③ 水语音译忌戒条目：

【五虎】意为猛虎。

【高采】意为大动物抓拖。

原文：

读音：hi^{5}　ŋo^{4}hu^{3}　ʈi^{1}　ȵum^{2}sən^{2}　ȵum^{2}sən^{2}

直译：四　猛虎　九穷　壬辰　壬辰

条目：【五虎】【九己】④【壬辰】⑤

意译：又要留心按用事者出生地支年，往下推演，至地支第四位，值水语音译忌戒条目【五虎】【九己】之灾害，虽有吉利水书条目【壬辰】照应，但仍为大凶时。诸事不宜。

注释：④ 水语音译忌戒条目：

【五虎】意为猛虎。

【九己】指九穷或穷困潦倒，第二代以后丁才衰败。

⑤ 【壬辰】这里为水书吉利条目，意为丁财发达。

第25行

原文：

读音：	mu^{2}	hət^{7}	si^{2}	pu^{2}	ljok^{8}	ɕət^{7}	qo^{2}ȶən^{1}	ȶui^{3}sat^{7}ȶa^{1}	q^{h}am^{5}an^{1}	lju^{2}li^{2}sui^{3}
直译：	戊	戌	时	辅星①	六白②	七	大群队移动	鬼卷家	翻倒马鞍	泪如柳条
条目：							【各紧】	【居散架】	【缸鞍】	【六立水】③

意译：戊戌时，值北斗辅星与风水紫白星六白乾照应，北斗辅星为水与地上乾金，为金生水，为天地相生。要留意按用事者出生地支年，往下推演，至地支第七位，值水语音译忌戒条目【各紧】【居散架】【缸鞍】【六立水】之损害。

注释：① 辅星：为北斗星之一，属北斗星的第八位。

② 六白：紫白星属八卦星位第六位，属乾卦。

③ 水语音译忌戒条目：

【各紧】大群队移动。水语音译各，意为划、移动；紧，水语音译，为排场大队伍。

【居散架】是鬼卷家。

【缸鞍】指翻倒马鞍。

【六立水】意为泪如柳条，指忌哭丧。

原文：

读音：eŋ^{1}van^{1}ȶət^{7}

直译：额问④

意译：虽吉利水书“额问”照应，但仍为吉凶参半。宜斟酌开路、安葬、立碑、婚姻、营造、出行。

注释：④ 额问：意为吉利重重。

第26行

原文：

读音：	ȶi^{1}	ʁa:i^{3}	si^{2}	pjət^{7}	ŋo^{4}	ŋo^{4}hu^{3}	sək^{7}ȶi^{1}	ha:m^{1}	qoŋ^{1}ljok^{8}ma^{4}
直译：	己	亥	时	弼星①	五黄②	猛虎	断梳子	三	马做工
条目：						【五虎】	【省记】		【工六马】③

意译：己亥时，值北斗弼星与风水紫白星中央五黄照应，北斗弼星为水与地上中央为土，为土克

水，为天地相克。要留心水语音译忌戒条目【五虎】【省记】，还要留意按用事者出生地支年，往下推演，至地支第三位，为水语音译忌戒条目【工六马】之祸害。

注释：① 弼星：为北斗星之一，属北斗星的第九位。

② 五黄：紫白星属八卦星位第五位，属中央卦。

③ 水语音译忌戒条目：

【五虎】指猛虎之意。

【省记】意为断梳子。

【工六马】意为马做工，表示多匹马做工。

原文：

读音：eŋ^{1}van^{1}ʈət^{7}

直译：额问④

意译：虽有吉利水书“额问”照应，但也难以化解凶祸，仍为凶多吉少。不宜开路、安葬、立碑、婚姻、营造、出行。

注释：④ 额问：意为吉利重重。

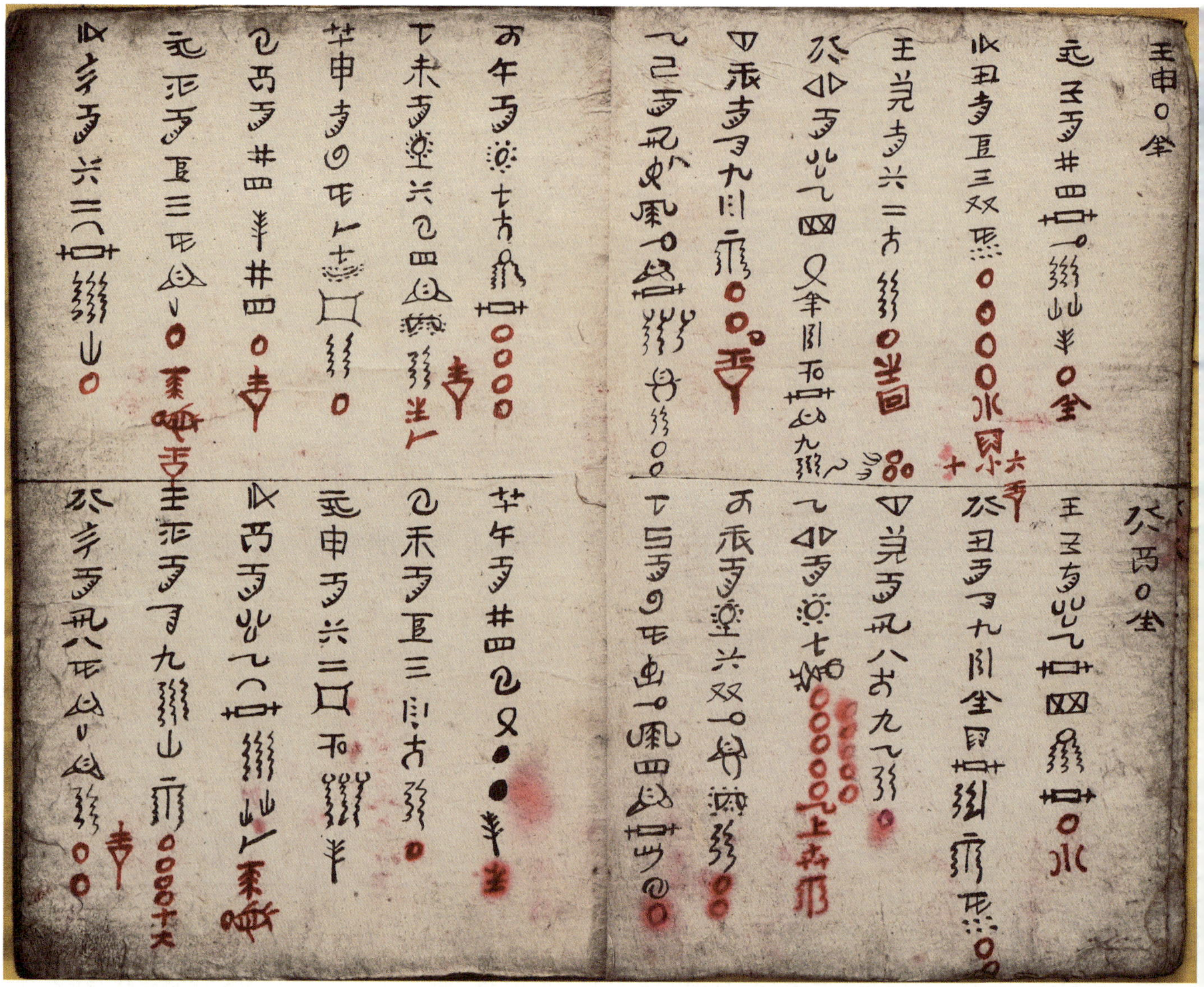

原件 5：壬申 癸酉

第 1 行

原文：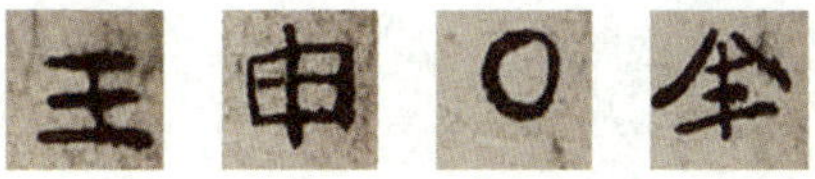

读音：	ŋ̥um^{2}	sən^{1}	van^{1}	ʈum^{1}
直译：	壬	申	日	金

意译：壬申日，属金。壬申日为六十甲子日的第九日，属五行纳音金。它包含从庚子到辛亥时共十二个时辰。

第 2 行

原文：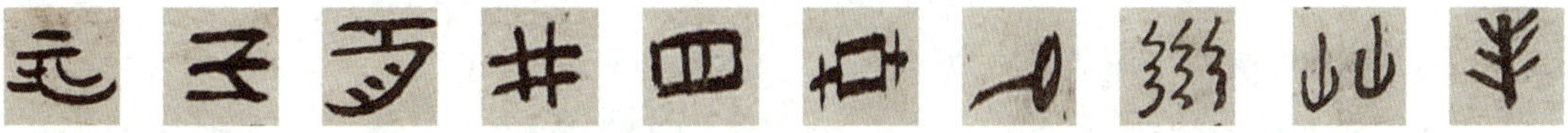

读音：	qeŋ^{1}	hi^{3}	si^{2}	t^{h}a:m^{1}	hi^{5}	ha:i^{2}	ŋo^{4}qui^{5}	qoŋ^{1}ljok^{8}ma^{4}	tsjem^{4}	qok^{8}mok^{8}
直译：	庚	子	时	贪狼①	四禄②	骸③	锤敲	马做工	凶恶	人头
条目：							【五锤】	【工六马】	【占】	【各木】④

意译：庚子时，值北斗贪狼与风水紫白星四禄巽照应，北斗贪狼为木与地巽为木，两木为旺，为天地相旺。要留心“骸（死人）”凶；又留意水语音译忌戒条目【五锤】【工六马】【占】【各木】之凶。

注释：① 贪狼：为北斗星之一，属北斗星的第一位。

② 四禄：紫白星属八卦星位第四位，属巽卦。

③ 骸：水语音译，意为棺材、死人或重丧。

④ 水语音译忌戒条目：

【五锤】意为锤敲打，表示多锤敲打。

【工六马】意为马做工，表示多匹马做工。

【占】指凶恶或杀伤（为一触即发）。

【各木】指人头。

原文：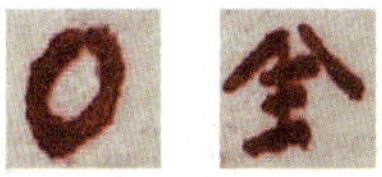

读音：	van^{1}	ŋ̥um^{1}
直译：	日	金堂⑤

意译：虽有水书吉星“金堂”照应，但也仍为吉凶参半。宜斟酌开路、安葬、立碑、婚姻、营造、出行。

注释：⑤ 金堂：意为富丽堂皇。

第 3 行

原文：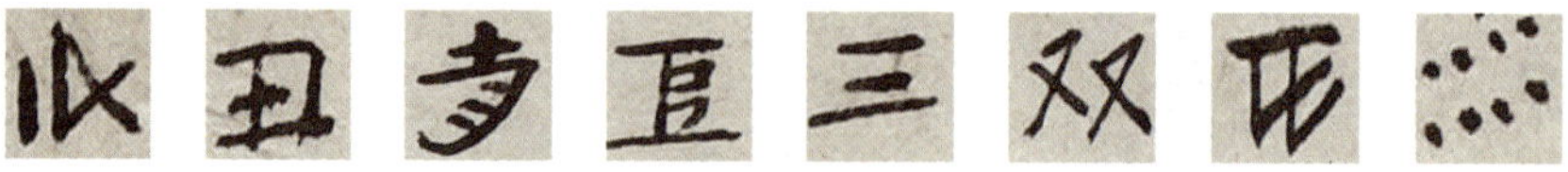

读音：	ɕən^1	su^3	si^2	ʈu^2	haːm^1	ku^{3}sup^7	ŋo^4	taːŋ^{2}ʔɣa^5
直译：	辛	丑	时	巨门①	三碧②	预计	五	肥沃大田
条目：						【估术】		【堂田】③

意译：辛丑时，值北斗巨门与风水紫白星三碧震照应，北斗巨门为土与地震为木，为木克土，为天地相克。又留意水语音译中性水书条目【估术】估算，还要斟酌按用事者出生地支年，往下推演，至地支第五位，值水语音译中性水书条目【堂田】侧重。

注释：① 巨门：为北斗星之一，属北斗星的第二位。

② 三碧：紫白星属八卦星位第三位，属震卦。

③ 水语音译中性条目：

【估术】意为预计。

【堂田】意为肥沃大田。

原文：

读音：	eŋ^{1}van^{1}ʈət^7	sui^3	mən^{2}ja^{3}sui^3	sup^8	ɕeu^3	ljok^8	ʈət^7
直译：	吉利重重	水	水族衙门	十	小	六	吉
条目：	额问④		门牙水⑤				

意译：虽有水语音译吉星“额问”照应，按用事者年庚八字五行推演，至属五行水位，为水书中性条目【门牙水】相照，但也难以化解其天地相克之凶祸。不宜斟酌开路、安葬、立碑、婚姻、营造、出行。

注释：④ 额问：意为吉利重重。

⑤ 【门牙水】意为水族衙门。

第 4 行

原文：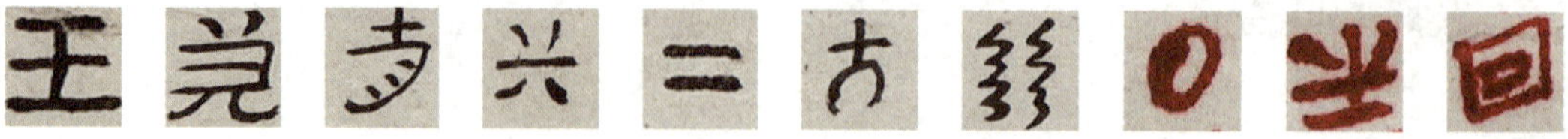

读音：	ȵum^2	ji^2	si^2	ljok^8	ȵi^2	hak^7	lju^{2}li^{2}sui^3	van^1	sən^2	kwaːn^{3}ʔjən^5
直译：	壬	寅	时	禄存①	二黑②	堵塞	泪如柳条	日	壬辰	官印
条目：						【核】	【六立水】③		【壬辰】	【官印】④

意译：壬寅时，值北斗禄存与风水紫白星二黑坤照应，北斗禄存为土与地坤为土，两土为旺，为天地相旺。要留意水语音译忌戒条目【核】【六立水】之凶祸；又有水语音译吉利水书条目【壬辰】【官印】照应，为吉凶参半之时。宜斟酌开路、安葬、立碑、婚姻、营造、出行。

注释：① 禄存：为北斗星之一，属北斗星的第三位。

② 二黑：紫白星属八卦星位第二位，属坤卦。

③ 水语音译忌戒条目：

【核】意为坎坷或堵塞。

【六立水】泪如柳条，指忌哭丧。

④ 水语音译吉利水书条目：

【壬辰】这里属水书吉利条目。（即三合“坤壬乙”），意为丁财发达。

【官印】意为官员大印，这里属水书吉星。

第5行

原文：

读音：	ɬui^{5}	ma:u^{4}	si^{2}	fan^{2}	ʔjət^{7}	ton^{2}ɣon^{2}	pjət^{7}jiŋ^{5}	ȵum^{1}	njem^{2}ju^{5}	pje^{2}k^{h}u^{1}	ha:i^{2}	ŋo^{4}hu^{3}
直译：	癸	卯	时	文曲①	一白②	短命	环绕	金	引线	麻风病	骸④	猛虎
条目：						【端完】	【必引】		【引友】	【别扣】③		【五虎】⑤

意译：癸卯时，值北斗文曲与风水紫白星一白坎照应，北斗文曲为水与地坎为水，两水为旺，为天地相旺。要留意水语音译的忌戒水书条目【端完】【必引】招致之灾，还要留心按用事者年庚八字五行往后推演，至属五行金位，值【引友】【别扣】为“骸（死人）”凶；又要留意【五虎】凶祸或伤身损耗之灾。

注释：① 文曲：为北斗星之一，属北斗星的第四位。

② 一白：紫白星属八卦星位第一位，属坎卦。

③ 水语音译忌戒条目：

【端完】意为短命。

【必引】意为回环或环绕。

【引友】意为引线（丧葬忌叫人名）。

【别扣】指麻风病。

④ 骸：水语音译，意为棺材、死人或重丧。

⑤ 【五虎】水语音译忌戒条目，指猛虎。

原文：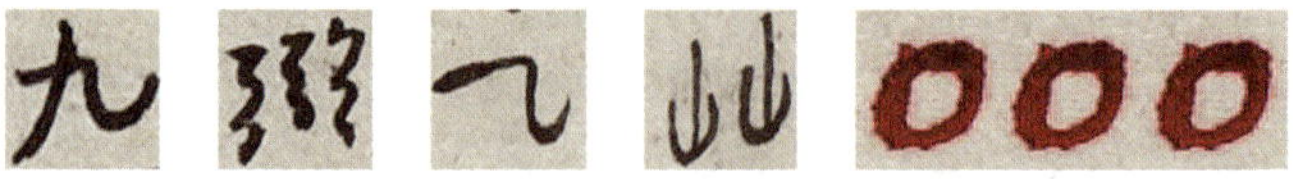

读音：	ȶu^{3}	qoŋ^{1}ljok^{8}ma^{4}	ʔjət^{7}	tsjem^{4}	eŋ^{1}van^{1}ȶət^{7}
直译：	九	马做工	一	凶恶	额问⑦
条目：		【工六马】		【占】⑥	

意译：又要留心按用事者出生地支年，往后推演，至地支第九位，为水语音译水书忌戒条目【工六马】之凶，按用事者出生地支年，往后推演，至地支第一位，值水语音译水书忌戒条目【占】凶祸之灾，虽有水语音译吉利水书条目“额问”照应，仍为凶多吉少。不宜开路、安葬、立碑、婚姻、营造、出行。

注释：⑥ 水语音译忌戒条目：

【工六马】意为多匹马做工。

【占】意为凶恶或杀伤（一触即发）。

⑦ 额问：意为吉利重重。

第6行

原文：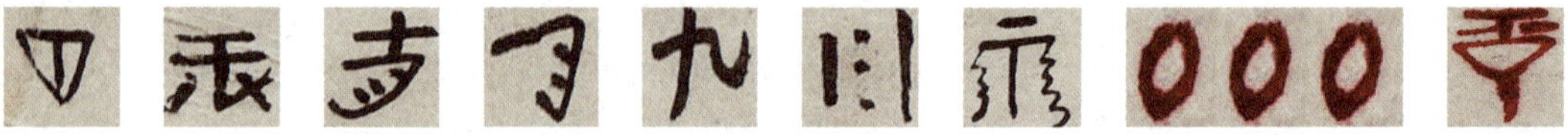

读音：	ȶa:p^{7}	sən^{2}	si^{2}	ljem^{2}	ȶu^{3}	pik^{7}sui^{3}ka:ŋ^{5}	ʔjeu^{1}fon^{2}hu^{3}	eŋ^{1}van^{1}	ȶət^{7}
直译：	甲	辰	时	廉贞①	九紫②	泪水哭干	孝旗伞	额问④	吉
条目：						【比水缸】	【料逢虎】③		

意译：甲辰时，值北斗廉贞与风水紫白星九紫离照应，北斗廉贞为火与地离为火，两火为旺，为天地相旺。要留意水语音译水书忌戒条目【比水缸】【料逢虎】；又值水语音译“额问”照应，也为吉多凶少。宜开路、安葬、立碑、婚姻、营造、出行。

注释：① 廉贞：为北斗星之一，属北斗星的第五位。

② 九紫：紫白星属八卦星位第九位，属离卦。

③ 水语音译忌戒条目：

【比水缸】意为泪水哭干。

【料逢虎】意为孝旗伞。

④ 额问：水语音译，意为吉利重重。

第 7 行

原文：

读音：	ʔjət^{7}	hi^{4}	si^{2}	fu^{4}	pa:t^{7}	tʰjen^{1}ta:i^{2}	qok^{8}mok^{8}	ŋo^{4}qui^{5}	ŋo^{8}hu^{3}	ha:i^{2}
直译：	乙	巳	时	武曲①	八白②	垮田地	人头	锤敲打	猛虎	骸③
条目：						【添大】	【各木】	【五锤】	【五虎】③	

意译：乙巳时，值北斗武曲与风水紫白星八白艮照应，北斗武曲为金与地艮为土，为土生金，为天地相生。要留意水语音译水书忌戒条目【添大】【各木】【五锤】【五虎】为“骸（死人）”凶祸招致之灾。

注释：① 武曲：为北斗星之一，属北斗星的第六位。

② 八白：紫白星属八卦星位第八位，属艮卦。

③ 水语音译忌戒条目：

【添大】意为垮田地。

【各木】意为人头。

【五锤】意为锤敲打，表示多锤敲打。

【五虎】意为猛虎。

④ 骸：水语音译，意为棺材、死人或重丧。

原文：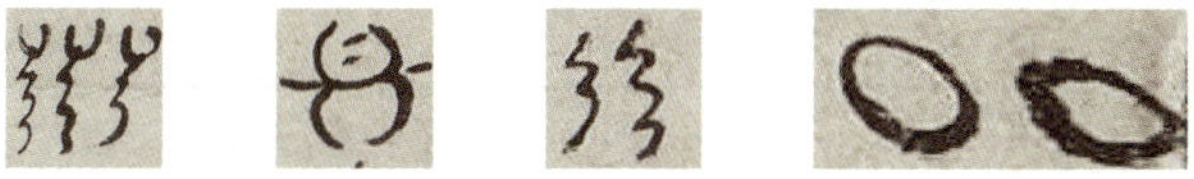

读音：	ljeu^{4}ȶa^{1}ɕon^{2}	ȵu^{2}ȶum^{1}ȵu^{2}	ha:i^{4}jən^{2}	hak^{7}van^{1}ʔdjam^{5}
直译：	家产破败	牛金牛⑤	马肠子	连日阴沉
条目：	【辽架玄】		【海寅】	【航问锭】⑥

意译：又要留心水语音译水书忌戒条目【辽架玄】【海寅】【航问锭】招致凶祸，或逢“牛金牛”宿，更为大凶之时。诸事不宜。

注释：⑤ 牛金牛：为二十八宿之一。

⑥ 水语音译忌戒条目：

【辽架玄】水语音译忌戒条目，意为家产破败。

【海寅】水语音译也叫“海马”，意为马肠子（即凶祸）。

【航问锭】意为连日阴沉或连日凶祸。

第 8 行

原文：

读音：	pjeŋ^{3}	ŋo^{2}	si^{2}	p^{h}o^{5}	ɕət^{7}	hak^{7}	ma^{4}saŋ^{2}ʈi^{2}	ha:i^{2}	eŋ^{1}van^{1}	ʈət^{7}
直译：	丙	午	时	破军①	七赤②	堵塞	马戴孝	骸④	额问⑤	吉
条目：						【核】	【马畅旗】③			

意译：丙午时，值北斗破军与风水紫白星七赤兑照应，北斗破军为金与地兑为金，两金为旺，为天地相旺。要留意水语音译的水书忌戒条目值【核】【马畅旗】为“骸（死人）”凶祸之灾；又有水语音译吉利水书条目“额问”照应，也为凶多吉少之时。对开路、安葬、立碑、婚姻、营造、出行等，特要慎重用之。

注释：① 破军：为北斗星之一，属北斗星的第七位。

② 七赤：紫白星属八卦星位第七位，属兑卦。

③ 水语音译忌戒条目：

【核】意为坎坷或堵塞。

【马畅旗】意为马戴孝。

④ 骸：水语音译，意为棺材、死人或重丧。

⑤ 额问：为水语音译，意为吉利重重。

第 9 行

原文：

读音：	tjeŋ^{1}	mi^{2}	si^{2}	pu^{2}	ljok^{8}	ʈi^{1}	hi^{5}	ŋo^{4}hu^{3}	q^{h}am^{5}an^{1}	ha:i^{4}ma^{4}
直译：	丁	未	时	辅星①	六白②	九穷	四	猛虎	翻倒马鞍	马小肠
条目：						【九己】		【五虎】	【缸鞍】	【海马】③

意译：丁未时，值北斗辅星与风水紫白星六白艮照应，北斗辅星为水与地乾为金，为金生水，为天地相生。值水语音译的忌戒水书条目【九己】，按用事者年庚八字地支推演，至第四位，值水语音译水书忌戒条目【五虎】【缸鞍】【海马】之凶。

注释：① 辅星：为北斗星之一，属北斗星的第八位。

② 六白：紫白星属八卦星位第六位，属乾卦。

③ 水语音译忌戒条目：

【九己】九穷或穷困潦倒。指安葬或起造，二代以后丁才衰败。

【五虎】意为猛虎。

【缸鞍】意为翻倒马鞍。

【海马】指马小肠，意为祸害。

原文：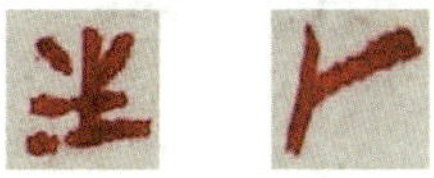

读音：	ŋ̊um^{2}sən^2	kwa:n^{1}tsai^4
直译：	壬辰	利斧
条目：	【壬辰】	【贯才】④

意译：虽有水语音译的吉利水书条目【壬辰】【贯才】相照，但仍为大凶之时。诸事不宜。

注释：④ 水语音译的吉利条目：

【壬辰】这里属水书吉利条目（即三合“坤壬乙”），意为丁财发达。

【贯才】意为利斧。

第10行

原文：

读音：	mu^2	sən^1	si^2	pjət^7	ŋo^4	kwa:n^1	ɕət^7	qo^{2}ȶən^1	ŋ̊a:n^{1}hi^{5}qʰa^1	ha:i^{4}ma^4	van^{1}ȶət^7
直译：	戊	申	时	弼星①	五黄②	斧头	七	大群队移动	棺材四角	马小肠	日吉
条目：						【引贯】		【各紧】	【宁喜卡】	【海马】③	

意译：戊申时，值北斗弼星与风水紫白星五黄中央照应，北斗弼星为水与地中央为土，为土克水，为天地相克。要留意水语音译忌戒条目【引贯】之祸，且还要留心按用事者出生地支年，往后推演，至地支第七位，为水语音译忌戒条目【各紧】【宁喜卡】【海马】凶祸招致灾害，为大凶之时。诸事不宜。

注释：① 弼星：为北斗星之一，属北斗星的第九位。

② 五黄：紫白星属八卦星位第五位，属中央卦。

③ 水语音译水书禁忌条目：

【引贯】意为斧头。

【各紧】大群队移动。水语音译各，意为划、移动；紧，水语音译，为大排场队伍。

【宁喜卡】指棺材四角。

【海马】水语音译也叫“海寅”，意为凶祸。

第11行

原文：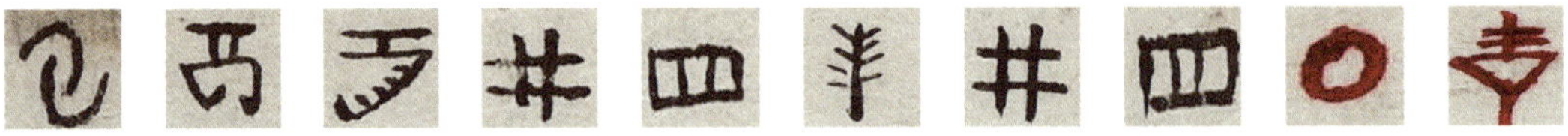

读音：	ʈi^{1}	ju^{4}	si^{2}	tʰa:m^{1}	hi^{5}	qok^{8}mok^{8}	tʰa:m^{1}	hi^{5}	van^{1}	ʈət^{7}
直译：	己	酉	时	贪狼①	四禄②	人头	贪狼①	四禄②	日	吉
条目：						【各木】③				

意译：己酉时，值北斗贪狼与风水紫白星四禄巽照应，北斗贪狼为木与地巽木，两木为旺，为天地相旺。要注重水语音译的忌戒水书条目【各木】值北斗星“贪狼”之灾害，又值水语音译“吉日”相照；为吉多凶少。宜开路、安葬、立碑、婚姻、营造、出行。

注释：① 贪狼：为北斗星之一，属北斗星的第一位。

② 四禄：紫白星属八卦星位第四位，属巽卦。

③ 【各木】水语音译忌戒条目，意为人头。

第12行

原文：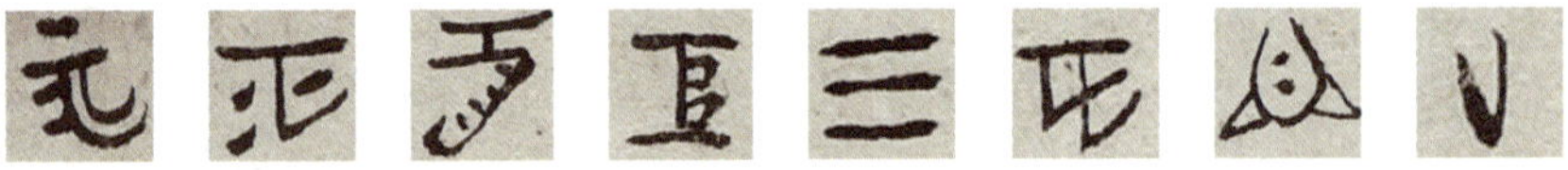

读音：	qeŋ^{1}	hət^{7}	si^{2}	ʈu^{2}	ha:m^{1}	ŋo^{4}	ŋo^{4}hu^{3}	qau^{3}za:i^{5}
直译：	庚	戌	时	巨门①	三碧②	五	猛虎	猛兽抓拖
条目：							【五虎】	【高采】③

意译：庚戌时，值北斗巨门星与风水紫白星三碧照应，北斗巨门为土与地震为木，为木克土，为天地相克。要留心按用事者年庚八字地支推演，至地支第五位，为【五虎】【高采】凶祸招致之灾。

注释：① 巨门：为北斗星之一，属北斗星的第二位。

② 三碧：紫白星属八卦星位第三位，属震卦。

③ 水语音译忌戒条目：

【五虎】意为猛虎。

【高采】意为猛兽抓拖。

原文：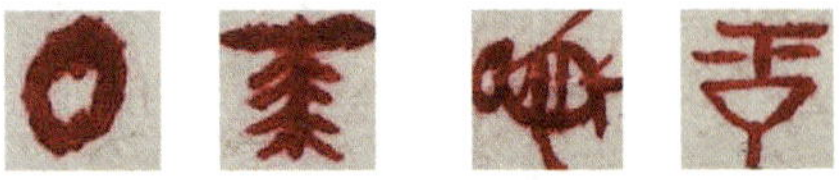

读音：	van^{1}	mok^{8}ta:ŋ^{2}	lju^{4}tʰu^{3}tsa:ŋ^{1}	ʈət^{7}
直译：	日	木堂④	柳土獐⑤	吉

意译：又值水语音译的水书吉星“木堂”和“柳土獐”星宿，为吉凶参半。宜斟酌开路、安葬、立碑、营造，不宜婚姻、出行。

注释：④ 木堂：为水语音译的水书吉星，意为富丽堂皇。

⑤ 柳土獐：为二十八宿之一。

第13行

原文：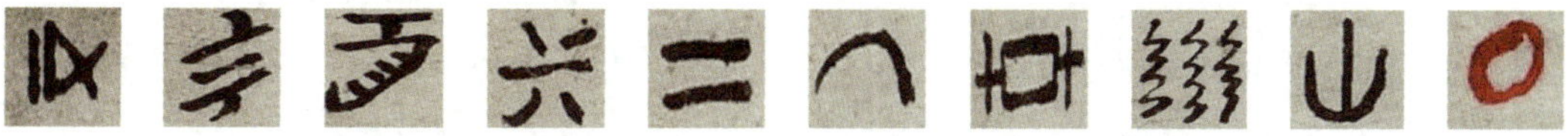

读音：	ɕən^{1}	ʁaːi^{3}	si^{2}	ljok^{8}	ŋ̥i^{2}	ʔboŋ^{5}ham^{3}	haːi^{2}	qoŋ^{1}ljok^{8}ma^{4}	tsjem^{4}	van^{1}
直译：	辛	亥	时	禄存①	二黑②	罩住	骸④	马做工	凶恶	日
条目：						【补夯】③		【工六马】	【占】⑤	

意译：辛亥时，值北斗禄存与风水紫白星二黑坤照应，北斗禄存为土与地坤为土，两土为旺，为天地相旺。要留意值【补夯】为“骸（死人）”凶；又要留意【工六马】【占】凶祸或伤身损耗之灾，仍为凶时。不宜开路、安葬、立碑、婚姻、营造、出行。

注释：① 禄存：为北斗星之一，属北斗星的第三位。

② 二黑：紫白星属八卦星位第二位，属坤卦。

③ 水语音译的水书忌戒条目：

【补夯】指覆盖或罩住（凶恶之意）。

④ 骸：水语音译，意为棺材、死人或重丧。

⑤ 水语音译的水书忌戒条目：

【工六马】意为马做工，这里指多匹马做工。

【占】指凶恶或杀伤（一触即发）。

第14行

原文：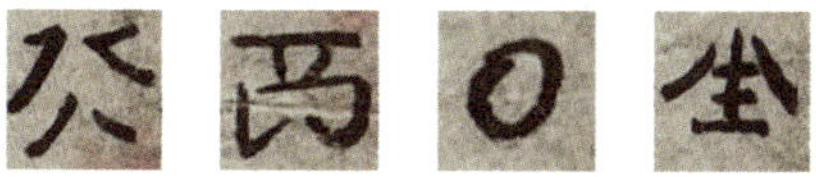

读音：	tui^{5}	ju^{4}	van^{1}	ŋ̥um^{1}
直译：	癸	酉	日	金

意译：癸酉日，属金。癸酉日为六十甲子日的第九日，属五行纳音金。它包含从壬子到癸亥时共十二个时辰。

第15行

原文：

读音：	ȵum^{2}	hi^{3}	si^{2}	fan^{2}	ʔjət^{7}	ha:i^{2}	ton^{2}ɣon^{2}	ma^{4}saŋ^{2}ʈi^{2}	ha:i^{2}	van^{1}	sui^{3}
直译：	壬	子	时	文曲①	一白②	骸③	短命	马戴孝	骸③	日	水
条目：							【端完】	【马畅旗】④			

意译：壬子时，值北斗文曲与风水紫白星一白坎照应，北斗文曲为水与地坎为水，两水为旺，为天地相旺。要留心两“骸（死人）”凶；又要留意【端完】【马畅旗】凶祸或损耗之灾，虽有吉日照应，但仍为吉凶参半之时。宜慎重安葬、立碑、婚姻、营造、出行。

注释：① 文曲：为北斗星之一，属北斗星的第四位。

② 一白：紫白星属八卦星位第一位，属坎卦。

③ 骸：水语音译，意为棺材、死人或重丧。

④ 水语音译的水书忌戒条目：

【端完】短命之意。

【马畅旗】意为马戴孝。

第16行：

原文：

读音：	ʈui^{5}	su^{3}	si^{2}	ljem^{2}	ʈu^{3}	njem^{2}ju^{5}	ȵum^{1}	mən^{2}ja^{3}sui^{3}	ha:i^{2}	ɕoŋ^{1}ɕep^{7}	ʔjeu^{1}fon^{2}hu^{3}
直译：	癸	丑	时	廉贞①	九紫②	引线	金	水族衙门	骸④	接引	孝旗伞
条目：						【引友】		【门牙水】③		【休显】	【料逢虎】⑤

意译：癸丑时，值北斗廉贞与风水紫白星九紫离照应，北斗廉贞为火与地离为火，两火为旺，为天地相旺。要留心水语音译忌戒条目【引友】，又要留意按用事者年庚八字五行往后推演，至金位，为【门牙水】【骸】【休显】【料逢虎】凶祸招致之灾。

注释：① 廉贞：为北斗星之一，属北斗星的第五位。

② 九紫：紫白星属八卦星位第九位，属离卦。

③ 水语音译忌戒条目：

【引友】意为引线。

【门牙水】意为水族衙门。

④ 骸：水语音译，意为棺材、死人或重丧。

⑤ 水语音译忌戒条目：

【休显】意为接应（指忌报丧）。

【料逢虎】意为孝旗伞。

原文：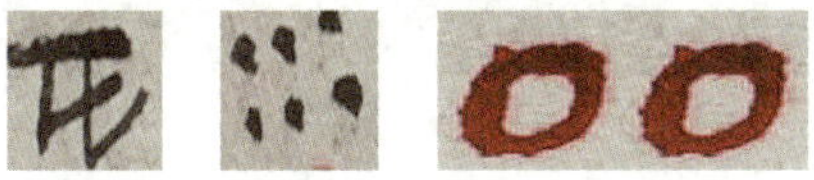

读音：	ŋo^{4}	ta:ŋ^{2}ʔɣa^{5}	hak^{7}van^{1}
直译：	五	肥沃大田	航问⑦
条目：		【堂田】⑥	

意译：还要注重按用事者出生地支年往后推演，至地支第五位，值水语音译水书中性条目【堂田】和吉利“航问”照应，为吉凶参半之时。宜斟酌开路、安葬、立碑、婚姻、营造、出行。

注释：⑥ 【堂田】为中性水书条目，意为肥沃大田。

⑦ 航问：水语音译，意为连日吉利。

第17行

原文：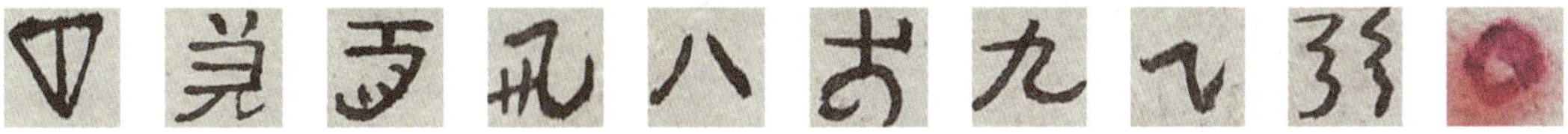

读音：	ʈa:p^{7}	ji^{2}	si^{2}	fu^{4}	pa:t^{7}	hak^{7}	ʈu^{3}	ʔjət^{7}	lju^{2}li^{2}shui^{3}	van^{1}
直译：	甲	寅	时	武曲①	八白②	堵塞	九	一	泪如柳条	日
条目：						【核】			【六立水】③	

意译：甲寅时，值北斗武曲与风水紫白星八白艮照应，北斗武曲为金与地艮为土，为土生金，为天地相生。值水语音译的忌戒水书条目【核】，按用事者年庚八字地支推演，至第九、一位，值水语音译水书忌戒条目【六立水】，又有吉日照应，为吉多凶少。宜开路、安葬、立碑、婚姻、营造、出行。

注释：① 武曲：为北斗星之一，属北斗星的第六位。

② 八白：紫白星属八卦星位第八位，属艮卦。

③ 水语音译忌戒条目：

【核】意为坎坷或堵塞。

【六立水】意为泪如柳条，指忌哭丧。

第18行：

原文：

读音：	ʔjət^{7}	ma:u^{4}	si^{2}	p^{h}o^{5}	ɕət^{7}	zən^{1}ta:u^{5}	eŋ^{1}van^{1}ʈət^{7}	ʔjət^{7}sjeŋ^{3}ʈ^{h}i^{5}
直译：	乙	卯	时	破军①	七赤②	人倒	额问④	一生气
条目：						【人倒】③		

意译：乙卯时，值北斗破军与风水紫白星七赤兑照应，北斗破军为金与地兑为金，两金为旺，为天地相旺。要留意水语音译的忌戒水书条目【人倒】之灾，但又有吉利“额问”“一生气”照应。

注释：① 破军：为北斗星之一，属北斗星的第七位。

② 七赤：紫白星属八卦星位第七位，属兑卦。

③ 【人倒】水语音译忌戒条目，意为凶祸或死人。

④ 【额问】水语音译，意为吉利重重。

原文 

读音：	mu^{2}	ti^{6}ha:ŋ^{1}fan^{1}	eŋ^{1}van^{1}ʈət^{7}
直译：	戊	人丁发达	吉利重重
条目：		【竹根代】	【额问】⑤

意译：还有按用事者年庚八字天干推演，至戊位，为吉利【竹根代】【额问】相照应，为吉多凶少。宜斟酌开路、安葬、立碑、婚姻、营造、出行。

注释：⑤ 【竹根代】水语音译的吉利水书条目，指人丁发达。

【额问】水语音译，意为吉利重重。

第19行

原文：

读音：	pjeŋ^{3}	sən^{2}	si^{2}	pu^{2}	ljok^{8}	ku^{3}sup^{7}	ŋo^{4}qui^{5}	ȵu^{2}ʈum^{1}ȵu^{2}	q^{h}am^{5}a:n^{1}	ha:i^{4}jən^{2}
直译：	丙	辰	时	辅星①	六白②	预计	锤敲	牛金牛④	翻倒马鞍	马小肠
条目：						【估术】	【五锤】③		【缸鞍】	【海寅】⑤

意译：丙辰时，值北斗辅星与风水紫白星六白乾照应，北斗辅星为水与地乾为金，为金生水，为天地相生。要留意【估术】【五锤】【牛金牛】【缸鞍】【海寅】凶祸招致灾祸。

注释：① 辅星：为北斗星之一，属北斗星的第八位。

② 六白：紫白星属八卦星位第六位，属乾卦。

③ 水语音译忌戒条目：

【估术】意为预计。

【五锤】意为五锤敲打。

④ 牛金牛：为二十八宿之一。

⑤ 水语音译忌戒条目：

【缸鞍】意为翻倒马鞍。

【海寅】水语音译也叫“海马”，意为马肠子（即凶祸）。

原文：

读音：hak^{7}van^{1}

直译：航问⑥

意译：虽有水书吉星“航问”照应，但难以化解凶星，仍为凶时。不宜慎重开路、安葬、立碑、婚姻、营造、出行。

注释：⑥ 航问：意为连日吉利。

第20行

原文：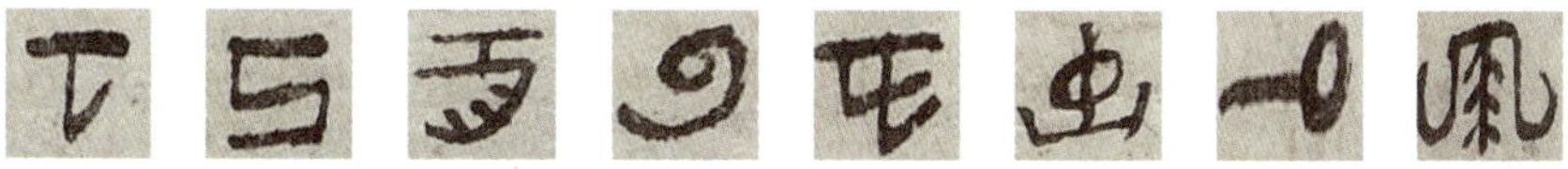

读音：	tjeŋ^{1}	hi^{4}	si^{2}	pjət^{7}	ŋo^{4}	ɕoŋ^{1}ʔjət^{7}	ŋo^{4}qui^{5}	mok^{8}foŋ^{2}
直译：	丁	巳	时	弼星①	五黄②	虫咬	锤敲	缠树藤
条目：						【凶以】	【五锤】	【木逢】③

意译：丁巳时，值北斗弼星与风水紫白星中央五黄照应，北斗弼星为水与地中央为土，为土克水，为天地相克。要留意【凶以】【五锤】【木逢】凶祸之灾。

注释：① 弼星：为北斗星之一，属北斗星的第九位。

② 五黄：紫白星属八卦星位第五位，属中央卦。

③ 水语音译忌戒条目：

【凶以】意为虫咬。

【五锤】意为五锤敲打。

【木逢】意为缠树藤。

原文：

读音：	hi^{5}	ŋo^{4}hu^{3}	ha:i^{2}	sək^{7}ȶi^{1}	ȶi^{1}	van^{1}
直译：	四	猛虎	骸⑤	断梳子	九穷	日
条目：		【五虎】④		【省记】	【九己】⑥	

意译：按用事者年庚八字天干推演，至戊位，还要留意【五虎】【骸】【省记】【九己】凶祸或伤身损耗之灾。虽有水书吉日照应，但也难以化解凶星，仍为凶时。不宜开路、安葬、立碑、婚姻、营造、出行。

注释：④ 【五虎】水语音译忌戒条目，意为猛虎。

⑤ 骸：水语音译，意为棺材、死人或重丧。

⑥ 水语音译忌戒条目：

【省记】意为断梳子。

【九己】指九穷或穷困潦倒，第二代以后丁才衰败。

第21行

原文：

读音：	mu^{2}	ŋo^{2}	si^{2}	tʰa:m^{1}	hi^{5}	ȶi^{1}	pjət^{7}jiŋ^{5}	hak^{7}van^{1}ʔdjam^{5}	qok^{8}mok^{8}	ȵum^{2}sən^{2}
直译：	戊	午	时	贪狼①	四禄②	九穷	环绕	连日凶祸	人头	壬辰
条目：						【九己】	【必引】	【航问锭】	【各木】③	【壬辰】④

意译：戊午时，值北斗贪狼与风水紫白星四禄照应，北斗贪狼为木与地巽为木，两木为旺，为天地相旺。值水语音译的忌戒水书条目【九己】【必引】；又值为水语音译的水书禁忌条目【航问锭】【各木】，虽有水书吉星照应，但难以化解凶星，仍为凶时。不宜开路、安葬、立碑、婚姻、营造、出行。

注释：① 贪狼：为北斗星之一，属北斗星的第一位。

② 四禄：紫白星属八卦星位第四位，属巽卦。

③ 水语音译忌戒条目：

【九己】指九穷或穷困潦倒，第二代以后丁才衰败。

【必引】意为回环。

【航问锭】意为连日凶祸。

【各木】意为人头。

④ 【壬辰】原属水书吉利条目，意为丁财发达。

第22行

原文：

读音：ʈi^{1}　mi^{2}　si^{2}　ʈu^{2}　ha:m^{1}　pik^{7}sui^{3}ka:ŋ^{5}　hak^{7}　ha:i^{4}ma^{4}　van^{1}

直译：己　未　时　巨门①　三碧②　泪水哭干　堵塞　马肠子　日

条目：【比水缸】【核】【海马】③

意译：己未时，值北斗巨门与风水紫白星三碧照应，北斗巨门为土与地震为木，为木克土，为天地相克。要留意【比水缸】【核】【海马】所招致之灾害，虽有水书吉日照应，但也难以化解其凶祸，仍为凶时。不宜开路、安葬、立碑、婚姻、营造、出行。

注释：① 巨门：为北斗星之一，属北斗星的第二位。

② 三碧：紫白星属八卦星位第三位，属震卦。

③ 水语音译忌戒条目：

【比水缸】意为泪水哭干。

【核】意为坎坷或堵塞。

【海马】意为马肠子。

第23行

原文：

读音：qeŋ^{1}　sən^{1}　si^{2}　l̥jok^{8}　ŋ̊i^{2}　ŋ̊a:n^{1}hi^{5}q^{h}a^{1}　pje^{2}k^{h}u^{1}　ʈui^{3}sat^{7}ʈa^{1}　qok^{8}mok^{8}

直译：庚　申　时　禄存①　二黑②　棺材四角　麻风病　鬼卷家　人头

条目：【宁喜卡】【别扣】【居散架】【各木】③

意译：庚申时，值北斗禄存与风水紫白星二黑照应，北斗禄存为土与地坤为土，为两土相旺，为天地相克。要留意【宁喜卡】【别扣】【居散架】【各木】凶祸招致之灾害，为大凶之时。不宜慎重开路、安葬、立碑、婚姻、营造、出行。

注释：① 禄存：为北斗星之一，属北斗星的第三位。

② 二黑：紫白星属八卦星位第二位，属坤卦。

③ 水语音译忌戒条目：

【宁喜卡】意为棺木头四角。

【别扣】意为麻风病。

【居散架】意为鬼卷家。

【各木】意为人头。

第24行

原文：

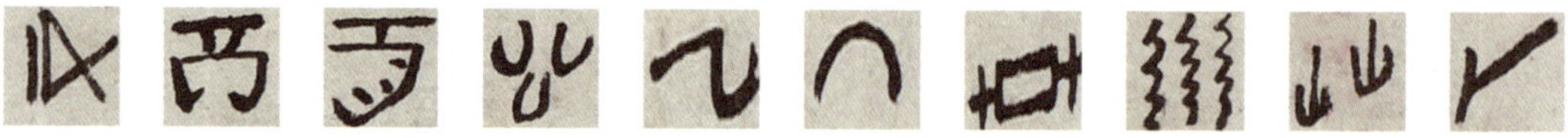

读音：	ɕən^{1}	ju^{4}	si^{2}	fan^{2}	ʔjət^{7}	ʔboŋ^{5}ham^{3}	haːi^{2}	ʔjeu^{1}fon^{2}hu^{3}	tsjem^{4}	ʔjən^{5}kwaːn^{1}
直译：	辛	酉	时	文曲①	一白②	罩住	骸④	孝旗伞	凶恶	斧头
条目：						【补夯】③		【料逢虎】	【占】	【引贯】⑤

意译：辛酉时，值北斗文曲与风水紫白星一白照应，北斗文曲为水与地坎为水，两水为旺，为天地相旺。要留心值【补夯】为“骸（死人）”凶；又要留意【料逢虎】【占】【引贯】凶祸招致之灾害。

注释：① 文曲：为北斗星之一，属北斗星的第四位。

② 一白：紫白星属八卦星位第一位，属坎卦。

③ 【补夯】水语音译忌戒条目，是指一边反扑、罩住（意为凶祸）。

④ 骸：水语音译，意为棺材、死人或重丧。

⑤ 水语音译忌戒条目：

【料逢虎】意为孝旗伞。

【占】意为凶祸或杀伤（一触即发）。

【引贯】意为斧头。

原文：

读音：mok^{8}taːŋ^{2} lju^{4}t^{h}u^{3}tsaːŋ^{1}

直译：木堂⑥ 柳土獐⑦

意译：虽有水语音译吉利水书条目水书吉星“木堂”和星宿“柳土獐”照应，也仍为吉凶参半。宜斟酌开路、安葬、立碑、婚姻、营造、出行。

注释：⑥ 木堂：水语音译的水书吉利条目，意为富丽堂皇。

⑦ 柳土獐：为二十八宿之一。这里为水书吉星。

第25行

原文：

读音：	ȵum^{2}	hət^{7}	si^{2}	ljem^{2}	tu^{3}	so^{3}tsjem^{1}	tsjem^{4}	ʔjeu^{1}fon^{2}hu^{3}
直译：	壬	戌	时	廉贞①	九紫②	惹是生非	凶恶	孝旗伞
条目：						【所线】	【占】	【料逢虎】③

意译：壬戌时，值北斗廉贞与风水紫白星九紫照应，北斗廉贞为水与地离为火，为水克火，为天地相克。值水语音译的忌戒水书条目【所线】【占】【料逢虎】之凶。

注释：① 廉贞：为北斗星之一，属北斗星的第五位。

② 九紫：紫白星属八卦星位第九位，属离卦。

③ 水语音译的忌戒条目：

【所线】意为惹是生非。

【占】指凶恶或杀伤（一触即发）。

【料逢虎】意为孝旗伞。

原文：

读音：	eŋ^{1}van^{1}	sup^{8}	ta:i^{2}
直译：	额问④	十	大

意译：虽有水书吉星“额问”照应，但仍为凶多吉少之时。不宜开路、安葬、立碑、婚姻、营造、出行。

注释：④ 额问：水语音译，意为吉利重重。

第26行

原文：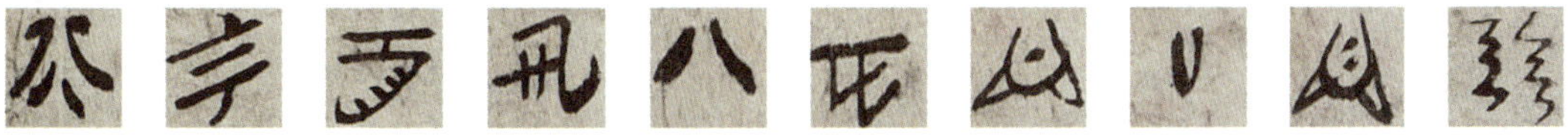

读音：	ɬui^{5}	ʁa:i^{3}	si^{2}	fu^{3}	pa:t^{7}	ŋo^{4}	ŋo^{4}hu^{3}	qau^{3}za:i^{5}	ŋo^{4}hu^{3}	ha:i^{4}ma^{4}
直译：	癸	亥	时	武曲①	八白②	五	猛虎	动物抓拖	五虎	马肠子
条目：							【五虎】	【高采】	【五虎】	【海马】③

意译：癸亥时，值北斗武曲与风水紫白星八白照应，北斗武曲为金与地艮为土，为土生金，为天地相旺。要留意按用事者年庚八字地支推演，至地支第五位，为水语音译水书忌戒条目二【五虎】和【高采】【海马】招致之灾害。

注释：① 武曲：为北斗星之一，属北斗星的第六位。

② 八白：紫白星属八卦星位第八位，属艮卦。

③ 水语音译的禁忌水书条目：

【五虎】意为猛虎。

【高采】意为大动物抓拖。

【海马】意为马肠子。

原文： 

读音：　hak^{7}van^{1}　　ȶət^{7}

直译：　航问④　　吉

意译：虽有水书吉星“航问”照应，但仍为凶多吉少之时。不宜开路、安葬、立碑、婚姻、营造、出行。

注释：④　航问：水语音译，意为连日吉利。

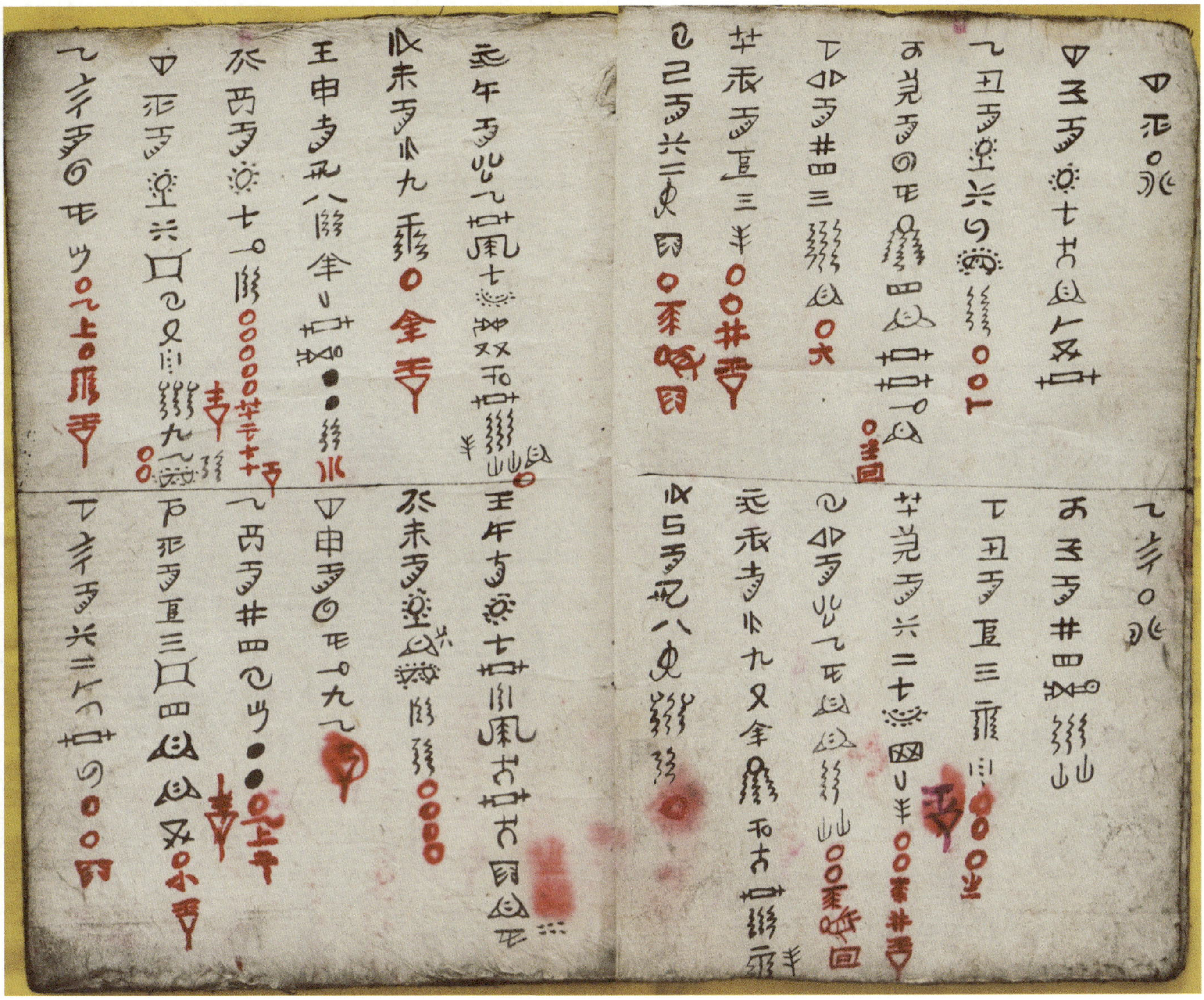

原件 6：甲戌 乙亥

第 1 行

原文：

读音：ȶa:p^{7} hət^{7} van^{1} fa^{3}

直译：甲 戌 日 火

意译：甲戌日，属火。甲戌日为六十甲子日的第十一日，属五行纳音火。它包含从甲子时到乙亥时共十二个时辰。

第 2 行

原文：

读音：ȶa:p^{7} hət^{7} si^{2} p^{h}o^{5} ɕət^{7} hak^{7} ŋo^{4}hu^{3} ʔjən^{5}kwa:n^{1} ɕoŋ^{1} ha:i^{2}

直译：甲 子 时 破军① 七赤② 堵塞 猛虎 斧头 凶 骸④

条目：【核】【五虎】【引贯】③

意译：甲子时，值北斗破军与风水紫白星七赤兑照应，北斗破军为金与地兑为金，两金为旺，为天地相旺。要留心【核】【五虎】【引贯】【骸】凶祸损耗之灾。不宜开路、安葬、立碑、婚姻、营造、出行。

注释：① 破军：为北斗星之一，属北斗星的第七位。

② 七赤：紫白星属八卦星位第七位，属兑卦。

③ 水语音译忌戒条目：

【核】意为坎坷或堵塞。

【五虎】意为猛虎。

【引贯】意为斧头。

④ 骸：水语音译，意为棺材、死人或重丧。

第 3 行

原文：

读音：ʔjət^{7} su^{3} si^{2} pu^{2} ljok^{8} ȶi^{1} q^{h}am^{5}a:n^{1} lju^{2}lji^{2}sui^{3} hak^{7}van^{1} kwa:n^{1}tsai^{4}

直译：乙 丑 时 辅星① 六白② 九穷 翻倒马鞍 泪如柳条 航问 贯才④

条目：【九己】【缸鞍】【六立水】③

意译：乙丑时，值北斗辅星与风水紫白星六白乾照应，北斗辅星为水与地乾为金，为金生水，为天地相生。要留心【九己】【缸鞍】【六立水】凶祸招致之灾，虽有吉星“航问”“贯才”照应，仍为吉凶参半。宜斟酌开路、安葬、立碑、婚姻、营造、出行。

注释：① 辅星：为北斗星之一，属北斗星的第八位。

② 六白：紫白星属八卦星位第六位，属乾卦。

③ 水语音译忌戒条目：

【九己】指九穷或穷困潦倒，第二代以后丁才衰败。

【缸鞍】意为翻倒马鞍。

【六立水】意为泪如柳条，指忌哭丧。

④ 水语音译吉星：

航问：连日吉利。

贯才：意为利斧。

第 4 行

原文：

读音：	pjeŋ^{3}	ji^{2}	si^{2}	pjət^{7}	ŋo^{4}von^{1}	ma^{4}saŋ^{1}ȶi^{2}	hi^{5}	ŋo^{4}hu^{3}	ha:i^{2}	ha:i^{2}	ŋo^{4}qui^{5}	ŋo^{4}hu^{3}
直译：	丙	寅	时	弼星①	五黄②	马戴孝	四	猛虎	骸④	骸④	锤敲打	猛虎
条目：						【马畅旗】		【五虎】③			【五锤】⑤	【五虎】

意译：丙寅时，值北斗弼星与风水紫白星五黄中央照应，北斗弼星为水与地中央为土，为土克水，为天地相克。留心【马畅旗】之凶，又要留意按用事者生庚八字属地支推演，至地支第四位值【五虎】为“骸（死人）”凶；又要留意【五锤】凶祸所招之灾。

注释：① 弼星：为北斗星之一，属北斗星的第九位。

② 五黄：属紫白星八卦第五位，属中央卦。

③ 水语音译水书禁忌条目：

【马畅旗】意为马戴孝。

【五虎】意为猛虎。

④ 骸：水语音译，意义棺材、死人或重丧。

⑤ 水语音译水书禁忌条目：

【五锤】五锤敲打。

原文：

读音： van^{1} ʈum^{2}sən^{2} kwa:n^{3}ʔjən^{5}

直译： 日 壬辰 官印

条目： 【壬辰】【官印】⑥

意译：虽有吉利条目【壬辰】【官印】相照，但也难以化解其天地相克之凶。不宜开路、安葬、立碑、婚姻、营造、出行。

注释：⑥ 水语音译吉利条目：

【壬辰】属吉利水书条目，这里为吉星。

【官印】意为官员大印。

第5行

原文：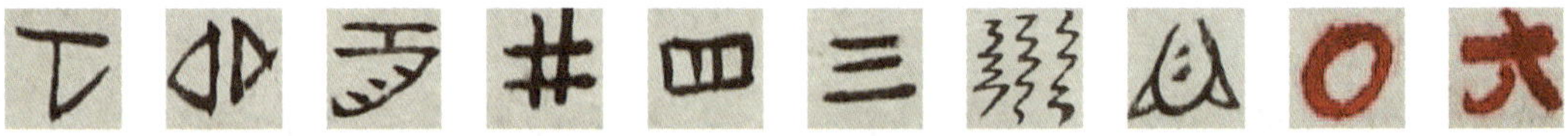

读音： tjeŋ^{1} ma:u^{4} si^{2} t^{h}a:m^{1} hi^{5} ha:m^{1} qoŋ^{1}ljok^{8}ma^{4} ŋo^{4}hu^{3} van^{1} ta:i^{1}

直译： 丁 卯 时 贪狼① 四禄② 三 马做工 猛虎 日 大

条目： 【工六马】【五虎】③

意译：丁卯时，值北斗贪狼与风水紫白星四禄巽相照应，北斗贪狼属木与地上巽为木，两木为旺，为天地相旺。要留意按用事者生庚八字属地支推演，至地支第三位【工六马】【五虎】之凶；虽逢大吉日，也为吉凶参半。宜赴任、诉讼等，不宜丧葬、起造、造圈、结婚。

注释：① 贪狼：为北斗星之一，属北斗星的第一位。

② 四禄：属紫白星八卦第四位，属巽卦。

③ 水语音译忌戒条目：

【工六马】意为马做工，表示多匹马做工。

【五虎】意为猛虎。

第 6 行

原文：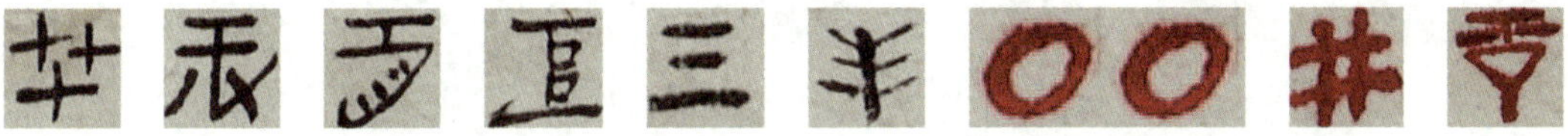

读音：	mu^{2}	sən^{2}	si^{2}	ȶu^{2}	ha:m^{1}	qok^{8}mok^{8}	hak^{7}van^{1}	tʰa:m^{1}	ȶət^{7}
直译：	戊	辰	时	巨门①	三碧②	人头	航问	贪狼④	吉
条目：						【各木】③			

意译：戊辰时，值北斗巨门与风水紫白星三碧震相照应，北斗巨门属土与地上震为木，为木克土，为天地相克。要留心水语音译水书禁忌条目【各木】之凶祸；虽有“航问”“贪狼”照应，也难以化解其天地相克之凶。不宜丧葬、起造、造圈、结婚。

注释：① 巨门：为北斗星之一，属北斗星的第二位。

② 三碧：属紫白星八卦第三位，属震卦。

③ 【各木】水语音译水书忌戒条目，意为人头。

④ 水语音译水书吉星：

航问：连日吉利。

贪狼：属北斗星第一位星，这里为水书吉星。

第 7 行

原文：

读音：	ȶi^{1}	hi^{4}	si^{2}	ljok^{8}	ȵi^{6}	ɕoŋ^{1}ʔjət^{7}	mən^{2}ja^{3}sui^{3}
直译：	己	巳	时	禄存①	二黑②	虫咬	水族衙门
条目：						【凶以】【门牙水】③	

意译：己巳时，值北斗禄存与风水紫白星二黑坤卦照应，北斗禄存为土与地二黑坤为土，为两土相旺，为天地相旺。要留心水语音译的忌戒水书条目【凶以】【门牙水】之凶。

注释：① 禄存：为北斗星之一，属北斗星的第三位。

② 二黑：属紫白星八卦第二位，属坤卦。

③ 水语音译忌戒条目：

【凶以】意为虫咬。

【门牙水】意为水族衙门。

原文：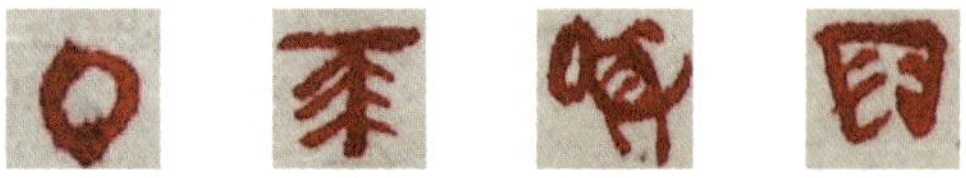

读音：van^{1} mok^{8}ta:ŋ^{2} lju^{4}t^{h}u^{3}tsja:ŋ^{1} mən^{2}ja^{3}sui^{3}

直译：日 木堂 柳土獐④ 水族衙门

条目：【门牙水】⑤

意译：又有水语音译的水书吉星“木堂”“柳土獐”和【门牙水】照应，为吉多凶少。宜开路、丧葬、立碑、嫁娶、起造、出行、吃新米。

注释：④ 水语音译吉星星宿：

木堂：意为富丽堂皇。

柳土獐：二十八宿之一，这里为水书吉星。

⑤ 【门牙水】水语音译吉利水书条目，意为水族衙门。

第 8 行

原文：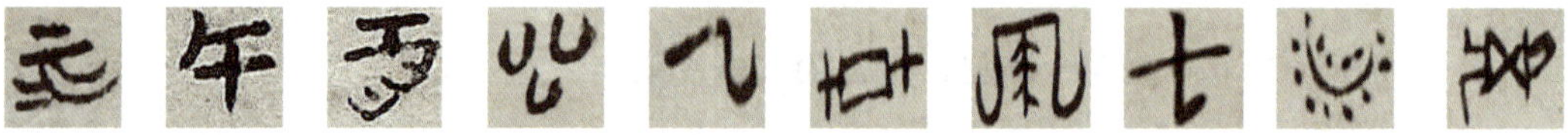

读音：qeŋ^{1} ŋo^{2} si^{2} fan^{2} ʔjət^{7} ha:i^{2} mok^{8}fon^{2} ɕət^{7} qo^{2}ɬən^{1} zən^{1}ta:u^{5}

直译：庚 午 时 文曲① 一白② 骸③ 缠树藤 七 大群队移动 人倒

条目：【木逢】 【各紧】 【人倒】④

意译：庚午时，值北斗文曲与风水紫白星一白照应，北斗文曲属水与地上坎为水，两水为旺，为天地相旺。留心值“骸（死人）”凶；又要留意【木逢】之凶，又要按用事者生庚八字属地支推演，至地支第七位，为【各紧】【人倒】凶祸招致之灾。

注释：① 文曲：为北斗星之一，属北斗星第四位。

② 一白：为紫白星八卦第一位，为坎卦。

③ 骸：水语音译，意为棺材、死人或重丧。

④ 水语音译忌戒条目：

【木逢】意为缠树藤。

【各紧】大群队移动。各：水语音译，为划、移动；紧，水语音译，大排场队伍。

【人倒】意为人倒凶祸或死人之灾。

原文：

读音：ku^{3}sup^{7} pje^{2}k^{h}u^{1} ha:i^{2} qoŋ^{1}ljok^{8}ma^{4} qok^{8}mok^{8} ta:ŋ^{2}ʔdoŋ^{1} ŋo^{4}hu^{3} van^{1}

直译：预计 麻风病 骸 马做工 人头 宽大森林 猛虎 日

条目：【估术】【别扣】⑤ 【工六马】 【各木】【当弄】【五虎】⑥

意译：还要留意水语音译水书忌戒条目值【估术】【别扣】为“骸（死人）”凶；又要留意【工六马】【各木】【当弄】【五虎】凶祸或损耗之灾害，为大凶之时。不宜丧葬、立碑、嫁娶、起造、出行。

注释：⑤ 水语音译忌戒条目：

【估术】意为预计。

【别扣】意为麻疯病。

⑥ 水语音译忌戒条目：

【工六马】意为马做工，表示多匹马做工。

【各木】意为人头。

【当弄】意为宽大森林。

【五虎】意为猛虎。

第 9 行

原文：

读音：ɕən^{1} mi^{6} si^{2} ljem^{2} tu^{3} ʔjeu^{1}foŋ^{2}hu^{3} van^{1} tum^{1}ta:ŋ^{2} tət^{7}

直译：辛 未 时 廉贞① 九紫② 孝旗伞 日 金堂④ 吉

条目：【料逢虎】③

意译：辛未时，值北斗廉贞与风水紫白星九紫离相照应，北斗廉贞属火与地上离为火，两火为旺，为天地相旺。要留意水语音译水书忌戒条目【料逢虎】之凶，又有吉星“金堂”相照，为吉时。宜开路、丧葬、立碑、嫁娶、起造、出行。

注释：① 廉贞：为北斗星之一，属北斗星的第五位。

② 九紫：紫白星属八卦星位第九位，属离卦。

③ 【料逢虎】为水语音译忌戒条目，意为孝旗伞。

④ 金堂：为水语音译的水书吉星，意为富丽堂皇。

第10行

原文：

读音：	ȶum^{2}	sən^{1}	si^{2}	fu^{4}	pa:t^{7}	ɕoŋ^{1}ɕep^{7}	ȶum^{1}	qau^{3}za:i^{5}	ha:i^{2}
直译：	壬	申	时	武曲①	八白②	休显	金	猛兽抓拖	骸④
条目：						【休显】		【高采】③	

意译：壬申时，值北斗武曲与风水紫白星八白艮相照应，北斗武曲属金与地上艮为土，为土生金。要留心水语音译的水书忌戒条目【休显】之凶，又要留心按用事者年庚八字五行起，推演至五行“金”位，值水书忌戒条目【高采】为“骸（死人）”凶祸之灾。

注释：① 武曲：为北斗星之一，属北斗星的第六位。

② 八白：为紫白星八卦第八位，属艮卦。

③ 休显、高采：均为水语音译忌戒条目。休显，意为接言；高采，意为猛兽抓拖。

④ 骸：水语音译，意为棺材、死人或重丧。

原文：

读音：	zən^{1}ta:u^{5}	hak^{7}van^{1}ʔdjam^{5}	lju^{2}li^{2}sui^{3}	sui^{3}
直译：	人倒	连日阴沉	泪如柳条	水
条目：	【人倒】	【航问锭】	【六立水】⑤	

意译：还要留意水语音译水书忌戒条目【人倒】【航问锭】【六立水】凶祸或伤身损耗之灾，为大凶之时。不宜开路、丧葬、立碑、嫁娶、起造、出行。

注释：⑤ 水语音译忌戒条目：

【人倒】意为重丧凶祸或死人之灾。

【航问锭】意为连日阴沉或连日凶祸。

【六立水】意为泪如柳条，指忌哭丧。

第11行

原文：

读音：	ȶui^{5}	ju^{4}	si^{2}	p^{h}o^{5}	ɕət^{7}	ŋo^{4}qui^{5}	njem^{2}ju^{5}
直译：	癸	酉	时	破军①	七赤②	锤敲打	引线
条目：						【五锤】	【引友】③

意译：癸酉时，值北斗破军与风水紫白星七赤兑相照应，北斗破军属金与地上兑为金，两金为旺。要留心【五锤】【引友】之凶。

注释：① 破军：为北斗星之一，属北斗星的第七位。

② 七赤：为紫白星八卦第七位，为兑卦。

③ 水语音译忌戒条目：

【五锤】意为五锤敲打。

【引友】意为引线，忌丧葬不叫他人名。

原文：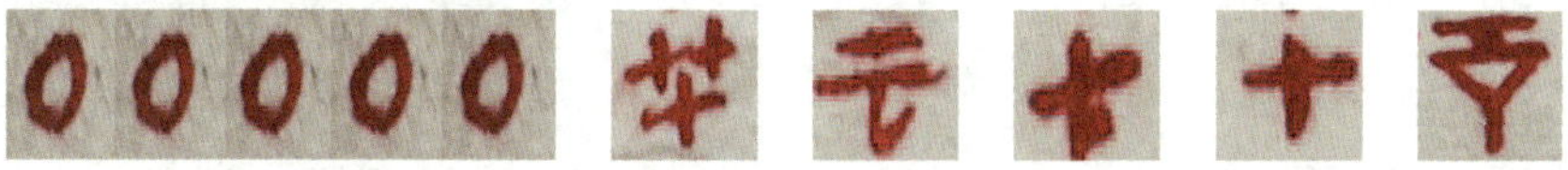

读音：	eŋ^{1}van^{1}	mu^{2}	?	ɕət^{7}	sup^{8}	ȶət^{7}
直译：	额问④	戊	?	七	十	吉

意译：又有吉星“额问”照应，且按用事者出生地支年，往下推演，至地支第七、十位为吉。宜开路、丧葬、立碑、嫁娶、起造、出行。

注释：④ 额问：为吉利水书条目，意为吉利重重。

第12行

原文：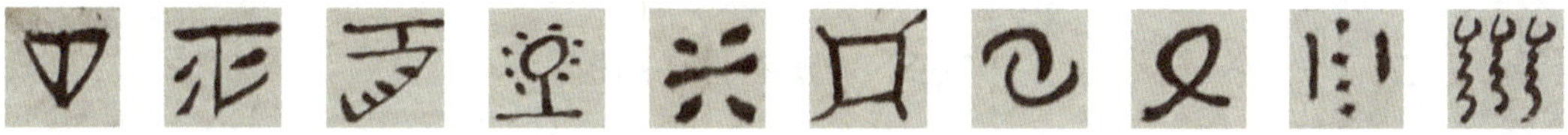

读音：	ȶa:p^{7}	hət^{7}	si^{2}	pu^{2}	ljok^{8}	ȵa:n^{1}hi^{5}q^{h}a^{1}	ȶi^{1}	pjət^{8}jiŋ^{5}	pik^{7}sui^{3}ka:ŋ^{5}	ljeu^{4}ȶa^{1}ɕon^{2}
直译：	甲	戌	时	辅星①	六白②	棺材四角	九穷	环绕	哭干泪水	家产破败

条目：【宁喜卡】【九己】【必引】【比水缸】【辽架玄】③

意译：甲戌时，值北斗辅星与风水紫白星六白照应，北斗辅星属水与地上乾为金，为金生水，为天地相生。要留心水书禁忌条目【宁喜卡】【九己】【必引】【比水缸】【辽架玄】凶祸所招致损害之灾。

注释：① 辅星：为北斗星之一，属北斗星的第八位。

② 六白：为紫白星八卦第六位，为乾卦。

③ 水语音译忌戒条目：

【宁喜卡】意为棺木头四角。

【九己】九穷或穷困潦倒，第二代以后丁才衰败。

【必引】意为环绕或回环。

【比水缸】意为泪水哭干。

【辽架玄】意为家产惨败。

原文：

读音：ɬu^{3} ʔjət^{7} q^{h}am^{5}an^{1} ha:i^{4}ma^{4} hak^{7}van^{1} ɬət^{7}

直译：九 乙 翻倒马鞍 马小肠 航问⑤ 吉

条目：【缸鞍】【海马】④

意译：还要留心按用事者出生地支年，往下推演，至地支第九位或第一位，为水书忌戒条目【缸鞍】【海马】之凶，即使有“航问”照应，也仍为凶时。不宜开路、丧葬、立碑、嫁娶、起造、出行。

注释：④ 水语音译忌戒条目：

【缸鞍】意为翻倒马鞍。

【海马】意为马肠子。

⑤ 航问：意为连日吉利。

第13行

原文：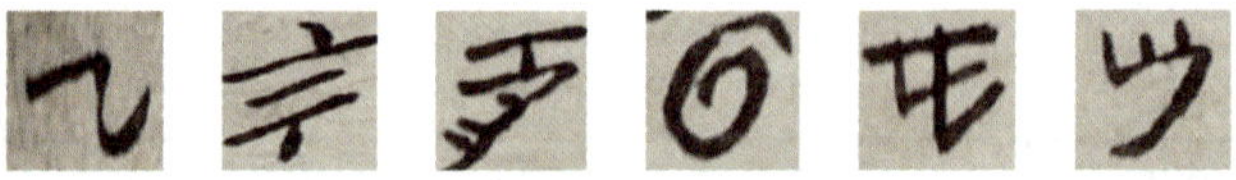

读音：ʔjət^{7} ʁa:i^{3} si^{2} pjət^{8} ŋo von^{1} sək^{7}ɬi^{1}

直译：乙 亥 时 弼星① 五黄② 断梳

条目：【省记】③

意译：乙亥时，值北斗弼星与风水紫白星中央五黄照应，北斗弼星为水与地上中央为土，为土克水，为天地相克。要留心水语音译忌戒条目【省记】之灾害。

注释：① 弼星：为北斗星之一，属北斗星的第九位。

② 五黄：紫白星属八卦星位第五位，属中央卦。

③ 【省记】为水语音译的忌戒水书条目，意为断梳（死人梳子）。

原文：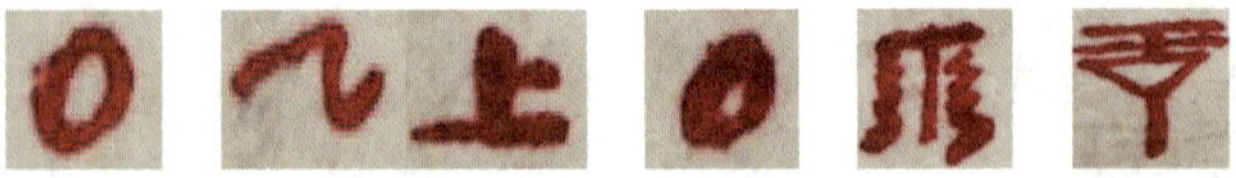

读音：van^{1} ʔjət^{7}sjeŋ^{3} van^{1} ti^{6}ha:ŋ^{1}fan^{1} ɬət^{7}

直译：日 一生气④ 日 人丁发达 吉

条目：【竹根代】⑤

意译：又有吉日、“一生气”照应【竹根代】，为吉凶参半之时。宜斟酌开路、安葬、婚姻、起造。

注释：④ 一生气：水语音译，意为和气。

⑤ 【竹根代】人丁发达。

第14行

原文：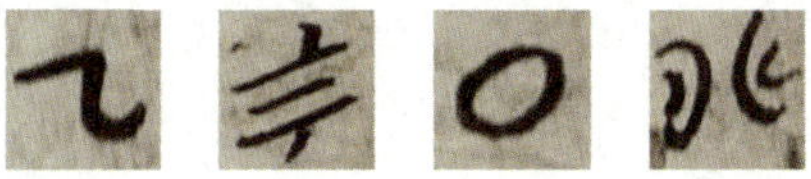

读音：ʔjət^{7} ʁa:i^{3} van^{1} fa^{3}

直译：乙 亥 日 火

意译：乙亥日，属火。乙亥日为六十甲子日的第十二日，属五行纳音火。包含从丙子时到丁亥时共十二个时辰。

第15行

原文：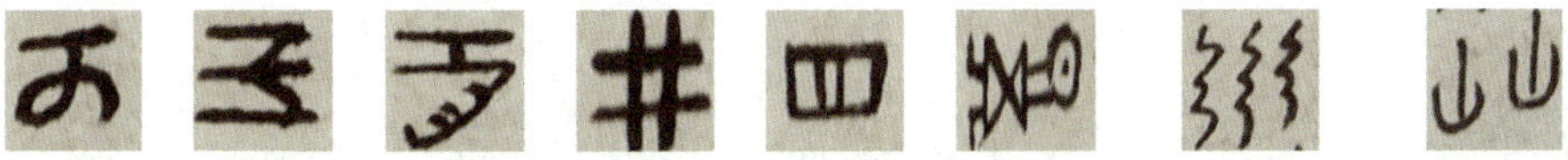

读音：pjeŋ^{3} hi^{3} si^{2} t^{h}a:m^{1} hi^{5}pik^{7} zən^{1}ta:u^{5} qoŋ^{1}ljok^{8}ma^{4} ta:ŋ^{2}ʔdoŋ^{1}

直译：丙 子 时 贪狼① 四禄② 人倒 马做工 宽大森林

条目：【人倒】【工六马】【当弄】③

意译：丙子时，值北斗贪狼与风水紫白星四禄巽相照应，北斗贪狼为木与地上巽为木，两木为旺，天地相旺。要留心水语音译的忌戒水书条目【人倒】【工六马】【当弄】凶祸或伤身损耗之灾。不宜开路、丧葬、立碑、嫁娶、起造、出行。

注释：① 贪狼：为北斗星之一，属北斗星的第一位。

② 四禄：紫白星属八卦星位第四位，属巽卦。

③ 水语音译忌戒条目：

【人倒】意为凶祸或人倒致命。

【工六马】意为马做工，表示多匹马做工。

【当弄】意为宽大森林。

第16行

原文：

读音：tjeŋ^{1} su^{3} si^{2} ȶu^{2} ha:m^{1} ma^{4}saŋ^{2}ȶi^{2} pik^{7}sui^{3}ka:ŋ^{5}

直译：丁 丑 时 巨门① 三碧② 孝旗伞 泪水哭干

条目：【料逢虎】【比水缸】③

意译：丁丑时，值北斗巨门与风水紫白星三碧震相照应，北斗巨门为土与地上震卦属木，为木克土，为天地相克。值水语音译的水书忌戒条目【料逢虎】【比水缸】之凶。

注释：① 巨门：为北斗星之一，属北斗星的第二位。

② 三碧：紫白星属八卦星位第三位，属震卦。

③ 水语音译忌戒条目：

【料逢虎】意为孝旗伞。

【比水缸】意为哭干泪水。

原文：

读音：eŋ^{1}van^1 sən^2

直译：额问④ 壬辰

条目：【壬辰】⑤

意译：即使有水语音译吉利条目【额问】【壬辰】照应，也仍为凶时。不宜报丧、安葬、立碑、婚姻、营造、出行。

注释：④ 额问：水语音译吉利条目，意为吉利重重。

⑤ 【壬辰】原属水书吉利条目，这里为水书吉星。

第17行

原文：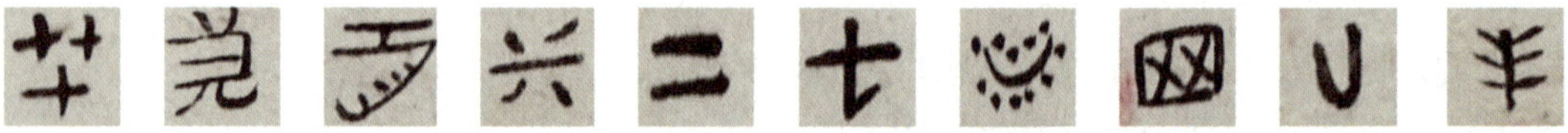

读音：mu^2 ji^2 si^2 ljok^8 n̥i^2 ɕət^7 qo^{1}tən^1 ton^{2}ɣon^2 qau^{3}za:i^5 qok^{7}mok^7

直译：戊 寅 时 禄存① 二黑② 七 大群队移动 短命 猛兽抓拖 人头

条目：【各紧】【端完】【高采】【各木】③

意译：戊寅时，值北斗禄存与风水紫白星二黑坤照应，北斗禄存为土与地上坤为土，两土为旺，为天地相旺。要留意按用事者出生地支年，往下推演，至地支第七位，为【各紧】【端完】【高采】【各木】凶祸或伤身之灾。

注释：① 禄存：为北斗星之一，属北斗星的第三位。

② 二黑：紫白星属八卦星位第二位，属坤卦。

③ 水语音译忌戒条目：

【各紧】大群队移动。各，水语音译，为划、移动；紧，水语音译，为大排场队伍。

【端完】意为短命。

【高采】意为猛兽抓拖。

【各木】意为人头。

原文：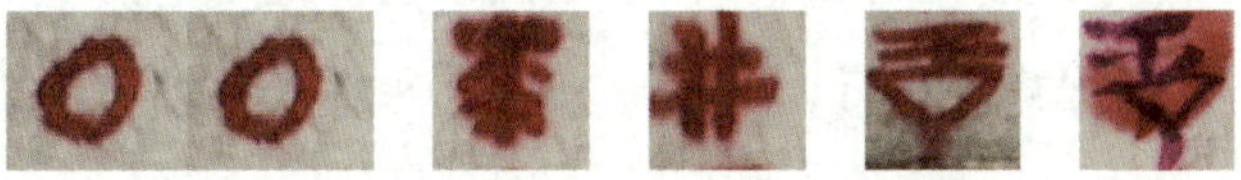

读音：	hak^{7}van^{1}	mok^{7}ta:ŋ^{2}	t^{h}a:m^{1}	ʈət^{7}	ʈət^{7}
直译：	航问	木堂④	贪狼⑤	吉	吉

意译：又有水书吉星“航问”“木堂”或北斗星“贪狼”照应，为吉凶参半之时。宜斟酌安葬、立碑、婚姻、营造、出行。

注释：④ 水语音译吉星：

航问：意为连日吉利。

木堂：意为富丽堂皇。

⑤ 贪狼：属北斗星的第一位。这里为水书吉星。

第18行

原文：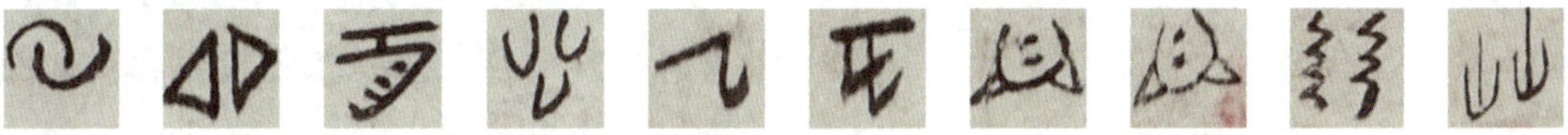

读音：	ʈi^{1}	ma:u^{4}	si^{2}	fan^{2}	ʔjət^{7}	ŋo^{4}	ŋo^{4}hu^{3}	ŋo^{4}hu^{3}	ha:i^{4}jən^{2}	ta:ŋ^{2}sa:i^{2}
直译：	己	卯	时	文曲①	一白②	五	猛虎	猛虎	马小肠	宽大竹林
条目：							【五虎】	【五虎】	【海寅】	【当晒】③

意译：己卯时，值北斗文曲与风水紫白星一白坎照应，北斗文曲为水与地上坎为水，两水为旺，为天地相旺。要留意按用事者年庚八字地支起，往下推演，至地支第七位，为水语音译的忌戒水书条目【五虎】【海寅】【当晒】凶祸之灾。

注释：① 文曲：为北斗星之一，属北斗星的第四位。

② 一白：紫白星属八卦星位第一位，属坎卦。

③ 水语音译忌戒条目：

【五虎】意为猛虎。

【马小肠】是指马肠子，引申意为凶祸。

【当晒】意为宽大竹林。

原文：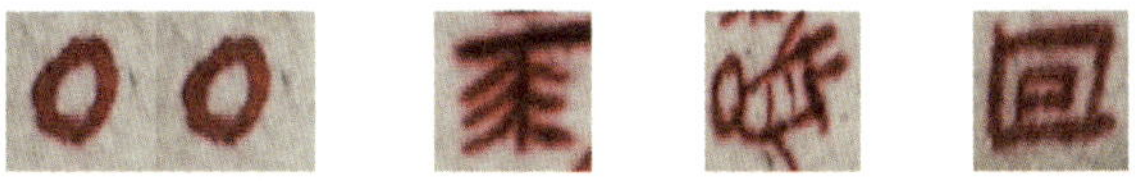

读音：	hak^{7}van^{1}	mok^{8}ta:ŋ^{2}	lju^{4}t^{h}u^{3}tsja:ŋ^{1}	kwa:n^{3}ʔjən^{5}
直译：	航问	木堂④	柳土獐⑤	官印
条目：				【官印】⑥

意译：又值水书吉星“航问”“木堂”或“柳土獐”宿或水书吉利条目【官印】照应，为吉凶参半时。宜斟酌安葬、营造、立碑，不宜婚姻、出行。

注释：④ 水语音译吉星：

航问：意为连日吉利。

木堂：意为富丽堂皇。

⑤ 柳土獐：为二十八宿之一。这里为水书吉星。

⑥ 【官印】水语音译水书吉利条目：意为大印。

第19行

原文：

读音：	qeŋ^{1}	sən^{2}	si^{2}	ljem^{2}	ȶu^{3}	pjət^{8}jiŋ^{5}	ȶum^{1}	ma^{4}saŋ^{2}ȶi^{2}	pje^{2}k^{h}u^{1}	hak^{7}	ha:i^{2}
直译：	庚	辰	时	廉贞①	九紫②	环绕	金	马戴孝	麻风病	堵塞	骸④
条目：						【必引】		【马畅旗】	【别扣】	【核】③	

意译：庚辰时，值北斗廉贞与风水紫白星九紫离照应，北斗廉贞为火与地上离为火，两火为旺，为天地相旺。要留意水语音译的忌戒水书条目【必引】，又要留意按用事者年庚八字地支起，往下推演，至地支第七位，值水语音译忌戒条目【马畅旗】【别扣】【核】为“骸（死人）”凶祸之灾。

注释：① 廉贞：为北斗星之一，属北斗星的第五位。

② 九紫：紫白星属八卦星位第九位，属离卦。

③ 水语音译忌戒条目：

【必引】意为回环或环绕。

【马畅旗】意为马戴孝。

【别扣】意为麻风病。

【核】意为坎坷、堵塞。

④ 骸：水语音译，意为棺材、死人或重丧。

原文：

读音：qoŋ^{1}ljok^{8}ma^{4} ʔjeu^{1}fon^{2}hu^{3} qok^{7}mok^{7}

直译：马做工　孝旗伞　人头

条目：【工六马】【料逢虎】【各木】⑤

意译：还要留心【工六马】【料逢虎】【各木】凶祸招致之灾。不宜开路、安葬、立碑、婚姻、营造、出行。

注释：⑤ 水语音译忌戒条目：

【工六马】意为马做工，表示多匹马做工。

【料逢虎】意为孝旗伞。

【各木】意为人头。

第20行

原文：

读音：	ɕən^{1}	hi^{4}	si^{2}	fu^{4}	pa:t^{7}	tʰjem^{1}ta:i^{2}	ljeu^{4}ȶa^{1}ɕon^{2}	lju^{2}li^{2}sui^{3}	van^{1}
直译：	辛	巳	时	武曲①	八白②	跨田地	家产破败	泪如柳条	日
条目：						【添大】	【辽架玄】	【六立水】③	

意译：辛巳时，值北斗武曲与风水紫白星八白艮相照应，北斗武曲属金与地上艮为土，为土生金。要留意水语音译的水书忌戒条目【添大】【辽架玄】【六立水】之灾害。不宜丧葬、立碑、嫁娶、起造、出行。只宜祭祀。

注释：① 武曲：为北斗星之一，属北斗星的第六位。

② 八白：为紫白星八卦第八位，属艮卦。

③ 水语音译忌戒条目：

【添大】是指垮田地。

【辽架玄】意为家产溃败。

【六立水】意为泪如柳条，指忌哭丧。

第21行

原文：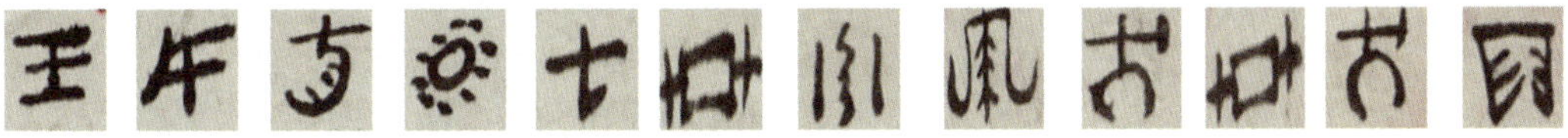

读音：	ȵum^{2}	ŋo^{2}	si^{2}	pʰo^{5}	ɕət^{7}	ha:i^{2}	njem^{2}ju^{5}	mok^{8}fon^{2}	hak^{7}	ha:i^{2}	hak^{7}	mən^{2}ja^{3}sui^{3}
直译：	壬	午	时	破军①	七赤②	骸④	引线	缠树藤	堵塞	骸③	堵塞	水族衙门
条目：							【引友】	【木逢】	【核】		【核】	【门牙水】④

意译：壬午时，值北斗破军与风水紫白星七赤兑相照应，北斗破军属金与地上兑为金，两金为旺。要留意为“骸（死人）”凶；又要留意水语音译忌戒条目【引友】【木逢】【核】【门牙水】凶祸所招之灾。

注释：① 破军：为北斗星之一，属北斗星的第七位。

② 七赤：为紫白星八卦第七位，属兑卦。

③ 骸：水语音译，意为棺材、死人或重丧。

④ 水语音译忌戒条目：

【引友】意为引线。

【木逢】意为缠树藤。

【核】意为坎坷、堵塞。

【门牙水】意为水族衙门。

原文：

读音：ŋo^{4}　ŋo^{4}hu^{3}　ta:ŋ^{1}ʔɣa^{5}　qok^{7}mok^{7}

直译：五　猛虎　肥沃大田　人头

条目：【五虎】【堂田】【各木】⑤

意译：还要留心按用事者出生地支年，往下推演，至地支第五位，为水书忌戒条目【五虎】【堂田】【各木】凶祸所招之灾。不宜开路、安葬、立碑、婚姻、营造、出行。

注释：⑤ 水语音译忌戒条目：

【五虎】意为猛虎。

【堂田】意为肥沃大田。

【各木】意为人头。

第22行

原文：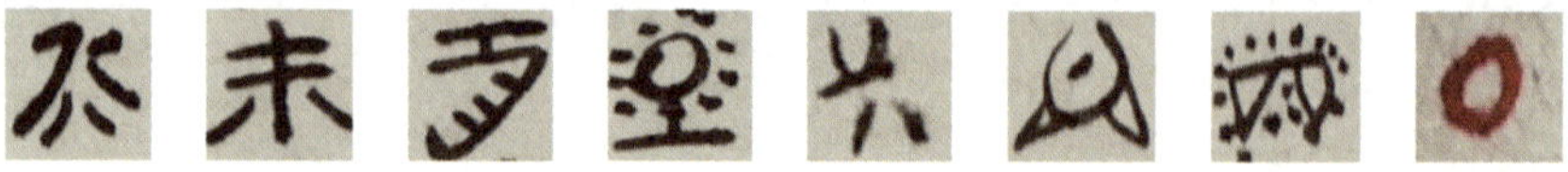

读音：ʈui^{5}　mi^{2}　si^{2}　pu^{2}　ljok^{8}　ŋo^{4}hu^{3}　q^{h}am^{5}a:n^{1}　van^{1}ʈət^{7}

直译：癸　未　时　辅星①　六白②　猛虎　翻倒马鞍　吉日

条目：【五虎】【缸鞍】③

意译：癸未时，值北斗辅星与风水紫白星六白乾相照应，北斗辅星属水与地上乾为金，为金生水，为天地相生。要留意水语音译的水书禁忌条目【五虎】【缸鞍】之凶。

注释：① 辅星：为北斗星之一，属北斗星的第八位。

② 六白：紫白星属八卦星位第六位，属乾卦。

③ 水语音译忌戒条目：

【五虎】意为猛虎。

【缸鞍】意为翻倒马鞍。

原文：

读音：ɕoŋ^{1}ɕe:p^{7} lju^{2}lji^{2}sui^{3} eŋ^{1}van^{1}

直译：接应 泪如柳条 额问⑤

条目：【休显】【六立水】④

意译：还要留意水语音译水书禁忌条目【休显】【六立水】之凶，虽有“额问”照应，但也难以化解其凶祸。不宜丧葬、立碑，宜嫁娶、起造、出行。

注释：④ 水语音译忌戒条目：

【休显】意为接应，指忌报丧。

【六立水】意为泪如柳条，忌哭丧。

⑤ 额问：吉利重重。

第23行

原文：

读音：	ʈa:p^{7}	sən^{1}	si^{2}	pjət^{7}	ŋo^{4}	ŋo^{4}qui^{5}	ʈu^{3}	ʔjət^{7}	ʈət^{7}
直译：	甲	申	时	弼星①	五黄②	锤敲打	九	乙	吉
条目：						【五锤】③			

意译：甲申时，值北斗弼星与风水紫白星中央五黄照应，北斗弼星属水与地上中央为土，为土克水，为天地相克。要留意水语音译的水书忌戒条目【五锤】之凶，按用事者出生地支年，往下推演，至地支第九位或第一位，虽是吉利，但难化解其凶祸，仍为凶时。不宜丧葬、立碑，宜嫁娶、起造、出行。

注释：① 弼星：为北斗星之一，属北斗星的第九位。

② 五黄：紫白星属八卦星位第五位，为中央卦。

③ 【五锤】为水语音译水书忌戒条目，意为五锤敲打。

第24行

原文：

读音：	ʔjət^{7}	ju^{4}	si^{2}	tʰa:m^{1}	hi^{5}	ʈi^{1}	sək^{7}ʈi^{1}	hak^{7}van^{1}ʔdjam^{5}
直译：	乙	酉	时	贪狼①	四禄②	九穷	断梳子	连日阴沉
条目：						【九己】	【省记】	【航问锭】③

意译：乙酉时，值北斗贪狼与风水紫白星四禄照应，北斗贪狼属木与地上巽为木，两木为旺，为天地相旺。要留意【九己】【省记】【航问锭】凶祸之灾。

注释：① 贪狼：为北斗星之一，属北斗星的第一位。

② 四禄：为紫白星八卦第四位，为巽卦。

③ 水语音译忌戒条目：

【九己】是指九穷或穷困潦倒，第二代后丁财衰败。

【省记】意为断梳子。

【航问锭】意为连日阴沉或连日凶祸。

原文：		
读音：	van^{1}	ʔjət^{7}sjeŋ^{3}ȶʰi^{5}
直译：	日	一生气④

意译：又有“一生气”照应，为吉凶参半之时。宜斟酌丧葬、立碑，宜嫁娶、起造、出行。

注释：④ 一生气：意为和气。

第25行

原文：										
读音：	pjeŋ^{3}	hət^{7}	si^{2}	ʈu^{2}	ha:m^{1}	ȵa:n^{1}hi^{5}qʰa^{1}	hi^{5}	ŋo^{4}hu^{3}	ŋo^{4}hu^{3}	ɕoŋ^{1}
直译：	丙	戌	时	巨门①	三碧②	棺材四角	四	猛虎	猛虎	凶
条目：						【宁喜卡】		【五虎】	【五虎】③	

意译：丙戌时，值北斗巨门与风水紫白星三碧照应，北斗巨门属土与地上震为木，为木克土，为天地相克。要留意水语音译水书忌戒条目【宁喜卡】凶祸之灾，还要留心按用事者地支年，往下推演，至地支第四位，为二【五虎】之凶。

注释：① 巨门：为北斗星之一，属北斗星的第二位。

② 三碧：紫白星属八卦第三位，为震卦。

③ 水语音译忌戒条目：

【宁喜卡】意为棺木头四角。

【五虎】意为猛虎。

原文：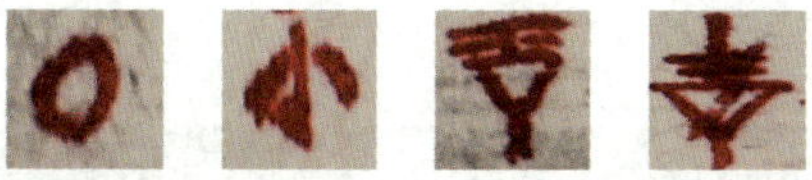

读音：van^{1}　ɕeu^{3}　ȶət^{7}　ȶət^{7}

直译：日　小　吉　吉

意译：虽有“小吉”照应，但仍为凶时。不宜丧葬、立碑，宜嫁娶、起造、出行。

第26行

原文：

读音：tjeŋ^{1}　ʁa:i^{3}　si^{2}　ljok^{8}　ŋ̥i^{2}　ʔjən^{5}kwa:n^{1}　ʔbon^{5}ham^{3}　ha:i^{2}　ȶi^{1}

直译：丁　亥　时　禄存①　二黑②　斧头　半边罩住　骸④　九穷

条目：【引贯】【补夯】③　【九己】⑤

意译：丁亥时，值北斗禄存与风水紫白星二黑照应，北斗禄存属土与地上坤为土，两土为旺。要留意值【引贯】【补夯】为“骸（死人）”凶；又要留意【九己】凶祸招致灾害。

注释：① 禄存：为北斗星之一，属北斗星的第三位。

② 二黑：紫白星属八卦星位第二位，为坤卦。

③ 水语音译忌戒条目：

【引贯】意为斧头。

【补夯】意为半边罩住。

④ 骸：水语音译，意为棺材、死人或重丧。

⑤ 【九己】水语音译忌戒条目，意为穷苦或穷困潦倒，第二代以后丁才衰败。

原文：

读音：hak^{7}van^{1}　mən^{2}ja^{3}sui^{3}

直译：航问⑥　水族衙门

条目：【门牙水】⑦

意译：虽有吉星“航问”或水书吉利条目【门牙水】照应，也仍为吉凶参半之时。不宜丧葬、立碑，宜嫁娶、起造、出行。

注释：⑥ 航问：连日吉利。

⑦ 【门牙水】水语音译吉利条目，意为水族衙门，这里为水书吉星。

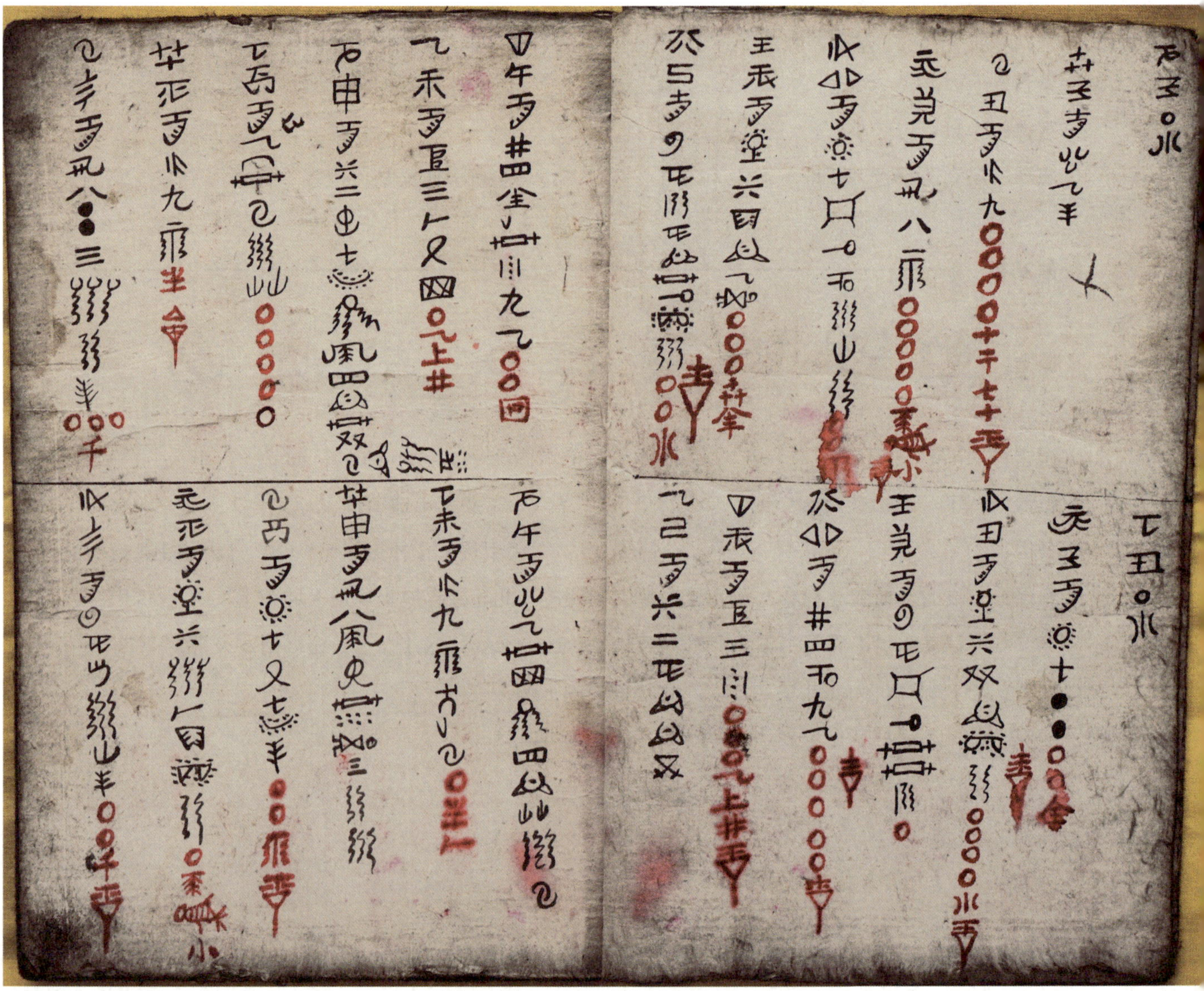

原件 7：丙子 丁丑

第 1 行

原文：

读音：pjeŋ^{3} hi^{3} van^{1} sui^{3}

直译：丙 子 日 水

意译：丙子日，属水。丙子日为六十甲子日的第十三日，属五行纳音水。它包含从戊子时到已亥时共十二个时辰。

第 2 行

原文：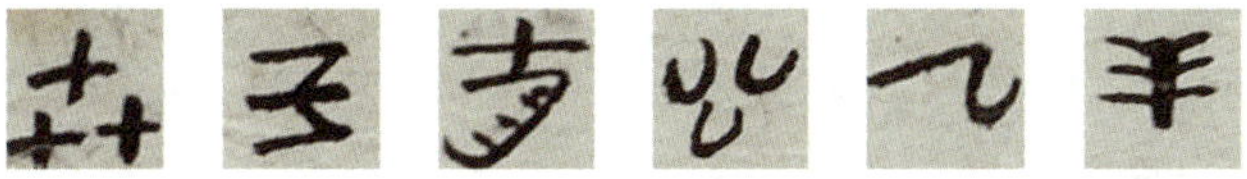

读音：mu^{2} hi^{3} si^{2} fan^{2} ʔjət^{7} qok^{8}mok^{8}

直译：戊 子 时 文曲① 一白② 人头

条目：【各木】③

意译：戊子时，值北斗文曲星与风水紫白星一白坎卦相照应，北斗文曲星属土与地上坎为水，为土克水，天地相克。再加上有【各木】凶祸之灾。不宜开路、安葬、嫁娶、营造。

注释：① 文曲：为北斗星之一，属北斗星的第四位。

② 一白：紫白星属八卦星位第一位，属坎卦。

③【各木】水语音译忌戒条目，意为人头。

第 3 行

原文：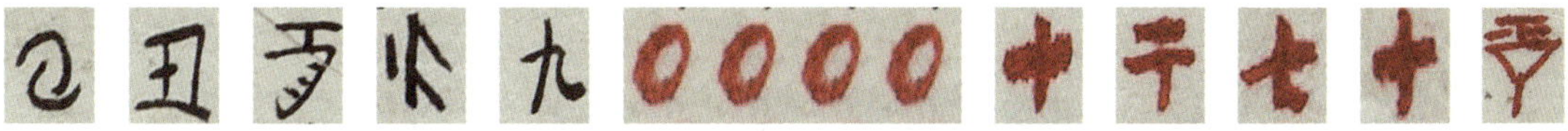

读音：ȶi^{1} su^{3} si^{2} ljem^{2} ȶu^{3} eŋ^{1}vna^{1} sup^{8} jeŋ^{1} ɕət^{7} sup^{8} ȶət^{7}

直译：己 丑 时 廉贞① 九紫② 额问③ 十 香楮 七 十 吉

意译：己丑时，值北斗廉贞星与风水紫白星九紫离相照应，北斗廉贞为火与地上离为火，两火为旺，天地相旺。又有水语音译“额问”照应；且按用事者出生地支年，往下推演，至地支第十位、第七位，为吉利，为大吉之时。宜开路、安葬、嫁娶、营造、出行。

注释：① 廉贞：为北斗星之一，属北斗星的第五位。

② 九紫：紫白星属八卦星位的第九位，属离卦。

③ 额问：水书吉利条目，意为吉利重重。

第 4 行

原文：

读音：qeŋ^{1} ji^{2} si^{2} fu^{4} pa:t^{7} ʔjeu^{1}fon^{2}hu^{3} eŋ^{1}van^{1}

直译：庚 寅 时 武曲① 八白② 孝旗伞 额问④

条目：【料逢虎】③

意译：庚寅时，值北斗武曲星与风水紫白星八白艮相照应，北斗武曲为金与地上艮为土，为土生金，天地相生。虽有水语音译的忌戒水书条目【料逢虎】之凶，但有水语音译“额问”照应。

注释：① 武曲：为北斗星之一，属北斗星的第六位。

② 八白：紫白星属八卦星位第八位，属艮卦。

③ 【料逢虎】为水语音译忌戒条目，意为孝旗伞。

④ 额问：水语音译，意为吉利重重。

原文：

读音：mok^{8}ta:ŋ^{2} lju^{4}t^{h}u^{3}tsja:ŋ^{1} ɕeu^{3}

直译：木堂⑤ 柳土獐⑥ 小

意译：又还有水语音译“木堂”与二十八宿“柳土獐”会照，仍为吉利之时。宜开路、安葬、立碑、婚姻、营造、出行。

注释：⑤ 木堂：为水语音译的水书吉星名称，意为富丽堂皇。

⑥ 柳土獐：为二十八宿之一。这里为水书吉星。

第 5 行

原文：

读音：ɕən^{1} ma:u^{4} si^{2} pu^{2} ɕət^{7} ŋ̥a:n^{1}hi^{5}q^{h}a^{1} ŋo^{4}qui^{5} pje^{2}k^{h}u^{1}

直译：辛 卯 时 破军① 七赤② 棺材四角 锤敲打 麻风病

条目：【宁喜卡】【五锤】【别扣】③

意译：辛卯时，值北斗破军星与风水紫白星七赤兑相照应，北斗破军为金与地上兑为金，两金为旺，天地相旺。要留意忌戒水书条目【宁喜卡】【五锤】【别扣】凶祸招致之灾。

注释：① 破军：为北斗星之一，属北斗星的第七位。

② 七赤：紫白星属八卦星位第七位，属兑卦。

③ 水语音译忌戒条目：

【宁喜卡】意为棺木头四角。

【五锤】意为五锤敲打。

【别扣】意为麻风病。

原文：

读音：so^{3}sjem^{1} sa:n^{1} lju^{2}lji^{2}sui^{3} hak van^{1} ti ha:ŋ^{1}fan^{1} ɬət

直译：惹是生非 凶恶 泪如柳条 连日吉利 人丁发达 吉

条目：【所线】【占】【六立水】④ 【航问】 【竹根代】⑤

意译：又要留意忌戒水书条目【所线】【占】【六立水】凶祸之害；虽有水书吉利条目【航问】照应【竹根代】，但也只为吉凶参半。宜斟酌开路、安葬、立碑、婚姻、营造。

注释：④ 水语音译忌戒条目：

【所线】意为惹是生非。

【占】凶恶或杀伤（一触即发）。

【六立水】意为泪如柳条，指忌哭丧。

⑤ 水语音译吉利条目或词语：

【航问】意为连日吉利。

【竹根代】人丁发达。

第 6 行

原文：

读音：ŋ̊um^{2} sən^{2} si^{2} pu^{2} ljok^{8} mən^{2}ja^{3}sui^{3} ŋo^{4}hu^{3} ʔjət^{7} zən^{1}ta:u^{5}

直译：壬 辰 时 辅星① 六白② 水族衙门 猛虎 乙 人倒

条目：【门牙水】【五虎】 【人倒】③

意译：壬辰时，值北斗辅星与风水紫白星六白乾相照应，北斗辅星为水与地上乾为金，为金生水，天地相生。要留意水语音译的忌戒水书条目【门牙水】【五虎】凶祸之灾，还要留心按用事者生庚八字天干推演，至天干乙位，为水语音译的忌戒水书条目【人倒】凶祸所招致之灾。

注释：① 辅星：为北斗星之一，属北斗星的第八位。

② 六白：紫白星属八卦星位第六位，属乾卦。

③ 水语音译忌戒条目：

【门牙水】意为水族衙门。

【五虎】意为猛虎。

【人倒】意为凶祸人倒或重丧（即连续死人）。

原文：

读音：	eŋ^{1}van^{1}	mu^{2}	ŋ̥um^{1}ta:ŋ^{2}	tət^{7}
直译：	额问	戊	金堂④	吉

意译：但又有水语音译的吉利“额问”相照，还有按用事者生庚八字天干推演，至戊位，为水语音译吉星“金堂”照应，为吉凶参半。宜斟酌开路、安葬、立碑、婚姻、营造，不宜上官、赴任。

注释：④ 水书吉星：

额问：意为吉利重重。

金堂：意为富丽堂皇。

第 7 行

原文：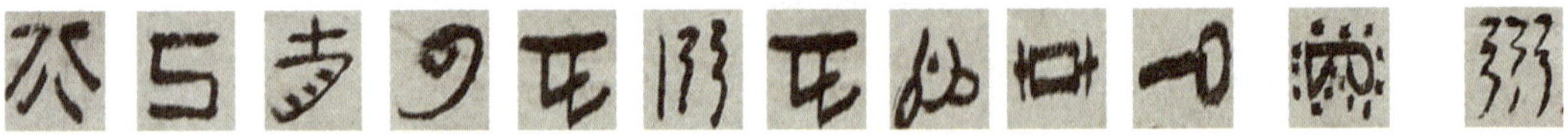

读音：	tui^{5}	hi^{4}	si^{2}	pjət^{7}	ŋo^{4}	ɕoŋ^{1}ɕe:p^{7}	ŋo^{4}	ŋo^{4}hu^{3}	ha:i^{2}	ŋo^{4}qui^{5}	q^{h}am^{5}an^{1}	so^{3}sjem^{1}
直译：	癸	巳	时	弼星①	五黄②	接应	五	猛虎	骸④	锤敲打	翻倒马鞍	惹是生非
条目：						【休显】		【五虎】③		【五锤】	【缸鞍】	【所线】⑤

意译：癸巳时，值北斗弼星与风水紫白星五黄中央相照，北斗弼星为水与地上中央为土，为土克水，天地相克。要留心【休显】之凶，还要留意按用事者出生地支年，往下推演，至地支第五位，为水语音译的忌戒水书条目【五虎】【骸】【五锤】【缸鞍】【所线】。

注释：① 弼星：为北斗星之一，属北斗星的第九位。

② 五黄：紫白星属八卦星位第五位，属中央土。

③ 水语音译忌戒条目：

【休显】意为接应（丧葬时切记不叫他人名，有接应者要上命）。

【五虎】指猛虎。

④ 骸：水语音译，意为棺材、死人或重丧。

⑤ 水语音译忌戒条目：

【五锤】意为五锤敲打。

【缸鞍】意为翻倒马鞍。

【所线】指惹是生非。

原文：

读音：　hak^{7}van^{1}　sui^{3}

直译：　航问⑥　壁水貐⑦

意译：虽有水书吉星“航问”或星宿“壁水貐”相应，但难以化解凶星，仍为凶时。不宜开路、安葬、立碑、婚姻、营造、出行。

注释：⑥　航问：意为连日吉利。

⑦　壁水貐：属壁水貐，为二十八宿之一。这里为水书吉星。

第8行

原文：

读音：ȶa:p^{7}　ŋo^{2}　si^{2}　tʰa:n^{1}　hi^{5}　ȶum^{1}　qau^{3}za:i^{5}　ha:i^{2}　pik^{7}sui^{3}ka:ŋ^{5}

直译：甲　午　时　贪狼①　四禄②　金　猛兽抓拖　骸④　泪水哭干

条目：【高采】③　【比水缸】⑤

意译：甲午时，值北斗贪狼与风水紫白星四禄巽相照应，北斗贪狼为木与地上巽为木，两木为旺，天地相旺。留意按用事者生庚八字五行推演，至五行金位，为水语音译的忌戒水书条目【高采】【骸】【比水缸】凶祸之灾害。

注释：①　贪狼：为北斗星之一，属北斗星的第一位。

②　四禄：紫白星属八卦星位第四位，属巽卦。

③　【高采】水语音译的水书忌戒条目，意为猛兽抓拖。

④　骸：水语音译，意为棺材、死人或重丧。

⑤　【比水缸】水语音译的水书忌戒条目，意为哭干泪水。

原文：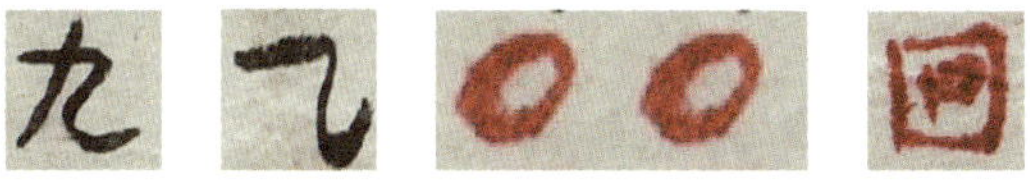

读音：ȶu^{3}　ʔjət^{7}　hak^{7}van^{1}　kwa:n^{3}ʔjən^{5}

直译：九　乙　航问⑥　官员大印

条目：【官印】⑦

意译：又按用事者生庚八字地支推演，至第九位；或按用事者生庚八字天干推演，至天干第乙位，为“航问”或水书吉利条目【官印】照应，为吉多凶少。宜斟酌开路、安葬、立碑、婚姻、营造、出行、赴任。

注释：⑥ 航问：意为连日吉利。

⑦ 【官印】水语音译的水书吉利条目，意为官员大印。

第 9 行

原文：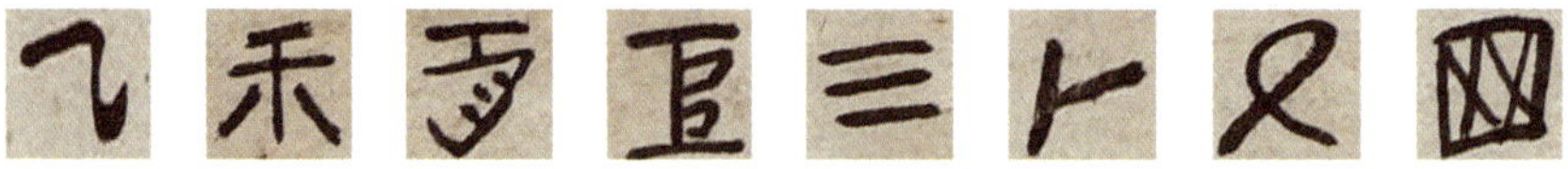

读音：	ʔjət^7	mi^2	si^2	ȶu^2	ha:m^1	ʔjən^{5}kwa:n^1	pjət^{7}jiŋ^5	ton^{2}ɣon^2
直译：	乙	未	时	巨门①	三碧②	斧头	环绕	短命
条目：						【引贯】	【必引】	【端完】③

意译：乙未时，值北斗巨门与风水紫白星三碧震相照应，北斗巨门为土与地上震卦属木，为木克土，为天地相克。要留心水语音译忌戒条目【引贯】【必引】【端完】凶祸之灾。

注释：① 巨门：为北斗星之一，属北斗星的第二位。

② 三碧：紫白星属八卦星位第三位，属震卦。

③ 水语音译的忌戒水书条目：

【引贯】意为斧头。

【必引】意为回环。

【端完】意为短命。

原文：

读音：	van^1	ʔjət^{7}sjeŋ^{3}ȶʰi^5	tʰa:m^1
直译：	日	一生气	贪狼④

意译：又值水书吉利“一生气”和北斗星“贪狼”照应，为凶多吉少之时。不宜报丧、安葬、立碑、婚姻、营造、出行。宜祭祀。

注释：④ 水语音译：

一生气：意为和气。

贪狼：属北斗星之一。

第10行

原文：

读音：	pjeŋ^{3}	sən^{1}	si^{2}	ljok^{8}	ȵi^{2}	ɕoŋ^{1}ʔjət^{7}	ɕət^{7}	qo^{1}ȶjən^{1}	ma^{4}saŋ^{2}ȶi^{2}	mok^{8}fon^{2}
直译：	丙	申	时	禄存①	二黑②	虫咬	七	大群队移动	马戴孝	缠树藤
条目：						【凶以】		【各紧】	【马畅旗】	【木逢】③

意译：丙申时，值北斗禄存与风水紫白星二黑坤照应，北斗禄存为土与地上坤为土，两土为旺，为天地相旺。要留意水语音译的忌戒水书条目【凶以】之凶，又要留意按用事者生庚八字地支推演，至第九位，为【各紧】【马畅旗】【木逢】凶祸招致之灾。

注释：① 禄存：为北斗星之一，属北斗星的第三位。

② 二黑：紫白星属八卦星位第二位，属坤卦。

③ 水语音译的忌戒水书条目：

【凶以】意为虫咬。

【各紧】大群队移动。各，水语音译，为划、移动；紧，水语音译，为排场大队伍。

【马畅旗】意为马戴孝。

【木逢】意为缠树藤。

原文：

读音：	hi^{5}	ŋo^{4}hu^{3}	ha:i^{2}	ku^{3}sup^{7}	ȶi^{1}	ŋo^{4}hu^{3}	ȶui^{3}sa:t^{7}ja^{1}	ŋo^{4}	ta:ŋ^{2}ʔɣa^{5}
直译：	四	猛虎	骸⑤	预计	己	猛虎	鬼卷家	五	肥沃大田
条目：		【五虎】④		【估术】		【五虎】	【居散架】		【堂田】⑥

意译：既要留心按用事者生庚八字地支推演，至第四位，值水语音译的忌戒水书条目【五虎】为“骸（死人）”凶；又要留意【估术】凶祸招致之灾；又要留心按用事者生庚八字天干推演，至天干己位，值【五虎】【居散架】之灾害；还要留意按用事者生庚八字地支推演，至第五位，值水语音译中性条目【堂田】侧重。为大凶之时。不宜安葬、立碑、婚姻、营造、出行。

注释：④ 【五虎】水语音译忌戒条目，意为猛虎。

⑤ 骸：水语音译，意为棺材、死人或重丧。

⑥ 水语音译忌戒条目：

【估术】意为预计。

【居散架】是指鬼卷家。

【堂田】意为肥沃大田。

第11行

原文：

读音：tjeŋ^{1}　ju^{4}　si^{2}　fan^{2}　ʔjət^{7}　ʔbon^{5}ham^{3}　ha:i^{2}

直译：丁　酉　时　文曲①　一白②　半边罩住　骸④

条目：【补夯】③

意译：丁酉时，值北斗文曲与风水紫白星一白坎照应，北斗文曲为水与地上坎为水，两水为旺，为天地相旺。要留意值水语音译忌戒条目【补夯】为“骸（死人）”凶祸之灾。

注释：① 文曲：为北斗星之一，属北斗星的第四位。

② 一白：紫白星属八卦星位第一位，属坎卦。

③ 【补夯】水语音译忌戒条目，意为半边罩住。

④ 骸：水语音译，意为棺材、死人或重丧。

原文：

读音：ti^{1}　qoŋ^{1}ljok^{8}ma^{4}　ta:ŋ^{2}sa:i^{2}　eŋ^{1}van^{1}

直译：己　马做工　宽大竹林　额问⑥

条目：【工六马】【堂晒】⑤

意译：也要留意按用事者出生天干年，往下推演，至天干己位，为水语音译水书禁忌条目【工六马】【堂晒】之凶，但有水书吉星“额问”照应，为吉多凶少。宜斟酌开路、安葬、立碑、婚姻、营造、出行。

注释：⑤ 水语音译中性条目：

【工六马】指马做工，表示多匹马做工。

【堂晒】意为宽敞竹林。

⑥ 额问：为水语音译的水书吉利条目，意为吉利重重。

第12行

原文：

读音：mu^{2}　hət^{7}　si^{2}　ljem^{2}　tu^{3}　ʔjeu^{1}fon^{2}hu^{3}　mi^{1}　?　tət^{7}

直译：戊　戌　时　廉贞①　九紫②　孝旗伞　未　?　吉

条目：【料逢虎】③

意译：戊戌时，值北斗廉贞与风水紫白星九紫离照应，北斗廉贞为火与地上离为火，两火为旺，为天地相旺。要留意【料逢虎】之凶；但按用事者年庚八字地支推演，至地支未位为吉利，为大吉之时。宜安葬、立碑、营造、出行、婚姻。

注释：① 廉贞：为北斗星之一，属北斗星的第五位。

② 九紫：紫白星属八卦星位第九位，属离卦。

③ 【料逢虎】为水语音译的忌戒水书条目，意为孝旗伞。

第13行

原文：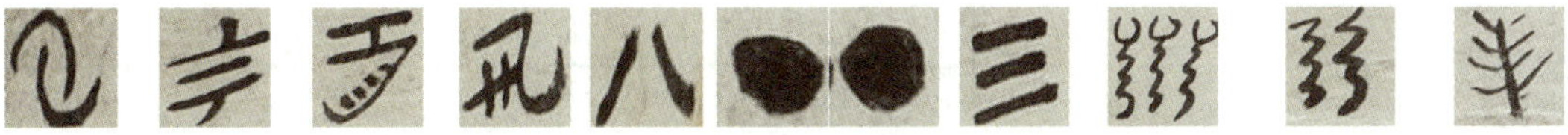

读音：ti^{1}　ʁa:i^{3}　si^{2}　fu^{4}　pa:t^{7}　hak^{7}van^{1}ʔdjem^{5}　ha:m^{1}　ȶui^{3}sa:t^{7}ȶa^{1}　lju^{2}lji^{2}sui^{3}　qok^{8}mok^{8}

直译：己　亥　时　武曲①　八白②　连日阴沉　三　鬼卷家　泪如柳条　人头

条目：【航问锭】　【居散架】【六立水】【各木】③

意译：己亥时，值北斗武曲与风水紫白星八白艮照应，北斗武曲为金与地上艮为土，为土生金，为天地相生。要留意水语音译的忌戒水书条目【航问锭】之凶，还要留心按用事者生庚八字地支推演，至第三位，为水书忌戒条目【居散架】【六立水】【各木】凶祸之灾。

注释：① 武曲：为北斗星之一，属北斗星的第六位。

② 八白：紫白星属八卦星位第八位，属艮卦。

③ 水语音译忌戒条目：

【航问锭】意为连日凶祸或连日阴沉。

【居散架】意为鬼卷家。

【六立水】意为泪如柳条，指忌哭丧。

【各木】意为人头。

原文：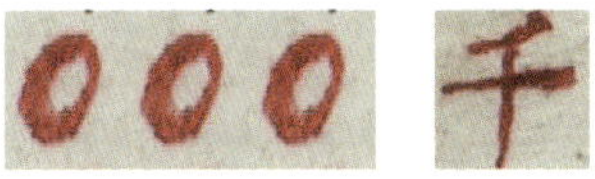

读音：eŋ^{1}van^{1}　？

直译：额问④　？

意译：又有水书吉利“额问”相照，为吉凶参半之时。宜斟酌安葬、立碑、营造，不宜出行。

注释：④ 额问：水语音译吉利条目，意为吉利重重。

第14行

原文：

读音：tjeŋ^1　su^3　van^1　sui^3

直译：丁　丑　日　水

意译：丁丑时，属水。丁丑时为六十甲子第十四日，属五行纳音水。它包含从庚子时到辛亥时，共十二个时辰。

第15行

原文：

读音：qeŋ^1　hi^3　si^2　p^{h}o^5　ɕət^7　hak^{5}van^{1}ʔjam^5　hak^{5}van^1　ȶum^{1}ta:ŋ^2

直译：庚　子　时　破军①　七赤②　连日阴沉　航问　金堂④

条目：【航问锭】③

意译：庚子时，值北斗破军与风水紫白星七赤兑照应，北斗破军为金与地上兑为金，两金为旺，为天地相旺。要留意水语音译的忌戒水书条目【航问锭】之凶；但又有水语音译吉星“航问”“金堂”照应，为吉利。宜安葬、立碑、婚姻、营造。不宜栽种。

注释：① 破军：为北斗星之一，属北斗星的第七位。

② 七赤：紫白星属八卦星位第七位，属兑卦。

③ 【航问锭】为水语音译的忌戒水书条目，意为连日凶祸。

④ 水语音译吉星：

航问：意为连日吉利。

金堂：意为富丽堂皇。

第16行

原文：

读音：ɕən^1　su^3　si^2　pu^2　ljok^8　ku^{3}sup^7　ŋo^{4}hu^3　q^{h}am^{5}an^1　lju^{2}lji^{2}sui^3

直译：丁　丑　时　辅星①　六白②　预计　猛虎　翻倒马鞍　泪如柳条

条目：【估术】【五虎】【缸鞍】【六立水】③

意译：丁丑时，值北斗辅星与风水紫白星六白乾照应，北斗辅星为水与地上乾为金，为金生水，为天地相生。要留意【估术】【五虎】【缸鞍】【六立水】凶祸所招之灾。

注释：① 辅星：为北斗星之一，属北斗星的第八位。

② 六白：紫白星属八卦星位第六位，属乾卦。

③ 水语音译忌戒条目：

【估术】意为预择时间。

【五虎】意为猛虎。

【缸鞍】意为翻倒马鞍。

【六立水】意为泪如柳条，指忌哭丧。

原文：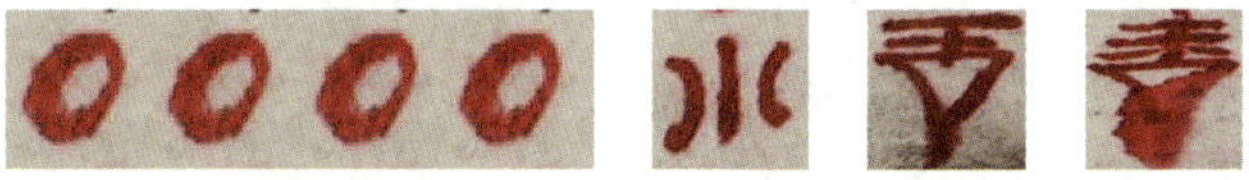

读音：eŋ^{1}van^{1} sui^{3} ȶət^{7} ȶət^{7}

直译：航问 壁水貐④ 吉 吉

意译：又值为水语音译吉星“航问”和“壁水貐”宿，为吉凶各半。宜斟酌开路、安葬、立碑、婚姻、营造、出行。

注释：④ 额问：为水语音译的水书吉利条目，意为连续吉利。

壁水貐：为二十八星宿之一。这里为水书吉星。

第17行

原文：

读音：ȵum^{2} ji^{2} si^{2} pjət^{8} ŋo^{4} ȵa:n^{1}hi^{5}q^{h}a^{1} ŋo^{4}qui^{5} ɣa^{2}ha:i^{2} njem^{2}ju^{5} van^{1}

直译：壬 寅 时 弼星① 五黄② 棺材四角 锤敲 骸④ 引线 日

条目：【宁喜卡】【五锤】③ 【引友】⑤

意译：壬寅时，值北斗弼星与风水紫白星中央五黄照应，北斗弼星为水与地上中央为土，为土克水，为天地相克。又有值水语音译的忌戒水书条目【宁喜卡】【五锤】为“骸（死人）”凶，又要留意【引友】凶祸之灾，为大凶之时。不宜开路、安葬、立碑、婚姻、营造、出行。

注释：① 弼星：为北斗星之一，属北斗星的第九位。

② 五黄：紫白星属八卦星位第五位，属中央卦。

③ 水语音译忌戒条目：

【宁喜卡】意为棺木头四角。

【五锤】意为五锤敲打。

④ 骸：意为棺材或重丧（连续死人）。

⑤ 【引友】意为引线（忌丧葬时叫他人名字）。

第18行

原文：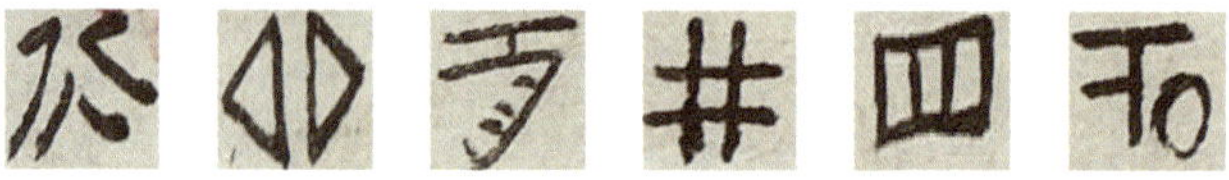

读音： ȶui^{5} ma:u^{4} si^{2} t^{h}a:m^{1} hi^{5} pje^{2}k^{h}u^{1}

直译： 癸 卯 时 贪狼① 四禄② 麻风病

条目： 【别库】③

意译：癸卯时，值北斗贪狼与风水紫白星四禄巽照应，北斗贪狼为木与地上巽为木，两木为旺，为天地相旺。要留意水语音译的忌戒水书条目【别库】之凶。

注释：① 贪狼：为北斗星之一，属北斗星的第一位。

② 四禄：紫白星属八卦星位第四位，属巽卦。

③ 【别库】为水语音译的忌戒水书条目，意为麻风病。

原文：

读音： ȶu^{3} ʔjət^{7} eŋ^{1}van^{1} ȶət^{7} ȶət^{7}

直译： 九 乙 额问④ 吉 吉

意译：但按用事者出生地支年，往后推演，至地支第九位，或按用事者出生天干年，往后推演，至天干第乙位，有水书吉星“航问”照应，为吉多凶少。宜斟酌开路、立碑、营造，不宜婚姻、出行。

注释：④ 额问：水语音译吉利条目，意为吉利重重。

第19行

原文：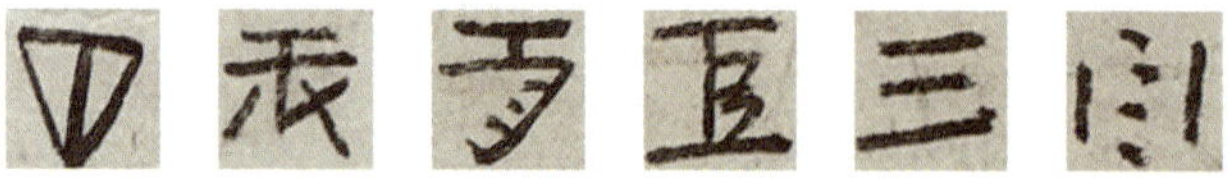

读音： ȶa:p^{7} sən^{2} si^{2} ȶu^{2} ha:m^{1} pik^{7}sui^{3}ka:ŋ^{5}

直译： 甲 辰 时 巨门① 三碧② 泪水哭干

条目： 【比水缸】③

意译：甲辰时，值北斗巨门与风水紫白星三碧震照应，北斗巨门为土与地上震为木，为木克土，为天地相克。要留意水语音译的忌戒水书条目【比水缸】之凶。

注释：① 巨门：为北斗星之一，属北斗星的第二位。

② 三碧：紫白星属八卦星位第三位，属震卦。

③ 【比水缸】为水语音译的忌戒水书条目，意为哭干泪水。

原文：

读音：	eŋ^{1}van^{1}	ʔjət^{7}sjeŋ^{3}	t^{h}a:m^{1}	ȶət^{7}
直译：	额问	一生气	贪狼④	吉

意译：又有水语音译吉星“额问”“一生气”和北斗星“贪狼”相照，为吉凶参半。宜斟酌开路、安葬、立碑、婚姻、营造、出行。

注释：④ 水语音译吉星：

额问：意为吉利重重。

一生气：意为和气。

贪狼：属北斗星的第一位，这里为水书吉星。

第20行

原文：

读音：	ʔjət^{7}	hi^{4}	si^{2}	ljok^{8}	ȵi^{2}	ŋo^{4}	ŋo^{4}hu^{3}	ŋo^{4}hu^{3}	ɕoŋ^{1}
直译：	乙	巳	时	禄存①	二黑②	五	猛虎	猛虎	凶
条目：							【五虎】③	【五虎】	

意译：乙巳时，值北斗禄存与风水紫白星二黑坤照应，北斗禄存为土与地上坤为土，两土为旺，为天地相旺。要留意按用事者出生地支年，往下推演，至地支第五位，为水语音译的忌戒水书条目【五虎】【五虎】，为凶时。不宜开路、安葬、立碑、婚姻、营造，宜出行、上官、赴任。

注释：① 禄存：为北斗星之一，属北斗星的第三位。

② 二黑：紫白星属八卦星位第二位，属坤卦。

③ 【五虎】为水语音译的忌戒水书条目，意为猛虎。

第21行

原文：

读音：pjeŋ^{3}　ŋo^{2}　si^{2}　fan^{2}　ʔjət^{7}　ha:i^{2}　ton^{2}ɣon^{2}　ma^{4}saŋ^{2}ʈi^{2}

直译：丙　午　时　文曲①　一白②　骸③　短命　马戴孝

条目：【端完】【马畅旗】④

意译：丙午时，值北斗文曲与风水紫白星一白坎照应，北斗文曲为水与地上坎为水，两水为旺，为天地相旺。要留意水语音译的忌戒水书条目【骸】【端完】【马畅旗】凶祸之灾。

注释：① 文曲：为北斗星之一，属北斗星的第四位。

② 一白：紫白星属八卦星位第一位，属坎卦。

③ 骸：水语音译，意为棺材、死人或重丧。

④ 水语音译的忌戒水书条目：

【端完】意为短命。

【马畅旗】是马戴孝。

原文：

读音：hi^{5}　ŋo^{4}hu^{3}　ta:ŋ^{2}sa:i^{2}　so^{3}sjem^{1}　ʈu^{3}ʈi^{1}

直译：四　猛虎　宽大竹林　惹是生非　九穷

条目：【五虎】【堂晒】　【所线】【九己】⑤

意译：还要留心按用事者出生地支年，往后推演，至地支第四位，为水语音译的忌戒水书条目【五虎】【堂晒】【所线】【九己】之灾害。不宜开路、安葬、立碑、婚姻、营造、出行。

注释：⑤ 水语音译忌戒条目：

【五虎】意为猛虎。

【堂晒】意为宽大竹林。

【所线】意为惹是生非。

【九己】意为九穷或穷苦，第二代以后丁才衰败。

第22行

原文：

读音：tjeŋ^{1}　mi^{2}　si^{2}　ljem^{2}　ȶu^{3}　ʔjeu^{1}fon^{2}hu^{3}　hak^{7}　qau^{3}za:i^{5}　ȶi^{1}

直译：丁　未　时　廉贞①　九紫②　孝旗伞　坎坷　猛兽抓拖　九穷

条目：【料逢虎】【核】【高采】【九己】③

意译：丁未时，值北斗廉贞与风水紫白星九紫离照应，北斗廉贞为火与地上离为火，两火为旺，为天地相旺。要留心【料逢虎】【核】【高采】【九己】凶祸之灾。

注释：① 廉贞：为北斗星之一，属北斗星的第五位。

② 九紫：紫白星属八卦星位第九位，属离卦。

③ 水语音译忌戒条目：

【料逢虎】意为孝旗伞。

【核】意为坎坷、堵塞。

【高采】指猛兽抓拖。

【九己】意为九穷或穷苦，第二代以后丁才衰败。

原文：

读音：van^{1}　mi^{2}　kwa:n^{1}tsai^{4}

直译：日　未　利斧

吉星：【贯才】④

意译：但又有按用事者出生地支年，往下推演，至地支未位为【贯才】相照，为吉凶参半。宜斟酌开路、安葬、立碑、婚姻、营造、出行。

注释：④ 【贯才】意为利斧。

第23行

原文：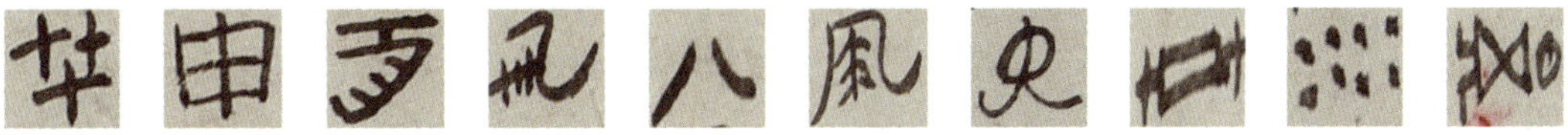

读音：mu^{2}　sən^{1}　si^{2}　fu^{4}　pa:t^{7}　mok^{8}fon^{2}　tʰjen^{1}ta:i^{2}　ha:i^{2}　ta:ŋ^{2}ʔɣa^{5}　zən^{1}ta:u^{5}

直译：戊　申　时　武曲①　八白②　缠树藤　跨田地　骸④　肥沃大田　人倒

条目：【木逢】【添大】③　【堂田】【人倒】⑤

意译：戊申时，值北斗武曲与风水紫白星八白艮照应，北斗武曲为金与地上艮为土，为土生金，为天地相生。要留意值【木逢】【添大】为“骸（死人）”凶，又要留意【堂田】【人倒】凶祸或伤身损耗之灾。

注释：① 武曲：为北斗星之一，属北斗星的第六位。

② 八白：紫白星属八卦星位第八位，属艮卦。

③ 水语音译的忌戒条目：

【木逢】意为缠树藤。

【添大】意为跨田地。

④ 骸：水语音译，意为棺材、死人或重丧。

⑤ 水语音译的忌戒条目：

【堂田】意为肥沃大田。

【人倒】意为凶祸人倒或重丧（即连续死人）。

原文：

读音：ha:m^{1} lju^{2}lji^{2}sui^{3} so^{3}sjem^{1}

直译：三 泪如柳条 惹是生非

条目：【六立水】【所线】⑥

意译：还要留心按用事者出生地支年，往后推演，至地支第三位，为水语音译的忌戒水书条目【六立水】【所线】之凶，为大凶时。诸事不宜。

注释：⑥ 水语音译的忌戒条目：

【六立水】意为泪如柳条，指忌哭丧。

【所线】意为惹是生非。

第24行

原文：

读音：ȶi^{1} ju^{4} si^{2} p^{h}o^{5} ɕət^{7} pjət^{7}jiŋ^{5} ɕət^{7} qo^{2}ȶən^{1} qok^{8}mok^{8}

直译：己 酉 时 破军① 七赤② 环绕 七 大群队移动 人头

条目 【必引】 【各紧】【各木】③

意译：己酉时，值北斗破军与风水紫白星七赤兑照应，北斗破军为金与地上兑为金，两金为旺，为天地相旺。要留心水语音译水书禁忌条目【必引】之凶，还要留心按用事者出生地支年，往后推演，至地支第七位，为水语音译的忌戒水书条目【各紧】【各木】之凶。

注释：① 破军：为北斗星之一，属北斗星的第七位。

② 七赤：紫白星属八卦星位第七位，属兑卦。

③ 水语音译的忌戒条目：

【必引】意为回环。

【各紧】大群队移动。各，水语音译，为划、移动；紧，水语音译，为排场大队伍。

【各木】意为人头。

原文：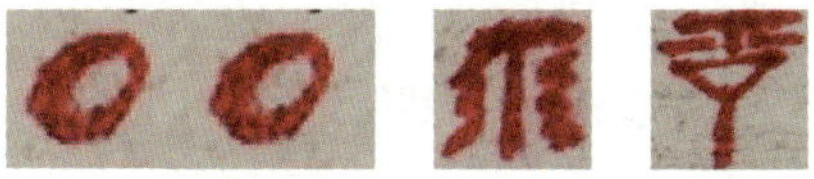

读音：eŋ^{1}van^{1} joŋ^{2} ʈət^{7}

直译：航问④ 用 吉

意译：虽有水语音译水书吉利“航问”照应，但仍为大凶之时。不宜开路、安葬、立碑、婚姻、营造、出行。

注释：④ 航问：为水语音译的水书吉利条目，意为连日吉利。

第25行

原文：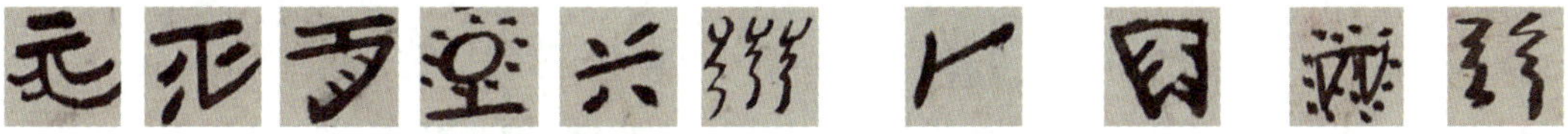

读音：qeŋ^{1} hət^{7} si^{2} pu^{2} ljok^{8} ʈui^{3}sa:t^{7}ʈa^{1} ʔjən^{5}kwa:n^{1} mən^{2}ja^{3}sui^{3} q^{h}am^{5}a:n^{1} lju^{2}lji^{2}sui^{3}

直译：庚 戌 时 辅星① 六白② 鬼卷家 斧头 水族衙门 翻倒马鞍 泪如柳条

条目：【居散架】【引贯】【门牙水】【缸鞍】【六立水】③

意译：庚戌时，值北斗辅星与风水紫白星六白乾照应，北斗辅星为水与地上乾为金，为金生水，为天地相生。要留意【居散架】【引贯】【门牙水】【缸鞍】【六立水】凶祸之灾。

注释：① 辅星：为北斗星之一，属北斗星的第八位。

② 六白：紫白星属八卦星位第六位，属乾卦。

③ 水语音译忌戒条目。

【居散架】意为鬼卷家。

【引贯】意为斧头。

【门牙水】意为水族衙门。

【缸鞍】意为翻倒马鞍。

【六立水】意为泪如柳条，忌哭丧。

原文：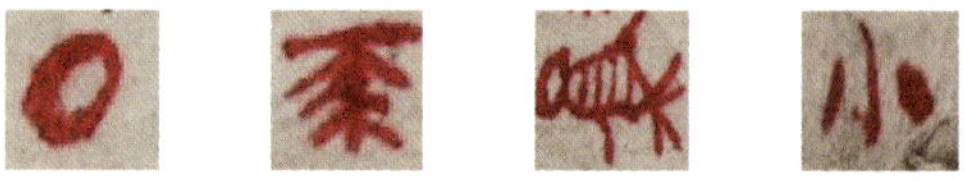

读音：van^{1} mok^{8}ta:ŋ^{2} lju^{4}t^{h}u^{3}tsja:ŋ^{1} ɕeu^{3}

直译：日 木堂 柳土獐④ 小

意译：虽有水书吉星“木堂”和“柳土獐”宿照应，但仍为吉凶参半。宜斟酌开路、安葬、立碑、婚姻、营造、出行。

注释：④ 水书吉星：

木堂：意为富丽堂皇。

柳土獐：属二十八宿之一。这里为水书吉星。

第26行

原文：

读音：ɕən^{1} ʁa:i^{3} si^{2} pjət^{7} ŋo^{4} sək^{7}ȶi^{1} so^{3}sjem^{1} tsem^{4} qok^{8}mok^{8}

直译：辛 亥 时 弼星① 五黄② 断梳子 惹是生非 凶恶 人头

条目：【省记】【所线】【占】【各木】③

意译：辛亥时，值北斗弼星与风水紫白星中央五黄照应，北斗弼星为水与地上中央为土，为土克水，为天地相克。要留意【省记】【所线】【占】【各木】凶祸之灾。

注释：① 弼星：为北斗星之一，属北斗星的第九位。

② 五黄：紫白星属八卦星位第五位，属中央卦。

③ 水语音译忌戒条目：

【省记】意为断梳子。

【所线】意为招惹是非。

【占】意为凶恶或杀伤（一触即发）。

【各木】意为人头。

原文：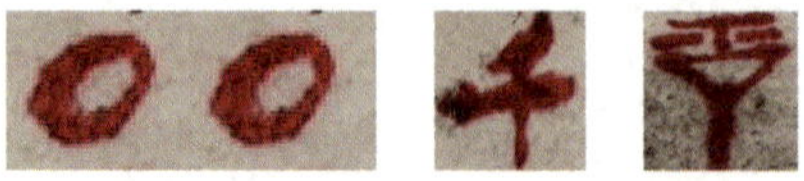

读音：hak^{7}van^{1} ? ȶət^{7}

直译：航问④ ? 吉

意译：虽有吉利“航问”照应，但也难以化解凶祸。不宜开路、安葬、立碑、婚姻、营造、出行。

注释：④ 航问：意为连日吉利。

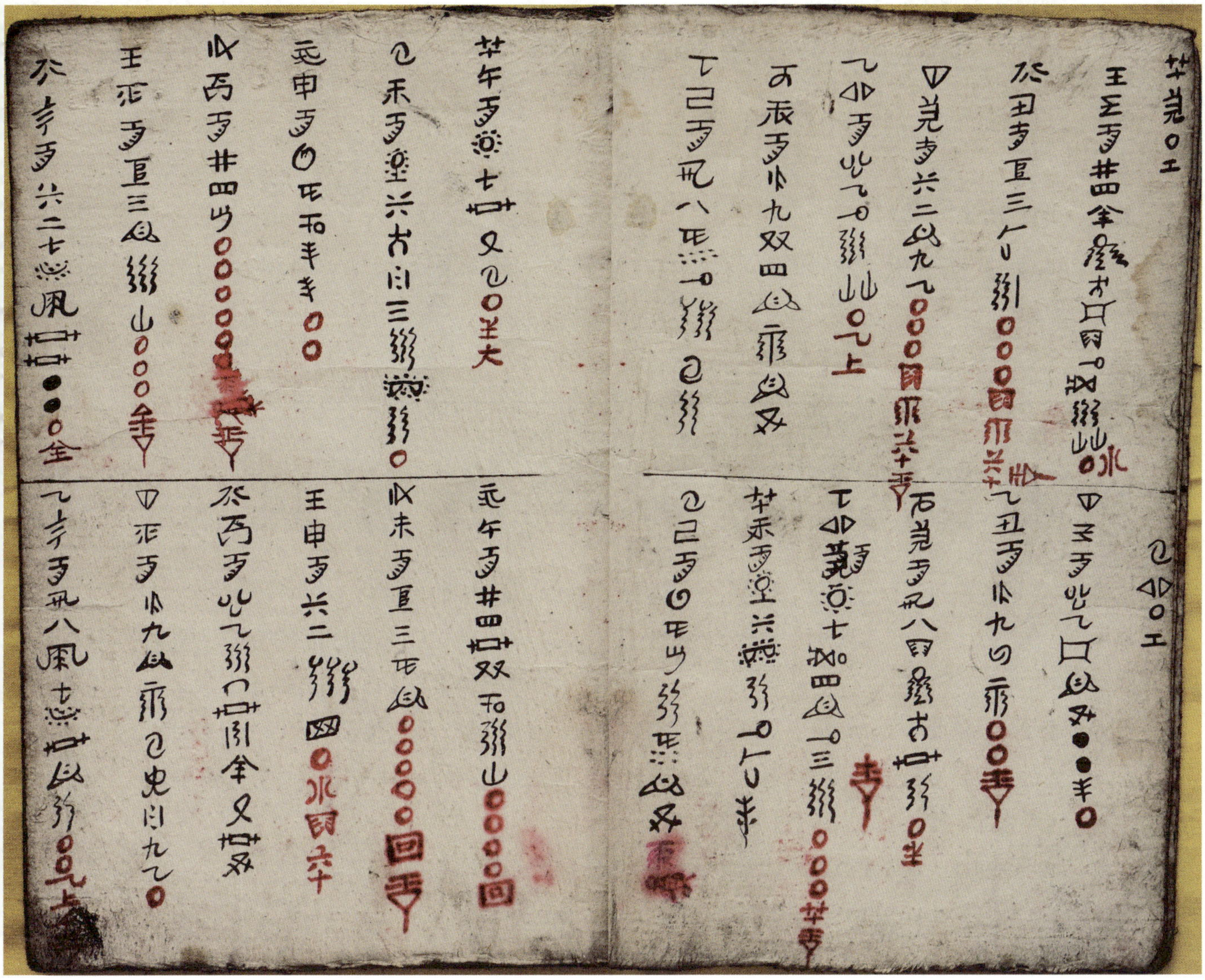

原件8：戊寅 巳卯

第 1 行

原文：

读音：mu^{2} ji^{2} van^{1} tʰu^{3}

直译：戊 寅 日 土

意译：戊寅日，纳音属土。

注释：戊寅日，为六十甲子日的第十五日，五行纳音属土。它包含从壬子时起到癸亥时，共十二个时辰。

第 2 行

原文：

读音：ŋ̥um^{2} hi^{3} si^{2} tʰa:m^{1} hi^{5} ȶum^{1} ma^{4}saŋ^{2}ȶi^{2} hak^{7} ŋ̥a:n^{1}hi^{5}qʰa^{1}

直译：壬 子 时 贪狼① 四禄② 金 马戴孝 坎坷 棺材四角

条目：【马畅旗】【核】【宁喜卡】③

意译：壬子时，值北斗贪狼与风水紫白星四禄巽相照应，北斗贪狼为木与地上巽为木，两木为旺，天地相旺。要留心按用事者年庚八字五行推演，至五行金位，为水语音译的忌戒水书条目【马畅旗】【核】【宁喜卡】凶祸之灾。

注释：① 贪狼：为北斗星之一，属北斗星的第一位。

② 四禄：紫白星属八卦星位第四位，属巽卦。

③ 水语音译忌戒条目：

【马畅旗】意为马戴孝。

【核】意为坎坷、堵塞。

【宁喜卡】意为棺材头四角。

原文：

读音：mən^{2}ja^{3}sui^{3} ŋo^{4}qui^{5} ȶui^{3}ȶum^{1}ja:ŋ^{2} so^{3}sjem^{1} ta:ŋ^{2}sa:i^{2} van^{1} sui^{3}

直译：水族衙门 锤敲 鬼金羊⑤ 惹是生非 宽大竹林 日 水

条目：【门牙水】【五锤】④ 【所线】 【堂晒】⑥

意译：还要留意【门牙水】【五锤】【鬼金羊】【所线】【堂晒】，即使有吉日相照，也仍为凶时。不宜开路、安葬、立碑、婚姻、营造、出行。

注释：④ 水语音译忌戒条目：

【门牙水】意为水族衙门。

【五锤】意为五锤敲打。

⑤ 鬼金羊：属二十八宿之一，这里为水书凶星。

⑥ 水语音译忌戒条目：

【所线】意为惹是生非。

【堂晒】是指宽大竹林。

第 3 行

原文：

读音：ȶui^{5} su^{3} si^{2} ȶu^{2} ha:m^{1} ʔjən^{5}kwa:n^{1} qau^{3}za:i^{5} njem^{2}ju^{5}

直译：癸 丑 时 巨门① 三碧② 斧头 猛兽抓拖 引线

条目：【引贯】【高采】【引友】③

意译：癸丑时，值北斗巨门与风水紫白星三碧震相照应，北斗巨门为土与地上震卦属木，为木克土，为天地相克。要留意水语音译的忌戒水书条目【引贯】【高采】【引友】。

注释：① 巨门：为北斗星之一，属北斗星的第二位。

② 三碧：紫白星属八卦星位第三位，属震卦。

③ 水语音译的忌戒水书条目：

【引贯】意为斧头。

【高采】意为猛兽抓拖。

【引友】意为引线（忌丧事接言）。

原文：

读音：eŋ^{1}van^{1} mən^{2}ja^{3}sui^{3} ti^{6}ha:ŋ^{1}fan^{1} ljok^{8} sup^{2} ȶət^{7}

直译：吉利重重 水族衙门 人丁发达 六 十 吉⑤

条目：【额问】【门牙水】【竹根代】④

意译：又值【额问】【门牙水】照应【竹根代】，按用事者出生地支年，往后推演，至地支第九位、十位为吉，为吉利之时。宜开路、安葬、立碑、婚姻、营造、赴任。

注释：④ 水语音译吉利条目：

【额问】意为吉利重重。

【门牙水】意为水族衙门，这里为水书吉星。

【竹根代】意为人丁发达。

第 4 行

原文：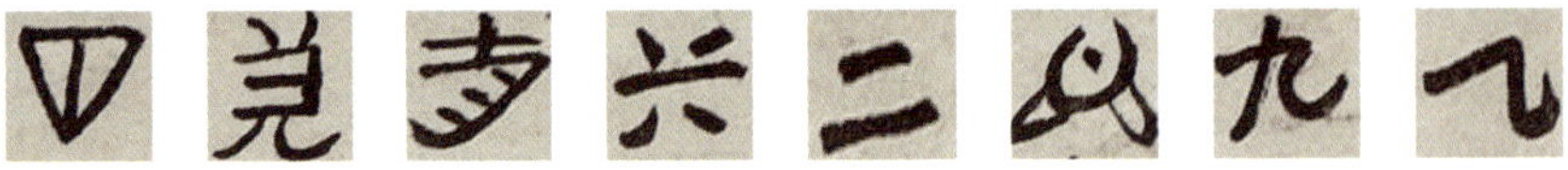

读音：	ţa:p^{7}	ji^{2}	si^{2}	ljok^{8}	ŋ̥i^{2}	ŋo^{4}hu^{3}	ţu^{3}	ʔjət^{7}
直译：	甲	寅	时	禄存①	二黑②	猛虎	九	乙
条目：						【五虎】③		

意译：甲寅时，值北斗禄存与风水紫白星二黑坤照应，北斗禄存为土与地坤为木，两土为旺，为天地相旺。要留意水语音译的忌戒水书条目【猛虎】；按用事者出生地支年，往后推演，至地支第九位，或按用事者出生天干年，往后推演，至天干乙位，为吉利。

注释：① 禄存：为北斗星之一，属北斗星的第三位。

② 二黑：紫白星属八卦星位第二位，属坤卦。

③ 【五虎】为水语音译的禁忌水书条目，意为猛虎。

原文：

读音：	eŋ^{1}van^{1}	mən^{2}ja^{3}sui^{3}	ti^{6}ha:ŋ^{1}fan^{1}	ljok^{8}	sup^{2}	ţət^{7}
直译：	吉利重重	水族衙门	人丁发达	六	十	吉
条目：	【额问】	【门牙水】	【竹根代】④			

意译：又值【额问】【门牙水】照应【竹根代】，按用事者出生地支年，往后推演，至地支第六位、十位为吉，为吉利之时。宜开路、安葬、立碑、婚姻、营造、赴任。

注释：④ 水语音译吉利条目：

【额问】意为吉利重重。

【门牙水】意为水族衙门，这里为水书吉星。

【竹根代】意为人丁发达。

第 5 行

原文：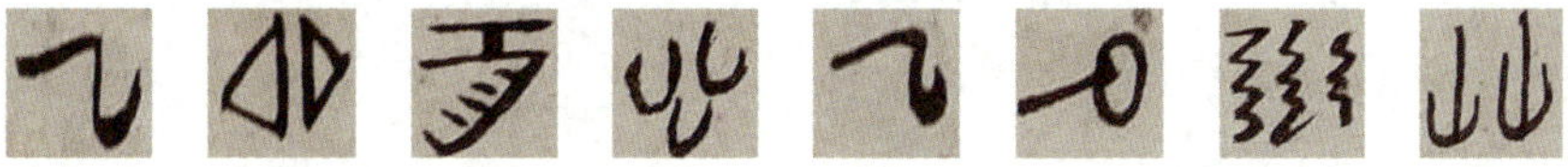

读音：	ʔjət^7	ma:u^4	si^2	fan^2	ʔjət^7	ŋo^{4}qui^5	qoŋ^{1}ljok^{8}ma^4	tsjem^4
直译：	乙	卯	时	文曲①	一白②	锤敲打	马做工	凶恶
条目：						【五锤】	【工六马】	【占】③

意译：乙卯时，值北斗文曲与风水紫白星一白坎照应，北斗文曲为水与地坎为水，两水为旺，为天地相旺。要留心水语音译的忌戒水书条目【五锤】【工六马】【占】凶祸之灾。

注释：① 文曲：为北斗星之一，属北斗星的第四位。

② 一白：紫白星属八卦星位第一位，属坎卦。

③ 水语音译忌戒条目：

【五锤】意为五锤敲打。

【工六马】意为马做工，表示多匹马做工。

【占】指凶恶或杀伤（一触即发）。

原文：

读音：	van^1	ʔjət^7 sjeŋ^3
直译：	日	一生气④

意译：又逢吉日和“一生气”照应，为吉多凶少。宜开路、安葬、立碑、婚姻、营造，不宜设席。

注释：④ 一生气：意为和气。

第 6 行

原文：

读音：	pjeŋ^3	sən^2	si^2	ljem^2	ţu^3	ku^{3}sup^7	hi^5	ŋo^{4}hu^3	ʔjeu^{1}fon^{2}hu^3	ŋo^{4}hu^3	ɕoŋ^1
直译：	丙	辰	时	廉贞①	九紫②	预计	四	猛虎	孝旗伞	猛虎④	凶
条目：						【估术】		【五虎】	【料逢虎】	【五虎】③	

意译：丙辰时，值北斗廉贞与风水紫白星九紫离照应，北斗廉贞为火与地离为火，两火为旺，为天地相旺。既要留心水语音译的忌戒水书条目【估术】之凶；也要留意按用事者出生地支年，往后推演，至地支第四位，值水语音译的水书忌戒条目【五虎】【料逢虎】凶祸之灾，为大

凶时。诸事不宜。

注释：① 廉贞：为北斗星之一，属北斗星的第五位。

② 九紫：紫白星属八卦星位第九位，属离卦。

③ 水语音译忌戒条目：

【估术】意为预定时间。

【五虎】意为猛虎，这里有两【五虎】，表示更凶猛。

【料逢虎】意为孝旗伞。

第 7 行

原文：

读音：	tjeŋ^{1}	hi^{4}	si^{2}	fu^{4}	pa:t^{7}	ŋo^{4}	ta:ŋ^{2}ʔɣa^{5}	ŋo^{4}qui^{5}	ȶui^{3}sat^{7}ȶa^{1}	ȶi^{1}	lju^{2}lji^{2}sui^{3}
直译：	丁	巳	时	武曲①	八白②	五	肥沃大田	锤敲	鬼卷家	九穷	泪如柳条
条目：							【堂田】	【五锤】	【居散架】	【九己】	【六立水】③

意译：丁巳时，值北斗武曲与风水紫白星八白艮照应，北斗武曲为金与地艮为土，为土生金，为天地相生。按用事者出生地支年，往后推演，至第五位，值水语音译的水书忌戒条目【堂田】【五锤】【居散架】【九己】【六立水】为大凶时。诸事不宜。

注释：① 武曲：为北斗星之一，属北斗星的第六位。

② 八白：紫白星属八卦星位第八位，属艮卦。

③ 水语音译忌戒条目：

【堂田】意为肥沃大田。

【五锤】意为五锤敲打。

【居散架】意为鬼转回家，或鬼卷家。

【九己】是九穷或穷困潦倒，二代以后丁财衰败。

【六立水】意为泪如柳条，指忌哭丧。

第 8 行

原文：

读音：	mu^{2}	ŋo^{2}	si^{2}	pʰo^{5}	ɕət^{7}	ha:i^{2}	pjət^{8}jiŋ^{5}	ȶi^{1}	van^{1}	sən^{2}	ta:i^{2}
直译：	戊	午	时	破军①	七赤②	骸③	环绕	九穷	日	壬辰	大
条目：							【必引】	【九己】④		【壬辰】⑤	

意译： 戊午时，值北斗破军与风水紫白星七赤兑照应，北斗破军为金与地兑为金，两金为旺，为天地相旺。要留意“骸（死人）”凶；又要留意水语音译忌戒条目【必引】【九已】之凶；虽有水书吉利条目【壬辰】照应，但也为吉凶参半。宜斟酌开路、安葬、立碑、婚姻、营造、出行。

注释： ① 破军：为北斗星之一，属北斗星的第七位。

② 七赤：紫白星属八卦星位第七位，属兑卦。

③ 骸：水语音译，意为棺材、死人或重丧。

④ 水语音译忌戒条目：

【必引】意为回环。

【九已】是指九穷或穷困潦倒，二代以后丁财衰败。

⑤ 【壬辰】为吉利水书条目，这里作水书吉星。

第 9 行

原文： 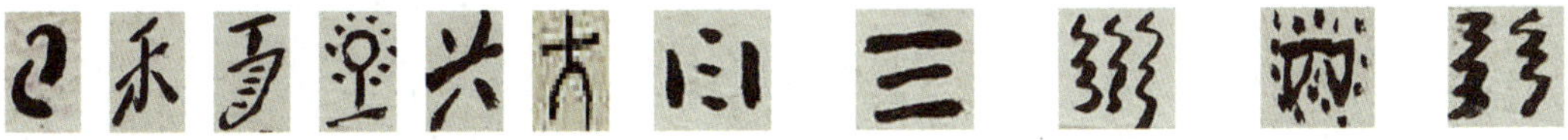

读音：	ti^1	mi^2	si^2	pu^2	ljok^8	hak^7	pik^{7}sui^{3}ka:ŋ^5	ha:m^1	qoŋ^{1}ljok^{8}ma^4	q^{h}am^{5}a:n^1	lju^{2}lji^{2}sui^3
直译：	己	未	时	辅星①	六白②	坎坷	哭干泪水	三	马做工	缸鞍	泪如柳条
条目：						【核】	【比水缸】		【工六马】	【缸鞍】	【六立水】③

意译： 己未时，值北斗辅星与风水紫白星六白乾照应，北斗辅星为水与地乾为金，为金生水，为天地相生。值水语音译的忌戒水书条目【核】【比水缸】，按用事者年庚八字地支推演，至第三位，值水语音译水书忌戒条目【工六马】【缸鞍】【六立水】。

注释： ① 辅星：为北斗星之一，属北斗星的第八位。

② 六白：紫白星属八卦星位第六位，属乾卦。

③ 水语音译忌戒条目：

【核】意为坎坷、堵塞。

【比水缸】意为哭干泪水。

【工六马】指马做工，表示多匹马做工。

【缸鞍】意为翻倒马鞍。

【六立水】意为泪如柳条，指忌哭丧。

原文：

读音： van^{1}

直译： 日

意译：又有吉日照应，为吉凶参半。宜斟酌开路、安葬、立碑、婚姻、营造、出行。

第10行

原文：

读音： qeŋ^{1} sən^{1} si^{2} pjət^{7} ŋo^{4} pje^{2}k^{h}u^{1} qok^{8}mok^{8} qok^{8}mok^{8} hak^{7}van^{1}

直译： 庚 申 时 弼星① 五黄② 麻风病 人头 人头 航问④

条目： 【别扣】【各木】【各木】③

意译：庚申时，值北斗弼星与风水紫白星五黄中央照应，北斗弼星为水与地中央为土，为土克水，为天地相克。要留意水语音译的忌戒水书条目【别扣】两【各木】凶祸之灾；即使值水语音译水书吉利“航问”照应，但仍为大凶之时，诸事不宜。

注释：① 弼星：为北斗星之一，属北斗星的第九位。

② 五黄：紫白星属八卦星位第五位，属中央卦。

③ 水语音译忌戒条目：

【别扣】意为麻风病。

【各木】意为人头。

④ 航问：意为连日吉祥。

第11行

原文：

读音： ɕən^{1} ju^{4} si^{2} t^{h}a:m^{1} hi^{5}pik^{7} sək^{7}ʈi^{1}

直译： 辛 酉 时 贪狼① 四禄② 省记

条目： 【省记】③

意译：辛巳时，值北斗贪狼与风水紫白星四禄巽照应，北斗贪狼为木与地巽为木，两木为旺，为天地相旺。要留意水语音译的忌戒水书条目【省记】之凶。

注释：① 贪狼：为北斗星之一，属北斗星的第一位。

② 四禄：紫白星属八卦星位第四位，属巽卦。

③ 【省记】为水语音译的忌戒水书条目，意为断梳子（死人梳子）。

原文：

读音：eŋ^{1}van^{1} mok^{8}ta:ŋ^{2} lju^{4}t^{h}u^{3}tsja:ŋ^{1} ȶət^{7}

直译：额问 木堂④ 柳土獐⑤ 吉

意译：又值水语音译水书吉星“额问”“木堂”和“柳土獐”宿相照，为吉利之时。宜开路、安葬、立碑、婚姻、营造、出行。

注释：④ 水语音译水书吉星：

额问：意为吉利重重。

木堂：为水语音译的水书吉星，意为富丽堂皇。

⑤ 柳土獐：为二十八宿之一，这里为水书吉星。

第12行

原文：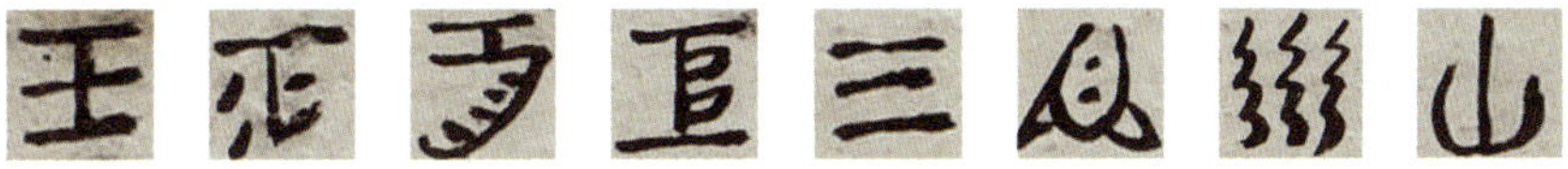

读音：ȵum^{2} hət^{7} si^{2} ȶu^{2} ha:m^{1} ŋo^{4}hu^{3} qoŋ^{1}ljok^{8}ma^{4} sa:n^{1}

直译：壬 戌 时 巨门① 三碧② 猛虎 马做工 宫掌④

条目：【五虎】【工六马】③

意译：壬戌时，值北斗巨门星与风水紫白星三碧照应，北斗巨门为土与地震为木，为木克土，为天地相克。值水语音译水书【五虎】【工六马】【官掌】凶祸之灾害。

注释：① 巨门：为北斗星之一，属北斗星的第二位。

② 三碧：紫白星属八卦星位第三位，属震卦。

③ 水语音译忌戒条目：

【五虎】意为猛虎。

【工六马】意为马做工，表示是多匹马做工。

④ 宫掌：为八宫掌名称。

原文：

读音：eŋ^{1}van^{1} ȶət^{7}

直译：额问⑤ 吉

意译：又值水语音译的水书吉星“额问”照应，为凶多吉少。宜斟酌开路、安葬、立碑、营造，不宜婚姻、出行。

注释：⑤　额问：为水语音译，意为吉利重重。

第13行

原文：

读音：	ȶui^5	ʁa:i^3	si^2	ljok^8	ȵi^{2}hak^7	ɕət^7	qo^{2}ȶən^1	mok^{8}fon^2	ha:i^2	ha:i^2	hak^{7}van^{1}ʔdjam^5
直译：	癸	亥	时	禄存①	二黑②	七	大群队移动	缠树藤	骸④	骸④	连日阴沉
条目：							【各紧】	【木逢】③			【航问锭】⑤

意译：癸亥时，值北斗禄存与风水紫白星二黑坤照应，北斗禄存为土与地坤为土，两土为旺，为天地相旺。要留意按用事者出生地支年，往下推演，至地支第七位，为【各紧】【木逢】【航问锭】和二“骸（死人）”凶祸招致之灾。

注释：①　禄存：为北斗星之一，属北斗星的第三位。

②　二黑：紫白星属八卦星位第二位，属坤卦。

③　水语音译忌戒条目：

【各紧】大群队移动。各，水语音译，为划、移动；紧，水语音译，为大排场队伍。

【木逢】意为缠树藤。

④　骸：水语音译，意为棺材、死人或重丧。

⑤　【航问锭】水语音译忌戒条目，意为连日凶祸或连日阴沉。

原文：

读音：	van^1	ȶum^1
直译：	日	金堂⑥

意译：虽有水书吉星“金堂”照应，但也仍为吉凶参半之时。宜斟酌开路、安葬、立碑、婚姻、营造、出行。

注释：⑥　金堂：指水书吉星，意为富丽堂皇。

第14行

原文：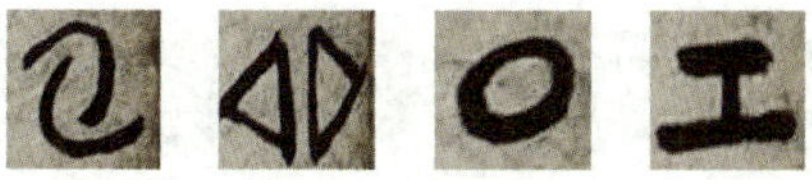

读音： ʈi^{1} ma:u^{4} van^{1} t^{h}u^{3}

直译： 己 卯 日 土

意译：己卯日，属水。己卯日为六十甲子日的第十五日，属五行纳音土。包含从甲子时到乙亥时，共十二个时辰。

第15行

原文：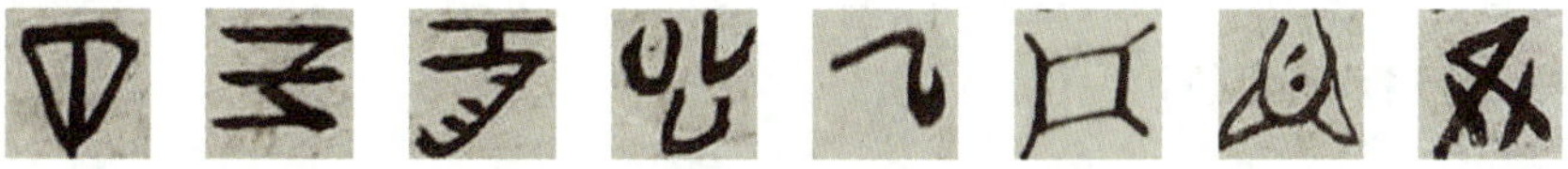

读音： ta:p^{7} hi^{3} si^{2} fan^{2} ʔjət^{7} n̥a:m^{1}hi^{5}q^{h}a^{1} ŋo^{4}hu^{3} ɕoŋ^{1}

直译： 甲 子 时 文曲① 一白② 棺材四角 猛虎 凶

条目： 【宁喜卡】【五虎】③

意译：甲子时，值北斗文曲与风水紫白星一白坎照应，北斗文曲为水与地坎为水，两水为旺，为天地相旺。要留意水语音译的忌戒水书条目【宁喜卡】【五虎】凶祸之灾。

注释：① 文曲：为北斗星之一，属北斗星的第四位。

② 一白：紫白星属八卦星位第一位，属坎卦。

③ 水语音译的忌戒水书条目：

【宁喜卡】意为棺材头四角。

【五虎】意为猛虎。

原文：

读音： hak^{7}van^{1}ʔdjam^{5} qok^{8}mok^{8} van^{1}

直译： 连日阴沉 人头 日

条目： 【航问锭】 【各木】④

意译：还要留心水语音译忌戒条目【航问锭】【各木】之凶。不宜开路、安葬、立碑、婚姻、营造、出行。

注释：④ 水语音译忌戒条目：

【航问锭】意为凶祸连连，或连日阴沉。

【各木】意为人头。

第16行

原文：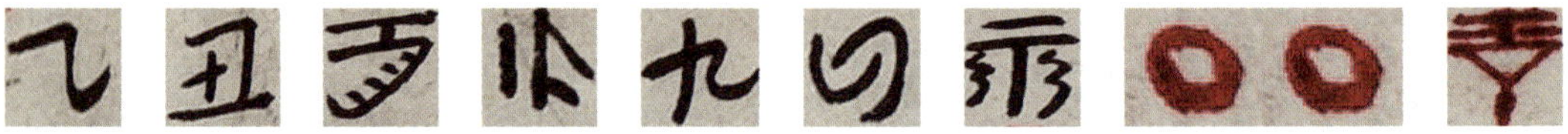

读音：	ʔjət^{7}	su^{3}	si^{2}	ljem^{2}	ɬu^{3}	ɬi^{1}	ʔjeu^{1}fon^{2}hu^{3}	hak^{7}van^{1}	ɬət^{7}
直译：	乙	丑	时	廉贞①	九紫②	九穷	孝旗伞	航问④	吉
条目：						【九己】	【料逢虎】③		

意译：乙丑时，值北斗廉贞与风水紫白星九紫离照应，北斗廉贞为火与地离为火，两火为旺，为天地相旺。要留意水语音译水书忌戒条目【九己】【料逢虎】之凶；又有水书吉利“航问”照应，为吉多凶少。宜开路、安葬、立碑、婚姻、营造、出行。

注释：① 廉贞：为北斗星之一，属北斗星的第五位。

② 九紫：紫白星属八卦星位第九位，属离卦。

③ 水语音译忌戒条目：

【九己】是九穷或穷困潦倒，二代以后丁财衰败。

【料逢虎】意为孝旗伞。

④ 航问：意为连日吉利。

第17行

原文：

读音：	pjeŋ^{3}	ji^{2}	si^{2}	fu^{4}	pa:t^{7}	mən^{2}ja^{3}sui^{3}	ma^{4}saŋ^{2}ɬi^{2}	hak^{7}	ha:i^{2}	lju^{2}lji^{2}sui^{3}
直译：	丙	寅	时	武曲①	八白②	水族衙门	孝旗伞	坎坷	骸④	泪如柳条
条目：						【门牙水】	【马畅旗】	【核】③		【六立水】⑤

意译：丙寅时，值北斗武曲与风水紫白星八白艮照应，北斗武曲为金与地艮为土，为土生金，为天地相生。要留意值【门牙水】【马畅旗】【核】为“骸（死人）”凶；又要留意【六立水】凶祸之灾。

注释：① 武曲：为北斗星之一，属北斗星的第六位。

② 八白：紫白星属八卦星位第八位，属艮卦。

③ 水语音译忌戒条目：

【门牙水】意为水族衙门。

【马畅旗】意为马戴孝。

【核】是坎坷或堵塞。

④ 骸：水语音译，意为棺材、死人或重丧。

⑤ 【六立水】意为泪如柳条，指忌哭丧。

原文：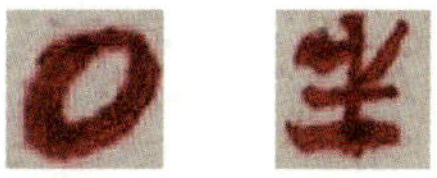

读音： van^{1} ȵum^{2}sən^{2}

直译： 日 壬辰

条目： 【壬辰】⑥

意译：又有吉日和水书吉利条目【壬辰】照应，为吉多凶少。宜开路、安葬、立碑、婚姻、营造、出行。

注释：⑥ 【壬辰】属水书吉利条目，意为丁财发达。

第18行

原文：

读音： tjeŋ^{1} ma:u^{4} si^{2} p^{h}o^{5} ɕət^{7} zən^{1}ta:u^{5} hi^{5} ŋo^{4}hu^{3} ŋo^{4}qui^{5} ha:m^{1} so^{3}sjem^{1}

直译： 丁 卯 时 破军① 七赤② 人倒 四 猛虎 锤敲 三 惹是生非

条目： 【人倒】 【五虎】【五锤】 【所线】③

意译：丁卯时，值北斗破军与风水紫白星七赤兑照应，北斗破军为金与地兑为金，两金为旺，为天地相旺。要留心水语音译的忌戒水书条目【人倒】凶祸之灾；还要留心按用事者出生地支年，往下推演，至地支第四位，值水语音译的忌戒水书条目【五虎】【五锤】之凶；又要留心按用事者出生地支年，往下推演，至地支第三位，值水语音译的忌戒水书条目【所线】之灾。

注释：① 破军：为北斗星之一，属北斗星的第七位。

② 七赤：紫白星属八卦星位第七位，属兑卦。

③ 水语音译忌戒条目：

【人倒】意为人倒凶祸至死或重丧（连续死人）。

【五虎】指猛虎之意。

【五锤】指五锤敲打。

【所线】惹是生非。

原文：

读音： eŋ^{1}van^{1} mu^{2} ʈət^{7} ʈət^{7}

直译： 额问④ 戊 吉 吉

意译：又有吉利“额问”照应，还有按用事者出生天干年，往下推演，至天干戊位，又连为吉利，为吉多凶少。宜开路、安葬、立碑、婚姻、营造、出行，不宜设席。

注释：④ 额问：为水语音译，意为吉利重重。

第19行

原文：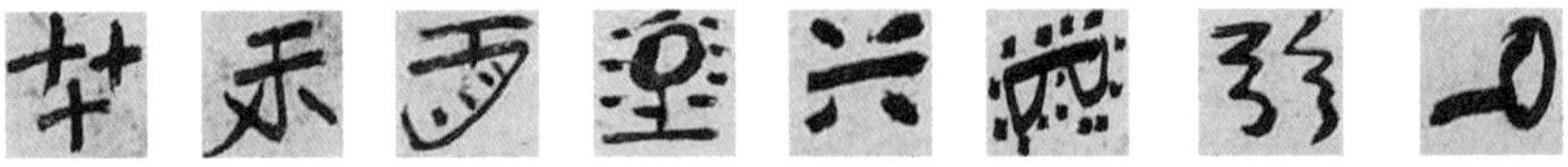

读音：mu^{2} sən^{2} si^{2} pu^{2} ljok^{8} q^{h}am^{5}an^{1} lju^{2}lji^{2}sui^{3} ŋo^{4}qui^{5}

直译：戊 辰 时 辅星[①] 六白[②] 翻倒马鞍 泪如柳条 五锤敲打

条目：【缸鞍】【六立水】【五锤】[③]

意译：戊辰时，值北斗辅星与风水紫白星六白乾照应，北斗辅星为水与地乾为金，为金生水，为天地相生。要留心水语音译的水书忌戒条目【缸鞍】【六立水】【五锤】之凶。

注释：① 辅星：为北斗星之一，属北斗星的第八位。

② 六白：紫白星属八卦星位第六位，属乾卦。

③ 水语音译忌戒条目：

【缸鞍】意为翻倒马鞍。

【六立水】意为泪如柳条，指忌哭丧。

【五锤】五锤敲打。

原文：

读音：ʔjən^{5}kwa:n^{1} qau^{3}za:i^{51} qok^{8}mok^{8}

直译：斧头 猛兽抓拖 人头

条目：【引贯】 【高采】 【各木】[④]

意译：又要留心【引贯】【高采】【各木】凶祸损耗之灾。不宜慎重开路、安葬、立碑、婚姻、营造、出行。

注释：④ 水语音译忌戒条目：

【引贯】意为斧头。

【高采】意为猛兽抓拖。

【各木】意为人头。

第20行

原文：

读音：ȶi^{1}　hi^{4}　si^{2}　pjət^{7}　ŋo^{4}von1　sək^{7}ȶi^{1}　lju^{2}lji^{2}sui^{3}　ŋo^{4}　ta:ŋ^{2}ʔɣa^{5}　ŋo^{4}hu^{3}　ɕoŋ^{1}

直译：己　巳　时　弼星①　五黄②　断梳子　泪如柳条　五　肥沃大田　猛虎　凶

条目：【省记】【六立水】　【堂田】【五虎】③

意译：己巳时，值北斗弼星与风水紫白星中央五黄照应，北斗弼星为水与地中央为土，为土克水，为天地相克。值水语音译的忌戒水书条目【省记】【六立水】，且按用事者年庚八字地支推演，至第五位，值为水语音译的水书中性条目【堂田】【五虎】。

注释：① 弼星：为北斗星之一，属北斗星的第九位。

② 五黄：紫白星属八卦星位第五位，属中央卦。

③ 水语音译忌戒条目：

【省记】意为断梳子。

【六立水】意为泪如柳条，指忌哭丧。

【堂田】意为肥沃大田。

【五虎】是猛虎之意。

原文：

读音：mok^{8}ta:ŋ^{2}　lju^{4}t^{h}u^{3}tsja:ŋ^{1}

直译：木堂④　柳土獐⑤

意译：虽有水书吉星“木堂”和“柳土獐”宿照应，但难以化解凶星，为大凶之时。不宜开路、安葬、立碑、婚姻、营造、出行。

注释：④ 木堂：水语音译，为富丽堂皇。这里属水书吉星。

⑤ 柳土獐：为二十八宿之一。这里属水书吉星。

第21行

原文：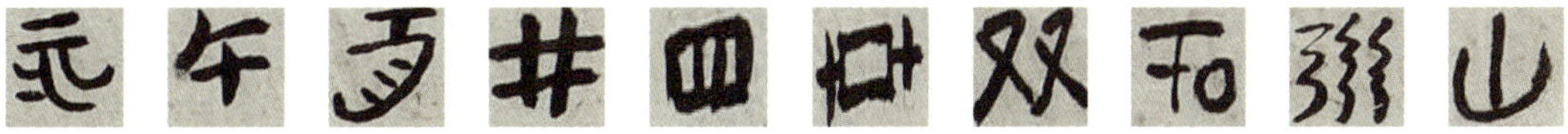

读音：qeŋ^{1}　ŋo^{2}　si^{2}　t^{h}a:m^{1}　hi^{5}　ha:i^{2}　ku^{3}sup^{7}　pje^{2}k^{h}u^{1}　so^{3}sjem^{1}　sa:n^{1}

直译：庚　午　时　贪狼①　四禄②　骸③　预计　麻风病　惹是生非　散⑤

条目：【估术】【别扣】【所线】④

意译：庚午时，值北斗贪狼与风水紫白星四禄照应，北斗贪狼为木与地巽为木，两木为旺，为天地相旺。要留意“骸（死人）”凶；又要留意水语音译忌戒条目【估术】【别扣】【所线】“散”凶祸之灾。

注释：① 贪狼：为北斗星之一，属北斗星的第一位。

② 四禄：紫白星属八卦星位第四位，属巽卦。

③ 骸：水语音译，意为棺材、死人或重丧。

④ 水语音译忌戒条目：

【估术】意为预定时间。

【别扣】意为麻风病。

【所线】指惹是生非。

⑤ 散：为水语音译，是八宫掌总称。

原文：

读音：	eŋ^{1}van^{1}	kwa:n^{3}ʔjən^{5}
直译：	额问⑥	官员大印
吉星：		【官印】⑦

意译：虽有水书吉星“额问”和水书吉利条目【官印】照应，但仍为吉凶参半。宜斟酌开路、超度、立碑、婚姻、营造、出行，不宜安葬。

注释：⑥ 额问：水书吉星，意为吉利重重。

⑦ 【官印】水书吉星，是官员大印。

第22行

原文：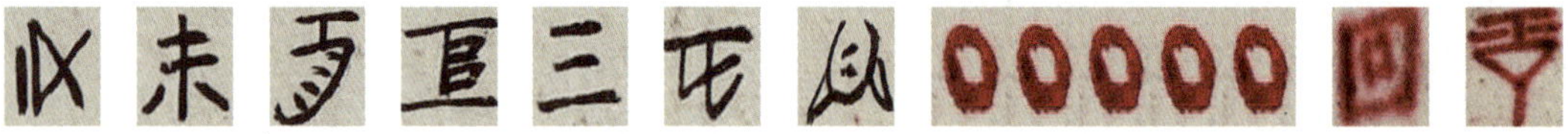

读音：	ɕən^{1}	mi^{2}	si^{2}	ʈu^{2}	ha:m^{1}	ŋo^{4}	ŋo^{4}hu^{3}	eŋ^{1}van^{1}	kwa:n^{3}ʔjən^{5}	tət^{7}
直译：	辛	未	时	巨门①	三碧②	五	猛虎	额问④	官员大印	吉
条目：							【五虎】③		【官印】⑤	

意译：辛未时，值北斗巨门与风水紫白星三碧照应，北斗巨门为土与地震为木，为木克土，为天地相克。要留意按用事者地支年，往下推演，至地支第五位，要留心为水语音译的水书忌戒条目【五虎】之凶，即使有水书吉星“额问”和水书吉利条目【官印】照应，也难以化解其天地相克之凶。不宜开路、安葬、立碑、婚姻、营造、出行。

注释：① 巨门：为北斗星之一，属北斗星的第二位。

② 三碧：紫白星属八卦星位第三位，属震卦。

③【五虎】为水语音译的忌戒水书条目，意为猛虎。

④ 额问：水书吉星，意为吉利重重。

⑤【官印】水书吉星，是官员大印。

第23行

原文：

读音：	ȵum^{2}	sən^{2}	si^{2}	ljok^{8}	ȵi^{2}	ȶui^{3}sat^{7}ȶa^{1}	ton^{2}ɣon^{2}
直译：	壬	申	时	禄存①	二黑②	鬼卷家	短命
条目：						【居散架】	【端完】③

意译：壬申时，值北斗禄存与风水紫白星二黑照应，北斗禄存为土与地坤为土，两土为旺，为天地相克。要留心水语音译的忌戒水书条目【居散架】【端完】之凶。

注释：① 禄存：为北斗星之一，属北斗星的第三位。

② 二黑：紫白星属八卦星位第二位，属坤卦。

③ 水语音译忌戒条目：

【居散架】意为鬼卷家。

【端完】意为短命。

原文：

读音：	van^{1}	sui^{3}	mən^{2}ja^{3}sui^{3}	ljok^{8}sup^{8}
直译：	日	水	水族衙门	六十
条目：			【门牙水】④	

意译：即使按用事者出生五行年，往下推演，至五行水位，有水书吉星【门牙水】照应，也仍为凶时。不宜开路、安葬、立碑、婚姻、营造、出行。

注释：④【门牙水】意为水族衙门，这里为水书吉星。

第24行

原文：

读音：ʈui^{5}　ju^{4}　si^{2}　fan^{2}　ʔjət^{7}　qoŋ^{1}ljok^{8}ma^{4}　ʔba:ŋ^{5}ham^{3}　ha:i^{2}　njem^{1}ju^{5}

直译：癸　酉　时　文曲①　一白②　马做工　半边罩住　骸④　引线

条目：【工六马】【补夯】③　【引友】⑤

意译：癸酉时，值北斗文曲与风水紫白星一白照应，北斗文曲为水与地坎为水，两水为旺，为天地相旺。要留心值【工六马】【补夯】为“骸（死人）”凶；又要留意【引友】凶祸损耗之灾。

注释：① 文曲：为北斗星之一，属北斗星的第四位。

② 一白：紫白星属八卦星位第一位，属坎卦。

③ 水语音译忌戒条目：

【工六马】意为马做工，表示多匹马做工。

【补夯】意为半边罩住，与仰相对。

④ 骸：水语音译，意为棺材、死人或重丧。

⑤ 【引友】意为引线，丧葬时忌叫他人名。

原文：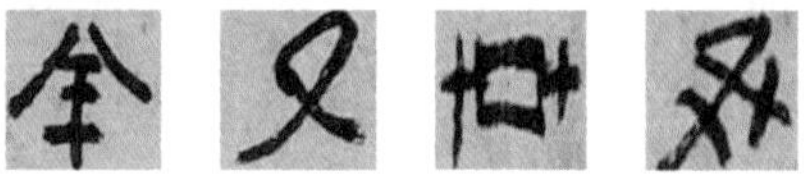

读音：ʈum^{1}　pjət^{8}jiŋ^{5}　ha:i^{2}　ɕoŋ^{1}

直译：金　环绕　骸　凶

条目：【必引】⑥

意译：还要留意按用事者出生五行年，往后推演，至五行金位，为【必引】为“骸（死人）”凶祸之灾。不宜斟酌开路、安葬、立碑、婚姻、营造、出行。

注释：⑥ 必引：为水语音译的忌戒水书条目，意为回环。

第25行

原文：

读音：ʈa:p^{7}　hət^{7}　si^{2}　ljem^{2}　ʈu^{3}　ŋo^{4}hu^{3}　ʔjeu^{1}fon^{2}hu^{3}

直译：甲　戌　时　廉贞①　九紫②　猛虎　孝旗伞

条目：【五虎】【料逢虎】③

意译：甲戌时，值北斗廉贞与风水紫白星九紫照应，北斗廉贞为水与地离为火，为水克火，为天地相克。留意水语音译的忌戒水书条目【五虎】【料逢虎】之凶。

注释：① 廉贞：为北斗星之一，属北斗星的第五位。

② 九紫：紫白星属八卦星位第九位，属离卦。

③ 水语音译忌戒条目：

【五虎】意为猛虎。

【料逢虎】意为孝旗伞。

原文：

读音：ȶi^{1} t^{h}jem^{1}ta:i^{2} pik^{7}sui^{3}ka:ŋ^{5} ȶu^{3} ʔjət^{7} van^{1}

直译：己 跨田地 泪水哭干 九 乙 日

条目：【添大】【比水缸】④

意译：又留意按用事者出生天干年，往后推演，至天干己位，值水语音译的忌戒水书条目【添大】【比水缸】凶祸之灾；并留意按用事者出生地支年，往后推演，至地支第九位，或留意按用事者出生天干年，往后推演，至天干乙位，有水书吉利照应，也仍为凶时。不宜路、安葬、立碑、婚姻、营造、出行。

注释：④ 水语音译忌戒条目：

【添大】意为跨田地。

【比水缸】意为泪水哭干。

第26行

原文：

读音：ʔjət^{7} ʁa:i^{3} si^{2} fu^{4} pa:t^{7} mok^{8}fon^{2} ɕət^{7} qo^{2}ȶən^{1} ha:i^{2} ŋo^{4}hu^{3} lju^{2}lji^{2}sui^{3}

直译：乙 亥 时 武曲① 八白② 缠树藤 七 大群队移动 骸④ 猛虎 泪如柳条

条目：【木逢】【各紧】③ 【五虎】【六立水】⑤

意译：乙亥时，值北斗武曲与风水紫白星八白照应，北斗武曲为金与地艮为土，为土生金，为天地相生。留意水语音译水书忌戒条目【木逢】之凶；还要留心按用事者出生地支年，往下推演，至地支第七位，值水语音译水书忌戒条目【各紧】为“骸（死人）”凶；又要留意【五虎】【六立水】凶祸损耗之灾。

注释：① 武曲：为北斗星之一，属北斗星的第六位。

② 八白：紫白星属八卦星位第八位，属艮卦。

③ 水语音译忌戒条目：

【木逢】意为缠树藤。

【各紧】大群队移动。各，水语音译，为划、移动；紧，水语音译，为大排场队伍。

④ 骸：水语音译，意为棺材、死人或重丧。

⑤ 水语音译忌戒条目：

【五虎】意为猛虎之意。

【六立水】意为泪如柳条，指忌哭丧。

原文：  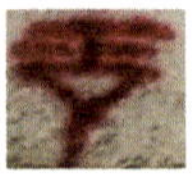

读音：hak^{7}van^{1}　ʔjət^{7}sjeŋ^{3}ȶʰi^{5}　ȶət^{7}

直译：航问　一生气⑥　吉

意译：有水书吉星“航问”“一生气”照应，为吉凶参半。宜斟酌开路、安葬、立碑、婚姻、营造、出行。

注释：⑥ 水语音译的水书吉星：

航问：意为连日吉利。

一生气：意为和气。

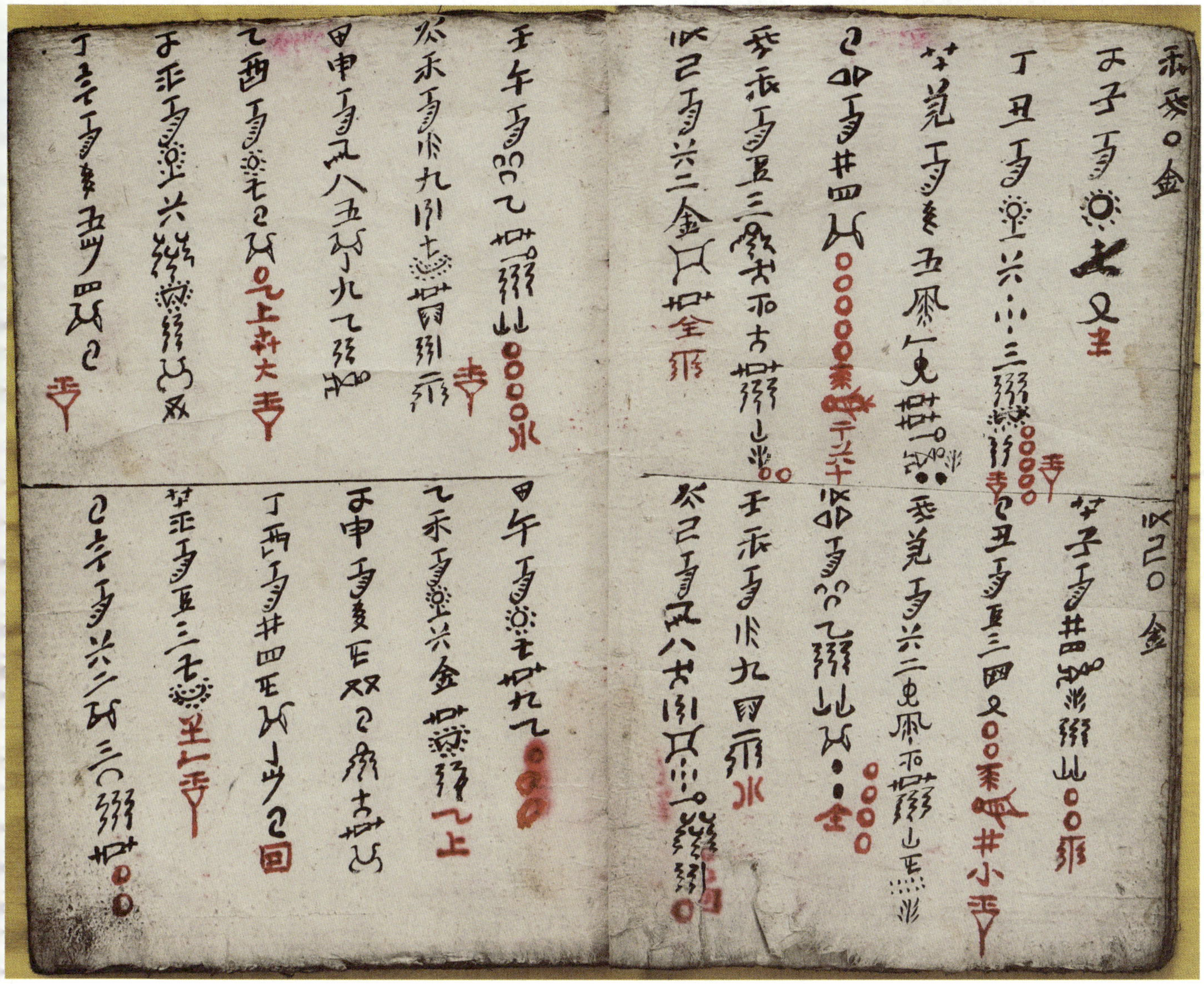

原件 9：庚辰 辛巳

第 1 行

原文：

读音：qeŋ^{1} sən^{2} van^{1} ȵum^{1}

直译：庚 辰 日 金

意译：庚辰日，属金。庚辰日为六十甲子日的第十七日，属五行纳音金。包含从丙子时到丁亥时，共十二个时辰。

第 2 行

原文：

读音：pjeŋ^{1} hi^{3} si^{2} pʰo^{5} ɕət^{7} pjət^{7}jiŋ^{5} mi^{2}

直译：丙 子 时 破军① 七赤② 环绕 未

条目：【必引】③

意译：丙子时，值北斗破军与风水紫白星七赤兑照应，北斗破军为金与地兑为金，两金为旺，为天地相旺。要留意水语音译的忌戒水书条目【必引】之凶，但又要按用事者出生地支年，往下推演，至未位为吉利。宜开路、安葬、立碑、婚姻、营造、出行。

注释：① 破军：为北斗星之一，属北斗星的第七位。

② 七赤：紫白星属八卦星位第七位，属兑卦。

③ 【必引】为水语音译的忌戒水书条目，意为回环或环绕。

第 3 行

原文：

读音：tjeŋ^{1} su^{3} si^{2} pu^{2} jok^{8} pik^{7}sui^{3}ȶən^{1} ha:m^{1} qoŋ^{1}ljok^{8}ma^{4} qʰam^{5}a:n^{1} lju^{2}lji^{2}sui^{3}

直译：丁 丑 时 辅星① 六白② 泪水流出 三 马做工 翻倒马鞍 泪如柳条

条目：【比水紧】 【工六马】 【缸鞍】 【六立水】③

意译：丁丑时，值北斗辅星与风水紫白星六白乾照应，北斗辅星为水与地乾为金，为金生水，为天地相生。留意水语音译的忌戒水书条目【比水紧】之凶，还要留意按用事者出生地支年，往后推演，至地支第三位，为【工六马】【缸鞍】【六立水】凶祸之灾。

注释：① 辅星：为北斗星之一，属北斗星的第八位。

② 六白：为紫白星八卦第六位，为乾卦。

③ 水语音译忌戒条目：

【比水紧】意为泪水流出。

【工六马】意为马做工，表示多匹马做工。

【缸鞍】指翻倒马鞍。

【六立水】是泪如柳条，指忌哭丧。

原文：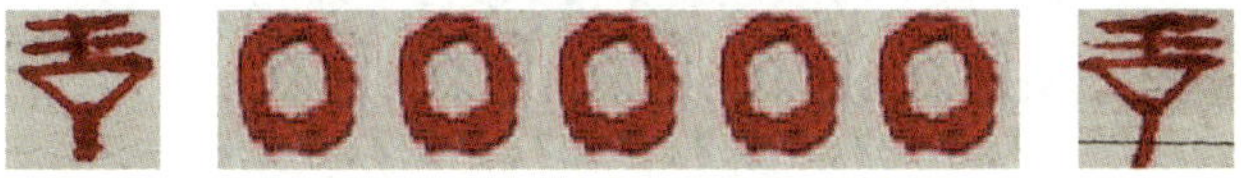

读音：	ȶət^{7}	eŋ^{1}van^{1}	ȶət^{7}
直译：	吉	额问④	吉

意译：虽值水书吉利“额问”照应，但也为吉凶参半。宜斟酌开路、安葬、立碑、婚姻、营造、出行，不宜造马鞍。

注释：④ 额问：水语音译条目，意为吉利重重。

第 4 行

原文：

读音：	mu^{2}	ji^{2}	si^{2}	pjət^{7}	ŋo^{4}	mok^{8}fon^{2}	ʔjən^{5}kwa:n^{1}	ɕoŋ^{1}ʔjət^{7}	ha:i^{2}	ha:i^{2}
直译：	戊	寅	时	弼星①	五黄②	缠树藤	斧头	虫咬	骸④	骸④
条目：						【木逢】	【引贯】	【凶以】③		

意译：戊寅时，值北斗弼星与风水紫白星五黄中央照应，北斗弼星为水与地中央为土，为土克水，为天地相克。值水语音译忌戒条目【木逢】【引贯】【凶以】为“骸（死人）”凶祸之灾。

注释：① 弼星：为北斗星之一，属北斗星的第九位。

② 五黄：属紫白星八卦第五位，属中央卦。

③ 水语音译忌戒条目：

【木逢】意为缠树藤。

【引贯】意为斧头。

【凶以】意为虫咬。

④ 骸：水语音译，意为棺材、死人或重丧。

原文：

读音：ŋo^{4}qui^5　zən^{1}ta:u^5　hak^{7}van^{1}ʔdjam^5　qok^{8}mok^8

直译：锤敲打　人倒　连日阴沉　人头

条目：【五锤】【人倒】　【航问锭】　【各木】⑤

意译：又有水语音译水书禁忌条目【五锤】【人倒】【航问锭】【人头】凶祸伤身或损耗之灾，为大凶之时。不宜开路、安葬、立碑、婚姻、营造、出行。

注释：⑤　水语音译忌戒条目：

【五锤】五锤敲打。

【人倒】意为凶祸人倒或重丧（即连续死人）。

【航问锭】意为连日凶祸或连日阴沉。

【各木】意为人头。

第 5 行

原文：

读音：ti^1　ma:u^4　si^2　t^{h}a:m^1　hi^{5}pik^7　ŋo^{4}hu^3

直译：己　卯　时　贪狼①　四禄②　猛虎

条目：【五虎】③

意译：己卯时，值北斗贪狼与风水紫白星四禄巽相照应，北斗贪狼属木与地上巽为木，两木为旺，为天地相旺。要留意水语音译的水书禁忌条目【五虎】之凶。

注释：①　贪狼：为北斗星之一，属北斗星的第一位。

②　四禄：属紫白星八卦第四位，属巽卦。

③　【五虎】为水语音译忌戒条目，意为猛虎。

原文：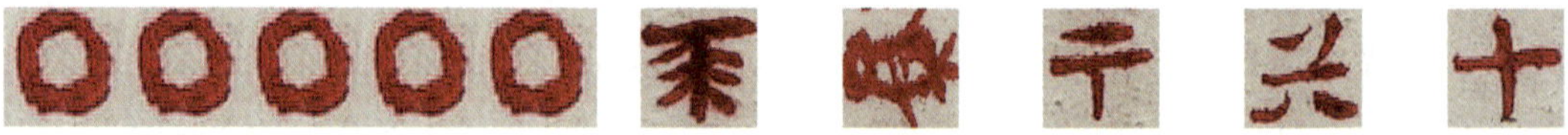

读音：eŋ^{1}van^1　mok^{8}ta:ŋ^2　lju^{4}t^{h}u^{3}tsja:ŋ^1　?　ljok^8　sup^8

直译：额问　木堂④　柳土獐⑤　?　六　十

意译：又有水书吉利“额问”“木堂”和“柳土獐”宿照应，为吉多凶少之时。宜丧葬、立碑、赴任、诉讼等，不宜起造、造圈、结婚。

注释：④　水书吉利条目：

额问：意为吉利重重。

木堂：为水语音译的水书吉利条目，意为富丽堂皇。

⑤ 柳土獐：为二十八宿之一，这里为吉星。

第 6 行

原文：

读音：	qeŋ^{1}	sən^{2}	si^{2}	ʈu^{2}	ha:n^{1}	ma^{4}saŋ^{1}ʈi^{2}	hak^{7}	pje^{2}k^{h}u^{1}	hak^{7}	ha:i^{2}
直译：	庚	辰	时	巨门①	三碧②	孝旗伞	坎坷	麻风病	坎坷	骸④
条目：						【马畅旗】	【核】	【别库】	【核】③	

意译：庚辰时，值北斗巨门与风水紫白星三碧震相照应，北斗巨门属土与地上震为木，为木克土，为天地相克。既值水语音译水书忌戒条目【马畅旗】【核】【别库】为“骸（死人）”凶祸损耗之灾。

注释：① 巨门：为北斗星之一，属北斗星的第二位。

② 三碧：属紫白星八卦第三位，属震卦。

③ 水语音译忌戒条目：

【马畅旗】意为孝旗伞。

【核】意为坎坷或堵塞。

【别库】意为麻风病。

④ 骸：水语音译，意为棺材、死人或重丧。

原文：

读音：	so^{3}sjem^{1}	sa:n^{1}	mok^{8}	hak^{7}van^{1}
直译：	惹是生非	散⑥	人头	航问⑧
条目：	【所线】⑤		【各木】⑦	

意译：又留意水语音译忌戒条目【所线】【各木】或“散”之凶祸；虽有“额问”照应，但仍为大凶之时。不宜丧葬、起造、造圈、结婚。

注释：⑤ 【所线】水语音译忌戒条目，意为惹是生非。

⑥ 散：八宫掌名称。

⑦ 【各木】意为人头。

⑧ 航问：为水语音译吉利条目，意为连日吉利。

第 7 行

原文：

读音：	ɕən^{1}	hi^{4}	si^{2}	ljok^{8}	ȵ̥i^{2}	ʈum^{1}	ȵ̥a:n^{1}hi^{5}q^{h}a^{1}	ha:i^{2}	ʈum^{1}	joŋ^{2}
直译：	辛	巳	时	禄存①	二黑②	金	棺材四角	骸④	金堂⑤	用
条目：							【宁喜卡】③			

意译：辛巳时，值北斗禄存与风水紫白星二黑坤卦照应，北斗禄存为土与地二黑坤为土，为两土相旺，为天地相旺。要留心按用事者出生属五行年，往下推演，至五行金位，为水语音译的忌戒水书条目【宁喜卡】为“骸（死人）”凶祸之灾，但又有水书吉利“金堂”照应，为吉凶参半。宜斟酌丧葬、婚姻、起造。

注释：① 禄存：为北斗星之一，属北斗星的第三位。

② 二黑：属紫白星八卦第二位，属坤卦。

③ 【宁喜卡】水语音译忌戒条目，意为棺材头四角。

④ 骸：水语音译，意为棺材、死人或重丧。

⑤ 【金堂】为水语音译吉利条目，意为富丽堂皇。

第 8 行

原文：

读音：	ȵ̥um^{2}	ŋo^{2}	si^{2}	fan^{2}	ʔjət^{7}	ha:i^{2}	ŋo^{4}qui^{5}	so^{3}sjem^{1}	ta:ŋ^{1}sa:i^{2}
直译：	壬	午	时	文曲①	一白②	骸③	锤敲	惹是生非	宽大竹林
条目：							【五锤】	【所线】	【堂晒】④

意译：壬午时，值北斗文曲与风水紫白星一白照应，北斗文曲属水与地上坎为水，两水为旺，为天地相旺。要留心“骸（死人）”凶；又要留意水语音译水书禁忌条目【五锤】【所线】【堂晒】之凶。

注释：① 文曲：为北斗星之一，属北斗星第四位。

② 一白：为紫白星八卦第一位，为坎卦。

③ 骸：水语音译，意为棺材、死人或重丧。

④ 水语音译忌戒条目：

【五锤】意为五锤敲打。

【所线】意为惹是生非。

【堂晒】意为宽大竹林。

原文：

读音： eŋ^{1}van^{1} sui^{3} ʈət^{7}

直译： 额问⑤ 壁水貐⑥ 吉

意译：又有水语音译水书吉利条目“额问”和“壁水貐”宿照应，仍为吉凶参半。宜斟酌丧葬、立碑、嫁娶、起造、出行，不宜设席。

注释：⑤ 额问：为水语音译吉利条目，意为吉利重重。

⑥ 壁水貐：二十八宿之一，这里为水书吉星。

第 9 行

原文：

读音： ʈui^{5} mi^{2} si^{2} ljem^{2} ʈu^{3} njem^{1}ju^{5} ʈət^{7} qo^{2}ʈən^{1} ha:i^{2} mən^{2}ja^{3}sui^{3} ɕoŋ^{1}ɕe:p^{7} ʔjeu^{1}fon^{2}hu^{3}

直译： 癸 未 时 廉贞① 九紫② 引线 七 大群队移动 骸④ 水族衙门 接应 孝旗伞

条目： 【引友】 【各紧】③ 【门牙水】【休显】【料逢虎】③

意译：癸未时，值北斗廉贞与风水紫白星九紫离相照应，北斗廉贞属火与地上离为火，两火为旺，为天地相旺。既要留心水语音译水书忌戒条目【引友】之凶，又要留意按用事者出生地支年，往下推演，至地支第七位，值【各紧】为“骸（死人）”凶；又要留意【门牙水】【休显】【料逢虎】凶祸所损耗之灾。不宜开路、丧葬、立碑、嫁娶、起造、出行。

注释：① 廉贞：为北斗星之一，属北斗星的第五位。

② 九紫：紫白星属八卦星位第九位，属离卦。

③ 水语音译忌戒条目：

【引友】意为引线（忌丧葬叫他人名）。

【各紧】大群队移动。各，水语音译，为划、移动；紧，水语音译，为大排场队伍。

④ 骸：水语音译，意为棺材、死人或重丧。

⑤ 水语音译忌戒条目：

【门牙水】意为水族衙门。

【休显】意为接应或接言，忌报丧。

【料逢虎】意为孝旗伞。

第10行

原文：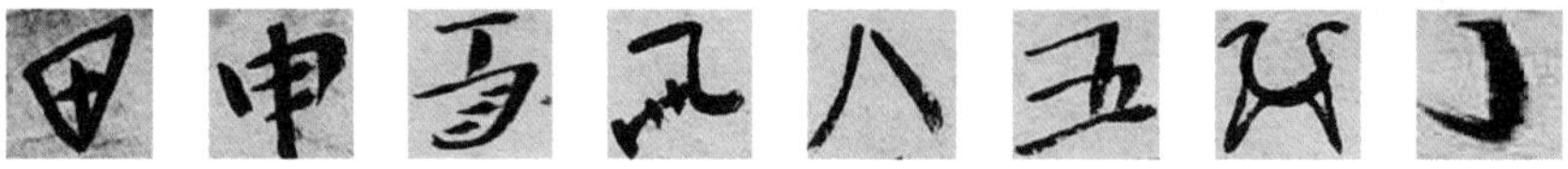

读音： ʈa:p^{7}　sən^{1}　si^{2}　fu^{4}　pa:t^{7}　ŋo^{4}　ŋo^{4}hu^{3}　qau^{3}za:i^{5}

直译： 甲　申　时　武曲①　八白②　五　猛虎　猛兽抓拖

条目： 【五虎】【高采】③

意译：甲申时，值北斗武曲与风水紫白星八白艮相照应，北斗武曲属金与地上艮为土，为土生金。要留心按用事者出生地支年，往下推演，至地支第五位，为水书忌戒条目【五虎】【高采】凶祸。

注释：① 武曲：为北斗星之一，属北斗星的第六位。

② 八白：为紫白星八卦第八位，属艮卦。

③ 水语音译忌戒条目：

【五虎】意为猛虎。

【高采】意为猛兽抓拖。

原文：

读音： ʈu^{3}　ʔjət^{7}　lju^{2}lji^{2}sui^{3}　zən^{1}ta:u^{5}

直译： 九　乙　泪如柳条　人倒

条目： 【六立水】【人倒】④

意译：又要留心按用事者出生地支年，往下推演，至地支第五位，或按用事者出生天干年，往下推演，至天干乙位，为水书忌戒条目【六立水】【人倒】凶祸或伤身损耗之灾。不宜开路、丧葬、立碑、嫁娶、起造、出行。

注释：④ 水语音译忌戒条目：

【人倒】意为重丧（或死人）。

【六立水】意为哭，忌哭丧。

第11行

原文：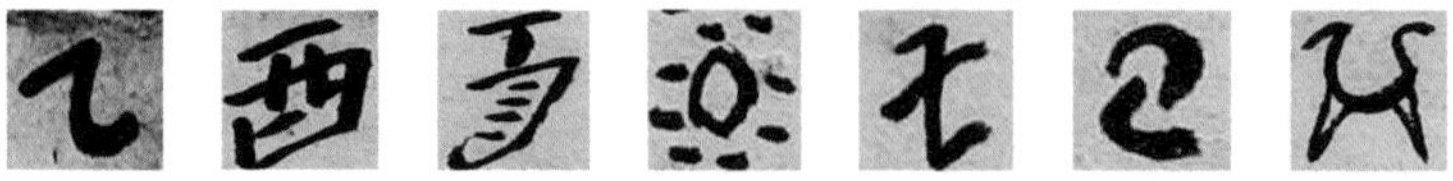

读音： ʔjət^{7}　ju^{4}　si^{2}　pʰo^{5}　ɕət^{7}　ʈi^{1}　ŋo^{4}hu^{4}

直译： 乙　酉　时　破军①　七赤②　九穷　猛虎

条目： 【九已】【五虎】③

意译：乙酉时，值北斗破军与风水紫白星七赤兑相照应，北斗破军属金与地上兑为金，两金为旺。要留意水语音译的水书忌戒条目【九己】【五虎】之凶。

注释：① 破军：为北斗星之一，属北斗星的第七位。

② 七赤：为紫白星八卦第七位，为兑卦。

③ 水语音译忌戒条目：

【九己】为九穷或穷困潦倒，二代以后丁财衰败。

【五虎】意为猛虎。

原文：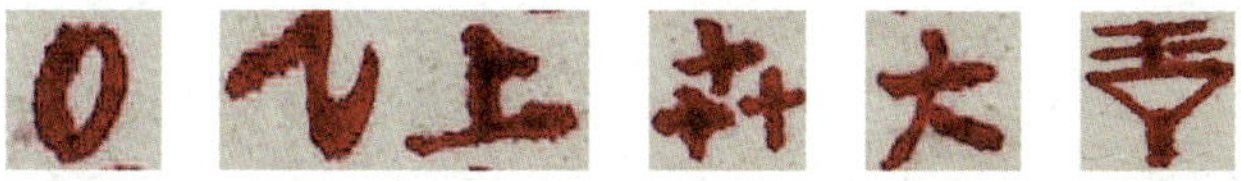

读音：	van^{1}	ʔjət^{7}sjeŋ^{3}ȶʰi^{5}	mu^{2}	ta:i^{2}	ȶət^{7}
直译：	日	一生气④	戊	大	吉

意译：还值吉利水书条目“一生气”照应，且按用事者出生天干年，往下推演，至天干戊位大吉，为吉时。宜开路、丧葬、立碑，不宜嫁娶、起造、出行、造圈。

注释：④ 一生气：意为和气。

第12行

原文：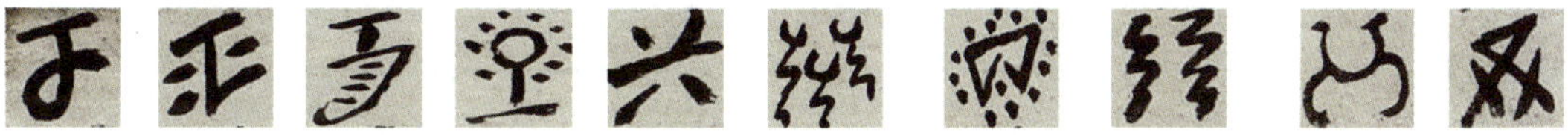

读音：	pjeŋ^{3}	hət^{7}	si^{2}	pu^{2}	ljok^{8}	ȶui^{3}sat^{7}ȶa^{1}	qʰam^{5}an^{1}	lju^{2}lji^{2}sui^{3}	ȵu^{2}ȶum^{1}ȵu^{2}	ɕoŋ^{1}
直译：	丙	戌	时	辅星①	六白②	鬼卷家	翻倒马鞍	泪如柳条	牛金牛④	凶
条目：						【居散架】	【缸鞍】	【六立水】③	【牛金牛】③	

意译：丙戌时，值北斗辅星与风水紫白星六白照应，北斗辅星属水与地上乾为金，为金生水，为天地相生。要留意水书忌戒条目【居散架】【缸鞍】【六立水】或值“牛金牛”宿相照，更为大凶时。不宜开路、丧葬、立碑、嫁娶、起造、出行。

注释：① 辅星：为北斗星之一，属北斗星的第八位。

② 六白：为紫白星八卦第六位，为乾卦。

③ 水语音译忌戒条目：

【居散架】意为家产破败。

【缸鞍】意为翻倒马鞍。

【六立水】意为泪如柳条，指忌哭丧。

④ 【牛金牛】为二十八宿之一。

第13行

原文：

读音：	tjeŋ^{1}	ʁa:i^{3}	si^{2}	pjət^{7}	ŋo^{4}	sək^{7}ʈi^{1}	hi^{5}	ŋo^{4}hu^{3}	ʈi^{1}	ʈət^{7}
直译：	丁	亥	时	弼星①	五黄②	断梳子	四	猛虎	九穷	吉
条目：						【省记】		【五虎】	【九己】③	

意译：丁亥时，值北斗弼星与风水紫白星中央五黄照应，北斗弼星为水与地上中央为土，为土克水，为天地相克。又有水语音译忌戒条目【省记】之凶，还有按用事者出生地支年，往下推演，至地支第四位，为【五虎】【九己】凶祸之灾，虽有吉利照应，也难以化解其凶祸，为大凶之时。诸事不宜。

注释：① 弼星：为北斗星之一，属北斗星的第九位。

② 五黄：紫白星属八卦星位第五位，属中央卦。

③ 水语音译忌戒条目：

【省记】意为断梳（死人梳子）。

【五虎】意为猛虎。

【九己】意为九穷，二代以后丁财破败。

第14行

原文：

读音：	ɕən^{1}	hi^{4}	van^{1}	tum^{1}
直译：	辛	巳	日	金

意译：辛巳日，属金。辛巳日为六十甲子日的第十八日，属五行纳音金。它包含从戊子时到己亥时共十二个时辰。

第15行

原文：

读音：mu^{2} hi^{3} si^{2} tʰaa:m^{1} hi^{5} zən^{1}ta:u^{5} mok^{8} qoŋ^{1}ljok^{8}ma^{4} ta:ŋ^{2}sa:i^{2}

直译：戊 子 时 贪狼① 四禄② 人倒 人头 马做工 宽大竹林

条目：【人倒】【各木】【工六马】【堂晒】③

意译：戊子时，值北斗贪狼与风水紫白星四禄巽相照应，北斗贪狼为木与地上巽为木，两木为旺，天地相旺。要留意水语音译水书忌戒条目【人倒】【各木】【工六马】【堂晒】凶祸或伤身损耗之灾。

注释：① 贪狼：为北斗星之一，属北斗星的第一位。

② 四禄：紫白星属八卦星位第四位，属巽卦。

③ 水语音译的水书禁忌条目：

【人倒】意为凶祸死人。

【各木】意为人头。

【工六马】意为成群之工马。

【堂晒】意为宽大竹林。

原文：

读音：ak^{7}van^{1} ti^{6}ha:ŋ^{1}fan^{1}

直译：连日吉利 人丁发达

条目：【航问】 【竹根代】④

意译：虽有【航问】照应【竹根代】，但也仍为凶时。不宜开路、丧葬、立碑、嫁娶、起造、出行。

注释：④ 【航问】意为连日吉利。

【竹根代】人丁发达。

第16行

原文：

读音：ti^{1} su^{3} si^{2} tu^{2} ha:m^{1} ton^{2}ɣon^{2} pjpt^{8}jiŋ^{5}

直译：己 丑 时 巨门① 三碧② 短命 环绕

条目：【端完】【必引】③

意译：己丑时，值北斗巨门与风水紫白星三碧震相照应，北斗巨门为土与地上震卦属木，为木克土，为天地相克。又有水语音译的水书忌戒条目【端完】【必引】之凶。

注释：① 巨门：为北斗星之一，属北斗星的第二位。

② 三碧：紫白星属八卦星位第三位，属震卦。

③ 水语音译的忌戒水书条目：

【端完】意为短命。

【必引】意为回环。

原文：

读音：	hak^{7}van^{1}	moko^{8}ta:ŋ^{2}	lju^{4}tʰu^{3}tsja:ŋ^{1}	tʰa:m^{1}	ɕeu^{3}	ȶət^{7}
直译：	航问	木堂	柳土獐	贪狼④	小	吉

意译：即使有水语音译吉利条目或水书吉星“航问”“木堂”或“柳土獐”宿或北斗星“贪狼”照应，也仍为凶时。不宜报丧、安葬、立碑、婚姻、营造、出行。

注释：④ 水语音译吉星或星宿：

航问：意为连日吉利。

木堂：意为富丽堂皇。

柳土獐：属二十八宿之一，这里为水书吉星。

贪狼：为北斗星的第一位，这里为水书吉星。

第17行

原文：

读音：	qeŋ^{1}	ji^{2}	si^{2}	ljok^{8}	ȵi^{2}	ɕoŋ^{1}ʔjət^{7}	mok^{8}fon^{2}	pje^{2}kʰu^{1}	ha:i^{1}	so^{3}sjem^{1}	sa:n^{1}
直译：	庚	寅	时	禄存①	二黑②	虫咬	缠树藤	麻风病	骸④	惹是生非	散⑥
条目：						【虫咬】	【木逢】	【别扣】③		【所线】⑤	

意译：庚寅时，值北斗禄存与风水紫白星二黑坤照应，北斗禄存为土与地上坤为土，两土为旺，为天地相旺。要留意值水语音译水书忌戒条目【虫咬】【木逢】【别扣】为“骸（死人）”凶；又要留意【所线】“散”凶祸所招致之灾。

注释：① 禄存：为北斗星之一，属北斗星的第三位。

② 二黑：紫白星属八卦星位第二位，属坤卦。

③ 水语音译忌戒条目：

【虫咬】指虫咬。

【木逢】意为缠树藤。

【别扣】指麻风病。

④ 骸：水语音译，意为棺材、死人或重丧。

⑤ 【所线】水语音译忌戒条目，惹是生非。

⑥ 散：指八宫掌名称。

原文：

读音：　ŋo^4　ta:ŋ^{2}ʔɣa^5　mok^8

直译：　五　肥沃大田　人头

条目：　　【堂田】【各木】⑦

意译：又要留心按用事者出生地支年，往下推演，至地支第五位，为水书中性条目【堂田】【各木】之侧重。为凶时。不宜安葬、立碑、婚姻、营造、出行。

注释：⑦ 水语音译的水书中性条目：

【堂田】意为肥沃大田。

【各木】意为人头。

第18行

原文：

读音：	ɕən^1	ma:u^4	si^2	fan^2	ʔjət^7	so^{3}sjem^1	ta:ŋ^{2}sa:i^2	ŋo^{4}hu^3	hak^{7}van^{1}ʔdjam^5
直译：	辛	卯	时	文曲①	一白②	惹是生非	宽大竹林	猛虎	连日阴沉
条目：						【所线】	【堂晒】	【五虎】	【航问锭】③

意译：辛卯时，值北斗文曲与风水紫白星一白坎照应，北斗文曲为水与地上坎为水，两水为旺，为天地相旺。要留意【所线】【堂晒】【五虎】【航问锭】凶祸所招致之灾。

注释：① 文曲：为北斗星之一，属北斗星的第四位。

② 一白：紫白星属八卦星位第一位，属坎卦。

③ 水语音译忌戒条目：

【所线】意为惹是生非。

【堂晒】意为宽大竹林。

【五虎】意为猛虎。

【航问锭】意为连日阴沉或连日凶祸。

原文：

读音：ȶum^{1}　　eŋ^{1}van^{1}

直译：金　　额问④

意译：又有水书吉利“额问”照应，为吉凶参半之时。宜斟酌安葬、营造、立碑，不宜婚姻、出行。

注释：④　额问：意为连日吉利。

第19行

原文：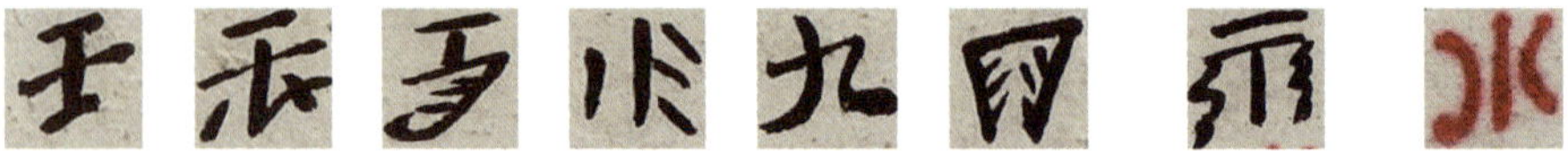

读音：ŋ̥um^{2}　sən^{2}　si^{2}　ljem^{2}　ȶu^{3}　mən^{2}ja^{3}sui^{3}　ʔjeu^{1}fon^{2}hu^{3}　sui^{3}

直译：壬　辰　时　廉贞①　九紫②　水族衙门　孝旗伞　壁水貐④

条目：【门牙水】【料逢虎】③

意译：壬辰时，值北斗廉贞与风水紫白星九紫离照应，北斗廉贞为火与地上离为火，两火为旺，为天地相旺。要留意水语音译的忌戒水书条目【门牙水】【料逢虎】之凶；又有“壁水貐”宿照应，为吉利之时。宜安葬、营造、立碑、婚姻、出行。

注释：①　廉贞：为北斗星之一，属北斗星的第五位。

②　九紫：紫白星属八卦星位第九位，属离卦。

③　水语音译忌戒条目：

【门牙水】意为水族衙门。

【料逢虎】意为孝旗伞。

④　壁水貐：二十八宿之一，这里为水书吉星。

第20行

原文：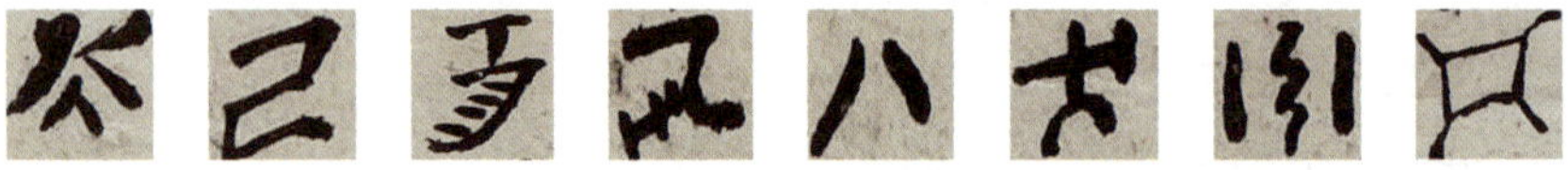

读音：ȶui^{5}　hi^{4}　si^{2}　fu^{4}　paət^{7}　hak^{7}　njem^{2}ju^{5}　ŋ̥a:n^{1}hi^{5}q^{h}a^{1}

直译：癸　巳　时　武曲①　八白②　坎坷　引线　棺材四角

条目：【核】【引友】【宁喜卡】③

意译：癸巳时，值北斗武曲与风水紫白星八白艮相照应，北斗武曲属金与地上艮为土，为土生金。既要留心水语音译的水书忌戒条目【核】【引友】【宁喜卡】凶祸招致之灾。

注释：① 武曲：为北斗星之一，属北斗星的第六位。

② 八白：为紫白星八卦第八位，属艮卦。

③ 水语音译忌戒条目：

【核】意为坎坷或堵塞。

【引友】意为引线。

【宁喜卡】意为棺材四角。

原文：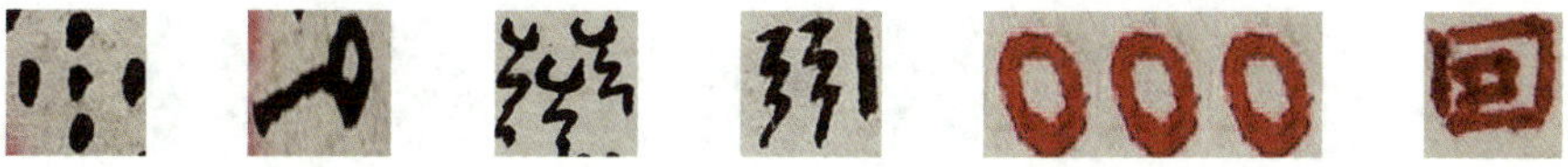

读音：pik^{7}sui^{3}ȶən^{1}　ŋo^{4}qui^{5}　ȶui^{3}sat^{7}ȶa^{1}　ɕoŋ^{1}ɕe:p^{7}　eŋ^{1}van^{1}　kwa:n^{3}ʔjən^{5}

直译：泪水涌出　锤敲　鬼卷家　接应　额问⑤　官员大印

条目：【比水缸】【五锤】【居散架】【休显】④　【官印】⑥

意译：又要留意水语音译的水书忌戒条目【比水缸】【五锤】【居散架】【休显】凶祸之灾；虽有吉利条目【额问】【官印】照应，但也难化解凶星，仍为凶时。不宜丧葬、立碑、嫁娶、起造、出行，宜祭祀。

注释：④ 水语音译忌戒条目：

【比水缸】意为泪水涌出。

【五锤】意为五锤敲打。

【居散架】意为鬼卷家。

【休显】意为接应或接言。

⑤ 水语音译吉利条目：

额问：意为吉利重重。

【官印】意为官员大印。

第21行

原文：

读音：ȶa:p^{7}　ŋo^{2}　si^{2}　p^{h}o^{5}　ɕət^{7}　ha:i^{2}　ȶu^{3}　ʔjət^{7}　eŋ^{1}van^{1}

直译：甲　午　时　破军①　七赤②　骸③　九　乙　额问④

意译：甲午时，值北斗破军与风水紫白星七赤兑相照应，北斗破军属金与地上兑为金，两金为旺。要留心“骸（死人）”凶祸之灾；按用事者出生地支年，往下推演，至地支第九位，或按用事者出生天干年，往下推演，至天干乙位，即使有吉星“额问”照应，也为吉凶参半。宜斟酌开路、丧葬、立碑、嫁娶、起造、出行。

注释：① 破军：为北斗星之一，属北斗星的第七位。

② 七赤：为紫白星八卦第七位，属兑卦。

③ 骸：为水语音译忌戒条目，意为棺材或重丧。

④ 额问：为水语音译吉利条目，意为吉利重重。

第22行

原文：

读音：ʔjət^{7} mi^{2} si^{2} pu^{2} ljok^{8} ɬum^{1} ha:i^{2} q^{h}am^{5}a:n^{1} lju^{2}lji^{2}sui^{3} ʔjət^{7}sjeŋ^{3}

直译：乙 未 时 辅星① 六白② 金 骸③ 翻倒马鞍 泪如柳条 一生气⑤

条目：【缸鞍】【六立水】④

意译：乙未时，值北斗辅星与风水紫白星六白乾相照应，北斗辅星属水与地上乾为金，为金生水，为天地相生。要留意按用事者出生五行年，往后推演，至五行金位，值为“骸（死人）”凶；又要留意【缸鞍】【六立水】凶祸之灾；虽有水语音译水书吉利“一生气”照应，也仍为凶时。不宜丧葬、立碑，宜嫁娶、起造、出行。

注释：① 辅星：为北斗星之一，属北斗星的第八位。

② 六白：紫白星属八卦星位第六位，属乾卦。

③ 骸：水语音译，意为棺材、死人或重丧。

④ 水语音译忌戒条目：

【缸鞍】意为翻倒马鞍。

【六立水】意为哭，忌哭丧。

⑤ 一生气：为水语音译吉利水书条目，意为和气。

第23行

原文：

读音：pjeŋ^{3} sən^{1} si^{2} pjət^{7} ŋo^{4} ku^{3}sup^{7} ɬi^{1} ma^{4}saŋ^{2}ɬi^{2} hak^{7} ha:i^{2} ŋu^{2}ɬum^{1}ŋu^{2}

直译：丙 申 时 弼星① 五黄② 预计 己 孝旗伞 堵塞 骸④ 牛金牛⑤

条目：【估术】【马畅旗】【核】③

意译：丙申时，值北斗弼星与风水紫白星中央五黄照应，北斗弼星属水与地上中央为土，为土克水，为天地相克。要留心水语音译的水书忌戒条目【估术】，又要留心按用事者出天干年，往下推演，至天干己位，值【马畅旗】【核】为“骸（死人）”凶祸所招致之祸；还要留意值“牛金牛”宿，更为大凶之时。不宜丧葬、立碑、嫁娶、起造、出行。

注释：① 弼星：为北斗星之一，属北斗星的第九位。

② 五黄：紫白星属八卦星位第五位，为中央卦。

③ 水语音译忌戒条目：

【估术】意为预定。

【马畅旗】意为马戴孝。

【核】意为坎坷或堵塞。

④ 骸：水语音译，意为棺材、死人或重丧。

⑤ 牛金牛：为二十八宿之一，这里为凶星。

第24行

原文：

读音：	tjeŋ^{1}	ju^{4}	si^{2}	tʰa:m^{1}	hi^{5}	ŋo^{4}	ŋo^{4}hu^{3}	qau^{3}za:i^{5}	sək^{7}ȶi^{1}	ȶi^{1}	kwa:n^{3}ʔjən^{5}
直译：	丁	酉	时	贪狼①	四禄②	五	猛虎	猛兽抓拖	断梳子	九己	官员大印
条目：							【五虎】	【高采】	【省记】	【九己】③	【官印】④

意译：值北斗贪狼与风水紫白星四禄照应，北斗贪狼属木与地上巽为木，两木为旺，为天地相旺。要留意按用事者出生地支年，往下推演，至地支第五位，为【五虎】【高采】【省记】【九己】凶祸之灾；但又逢【官印】照应，也仍为吉凶参半。宜斟酌丧葬、立碑，宜嫁娶、出行，不宜起造、造圈、编鸡笼。

注释：① 贪狼：为北斗星之一，属北斗星的第一位。

② 四禄：为紫白星八卦第四位，为巽卦。

③ 水语音译忌戒条目：

【五虎】意为猛虎。

【高采】指猛兽抓拖。

【省记】意为断梳子。

【九己】为九穷或穷困潦倒，二代以后丁财退败。

④【官印】水语音译，意为官员大印。

第25行

原文：

读音：	mu^{2}	hət^{7}	si^{2}	ʈu^{2}	ha:m^{1}	ɕət^{7}	qo^{2}tən^{1}	sən^{2}	kwa:n^{1}tzai^{4}	ʈət^{7}
直译：	戊	戌	时	巨门①	三碧②	七	大群队移动	壬辰	利斧	吉
条目：							【各紧】③	【壬辰】	【贯才】④	

意译：戊戌时，值北斗巨门与风水紫白星三碧照应，北斗巨门属土与地上震为木，为木克土，为天地相克。按用事者出生地支年，往下推演，至地支第七位，又有水书忌戒条目【各紧】之凶，虽有水语音译水书吉利条目【壬辰】【贯才】照应，但仍为凶时。不宜超度、丧葬、立碑，宜嫁娶、出行。

注释：① 巨门：为北斗星之一，属北斗星的第二位。

② 三碧：紫白星属八卦第三位，为震卦。

③ 【各紧】大群队移动。各，水语音译，为划、移动；紧，水语音译，为大排场队伍。

④ 水语音译的水书吉利条目：

【壬辰】为水书吉利条目，这里为水书吉星。

【贯才】意为利斧（吉）。

第26行

原文：

读音：	ʈi^{1}	ʁa:i^{3}	si^{2}	ljok^{8}	ȵi^{2}	ŋo^{4}hu^{3}	ha:m^{1}	ʔbon^{5}ham^{3}	so^{3}sjem^{1}	ha:i^{2}	hak^{7}van^{1}
直译：	己	亥	时	禄存①	二黑②	猛虎	三	一边罩住	惹是生非	骸④	航问⑤
条目：						【五虎】		【补夯】	【所线】③		

意译：己亥时，值北斗禄存与风水紫白星二黑照应，北斗禄存属土与地上坤为土，两土为旺。要留意水语音译的水书忌戒条目【五虎】，按用事者年庚八字地支推演，至第三位，值水语音译水书禁忌条目【补夯】【所线】【骸】，与水书吉星【航问】相照，为吉凶参半。宜斟酌丧葬、立碑，宜嫁娶、起造、出行。

注释：① 禄存：为北斗星之一，属北斗星的第三位。

② 二黑：紫白星属八卦星位第二位，为坤卦。

③ 水语音译忌戒条目：

【五虎】意为猛虎。

【补夯】意为一边罩住，与仰相对。

【所线】意为惹是生非。

④ 骸：水语音译，意为棺材、死人或重丧。

⑤ 【航问】水语音译，连日吉利。

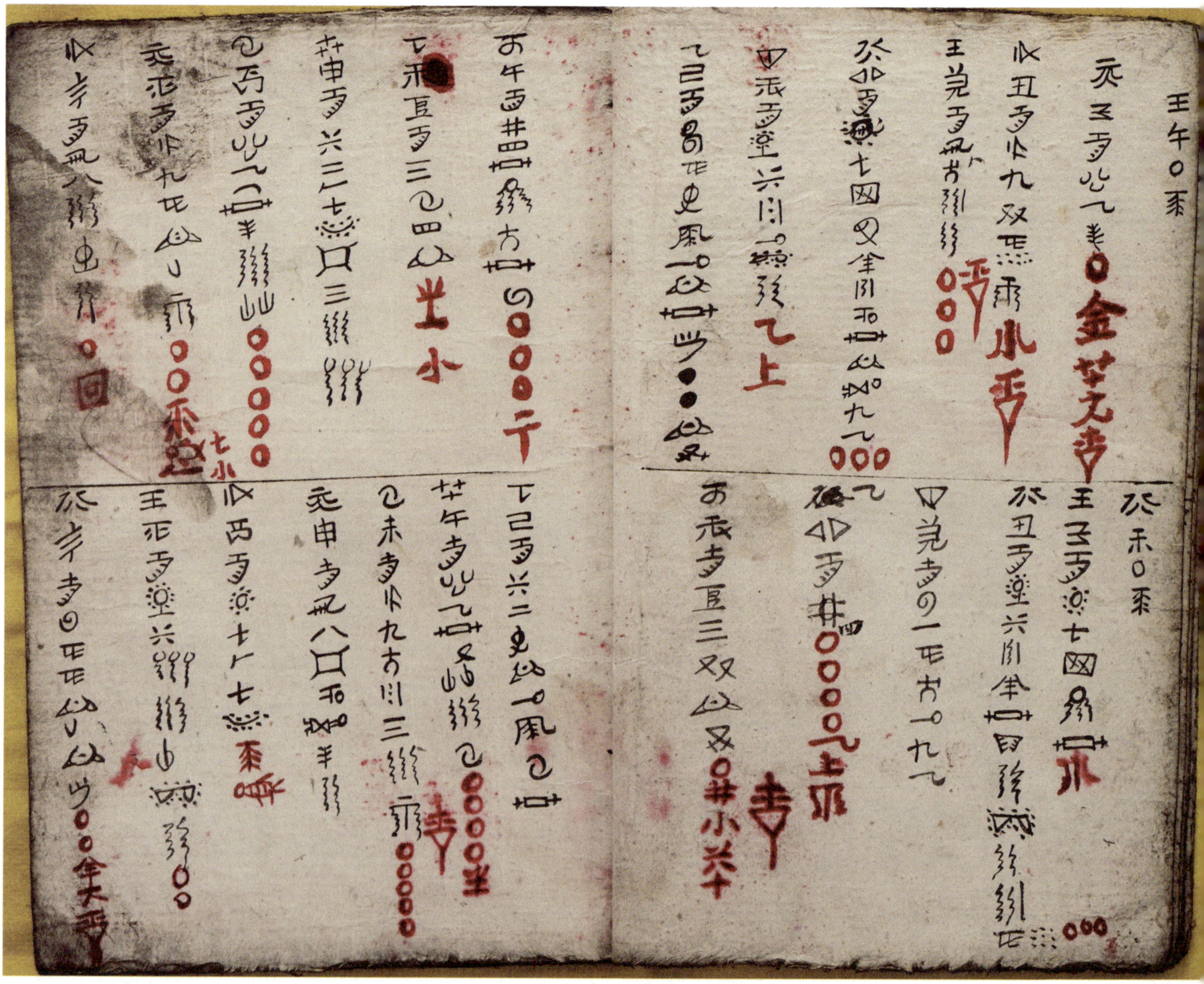

原件 10：壬午 癸未

第 1 行

原文：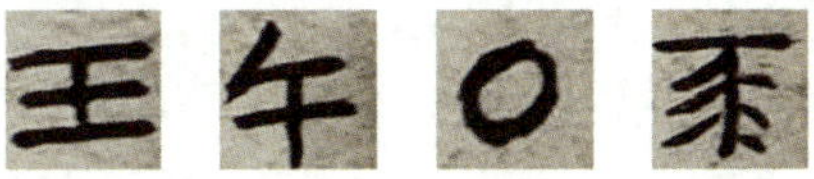

读音：ŋ̥um^{2} ŋo^{2} van^{1} mok^{8}

直译：壬 午 日 木

意译：壬午日，属木。壬午日为六十甲子日的第十九日，属五行纳音木。包含从庚子时起到辛亥时，共十二个时辰。

第 2 行

原文：

读音：qeŋ^{1} hi^{3} si^{2} fan^{2} ʔjət^{7} mok^{8} van^{1} ɬum^{1} mu^{2} ta:i^{2} ɬət^{7}

直译：庚 子 时 文曲① 一白② 人头 日 金堂④ 戊 大 吉

条目：【各木】③

意译：庚子时，值北斗文曲星与风水紫白星一白坎卦相照应，北斗文曲星属土与地上坎为水，为土克水，天地相刑。又有水语音译的忌戒水书条目【各木】凶祸之灾；虽有吉星“金堂”照应，并按用事者出生天干年，往下推演，至五行戊位为大吉，但仍为凶时。不宜开路、安葬、嫁娶、营造。

注释：① 文曲：为北斗星之一，属北斗星的第四位。

② 一白：紫白星属八卦星位第一位，属坎卦。

③ 【各木】水书忌戒条目，意为人头。

④ 金堂：水书吉星，意为富丽堂皇。

第 3 行

原文：

读音：ɕən^{1} su^{3} si^{2} ljem^{2} ɬu^{3} ku^{3}sup^{7} ŋo^{4} ʔjum^{5}hən^{2} ʔjeufon^{2}hu^{3} sui^{3} ɬət^{7}

直译：辛 丑 时 廉贞① 九紫② 预计 五 地方拥挤 孝旗伞 水 吉

条目：【估术】 【涌恒】【料逢虎】③

意译：辛丑时，值北斗廉贞星与风水紫白星九紫离相照应，北斗廉贞为火与地上离为火，两火为旺，天地相旺。要留意水语音译水书忌戒条目【估术】之凶；又要留心按用事者出生地支年，往下推演，至地支第五位，为【涌恒】【料逢虎】凶祸之灾；又有水书吉星照应，为吉凶参半。宜斟酌开路、安葬、嫁娶、营造。

注释：① 廉贞：为北斗星之一，属北斗星的第五位。

② 九紫：紫白星属八卦星位的第九位，属离卦。

③ 水书忌戒条目：

【估术】意为预计。

【涌恒】意为挤满天下或地方拥挤。

【料逢虎】意为孝旗伞。

第 4 行

原文：

读音：	ȵum^{2}	ji^{2}	si^{2}	fu^{4}	pa:t^{7}	hak^{7}	ɕoŋ^{1}ɕep^{7}	lju^{2}lji^{2}sui^{3}	eŋ^{1}van^{1}	ƫət^{7}
直译：	壬	寅	时	武曲①	八白②	堵塞	接应	泪如柳条	额问④	吉
条目：						【核】	【休显】	【六立水】③		

意译：壬寅时，值北斗武曲星与风水紫白星八白艮相照应，北斗武曲为金与地上艮为土，为土生金，天地相生。要留意水语音译的忌戒水书条目【核】【休显】【六立水】凶祸之灾，又有水语音译水书吉星“额问”照应，为吉多凶少。宜开路、安葬、嫁娶、营造、出行。

注释：① 武曲：为北斗星之一，属北斗星的第六位。

② 八白：紫白星属八卦星位第八位，属艮卦。

③ 水语音译忌戒条目：

【核】意为坎坷不顺或堵塞。

【休显】意为接应，指忌报丧。

【六立水】意为泪如柳条，指忌哭丧。

④ 额问：水语音译的水书吉利条目，意为吉利重重。

第 5 行

原文：

读音：	ƫui^{5}	ma:u^{4}	si^{2}	p^{h}o^{5}	ɕət^{7}	ton^{2}ɣon^{2}	pjət^{7}	ƫum^{1}	njem^{2}ju^{5}	pje^{2}k^{h}u^{1}	ha:i^{2}
直译：	癸	卯	时	破军①	七赤②	短命	弼	金	引线	麻风病	骸④
条目：						【端完】			【引友】	【别扣】③	

意译：癸卯时，值北斗破军星与风水紫白星七赤兑相照应，北斗破军为金与地上兑为金，两金为旺，天地相旺。要留心水语音译的忌戒水书条目【端完】之祸害，尤其注重按用事者出生北斗九星年或五行年，往下推演，至弼位或金位，为【引友】【别扣】为“骸（死人）”凶祸或损耗之灾。

注释：① 破军：为北斗星之一，属北斗星的第七位。

② 七赤：紫白星属八卦星位第七位，属兑卦。

③ 水语音译的忌戒条目：

【端完】意为短命。

【引友】意为引线（丧葬忌不叫他人名字）。

【别扣】意为麻风病。

④ 骸：水语音译，意为棺材、死人或重丧。

原文：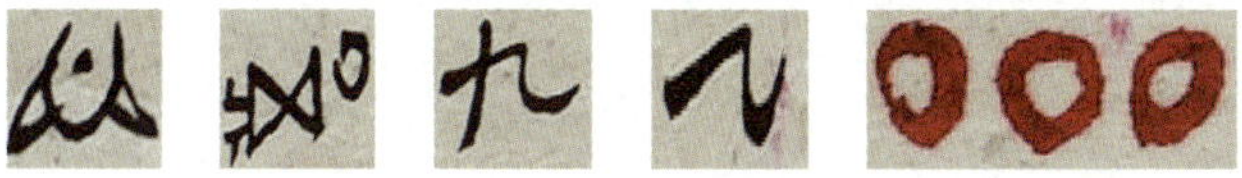

读音：	ŋo^{4}hu^{3}	zən^{1}ta:u^{5}	ȶu^{3}	ʔjət^{7}	eŋ^{1}van^{1}
直译：	猛虎	人倒	九	一	额问⑥

条目：【五虎】【人倒】⑤

意译：还要留心忌戒水书条目【五虎】【人倒】凶祸之灾，又有水书吉星“额问”照应，但也为吉凶参半。宜斟酌开路、安葬、立碑、婚姻、营造。

注释：⑤ 水语音译忌戒条目：

【五虎】意为猛虎。

【人倒】意为凶祸人倒或重丧（连续死人）。

⑥ 额问：意为吉利重重。

第 6 行

原文：

读音：	ȶa:p^{7}	sən^{2}	si^{2}	pu^{2}	ljok^{8}	pik^{7}sui^{3}ka:ŋ^{5}	ŋo^{4}qui^{5}
直译：	甲	辰	时	辅星①	六白②	比水缸	锤敲打
条目：						【比水缸】	【五锤】③

意译：甲辰时，值北斗辅星与风水紫白星六白乾相照应，北斗辅星为水与地上乾为金，为金生水，天地相生。要留意水语音译的忌戒水书条目【比水缸】【五锤】之凶。

注释：① 辅星：为北斗星之一，属北斗星的第八位。

② 六白：紫白星属八卦星位第六位，属乾卦。

③ 水语音译的水书忌戒条目：

【比水缸】意为泪水哭干。

【五锤】意为五锤敲打。

原文：

读音：q^{h}am^{5}a:n^{1}　lju^{2}lji^{2}sui^{3}　ʔjət^{7}sjeŋ^{3}ȶ^{h}i^{5}

直译：翻倒马鞍　泪如柳条　一生气⑤

条目：【缸鞍】【六立水】④

意译：又要留意忌戒水书条目【缸鞍】【六立水】之凶，虽有水书吉利“一生气”照应，但也为吉凶参半。宜斟酌开路、安葬、立碑、婚姻、营造。

注释：④ 水语音译忌戒条目：

【缸鞍】意为翻倒马鞍。

【六立水】意为泪如柳条，指忌哭丧。

⑤ 一生气：意为和气。

第 7 行

原文：

读音：ʔjət^{7}　hi^{4}　si^{2}　pjət^{7}　ŋo^{4}　ɕoŋ^{1}ʔjət^{7}　mok^{8}fon^{2}　ŋo^{4}qui^{5}　ŋo^{4}hu^{3}　ha:i^{2}

直译：乙　巳　时　弼星①　五黄②　虫咬　缠树藤　锤敲打　猛虎　骸④

条目：【凶以】【木逢】【五锤】【五虎】③

意译：乙巳时，值北斗弼星与风水紫白星五黄中央相照，北斗弼星为水与地上中央为土，为土克水，天地相克。要留心值水语音译的忌戒水书条目【凶以】【木逢】【五锤】【五虎】为“骸（死人）”凶祸招致之灾。

注释：① 弼星：为北斗星之一，属北斗星的第九位。

② 五黄：紫白星属八卦星位第五位，属中央卦。

③ 水语音译忌戒条目：

【凶以】指虫咬之意。

【木逢】是缠树藤。

【五锤】五锤敲打。

【五虎】意为猛虎。

④ 骸：水语音译，意为棺材、死人或重丧。

原文：

读音：sək^{7}ȶi^{1}　hak^{7}van^{1}ʔdjam^{5}　ŋo^{4}hu^{3}　ɕoŋ^{1}

直译：断梳子　连日阴沉　猛虎　凶

条目：【省记】　【航问锭】　【五虎】⑤

意译：又要留心水书忌戒条目【省记】【航问锭】【五虎】之凶，为大凶之时。不宜开路、安葬、立碑、婚姻、营造、出行。

注释：⑤ 水语音译忌戒条目：

【省记】意为断梳子。

【航问锭】意为连日阴暗或连日凶祸。

【五虎】意为猛虎。

第8行

原文：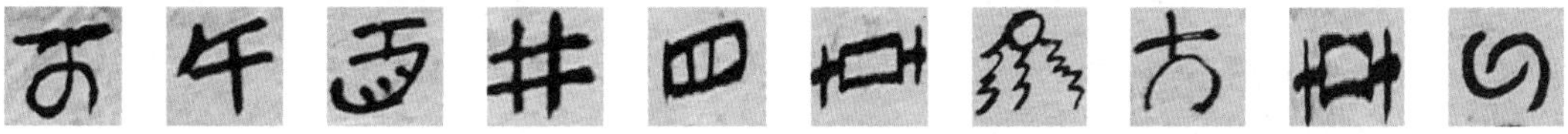

读音：pjeŋ^{3}　ŋo^{2}　si^{2}　tʰa:m^{1}　hi^{5}　ha:i^{2}　ma^{4}saŋ^{1}ȶi^{2}　hak^{7}　ha:i^{2}　ȶu^{3}ȶi^{1}

直译：丙　午　时　贪狼①　四禄②　骸③　马戴孝　坎坷　骸③　九穷

条目：【马畅旗】【核】④　【九己】⑤

意译：丙午时，值北斗贪狼与风水紫白星四禄巽相照应，北斗贪狼为木与地上巽为木，两木为旺，天地相旺。要留心为“骸（死人）”凶，又要留意水语音译忌戒条目【马畅旗】【核】【九己】凶祸之灾。

注释：① 贪狼：为北斗星之一，属北斗星的第一位。

② 四禄：紫白星属八卦星位第四位，属巽卦。

③ 骸：水语音译，意为棺材、死人或重丧。

④ 水语音译忌戒条目。

【马畅旗】意为马戴孝。

【核】坎坷不顺或堵塞。

⑤【九己】意为九穷或穷困潦倒，二代以后丁财衰败。

原文：

读音：	eŋ^{1}van^{1}	?
直译：	额问⑥	?

意译：又有水书吉星“额问”照应，也为吉凶参半。宜斟酌开路、安葬、立碑、婚姻、营造。

注释：⑥ 额问：意为吉利重重。

第 9 行

原文：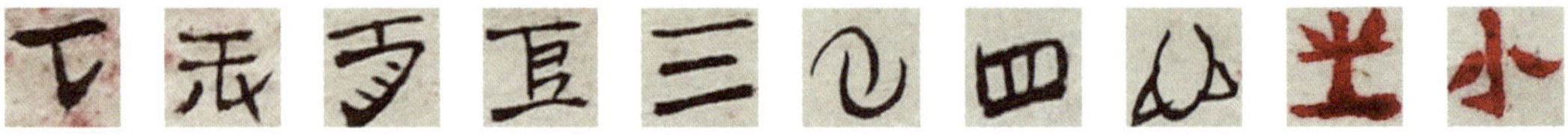

读音：	tjeŋ^{1}	mi^{2}	si^{2}	ʈu^{2}	ha:m^{1}	ʈi^{1}	hi^{5}	ŋo^{4}hu^{3}	tʰu^{3}	ɕeu^{3}
直译：	丁	未	时	巨门①	三碧②	九已	四	猛虎	土	小
条目：						【九已】		【五虎】③		

意译：丁未时，值北斗巨门与风水紫白星三碧震相照应，北斗巨门为土与地上震卦属木，为木克土，为天地相克。按用事者生庚八字的天干或地支推演，至天干已位或地支第四位，值水忌戒条目【五虎】。

注释：① 巨门：为北斗星之一，属北斗星的第二位。

② 三碧：紫白星属八卦星位第三位，属震卦。

③ 水语音译忌戒条目：

【九已】九穷，二代以后丁财衰败。

【五虎】意为猛虎。

第10行

原文：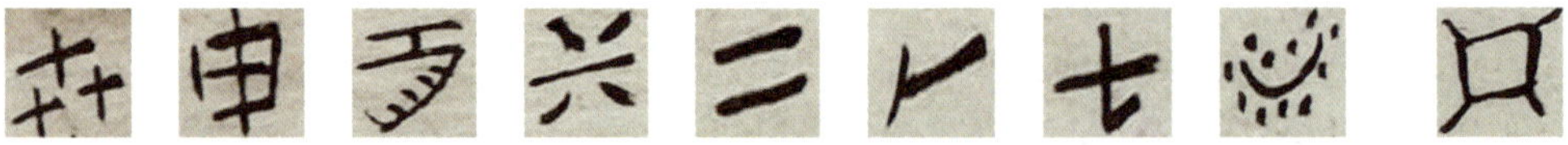

读音：	mu^{2}	sən^{1}	si^{2}	ljok^{8}	ŋ̥i^{2}	ʔjən^{5}kwa:n^{1}	ɕət^{7}	qo^{1}ʈən^{1}	ŋ̥a:n^{1}hi^{5}qʰa^{1}
直译：	戊	申	时	禄存①	二黑②	斧头	七	大群队移动	棺材四角
条目：						【引贯】		【各紧】	【宁喜卡】③

意译：戊申时，值北斗禄存与风水紫白星二黑坤照应，北斗禄存为土与地上坤为土，两土为旺，为天地相旺。要留意水语音译的忌戒水书条目【引贯】之凶，又要留心按用事者出生地支年，往下推演，至地支第七位，为【各紧】【宁喜卡】之灾。

注释：① 禄存：为北斗星之一，属北斗星的第三位。

② 二黑：紫白星属八卦星位第二位，属坤卦。

③ 水语音译忌戒条目：

【引贯】斧头之意。

【各紧】大群队移动。各，水语音译，为划、移动；紧，水语音译，为排场大队伍。

【宁喜卡】意为棺材四角。

原文：

读音：ha:m^{1}　qoŋ^{1}ljok^{8}ma^{4}　ljeu^{4}ȶa^{1}ɕon^{2}

直译：　三　　多匹马做工　家产破败

条目：　　　　【工六马】【辽架玄】④

意译：还要留心按用事者出生地支年，往下推演，至地支第三位，值水语音译的忌戒水书条目【工六马】【辽架玄】，为凶时。不宜安葬、立碑、婚姻、营造、出行。

注释：④ 水语音译忌戒条目：

【工六马】意为马做工，表示多匹马做工。

【辽架玄】意为家产破败。

第11行

原文：

读音：ȶi^{1}　ju^{4}　si^{2}　fan^{2}　ʔjət^{7}　ʔbon^{5}ham^{3}　ha:i^{2}

直译：己　酉　时　文曲①　一白②　罩住　骸④

条目：　　　　　　　　　　【补夯】③

意译：己酉时，值北斗文曲与风水紫白星一白坎照应，北斗文曲为水与地上坎为水，两水为旺，为天地相旺。要留心水语音译的忌戒水书条目【补夯】为“骸（死人）”凶祸之灾。

注释：① 文曲：为北斗星之一，属北斗星的第四位。

② 一白：紫白星属八卦星位第一位，属坎卦。

③ 水语音译忌戒条目：

【补夯】意为罩住，与仰相对。

④ 骸：水语音译，意为棺材、死人或重丧。

原文：

读音：qok^{8}mok^{8} qoŋ^{1}ljok^{8}ma^{4} ta:ŋ^{2}sa:i^{2} eŋ^{1}van^{1}

直译：人头 多匹马做工 宽大竹林 额问⑥

条目：【各木】【工六马】【堂晒】⑤

意译：又要留心水语音译水书忌戒条目【各木】【工六马】【堂晒】之凶，又有水书吉星“额问”照应，为吉多凶少。宜斟酌开路、安葬、立碑、婚姻、营造、出行。

注释：⑤ 水语音译忌戒条目：

【各木】意为人头。

【工六马】意为马做工。

【堂晒】意为宽大森林。

⑥ 额问：为水语音译吉利的水书条目，意为吉利重重。

第12行

原文：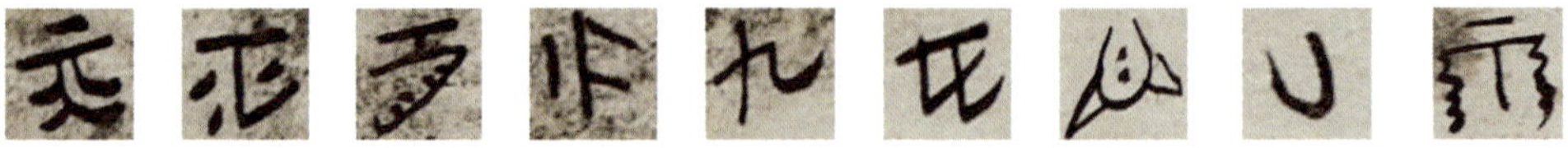

读音：qeŋ^{1} hət^{7} si^{2} ljem^{2} ʈu^{3} ŋo^{4} ŋo^{4}hu^{3} qau^{3}za:i^{5} ʔjeu^{1}fon^{2}hu^{3}

直译：庚 戌 时 廉贞① 九紫② 五 猛虎 猛兽抓拖 孝旗伞

条目：【五虎】【高采】【料逢虎】③

意译：庚戌时，值北斗廉贞与风水紫白星九紫离照应，北斗廉贞为火与地上离为火，两火为旺，为天地相旺。按用事者年庚八字地支推演，至第五位，留意水语音译的忌戒水书条目【五虎】【高采】【料逢虎】之凶。

注释：① 廉贞：为北斗星之一，属北斗星的第五位。

② 九紫：紫白星属八卦星位第九位，属离卦。

③ 水语音译忌戒条目：

【五虎】意为猛虎。

【高采】意为猛兽抓拖。

【料逢虎】意为又孝旗伞。

原文：

读音：	hak^{7}van^{1}	mok^{8}ta:ŋ^{2}	lju^{4}t^{h}u^{3}tsja:ŋ^{1}	kwa:n^{1}tsai^{4}	ɕət^{7}	ɕeu^{3}
直译：	航问	木堂④	柳土獐⑤	利斧	七	小
条目：				【贯才】⑥		

意译：又值水语音译水书吉星“航问”“木堂”或“柳土獐”宿和【贯才】相照，为吉多凶少。宜开路、安葬、立碑，不宜婚姻、营造、出行、造圈。

注释：④ 水语音译水书吉星：

航问：意为连日吉利。

木堂：意为富丽堂皇。

⑤ 柳土獐：为二十八宿之一，这里为吉星。

⑥ 【贯才】水语音译水书吉星，意为利斧。

第13行

原文：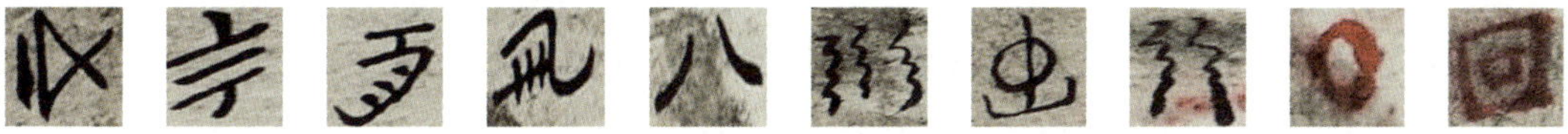

读音：	ɕən^{1}	ʁa:i^{3}	si^{2}	fu^{4}	pa:t^{7}	so^{3}sjem^{1}	ɕoŋ^{1}ʔjət^{7}	lju^{2}lji^{2}sui^{3}	van^{1}	kwa:n^{3}ʔjən^{5}
直译：	辛	亥	时	武曲①	八白②	惹是生非	虫咬	泪如柳条	日	官员大印
条目：						【所线】	【凶以】	【六立水】③		【官印】④

意译：辛亥时值北斗武曲与风水紫白星八白艮照应，北斗武曲为金与地上艮为土，为土生金，为天地相生。要留意水语音译的忌戒水书条目【所线】【凶以】【六立水】之凶；又有水书吉星【官印】相照，为吉多凶少。宜开路、安葬、立碑、出行。

注释：① 武曲：为北斗星之一，属北斗星的第六位。

② 八白：紫白星属八卦星位第八位，属艮卦。

③ 水语音译忌戒条目：

【所线】意为惹是生非。

【凶以】意为虫咬。

【六立水】泪如柳条，指忌哭丧。

④ 【官印】意为官员大印。

第14行

原文：

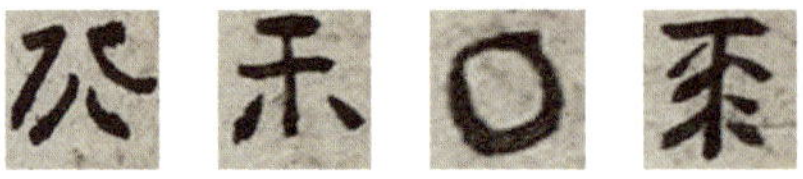

读音：	ȶui^{5}	mi^{2}	van^{1}	mok^{8}
直译：	癸	未	日	木

意译：癸未日，属木。癸未日为六十甲子日的第二十日，属五行纳音木。包含从壬子时到癸亥时，共十二个时辰。

第15行

原文：

读音：	ȵum^{2}	hi^{3}	si^{2}	p^{h}o^{5}	ɕət^{7}	ton^{2}ɣon^{2}	ma^{4}saŋ^{1}ȶi^{2}	haːi^{2}	sui^{3}
直译：	壬	子	时	破军①	七赤②	短命	马戴孝	骸④	壁水貐⑤
条目：						【端完】	【马畅旗】③		

直译：壬子时，值北斗破军与风水紫白星七赤兑照应，北斗破军为金与地上兑为金，两金为旺，为天地相旺。要留意水语音译的忌戒水书条目【端完】【马畅旗】为“骸（死人）”凶祸之灾；又有“壁水貐”宿照应，为吉凶参半之时。宜斟酌安葬、立碑，不宜栽种、婚姻、营造。

注释：① 破军：为北斗星之一，属北斗星的第七位。

② 七赤：紫白星属八卦星位第七位，属兑卦。

③ 水语音译忌戒条目：

【端完】意为短命。

【马畅旗】意为马戴孝。

④ 骸：水语音译，意为棺材、死人或重丧。

⑤ 壁水貐：是二十八宿之一，这里为水书吉星。

第16行

原文：

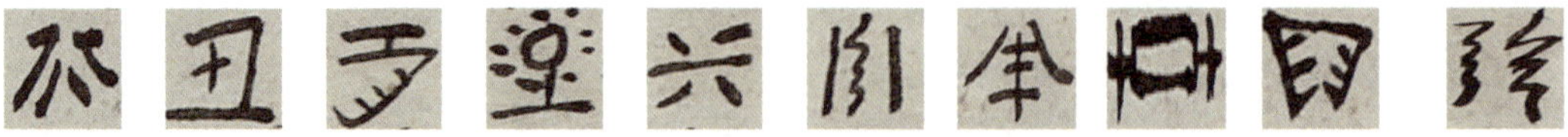

读音：	ȶui^{5}	su^{3}	si^{2}	pu^{2}	ljok^{8}	njem^{1}ju^{5}	ȶum^{1}	haːi^{2}	mən^{2}ja^{3}sui^{3}	lju^{2}lji^{2}sui^{3}
直译：	癸	丑	时	辅星①	六白②	引线	金	骸④	水族衙门	泪如柳条
条目：						【引友】③			【门牙水】	【六立水】⑤

意译：癸丑时，值北斗辅星与风水紫白星六白乾照应，北斗辅星为水与地上乾为金，为金生水，为天地相生。要留意水语音译的忌戒水书条目【引友】之凶，还要留心按用事者出生五行年，往下推演，至五行金位，为“骸（死人）”凶；又要留意【门牙水】【六立水】凶祸之害。

注释：① 辅星：为北斗星之一，属北斗星的第八位。

② 六白：紫白星属八卦星位第八位，属乾卦。

③ 【引友】水语音译忌戒条目，意为引线（应答）。

④ 骸：水语音译，意为棺材、死人或重丧。

⑤ 水语音译忌戒条目：

【门牙水】意为水族衙门。

【六立水】意为泪如柳条，指忌哭丧。

原文：

读音：	qʰam^{5}a:n^1	lju^{2}lji^{2}sui^3	ɕoŋ^{1}ɕep^7	ŋo^4	ʔjum^{5}hən^2	eŋ^{1}van^2
直译：	翻倒马鞍	泪如柳条	接应	五	肥沃大田	额问⑦
条目：	【缸鞍】	【六立水】	【休显】		【堂田】⑥	

意译：又要留意水语音译的水书忌戒条目【缸鞍】【六立水】【休显】之灾害；也还要按用事者出生地支年，往下推演，至地支第五位，值水语音译的水书中性条目【堂田】，虽有水书吉星“额问”照应，但仍为大凶之时。不宜开路、安葬、立碑、婚姻、营造、出行。

注释：⑥ 水语音译忌戒条目：

【缸鞍】意为翻倒马鞍。

【休显】意为接言。

【堂田】水语音译，意为肥沃大田。

⑦ 额问：为水语音译，意为吉利重重。

第17行

原文：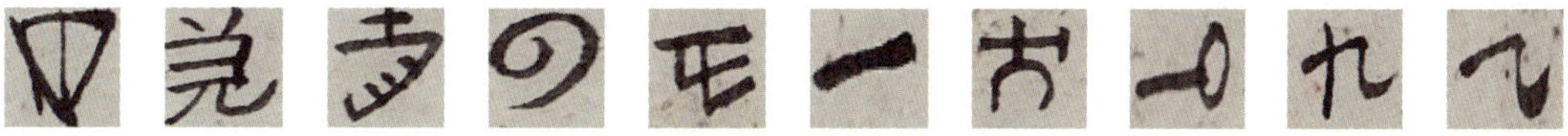

读音：	ȶa:p^7	ji^2	si^2	pjət^7	ŋo^4	ʔjət^7	hak^7	ŋo^{4}qui^5	ȶu^3	ʔjət^7
直译：	甲	寅	时	弼星①	五黄②	一	坎坷	锤敲打	九	一
条目：							【核】	【五锤】③		

意译：甲寅时，值北斗弼星与风水紫白星中央五黄照应，北斗弼星为水与地上中央为土，为土克水，为天地相克。又有按用事者出生地支年，往下推演，至地支第一位，为【核】【五锤】

之凶，为大凶之时。不宜开路、安葬、立碑、婚姻、营造、出行。

注释：① 弼星：为北斗星之一，属北斗星的第九位。

② 五黄：紫白星属八卦星位第五位，属中央卦。

③ 水语音译忌戒条目：

【核】意为坎坷或堵塞。

【五锤】意为五锤敲打。

第18行

原文：

读音：	^{ʔ}jət^{7}	ma:u^{4}	si^{2}	tha:m^{1}	hi^{5}pik^{7}	eŋ^{1}van^{1}	^{ʔ}jət^{7}sjeŋ^{3}ȶhi^{5}	ti^{6}ha:ŋ^{1}fan^{1}
直译：	乙	卯	时	贪狼①	四禄②	吉利重重	一生气③	人丁发达
条目：						【额问】		【竹根代】④

意译：乙卯时，值北斗贪狼与风水紫白星四禄巽照应，北斗贪狼为木与地上巽为木，两木为旺，为天地相旺。又有水语音译的水书吉利条目【额问】“一生气”照应【竹根代】，为大吉之时。宜开路、安葬、立碑、婚姻、营造、出行。

注释：① 贪狼：为北斗星之一，属北斗星的第一位。

② 四禄：紫白星属八卦星位第四位，属巽卦。

③ 一生气：意为和气。

④ 水语音译吉利条目：

【额问】意为吉利重重。

【竹根代】人丁发达。

第19行

原文：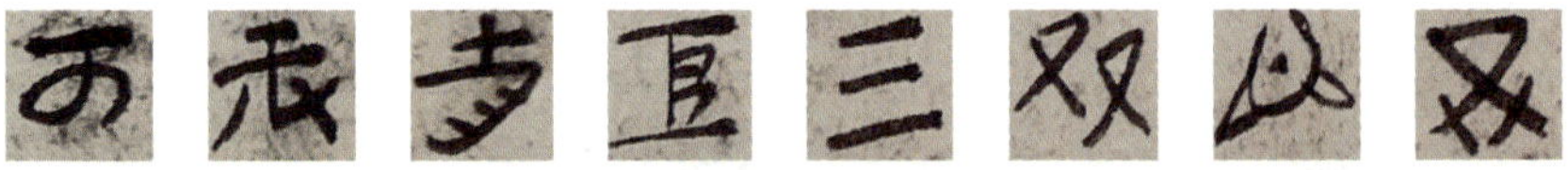

读音：	pjeŋ^{3}	sən^{2}	si^{2}	ȶu^{2}	ha:m^{1}	ku^{3}sup^{7}	ŋo^{4}hu^{3}	ɕoŋ^{1}
直译：	丙	辰	时	巨门①	三碧②	预计	猛虎	凶
条目：						【估术】	【五虎】③	

意译：丙辰时，值北斗巨门与风水紫白星三碧震照应，北斗巨门为土与地上震为木，为木克土，为天地相克。又有水语音译的忌戒水书条目【估术】【五虎】之凶。

注释：① 巨门：为北斗星之一，属北斗星的第二位。

② 三碧：紫白星属八卦星位第三位，属震卦。

③ 水语音译忌戒条目：

【估术】意为预计。

【五虎】意为猛虎。

原文：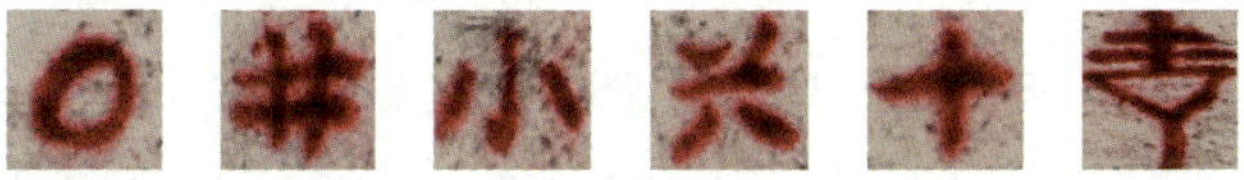

读音：	van^1	tʰa:m^1	ɕeu^3	ljok^8	sup^8	ȶət^7
直译：	日	贪狼④	小	六	十	吉

意译：虽有水书北斗“贪狼”相照，但也难以化解其天地相克之凶祸，仍为大凶之时。不宜开路、安葬、立碑、婚姻、营造、出行。

注释：④ 贪狼：为水语音译，为北斗星的第一位，这里为水书吉星。

第20行

原文：

读音：	tjeŋ^1	hi^4	si^2	ljok^8	ȵi^2	ɕoŋ^{1}ʔjət^7	ŋo^{4}hu^3	ŋo^{4}qui^5	mok^{8}fon^2	ȶi^1	ha:i^2
直译：	丁	巳	时	禄存①	二黑②	虫咬	猛虎	锤敲打	缠树藤	九穷	骸④
条目：						【凶以】	【五虎】	【五锤】	【木逢】	【九己】③	

意译：丁巳时，值北斗禄存与风水紫白星二黑坤照应，北斗禄存为土与地上坤为土，两土为旺，为天地相旺。要留心水语音译的忌戒水书条目【凶以】【五虎】【五锤】【木逢】【九己】为“骸（死人）”凶祸所招致之灾。仍为凶时，不宜开路、安葬、立碑、婚姻、营造。

注释：① 禄存：为北斗星之一，属北斗星的第三位。

② 二黑：紫白星属八卦星位第二位，属坤卦。

③ 水语音译忌戒条目：

【凶以】意为虫咬。

【五虎】意为猛虎。

【五锤】意为五锤敲打。

【木逢】意为缠树藤。

【九己】指九穷，二代以后丁财破败。

④ 骸：水语音译，意为棺材、死人或重丧。

第21行

原文：

读音：mu^{2} ŋo^{2} si^{2} fan^{2} ʔjət^{7} ha:i^{2} pjət^{7}jiŋ^{5} ta:ŋ^{2}sa:i^{2} so^{3}sjem^{1} ʈi^{1}

直译：戊 午 时 文曲① 一白② 骸③ 环绕 宽大竹林 惹是生非 九穷

条目：【必引】【堂晒】【所线】【九己】④

意译：戊午时，值北斗文曲与风水紫白星一白坎照应，北斗文曲为水与地上坎为水，两水为旺，为天地相旺。要留意值“骸（死人）”凶；又要留意水语音译的忌戒水书条目【必引】【堂晒】【所线】【九己】之凶祸。

注释：① 文曲：为北斗星之一，属北斗星的第四位。

② 一白：紫白星属八卦星位第一位，属坎卦。

③ 骸：水语音译，意为棺材、死人或重丧。

④ 水语音译忌戒条目：

【必引】意为回环。

【堂晒】意为宽大竹林。

【所线】意为惹是生非。

【九己】指九穷，二代以后丁财破败。

原文：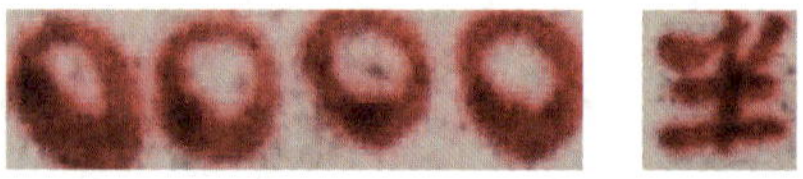

读音：eŋ^{1}van^{1} mi^{2}

直译：额问⑤ 未

意译：虽有水书吉利“额问”照应，仍为凶时。不宜开路、安葬、立碑、婚姻、营造、出行。

注释：⑤ 额问：水语音译，意为吉利重重。

第22行

原文：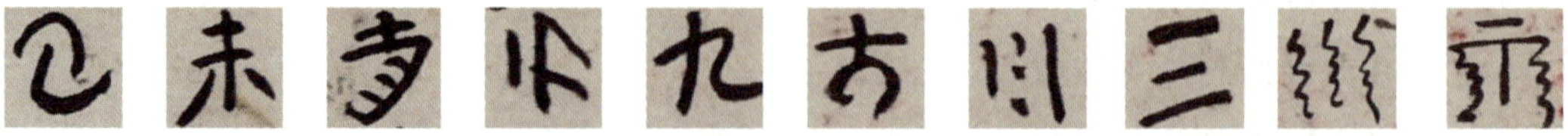

读音：ʈi^{1} mi^{2} si^{2} ljem^{2} ʈu^{3} hak^{7} pik^{7}sui^{3}ka:ŋ^{5} ha:m^{1} so^{3}sjem^{1} ʔjeu^{1}fon^{2}hu^{3}

直译：己 未 时 廉贞① 九紫② 坎坷 泪水哭干 三 惹是生非 孝旗伞

条目：【核】【比水缸】 【所线】【料逢虎】③

意译：己未时，值北斗廉贞与风水紫白星九紫离照应，北斗廉贞为火与地上离为火，两火为旺，为天地相旺。既要留心水语音译水书禁忌条目【核】【比水缸】之凶；又要留意按用事者出生地支年，往下推演，至地支第三位，为【所线】【料逢虎】之害。

注释：① 廉贞：为北斗星之一，属北斗星的第五位。

② 九紫：紫白星属八卦星位第九位，属离卦。

③ 水语音译的忌戒水书条目：

【核】意为坎坷、堵塞。

【比水缸】意为哭干泪水。

【所线】惹是生非。

【料逢虎】意为孝旗伞。

原文：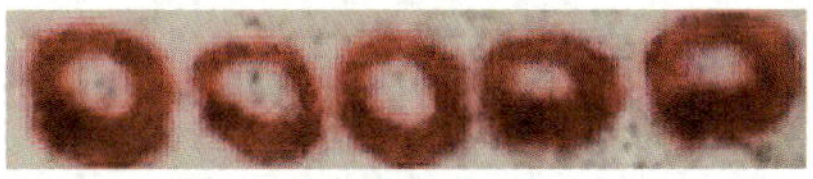 

读音：	eŋ^{1}van^{2}	tət^{7}
直译：	额问④	吉

意译：有吉利水书吉星“额问”照应，为吉凶参半。宜斟酌开路、安葬、立碑、婚姻、营造、出行。

注释：④ 额问：水语音译，意为吉利重重。

第23行

原文：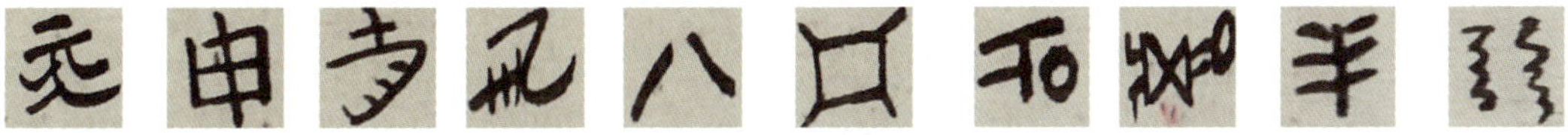

读音：	qeŋ^{1}	sən^{1}	si^{2}	fu^{4}	pa:t^{7}	ŋ̊a:m^{1}hi^{5}q^{h}a^{1}	pje^{2}k^{h}u^{1}	zən^{1}ta:u^{5}	qok^{8}mok^{8}	lju^{2}lji^{2}sui^{3}
直译：	庚	申	时	武曲①	八白②	棺材四角	麻风病	人倒	人头	泪如柳条
条目：						【宁喜卡】	【别扣】	【人倒】	【各木】	【六立水】③

意译：庚申时，值北斗武曲与风水紫白星八白艮照应，北斗武曲为金与地上艮为土，为土生金，为天地相生。特别注重水语音译的忌戒水书条目【宁喜卡】【别扣】【人倒】【各木】【六立水】凶祸或伤身损耗之灾，为大凶之时。诸事不宜。

注释：① 武曲：为北斗星之一，属北斗星的第六位。

② 八白：紫白星属八卦星位第八位，属艮卦。

③ 水语音译忌戒条目：

【宁喜卡】意为棺材头的四角。

【别扣】意为麻风病。

【人倒】意为凶祸人倒或重丧（即连续死人）。

【各木】意为人头。

【六立水】指泪如柳条，忌哭丧。

第24行

原文：

读音：ɕən^{1} ju^{4} si^{2} p^{h}o^{5} ɕət^{7} ʔjən^{5}kwa:n^{1} ɕət^{7} qo^{1}ȶən^{1} mok^{8} ta:ŋ^{2} lju^{4}t^{h}u^{3}zha:ŋ^{1}

直译：辛 酉 时 破军① 七赤② 斧头 七 大群队移动 木堂 柳土獐④

条目：【引贯】 【各紧】③

意译：辛酉时，值北斗破军与风水紫白星七赤兑照应，北斗破军为金与地上兑为金，两金为旺，为天地相旺。既要留心水语音译水书禁忌条目【引贯】之凶，又要留意按用事者出生地支年，往下推演，至地支第七位，为水语音译水书禁忌条目【各紧】之凶祸；又有水语音译水书吉利条目“木堂”和“柳土獐”宿照应，为吉多凶少之时。宜斟酌开路、安葬、立碑、婚姻、营造、出行。

注释：① 破军：为北斗星之一，属北斗星的第七位。

② 七赤：紫白星属八卦星位第七位，属兑卦。

③ 水语音译忌戒条目：

【引贯】意为斧头。

【各紧】大群队移动。各，水语音译，为划、移动；紧，水语音译，指排场大队伍。

④ 木堂：水语音译，意为富丽堂皇。

柳土獐：为二十八宿之一，这里为水书吉星。

第25行

原文：

读音：ȵum^{2} hət^{7} si^{2} pu^{2} ljok^{8} ljeu^{4} ȶa^{1}ɕon^{2} qoŋ^{1}ljok^{8}ma^{4} sa:n^{1} q^{h}am^{1}a:n^{1} lju^{2}lji^{2}sui^{3}

直译：壬 戌 时 辅星① 六白② 家产破败 马做工 散③ 翻倒马鞍 泪如柳条

条目：【辽架玄】【工六马】 【缸鞍】【六立水】④

意译：壬戌时，值北斗辅星与风水紫白星六白乾照应，北斗辅星为水与地上乾为金，为金生水，为天地相生。要注重水语音译水书禁忌条目【辽架玄】【工六马】“散”【缸鞍】【六立水】凶祸之灾。

注释：① 辅星：为北斗星之一，属北斗星的第八位。

② 六白：紫白星属八卦星位第六位，属乾卦。

③ 散：八宫掌名称。

④ 水语音译忌戒条目：

【辽架玄】意为家产破败。

【工六马】意为马做工，表示多匹马做工。

【缸鞍】意为翻倒马鞍。

【六立水】意为泪如柳条，指忌哭丧。

原文：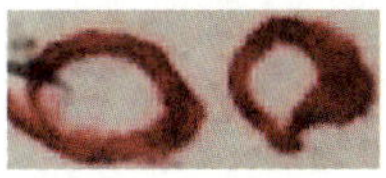

读音：hak^{7}van^1

直译：额问⑤

意译：又有吉利水书吉星“航问”照应，为吉多凶少。宜斟酌开路、安葬、立碑、婚姻、营造、出行。

注释：⑤ 航问：水语音译，意为连日吉利。

第26行

原文：

读音：	ɬui^5	ʁa:i^3	si^2	pjət^7	ŋo^4	ŋo^{4}hu^3	qau^{3}za:i^5	ŋo^{4}hu^3	sək^{7}ti^1
直译：	癸	亥	时	弼星①	五黄②	猛虎	猛兽抓拖	猛虎	断梳子
条目：						【五虎】	【高采】	【五虎】	【省记】③

意译：癸亥时，值北斗弼星与风水紫白星中央五黄照应，北斗弼星为水与地上中央为土，为土克水，为天地相克。又有水语音译的忌戒水书条目【五虎】【高采】【省记】。

注释：① 弼星：为北斗星之一，属北斗星的第九位。

② 五黄：紫白星属八卦星位第五位，属中央卦。

③ 水语音译忌戒条目：

【五虎】意为猛虎。

【高采】意为猛兽抓拖。

【省记】意为断梳子，指死人梳子。

原文：

读音：	hak^{7}van^1	ɬum^1	ta:i^2	ɬət^7
直译：	航问④	金⑤	大	吉

意译： 虽有水语音译的水书吉星“航问”照应，按用事者年庚八字五行推演，至五行金位大吉。但也难化解其凶祸，仍为大凶之时。不宜开路、安葬、立碑、婚姻、营造、出行。

注释： ④　航问：意为连日吉利。

⑤　金：属五行之位。

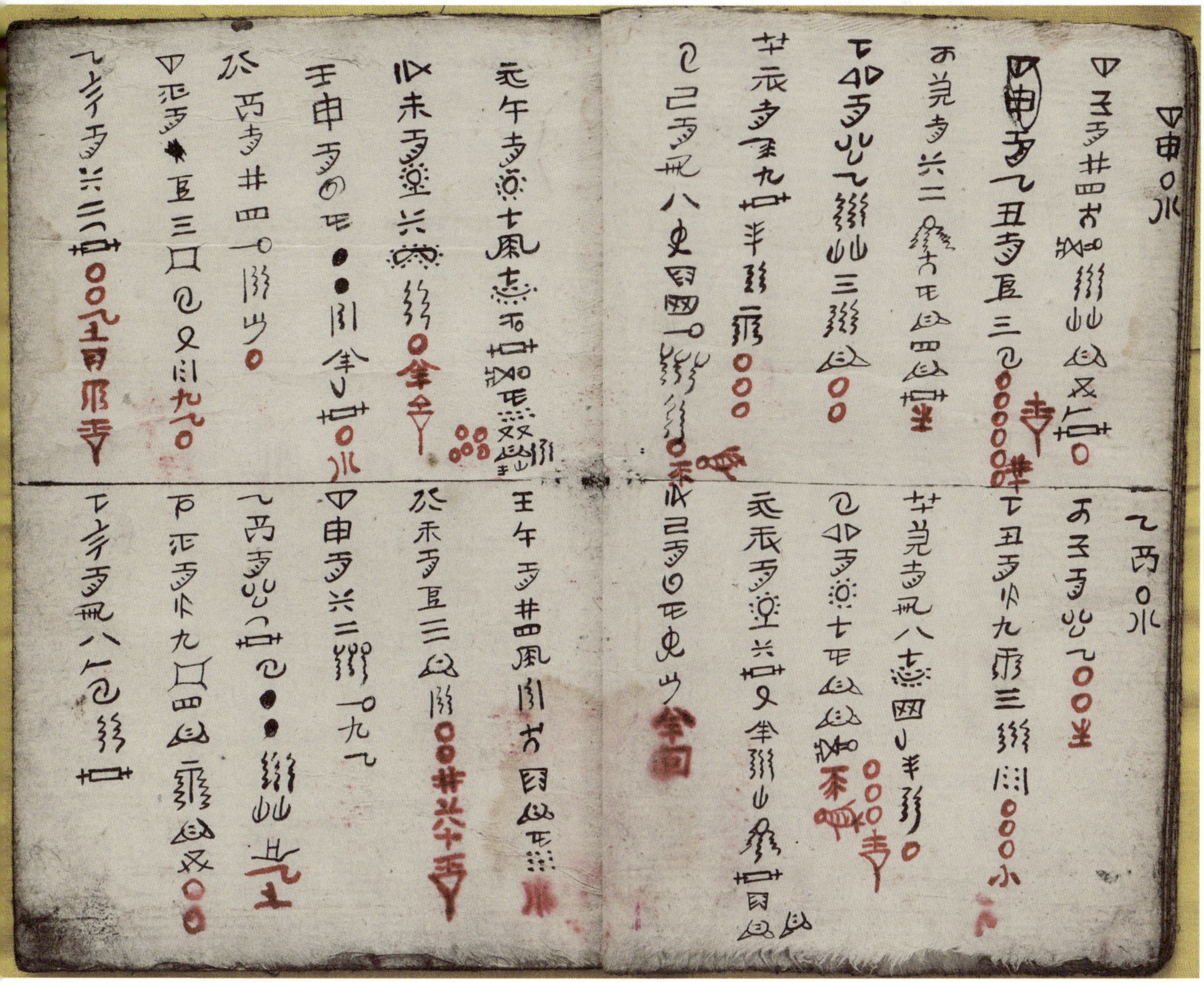

原件 11：甲申 乙酉

第 1 行

原文：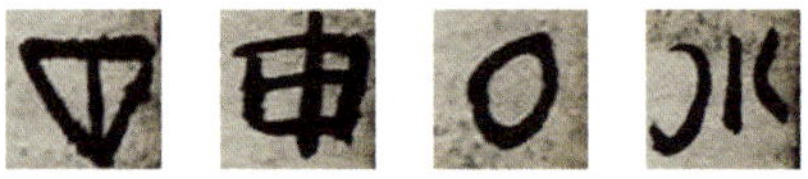

读音：ȶa:p^{7} sən^{1} van^{1} sui^{3}

直译：甲 申 日 水

意译：甲申日，属水。甲申日为六十甲子日的第二十一日，属五行纳音水。含从甲子时到乙亥时，共十二个时辰。

第 2 行

原文：

读音：ȶa:p^{7} hi^{3} si^{2} tʰa:m^{1} hi^{5} hak^{7} zən^{1}ta:u^{5} ha:i^{4}jən^{2} ta:ŋ^{2}sa:i^{2}

直译：甲 子 时 贪狼① 四禄② 坎坷 人倒 马肠子 宽大竹林

条目：【核】【人倒】【海寅】【堂晒】③

意译：甲子时，值北斗贪狼与风水紫白星四禄巽相照应，北斗贪狼为木与地上巽为木，两木为旺，天地相旺。要注重水语音译的忌戒水书条目【核】【人倒】【海寅】【堂晒】凶祸之灾。

注释：① 贪狼：为北斗星之一，属北斗星的第一位。

② 四禄：紫白星属八卦星位第四位，属巽卦。

③ 水语音译禁忌条目：

【核】意为坎坷、堵塞。

【人倒】意为凶祸倒人或重丧（即连续死人）。

【海寅】也叫【海马】，意为马肠子。

【堂晒】意为宽大竹林。

原文：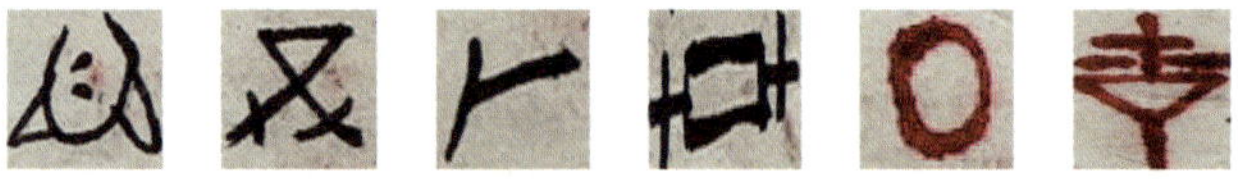

读音：ŋo^{4}hu^{3} ɕoŋ^{1} ʔjən^{5}kwa:n^{1} ha:i^{2} van^{1} ȶət^{7}

直译：猛虎 凶 斧头 骸⑤ 日 吉

条目：【五虎】【引贯】④

意译：又要注重【五虎】【引贯】为“骸（死人）”凶祸之灾害。即使有吉日相照，也难以化解其凶，为凶时。不宜开路、安葬、立碑、婚姻、营造、出行。

注释：④ 水语音译忌戒条目：

【五虎】意为猛虎。

【引贯】意为斧头。

⑤ 骸：水语音译，意为棺材、死人或重丧。

第 3 行

原文：

读音：	ʔjət^{7}	su^{3}	si^{2}	ʈu^{2}	ha:m^{1}	ʈi^{1}	eŋ^{1}van^{1}	tʰa:m^{1}	sup^{8}
直译：	乙	丑	时	巨门①	三碧②	九穷	额问	贪狼④	吉
条目：						【九己】③			

意译：乙丑时，值北斗巨门与风水紫白星三碧震相照应，北斗巨门为土与地上震卦属木，为木克土，为天地相克。又有水语音译的忌戒水书条目【九己】之凶；虽值水书吉星“额问”或北斗星“贪狼”照应，但也难化解天地相克，仍为凶时。诸事不宜。

注释：① 巨门：为北斗星之一，属北斗星的第二位。

② 三碧：紫白星属八卦星位第三位，属震卦。

③ 【九己】水语音译的水书忌戒条目，意为穷，二代以后丁财衰败。

④ 额问：为水语音译吉利条目，意为吉利重重。

贪狼：属北斗九星第一位，这里为水书吉星。

第 4 行

原文：

读音：	pjeŋ^{3}	ji^{2}	si^{2}	ljok^{8}	ȵi^{2}	ma^{4}saŋ^{2}ʈi^{2}	hak^{7}	ŋo^{4}	ŋo^{4}hu^{3}
直译：	丙	寅	时	禄存①	二黑②	马戴孝	坎坷	五	猛虎
条目：						【马畅旗】	【核】		【五虎】③

意译：丙寅时，值北斗禄存与风水紫白星二黑坤照应，北斗禄存为土与地坤为土，两土为旺，为天地相旺。要留意水语音译的忌戒水书条目【马畅旗】【核】之凶；又要留意按用事者出生地支年，往下推演，至地支第五位，为【五虎】之凶。

注释：① 禄存：为北斗星之一，属北斗星的第三位。

② 二黑：紫白星属八卦星位第二位，属坤卦。

③ 水语音译忌戒条目：

【马畅旗】意为马戴孝。

【核】意为坎坷或堵塞。

【五虎】意为猛虎。

原文：

读音：	hi^{5}	ŋo^{4}hu^{3}	ha:i^{2}	mi^{2}
直译：	四	猛虎	骸⑤	未
条目：		【五虎】④		

意译：还要留心按用事者出生地支年，往下推演，至地支第四位，值【五虎】为“骸（死人）”凶祸之灾，为吉凶参半。宜斟酌开路、安葬、立碑、赴任，不宜婚姻、营造、造圈。

注释：④ 【五虎】为水语音译忌戒条目，意为猛虎。

⑤ 骸：水语音译，意为棺材、死人或重丧。

第 5 行

原文：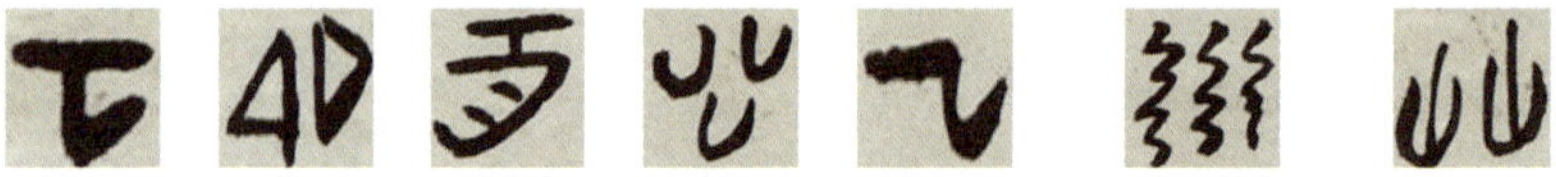

读音：	tjeŋ^{1}	ma:u^{4}	si^{2}	fan^{2}	ʔjət^{7}	qoŋ^{1}ljok^{8}ma^{4}	ta:ŋ^{2}sa:i^{2}
直译：	丁	卯	时	文曲①	一白②	马做工	宽大竹林
条目：						【工六马】	【堂晒】③

意译：丁卯时，值北斗文曲与风水紫白星一白坎照应，北斗文曲为水与地坎为水，两水为旺，为天地相旺。要留心水语音译的忌戒水书条目【工六马】【堂晒】之凶。

注释：① 文曲：为北斗星之一，属北斗星的第四位。

② 一白：紫白星属八卦星位第一位，属坎卦。

③ 水语音译忌戒条目：

【工六马】意为马做工，表示多匹马做工。

【堂晒】意为宽大竹林。

原文：

读音：	ha:m^{1}	qoŋ^{1}ljok^{8}ma^{4}	ŋo^{4}hu^{3}	hak^{7}van^{1}
直译：	三	马做工	猛虎	航问⑤
条目：		【工六马】	【五虎】④	

意译：又要留心按用事者出生地支年，往下推演，至地支第三位，又值水语音译的水书忌戒条目

【工六马】【五虎】之凶，虽逢吉星“航问”照应，也为吉凶参半。宜斟酌开路、安葬、立碑，不宜设席、婚姻、营造、造圈。

注释：④ 水语音译忌戒条目：

【工六马】意为马做工，表示多匹马做工。

【五虎】意为猛虎。

⑤ 航问：为水语音译的水书吉利条目，意为连日吉利。

第 6 行

原文：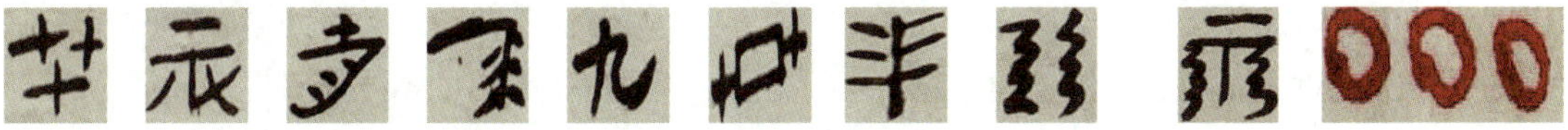

读音：mu^{2} sən^{2} si^{2} ljem^{2} ʈu^{3} ha:i^{2} mok^{8} lju^{2}lji^{2}sui^{3} ʔjeu^{1}fon^{2}hu^{3} eŋ^{1}van^{1}

直译：戊 辰 时 廉贞① 九紫② 棺材 人头 泪如柳条 孝旗伞 额问④

条目：【核】【各木】【六立水】【料逢虎】③

意译：戊辰时，值北斗廉贞与风水紫白星九紫离照应，北斗廉贞为火与地离为火，两火为旺，为天地相旺。要留心水语音译的忌戒水书条目【核】【各木】【六立水】【料逢虎】之凶；又值水语音译水书吉星“额问”照应，也仍为大凶之时。诸事不宜。

注释：① 廉贞：为北斗星之一，属北斗星的第五位。

② 九紫：紫白星属八卦星位第九位，属离卦。

③ 水语音译忌戒条目：

【核】意为棺材或重丧。

【各木】意为人头。

【六立水】意为泪如柳条，指忌哭丧。

【料逢虎】意为孝旗伞。

④ 额问：为水语音译水书吉利条目，意为吉利重重。

第 7 行

原文：

读音：ʈi^{1} hi^{4} si^{2} fu^{4} pa:t^{7} t^{h}jem^{1}ta:i^{2} mən^{2}ja^{3}sui^{3} ton^{2}ɣon^{2}

直译：己 巳 时 武曲① 八白② 跨田地 水族衙门 短命

条目：【添大】【门牙水】【端完】③

意译：己巳时，值北斗武曲与风水紫白星八白艮照应，北斗武曲为金与地艮为土，两水为旺，为天地相旺。要留心水语音译的水书忌戒条目【添大】【门牙水】【端完】之凶。

注释：① 武曲：为北斗星之一，属北斗星的第六位。

② 八白：紫白星属八卦星位第八位，属艮卦。

③ 水语音译忌戒条目：

【添大】意为垮田地。

【门牙水】指水族衙门。

【端完】意为短命。

原文：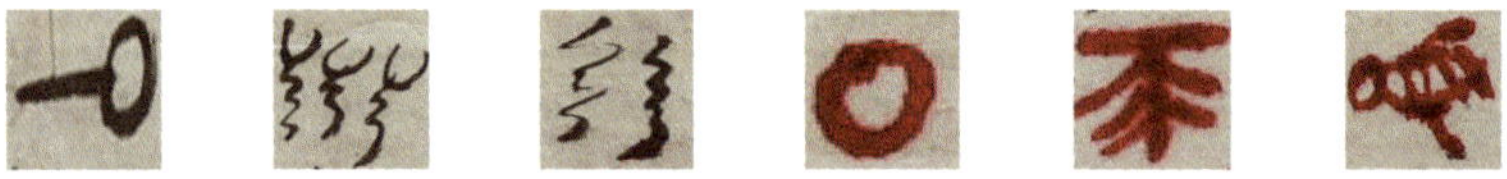

读音：	ŋo^{4}qui^5	ɬui^{3}sat^{7}ɬa^1	lju^{2}lji^{2}sui^3	van^1	mok^8	lju^{4}t^{h}u^{3}tsja:ŋ^1
直译：	锤敲打	鬼卷家	泪如柳条	日	木堂	柳土獐⑤

条目：【五锤】【居散架】【六立水】④

意译：又要留心水语音译的忌戒水书条目【五锤】【居散架】【六立水】之凶祸；虽有“木堂”“柳土獐”照应，但仍为大凶之时。诸事不宜。

注释：④ 水语音译忌戒条目：

【五锤】意为五锤敲打。

【居散架】意为鬼转回家。

【六立水】意为泪如柳条，忌哭丧。

⑤ 木堂：水语音译，意为富丽堂皇。

柳土獐：为二十八宿之一，这里为水书吉星。

第 8 行

原文：

读音：	qeŋ^1	ŋo^2	si^1	p^{h}o^5	ɕət^7	mok^{8}fon^2	ɕət^7	qo^{2}tən^1	pje^{2}k^{h}u^1	ha:i^2	zən^{1}ta:u^5
直译：	庚	午	时	破军①	七赤②	缠树藤	七	大群队移动	麻风病	骸④	人倒
条目：						【木逢】		【各紧】	【别扣】③		【人倒】⑤

意译：庚午时，值北斗破军与风水紫白星七赤兑照应，北斗破军为金与地兑为金，两金为旺，为天地相旺。要留意水语音译的水书忌戒条目【木逢】之凶；又要留心按用事者出生地支年，往下推演，至地支第七位，为【各紧】【别扣】为“骸（死人）”凶；又要留意值【人倒】凶祸之灾。

注释：① 破军：为北斗星之一，属北斗星的第七位。

② 七赤：紫白星属八卦星位第七位，属兑卦。

③　水语音译忌戒条目：

【木逢】意为缠树藤。

【各紧】大群队移动。各，水语音译，为划、移动；紧，水语音译，为大排场队伍。

【别扣】意为麻风病。

④　骸：水语音译，意为棺材、死人或重丧。

⑤　【人倒】意为棺材或重丧。

原文：

读音：ŋo^{4}　ta:ŋ^{2}ʔɣa^{5}　ku^{3}sup^{7}　ŋu^{4}hu^{3}　mok^{8}　sa:n^{1}　qoŋ^{1}ljok^{8}ma^{4}

直译：五　肥沃大田　预计　猛虎　木　散⑦　马做工

条目：【堂田】【估术】【五虎】⑥　【工六马】⑧

意译：又要留心按用事者出生地支年，往下推演，至地支第五位，值【堂田】【估术】之凶；还要留心按用事者出生五行年，往下推演，至五行木位，值【五虎】“散”【工六马】凶祸之灾，为大凶之时。不宜开路、安葬、立碑、婚姻、营造、出行。

注释：⑥　水语音译忌戒条目：

【堂田】意为肥沃大田。

【估术】是预计之意。

【五虎】意为猛虎。

⑦　散：八宫掌名称。

⑧　工六马：意为马做工，表示多匹马做工。

第 9 行

原文：

读音：ɕən^{1}　mi^{2}　si^{2}　pu^{2}　ljok^{8}　qʰam^{5}a:n^{1}　lju^{2}lji^{2}sui^{3}

直译：辛　未　时　辅星①　六白②　翻倒马鞍　泪如柳条

条目：【缸鞍】【六立水】③

意译：辛未时，值北斗辅星与风水紫白星六白乾照应，北斗辅星为水与地乾为金，为金生水，为天地相生。要留意水语音译的忌戒水书条目【缸鞍】【六立水】之凶。

注释：①　辅星：为北斗星之一，属北斗星的第八位。

②　六白：紫白星属八卦星位第六位，属乾卦。

③　水语音译忌戒条目：

【缸鞍】意为翻倒马鞍。

【六立水】意为泪如柳条，指忌哭丧。

原文：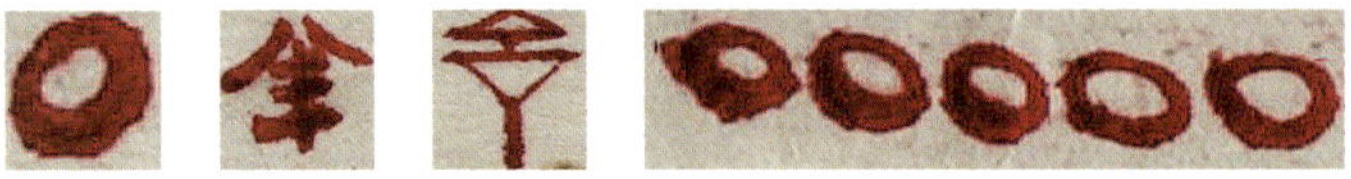

读音：van^{1}　ṭum^{1}　ṭət^{7}　eŋ^{1}van^{1}

直译：日　金堂　吉　额问④

意译：又值水语音译水书吉利条目“吉日”相照，有水书吉星“金堂”“额问”相照，为吉多凶少。宜开路、安葬、立碑、婚姻、营造、出行，忌造马鞍。

注释：④ 水语音译吉星：

额问：意为吉利重重。

金堂：富丽堂皇。

第10行

原文：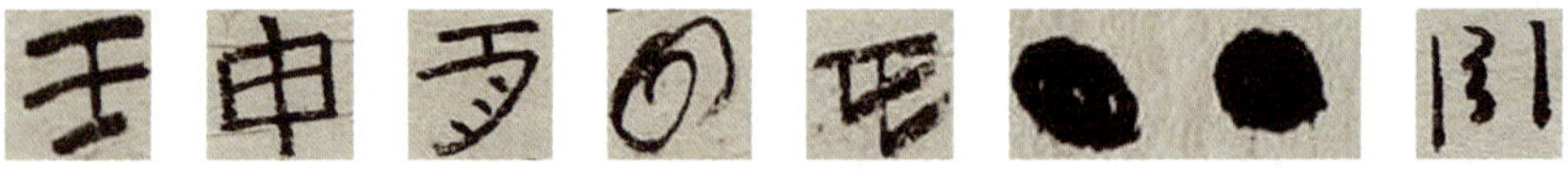

读音：ŋ̥um^{2}　sən^{1}　si^{2}　pjət^{7}　ŋo^{4}　hak^{7}van^{1}ʔdjem^{5}　njem^{2}ju^{5}

直译：壬　申　时　弼星①　五黄②　连日阴沉　引线

条目：【航问锭】　【引友】③

意译：壬申时，值北斗弼星与风水紫白星五黄中央照应，北斗弼星为水与地中央为土，为土克水，为天地相克。要留心水语音译的忌戒水书条目【航问锭】【引友】之凶。

注释：① 弼星：为北斗星之一，属北斗星的第九位。

② 五黄：紫白星属八卦星位第五位，属中央卦。

③ 水语音译忌戒条目：

【航问锭】意为连日凶祸或连日阴沉。

【引友】意为引线（忌丧葬时叫他人名字）。

原文：

读音：ṭum^{1}　qau^{3}za:i^{5}　ha:i^{2}　van^{1}　sui^{3}

直译：金　猛兽抓拖　骸⑤　日　水

条目：【高采】④

意译：还要留意按用事者出生五行年，往下推演，至金位，值水语音译水书忌戒条目【高采】为

“骸（死人）”凶祸之灾；虽有吉利照应，但仍为大凶之时。诸事不宜。

注释：④ 【高采】水语音译忌戒条目，意为猛兽抓拖。

⑤ 骸：水语音译，意为棺材、死人或重丧。

第11行

原文：

读音：	ȶui^{5}	ju^{4}	si^{2}	tʰa:m^{1}	hi^{5}	ŋo^{4}qui^{5}	ɕoŋ^{1}ɕe:p^{7}	sək^{7}ȶi^{1}	van^{1}
直译：	癸	酉	时	贪狼①	四禄②	锤敲打	接应	断梳子	日
条目：						【五锤】	【休显】	【省记】③	

意译：癸酉时，值北斗贪狼与风水紫白星四禄巽照应，北斗贪狼为木与地巽为木，两木为旺，为天地相旺。要留意水语音译的忌戒水书条目【五锤】【休显】【省记】凶祸之灾，为吉凶参半之时。宜开路、安葬、立碑、婚姻、营造、出行，忌报丧。

注释：① 贪狼：为北斗星之一，属北斗星的第一位。

② 四禄：紫白星属八卦星位第四位，属巽卦。

③ 水语音译忌戒条目：

【五锤】意为五锤敲打。

【休显】意为接应，指忌报丧。

【省记】意为断梳子，指死人梳子。

第12行

原文：

读音：	ȶa:p^{7}	hət^{7}	si^{2}	ȶu^{2}	ha:m^{1}	ŋ̥a:n^{1}hi^{5}qʰa^{1}	ȶi^{1}	pjət^{7}jiŋ^{5}	pik^{7}sui^{3}ka:ŋ^{5}
直译：	甲	戌	时	巨门①	三碧②	棺材四角	九穷	环绕	泪水哭干
条目：						【宁喜卡】	【九己】	【必引】	【比水缸】③

意译：甲戌时，值北巨门星与风水紫白星三碧照应，北斗巨门为土与地震为木，为木克土，为天地相克。要留意水语音译水书忌戒条目【宁喜卡】【九己】【必引】【比水缸】凶祸之凶。

注释：① 巨门：为北斗星之一，属北斗星的第二位。

② 三碧：紫白星属八卦星位第三位，属震卦。

③ 水语音译忌戒条目：

【宁喜卡】意为棺材头四角。

【九己】指九穷，二代以后丁财衰败。

【必引】指环绕或回环。

【比水缸】意为泪水哭干。

原文：

读音：ȶu^{3}　ʔjət^{7}　van^{1}

直译：九　乙④　日

意译：即使按用事者出生地支年，往下推演，至地支第九位，或按用事者出生五行年，往下推演，至五行乙位为吉利，也仍为大凶之时。不宜开路、安葬、立碑、营造、婚姻、出行。

注释：④　九、乙：九，意为按用事者出生地支年，往下推演，至地支第九位；乙，按用事者出生五行年，往下推演，至五行乙位。

第13行

原文：

读音：ʔjət^{7}　ʁa:i^{3}　si^{2}　ljok^{8}　ŋ̊i^{2}　ʔbon^{5}ham^{3}　ha:i^{2}

直译：乙　亥　时　禄存①　二黑②　一边罩住　骸④

条目：【补夯】③

意译：己亥时，值北斗禄存与风水紫白星二黑坤照应，北斗禄存为土与地坤为土，两土为旺，为天地相旺。要留意值【补夯】为“骸（死人）”之凶。

注释：①　禄存：为北斗星之一，属北斗星的第三位。

②　二黑：紫白星属八卦星位第二位，属坤卦。

③　【补夯】水语音译忌戒条目，意为一边罩住，与仰相对。

④　骸：水语音译，意为棺材、死人或重丧。

原文：

读音：hak^{7}van^{1}　ʔjət^{7}sjeŋ^{3}　mən^{2}ja^{3}sui^{3}　ti^{6}ha:ŋ^{1}fan^{1}　ȶət^{7}

直译：连日吉利　一生气⑤　水族衙门　人丁发达　吉

条目：【航问】　【门牙水】【竹根代】⑥

意译：又有水语音译水书吉利条目【航问】“一生气”【门牙水】照应【竹根代】，为吉时。宜开路、安葬、立碑、婚姻、营造、出行。

注释：⑤　一生气：水书吉利条目，意为和气。

⑥ 水书吉利条目：

【航问】意为连日吉利。

【门牙水】意为水族衙门。

【竹根代】人丁发达。

第14行

原文：

读音：ʔjət^{7} ju^{4} van^{1} sui^{3}

直译：乙 酉 日 水

意译：乙酉日，属水。乙酉日为六十甲子日第二十二日，属五行纳音水。包含从丙子时到丁亥时，共十二个时辰。

第15行

原文：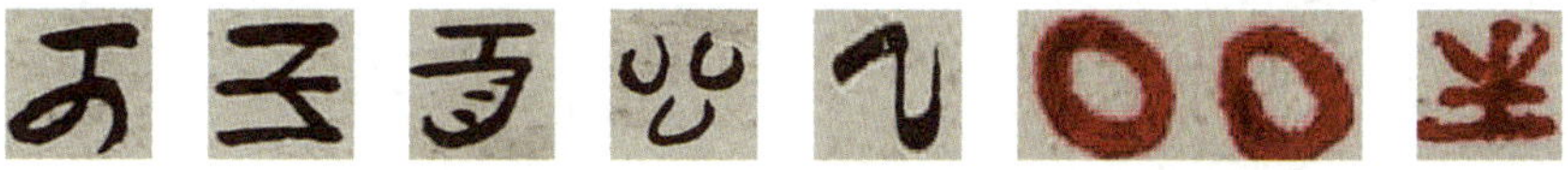

读音：pjeŋ^{3} hi^{3} si^{2} fan^{2} ʔjət^{7} hak^{7}van^{1} mi^{2}

直译：丙 子 时 文曲① 一白② 航问③ 未

意译：丙子时，值北斗文曲与风水紫白星一白坎照应，北斗文曲为水与地坎为水，两水为旺，为天地相旺。有水语音译的水书吉利条目【航问】照应，还有按用事者出生地支年，往下推演，至地支未位吉利，为大吉时。宜开路、安葬、立碑、婚姻、营造、出行。

注释：① 文曲：为北斗星之一，属北斗星的第四位。

② 一白：紫白星属八卦星位第一位，属坎卦。

③ 航问：为水语音译的水书吉利条目，意为连日吉利。

第16行

原文：

读音：tjeŋ^{1} su^{3} si^{2} ljem^{2} ʈu^{3} ʔjeu^{1}fon^{2}hu^{3} ha:m^{1} so^{3}sjem^{1} pik^{7}sui^{3}ka:ŋ^{5}

直译：丁 丑 时 廉贞① 九紫② 孝旗伞 三 惹是生非 泪水哭干

条目：【料逢虎】 【所线】【比水缸】③

意译：丁丑时，值北斗廉贞与风水紫白星九紫离照应，北斗廉贞为火与地离为火，两火为旺，为天地相旺。要留意水语音译水书忌戒条目【料逢虎】之凶；又要留心按用事者出生地支年，往下推演，至地支第三位，为【所线】【比水缸】之灾。

注释：① 廉贞：为北斗星之一，属北斗星的第五位。

② 九紫：紫白星属八卦星位第九位，属离卦。

③ 水语音译忌戒条目：

【料逢虎】意为孝旗伞。

【所线】意为惹是生非。

【比水缸】意为泪水哭干。

原文：

读音：	eŋ^{1}van^{1}	ɕeu^{3}
直译：	额问④	小

意译：又值水书吉“额问”照应，为吉多凶少。宜开路、安葬、立碑、婚姻、营造、出行。

注释：④ 额问：意为吉利重重。

第17行

原文：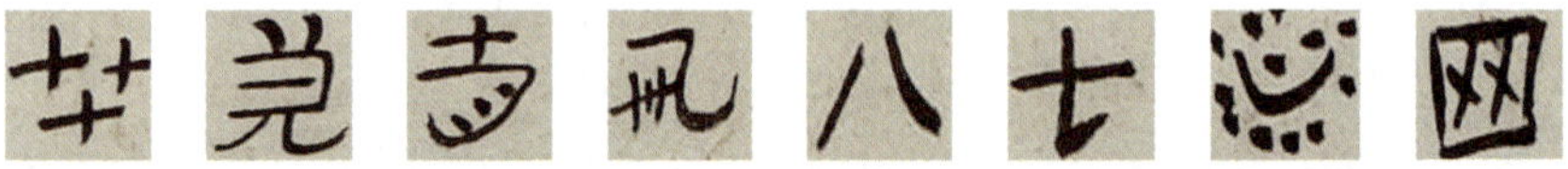

读音：	mu^{2}	ji^{2}	si^{2}	fu^{4}	pa:t^{7}	ɕət^{7}	qo^{2}ɬən^{1}	ton^{2}ɣon^{2}
直译：	戊	寅	时	武曲①	八白②	七	大群队移动	短命
条目：							【各紧】	【端完】③

意译：戊寅时，值北斗武曲与风水紫白星八白艮照应，北斗武曲为金与地艮为土，为土生金，为天地相生。要留意按用事者出生地支年，往下推演，至地支第七位，值水语音译的水书忌戒条目【各紧】【端完】凶祸之灾。

注释：① 武曲：为北斗星之一，属北斗星的第六位。

② 八白：紫白星属八卦星位第八位，属艮卦。

③ 水语音译忌戒条目：

【各紧】大群队移动。各，水语音译，为划，移动；紧，水语音译，为大排场队伍。

【端完】意为短命。

原文：

读音：qau^{3}za:i^5　mok^8　lju^{2}lji^{2}sui^1　van^1

直译：猛兽抓拖　马做工　泪如柳条　日

条目：【高采】【工六马】【六立水】④

意译：又要留心水语音译水书忌戒条目【高采】【工六马】【六立水】之凶；又有“吉日”照应，为吉凶参半之时。宜斟酌开路、安葬、立碑，不宜婚姻、营造、造圈、出行。

注释：④　水语音译忌戒条目：

【高采】指猛兽抓拖。

【工六马】意为马做工，表示多匹马做工。

【六立水】意为泪如柳条，指忌哭丧。

第18行

原文：

读音：ȶi^2　ma:u^4　si^2　p^{h}o^5　ɕət^7　ŋo^4　ŋo^{4}hu^3　ŋo^{4}hu^3　zən^{1}ta:u^5

直译：己　卯　时　破军①　七赤②　五　猛虎　猛虎　人倒

条目：【五虎】【五虎】【人倒】③

意译：己卯时，值北斗破军与风水紫白星七赤兑照应，北斗破军为金与地兑为金，两金为旺，为天地相旺。按用事者年庚八字地支推演，至第五位，值水语音译的水书忌戒条目【五虎】【人倒】。

注释：①　破军：为北斗星之一，属北斗星的第七位。

②　七赤：紫白星属八卦星位第七位，属兑卦。

③　水语音译禁忌水书条目：

【五虎】意为猛虎。

【人倒】意为凶恶倒人死亡。

原文：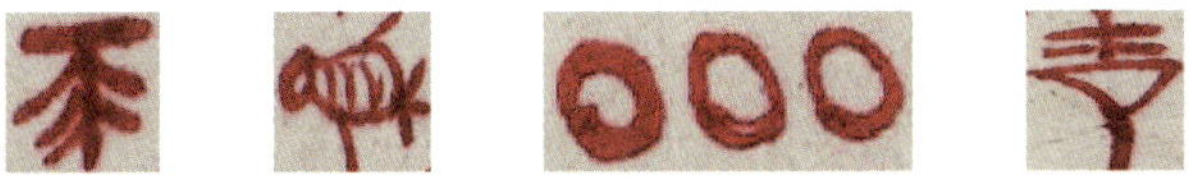

读音：mok^{8}ta:ŋ^2　lju^{4}t^{h}u^{3}zhja:ŋ^1　eŋ^{1}van^1　ȶət^7

直译：木堂　柳土獐④　额问⑤　吉

意译：又有水书吉星“木堂”“柳土獐”和水书吉利条目“额问”照应，为吉凶参半之时。宜斟酌开路、安葬、立碑，不宜婚姻、营造、造圈、出行。

注释：④　水语音译水书吉利条目：

木堂：这里为水书吉星，意为富丽堂皇。

柳土獐：为二十八宿之一，意为水书吉星。

⑤ 额问：为水语音译，意为吉利重重。

第19行

原文：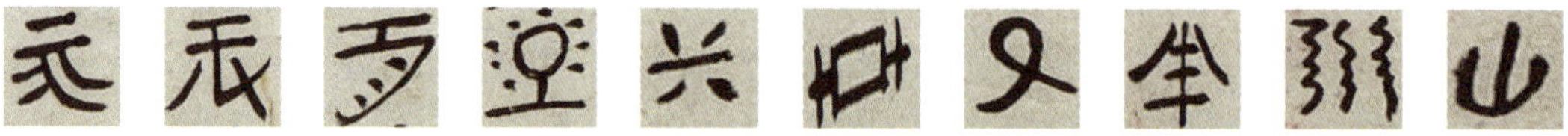

读音：	qeŋ^{1}	sən^{2}	si^{2}	pu^{2}	ljok^{8}	ha:i^{2}	pjət^{7}jiŋ^{5}	ʈum^{1}	qoŋ^{1}ljok^{8}ma^{4}	sa:n^{1}
直译：	庚	辰	时	辅星①	六白②	骸③	环绕	金	马做工	散⑤
条目：							【必引】		【工六马】④	

意译：庚辰时，值北斗辅星与风水紫白星六白乾照应，北斗辅星为水与地乾为金，为金生水，为天地相生。既要留心值“骸（死人）”凶；又要留意水语音译忌戒条目【必引】凶祸之灾，又要按用事者出生五行年，往下推演，至金位，为水书忌戒条目【工六马】或宫掌“散”之凶。

注释：① 辅星：为北斗星之一，属北斗星的第八位。

② 六白：紫白星属八卦星位第六位，属乾卦。

③ 骸：意为棺材或重丧（连续死人）。

④ 水书忌戒条目：

【必引】意为回环。

【工六马】意为马做工，表示多匹马做工。

⑤ 散：八宫掌名称。

原文：

读音：	ma^{4}saŋ^{2}ti^{2}	ha:i^{2}	mən^{2}ja^{3}sui^{3}	ŋo^{4}hu^{3}	ŋo^{4}hu^{3}
直译：	马戴孝	骸⑥	水族衙门	猛虎	猛虎
条目：	【马畅旗】		【门牙水】	【五虎】	【五虎】⑦

意译：还要留意水书禁忌条目【马畅旗】为“骸（死人）”凶；又要留意【门牙水】【五虎】凶祸招致灾害，为大凶之时。不宜开路、安葬、立碑、婚姻、营造、出行。

注释：⑥ 骸：水语音译，意为棺材、死人或重丧。

⑦ 水语音译忌戒条目：

【马畅旗】意为马戴孝。

【门牙水】意为水族衙门。

【五虎】意为猛虎。

第20行

原文：

读音：	ɕən^{1}	hi^{4}	si^{2}	pjət^{7}	ŋo^{4}	ɕoŋ^{1}ʔjət^{7}	sək^{7}ti^{1}	tum^{1}	kwa:n^{3}ʔjən^{5}
直译：	辛	巳	时	弼星①	五黄②	虫咬	断梳子	金	官员大印
条目：						【凶以】	【省记】③		【官印】④

意译：辛巳时，值北斗弼星与风水紫白星中央五黄照应，北斗弼星为水与地中央为土，为土克水，为天地相克。又有水语音译的忌戒水书条目【凶以】【省记】之凶，且按用事者年庚八字五行推演，至金位，虽有水书吉利条目【官印】照应，但仍为大凶之时。宜祭祀，不宜开路、安葬、立碑、婚姻、营造。

注释：① 弼星：为北斗星之一，属北斗星的第九位。

② 五黄：紫白星属八卦星位第五位，属中央卦。

③ 水书忌戒条目：

【凶以】意为虫咬。

【省记】意为断梳子。

④ 【官印】意为官员大印。

第21行

原文：

读音：	ŋum^{2}	ŋo^{2}	si^{2}	tʰa:m^{1}	hi^{5}	mok^{8}fon^{2}	njem^{2}ju^{5}	hak^{7}	mən^{2}ja^{3}sui^{3}	ŋo^{4}hu^{3}
直译：	壬	午	时	贪狼①	四禄②	缠树藤	引线	骸④	水族衙门	猛虎
条目：						【木逢】	【引友】③		【门牙水】	【五虎】⑤

意译：壬午时，值北斗贪狼与风水紫白星四禄照应，北斗贪狼为木与地巽为木，两木为旺，为天地相旺。要留意值水书忌戒条目【木逢】【引友】为“骸（死人）”凶；又要留意【门牙水】【五虎】凶祸损耗之灾。

注释：① 贪狼：为北斗星之一，属北斗星的第一位。

② 四禄：紫白星属八卦星位第四位，属巽卦。

③ 水书忌戒条目：

【木逢】意为缠树藤。

【引友】意为引线，丧葬时忌叫他人名字。

④ 骸：水语音译，意为棺材、死人或重丧。

⑤ 水书忌戒条目：

【门牙水】意为水族衙门。

【五虎】意为猛虎。

原文：

读音：ŋo^{4}　ʔjum^{5}hən^{2}　sui^{3}

直译：五　满地方　壁水貐

条目：【涌恒】⑥【壁水貐】⑦

意译：又要留心按用事者年庚八字地支推演，至第五位，值水语音译的水书中性条目【涌恒】；即使有水书吉星“壁水貐”宿照应，也仍为吉凶参半。宜斟酌开路、安葬、立碑，不宜婚姻、营造、出行。

注释：⑥【涌恒】意为满地方或地方拥挤。

⑦【壁水貐】为二十八宿之一，这里属水书吉星。

第22行

原文：

读音：ȶui^{5}　mi^{2}　si^{2}　ȶu^{2}　ha:m^{1}　ŋo^{4}hu^{3}　qoŋ^{1}ljok^{8}ma^{4}

直译：癸　未　时　巨门①　三碧②　猛虎　马做工

条目：【五虎】【工六马】③

意译：癸未时，值北斗巨门与风水紫白星三碧照应，北斗巨门为土与地震为木，为木克土，为天地相克。又有水语音译水书忌戒条目【五虎】【工六马】之凶。

注释：① 巨门：为北斗星之一，属北斗星的第二位。

② 三碧：紫白星属八卦星位第三位，属震卦。

③ 水书忌戒条目：

【五虎】意为猛虎。

【工六马】是指马做工，表示多匹马做工。

原文：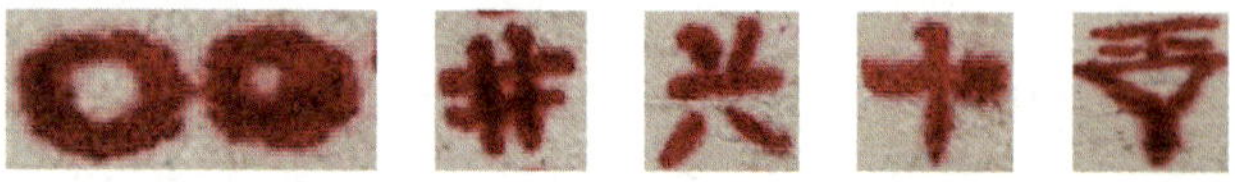

读音：hak^{7}van^{1}　tʰa:m^{1}　ljok^{8}　sup^{8}　ȶət^{7}

直译：航问④　贪狼⑤　六　十　吉

意译：即使有水书吉星“航问”和北斗星“贪狼”照应，也为凶时。不宜开路、安葬、立碑、婚姻、营造、出行。

注释：④ 航问：为水语音译，意为连日吉利。

⑤ 贪狼：为北斗星之一，属北斗星的第一位。

第23行

原文：

读音：	ȶa:p^{7}	sən^{1}	si^{2}	ljok^{8}	ŋ̥i^{2}	ȶui^{3}sat^{7}ȶa^{1}	ŋo^{4}qui^{5}	ȶu^{3}	ʔjət^{4}
直译：	甲	申	时	禄存①	二黑②	鬼卷家	锤敲打	九	乙
条目：						【居散架】【五锤】③			

意译：甲申时，值北斗禄存与风水紫白星二黑照应，北斗禄存为土与地坤为土，两土为旺，为天地相旺。又有水语音译的忌戒水书条目【居散架】【五锤】之凶；若按用事者出生地支年，往下推演，至地支第九位，或按用事者出生天干年，往下推演，至天干乙位，更为凶。诸事不宜。

注释：① 禄存：为北斗星之一，属北斗星的第三位。

② 二黑：紫白星属八卦星位第二位，属坤卦。

③ 水书忌戒条目：

【居散架】意为家产破败。

【五锤】意为五锤敲打。

第24行

原文：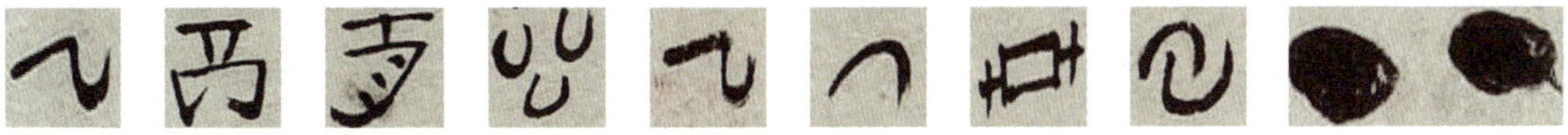

读音：	ʔjət^{7}	ju^{4}	si^{2}	fan^{2}	ʔjət^{7}	ʔbon^{5}ham^{3}	ha:i^{2}	ȶi^{1}	hak^{7}van^{1}ʔdjam
直译：	乙	酉	时	文曲①	一白②	一边罩住	骸④	九穷	连日阴沉
条目：						【补夯】③		【九己】	【航问锭】⑤

意译：乙酉时，值北斗文曲与风水紫白星一白照应，北斗文曲为水与地坎为水，两水为旺，为天地相旺。要留心水语音译的忌戒水书条目【补夯】为“骸（死人）”凶；又要留意【九己】【航问锭】凶祸之灾。

注释：① 文曲：为北斗星之一，属北斗星的第四位。

② 一白：紫白星属八卦星位第一位，属坎卦。

③ 【补夯】水书忌戒条目，意为罩住，与仰相对。

④ 骸：水语音译，意为棺材、死人或重丧。

⑤ 水书忌戒条目：

【九己】指九穷，二代以后丁财衰败。

【航问锭】意为连日凶祸或连日阴沉。

原文：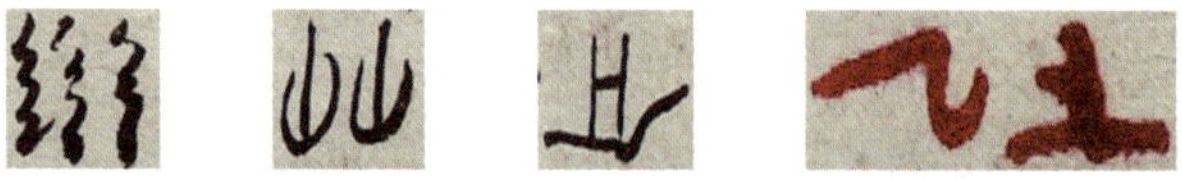

读音：qoŋ^{1}ljok^{8}ma^{4}　ta:ŋ^{2}sa:i^{2}　？　ʔjət^{7}sjeŋ^{3}ȶʰi^{5}

直译：马做工　宽大竹林　？　一生气⑦

条目：【工六马】【堂晒】⑥

意译：又要留意水语音译的水书忌戒条目【工六马】【堂晒】之凶，虽值水书吉利“一生气”照应，但仍为吉凶参半。宜斟酌开路、安葬、立碑、婚姻、营造、出行。

注释：⑥ 水书忌戒条目：

【工六马】意为马做工，表示多匹马做工。

【堂晒】意为宽大竹林。

⑦ 一生气：指和气之意。

第25行

原文：

读音：	pjeŋ^{3}	hət^{7}	si^{2}	ljem^{2}	ȶu^{3}	ŋ̊a:m^{1}hi^{5}qʰa^{1}	hi^{5}	ŋo^{4}hu^{3}	ma^{4}saŋ^{2}ȶi^{2}	ŋo^{4}hu^{3}	ɕoŋ^{1}
直译：	丙	戌	时	廉贞①	九紫②	棺材四角	四	猛虎	马戴孝	猛虎	凶
条目：						【宁喜卡】		【五虎】	【马畅旗】	【猛虎】③	

意译：丙戌时，北斗廉贞与风水紫白星九紫照应，北斗廉贞为水与地离为火，为水克火，为天地相克。又有水语音译水书忌戒条目【宁喜卡】之凶；还有按用事者年庚八字地支推演，至第四位，值水语音译的水书忌戒条目【猛虎】【马畅旗】【五虎】凶祸之灾。

注释：① 廉贞：为北斗星之一，属北斗星的第五位。

② 九紫：紫白星属八卦星位第九位，属离卦。

③ 水书忌戒条目：

【宁喜卡】意为棺材头四角。

【五虎】意为猛虎。

【马畅旗】意为马戴孝。

原文：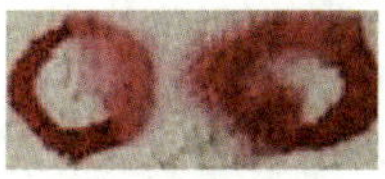

读音：hak^{7}van^{1}

直译：航问④

意译：有水书吉星“航问”照应，仍为大凶之时。不宜开路、安葬、立碑、婚姻、营造、出行。

注释：④ 航问：为水语音译水书吉利条目，意为连日吉利。

第26行

原文：

读音：	tjeŋ^{1}	ʁa:i^{3}	si^{2}	fu^{4}	pa:t^{7}	ʔjən^{5}kwa:n^{1}	ʈi^{1}	lju^{2}lji^{2}sui^{3}	ha:i^{2}
直译：	丁	亥	时	武曲①	八白②	斧头	九穷	泪如柳条	骸④
条目：						【引贯】	【九己】	【六立水】③	

意译：丁亥时，值北斗武曲与风水紫白星八白照应，北斗武曲为金与地艮为土，为土生金，为天地相生。又要留意水语音译水书忌戒条目【引贯】【九己】【六立水】为“骸（死人）”凶祸损耗之灾。不宜开路、安葬、立碑、婚姻、营造、出行。

注释：① 武曲：为北斗星之一，属北斗星的第六位。

② 八白：紫白星属八卦星位第八位，属艮卦。

③ 水书忌戒条目：

【引贯】意为斧头。

【九己】指九穷，二代以后丁财衰败。

【六立水】意为泪如柳条，忌哭丧。

④ 骸：水语音译，意为棺材、死人或重丧。

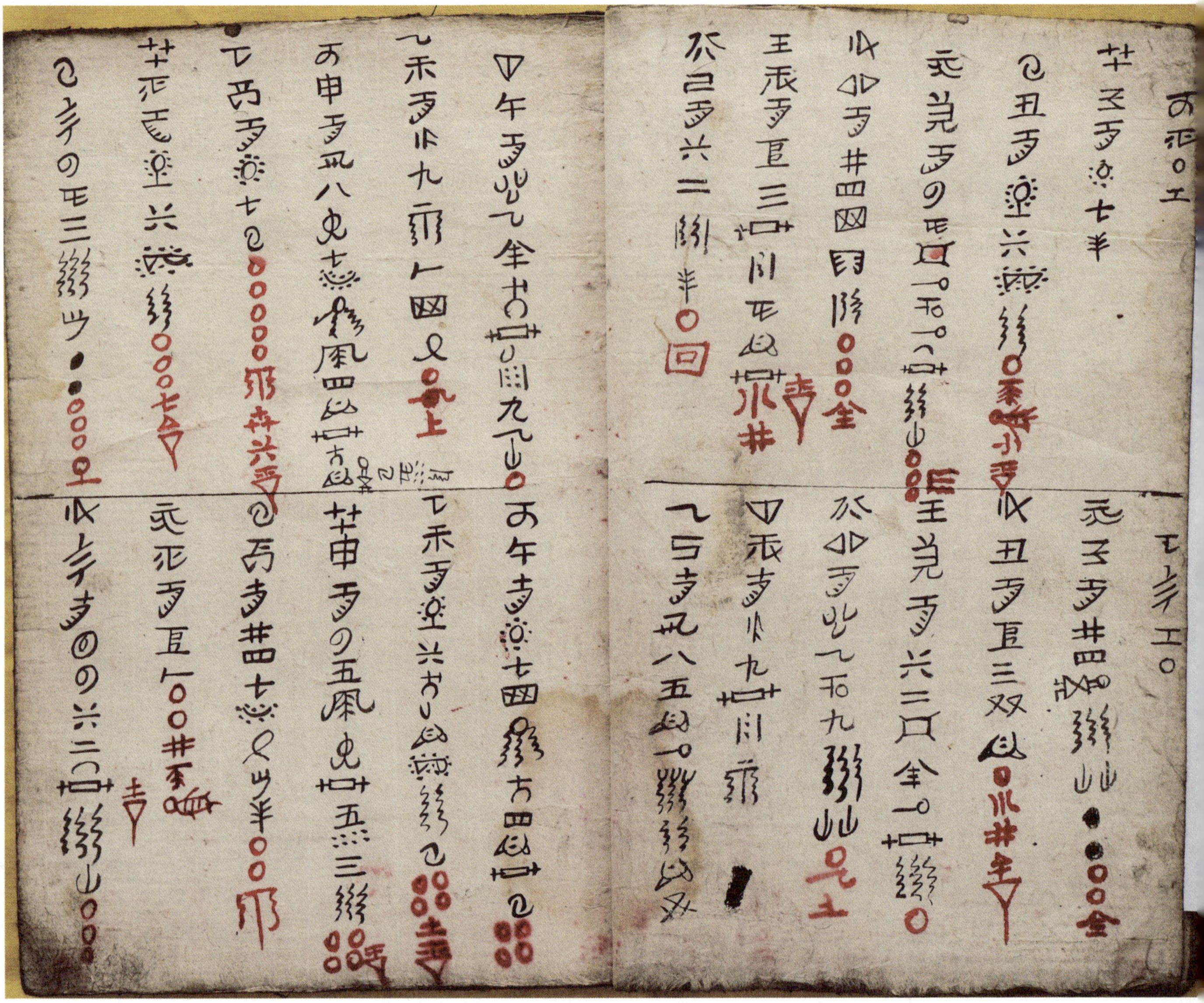

原件 12：丙戌 丁亥

第 1 行：

原文：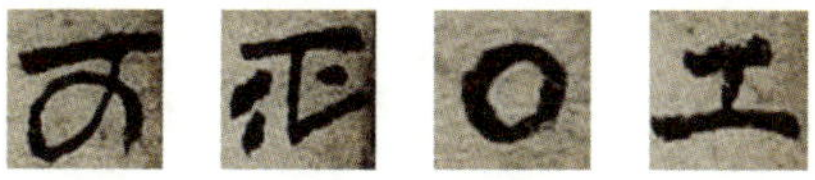

读音：pjeŋ^{3}　hət^{7}　van^{1}　t^{h}u^{3}

直译：丙　戌　日　土

意译：丙戌日，属土。丙戌日为六十甲子日中第二十三日，属五行纳音土。包含从丙子时到丁亥时，共十二个时辰。

第 2 行：

原文：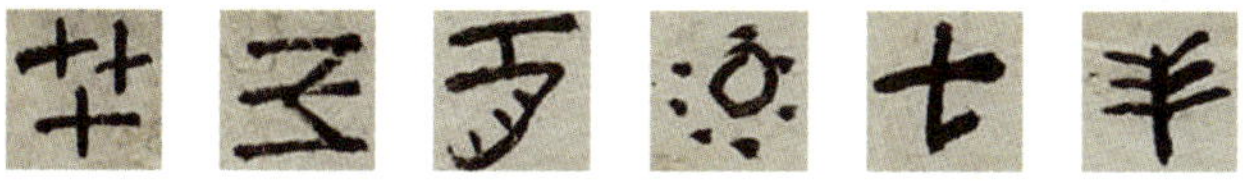

读音：mu^{2}　hi^{3}　si^{2}　p^{h}o^{5}　ɕət^{7}　mok^{8}

直译：戊　子　时　破军①　七赤②　人头

条目：【各木】③

意译：戊子时，值北斗破军与风水紫白星七赤兑照应，北斗破军为金与地兑为金，两金为旺，为天地相旺。又要留意水书忌戒条目【各木】之凶祸，为吉多凶少之时。宜斟酌开路、安葬、立碑、婚姻、营造、出行。

注释：① 破军：为北斗星之一，属北斗星的第七位。

② 七赤：紫白星属八卦星位第七位，属兑卦。

③ 【各木】为水书忌戒条目，意为人头。

第 3 行：

原文：

读音：ʈi^{1}　su^{3}　si^{2}　pu^{2}　ljok^{8}　q^{h}am^{5}aːn^{1}　lju^{2}li^{2}sui^{3}

直译：己　丑　时　辅星①　六白②　翻倒马鞍　六立水

条目：【缸鞍】【六立水】③

意译：己丑时，值北斗辅星与风水紫白星六白乾照应，北斗辅星为水与地乾为金，为金生水，为天地相生。要留心水语音译的忌戒水书条目【缸鞍】【六立水】之凶。

注释：① 辅星：为北斗星之一，属北斗星的第八位。

② 六白：为紫白星八卦第六位，为乾卦。

③ 水书忌戒条目：

【缸鞍】意为翻倒马鞍。

【六立水】意为泪如柳条。

原文：

读音：	van^{1}	mok^{8}ta:ŋ^{2}	lju^{4}t^{h}u^{3}tsa:ŋ^{1}	?	ȶət^{7}
直译：	日	木堂④	柳土獐⑤		吉

意译：又值水语音译的水书吉星“木堂”或“柳土獐”宿照应，也为吉利之时。宜开路、安葬、立碑、婚姻、营造、出行，不宜造马鞍。

注释：④ 木堂：为水语音译水书吉利条目，意为富丽堂皇。

⑤ 柳土獐：为二十八宿之一，这里属水书吉星。

第 4 行：

原文：

读音：	qeŋ^{1}	ji^{2}	si^{3}	pjət^{7}	ŋo^{4}	ŋa:n^{1}hi^{5}q^{h}a^{1}	ŋo^{4}qui^{5}	pja^{1}k^{h}u^{1}	ŋo^{4}qui^{5}
直译：	庚	寅	时	弼星①	五黄②	棺材四角	锤敲打	麻风病	锤敲打
条目：						【宁喜卡】	【五锤】	【别扣】	【五锤】③

意译：庚寅时，值北斗弼星与风水紫白星五黄中央照应，北斗弼星为水与地中央为土，为土克水，为天地相克。又有水语音译的水书忌戒条目【宁喜卡】【五锤】【别扣】凶祸之灾。

注释：① 弼星：为北斗星之一，属北斗星的第九位。

② 五黄：属紫白星八卦第五位，属中央卦。

③ 水语音译水书忌戒条目：

【宁喜卡】意为棺材头四角。

【五锤】意为五锤敲打。

【别库】意为麻风病。

原文：

读音：	ʔboŋ^{5}ham^{3}	ha:i^{2}	lju^{2}lji^{2}sui^{3}	tsem^{4}	eŋ^{1}van^{1}ɬət^{7}	joŋ^{2}
直译：	罩住	骸⑤	泪如柳条	凶恶	额问⑦	用
条目：	【补夯】④		【六立水】	【占】⑥		

意译：还有水语音译水书忌戒条目【补夯】为“骸（死人）”凶，又要留意【六立水】【占】凶祸损耗之灾；虽水书吉利条目“额问”照应，但难以化解其凶，仍为大凶之时。不宜开路、安葬、立碑、婚姻、营造、出行。

注释：④ 【补夯】水书忌戒条目，指罩住，与仰相对。

⑤ 骸：水语音译，意为棺材、死人或重丧。

⑥ 水书忌戒条目：

【六立水】意为泪如柳条，指忌哭丧。

【占】意为凶恶，一种神尖刀，碰到它，人立刻昏倒，不省人事。

⑦ 额问：意为吉利重重。

第 5 行：

原文：

读音：	ɕən^{1}	ma:u^{4}	si^{2}	ta:m^{1}	hi^{5}	ton^{2}ɣon^{2}	mən^{2}ja^{3}sui^{3}	ɕoŋ^{1}ɕep^{7}	eŋ^{1}van^{1}	ɬum^{1}
直译：	辛	卯	时	贪狼①	四禄②	短命	水族衙门	接应	额问	金堂④
条目：						【端完】	【门牙水】	【休显】③		

意译：辛卯时，值北斗贪狼与风水紫白星四禄巽相照应，北斗贪狼属木与地上巽为木，两木为旺，为天地相旺。值水语音译水书禁忌条目【端完】【门牙水】【休显】；虽有水书吉星“额问”“金堂”照应，但仍为吉凶参半。宜斟酌丧葬、立碑、赴任、诉讼等，不宜起造、造圈、结婚。

注释：① 贪狼：为北斗星之一，属北斗星的第一位。

② 四禄：属紫白星八卦第四位，属巽卦。

③ 水书忌戒条目：

【端完】指短命。

【门牙水】意为水族衙门。

【休显】意为接应（指忌报丧，有接应者要上命）。

④ 额问：为水语音译，意为吉利重重。

金堂：属水书吉星，意为富丽堂皇。

第 6 行：

原文：

读音：ȵum^{1}　sən^{1}　si^{2}　ʈu^{2}　ha:m^{1}　ha:i^{2}　pik^{7}sui^{3}ka:ŋ^{5}

直译：壬　辰　时　巨门①　三碧②　骸③　泪水哭干

条目：【比水缸】④

意译：壬辰时，值北斗巨门与风水紫白星三碧震相照应，北斗巨门属土与地上震为木，为木克土，为天地相克。又有“骸（死人）”凶，还要留心水语音译水书忌戒条目【比水缸】之凶。

注释：① 巨门：为北斗星之一，属北斗星的第二位。

② 三碧：属紫白星八卦第三位，属震卦。

③ 骸：水语音译，意为棺材、死人或重丧。

④ 【比水缸】水书忌戒条目，意为哭干泪水。

原文：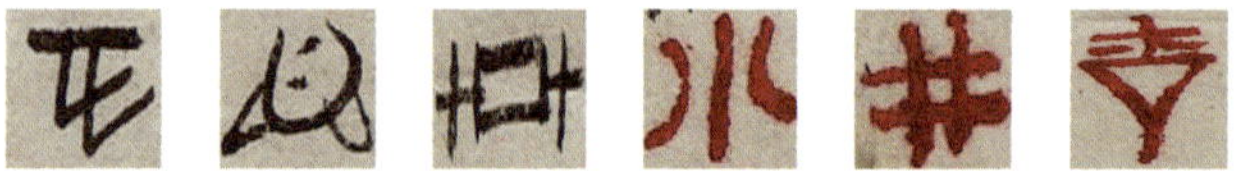

读音：ŋo^{4}　ŋo^{4}hu^{3}　ha:i^{2}　sui^{3}　ta:m^{1}　tət^{7}

直译：五　猛虎　骸⑥　水　贪狼⑦　吉

条目：【五虎】⑤

意译：又按用事者出生地支年，往下推演，至地支第五位，值水语音译水书忌戒条目【五虎】为“骸（死人）”凶；虽按用事者出生属五行年，往下推演，至五行水位为北斗“贪狼”星照应，但难以化解其凶，仍为凶时。不宜丧葬、起造、造圈、结婚。

注释：⑤ 【五虎】为水书忌戒条目，意为猛虎。

⑥ 骸：棺材、死人或重丧。

⑦ 贪狼：属北斗九星第一位，这里为水书吉星。

第 7 行：

原文：

读音：ʈui^{5}　hi^{4}　si^{2}　ljok^{8}　ȵi^{2}　njem^{2}ju^{5}　mok^{8}　van^{1}　kwa:n^{3}ʔjən^{5}

直译：癸　巳　时　禄存①　二黑②　引线　人头　日　官员大印

条目：【引友】【各木】③　【官印】④

意译：癸巳时，值北斗禄存与风水紫白星二黑坤卦照应，北斗禄存为土与地二黑坤为土，为两土相旺，为天地相旺。值水语音译的忌戒水书条目【引友】【各木】，按用事者生庚八字属五行推演，至木位，即使有水语音译水书吉利条目【官印】照应，也为吉凶参半之时。宜斟酌丧葬、婚姻、起造。

注释：① 禄存：为北斗星之一，属北斗星的第三位。

② 二黑：属紫白星八卦第二位，属坤卦。

③ 水书忌戒条目：

【引友】意为引线（丧葬时，忌叫他人名字）。

【各木】意为人头。

④ 【官印】水书吉利条目，意为官员大印。

第 8 行：

原文：

读音：	ȶa:p^{7}	ŋo^{2}	si^{2}	fan^{2}	ʔjət^{7}	ȶum^{1}	hak^{7}	ha:i^{2}
直译：	甲	午	时	文曲①	一白②	金	坎坷	骸④
条目：							【核】③	

意译：甲午时，值北斗文曲与风水紫白星一白照应，北斗文曲属水与地上坎为水，两水为旺，为天地相旺。要留意按用事者生庚八字属五行推演，至金位，值水语音译水书禁忌条目【核】为“骸（死人）”凶祸之灾。

注释：① 文曲：为北斗星之一，属北斗星第四位。

② 一白：为紫白星八卦第一位，为坎卦。

③ 【核】水书忌戒条目，意为坎坷不顺或堵塞。

④ 骸：水语音译，意为棺材、死人或重丧。

原文：

读音：	ŋ̥ət^{8}tjeŋ^{1}	pik^{7}sui^{3}ka:ŋ^{5}	ȶu^{3}	ʔjət^{8}	sa:n^{1}	van^{1}
直译：	猛兽抓拖	泪水哭干	九	乙	散⑥	日
条目：	【高采】	【比水缸】⑤				

意译：又要留意水语音译水书吉利条目【高采】【比水缸】之凶，还要留心按用事者出生地支年，往下推演，至地支第九位，或按用事者出生天干年，往下推演，至天干乙位，为水语音译八宫掌名称“散”之选择，仍为凶多吉少之时。不宜丧葬、立碑、嫁娶、起造、出行。

注释： ⑤ 水书忌戒条目：

【高采】意为猛兽抓拖。

【比水缸】意为泪水哭干。

⑥ 散：为八宫掌名称。

第 9 行：

原文：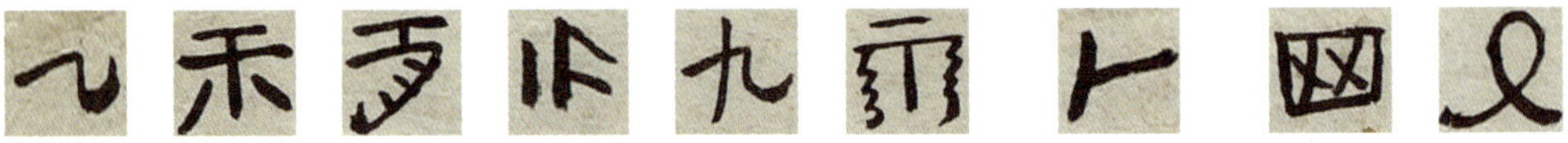

读音：	ʔjət^{7}	mi^{2}	si^{2}	ljem^{2}	ȶu^{3}	ʔjeu^{1}foŋ^{2}hu^{3}	ʔjən^{5}kwaːn^{1}	ton^{2}ɣon^{2}	Pjət^{8}jiŋ^{5}
直译：	乙	未	时	廉贞①	九紫②	孝旗伞	斧头	短命	环绕
条目：						【料逢虎】	【引贯】	【端完】	【必引】③

意译：乙未时，值北斗廉贞与风水紫白星九紫离相照应，北斗廉贞属火与地上离为火，两火为旺，为天地相旺。要留心水书忌戒条目【料逢虎】【引贯】【端完】【必引】凶祸之灾。

注释： ① 廉贞：为北斗星之一，属北斗星的第五位。

② 九紫：紫白星属八卦星位第九位，属离卦。

③ 水书忌戒条目：

【料逢虎】意为孝旗伞。

【引贯】意为斧头。

【端完】意为短命。

【必引】意为环绕或回环。

原文：

读音：	van^{1}	ʔjət^{7}sjeŋ^{3}
直译：	日	一生气④

意译：又有水书吉星“一生气”照应，仍为吉凶参半。宜斟酌开路、丧葬、立碑、嫁娶、起造、出行。

注释： ④ 一生气：水书吉利条目，意为和气。

第10行：

原文：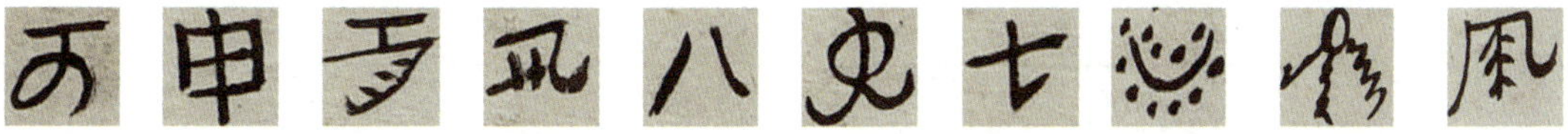

读音：	pjeŋ^{3}	sən^{1}	si^{2}	fu^{4}	pa:t^{7}	t^{h}jen^{1}ta:i^{2}	ɕət^{7}	qo^{2}tən^{1}	ma^{4}saŋ^{2}ʈi^{2}	mok^{8}fon^{2}
直译：	丙	申	时	武曲①	八白②	跨田地	七	大群队移动	马戴孝	缠树藤
条目：						【添大】		【各紧】	【马畅旗】	【木逢】③

意译：丙申时，值北斗武曲与风水紫白星八白艮相照应，北斗武曲属金与地上艮为土，为土生金。既要留心水语音译的水书忌戒条目【添大】之凶，又要留意按用事者出生地支年，往下推演，至地支第七位，为水书忌戒条目【各紧】【马畅旗】【木逢】凶祸之灾。

注释：① 武曲：为北斗星之一，属北斗星的第六位。

② 八白：为紫白星八卦第八位，属艮卦。

③ 水书忌戒条目：

【添大】意为垮田地。

【各紧】大群队移动。各，水语音译，为划、移动；紧，水语音译，为大排场队伍。

【马畅旗】意为马戴孝。

【木逢】意为缠树藤。

原文：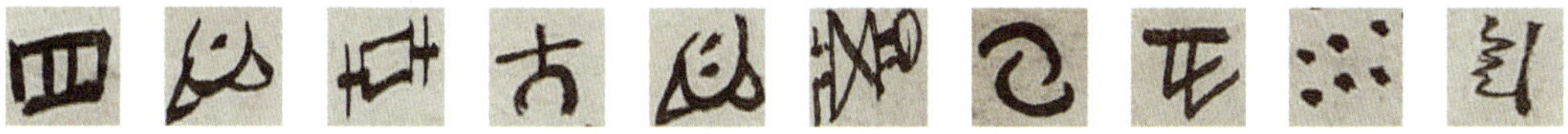

读音：	hi^{5}	ŋo^{4}hu^{3}	ha:i^{1}	hak^{7}	ŋo^{4}hu^{3}	zən^{1}ta:u^{5}	ʈi^{1}	ŋo^{4}	ta:ŋ^{1}ʔɣa^{5}	ɕoŋ^{1}ɕe:p^{7}
直译：	四	猛虎	骸⑤	坎坷	猛虎	人倒	九穷	五	肥沃大田	接应
条目：		【五虎】④		【核】	【五虎】	【人倒】	【九己】		【堂田】	【休显】⑥

意译：还要留意按用事者出生地支年，往下推演，至地支第四位，为水书忌戒条目【五虎】【骸】【核】【五虎】【人倒】【九己】凶祸或伤身损耗之灾；也还要留意按用事者出生地支年，往下推演，至地支第五位，为水书忌戒条目【堂田】【休显】之凶，为大凶之时。不宜开路、丧葬、立碑、嫁娶、起造、出行。

注释：④ 【五虎】水书忌戒条目，指猛虎，表示多只猛虎。

⑤ 骸：水语音译，意为棺材、死人或重丧。

⑥ 水书忌戒条目：

【核】是坎坷不顺、堵塞之意。

【人倒】意为凶恶倒人死亡。

【九己】指九穷，二代以后丁财衰败。

【堂田】意为肥沃大田。

【休显】意为接应（指忌报丧，有接应者要上命）。

第11行：

原文：

读音：	tjeŋ^{1}	ju^{4}	si^{2}	p^{h}o^{5}	ɕət^{7}	ʈi^{1}
直译：	丁	酉	时	破军①	七赤②	九穷

条目：【九己】③

意译：丁酉时，值北斗破军与风水紫白星七赤兑相照应，北斗破军属金与地上兑为金，两金为旺。还要留心水语音译的水书忌戒条目【九己】之凶。

注释：① 破军：为北斗星之一，属北斗星的第七位。

② 七赤：为紫白星八卦第七位，为兑卦。

③ 【九己】意为九穷，二代以后丁财衰败。

原文：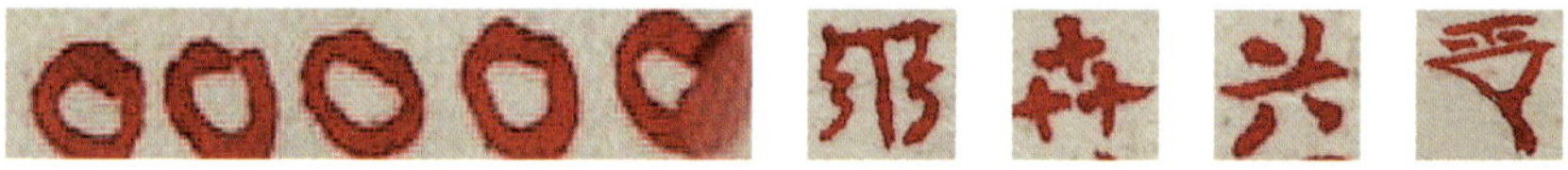

读音：	eŋ^{1}van^{1}	joŋ^{2}	mu^{2}	ljok^{8}	ʈət^{7}
直译：	额问④	用	戊	六	吉

意译：又有吉利“额问”照应，且还有按用事者出生天干年，往下推演，至天干戊位为大吉。宜开路、丧葬、立碑、嫁娶、起造、出行、造圈。

注释：④ 额问：意为吉利重重。

第12行：

原文：

读音：	mu^{2}	hət^{7}	si^{2}	pu^{2}	ljok^{8}	q^{h}am^{5}aːn^{1}	lju^{2}li^{2}sui^{3}	eŋ^{1}van^{1}	ɕət^{7}	ʈət^{7}
直译：	戊	戌	时	辅星①	六白②	翻倒马鞍	泪如柳条	额问④	七	吉

条目：【缸鞍】【六立水】③

意译：戊戌时，值北斗辅星与风水紫白星六白照应，北斗辅星属水与地上乾为金，为金生水，为天地相生。要留意水书禁忌条目【缸鞍】【六立水】之凶；又有水语音译的水书吉星“额问”照应，且按用事者出生地支年，往下推演，至地支第七位为吉利。宜开路、丧葬、立碑、嫁娶、起造、出行，不宜造马鞍。

注释：① 辅星：为北斗星之一，属北斗星的第八位。

② 六白：为紫白星八卦第六位，为乾卦。

③ 水书忌戒条目：

【缸鞍】意为翻倒马鞍。

【六立水】意为泪如柳条，指忌哭丧。

④ 额问：意为吉利重重。

第13行：

原文：

读音：	ȶi^{1}	ʁaːi^{3}	si^{2}	pjət^{1}	ŋo^{4}	haːm^{1}	so^{3}sjem^{1}	səŋ^{5}ȶi^{1}	hak^{7}van^{1}ʔdjam^{5}
直译：	己	亥	时	弼星①	五黄②	三	惹是生非	断梳子	连日阴沉
条目：							【所线】	【省记】	【航问锭】③

意译：己亥时，值北斗弼星与风水紫白星中央五黄照应，北斗弼星为水与地上中央为土，为土克水，为天地相克。要留心按用事者出生地支年，往下推演，至地支第三位，为水书忌戒条目【所线】【省记】【航问锭】凶祸之灾。

注释：① 弼星：为北斗星之一，属北斗星的第九位。

② 五黄：紫白星属八卦星位第五位，属中央卦。

③ 水书忌戒条目：

【所线】指惹是生非。

【省记】意为断梳子（即死人梳子）。

【航问锭】意为连日阴沉或连日凶祸。

原文：

读音：	eŋ^{1}van^{1}	pu^{2}
直译：	额问④	辅星⑤

意译：虽值水书吉星“额问”或北斗星“辅星”照应，但难以化解其凶祸，仍为大凶之时。诸事不宜。

注释：④ 额问：意为吉利重重。

⑤ 辅星：为北斗星之一，属北斗星的第八位。这里为水书吉星。

第14行：

原文：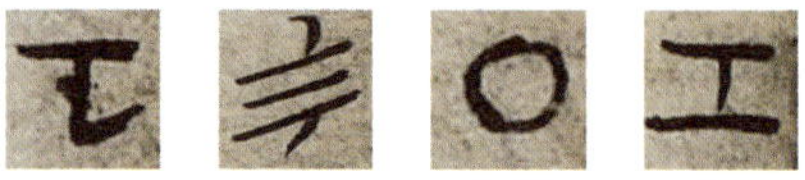

读音：tjeŋ^{1}　ʁa:i^{3}　van^{1}　tʰu^{3}

直译：丁　亥　日　土

意译：丁亥日，属土。丁亥日为六十甲子日第二十四日，属五行纳音土。包含从庚子时到辛亥时，共十二个时辰。

第15行：

原文：

读音：qeŋ^{1}　hi^{3}　si^{2}　tʰa:m^{1}　hi^{5}　zən^{1}ta:u^{5}　so^{3}sjen^{1}　ta:ŋ^{2}sa:i^{2}　hak^{7}van^{1}ʔdjam^{5}

直译：庚　子　时　贪狼①　四禄②　人倒　惹是生非　宽大竹林　连日阴沉

条目：**【人倒】【所线】【堂晒】【航问锭】**③

意译：庚子时，值北斗贪狼与风水紫白星四禄巽相照应，北斗贪狼为木与地上巽为木，两木为旺，天地相旺。要留意水语音译的水书忌戒条目【人倒】【所线】【堂晒】【航问锭】伤身或损耗之灾。

注释：① 贪狼：为北斗星之一，属北斗星的第一位。

② 四禄：紫白星属八卦星位第四位，属巽卦。

③ 水书忌戒条目：

【人倒】意为凶祸死人。

【所线】意为惹是生非。

【堂晒】指宽大竹林。

【航问锭】意为连日阴沉或连日凶祸。

原文：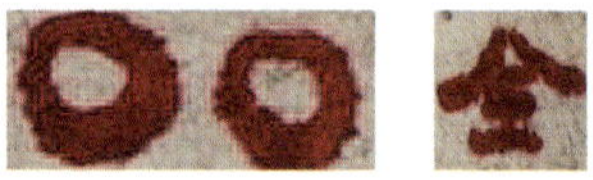

读音：hak^{7}van^{1}　tum^{1}

直译：航问　金堂④

意译：即使有水书吉星“航问”和“金堂”照应，也难以化解凶祸，仍为大凶之时。不宜开路、丧葬、立碑、嫁娶、起造、出行。

注释：④ 航问：意为连日吉利。

金堂：指富丽堂皇。

第16行：

原文：

读音：ɕən^{1} su^{3} si^{2} ʈu^{2} ha:m^{1}lok^{8} ku^{3}sup^{7} ŋo^{4}hu^{3}

直译：辛 丑 时 巨门① 三碧② 预计 猛虎

条目：【估术】【五虎】③

意译：辛丑时，值北斗巨门与风水紫白星三碧震相照应，北斗巨门为土与地上震卦属木，为木克土，为天地相克。要留心水语音译的水书忌戒条目【估术】【五虎】之凶。

注释：①巨门：为北斗星之一，属北斗星的第二位。

②三碧：紫白星属八卦星位第三位，属震卦。

③水书忌戒条目：

【估术】意为预计。

【五虎】意为猛虎，表示多只猛虎。

原文：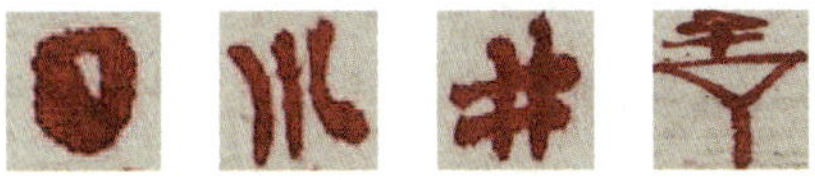

读音：van^{1} sui^{3} tʰa:m^{1} ʈət^{7}

直译：日 壁水貐 贪狼④ 吉

意译：即使值吉星“壁水貐”或“贪狼”照应，但也难以化解凶祸，仍为凶时。不宜开路、丧葬、立碑、嫁娶、起造、出行。

注释：④ 水书吉星：

壁水貐：属二十八宿之一，这里为水书吉星。

贪狼：是北斗九星之一，这里为水书吉星。

第17行：

原文：

读音：ɳum^{2} ji^{2} si^{2} ljok^{8} ɳi^{2} ɳa:n^{1}hi^{5}qʰa^{1} ɳum^{1} ŋo^{4}qui^{5} ha:i^{2} so^{3}sjen^{1} van^{1}

直译：壬 寅 时 禄存① 二黑② 棺材四角 金 锤敲 骸④ 惹是生非 日

条目：【宁喜卡】【五锤】③【所线】⑤

意译：壬寅时，值北斗禄存与风水紫白星二黑坤照应，北斗禄存为土与地上坤为土，两土为旺，为天地相旺。既要留心水语音译的水书忌戒条目【宁喜卡】凶祸之灾；又要留意按用事者出生属五行年，往下推演，至五行金位，值水书忌戒条目【五锤】为“骸（死人）”凶；又要留意【所线】凶祸之灾，属吉凶参半之时。宜斟酌安葬、立碑、婚姻、营造、出行。

注释：① 禄存：为北斗星之一，属北斗星的第三位。

② 二黑：紫白星属八卦星位第二位，属坤卦。

③ 水书忌戒条目：

【宁喜卡】意为棺材头四角。

【五锤】意为五锤敲打。

④ 骸：水语音译，意为棺材、死人或重丧。

⑤ 【所线】水书忌戒条目，意为惹是生非。

第18行：

原文：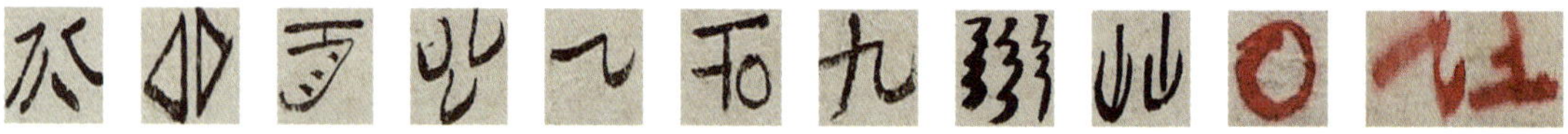

读音：	ȶui^{5}	ma:u^{4}	si^{2}	fan^{2}	ʔjət^{7}	pje^{2}kʰu^{1}	ȶu^{3}	so^{3}sjen^{1}	ta:ŋ^{2}sa:i^{2}	van^{1}	ʔjət^{7}sjeŋ^{3}
直译：	癸	卯	时	文曲①	一白②	麻风病	九	惹是生非	宽大竹林	日	一生气④
条目：						【别扣】		【所线】	【堂晒】③		

意译：癸卯时，值北斗文曲与风水紫白星一白坎照应，北斗文曲为水与地上坎为水，两水为旺，为天地相旺。要留心水语音译的水书忌戒条目【别扣】之凶；按用事者出生地支年，往下推演，至地支第九位，为水书忌戒条目【所线】【堂晒】凶祸之灾；即使有水书吉星“一生气”照应，为吉凶参半之时。宜斟酌安葬、营造、立碑，不宜婚姻、出行。

注释：① 文曲：为北斗星之一，属北斗星的第四位。

② 一白：紫白星属八卦星位第一位，属坎卦。

③ 水书忌戒条目：

【别扣】意为麻风病。

【所线】意为惹是生非。

【堂晒】意为宽大竹林。

④ 一生气：意为和气。

第19行：

原文：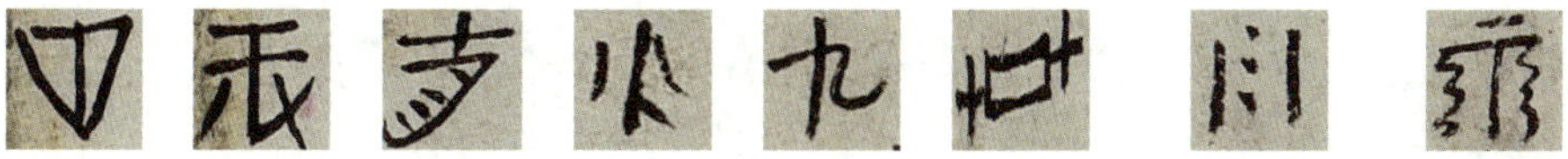

读音：	ƫa:p^{7}	sən^{2}	si^{2}	ljen^{2}	ƫu^{3}hi^{3}	ha:i^{2}	pik^{7}sui^{3}ka:ŋ^{5}	ʔjeu^{1}foŋ^{1}hu^{3}
直译：	甲	辰	时	廉贞①	九紫②	骸③	泪水哭干	孝旗伞
条目：							【比水缸】	【料逢虎】④

意译：甲辰时，值北斗廉贞与风水紫白星九紫离照应，北斗廉贞为火与地上离为火，两火为旺，为天地相旺。要留意水语音译的水书忌戒条目【比水缸】【料逢虎】，为吉凶参半之时。宜斟酌安葬、营造、立碑、婚姻、出行。

注释：① 廉贞：为北斗星之一，属北斗星的第五位。

② 九紫：紫白星属八卦星位第九位，属离卦。

③ 骸：水语音译，意为棺材、死人或重丧。

④ 水书忌戒条目：

【比水缸】意为泪水哭干。

【料逢虎】意为孝旗伞。

第20行：

原文：

读音：	ʔjə:t^{7}	hi^{4}	si^{2}	fu^{4}	pa:t^{7}	ŋo^{4}	ŋo^{4}hu^{3}	ŋo^{4} qui^{5}	ƫui^{3}sa:t^{7}ƫa^{1}	lju^{2}lji^{2}sui^{3}	ŋo^{4}hu^{3}	ɕoŋ^{1}
直译：	乙	巳	时	武曲①	八白②	五	猛虎	锤敲打	鬼卷家	泪如柳条	猛虎	凶
条目：							【五虎】	【五锤】	【居散架】	【六立水】	【五虎】③	

意译：乙巳时，值北斗武曲与风水紫白星八白艮相照应，北斗武曲属金与地上艮为土，为土生金。要留心按用事者出生地支年，往下推演，至地支第五位，为水书忌戒条目【五虎】【五锤】【居散架】【六立水】凶祸之灾，为大凶之时。不宜丧葬、立碑、嫁娶、起造、出行。

注释：① 武曲：为北斗星之一，属北斗星的第六位。

② 八白：为紫白星八卦第八位，属艮卦。

③ 水书忌戒条目：

【五虎】指猛虎。

【五锤】意为五锤敲打。

【居散架】意为鬼卷家。

【六立水】意为泪如柳条，指忌哭丧。

第21行：

原文：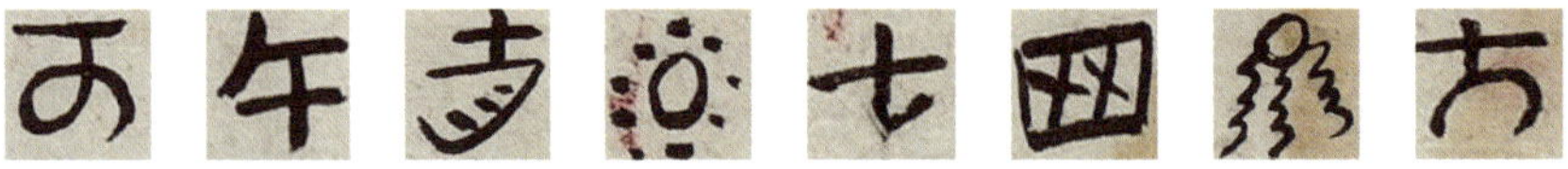

读音：	pjeŋ^{1}	ŋo^{2}	si^{2}	pʰo^{5}	ɕət^{7}	ton^{2}ɣon^{2}	ma^{4}saŋ^{2}ʈi^{2}	hak^{7}
直译：	丙	午	时	破军①	七赤②	短命	马戴孝	坎坷
条目：						【端完】	【马畅旗】	【核】③

意译：丙午时，值北斗破军与风水紫白星七赤兑相照应，北斗破军属金与地上兑为金，两金为旺。要留心水语音译的水书忌戒条目【端完】【马畅旗】【核】之凶。

注释：① 破军：为北斗星之一，属北斗星的第七位。

② 七赤：为紫白星八卦第七位，属兑卦。

③ 水书忌戒条目：

【端完】意为短命。

【马畅旗】意为马戴孝。

【核】意为坎坷不顺或堵塞。

原文：

读音：	hi^{5}	ŋo^{4}hu^{3}	haːi^{2}	ʈi^{2}	eŋ^{1}van^{1}
直译：	四	猛虎	骸⑤	九穷	额问⑦
条目：		【五虎】④		【九己】⑥	

意译：要留心按用事者出生地支年，往下推演，至地支第五位，值水书忌戒条目【五虎】为“骸（死人）”凶；又要留意【九己】凶祸之灾；即使有水书吉星“额问”照应，也为吉凶参半时。宜斟酌安葬、营造、立碑，不宜婚姻、出行。

注释：④ 【五虎】水书忌戒条目，意为猛虎。

⑤ 骸：水语音译，意为棺材、死人或重丧。

⑥ 【九己】意为九穷，二代以后丁财衰败。

⑦ 额问：为水语音译吉利条目，意为吉利重重。

第22行：

原文：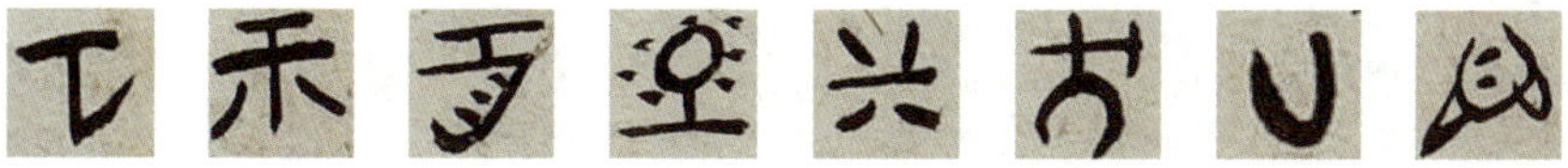

读音：	tjeŋ^{1}	mi^{2}	si^{2}	pu^{2}	ljok^{8}pek^{8}	hak^{7}	tjeŋ^{1}ʔɣek^{7}	ŋo^{4}hu^{3}
直译：	丁	未	时	辅星①	六白②	坎坷	猛兽抓拖	猛虎
条目：						【核】	【高采】	【五虎】③

意译：丁未时，值北斗辅星与风水紫白星六白乾相照应，北斗辅星属水与地上乾为金，为金生水，为天地相生。要留意水语音译的水书忌戒条目【核】【高采】【五虎】凶祸之灾。

注释：① 辅星：为北斗星之一，属北斗星的第八位。

② 六白：紫白星属八卦星位第六位，属乾卦。

③ 水书忌戒条目：

【核】意为坎坷或堵塞。

【高采】意为猛兽抓拖。

【五虎】意为猛虎。

原文：

读音：	qʰam^{5}aːn^{1}	lju^{2}lji^{2}sui^{3}	ʈu^{3}ʈi^{1}	eŋ^{1}van^{1}	tʰu^{3}	ʈət^{7}
直译：	翻倒马鞍	泪如柳条	九穷	额问⑤	土	吉
条目：	【缸鞍】	【六立水】	【九己】④			

意译：又要留心水语音译水书忌戒条目【缸鞍】【六立水】【九己】之凶，即使有水书吉星“额问”照应，并按用事者出生属五行年，往下推演，至土位为吉，那也只是为吉凶参半。宜斟酌丧葬、立碑，不宜嫁娶、起造、出行、造圈、造马鞍。

注释：④ 水书忌戒条目：

【缸鞍】意为翻倒马鞍。

【六立水】意为泪如柳条，忌哭丧。

【九己】意为九穷，二代以后丁财衰败。

⑤ 额问：水语音译水书吉利条目，意为连日吉利。

第23行：

原文：

读音：	mu^{2}	sən^{1}	si^{2}	pjət^{7}	ŋo^{4}voŋ^{1}	mok^{7}fon^{2}	ɕoŋ^{1}ʔjət^{7}	ha:i^{2}
直译：	戊	申	时	弼星①	五黄②	缠树藤	虫咬	骸④
条目：						【木逢】	【凶以】③	

意译：戊申时，值北斗弼星与风水紫白星中央五黄照应，北斗弼星属水与地上中央土，为土克水，为天地相克。要留心水语音译的水书忌戒条目【木逢】【凶以】为“骸（死人）”之凶。

注释：① 弼星：为北斗星之一，属北斗星的第九位。

② 五黄：紫白星属八卦星位第五位，为中央卦。

③ 水书忌戒条目：

【木逢】意为缠树藤。

【凶以】意为虫咬。

④ 骸：水语音译，意为棺材、死人或重丧。

原文：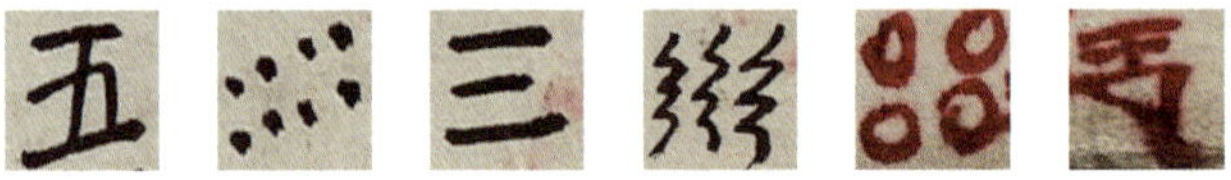

读音：	ŋo^{4}	ta:ŋ^{2}ʔɣa^{5}	ha:m^{1}	so^{3}sjen^{1}	eŋ^{1}van^{1}	ȶət^{7}
直译：	五	肥沃大田	三	惹是生非	额问⑥	吉
条目：		【堂田】		【所线】⑤		

意译：既要按用事者出生地支年，往下推演，至第五位，值水语音译水书中性条目【堂田】侧重；又要按用事者出生地支年，往下推演，至第三位，值水语音译水书忌戒条目【所线】之凶。虽有水书吉星“额问”照应，也仍为大凶之时。不宜丧葬、立碑、嫁娶、起造、出行。

注释：⑤ 水书忌戒条目：

【堂田】意为肥沃大田。

【所线】意为惹是生非。

⑥ 额问：水语音译水书吉利条目，意为连日吉利。

第24行：

原文：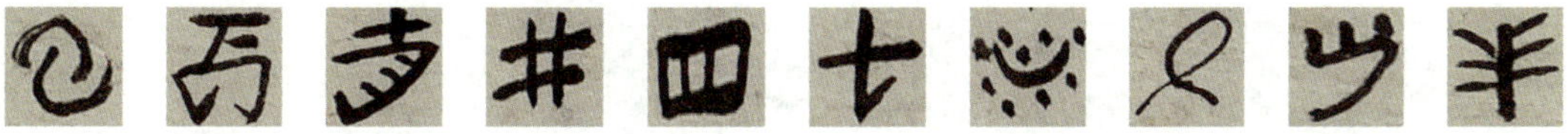

读音：ȶi^{1} ju^{4} si^{2} tʰa:m^{1} hi^{5}pik^{7} ɕət^{7} qo^{2}ȶən^{1} Pjət^{8}jiŋ^{5} sək^{7}ȶi^{1} mok^{8}

直译：己 酉 时 贪狼① 四禄② 七 大群队移动 环绕 断梳子 人头

条目：【各紧】【环绕】【省记】【各木】③

意译：己酉时，值北斗贪狼与风水紫白星四禄照应，北斗贪狼属木与地上巽为木，两木为旺，为天地相旺。按用事者出生地支年，往下推演，至第七位，值水语音译水书忌戒条目【各紧】【环绕】【省记】【各木】凶祸招致之灾。

注释：① 贪狼：为北斗星之一，属北斗星的第一位。

② 四禄：为紫白星八卦第四位，为巽卦。

③ 水书忌戒条目：

【各紧】大群队移动。各，水语音译，为划、移动；紧，水语音译，为大排场队伍。

【环绕】意为环绕或回环。

【省记】断梳子（指死人梳子）

【各木】指人头之意。

原文：

读音：hak^{7}van^{1} ti^{6}ha:ŋ^{1}fan^{1}

直译：连日吉利 人丁发达

条目：【航问】 【竹根代】④

意译：并逢【额问】照应【竹根代】，也仍为吉凶参半。宜斟酌丧葬、立碑，宜嫁娶、出行，不宜起造、造圈、修鸡笼。

注释：④ 水语音译水书吉利条目：

【航问】意为连日吉利。

【竹根代】人丁发达。

第25行：

原文：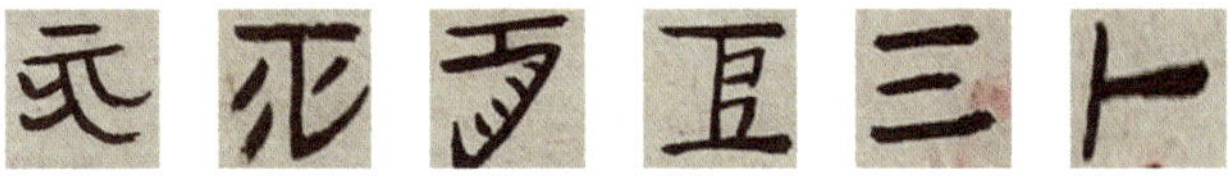

读音：	qeŋ^{1}	hət^{7}	si^{2}	ȶu^{2}	ha:m^{1}	ʔjən^{5}kwa:n^{1}
直译：	庚	戌	时	巨门①	三碧②	斧头
条目：						【引贯】③

意译：庚戌时，值北斗巨门与风水紫白星三碧照应，北斗巨门属土与地上震为木，为木克土，为天地相克。值水语音译水书禁忌条目“引贯”。

注释：① 巨门：为北斗星之一，属北斗星的第二位。

② 三碧：紫白星属八卦第三位，为震卦。

③ 【引贯】为水语音译的水书忌戒条目，意为斧头。

原文：

读音：	hak^{7}van^{1}	tʰa:m^{1}	mok^{8}	lju^{4}tʰu^{3}tsja:ŋ^{1}
直译：	航问	贪狼	木堂④	柳土獐⑤

意译：又值水语音译水书吉星“航问”“木堂”或北斗星“贪狼”或“柳土獐”照应，但仍为凶时。不宜丧葬、立碑，宜嫁娶、出行。

注释：④ 水书吉星：

航问：连日吉利。

贪狼：属北斗九星第一位，这里为水书吉星。

木堂：意为富丽堂皇。

⑤ 柳土獐：为二十八宿之一，这里为水书吉星。

第26行：

原文：

读音：	ɕən^{1}	ʁa:i^{3}	si^{2}	hən^{2}	pjət^{8}	ljok^{8}	ȵi^{2}	ʔboŋ^{5}ham^{3}	ha:i^{2}	so^{3}sjen^{1}	sa:n^{1}
直译：	辛	亥	时	地方	禄存①	二黑②	二黑	罩住	骸④	惹是生非	散⑥
条目：								【补夯】③		【所线】⑤	

意译：辛亥时，值北斗禄存与风水紫白星二黑照应，北斗禄存属土与地上坤为土，两土为旺。值水语音译的水书禁忌条目【补夯】为“骸（死人）”凶；又要留意值【所线】或八宫掌“散”

所致之灾。

注释：① 禄存：为北斗星之一，属北斗星的第三位。

② 二黑：紫白星属八卦星位第二位，为坤卦。

③ 【补夯】水书吉利条目，指罩住，与仰相对。

④ 骸：水语音译，意为棺材、死人或重丧。

⑤ 【所线】水书忌戒条目，惹是生非之意。

⑥ 散：八宫掌名称。

原文：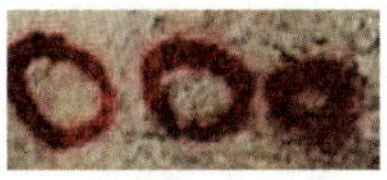 

读音：　eŋ¹van¹　　tət⁷

直译：　额问⑦　　吉

意译：水书吉星【额问】相照，为吉凶参半。宜斟酌丧葬、立碑，不宜嫁娶、起造。

注释：⑦ 额问：水语音译吉利条目，吉利重重。

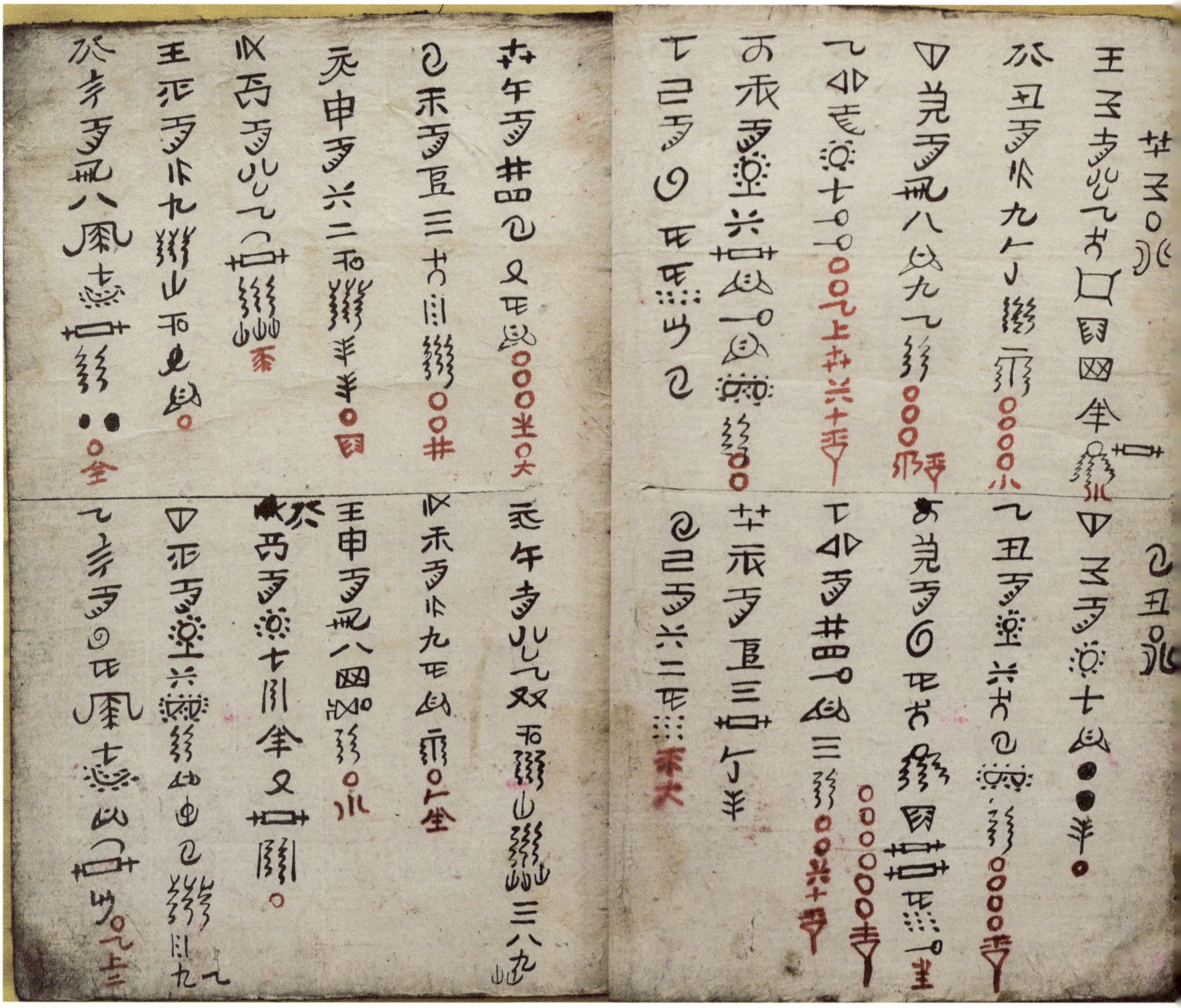

原件 13：戊子 己丑

第 1 行：

原文：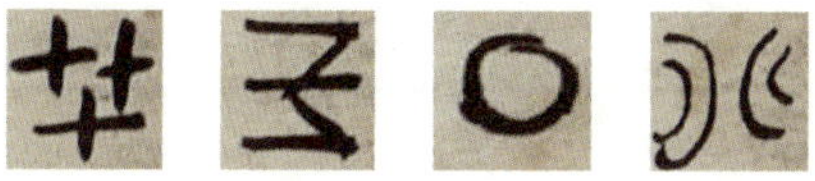

读音：mu^{2}　hi^{3}　van^{1}　fa^{3}

直译：戊　子　日　火

意译：戊子日，属火。戊子日为六十甲子日的第二十五日，属五行纳音火。包含从壬子时到癸亥时，共十二个时辰。

第 2 行：

原文：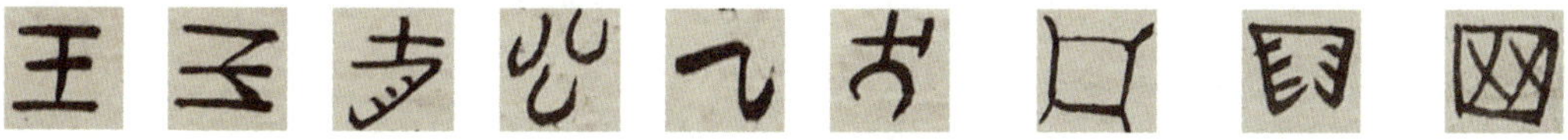

读音：ȵum^{2}　hi^{3}　si^{2}　fan^{2}　ʔjət^{7}　hak^{7}　ȵa:n^{1}hi^{5}q^{h}a^{1}　mən^{2}ja^{3}sui^{3}　ton^{2}ɣon^{2}

直译：庚　子　时　文曲①　一白②　坎坷　棺材四角　水族衙门　短命

条目：**【核】**　**【宁喜卡】**　**【门牙水】**　**【端完】**③

意译：庚子时，值北斗文曲星与风水紫白星一白坎卦相照应，北斗文曲星属土与地上坎为水，为土克水，天地相克。又有水语音译的水书忌戒条目【核】【宁喜卡】【门牙水】【端完】凶祸损耗之灾。

注释：① 文曲：为北斗星之一，属北斗星的第四位。

② 一白：紫白星属八卦星位第一位，属坎卦。

③ 水书条忌戒目：

【核】意为坎坷或堵塞。

【宁喜卡】意为棺材头四角。

【门牙水】意为水族衙门。

【端完】意为短命。

原文：

读音：ȶum^{1}　ma^{4}saŋ^{2}ȶi^{2}　ha:i^{2}　sui^{3}

直译：金　马戴孝　骸⑤　水

条目：**【马畅旗】**④

意译：还有按用事者出生属五行年，往下推演，至金位，为水书忌戒条目【马畅旗】为“骸（死人）”之凶，为大凶之时。不宜开路、安葬、嫁娶、营造。

注释：④ 【马畅旗】水书条忌戒目，意为马戴孝。

⑤ 骸：水语音译，意为棺材、死人或重丧。

第 3 行：

原文：

读音：	ʈui^{5}	su^{3}	si^{2}	ljen^{2}	ʈu^{3}	ʔjən^{5} kwa:n^{1}	qau^{3}za:i^{5}	njem^{1}ju^{5}	ʔjeu^{1}foŋ^{2}hu^{3}
直译：	癸	丑	时	廉贞①	九紫②	斧头	猛兽抓拖	引线	孝旗伞
条目：						【引贯】	【高采】	【引友】	【料逢虎】③

意译：癸丑时，值北斗廉贞星与风水紫白星九紫离相照应，北斗廉贞为火与地上离为火，两火为旺，天地相旺。值水语音译的忌戒水书条目【引贯】【高采】【引友】【料逢虎】。

注释：① 廉贞：为北斗星之一，属北斗星的第五位。

② 九紫：紫白星属八卦星位的第九位，属离卦。

③ 水书忌戒条目：

【引贯】意为斧头。

【高采】意为猛兽抓拖。

【引友】意为引线。丧葬时忌叫他人名，应答者要丧命。

【料逢虎】意为孝旗伞。

原文：

读音：	eŋ^{1}van^{1}	ɕeu^{3}
直译：	额问④	小

意译：即使有水语音译水书吉星“额问”照应。也为吉凶参半，宜斟酌开路、安葬、立碑，不宜嫁娶、营造、造圈。

注释：④ 额问：水语音译吉利条目，意为吉利重重。

第 4 行：

原文：

读音：	ʈa:p^{7}	ji^{2}	si^{2}	fu^{4}	pa:t^{7}	ŋo^{4}hu^{3}	ʈu^{3}	ʔjət^{7}	lju^{2}lji^{2}sui^{3}
直译：	甲	寅	时	武曲①	八白②	猛虎	九	乙	泪如柳条
条目：						【五虎】			【六立水】③

意译： 甲寅时，值北斗武曲星与风水紫白星八白艮相照应，北斗武曲为金与地上艮为土，为土生金，天地相生。要留意水语音译的水书忌戒条目【五虎】之凶，还要留意按用事者出生地支年，往下推演，至第九位，或意按用事者出生天干年，往下推演，至天干乙位，值水语音译的水书忌戒条目【六立水】之凶祸。

注释： ① 武曲：为北斗星之一，属北斗星的第六位。

② 八白：紫白星属八卦星位第八位，属艮卦。

③ 水语音译的水书禁忌条目。

【五虎】意为猛虎。

【六立水】意为哭，忌哭丧。

原文： 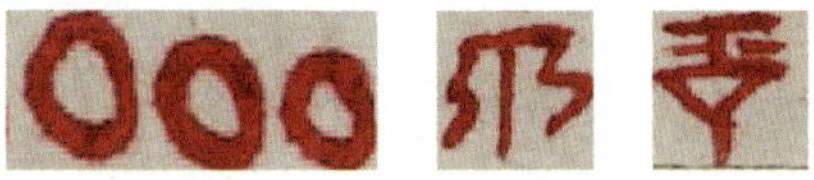

读音：	eŋ^{1}van^{1}	ti^{6}ha:ŋ^{1}fan^{1}	ʈət^{7}
直译：	吉利重重	人丁发达	吉
条目：	【额问】	【竹根代】④	

意译： 水语音译水书吉星【额问】照应【竹根代】，为吉多凶少。宜开路、安葬、立碑，不宜嫁娶、营造、出行、造圈。

注释： ④ 【额问】水语音译的水书吉利条目，意为吉利重重。

【竹根代】人丁发达。

第 5 行：

原文： 

读音：	ʔjət^{7}	ma:u^{4}	si^{2}	p^{h}o^{5}	ɕət^{7}	ŋo^{4}qui^{5}	ŋo^{4}qui^{5}
直译：	癸	卯	时	破军①	七赤②	锤敲打	锤敲打
条目：						【五锤】	【五锤】③

意译： 癸卯时，值北斗破军星与风水紫白星七赤兑相照应，北斗破军为金与地上兑为金，两金为旺，天地相旺。要留意水语音译的水书忌戒条目二【五锤】之凶。

注释： ① 破军：为北斗星之一，属北斗星的第七位。

② 七赤：紫白星属八卦星位第七位，属兑卦。

③ 【五锤】为水语音译的水书忌戒条目，意为五锤敲打。

原文：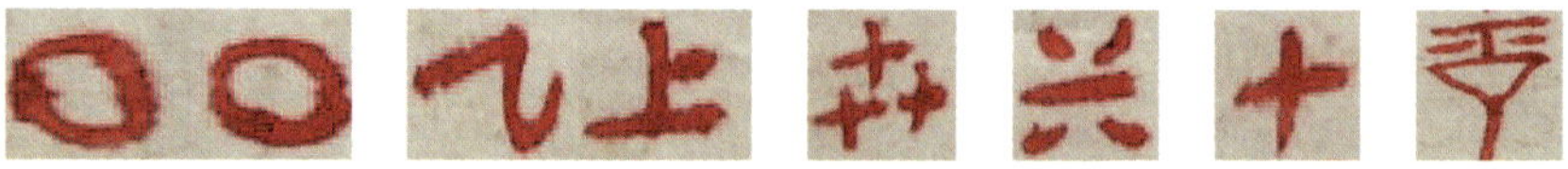

读音：hak^{7}van^1　ʔjət^{7}sjeŋ^3　mu^2　ljok^8　sup^8　ʈət^7

直译：航问　一生气④　戊　六　十　吉

意译：又有水书吉利条目【航问】【一生气】照应；并按用事者出生天干年，往下推演，至戊位，为“六十吉时”；为吉多凶少。宜开路、安葬、立碑、婚姻、营造，不宜设席。

注释：④　水语音译水书吉星：

航问：意为连日吉利。

一生气：意为和气。

第 6 行：

原文：

读音：pjeŋ^3　sən^2　si^2　p^{h}o^5　ljok^8　ha:i^2　ŋo^{4}hu^3　ŋo^{4}qui^5

直译：丙　辰　时　辅星①　六白②　骸③　猛虎　锤敲打

条目：【五虎】【五锤】④

意译：丙辰时，值北斗辅星与风水紫白星六白乾相照应，北斗辅星为水与地上乾为金，为金生水，天地相生。要留意水语音译的水书忌戒条目【五虎】【五锤】凶祸之灾。

注释：①　辅星：为北斗星之一，属北斗星的第八位。

②　六白：紫白星属八卦星位第六位，属乾卦。

③　骸：水语音译，意为棺材、死人或重丧。

④　水书忌戒条目：

【五虎】意为猛虎。

【五锤】意为五锤敲打。

原文：

读音：ŋo^{4}hu^3　q^{h}am^{5}a:n^1　lju^{2}lji^{2}sui^3　hak^{7}van^1

直译：猛虎　翻倒马鞍　泪如柳条　航问⑥

条目：【五虎】　【缸鞍】　【六立水】⑤

意译：又要留心水书忌戒条目【五虎】【缸鞍】【六立水】之凶，虽有水书吉星“航问”照应，也仍为吉凶参半。宜斟酌开路、安葬、立碑，不宜婚姻、营造、造圈、设席。

注释：⑤ 水书忌戒条目：

【缸鞍】意为翻到马鞍。

【六立水】意为哭，忌哭丧。

【五虎】意为猛虎。

⑥ 航问：意为连日吉利。

第 7 行：

原文：

读音：	tjeŋ^{1}	hi^{4}	si^{2}	pjət^{7}	ŋo^{4}	ŋo^{4}	ta:ŋ^{2}ʔɣa^{5}	sək^{7}ʈi^{1}	ʈi^{1}
直译：	丁	巳	时	弼星①	五黄②	五	肥沃大田	断梳子	九穷
条目：							【堂田】	【省记】	【九己】③

意译：丁巳时，值北斗弼星与风水紫白星五黄中央相照，北斗弼星为水与地上中央为土，为土克水，天地相克。按用事者生庚八字地支推演，至第五位，值水语音译的水书条目【堂田】【省记】【九己】之凶，为大凶之时。诸事不宜。

注释：① 弼星：为北斗星之一，属北斗星的第九位。

② 五黄：紫白星属八卦星位第五位，属中央卦。

③ 水书忌戒条目：

【堂田】意为肥沃大田。

【省记】意为断梳子。

【九己】意为九穷，二代以后丁财衰败。

第 8 行：

原文：

读音：	mu^{2}	ŋo^{2}	si^{2}	tʰa:m^{1}	hi^{5}	ʈi^{1}	pjət^{7}jiŋ^{5}	ŋo^{4}	ŋo^{4}hu^{3}
直译：	戊	午	时	贪狼①	四禄②	九穷	环绕	五	猛虎
条目：						【九己】	【必引】		【五虎】③

意译：戊午时，值北斗贪狼与风水紫白星四禄巽相照应，北斗贪狼为木与地上巽为木，两木为旺，天地相旺。要留心水语音译水书忌戒条目【九己】【必引】之凶，还要留意按用事者出生地支年，往下推演，至第五位，为水语音译水书忌戒条目【五虎】之灾。

注释：① 贪狼：为北斗星之一，属北斗星的第一位。

② 四禄：紫白星属八卦星位第四位，属巽卦。

③ 水书忌戒条目：

【九己】意为九穷，二代以后丁财衰败。

【必引】指环绕或回环。

【五虎】指猛虎，表示多只猛虎。

原文：

读音： eŋ^{1}van^{1} mi^{2} van^{1} ta:i^{2}

直译： 额问④ 未 日 大

意译：又有水书吉星“额问”照应；按用事者出生地支年，往下推演，至地支未位吉利；也仍为吉凶参半。宜斟酌开路、安葬、立碑，不宜婚姻、营造、造圈、设席。

注释：④ 额问：水语音译吉利条目，意为吉利重重。

第 9 行：

原文：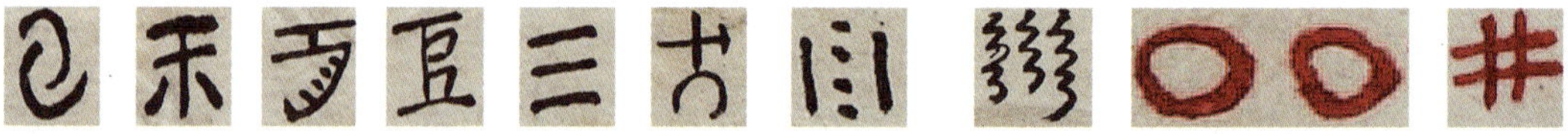

读音： ţi^{1} mi^{2} si^{2} ţu^{2} ha:m^{1} hak^{7} pik^{7}sui^{3}ka:ŋ^{5} so^{3}sjen^{1} hak^{7}van^{1} t^{h}a:m^{1}

直译： 己 未 时 巨门① 三碧② 坎坷 泪水哭干 惹是生非 航问 贪狼④

条目： 【核】【比水缸】【所线】③

意译：己未时，值北斗巨门与风水紫白星三碧震相照应，北斗巨门为土与地上震卦属木，为木克土，为天地相克。值水书忌戒条目【核】【比水缸】【所线】；虽有水书吉星“航问”和北斗星“贪狼”照应，也仍为凶时。不宜开路、安葬、立碑、婚姻、营造。

注释：① 巨门：为北斗星之一，属北斗星的第二位。

② 三碧：紫白星属八卦星位第三位，属震卦。

③ 水书忌戒条目：

【核】意为坎坷不顺或堵塞。

【比水缸】意为泪水哭干。

【所线】意为惹是生非。

④ 水书吉星：

航问：意为连日吉利。

贪狼：北斗星之一，这里属吉星。

第10行：

原文：

读音：	qeŋ^{1}	sən^{1}	si^{2}	ljok^{8}	ȵi^{2}	pje^{2}k^{h}u^{1}	ȶui^{3}sat^{7}ȶa^{1}	mok^{8}	mok^{8}
直译：	庚	申	时	禄存①	二黑②	麻风病	鬼卷家	木	人头
条目：						【别扣】	【居散架】		【各木】③

意译：庚申时，值北斗禄存与风水紫白星二黑坤照应，北斗禄存为土与地上坤为土，两土为旺，为天地相旺。要留心水语音译水书忌戒条目【别扣】【居散架】中性，又要留心按用事者出生属五行年，往下推演，至木位，为水语音译水书忌戒条目【各木】凶祸之灾。

注释：① 禄存：为北斗星之一，属北斗星的第三位。

② 二黑：紫白星属八卦星位第二位，属坤卦。

③ 水书忌戒条目：

【别扣】意为麻风病。

【居散架】意为鬼卷家。

【各木】指人头。

原文：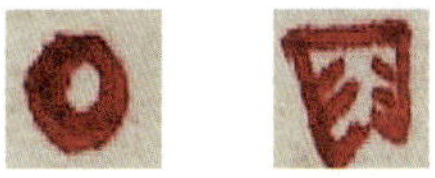

读音：	van^{1}	mən^{2}ja^{3}sui^{3}
直译：	日	门牙水④

意译：又有水书中性条目【门牙水】照应，为吉凶参半。宜斟酌开路、立碑、婚姻、营造、出行，不宜安葬。

注释：④ 【门牙水】为水语音译水书中性条目，意为水族衙门。

第11行：

原文：

读音：	ɕən^{1}	ju^{4}	si^{2}	fan^{2}	ʔjət^{7}	ʔboŋ^{5}ham^{3}	haːi^{2}	so^{3}sjen^{1}	taːŋ^{2}ʔdoŋ^{1}	mok^{8}taːŋ^{2}
直译：	辛	酉	时	文曲①	一白②	罩住	骸④	惹是生非	宽大森林	木堂⑥
条目：						【补夯】③		【所线】	【堂弄】⑤	

意译：辛酉时，值北斗文曲与风水紫白星一白坎照应，北斗文曲为水与地上坎为水，两水为旺，为天地相旺。值水语音译的忌戒水书条目【补夯】为“骸（死人）”凶；又要留意【所线】

【堂弄】招致之灾，并有水书吉星条目“木堂”照应，为吉多凶少。宜斟酌开路、安葬、立碑、婚姻、营造、出行。

注释：① 文曲：为北斗星之一，属北斗星的第四位。

② 一白：紫白星属八卦星位第一位，属坎卦。

③ 水书忌戒条目：

【补夯】意为罩住，与仰相对。

④ 骸：水语音译，意为棺材、死人或重丧。

⑤ 水语音译忌戒条目：

【所线】惹是生非。

【堂弄】意为宽大森林。

⑥ 木堂：为水语音译水书吉利条目，意为富丽堂皇。

第12行：

原文：

读音：	ŋ̥um^{2}	hət^{7}	si^{1}	ljem^{2}	ʈu^{3}	ʈui^{3}sat^{7}ʈa^{1}	sa:n^{1}	pje^{2}k^{h}u^{1}	ɕoŋ^{1}ʔjət^{7}	ŋo^{4}hu^{3}	van^{1}
直译：	壬	戌	时	廉贞①	九紫②	鬼卷家	散④	麻风病	虫咬	猛虎	日
条目：						【居散架】③		【别扣】	【凶以】	【五虎】⑤	

意译：壬戌时，值北斗廉贞与风水紫白星九紫离照应，北斗廉贞为火与地上离为火，两火为旺，为天地相旺。要留意水语音译的水书忌戒条目【居散架】【别扣】【虫咬】【五虎】或八宫掌“散”凶祸之灾，为吉多凶少。宜开路、安葬、立碑，不宜祭祀、婚姻、营造、出行、造圈。

注释：① 廉贞：为北斗星之一，属北斗星的第五位。

② 九紫：紫白星属八卦星位第九位，属离卦。

③ 【居散架】水书忌戒条目，意为鬼卷家。

④ 散：是指八宫掌名称。

⑤ 水书忌戒条目：

【别扣】意为麻风病。

【凶以】意为虫咬。

【五虎】意为猛虎，表示多只猛虎。

第13行：

原文：

读音：ʈui^5 ʁa:i^3 si^2 fu^4 ba:t^7 mok^{8}foŋ^2 ɕət^7 qo^{2}ʈən^1 ha:i^2 lju^{2}lji^{2}sui^3 hak^{7}van^{1}ʔnjam^5

直译：辛 亥 时 武曲①八白② 缠树藤 七 大群队移动 骸④ 泪如柳条 连日阴沉

条目：【木逢】 【各紧】③ 【六立水】 【航问锭】⑤

意译：辛亥时，值北斗武曲与风水紫白星八白艮照应，北斗武曲为金与地上艮为土，为土生金，为天地相生。要留心水语音译的水书忌戒条目【木逢】【各紧】，又要留心按用事者出生地支年，往下推演，至第七位，值“骸（死人）”凶；又要留意水书忌戒条目【六立水】【航问锭】凶祸之灾。

注释：① 武曲：为北斗星之一，属北斗星的第六位。

② 八白：紫白星属八卦星位第八位，属艮卦。

③ 水书忌戒条目：

【木逢】意为缠树藤。

【各紧】大群队移动。各，水语音译，为划、移动；紧，水语音译，为大排场队伍。

④ 骸：水语音译，意为棺材、死人或重丧。

⑤ 水书忌戒条目：

【六立水】意为泪如柳条，指忌哭丧。

【航问锭】意为连日凶祸或连日阴沉。

原文：

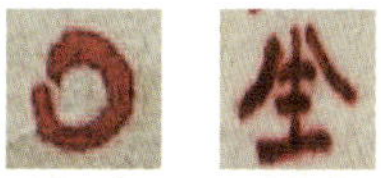

读音：van^1 ʈum^1

直译：日 金堂⑥

意译：又有水书吉星“金堂”照应，仍为吉凶参半。宜斟酌开路、婚姻，不宜安葬、立碑。

注释：⑥ 金堂：为水书吉利条目，是富丽堂皇。

第14行：

原文：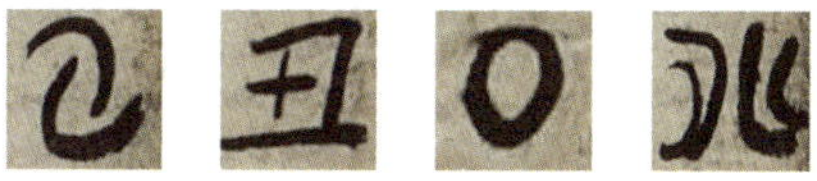

读音：ʈi^1 su^3 van^1 fa^3

直译：已 丑 日 火

意译：己丑日，纳音属火。

注释：此为六十甲子日中第二十六日，五行纳音属火。它包含从甲子时起到癸亥时，共十二个时辰。

第15行：

原文：

读音：	ȶa:p^{7}	hi^{3}	si^{2}	pʰo^{5}	ɕət^{7}	ŋo^{4}hu^{3}	hak^{7}van^{1}ʔnjam^{5}	mok^{8}	van^{1}
直译：	甲	子	时	破军①	七赤②	猛虎	连日阴沉	人头	日
条目：						【五虎】	【航问锭】	【各木】③	

直译：甲子时，值北斗破军与风水紫白星七赤兑照应，北斗破军为金与地上兑为金，两金为旺，为天地相旺。要留意水语音译的水书忌戒条目【五虎】【航问锭】【各木】凶祸之灾；又有吉利照应，仍为吉凶参半。宜斟酌安葬、立碑，不宜开路、栽种、婚姻、营造。

注释：① 破军：为北斗星之一，属北斗星的第七位。

② 七赤：紫白星属八卦星位第七位，属兑卦。

③ 水书忌戒条目：

【五虎】意为猛虎。

【航问锭】意为连日凶祸或连日阴沉。

【各木】意为人头。

第16行：

原文：

读音：	ʔjət^{7}	su^{3}	si^{2}	pu^{2}	ljok^{8}	hak^{7}	ȶi^{1}	qʰam^{5}a:n^{1}	lju^{2}lji^{2}sui^{3}	eŋ^{1}van^{1}	ȶət^{7}
直译：	乙	丑	时	辅星①	六白②	坎坷	九穷	翻倒马鞍	泪如柳条	额问④	吉
条目：						【核】	【九己】	【缸鞍】	【六立水】③		

意译：乙丑时，值北斗辅星与风水紫白星六白乾照应，北斗辅星为水与地上乾金，为金生水，为天地相生。要留意水书忌戒条目【核】【九己】【缸鞍】【六立水】凶祸之灾；又值为水语音译的水书吉利条目“额问”照应，为吉凶参半。宜斟酌开路、安葬、立碑、婚姻、营造、出行，不宜造马鞍。

注释：① 辅星：为北斗星之一，属北斗星的第八位。

② 六白：紫白星属八卦星位第六位，属乾卦。

③ 水书忌戒条目：

【核】意为坎坷不顺或堵塞。

【九己】指九穷，二代以后丁财衰败。

【缸鞍】意为翻倒马鞍。

【六立水】意为泪如柳条，指忌哭丧。

④ 额问：为水语音译水书吉利条目，意为吉利重重。

第17行：

原文：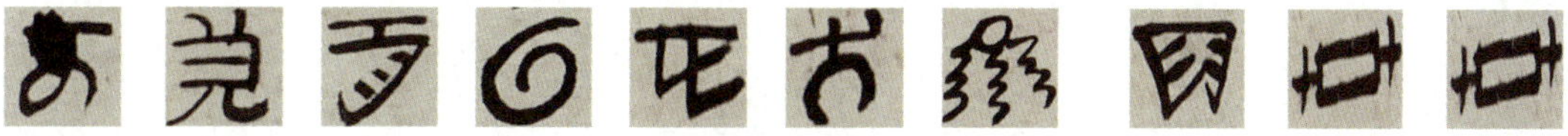

读音：	pjeŋ^{3}	ji^{2}	si^{2}	pjət^{7}	ŋo^{4}	hak^{7}	ma^{4}saŋ^{2}ʈi^{2}	mən^{2}ja^{3}sui^{3}	ha:i^{2}	ha:i^{2}
直译：	甲	寅	时	弼星①	五黄②	坎坷	马戴孝	水族衙门	骸	骸④
条目：						【核】	【马畅旗】	【门牙水】③		

意译：甲寅时，值北斗弼星与风水紫白星中央五黄照应，北斗弼星为水与地上中央为土，为土克水，为天地相克。又留心值水书忌戒条目【核】【马畅旗】【门牙水】为“骸（死人）”凶祸损耗之灾。

注释：① 弼星：为北斗星之一，属北斗星的第九位。

② 五黄：紫白星属八卦星位第五位，属中央卦。

③ 水书忌戒条目：

【核】意为坎坷不顺或堵塞。

【马畅旗】意为马戴孝。

【门牙水】意为水族衙门。

④ 骸：水语音译，意为棺材、死人或重丧。

原文：

读音：	ŋo^{4}	ʔjum^{5}hən^{2}	ŋo^{4}qui^{5}	mi^{2}	eŋ^{1}van^{1}	ʈət^{7}
直译：	五	地方拥挤	锤敲打	未	额问⑥	吉
条目：		【涌恒】	【五锤】⑤			

意译：还有按用事者出生地支年，往下推演，至地支第五位，为水书忌戒条目【涌恒】【五锤】之凶；虽按用事者出生地支年，往下推演，至未位，为水书吉利条目“额问”照应，但仍为凶时。只宜祭祀，不宜开路、安葬、立碑、婚姻、营造、出行。

注释：⑤ 水书忌戒条目：

【涌恒】意为地方拥挤，或满天下。

【五锤】意为五锤敲打。

⑥ 额问：水语音译水书吉利条目，意为吉利重重。

第18行：

原文：

读音：	tjeŋ^1	ma:u^4	si^2	tʰa:m^1	hi^5	ŋo^{4}qui^5	ŋo^{4}hu^3	ha:m^1	lju^{2}lji^{2}sui^3
直译：	丁	卯	时	贪狼①	四禄②	锤敲打	猛虎	三	泪如柳条
条目：						【五锤】	【五虎】		【六立水】③

意译：丁卯时，值北斗贪狼与风水紫白星四禄巽照应，北斗贪狼为木与地上巽为木，两木为旺，为天地相旺。要留心水书忌戒条目【五锤】【五虎】凶祸之灾；又要留意按用事者出生地支年，往下推演，至第三位，为水书忌戒条目【六立水】之凶。

注释：① 贪狼：为北斗星之一，属北斗星的第一位。

② 四禄：紫白星属八卦星位第四位，属巽卦。

③ 水书忌戒条目：

【五锤】意为五锤敲打。

【五虎】意为猛虎。

【六立水】意为泪如柳条，指忌哭丧。

原文：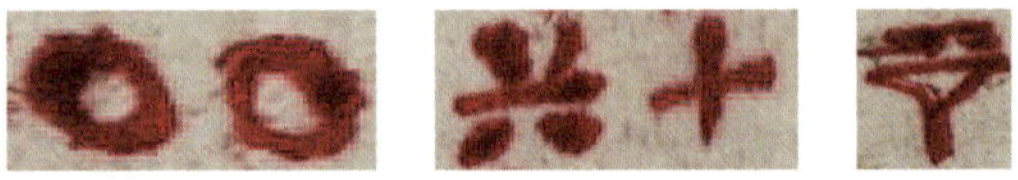

读音：	hak^{7}van^1	ljok^{8}sup^8	ȶət^7
直译：	航问④	六十	吉

意译：即使有水书吉星“航问”照应为“六十吉时”，但仍为吉凶参半。宜斟酌安葬、立碑，不宜开路、婚姻、营造、出行、造圈、设席。

注释：④ 航问：为水语音译水书吉利条目，意为连日吉利。

第19行：

原文：

读音：	mu^2	sən^2	si^2	ȶu^2	ha:m^1	ha:i^2	ʔjən^{5}kwa:n^1	qau^{3}za:i^5	mok^8
直译：	戊	辰	时	巨门①	三碧②	骸③	斧头	猛兽抓拖	人头
条目：							【引贯】	【高采】	【各木】④

意译：戊辰时，值北斗巨门与风水紫白星三碧震照应，北斗巨门为土与地上震为木，为木克土，为天地相克。要留心值“骸（死人）”凶；又要留意水书忌戒条目【引贯】【高采】【各木】凶祸损耗之灾，为大凶之时。诸事不宜。

注释：① 巨门：为北斗星之一，属北斗星的第二位。

② 三碧：紫白星属八卦星位第三位，属震卦。

③ 骸：水语音译，意为棺材、死人或重丧。

④ 水书忌戒条目：

【引贯】意为斧头。

【高采】意为猛兽抓拖。

【各木】意为人头。

第20行：

原文：

读音：	ȶi^{1}	hi^{4}	si^{2}	ljok^{8}	ȵi^{2}	ŋo^{4}	taːŋ^{2}ʔɣa^{5}	mok^{8}taːŋ^{2}	taːi^{2}
直译：	丁	巳	时	禄存①	二黑②	五	肥沃大田	木堂④	大
条目：							【堂田】③		

意译：丁巳时，值北斗禄存与风水紫白星二黑坤照应，北斗禄存为土与地上坤为土，两土为旺，为天地相旺。要留心按用事者出生地支年，往下推演，至第五位，为水书中性条目【堂田】之侧重，又有水书吉星“木堂”照应，仍为吉利之时。宜开路、安葬、立碑、婚姻、营造、出行。

注释：① 禄存：为北斗星之一，属北斗星的第三位。

② 二黑：紫白星属八卦星位第二位，属坤卦。

③ 【堂田】为水语音译的水书中性条目，意为肥沃大田。

④ 木堂：为水语音译水书吉利条目，意为富丽堂皇。

第21行：

原文：

读音：	qeŋ^{1}	ŋo^{2}	si^{2}	fan^{2}	ʔjət^{7}	ku^{3}sup^{7}	pje^{2}k^{h}u^{1}	so^{3}sjen^{1}	saːn^{1}
直译：	戊	午	时	文曲①	一白②	预计	麻风病	惹是生非	散④
条目：						【估术】	【别扣】	【所线】③	

意译：戊午时，值北斗文曲与风水紫白星一白坎照应，北斗文曲为水与地上坎为水，两水为旺，为

天地相旺。要留意水书忌戒条目【估术】【别扣】【所线】或值“散”凶祸之灾。

注释：① 文曲：为北斗星之一，属北斗星的第四位。

② 一白：紫白星属八卦星位第一位，属坎卦。

③ 水书忌戒条目：

【估术】意为预计。

【别扣】意为麻风病。

【所线】意为惹是生非。

④ 散：八宫掌名称。

原文：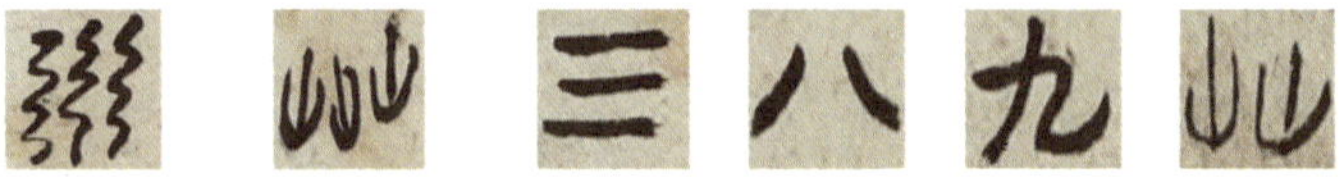

读音：	so^{3}sjen^{1}	ta:ŋ^{2}ʔoŋ^{1}	ha:m^{1}	pa:t^{7}	ʈu^{3}	ta:ŋ^{2}sa:i^{2}
直译：	惹是生非	宽大森林	三	八	九	宽大竹林
条目：	【所线】	【堂弄】				【堂晒】⑤

意译：又要留心水书忌戒条目【所线】【堂弄】之凶；还要按用事者出生地支年，往下推演，分别至地支第三、八、九位，为水书忌戒条目【堂晒】，为大凶之时。不宜开路、安葬、立碑、婚姻、营造、出行。

注释：⑤ 水书忌戒条目：

【所线】意为惹是生非。

【堂弄】意为宽大森林。

【堂晒】意为宽大竹林。

第22行：

原文：

读音：	ɕən^{1}	mi^{2}	si^{2}	ljem^{2}	ʈu^{3}	ŋo^{4}	ŋo^{4}hu^{3}	ʔjeu^{1}foŋ^{2}hu^{3}
直译：	辛	未	时	廉贞①	九紫②	五	猛虎	孝旗伞
条目：							【五虎】	【料逢虎】③

意译：辛未时，值北斗廉贞与风水紫白星九紫离照应，北斗廉贞为火与地上离为火，两火为旺，为天地相旺。按用事者出生地支年，往下推演，至第五位，为水书忌戒条目【五虎】【料逢虎】之凶。

注释：① 廉贞：为北斗星之一，属北斗星的第五位。

② 九紫：紫白星属八卦星位第九位，属离卦。

③ 水书忌戒条目：

【五虎】意为猛虎。

【料逢虎】意为孝旗伞。

原文：

读音：	van^{1}	kwa:n^{1}tsai^{4}	ʈum^{1}
直译：	日	利斧	金堂⑤
条目：		【贯才】④	

意译：又有水语音译的水书吉利条目【贯才】或吉星“金堂”照应，为吉凶参半。宜斟酌开路、安葬、立碑，不宜婚姻、营造、出行。

注释：④ 【贯才】水书吉利条目，意为利斧。

⑤ 金堂：指富丽堂皇。

第23行：

原文：

读音：	ŋ̥um^{2}	sən^{1}	si^{2}	fu^{4}	pa:t^{7}	ton^{2}ɣon^{2}	zən^{1}ta:u^{5}	lju^{2}lji^{2}sui^{3}	van^{1}	sui^{3}
直译：	庚	申	时	武曲①	八白②	短命	倒人死亡	泪如柳条	日	壁水貐④
条目：						【端完】	【人倒】	【六立水】③		

意译：庚申时，值北斗武曲与风水紫白星八白艮照应，北斗武曲为金与地上艮为土，为土生金，为天地相生。要留意水书条目【端完】【人倒】【六立水】凶祸伤身之灾；虽有水书吉星“壁水貐”照应，但仍为凶时。宜祭祀，不宜其他事。

注释：① 武曲：为北斗星之一，属北斗星的第六位。

② 八白：紫白星属八卦星位第八位，属艮卦。

③ 水书忌戒条目：

【端完】意为短命。

【人倒】意为凶恶倒人死亡。

【六立水】意为泪如柳条，指忌哭丧。

④ 壁水貐：是二十八宿之一，这里为水书吉星。

第24行：

原文：

读音：ɬui^{5}　ju^{4}　si^{2}　p^{h}o^{5}　ɬət^{7}　njem^{2}ju^{5}　ŋ̥um^{1}　Pjət^{8}jiŋ^{5}　ha:i^{2}　ɕoŋ^{1}ɕe:p^{7}　van^{1}

直译：辛　酉　时　破军①　七赤②　引线　金　环绕　骸④　接应　日

条目：【引友】　【必引】③　【休显】⑤

意译：辛酉时，值北斗破军与风水紫白星七赤兑照应，北斗破军为金与地上兑为金，两金为旺，为天地相旺。要留意水书忌戒条目【引友】，还要留心按用事者出生属五行年，往下推演，至金位，值水书忌戒条目【必引】为“骸（死人）”凶；又要留意【休显】凶祸之灾；即使有水书吉利照应，但也仍吉凶参半。宜斟酌开路、安葬、立碑、婚姻、营造。

注释：① 破军：为北斗星之一，属北斗星的第七位。

② 七赤：紫白星属八卦星位第七位，属兑卦。

③ 水书忌戒条目：

【引友】意为引线（应答）。

【必引】意为环绕或回环。

④ 骸：水语音译，意为棺材、死人或重丧。

⑤ 【休显】水书忌戒条目，意为接应（指忌报丧，有接应者要上命）。

第25行：

原文：

读音：ɬa:p^{7}　hət^{7}　si^{2}　pu^{2}　ljok^{8}　q^{h}am^{5}a:n^{1}　lju^{2}lji^{2}sui^{3}　ŋo^{4}hu^{3}　ɕoŋ^{1}ʔjət^{7}

直译：甲　戌　时　辅星①　六白②　翻倒马鞍　泪如柳条　猛虎　虫咬

条目：【缸鞍】【六立水】【五虎】【凶以】③

意译：甲戌时，值北斗辅星与风水紫白星六白乾照应，北斗辅星为水与地上乾为金，为金生水，为天地相生。要留意水书忌戒条目【缸鞍】【六立水】【五虎】【凶以】凶祸之灾。

注释：① 辅星：为北斗星之一，属北斗星的第八位。

② 六白：紫白星属八卦星位第六位，属乾卦。

③ 水语音译水书忌戒条目：

【缸鞍】意为翻倒马鞍。

【六立水】意为泪如柳条，指忌哭丧。

【五虎】意为猛虎。

【凶以】意为虫咬。

原文：

读音：ȶi^{1}　ȶui^{3}sat^{7}ȶa^{1}　pik^{7}sui^{3}kaːŋ^{5}　ȶu^{3}　ʔjət^{7}

直译：己　鬼卷家　泪水哭干　九　乙

条目：【居散架】【比水缸】④

意译：按用事者出生天干年，往下推演，至天干己位，为水书忌戒条目【居散架】【比水缸】之凶；按用事者出生地支年，往下推演，至地支第九位，或按用事者出生天干年，往下推演，至天干乙位，更凶，为大凶。不宜开路、安葬、立碑、婚姻、营造、出行。

注释：④ 水书忌戒条目：

【居散架】指鬼卷家。

【比水缸】泪水哭干之意。

第26行：

原文：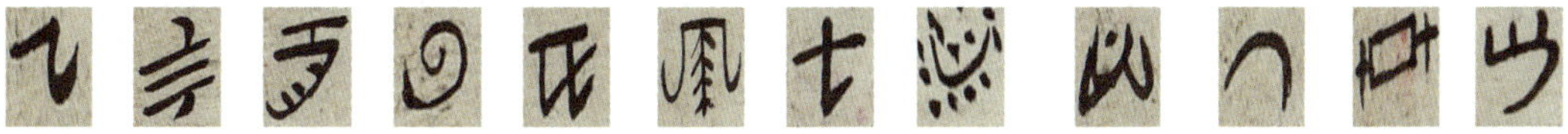

读音：ʔjət^{7}　ʁaːi^{3}　si^{2}　pjət^{7}　ŋo^{3}　mok^{8}foŋ^{2}　ɕət^{7}　qo^{1}ȶən^{1}　ŋo^{4}hu^{3}　ʔboŋ^{5}ham^{3}　haːi^{2}　sək^{7}ȶi^{1}

直译：癸　亥　时　弼星①　五黄②　缠树藤　七　大群队移动　猛虎　罩住　骸④　断梳子

条目：【木逢】　【各紧】【五虎】【补夯】③　【省记】⑤

意译：癸亥时，值北斗弼星与风水紫白星中央五黄照应，北斗弼星为水与地上中央为土，为土克水，为天地相克。又有水书忌戒条目【木逢】之凶，还有按用事者出生地支年，往下推演，至地支第七位，值水书忌戒条目【各紧】【五虎】【补夯】为“骸（死人）”凶；又要留意【省记】凶祸之灾。

注释：① 弼星：为北斗星之一，属北斗星的第九位。

② 五黄：紫白星属八卦星位第五位，属中央卦。

③ 水书忌戒条目：

【木逢】意为缠树藤。

【各紧】大群队移动。各，水语音译，为划、移动；紧，水语音译，为大排场队伍。

【五虎】意为猛虎，指多只猛虎。

【补夯】罩住，与仰相反。

④ 骸：水语音译，意为棺材、死人或重丧。

⑤ 【省记】水书忌戒条目，指断梳子（死人梳子）。

原文：  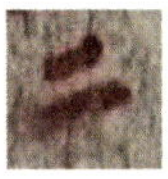

读音： van^{1} ʔjət^{7}sjeŋ^{3} ŋ̥i^{2}

直译： 日 一生气 二

意译：虽有水语音译的水书吉星“一生气”照应，但也难化解其凶，仍为大凶之时。不宜开路、安葬、立碑、婚姻、营造、出行。

注释：⑥ 一生气：为水语音译水书吉星，意为和气。

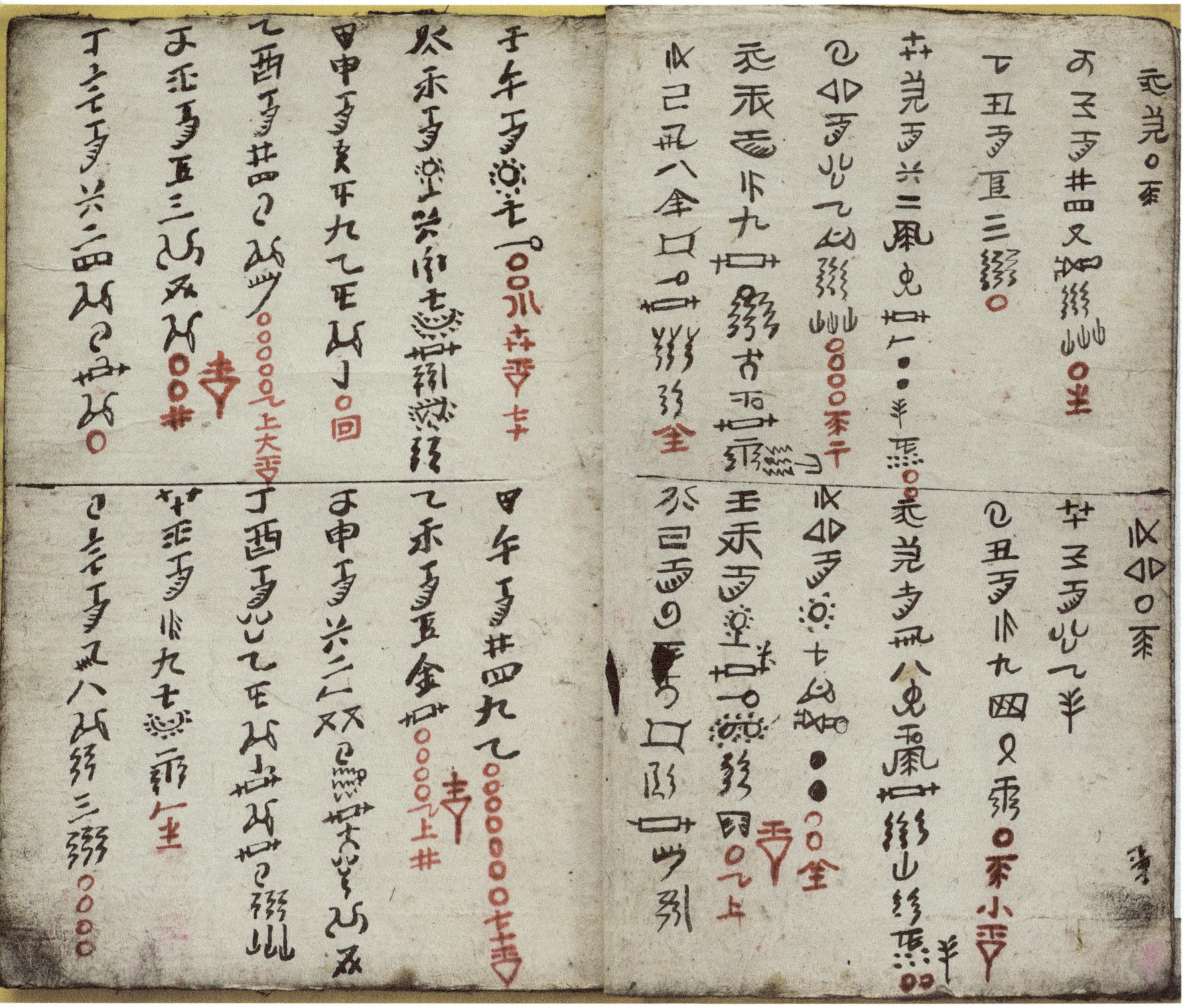

原件 14：庚寅 辛卯

第 1 行：

原文：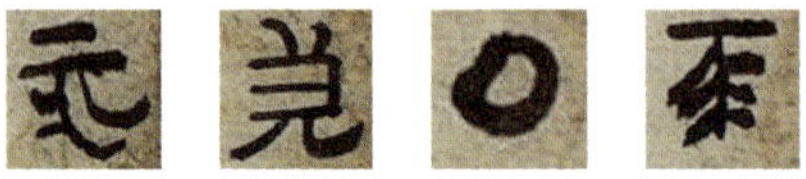

读音：	qeŋ^{1}	ji^{2}	van^{1}	mok^{8}
直译：	庚	寅	日	木

意译：庚寅日，纳音属木。

注释：此为六十甲子日的第二十七日，五行纳音属木。它包含从丙子时起到丁亥时，共十二个时辰。

第 2 行：

原文：

读音：	pjeŋ^{3}	hi^{3}	si^{2}	t^{h}a:m^{1}	hi^{5}	pjət^{7}jiŋ^{5}	zən^{1}ta:u^{5}	so^{3}sjen^{1}	ta:ŋ^{2}ʔdoŋ^{1}
直译：	丙	子	时	贪狼①	四禄②	环绕	人倒死亡	惹是生非	宽大森林
条目：						【必引】	【人倒】	【所线】	【堂弄】③

意译：丙子时，值北斗贪狼与风水紫白星四禄巽相照应，北斗贪狼为木与地上巽为木，两木为旺，天地相旺。要留意水书忌戒条目【必引】【人倒】【所线】【堂弄】凶祸之灾。

注释：① 贪狼：为北斗星之一，属北斗星的第一位。

② 四禄：紫白星属八卦星位第四位，属巽卦。

③ 水书忌戒条目：

【必引】意为回环。

【人倒】意凶恶倒人死亡。

【所线】意为惹是生非。

【堂弄】意为宽大森林。

原文：

读音：	van^{1}	mi^{2}
直译：	日	未

意译：即使有吉日相照，或按用事者出生地支年，往下推演，至未位为吉利，也仍为吉凶参半。宜斟酌开路、安葬、立碑、婚姻、营造、出行。

第 3 行：

原文：

读音： tjeŋ^{1} su^{3} si^{2} ʈu^{2} ha:m^{1} so^{3}sjen^{1} van^{1}

直译： 丁 丑 时 巨门① 三碧② 惹是生非 日

条目： 【所线】③

意译：丁丑时，值北斗巨门与风水紫白星三碧震相照应，北斗巨门为土与地上震卦属木，为木克土，为天地相克。又有水书忌戒条目【所线】之凶；虽值水书吉利照应，但也难化解天地相克，仍为大凶之时。诸事不宜。

注释：① 巨门：为北斗星之一，属北斗星的第二位。

② 三碧：紫白星属八卦星位第三位，属震卦。

③ 【所线】为水语音译的水书忌戒条目，意为惹是生非。

第 4 行：

原文：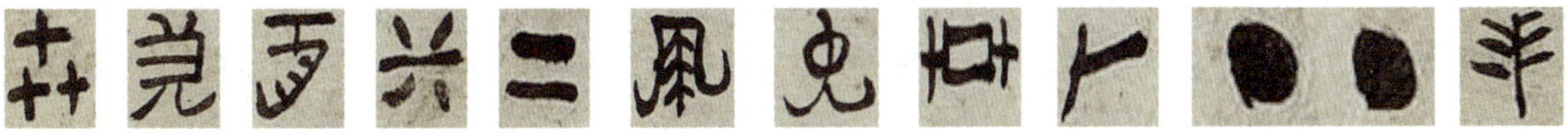

读音： mu^{2} ji^{2} si^{2} ljok^{8} ȵi^{2} mok^{8}foŋ^{2} ɕoŋ^{1}ʔjət^{7} ha:i^{2} kwa:n^{1} ha:k^{7}van^{1}ʔdjam^{5} mok^{8}

直译： 戊 寅 时 禄存① 二黑② 缠树藤 虫咬 骸④ 斧头 连日阴沉 人头

条目： 【木逢】【凶以】③ 【引贯】【航问锭】【各木】⑤

意译：戊寅时，值北斗禄存与风水紫白星二黑坤照应，北斗禄存为土与地坤为木，两土为旺，为天地相旺。要留值意水书忌戒条目【木逢】【凶以】为“骸（死人）”凶；又要留意【引贯】【航问锭】【各木】凶祸之灾。

注释：① 禄存：为北斗星之一，属北斗星的第三位。

② 二黑：紫白星属八卦星位第二位，属坤卦。

③ 水书忌戒条目：

【木逢】意为缠树藤。

【凶以】意为虫咬。

④ 骸：水语音译，意为棺材、死人或重丧。

⑤ 水书忌戒条目：

【引贯】指斧头。

【航问锭】意为连日阴沉或连日凶祸。

【各木】指人头。

原文：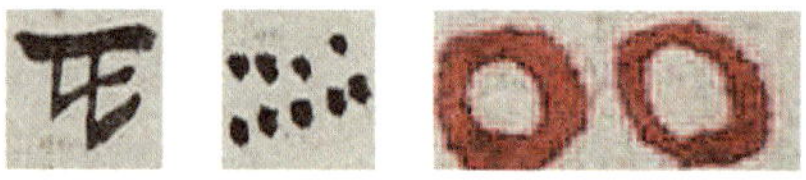

读音：　ŋo^{4}　ʔjum^{5}hən^{2}　hak^{7}van^{1}

直译：　五　地方拥挤　航问⑦

条目：　【涌恒】⑥

意译：又有留心按用事者出生地支年，往下推演，至地支第五位，为水书忌戒条目【涌恒】之凶；即使有水书吉星“航问”照应，仍为大凶之时。不宜开路、安葬、立碑、赴任，不宜婚姻、营造。

注释：⑥　【涌恒】意为地方拥挤或挤满天下。

⑦　航问：连日吉利。

第 5 行：

原文：

读音：　ti^{1}　ma:u^{4}　si^{2}　fan^{2}　jət^{7}　ŋo^{4}hu^{3}　so^{3}sjen^{1}　ta:ŋ^{2}ʔdoŋ^{1}

直译：　己　卯　时　文曲①　一白②　猛虎　惹是生非　宽大森林

条目：　【五虎】【所线】　【堂弄】③

意译：己卯时，值北斗文曲与风水紫白星一白坎照应，北斗文曲为水与地坎为水，两水为旺，为天地相旺。要留心水语音译的水书忌戒条目【五虎】【所线】【堂弄】之凶。

注释：①　文曲：为北斗星之一，属北斗星的第四位。

②　一白：紫白星属八卦星位第一位，属坎卦。

③　水书忌戒条目：

【五虎】意为猛虎。

【所线】意为惹是生非。

【堂弄】指宽大森林。

原文：

读音：　eŋ^{1}van^{1}　mok^{8}taŋ^{2}　jeŋ^{1}

直译：　额问　木堂④　？

意译：但又有水书吉星“额问”“木堂”照应，为吉多凶少。宜开路、安葬、立碑，不宜设席、婚姻、营造、造圈。

注释：④ 水书吉星：

额问：意为吉利重重。

木堂：意为富丽堂皇。

第6行：

原文：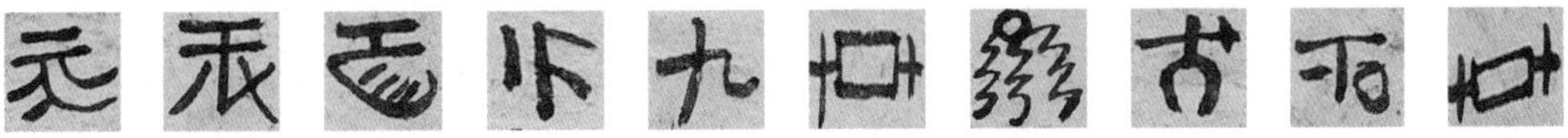

读音：	qeŋ^{1}	sən^{2}	si^{2}	ljem^{2}	ȶu^{3}	ha:i^{2}	ma^{4}saŋ^{2}ȶi^{2}	hak^{7}	pje^{2}k^{h}u^{1}	ha:i^{2}
直译：	庚	辰	时	廉贞①	九紫②	骸③	马戴孝	坎坷	麻风病	骸
条目：							**【马畅旗】**	**【核】**	**【别扣】**④	

意译：庚辰时，值北斗廉贞与风水紫白星九紫离照应，北斗廉贞为火与地离为火，两火为旺，为天地相旺。要留意值“骸（死人）”凶，又要留意水书忌戒条目【马畅旗】【核】【别扣】凶祸损耗之灾。

注释：① 廉贞：为北斗星之一，属北斗星的第五位。

② 九紫：紫白星属八卦星位第九位，属离卦

③ 骸：水语音译，意为棺材、死人或重丧。

④ 水书忌戒条目：

【马畅旗】意为马戴孝。

【核】意为坎坷或堵塞。

【别扣】意为麻风病。

原文：

读音：	ʔjeu^{1}foŋ^{2}hu^{3}	so^{3}sjen^{1}	sa:n^{1}
直译：	孝旗伞	惹是生非	散⑥

条目：**【料逢虎】【六立水】**⑤

意译：又值水语音译水书忌戒条目【料逢虎】【六立水】或八宫掌名称“散”凶祸之灾，也仍为大凶之时。诸事不宜。

注释：⑤ 水书忌戒条目：

【料逢虎】意为孝旗伞。

【六立水】意为惹是生非。

⑥ 散：八宫掌名称。

第 7 行：

原文：

读音：	ɕən^{1}	hi^{4}	si^{2}	fu^{4}	pa:t^{7}	ȵum^{1}	ȵa:n^{1}hi^{5}qʰa^{1}	ŋo^{4}qui^{5}	ha:i^{2}	ʨui^{3}sa:t^{7}ʨa^{1}	lju^{2}lji^{2}sui^{3}	ʨum^{1}
直译：	辛	巳	时	武曲①	八白②	金	棺材四角	锤敲打	骸④	鬼卷家	泪如柳条	金堂⑥
条目：							【宁喜卡】【五锤】③			【居散架】【六立水】⑤		

意译：辛巳时，值北斗武曲与风水紫白星八白艮照应，北斗武曲为金与地艮为土，为土生金，为天地相生。值水语音译的水书忌戒条目【宁喜卡】【五锤】为“骸（死人）”凶；又要留意【居散架】【六立水】招致之灾；虽有水书吉星“金堂”照应，但仍为大凶时。诸事不宜。

注释：① 武曲：为北斗星之一，属北斗星的第六位。

② 八白：紫白星属八卦星位第八位，属艮卦。

③ 水书忌戒条目：

【宁喜卡】意为棺材头之四角。

【五锤】意为五锤敲打。

④ 骸：水语音译，意为棺材、死人或重丧。

⑤ 水书忌戒条目：

【居散架】意为鬼转回家。

【六立水】意为泪如柳条，指忌哭丧。

⑥ 金堂：水语音译，意为富丽堂皇。

第 8 行：

原文：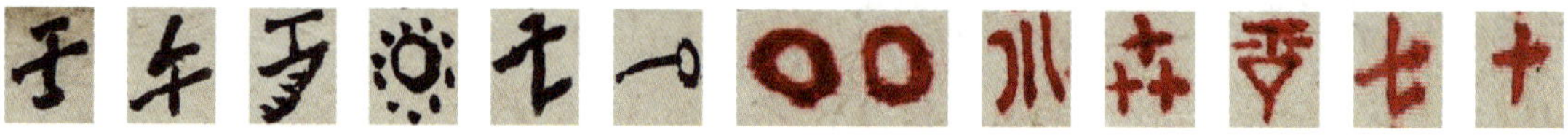

读音：	ȵum^{2}	ŋo^{2}	si^{2}	pʰo^{5}	ɕət^{7}	ŋo^{4}qui^{5}	hak^{7}van^{1}	sui^{3}	mu^{2}	ʨət^{7}	ɕət^{7}	sup^{8}
直译：	壬	午	时	破军①	七赤②	锤敲打	航问④	水	戊	吉	七	十
条目：						【五锤】③						

意译：壬午时，值北斗破军与风水紫白星七赤兑照应，北斗破军为金与地兑为金，两金为旺，为天地相旺。要留意水语音译的水书忌戒条目【五锤】之凶；又有水语音译的水书吉利条目【航问】照应，按用事者出生属五行年或地支年，往下推演，至五行水位或天干戊位为吉，为吉时。宜开路、安葬、立碑、婚姻、营造、出行，不宜设席。

注释：① 破军：为北斗星之一，属北斗星的第七位。

② 七赤：紫白星属八卦星位第七位，属兑卦。

③ 【五锤】为水语音译水书忌戒条目，意为五锤敲打。

④ 航问：水书吉利条目，意为连日吉利。

第9行：

原文：

读音：	ȶui^{5}	mi^{2}	si^{2}	pu^{2}	ljok^{8}	pik^{7}sui^{3}ȶən^{1}	ɕət^{7}	qo^{1}ȶən^{1}	ha:i^{2}
直译：	癸	未	时	辅星①	六白②	泪水不断涌出	七	大群队移动	骸④
条目：						【比水紧】		【各紧】③	

意译：癸未时，值北斗辅星与风水紫白星六白乾照应，北斗辅星为水与地乾为金，为金生水，为天地相生。要留心水语音译的水书忌戒条目【比水紧】之凶，又要留心按用事者出生地支年，往下推演，至地支第七位，值水书忌戒条目【各紧】为“骸（死人）”之灾。

注释：① 辅星：为北斗星之一，属北斗星的第八位。

② 六白：紫白星属八卦星位第六位，属乾卦。

③ 水书忌戒条目：

【比水紧】意为泪水涌出。

【各紧】大群队移动。各，水语音译，为划、移动；紧，水语音译，为大排场队伍。

④ 骸：水语音译，意为棺材、死人或重丧。

原文：

读音：so^{3}sjen^{1}　q^{h}am^{5}an^{1}　lju^{2}lji^{2}sui^{3}

直译：惹是生非　翻倒马鞍　泪如柳条

条目：【所线】【缸鞍】【六立水】⑤

意译：又要留意水语音译水书忌戒条目【所线】【缸鞍】【六立水】凶祸之灾，为大凶之时。不宜开路、安葬、立碑、婚姻、营造、出行。

注释：⑤ 水书忌戒条目：

【所线】意为惹是生非。

【缸鞍】意为翻倒马鞍。

【六立水】意为泪如柳条，指忌哭丧。

第10行：

原文：

读音：	ȶa:p^{7}	sən^{1}	si^{2}	pjət^{7}	ŋo^{4}	ȶu^{3}	ʔjət^{7}	ŋo^{4}	ŋo^{4}hu^{3}	qau^{3}za:i^{5}	van^{1}	kwa:n^{3}ʔjən^{5}
直译：	甲	申	时	弼星①	五黄②	九	一	五	猛虎	猛兽抓拖	日	官员大印
条目：									【五虎】	【高采】③		【官印】④

意译：甲申时，值北斗弼星与风水紫白星五黄中央照应，北斗弼星为水与地中央为土，为土克水，为天地相克。按用事者出生地支年，往下推演，至第九、第一、第五位，值水语音译的水书忌戒条目【五虎】【高采】；虽值水语音译水书吉利条目【官印】照应，但仍为大凶之时。诸事不宜。

注释：① 弼星：为北斗星之一，属北斗星的第九位。

② 五黄：紫白星属八卦星位第五位，属中央卦。

③ 水书忌戒条目：

【五虎】意为猛虎，表示多只猛虎。

【高采】意为猛兽抓拖。

④ 【官印】意为官员大印。

第11行：

原文：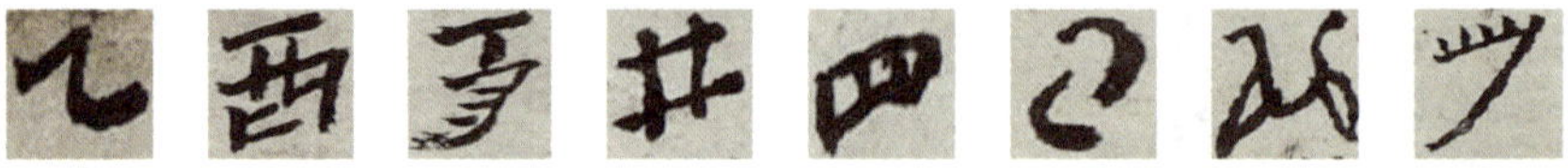

读音：	ʔjət^{7}	ju^{4}	si^{2}	t^{h}a:m^{1}	hi^{5}	ȶi^{1}	ŋo^{4}hu^{3}	sək^{7}ȶi^{1}
直译：	乙	酉	时	贪狼①	四禄②	己	猛虎	断梳子
条目：							【五虎】	【省记】③

意译：乙酉时，值北斗贪狼与风水紫白星四禄巽照应，北斗贪狼为木与地巽为木，两木为旺，为天地相旺。按用事者出生天干年，往下推演，至天干己位，为水书忌戒条目【五虎】【省记】凶祸之灾。

注释：① 贪狼：为北斗星之一，属北斗星的第一位。

② 四禄：紫白星属八卦星位第四位，属巽卦。

③ 水书忌戒条目：

【五虎】意为猛虎，多只猛虎。

【省记】意为断梳子，指死人梳子。

原文：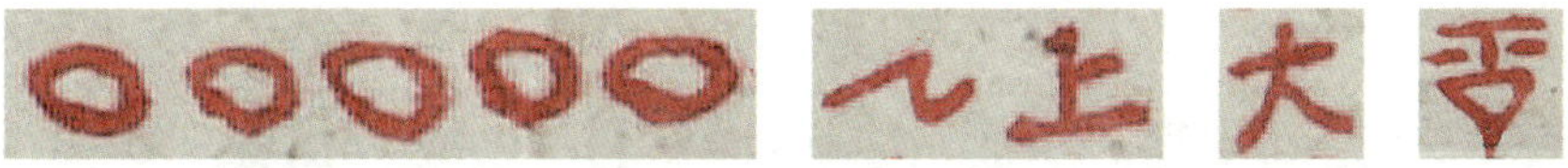

读音：eŋ^{1}van^{1} ʔjət^{7}sjeŋ^{3} ta:i^{2} ȶət^{7}

直译：额问 一生气④ 大 吉

意译：又值水语音译水书吉星“额问”“一生气”相照，为吉多凶少。宜开路、安葬、立碑、婚姻、营造、出行，不宜造圈。

注释：④ 水书吉星：

额问：意为吉利重重。

一生气：意为和气。

第12行：

原文：

读音：pjeŋ^{3} hət^{7} si^{2} ȶu^{2} ha:m^{1} ɳu^{2}ȶum^{1}ɳu^{2} ɕoŋ^{1} ŋo^{4}hu^{3}

直译：丙 戌 时 巨门① 三碧② 牛金牛③ 凶 猛虎

条目：【五虎】④

意译：丙戌时，值北斗巨门星与风水紫白星三碧照应，北斗巨门为土与地震为木，为木克土，为天地相克。又有水语音译“牛金牛”宿应和，还有水书忌戒条目【五虎】之凶。

注释：① 巨门：为北斗星之一，属北斗星的第二位。

② 三碧：紫白星属八卦星位第三位，属震卦。

③ 牛金牛：为二十八宿之一，这里为凶星。

④ 【五虎】水书禁忌条目，意为猛虎，表示多只猛虎。

原文：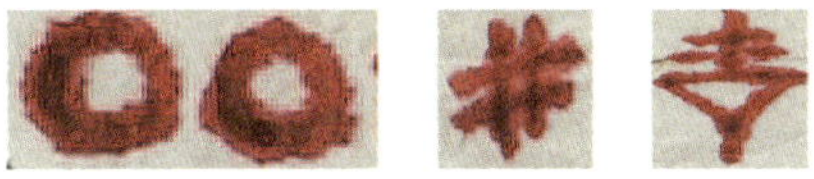

读音：hak^{7}van^{1} tʰa:m^{1} ȶət^{7}

直译：航问 贪狼⑤ 吉

意译：即使值水书吉星“航问”和北斗星“贪狼”照应，也仍为大凶之时。不宜开路、安葬、立碑、营造、婚姻、出行。

注释：⑤ 航问：为水语音译，意为连日吉利。

贪狼：为北斗九星第一位，这里为水书吉星。

第13行：

原文：

读音：	tjeŋ^{1}	ʁa:i^{3}	si^{2}	ljok^{8}	ȵi^{2}	hi^{5}	ŋo^{4}hu^{3}	ʈi^{1}	ha:i^{2}	ŋo^{4}hu^{3}	van^{1}
直译：	丁	亥	时	禄存①	二黑②	四	猛虎	九穷	骸④	猛虎	日
条目：							【五虎】	【九己】③		【五虎】	

意译：丁亥时，值北斗禄存与风水紫白星二黑坤照应，北斗禄存为土与地坤为土，两土为旺，为天地相旺。又有按用事者出生地支年，往下推演，至第四位，值水书忌戒条目【五虎】【九己】为“骸（死人）”凶；又要留意【五虎】凶祸之灾；即使有水语音译水书吉利照应，也为吉凶参半。宜开路、安葬、立碑，不宜婚姻、营造、出行、造圈。

注释：① 禄存：为北斗星之一，属北斗星的第三位。

② 二黑：紫白星属八卦星位第二位，属坤卦。

③ 水书禁忌条目：

【五虎】意为猛虎。

【九己】指九穷，二代以后丁财衰败。

④ 骸：水语音译，意为棺材、死人或重丧。

第14行：

原文：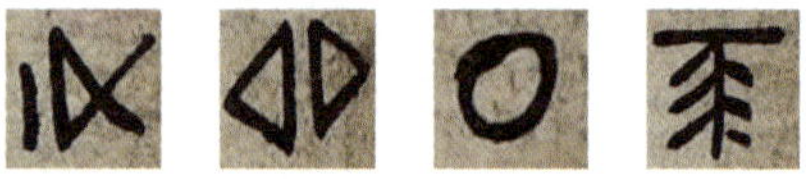

读音：	ɕən^{1}	ma:u^{4}	van^{1}	mok^{8}
直译：	辛	卯	日	木

意译：辛卯日，纳音属木。

注释：此为六十甲子日的第二十八日，五行纳音属木。它包含从戊子时起到己亥时，共十二个时辰。

第15行：

原文：

读音：	mu^{2}	hi^{3}	si^{2}	fan^{2}	ʔjət^{7}	mok^{8}
直译：	戊	子	时	文曲①	一白②	人头
条目：						【各木】③

意译：戊子时，值北斗文曲与风水紫白星一白坎照应，北斗文曲为水与地坎为水，两水为旺，为天地相旺。又要留心水语音译水书忌戒条目【各木】，为吉多凶少。宜婚姻、营造、出行、造圈，不宜开路、安葬、立碑。

注释：① 文曲：为北斗星之一，属北斗星的第四位。

② 一白：紫白星属八卦星位第一位，属坎卦。

③ 【各木】为水语音译的水书忌戒条目，意为人头。

第16行：

原文：

读音：	ȶI	su^{3}	si^{2}	ljem^{2}	ȶu^{3}	ton^{2}ɣon^{2}	pjət^{7}jiŋ^{1}	ʔjeu^{1}foŋ^{2}hu^{3}
直译：	己	丑	时	廉贞①	九紫②	短命	环绕	孝旗伞
条目：						【端完】	【必引】	【料逢虎】③

意译：己丑时，值北斗廉贞与风水紫白星九紫离照应，北斗廉贞为火与地离为火，两火为旺，为天地相旺。要留意水语音译水书忌戒条目【端完】【必引】【料逢虎】凶祸之灾。

注释：① 廉贞：为北斗星之一，属北斗星的第五位。

② 九紫：紫白星属八卦星位第九位，属离卦。

③ 水书忌戒条目：

【端完】意为短命。

【必引】意为回环。

【料逢虎】意为孝旗伞。

原文：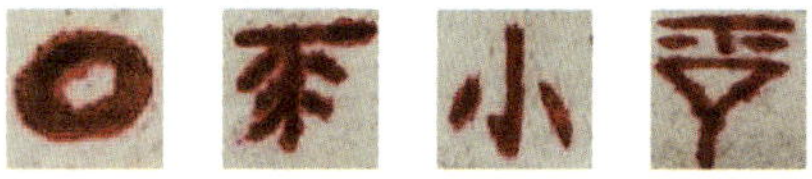

读音：	van^{2}	mok^{8}ta:ŋ^{2}	ɕeu^{3}	ȶət^{7}
直译：	日	木堂④	小	吉

意译：又值水书吉星“木堂”照应，为吉多凶少。宜开路、安葬、立碑、婚姻、营造、出行。

注释：④ 木堂：意为富丽堂皇。

第17行：

原文：

读音：	qeŋ^{1}	ji^{2}	si^{2}	fu^{4}	pa:t^{7}	ɕoŋ^{1}ʔjət^{7}	pje^{2}k^{h}u^{1}	mok^{8}foŋ^{2}	ha:i^{2}
直译：	庚	寅	时	武曲①	八白②	虫咬	麻风病	缠树藤	骸④
条目：						【凶以】	【别扣】	【木逢】③	

意译：庚寅时，值北斗武曲与风水紫白星八白艮照应，北斗武曲为金与地艮为土，为土生金，为天地相生。要留意水书忌戒条目【凶以】【别扣】【木逢】为“骸（死人）”之凶。

注释：① 武曲：为北斗星之一，属北斗星的第六位。

② 八白：紫白星属八卦星位第八位，属艮卦。

③ 水书忌戒条目：

【凶以】意为虫咬。

【别扣】是指麻风病。

【木逢】是缠树藤。

④ 骸：水语音译，意为棺材、死人或重丧。

原文：

读音：	qoŋ^{1}ljok^{8}ma^{4}	sa:n^{1}	lju^{2}lji^{2}sui^{3}	ŋo^{4}	ʔjum^{5}hən^{2}	mok^{8}	hak^{7}van^{1}
直译：	马做工	散⑥	泪如柳条	五	地方拥挤	人头	航问⑧
条目：	【工六马】⑤		【六立水】		【涌恒】	【各木】⑦	

意译：又要留心水书忌戒条目【工六马】“散”【六立水】凶祸之灾，还要留心按用事者出生地支年，往下推演，至地支第五位，为水书忌戒条目【涌恒】【各木】之凶祸；虽有“航问”照应，但也难以化解其凶，仍为大凶之时。不宜开路、安葬、立碑，不宜婚姻、营造、出行。

注释：⑤ 【工六马】水书忌戒条目，是指马做工，表示多匹马做工。

⑥ 散：是八宫掌名称。

⑦ 水书忌戒条目：

【六立水】指泪如柳条，指忌哭丧。

【涌恒】指地方拥挤或挤满地方。

【各木】意为人头。

⑧ 航问：为水语音译，意为连日吉利。

第18行：

原文：

读音：ɕən^{1} ma:u^{4} si^{2} p^{h}o^{5} ɕət^{7} ŋo^{4}hu^{3} zən^{1}ta:u^{5} ha:k^{7}van^{1}ʔdjam^{5}

直译：辛 卯 时 破军① 七赤② 猛虎 人倒 连日阴沉

条目：【五虎】【人倒】 【航问锭】③

意译：辛卯时，值北斗破军与风水紫白星七赤兑照应，北斗破军为金与地兑为金，两金为旺，为天地相旺。要留意水书忌戒条目【五虎】【人倒】【航问锭】凶祸之灾。

注释：① 破军：为北斗星之一，属北斗星的第七位。

② 七赤：紫白星属八卦星位第七位，属兑卦。

③ 水书忌戒条目：

【五虎】意为猛虎。

【人倒】意为凶祸倒人死亡。

【航问锭】意为连日凶祸或连日阴沉。

原文：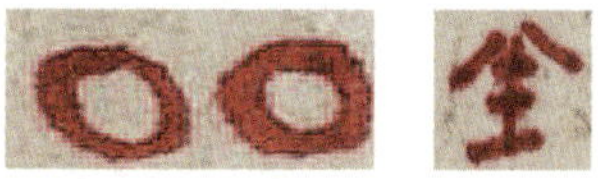

读音：ha:k^{7}van^{1} ʈum^{1}

直译：航问 金堂④

意译：虽有水语音译的水书吉星“航问”“金堂”照应，仍为凶时。不宜开路、安葬、立碑，不宜婚姻、营造、出行。

注释：④ 水书吉利条目：

航问：指吉利重重。

金堂：意为富丽堂皇。

第19行：

原文：

读音：ʈum^{1} sən^{2} si^{2} pu^{2} ljok^{8} ha:i^{2} ŋo^{4}qui^{5} q^{h}am^{5}a:n^{1} lju^{2}lji^{2}sui^{3} mən^{2}ja^{3}sui^{3}

直译：壬 辰 时 辅星① 六白② 骸③ 锤敲打 翻倒马鞍 泪如柳条 水族衙门

条目：【五锤】 【缸鞍】【六立水】【门牙水】④

意译：壬辰时，值北斗辅星与风水紫白星六白乾照应，北斗辅星为水与地乾为金，为金生水，为天地相生，为水书忌戒条目为“骸（死人）”之凶祸。要留意水语音译的水书忌戒条目【五锤】【缸鞍】【六立水】【门牙水】凶祸损耗之灾。

注释：① 辅星：为北斗星之一，属北斗星的第八位。

② 六白：紫白星属八卦星位第六位，属乾卦。

③ 骸：水语音译，意为棺材、死人或重丧。

④ 水书忌戒条目：

【五锤】意为五锤敲打。

【缸鞍】指翻倒马鞍。

【六立水】意为泪如柳条，指忌哭丧。

【门牙水】意为水族衙门。

原文：

读音：van^{1}　ʔjət^{7}sjeŋ^{3}　ȶət^{7}

直译：日　一生气⑤　吉

意译：虽有水语音译的水书吉星“一生气”照应，仍为大凶之时。不宜开路、安葬、立碑、婚姻、营造、出行。

注释：⑤ 一生气：水语音译，意为和气。

第20行：

原文：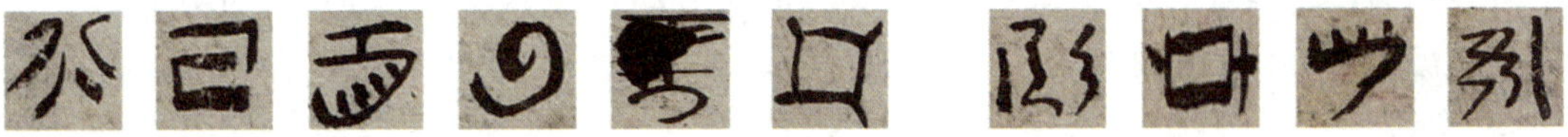

读音：ȶui^{5}　hi^{4}　si^{2}　pjət^{7}　ŋo^{4}　ŋ̊a:n^{1}hi^{5}qʰa^{1}　pik^{7}sui^{3}ka:ŋ^{5}　ha:i^{2}　sək^{7}ȶi^{1}　njem^{2}ju^{5}

直译：癸　巳　时　弼星①　五黄②　棺材四角　泪水哭干　骸④　断梳子　引线

条目：【宁喜卡】【比水缸】③　【省记】【引友】⑤

意译：癸巳时，值北斗弼星与风水紫白星中央五黄照应，北斗弼星为水与地中央为土，为土克水，为天地相克。又有水语音译的忌戒水书条目【宁喜卡】【比水缸】为水书忌戒条目为“骸（死人）”之凶祸，还要留意水书忌戒条目【省记】【引友】凶祸之灾，为大凶之时。不宜祭祀，不宜开路、安葬、立碑、婚姻、营造。

注释：① 弼星：为北斗星之一，属北斗星的第九位。

② 五黄：紫白星属八卦星位第五位，属中央卦。

③ 水书忌戒条目：

【宁喜卡】意为棺材头四角。

【比水缸】意为哭干泪水。

④ 骸：水语音译，意为棺材、死人或重丧。

⑤ 水书忌戒条目：

【省记】意为断梳子。

【引友】引线。丧葬时忌叫他人名字，接应者要丧命。

第21行：

原文：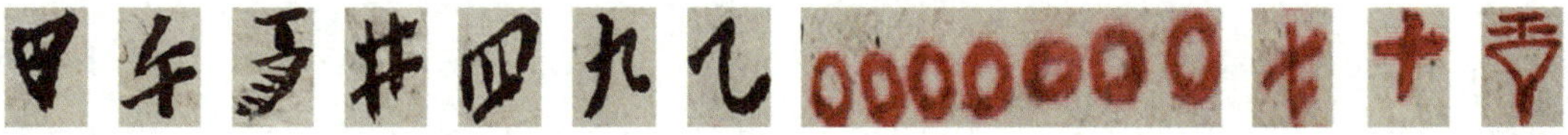

读音：ȶa:p^{7} ŋo^{2} si^{2} t^{h}a:m^{1} hi^{5} ȶu^{3} ʔjət^{7} eŋ^{1}van^{1} ɕət^{7} sup^{8} ȶət^{7}

直译：甲 午 时 贪狼① 四禄② 九 乙 额问③ 七 十 吉

意译：甲午时，值北斗贪狼与风水紫白星四禄照应，北斗贪狼为木与地巽为木，两木为旺，为天地相旺。要留心按用事者出生地支年或天干年，往下推演，至地支第九位或天干乙位为凶；又有水语音译的水书吉利条目“额问”照应，按用事者出生地支年，往下推演，至第七位或第十位为吉，仍为吉时。宜开路、安葬、立碑，不宜婚姻、营造。

注释：① 贪狼：为北斗星之一，属北斗星的第一位。

② 四禄：紫白星属八卦星位第四位，属巽卦。

③ 额问：水语音译，意为吉利重重。

第22行：

原文：

读音：ʔjət^{7} mi^{2} si^{2} ȶu^{2} ha:m^{1} ȶum^{1} ha:i^{2} eŋ^{1}van^{1} ʔjət^{7}sjeŋ^{3} t^{h}a:m^{1} ȶət^{7}

直译：乙 未 时 巨门① 三碧② 金 骸③ 额问 一生气 贪狼④ 吉

意译：乙未时，值北斗巨门与风水紫白星三碧照应，北斗巨门为土与地震为木，为木克土，为天地相克。又有按用事者出生属五行年，往下推演，至金位为水书忌戒条目为“骸（死人）”之凶祸；虽有水书吉星“额问”“一生气”“贪狼”照应，但仍为凶时。不宜开路、安葬、立碑，不宜婚姻、营造、出行。

注释：① 巨门：为北斗星之一，属北斗星的第二位。

② 三碧：紫白星属八卦星位第三位，属震卦。

③ 骸：水语音译，意为棺材、死人或重丧。

④ 水书吉利条目：

额问：吉利重重。

一生气：意为和气。

贪狼：属北斗九星第一位，这里为吉星。

第23行：

原文：

读音：	pjeŋ^{3}	sən^{1}	si^{2}	ljok^{8}	ŋ̊i^{2}	ʔjən^{5}kwa:n^{1}	ku^{3}sup^{7}	ȶi^{1}	ma^{4}saŋ^{2}ȶi^{2}	ha:i^{2}
直译：	丙	申	时	禄存①	二黑②	斧头	预计	己	马戴孝	骸④
条目：						【引贯】	【估术】		【马畅旗】③	

意译：丙申时，值北斗禄存与风水紫白星二黑照应，北斗禄存为土与地坤为土，两土为旺，为天地相旺。又有水书忌戒条目【引贯】【估术】之凶；按用事者出生天干年，往下推演，至天干己位，还有水书忌戒条目【马畅旗】为“骸（死人）”凶祸之灾。

注释：① 禄存：为北斗星之一，属北斗星的第三位。

② 二黑：紫白星属八卦星位第二位，属坤卦。

③ 水书忌戒条目：

【引贯】指斧头之意。

【估术】指预计。

【马畅旗】指马戴孝。

④ 骸：水语音译，意为棺材、死人或重丧。

原文：

读音：	hak^{7}	ljeu^{4}ta^{1}ɕot^{7}	ŋ̊u^{2}tum^{1}ŋ̊u^{2}	ɕoŋ^{1}
直译：	坎坷不顺	家产破败	牛金牛⑥	凶
条目：	【核】	【辽架玄】⑤		

意译：又还有水书忌戒条目【核】【辽架玄】之凶，值“牛金牛”宿照应更为凶。为大凶之时，诸事不宜。

注释：⑤ 水书忌戒条目：

【核】意为坎坷不顺或堵塞。

【辽架玄】意为家产破败。

⑥ 牛金牛：属二十八宿之一，这里为水书凶星。

第24行：

原文：

读音：	tjeŋ^{1}	ju^{4}	si^{3}	fan^{2}	ʔjət^{7}	ŋo^{4}	ŋo^{4}hu^{3}	qau^{3}za:i^{5}	ha:i^{2}
直译：	丁	酉	时	文曲①	一白②	五	猛虎	猛兽抓拖	骸④
条目：							【五虎】	【高采】③	

意译：丁酉时，值北斗文曲与风水紫白星一白照应，北斗文曲为水与地坎为水，两水为旺，为天地相旺。按用事者出生地支年，往下推演，至地支第五位，要留心水书忌戒条目【五虎】【高采】【骸】凶祸伤身之灾。

注释：① 文曲：为北斗星之一，属北斗星的第四位。

② 一白：紫白星属八卦星位第一位，属坎卦。

③ 水书忌戒条目：

【五虎】意为猛虎。

【高采】意为猛兽抓拖。

④ 骸：水语音译，意为棺材、死人或重丧。

原文：

读音：	ŋo^{4}hu^{3}	ha:i^{2}	ȶi^{1}	so^{3}sjen^{1}	ta:ŋ^{2}ʔdoŋ^{1}
直译：	猛虎	骸⑤	己	惹是生非	宽大森林
条目：	【五虎】			【所线】	【堂弄】⑥

意译：又要留意水语音译的水书忌戒条目【五虎】为“骸（死人）”凶祸之灾；按用事者出生天干年，往下推演，至天干己位，还要留意水书忌戒条目【所线】【堂弄】之凶，为大凶之时。不宜开路、安葬、立碑、婚姻、营造、出行。

注释：⑤ 骸：水语音译，意为棺材、死人或重丧。

⑥ 水书忌戒条目：

【五虎】意为猛虎。

【所线】意为惹是生非。

【堂弄】是指宽大森林。

第25行：

原文：

读音：	mu^{2}	hət^{7}	si^{2}	ljem^{2}	ȶu^{3}	ɕət^{7}	qo^{1}tən^{2}	ʔjeu^{1}foŋ^{2}hu^{3}	kwa:n^{1}tsai^{4}	mi^{2}
直译：	戊	戌	时	廉贞①	九紫②	七	大群队移动	孝旗伞	利斧	未
条目：							【各紧】	【料逢虎】③	【贯才】④	

意译：戊戌时，北斗廉贞与风水紫白星九紫照应，北斗廉贞为水与地离为火，为水克火，为天地相克。又有按用事者出生地支年，往下推演，至地支第七位，为水书忌戒条目【各紧】【料逢虎】之凶；虽有水书吉利条目【贯才】照应，但也难化解其凶，仍为大凶时。不宜开路、安葬、立碑、婚姻、营造、出行。

注释：① 廉贞：为北斗星之一，属北斗星的第五位。

② 九紫：紫白星属八卦星位第九位，属离卦。

③ 水书忌戒条目：

【各紧】大群队移动。各，水语音译，为划，移动；紧，水语音译，大排场队伍。

【料逢虎】意为孝旗伞。

④ 【贯才】意为利斧。

第26行：

原文：

读音：	ȶi^{1}	ʁa:i^{3}	si^{2}	fu^{4}	pa:t^{7}	ŋo^{4}hu^{3}	lju^{2}lji^{2}sui^{3}	ha:m^{1}	so^{3}sjen^{1}	eŋ^{1}van^{1}
直译：	丁	亥	时	武曲①	八白②	猛虎	泪如柳条	三	惹是生非	额问④
条目：						【五虎】	【六立水】		【所线】③	

意译：丁亥时，值北斗武曲与风水紫白星八白照应，北斗武曲为金与地艮为土，为土生金，为天地相生。要留心水书忌戒条目【五虎】【六立水】凶祸之灾；按用事者出生地支年，往下推演，至地支第三位，还要留心水书忌戒条目【各紧】【料逢虎】之凶；又有水书吉星“额问”照应，为吉多凶少。宜路、安葬、立碑，不宜婚姻、出行、造圈。

注释：① 武曲：为北斗星之一，属北斗星的第六位。

② 八白：紫白星属八卦星位第八位，属艮卦。

③ 水书忌戒条目：

【五虎】意为猛虎。

【六立水】意为泪如柳条，忌哭丧。

【所线】意为惹是生非。

④ 额问：为水语音译，意为吉利重重。

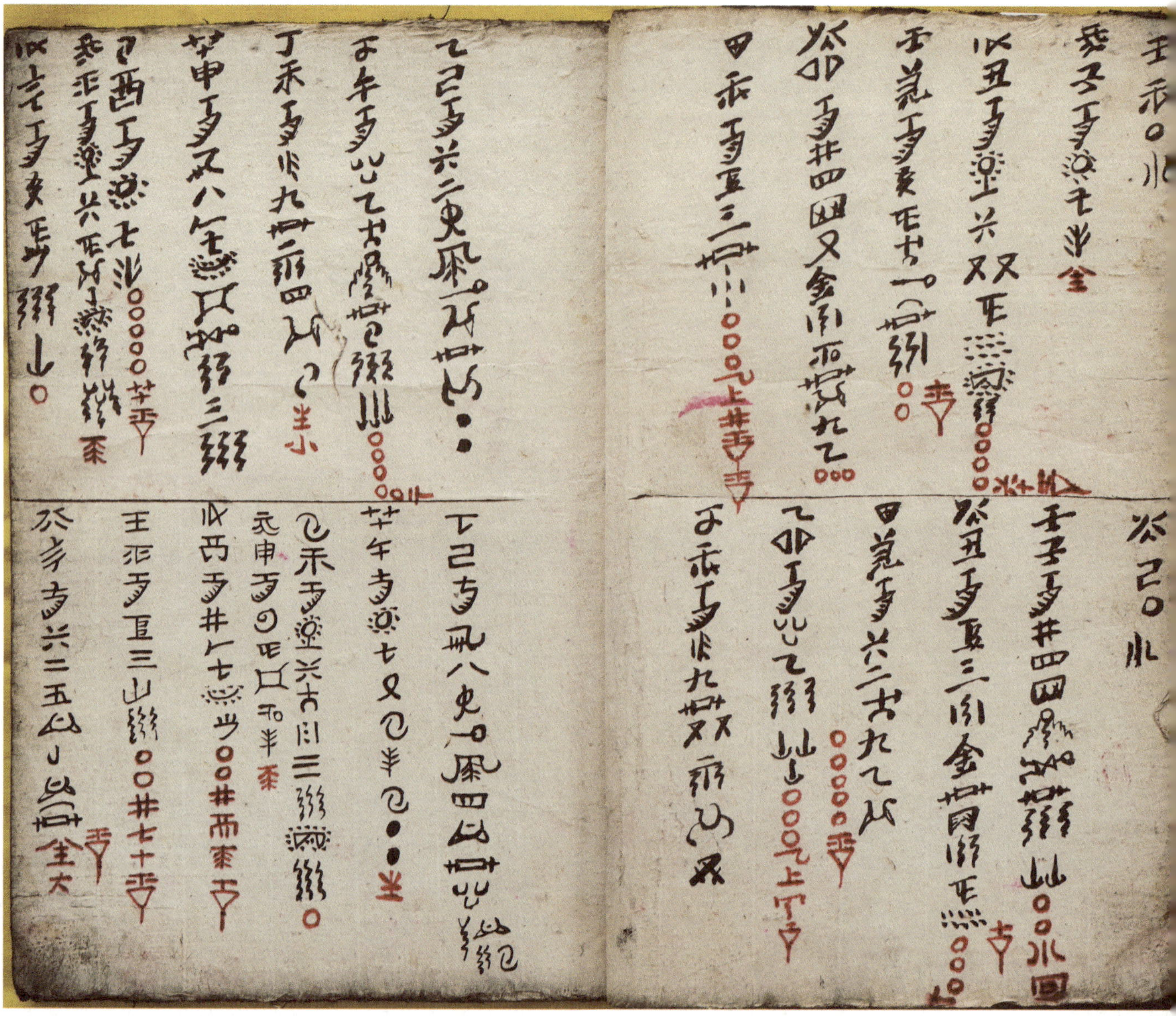

原件 15：壬辰 癸巳

第 1 行

原文：

读音：	ȵum^{2}	sən^{2}	van^{1}	sui^{3}
直译：	壬	辰	日	水

意译：壬辰日，纳音属水。

注释：此为六十甲子日中第二十九日，五行纳音属水。它包含从庚子时起到辛亥时，共十二个时辰。

第 2 行

原文：

读音：	qeŋ^{1}	hi^{3}	si^{2}	p^{h}o^{5}	ɕət^{7}	mok^{8}	ȶum^{1}
直译：	戊	子	时	破军①	七赤②	人头	金堂④
条目：						【各木】③	

意译：戊子时，值北斗破军与风水紫白星七赤兑照应，北斗破军为金与地兑为金，两金为旺，为天地相旺。要留意水书忌戒条目【各木】凶祸之灾；又有水书吉星"金堂"照应，为吉凶参半之时。宜祭祀、立碑、婚姻、出行，不宜开路、安葬、营造。

注释：① 破军：为北斗星之一，属北斗星的第七位。

② 七赤：紫白星属八卦星位第七位，属兑卦。

③ 【各木】为水书忌戒条目，是指人头。

④ 金堂：为水书吉利条目，指富丽堂皇。

第 3 行

原文：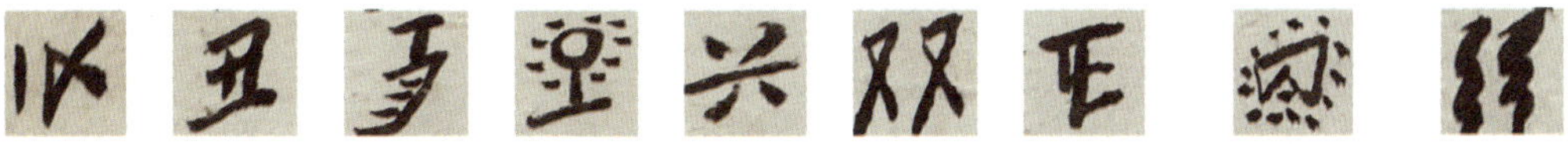

读音：	ɕən^{2}	su^{3}	si^{2}	pu^{2}	ljok^{8}	ku^{3}sup^{7}	ŋo^{4}	q^{h}am^{5}aːn^{1}	lju^{2}lji^{2}sui^{3}
直译：	辛	丑	时	辅星①	六白②	预计	五	翻倒马鞍	泪如柳条
条目：						【估术】		【缸鞍】	【六立水】③

意译：辛丑时，值北斗辅星与风水紫白星六白乾相照应，北斗辅星为水与地上乾为金，为金生水，为天地相生。要留意水书忌戒条目【估术】之凶；按用事者出生地支年，往下推演，至地支

第五位，又要留心水书忌戒条目【缸鞍】【六立水】凶祸之灾。

注释：① 辅星：为北斗星之一，属北斗星的第八位。

② 六白：紫白星属八卦星位第六位，属乾卦。

③ 水书忌戒条目：

【估术】意为预计。

【缸鞍】意为翻倒马鞍。

【六立水】意为泪如柳条，指忌哭丧。

原文：

读音：	eŋ^{1} van^{1}	ljok^{8}	sup^{8}	tət^{7}
直译：	额问④	六	十	吉

意译：又值水书吉星“额问”照应，为吉凶参半。宜斟酌开路、安葬、嫁娶、营造。

注释：④ 额问：为水语音译吉利条目，意为吉利重重。

第 4 行

原文：

读音：	ȵum^{2}	ji^{2}	si^{2}	pjət^{7}	ŋo^{4}	hak^{7}	ŋo^{4}qui^{5}	ha:i^{2}	ɕoŋ^{1}ɕep^{7}	hak^{7}van^{1}	tət^{7}
直译：	壬	寅	时	弼星①	五黄②	坎坷	锤敲打	骸④	接应	航问⑥	吉
条目：						【核】	【五锤】③		【休显】⑤		

意译：壬寅时，值北斗弼星与风水紫白星五黄中央相照应，北斗弼星为水与地上中央土，为土克水，天地相克。又有水书忌戒条目【核】【五锤】为“骸（死人）”凶；又要留意【休显】凶祸之灾；即使有水书吉星“航问”照应，也为大凶之时。不宜开路、丧葬、嫁娶、营造。

注释：① 弼星：为北斗星之一，属北斗星的第九位。

② 五黄：紫白星属八卦星位第五位，属中央卦。

③ 水书忌戒条目：

【核】意为坎坷不顺或堵塞。

【五锤】意为五锤敲打。

④ 骸：水语音译，意为棺材、死人或重丧。

⑤ 【休显】水书忌戒条目，意为接应（指忌报丧，有接应者要上命）。

⑥ 航问：为水书吉利条目，意为连续吉利。

第 5 行

原文：

读音：	ʈui^{5}	ma:u^{4}	si^{2}	tʰa:m^{1}	hi^{5}	ton^{2}ɣon^{2}	pjət^{7}jiŋ^{5}
直译：	癸	卯	时	贪狼①	四禄②	短命	环绕
条目：						【端完】	【必引】③

意译：癸卯时，值北斗贪狼与风水紫白星四禄巽相照应，北斗贪狼属木与地上巽为木，两木为旺，为天地相旺。要留意水书忌戒条目【端完】【必引】之凶。

注释：① 贪狼：为北斗星之一，属北斗星的第一位。

② 四禄：属紫白星八卦第四位，属巽卦。

③ 水书忌戒条目：

【端完】意为短命。

【必引】意为回环或环绕。

原文：

读音：	ʈum^{1}	njen^{2}ju^{5}	pje^{2}kʰu^{1}	ha:i^{2}	ŋo^{4}hu^{3}	ʈu^{3}	ʔjət^{7}	eŋ^{1}van^{1}
直译：	金	引线	麻风病	骸⑤	猛虎	九	乙	额问⑦
条目：		【引友】	【别扣】④		【五虎】⑥			

意译：按用事者出生属五行年，往下推演，至五行金位，又留意为水书忌戒条目【引友】【别扣】为“骸（死人）”凶；又要留意【五虎】凶祸之灾；虽有水书吉星“额问”照应，仍为大凶之时。不宜丧葬、立碑、赴任、诉讼、起造、造圈、结婚。

注释：④ 水书忌戒条目：

【引友】指引线，丧葬时忌叫他人名，应答者要丧命。

【别扣】指麻风病。

⑤ 骸：水语音译，意为棺材、死人或重丧。

⑥ 【五虎】水书忌戒条目，意为猛虎，指多只猛虎。

⑦ 额问：为水书吉利条目，意为吉利重重。

第 6 行

原文：

读音：ȶa:p^{7}　sən^{2}　si^{2}　ȶu^{2}　ha:m^{1}　ha:i^{2}　pik^{7}sui^{3}ȶən^{1}

直译：甲　辰　时　巨门[①]　三碧[②]　骸[③]　泪水涌出

条目：【比水紧】[④]

意译：甲辰时，值北斗巨门与风水紫白星三碧震相照应，北斗巨门属土与地上震为木，为木克土，为天地相克。要留心值“骸（死人）”凶，又要留意水书忌戒条目【比水紧】凶祸之灾。

注释：① 巨门：为北斗星之一，属北斗星的第二位。

② 三碧：属紫白星八卦第三位，属震卦。

③ 骸：水语音译，意为棺材、死人或重丧。

④ 【比水紧】水语音译水书禁忌条目，意为哭水涌出。

原文：

读音：eŋ^{1}van^{1}　ʔjət^{7}sjeŋ^{3}　t^{h}a:m^{1}　ȶət^{7}　ȶət^{7}

直译：额问　一生气　贪狼[⑤]　吉　吉

意译：即使水书吉星“额问”“一生气”和北斗星“贪狼”照应，但也难以化解其天地相克，仍为大凶之时。不宜丧葬、起造、造圈、结婚。

注释：⑤ 水书吉利条目：

额问：意为吉利重重。

一生气：意为和气。

贪狼：属水书北斗九星第一位，这里为水书吉星。

第 7 行

原文：

读音：ʔjət^{7}　hi^{4}　si^{2}　ljok^{8}　ɳi^{2}　ɕoŋ^{1}ʔjət^{7}　mok^{8}foŋ^{2}　ŋo^{4}qui^{5}

直译：癸　巳　时　禄存[①]　二黑[②]　虫咬　缠树藤　锤敲打

条目：【凶以】【木逢】【五锤】[③]

意译：癸巳时，值北斗禄存与风水紫白星二黑坤卦照应，北斗禄存为土与地二黑坤为土，为两土相旺，为天地相旺。要留意水书忌戒条目【凶以】【木逢】【五锤】之凶。

注释：① 禄存：为北斗星之一，属北斗星的第三位。

② 二黑：属紫白星八卦第二位，属坤卦。

③ 水书忌戒条目：

【凶以】指虫咬。

【木逢】指缠树藤。

【五锤】意为锤敲打，指多锤敲打。

原文：

读音：ŋo^{4}hu^3　ha:i^2　ȵ̥u^{2}ʈum^{2}ȵ̥u^2　ha:k^{7}van^{1}ʔdjam^5

直译：猛虎　骸④　二十八宿之一　连日阴沉

条目：【五虎】　【牛金牛】　【航问锭】⑤

意译：又要留意水书忌戒条目【五虎】【骸】【航问锭】凶祸之灾，若遇【牛金牛】宿照应，更为大凶之时。不宜丧葬、婚姻、起造、栽种、播种。

注释：④ 骸：水语音译，意为棺材、死人或重丧。

⑤ 水书忌戒条目：

【五虎】意为猛虎。

【牛金牛】为二十八宿之一，这里属水书凶星。

【航问锭】意为连日阴沉或连日凶祸。

第 8 行

原文：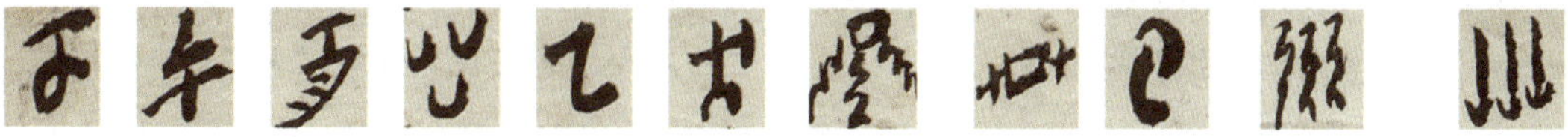

读音：pjeŋ^3　ŋo^2　si^2　fan^2　ʔjət^7　hak^7　ma^{4}saŋ^{2}ʈi^2　ha:i^2　ʈi^1　qoŋ^{1}ljok^{8}ma^4　ta:ŋ^{2}ʔdoŋ^1

直译：丙　午　时　文曲①　一白②　坎坷　马戴孝　骸④　九穷　马做工　宽大森林

条目：【核】【马畅旗】③　【九已】【工六马】　【堂弄】⑤

意译：丙午时，值北斗文曲与风水紫白星一白照应，北斗文曲属水与地上坎为水，两水为旺，为天地相旺。要留意水书忌戒条目【核】【马畅旗】为“骸（死人）”凶，又要留意【九已】【工六马】【堂弄】凶祸招致之灾。

注释：① 文曲：为北斗星之一，属北斗星第四位。

② 一白：为紫白星八卦第一位，为坎卦。

③ 水书忌戒条目：

【核】意为坎坷不顺或堵塞。

【马畅旗】意为马戴孝。

④ 骸：水语音译，意为棺材、死人或重丧。

⑤ 水书忌戒条目：

【九己】意为九穷，二代以后丁财衰败。

【工六马】意为马做工，表示多匹马做工。

【堂弄】意为宽大山林。

原文：

读音：	eŋ^{1}van^{1}	jeŋ^{1}
直译：	额问⑥	用

意译：又有水书吉星“额问”照应，但也仍为吉凶参半。宜斟酌丧葬、立碑、嫁娶、起造、出行。

注释：⑥ 额问：为水语音译，吉利重重。

第 9 行

原文：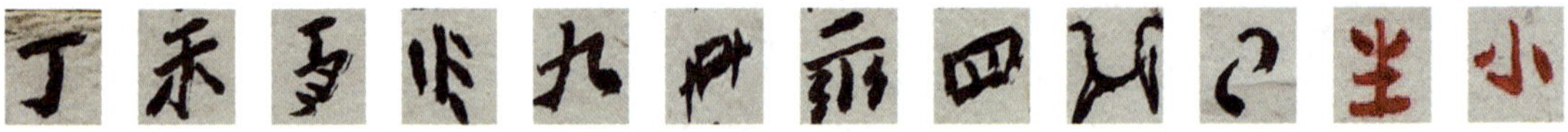

读音：	tjeŋ^{1}	mi^{2}	si^{2}	ljem^{2}	ȶu^{3}	ha:i^{2}	ʔjeu^{1}foŋ^{2}hu^{3}	hi^{5}	ŋo^{4}hu^{3}	ȶi^{1}	mi^{2}	ɕeu^{3}
直译：	丁	未	时	廉贞①	九紫②	骸③	孝旗伞	四	猛虎	九穷	未	小
条目：							【料逢虎】		【五虎】【九己】④			

意译：丁未时，值北斗廉贞与风水紫白星九紫离相照应，北斗廉贞属火与地上离为火，两火为旺，为天地相旺。既要留心值“骸（死人）”凶，水书忌戒条目【料逢虎】凶祸之灾；又要留意按用事者出生地支年，往下推演，至地支第四位，为水书忌戒条目【五虎】【九己】之凶；即使有水书吉利条目照应，也为吉凶参半。宜斟酌开路、丧葬、立碑，不宜嫁娶、起造、出行、造圈。

注释：① 廉贞：为北斗星之一，属北斗星的第五位。

② 九紫：紫白星属八卦星位第九位，属离卦。

③ 骸：水语音译，意为棺材、死人或重丧。

④ 水书忌戒条目：

【料逢虎】意为孝旗伞。

【五虎】意为猛虎，表示多只猛虎。

【九己】意为九穷，二代以后丁财衰败。

第10行

原文：

读音：mu^{2} sən^{1} si^{2} fu^{4} paːt^{7} ʔjən^{5}kwaːn^{1} ɕət^{7} qo^{2}ȶən^{1} ŋ̊aːn^{1}hi^{5}q^{h}a^{1} zən^{1}taːu^{5} lju^{2}lji^{2}sui^{3}

直译：戊 申 时 武曲①八白② 斧头 七 大群队移动 棺材四角 人倒 泪如柳条

条目：【引贯】 【各紧】【宁喜卡】【人倒】【六立水】③

意译：戊申时，值北斗武曲与风水紫白星八白艮相照应，北斗武曲属金与地上艮为土，为土生金。要留心水书忌戒条目【引贯】之凶；按用事者出生地支年，往下推演，至地支第七位，又留意水书忌戒条目【各紧】【宁喜卡】【人倒】【六立水】凶祸之灾。

注释：① 武曲：为北斗星之一，属北斗星的第六位。

② 八白：为紫白星八卦第八位，属艮卦。

③ 水书忌戒条目：

【引贯】意为斧头。

【各紧】大群队移动。各，水语音译，为划、移动；紧，水语音译，为大排场队伍。

【宁喜卡】意为棺材头之四角。

【人倒】指凶恶倒人死亡。

【六立水】意为泪如柳条，指忌哭丧。

原文：

读音：haːm^{1} qoŋ^{1}ljok^{8}ma^{4}

直译：三 马做工

条目：【工六马】④

意译：按用事者出生地支年，往下推演，至地支第三位，又还要留意水书忌戒条目【工六马】之凶，为大凶之时。不宜开路、丧葬、立碑、嫁娶、起造、出行。

注释：④ 【工六马】意为马做工，表示多匹马做工。

第11行

原文：

读音：ȶi^{1} ju^{4} si^{2} p^{h}o^{5} ɕət^{7} eŋ^{1}van^{1} mu^{2} ȶət^{7}

直译：己 酉 时 破军① 七赤② 额问③ 戊 吉

意译：己酉时，值北斗破军与风水紫白星七赤兑相照应，北斗破军属金与地上兑为金，两金为旺。又值吉星“额问”照应，且按用事者出生天干年，往下推演，至天干戊位吉利，为大吉之时。宜开路、丧葬、立碑、嫁娶、起造、出行、造圈、赴任。

注释：① 破军：为北斗星之一，属北斗星的第七位。

② 七赤：为紫白星八卦第七位，为兑卦。

③ 额问：为水书吉利条目，意为吉利重重。

第12行

原文：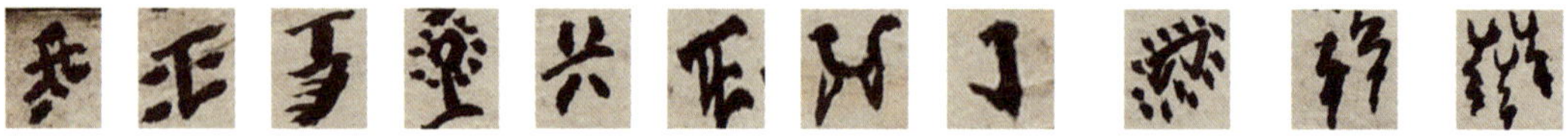

读音：	qeŋ^{1}	hət^{7}	si^{2}	pu^{2}	ljok^{8}	ŋo^{4}	ŋo^{4}hu^{3}	qau^{3}zaːi^{5}	qʰam^{5}aːn^{1}	haːi^{4}jən^{2}	ljeu^{4}ȶa^{1}ɕot^{7}
直译：	庚	戌	时	辅星①	六白②	五	猛虎	猛兽抓拖	翻倒马鞍	马肠子	鬼卷家
条目：							【五虎】	【高采】	【缸鞍】	【海寅】	【居散架】③

意译：庚戌时，值北斗辅星与风水紫白星六白照应，北斗辅星属水与地上乾为金，为金生水，为天地相生。按用事者出生天干年，往下推演，至地支第五位，值水书禁忌条目【五虎】【高采】【缸鞍】【海寅】【居散架】凶祸之灾。

注释：① 辅星：为北斗星之一，属北斗星的第八位。

② 六白：为紫白星八卦第六位，为乾卦。

③ 水书忌戒条目：

【五虎】指猛虎。

【高采】指猛兽抓拖。

【缸鞍】是指翻倒马鞍。

【海寅】指马肠子。

【居散架】意为鬼卷家。

原文：

读音： mok^{8}taːŋ^{2}

直译： 木堂④

意译：又值水语音译水书吉星“木堂”照应，为吉时。宜丧葬、立碑，不宜嫁娶、起造、出行、造马鞍、造圈、祭祀。

注释：④ 木堂：意为富丽堂皇。

第13行

原文：

读音：ɕən^{1} ʁa:i^{3} si^{2} pjət^{7} ŋo^{4} sək^{7}ʈi^{1} qoŋ^{1}ljok^{8}ma^{4} sa:n^{1} van^{1}

直译：辛 亥 时 弼星① 五黄② 断梳子 马做工 神尖刀 吉日

条目：【省记】【工六马】【占】③

意译：辛亥时，值北斗弼星与风水紫白星中央五黄照应，北斗弼星为水与地上中央为土，为土克水，为天地相克。又有水书忌戒条目【省记】【工六马】【占】凶祸所招致之灾；虽值水书吉日照应，但难以化解其天地相克，仍为大凶之时。诸事不宜。

注释：① 弼星：为北斗星之一，属北斗星的第九位。

② 五黄：紫白星属八卦星位第五位，属中央卦。

③ 水书忌戒条目：

【省记】意为断梳子（即死人梳子）。

【工六马】是指马做工，表示多匹马做工。

【占】意为一种神尖刀，碰到它，人立刻昏倒，不省人事。

第14行

原文：

读音：ʈui^{5} hi^{4} van^{1} sui^{3}

直译：癸 巳 日 水

意译：癸巳日，纳音属水。

注释：癸巳日，为六十甲子日中第三十日，五行纳音属水。它包含从壬子时到癸亥时，共十二个时辰。

第15行

原文：

读音：ȵum^{2} hi^{3} si^{2} tʰa:m^{1} hi^{5} ton^{2}ɣon^{2} ma^{4}saŋ^{2}ʈi^{2} zən^{1}ta:u^{5} ha:i^{2}

直译：壬 子 时 贪狼① 四禄② 短命 马戴孝 人倒 骸④

条目：【端完】【马畅旗】【人倒】③

意译：壬子时，值北斗贪狼与风水紫白星四禄巽相照应，北斗贪狼为木与地上巽为木，两木为旺，天地相旺。要留意水书忌戒条目【端完】【马畅旗】【人倒】为“骸（死人）”凶祸或伤身损耗之灾。

注释：① 贪狼：为北斗星之一，属北斗星的第一位。

② 四禄：紫白星属八卦星位第四位，属巽卦。

③ 水书忌戒条目：

【端完】指短命。

【马畅旗】指马戴孝。

【人倒】意为凶祸人倒死亡。

④ 骸：水语音译，意为棺材、死人或重丧。

原文：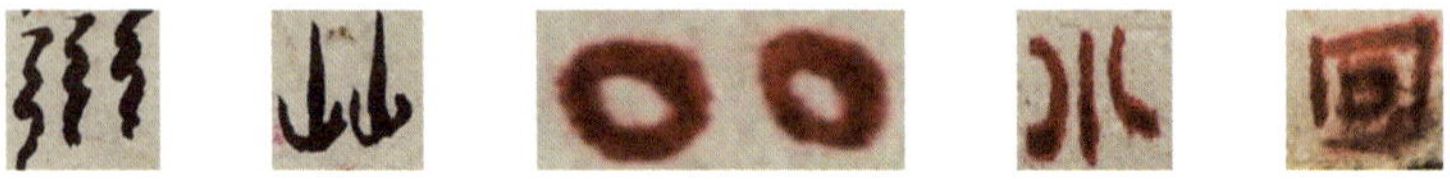

读音：	qoŋ^{1}ljok^{8}ma^{4}	ta:ŋ^{2}sa:i^{2}	hak^{7}van^{1}	sui^{3}	ʔjən^{5}
直译：	马做工	宽大竹林	航问⑥	水	官员大印
条目：	【工六马】	【堂弄】⑤			【官印】⑦

意译：又值水语音译水书中性条目【工六马】【堂弄】相照，即使有水书吉星“航问”或水书吉利条目【官印】照应，但也难以化解凶祸，仍为大凶之时。不宜开路、丧葬、立碑、嫁娶、起造、出行。宜栽种、赴任。

注释：⑤ 中性水书条目：

【工六马】意为马做工，表示多匹马做工。

【堂弄】意为宽大森林。

⑥ 航问：意为连日吉利。

⑦ 【官印】水书吉利条目，意为官员大印。

第16行

原文：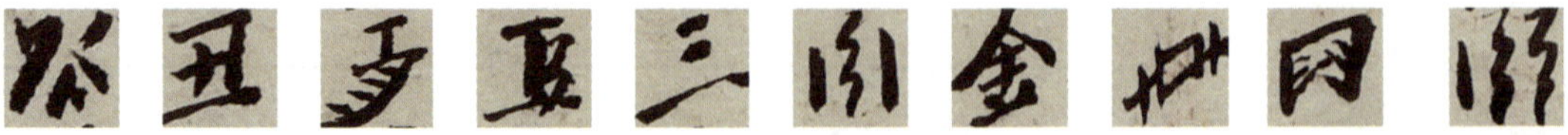

读音：	ʈui^{5}	su^{3}	si^{2}	ʈu^{2}	ha:m^{1}	pik^{7}sui^{3}ka:ŋ^{5}	ʈum^{1}	ha:i^{2}	mən^{2}ja^{3}sui^{3}	ɕoŋ^{1}ɕep^{7}
直译：	癸	丑	时	巨门①	三碧②	汨水哭干	金	骸④	水族衙门	接应
条目：						【比水缸】③			【门牙水】	【休显】⑤

意译：癸丑时，值北斗巨门与风水紫白星三碧震相照应，北斗巨门为土与地上震卦属木，为木克土，为天地相克。又有水书忌戒条目【比水缸】之凶，按用事者出生属五行年，往下推演，

至五行金位，值“骸（死人）”凶；又要留意水书忌戒条目【门牙水】【休显】凶祸之灾。

注释：① 巨门：为北斗星之一，属北斗星的第二位。

② 三碧：紫白星属八卦星位第三位，属震卦。

③ 【比水缸】水书忌戒条目，意为泪水哭干。

④ 骸：水语音译，意为棺材、死人或重丧。

⑤ 水书忌戒条目：

【门牙水】意为水族衙门。

【休显】意为接言（忌报丧）。

原文：

读音：	ŋo^{4}	ʔjum^{5}hən^{2}	eŋ^{1}van^{1}	.?
直译：	五	地方拥挤	额问⑦	?
条目：		【涌恒】⑥		

意译：按用事者出生地支年，往下推演，至地支第五位，为水书忌戒条目【涌恒】之凶，即使值吉星“额问”照应，但也难以化解其天地相克，仍为大凶之时。不宜开路、丧葬、立碑、嫁娶、起造、出行。

注释：⑥ 【涌恒】水语音译水书忌戒条目，意为挤满天下。

⑦ 额问：水语音译水书吉利条目，意为吉利重重。

第17行

原文：

读音：	ȶa:p^{7}	ji^{2}	si^{2}	ljok^{8}	ŋ̊i^{2}	hak^{7}	ȶu^{3}	ʔjət^{7}	ŋo^{4}hu^{3}	eŋ^{1}van^{1}	ȶət^{7}
直译：	甲	寅	时	禄存①	二黑②	坎坷	九	乙	猛虎	额问④	吉
条目：						【核】			【五虎】③		

意译：甲寅时，值北斗禄存与风水紫白星二黑坤照应，北斗禄存为土与地上坤为土，两土为旺，为天地相旺。要留心水书忌戒条目【核】之凶；按用事者出生地支年，往下推演，至地支第九位，或按用事者出生天干年，往下推演，至天干乙位，为水书忌戒条目【五虎】之灾；又有水书吉星“额问”照应，为吉凶参半时。宜斟酌安葬、立碑、祭祀，不宜婚姻、营造、出行。

注释：① 禄存：为北斗星之一，属北斗星的第三位。

② 二黑：紫白星属八卦星位第二位，属坤卦。

③　水书忌戒条目：

【核】意为坎坷不顺或堵塞。

【五虎】意为五只猛虎。

④　额问：为水语音译水书吉利条目，意为吉利重重。

第18行

原文：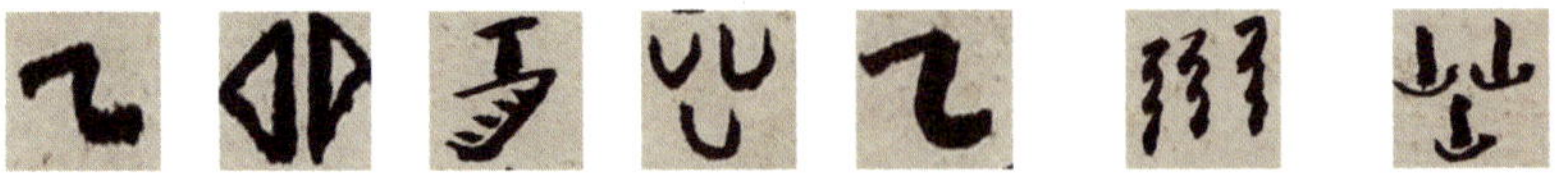

读音：	ʔjət^{7}	ma:u^{4}	si^{2}	fan^{2}	ʔjət^{7}	qoŋ^{1}ljok^{8}ma^{4}	ta:ŋ^{2}ʔdoŋ^{2}
直译：	乙	卯	时	文曲①	一白②	马做工	宽大森林
条目：						【工六马】	【堂弄】③

意译：乙卯时，值北斗文曲与风水紫白星一白坎照应，北斗文曲为水与地上坎为水，两水为旺，为天地相旺。要留意水书忌戒条目【工六马】【堂弄】之凶。

注释：①　文曲：为北斗星之一，属北斗星的第四位。

②　一白：紫白星属八卦星位第一位，属坎卦。

③　水书中性条目：

【工六马】意为马做工，表示多匹马做工。

【堂弄】意为宽大森林。

原文：

读音：	eŋ^{1}van^{1}	ʔjət^{7} sjeŋ^{1}	thjen^{1}qa:ŋ^{1}au^{4}	ȶət^{7}
直译：	吉利重重	一生气④	稻谷丰登	吉
条目：	【额问】		【天罡米】⑤	

意译：又有水书吉利条目【额问】“一生气”照应【天罡米】，还为吉时。宜安葬、营造、立碑、婚姻、出行，不宜祭祀。

注释：④　一生气：为水语音译水书吉利条目，意为和气。

⑤　水书吉利条目：

【额问】意为吉利重重。

【天罡米】稻谷丰登。

第19行

原文：

读音：	pjeŋ^{3}	sən^{2}	si^{2}	ljem^{2}	ɬu^{3}	ha:i^{2}	ku^{3}sup^{7}	ʔjeu^{1}foŋ^{2}hu^{3}	ȵu^{2}ɬum^{1}ȵu^{2}	ɕoŋ^{1}
直译：	丙	辰	时	廉贞①	九紫②	骸③	预计	孝旗伞	牛金牛⑤	凶
条目：							【估术】	【料逢虎】④		

意译：丙辰时，值北斗廉贞与风水紫白星九紫离照应，北斗廉贞为火与地上离为火，两火为旺，为天地相旺。要留心“骸（死人）”凶；又要留意水书忌戒条目【估术】【料逢虎】凶祸之灾，若遇“牛金牛”宿照应，更为凶。不宜安葬、营造、立碑、婚姻、出行。

注释：① 廉贞：为北斗星之一，属北斗星的第五位。

② 九紫：紫白星属八卦星位第九位，属离卦。

③ 骸：水语音译，意为棺材、死人或重丧。

④ 水书忌戒条目：

【估术】意为预择时间。

【料逢虎】意为孝旗伞。

⑤ 牛金牛：属二十八宿之一，这里为凶星。

第20行

原文：

读音：	tjeŋ^{1}	hi^{4}	si^{2}	fu^{4}	pa:t^{7}	ɕoŋ^{1}ʔjət^{7}	ŋo^{4}qui^{5}	mok^{8}foŋ^{2}	hi^{5}	ŋo^{4}hu^{3}	ha:i^{2}
直译：	丁	巳	时	武曲①	八白②	虫咬	锤敲打	缠树藤	四	猛虎	骸④
条目：						【凶以】	【五锤】	【木逢】		【五虎】③	

意译：丁巳时，值北斗武曲与风水紫白星八白艮相照应，北斗武曲属金与地上艮为土，为土生金，为天地相生。要留意水书忌戒条目【凶以】【五锤】【木逢】凶祸之灾，按用事者出生地支年，往下推演，至地支第四位，为水书忌戒条目【五虎】为“骸（死人）”凶祸招致之灾。

注释：① 武曲：为北斗星之一，属北斗星的第六位。

② 八白：为紫白星八卦第八位，属艮卦。

③ 水书忌戒条目：

【凶以】意为虫咬。

【五锤】意为五锤敲打。

【木逢】意为缠树藤。

【五虎】指猛虎，表示多只猛虎。

④ 骸：水语音译，意为棺材、死人或重丧。

原文：

读音：fan^{1} ljeu^{4}ȶa^{1}ɕot^{7} ŋo^{4}hu^{3} lju^{2}lji^{1}sui^{3} ȶi^{1}

直译：文曲 家产破败 猛虎 泪如柳条 九穷

条目：【辽架玄】【五虎】【六立水】【九已】⑤

意译：要留意按用事者出生北斗九星年，往下推演，至北斗九星文曲位，为水书忌戒条目【辽架玄】【五虎】【六立水】【九已】凶祸之灾，为大凶之时。不宜丧葬、立碑、嫁娶、起造、出行。

注释：⑤ 水书忌戒条目：

【辽架玄】意为家产溃败。

【五虎】意为猛虎，表示多只猛虎。

【六立水】意为泪如柳条，指忌哭丧。

【九已】意为九穷，二代以后丁财退败。

第21行

原文：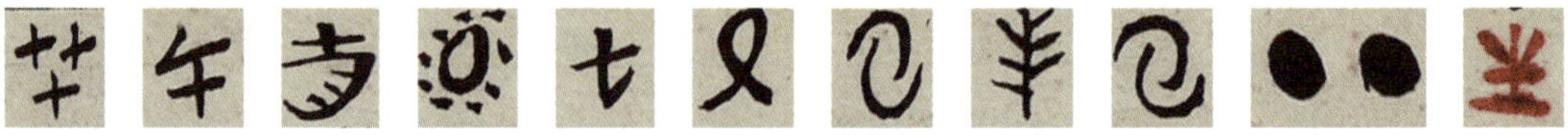

读音：mu^{2} ŋo^{2} si^{2} p^{h}o^{5} ɕət^{7} pjət^{7}jiŋ^{5} ȶi^{2} mok^{8} ȶi^{1} hak^{7}van^{1}ʔdjam^{5} mi^{1}

直译：戊 午 时 破军① 七赤② 环绕 已 人头 九穷 连日阴沉 未

条目：【必引】【各木】【九已】【航问锭】③

意译：戊午时，值北斗破军与风水紫白星七赤兑相照应，北斗破军属金与地上兑为金，两金为旺。要留意水书忌戒条目【必引】之凶；还要留心按用事者出生天干年，往下推演，至天干已位，为水书忌戒条目【各木】【九已】【航问锭】凶祸损害之灾；即使有水书吉利照应，也为吉凶参半之时。宜斟酌安葬、营造、立碑，不宜婚姻、出行、播种、栽种。

注释：① 破军：为北斗星之一，属北斗星的第七位。

② 七赤：为紫白星八卦第七位，属兑卦。

③ 水书忌戒条目：

【必引】意为回环。

【各木】意为人头。

【九已】意为九穷，指二代以后丁财逐渐衰败。

【航问锭】意为连日阴沉或连日凶祸。

第22行

原文：

读音：ȶi^{1}　mi^{2}　si^{2}　pu^{2}　ljok^{8}　hak^{7}　pik^{7}sui^{3}ka:ŋ^{5}

直译：己　未　时　辅星①　六白②　坎坷　泪水哭干

条目：【核】　【比水缸】③

意译：己未时，值北斗辅星与风水紫白星六白乾相照应，北斗辅星属水与地上乾为金，为金生水，为天地相生。要留心水书忌戒条目【核】【比水缸】之凶。

注释：① 辅星：为北斗星之一，属北斗星的第八位。

② 六白：紫白星属八卦星位第六位，属乾卦。

③ 水书忌戒条目：

【核】意为坎坷或堵塞。

【比水缸】意为泪水哭干。

原文：

读音：ha:m^{1}　so^{3}sjen^{1}　q^{h}am^{5}a:n^{1}　ha:i^{4}jən^{2}　van^{1}

直译：三　惹是生非　翻倒马鞍　马肠子　日

条目：【所线】　【缸鞍】　【海寅】④

意译：还要留意按用事者出生天干年，往下推演，至地支第三位，为水书忌戒条目【所线】【缸鞍】【海寅】凶祸之灾，即使有水书吉日照应，也只为吉凶参半之时。宜斟酌丧葬、立碑，不宜嫁娶、起造、出行、造马鞍。

注释：④ 水书忌戒条目：

【所线】意为惹是生非。

【缸鞍】意为翻倒马鞍。

【海寅】也叫“海麻”，意为马肠子。

第23行

原文：

读音：	qeŋ^{2}	sən^{1}	si^{2}	pjət^{7}	ŋo^{4}	ȵa:n^{1}hi^{5}q^{h}a^{1}	pje^{2}k^{h}u^{1}	mok^{8}	mok^{8}ta:ŋ^{2}
直译：	戊	申	时	弼星①	五黄②	棺材四角	麻风病	人头	木堂④
条目：						【宁喜卡】	【别扣】	【各木】③	

意译：戊申时，值北斗弼星与风水紫白星中央五黄照应，北斗弼星属水与地上中央为土，为土克水，为天地相克。又有水语音译的水书忌戒条目【宁喜卡】【别扣】【各木】凶祸之灾；即使有水书吉星“木堂”照应，也为大凶之时。不宜丧葬、立碑、嫁娶、起造、出行。

注释：① 弼星：为北斗星之一，属北斗星的第九位。

② 五黄：紫白星属八卦星位第五位，为中央卦。

③ 水书忌戒条目：

【宁喜卡】意为棺材头之四角。

【别扣】意为麻风病。

【各木】意为人头。

④ 木堂：为水语音译水书吉利条目，指富丽堂皇。

第24行

原文：

读音：	ɕən^{1}	ju^{4}	si^{2}	t^{h}a:n^{1}	hi^{5}	ʔjən^{5}kwa:n^{1}	ɕət^{7}	qo^{2}ȶən^{1}	sək^{7}ȶi^{1}
直译：	辛	酉	时	贪狼①	四禄②	斧头	七	大群队移动	断梳子
条目：						【引贯】		【各紧】	【省记】③

意译：辛酉时，值北斗贪狼与风水紫白星四禄照应，北斗贪狼属木与地上巽为木，两木为旺，为天地相旺。要留意水书忌戒条目【引贯】之凶，又要留意按用事者出生地支年，往下推演，至第七位，为水书禁忌条目【各紧】【省记】凶祸之灾。

注释：① 贪狼：为北斗星之一，属北斗星的第一位。

② 四禄：为紫白星八卦第四位，为巽卦。

③ 水书忌戒条目：

【引贯】意为斧头。

【各紧】大群队移动。各，水语音译，为划、移动；紧，水语音译，为大排场队伍。

【省记】指断梳子（即死人梳子）。

原文：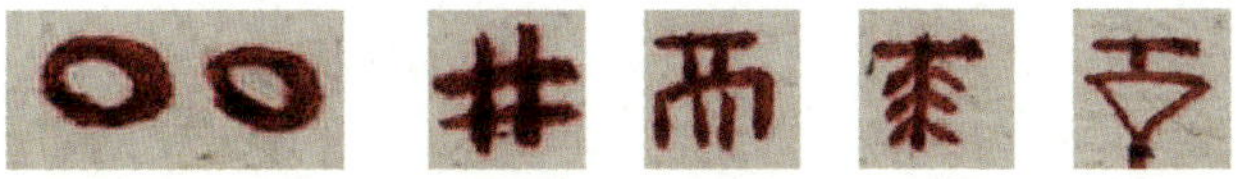

读音： hak^{7}van^{1} tʰa:m^{1} pa^{2}laŋ^{2} mok^{8} ʈət^{7}

直译： 航问 贪狼 巴朗 木堂④ 吉

意译：又值水语音译水书吉星“航问”和北斗星“贪狼”或吉星“巴朗”和“木堂”照应，为吉多凶少，宜斟酌丧葬、立碑、嫁娶、出行、起造、造圈、修鸡笼，不宜放腊（不宜纠结大队伍）。

注释：④ 水书吉星：

航问：为水书吉利条目，意为连日吉利。

贪狼：属北斗九星第一位，这里为水书吉星。

巴朗：意为顺耙，表示顺利之意。

木堂：意为富丽堂皇。

第25行

原文：

读音： ȵum^{2} hət^{7} si^{2} ʈu^{2} ha:m^{1} sa:n^{1} qoŋ^{1}ljok^{8}ma^{4}

直译： 壬 戌 时 巨门① 三碧② 散③ 马做工

条目： 【工六马】④

意译：壬戌时，值北斗巨门与风水紫白星三碧照应，北斗巨门属土与地上震为木，为木克土，为天地相克。又有八宫掌名称“散”，或水语音译水书忌戒条目【工六马】之凶。

注释：① 巨门：为北斗星之一，属北斗星的第二位。

② 三碧：紫白星属八卦第三位，为震卦。

③ 散：八宫掌名称。

④ 【工六马】水语音译水书忌戒条目。意为马做工。

原文：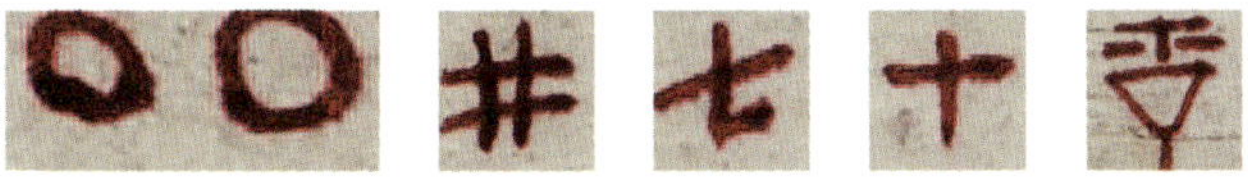

读音： hak^{7}van^{1} tʰa:m^{1} ɕət^{7} sup^{8} ʈət^{7}

直译： 航问 贪狼⑤ 七 十 吉

意译：即便有水书吉利条目“航问”“贪狼”照应，也难以化解其天地相克之凶，仍为大凶之时。

不宜丧葬、立碑，宜嫁娶、出行。

注释：⑤ 水书吉星：

航问：连日吉利。

贪狼：属水书北斗九星第一位，这里为水书吉星。

第26行

原文：

读音：	ȶui^{5}	ʁa:i^{3}	si^{2}	ljok^{8}	ȵi^{2}	ŋo^{4}	ŋo^{4}hu^{3}	qau^{3}za:i^{5}	ŋo^{4}hu^{3}
直译：	癸	亥	时	禄存①	二黑②	五	猛虎	猛兽抓拖	猛虎
条目：							【五虎】	【高采】	【五虎】③

意译：癸亥时，值北斗禄存与风水紫白星二黑照应，北斗禄存属土与地上坤为土，两土为旺。要留意按用事者出生地支年，往下推演，至第五位，为水书忌戒条目【五虎】【高采】【五虎】之凶。

注释：① 禄存：为北斗星之一，属北斗星的第三位。

② 二黑：紫白星属八卦星位第二位，为坤卦。

③ 水书忌戒条目：

【五虎】意为猛虎。

【高采】意为猛兽抓拖。

原文：

读音：	ʔboŋ^{5}ham^{3}	ha:i^{2}	ȶət^{7}	ȶum^{1}	ta:i^{2}
直译：	罩住	骸⑤	吉	金堂⑥	大
条目：	【补夯】④				

意译：还要留心水书忌戒条目【补夯】为“骸（死人）”凶祸之灾，即使有水书吉星【金堂】相照，也为吉凶参半之时。宜丧葬、立碑，不宜嫁娶、起造、出行。

注释：④ 【补夯】水书忌戒条目，意为罩住，与仰相对。

⑤ 骸：水语音译，意为棺材、死人或重丧。

⑥ 金堂：水语音译水书吉利条目，意为富丽堂皇。

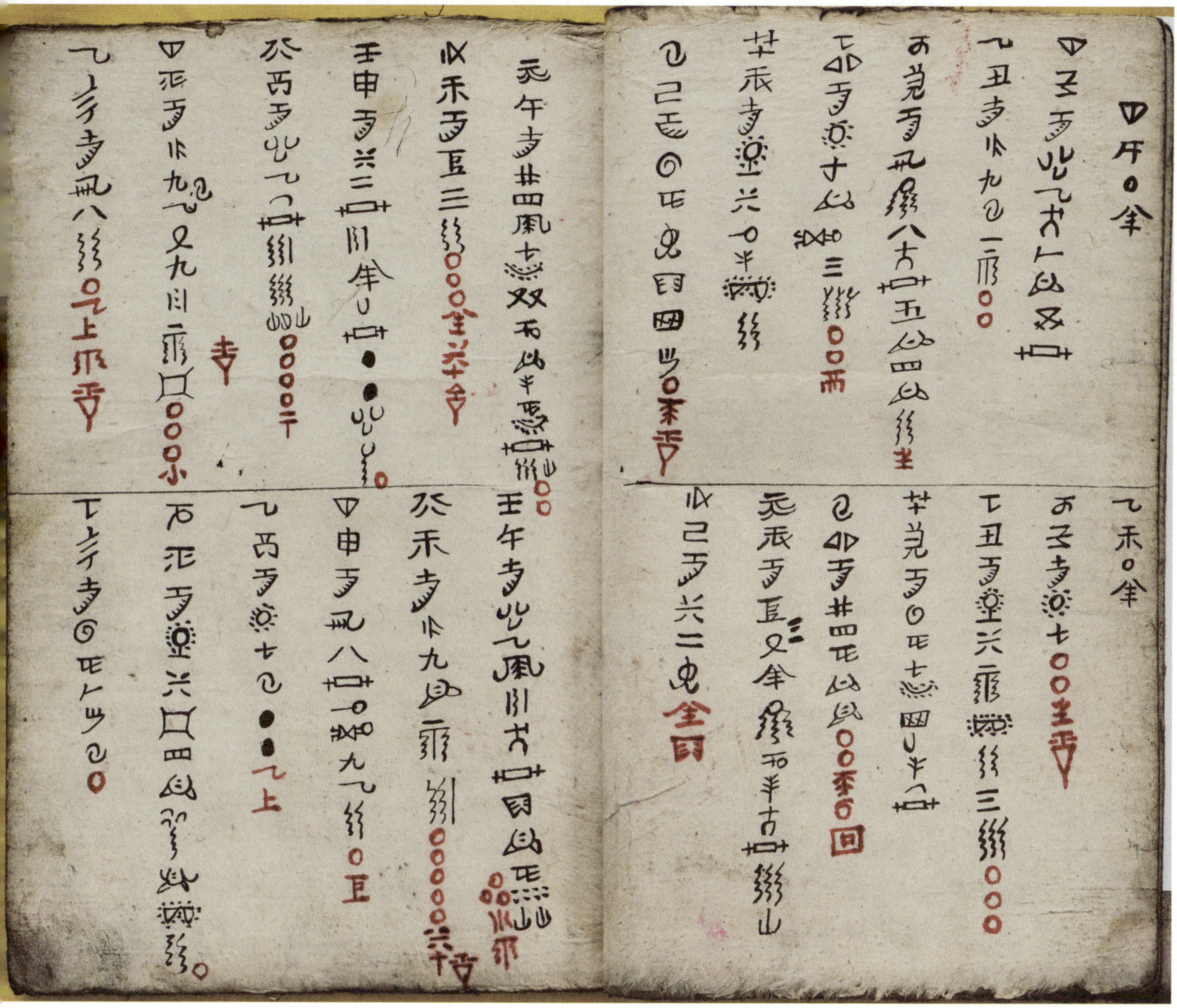

原件 16：甲午 乙未

第 1 行

原文：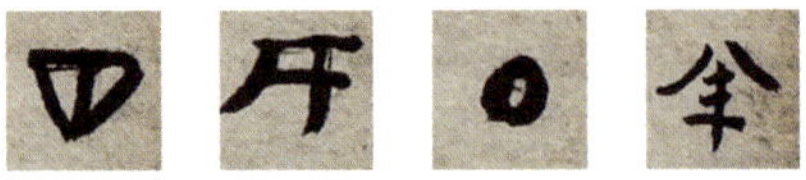

读音：	ȶa:p^{7}	ŋo^{2}	van^{1}	ȶum^{1}
直译：	戊	子	日	火

意译：戊子日，纳音属火。

注释：此为六十甲子日的第三十一日，五行纳音属火。它包含从甲子时起到乙亥时，共十二个时辰。

第 2 行

原文：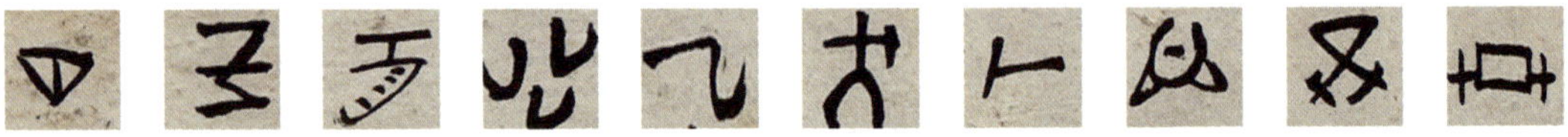

读音：	ȶa:p^{7}	hi^{3}	si^{2}	fan^{2}	ʔjət^{7}	hak^{7}	ʔjən^{5}kwa:n^{1}	ŋo^{4}hu^{3}	ɕoŋ^{1}	ha:i^{2}
直译：	甲	子	时	文曲①	一白②	坎坷	斧头	猛虎	凶	骸④
条目：						【核】	【引贯】	【五虎】③		

意译：甲子时，值北斗文曲星与风水紫白星一白坎卦相照应，北斗文曲星属土与地上坎为水，为土克水，天地相克。又有水书忌戒条目【核】【引贯】【五虎】为“骸（死人）”凶祸之灾，为大凶之时。诸事不宜。

注释：① 文曲：为北斗星之一，属北斗星的第四位。

② 一白：紫白星属八卦星位第一位，属坎卦。

③ 水书忌戒条目：

【核】意为坎坷或堵塞。

【引贯】意为斧头。

【五虎】意为猛虎。

④ 骸：水语音译，意为棺材、死人或重丧。

第 3 行

原文：

读音：	ʔjət^{7}	su^{3}	si^{2}	ljem^{2}	ȶu^{3}	ȶi^{1}	ʔjət^{7}	ʔjeu^{1}foŋ^{2}hu^{3}	hak^{7}van^{1}
直译：	乙	丑	时	廉贞①	九紫②	九穷	乙	孝旗伞	航问④
条目：						【九己】		【料逢虎】③	

意译：乙丑时，值北斗廉贞星与风水紫白星九紫离相照应，北斗廉贞为火与地上离为火，两火为旺，天地相旺。要留意水书忌戒条目【九己】之凶；还要留意按用事者出生天干年，往下推演，至天干乙位，为水书忌戒条目【料逢虎】之凶；又值水书吉利“航问”照应，为吉多凶少之时。宜开路、安葬、立碑、嫁娶、营造、出行、造圈。

注释：① 廉贞：为北斗星之一，属北斗星的第五位。

② 九紫：紫白星属八卦星位的第九位，属离卦。

③ 水书忌戒条目：

【九己】意为九穷，二代以后丁财衰败。

【料逢虎】意为孝旗伞。

④ 航问：为水书吉利条目，连日吉利。

第4行

原文：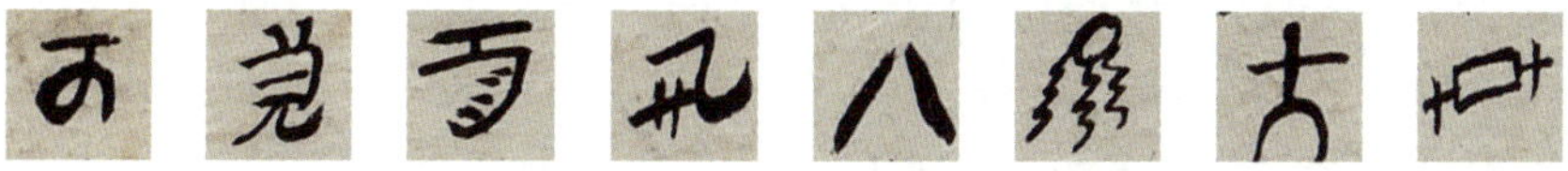

读音：	pjeŋ^3	ji^2	si^2	fu^4	pa:t^7	ma^{4}saŋ^{2}ʈi^2	hak^7	ha:i^2
直译：	丙	寅	时	武曲①	八白②	马畅旗	坎坷	骸④
条目：						【马畅旗】	【核】③	

意译：丙寅时，值北斗武曲星与风水紫白星八白艮相照应，北斗武曲为金与地上艮为土，为土生金，天地相生。既要留意水书忌戒条目【马畅旗】【核】为“骸（死人）”凶祸之灾。

注释：① 武曲：为北斗星之一，属北斗星的第六位。

② 八白：紫白星属八卦星位第八位，属艮卦。

③ 水书忌戒条目：

【马畅旗】意为马戴孝。

【核】意为坎坷不顺或堵塞。

④ 骸：水语音译，意为棺材、死人或重丧。

原文：

读音：	ŋo^4	ŋo^{4}hu^3	hi^5	ŋo^{4}hu^3	luj^{2}lji^{2}sui^3	mi^2
直译：	五	猛虎	四	猛虎	泪如柳条	未
条目：		【五虎】		【五虎】	【六立水】⑤	

意译：又要按用事者出生天干年，往下推演，至第五位或第四位，为水书忌戒条目二【五虎】和【六立水】之凶，为吉凶参半之时。宜开路、安葬、立碑，不宜嫁娶、营造、出行、

造圈。

注释：⑤ 水书忌戒条目：

【五虎】意为猛虎。

【六立水】意为泪如柳条，指忌哭丧。

第 5 行

原文：

读音：	tjeŋ^{1}	ma:u^{4}	si^{2}	p^{h}o^{5}	ɕət^{7}	ŋo^{5}hu^{3}	zən^{1}ta:u^{5}	ha:m^{1}	ʨui^{3}sa:t^{7}ʨa^{1}
直译：	丁	卯	时	破军①	七赤②	猛虎	人倒	三	鬼卷家
条目：						【五虎】	【人倒】		【居散架】③

意译：丁卯时，值北斗破军星与风水紫白星七赤兑相照应，北斗破军为金与地上兑为金，两金为旺，天地相旺。既要留心水书忌戒条目【五虎】【人倒】凶祸伤身之祸；又要留心按用事者出生地支年，往下推演，至第三位，为水书忌戒条目【居散架】之凶。

注释：① 破军：为北斗星之一，属北斗星的第七位。

② 七赤：紫白星属八卦星位第七位，属兑卦。

③ 水书忌戒条目：

【五虎】意为猛虎。

【人倒】指凶祸倒人死亡。

【居散架】意为鬼转回家。

原文：

读音：	hak^{7}van^{1}	pa^{2}laŋ^{2}
直译：	航问	巴朗④

意译：又值水书吉利“航问”或“巴朗”照应，也为吉凶参半。宜安葬、立碑，不宜开路、婚姻、营造。

注释：④ 水书吉利条目：

航问：意为连日吉利。

巴朗：指正耙，为吉利之意。

第 6 行

原文：

读音：	mu^{2}	sən^{2}	si^{2}	pu^{2}	ljok^{8}	ŋo^{4}qui^{5}	mok^{8}	q^{h}am^{5}n^{1}	lju^{2}lju^{2}sui^{3}
直译：	戊	辰	时	辅星①	六白②	锤敲打	人头	翻倒马鞍	泪如柳条
条目：						【五锤】	【各木】	【缸鞍】	【六立水】③

意译：戊辰时，值北斗辅星与风水紫白星六白乾相照应，北斗辅星为水与地上乾为金，为金生水，天地相生。要留意水书忌戒条目【五锤】【各木】【缸鞍】【六立水】凶祸所招致之灾，为吉凶参半之时。宜斟酌开路、安葬、立碑、婚姻、营造、造圈，不宜设席、造马鞍。

注释：① 辅星：为北斗星之一，属北斗星的第八位。

② 六白：紫白星属八卦星位第六位，属乾卦。

③ 水书忌戒条目：

【五锤】意为五锤敲打。

【各木】意为人头。

【缸鞍】意为翻倒马鞍。

【六立水】意为泪如柳条，指忌哭丧。

第 7 行

原文：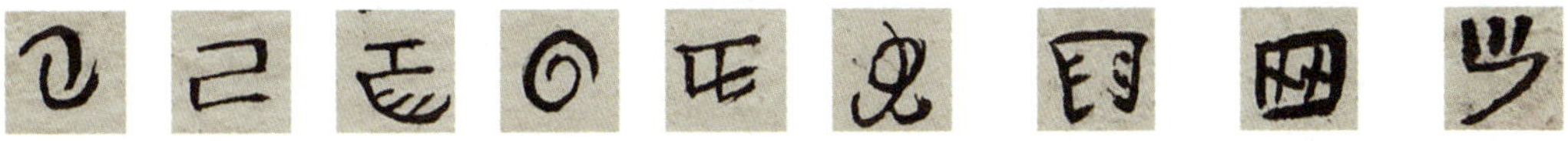

读音：	ʈi^{1}	hi^{4}	si^{2}	pjət^{7}	ŋo^{4}	ɕoŋ^{1}ʔjət^{7}	mən^{2}ja^{3}sui^{3}	ton^{2}ɣon^{2}	sək^{7}ʈi^{1}
直译：	己	巳	时	弼星①	五黄②	虫咬	水族衙门	短命	断梳子
条目：						【凶以】	【门牙水】	【端完】	【省记】③

意译：己巳时，值北斗弼星与风水紫白星五黄中央相照，北斗弼星为水与地上中央为土，为土克水，天地相克。又有水书忌戒条目【凶以】【门牙水】【端完】【省记】凶祸之灾。

注释：① 弼星：为北斗星之一，属北斗星的第九位。

② 五黄：紫白星属八卦星位第五位，属中央卦。

③ 水书忌戒条目：

【凶以】意为虫咬。

【门牙水】意为水族衙门。

【端完】意为短命。

【省记】意为断梳子。

原文：

读音：van^{1} mok^{8} ʦət^{7}

直译：日 木堂④ 吉

意译：虽有水书“吉日”水书吉利“木堂”照应，但难以化解其凶，仍为大凶之时。诸事不宜。

注释：④ 木堂：为水语音译水书吉利条目，为富丽堂皇。

第 8 行

原文：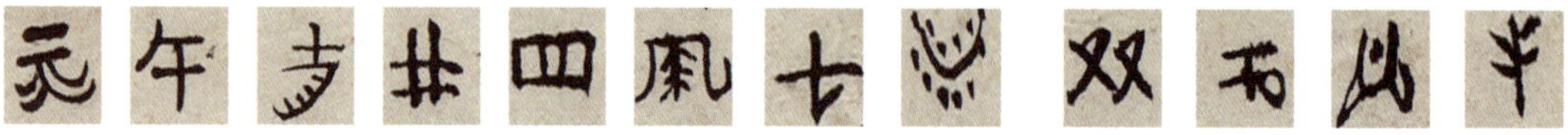

读音：qeŋ^{1} ŋo^{2} si^{2} t^{h}a:n^{1} hi^{5} mok^{8}foŋ^{2} ɕət^{7} qo^{2}ʦən^{1} ku^{3}sup^{7} pje^{2}k^{h}u^{1} ŋo^{4}hu^{3} mok^{8}

直译：庚 午 时 贪狼① 四禄② 缠树藤 七 大群队移动 预计 麻风病 猛虎 人头

条目：【木逢】 【各紧】【估术】【别扣】【五虎】【各木】③

意译：庚午时，值北斗贪狼与风水紫白星四禄巽相照应，北斗贪狼为木与地上巽为木，两木为旺，天地相旺。既要留意水书忌戒条目【木逢】之凶，又要留意按用事者出生地支年，往下推演，至第七位，为水书忌戒条目【各紧】【估术】【别扣】【五虎】【各木】凶祸之灾。

注释：① 贪狼：为北斗星之一，属北斗星的第一位。

② 四禄：紫白星属八卦星位第四位，属巽卦。

③ 水书忌戒条目：

【木逢】意为缠树藤。

【各紧】大群队移动。各，水语音译，为划，移动；紧，水语音译，为大排场队伍。

【估术】意为预计。

【别扣】意为麻风病。

【五虎】意为猛虎。

【各木】指人头。

原文：

读音：ŋo^{4} qo^{2}ʦən^{1} ha:i^{2} so^{3}sjen^{1} san^{1} hak^{7}van^{1}

直译：五 大群队移动 骸④ 惹是生非 散⑥ 航问⑦

条目：【各紧】 【所线】⑤

意译：还要留心按用事者出生地支年，往下推演，至五位，值水书忌戒条目【各紧】【骸】【所线】“散”凶祸招致之灾；即使有【航问】照应，也难以化解其凶，仍为大凶之时。不开路、安葬、立碑、婚姻、营造、造圈、排大队伍进寨。

注释：④ 骸：水语音译，意为棺材、死人或重丧。

⑤ 水书忌戒条目：

【各紧】大群队移动。各，水语音译，为划、移动；紧，水语音译，为大排场队伍。

【所线】水书忌戒条目，意为惹是生非。

⑥ 散：意为八宫掌名称。

⑦ 航问：意为连日吉利。

第 9 行

原文：

读音：	ɕən^1	mi^2	si^2	ʈu^2	ha:n^1	lju^{2}lji^{2}sui^3	eŋ^{1}van^1	ʈum^1	ljok^{8}sup^8	ʈət^7
直译：	辛	未	时	巨门①	三碧②	泪如柳条	额问	金堂④	六十	吉
条目：						【六立水】③				

意译：辛未时，值北斗巨门与风水紫白星三碧震相照应，北斗巨门为土与地上震卦属木，为木克土，为天地相克。又有水书忌戒条目【六立水】之凶；虽有水书吉利“额问”“金堂”照应，为“六十吉”，也仍为吉凶参半。宜斟酌开路、安葬、立碑、婚姻、营造、出行。

注释：① 巨门：为北斗星之一，属北斗星的第二位。

② 三碧：紫白星属八卦星位第三位，属震卦。

③ 【六立水】为水语音译的忌戒水书条目，意为泪如柳条，指忌哭丧。

④ 水书吉利条目：

额问：意为吉利重重。

金堂：是指富丽堂皇。

第10行

原文：

读音：	ȵum^2	sən^1	si^1	ljok^8	ȵi^2	ha:i^2	njem^{2}ju^5	ʈum^1	qau^{3}za:i^5	ha:i^2
直译：	壬	申	时	禄存①	二黑②	骸③	引线	金	猛兽抓拖	骸
条目：							【引友】		【高采】④	

意译：壬申时，值北斗禄存与风水紫白星二黑坤照应，北斗禄存为土与地上坤为土，两土为旺，

为天地相旺。既要留心“骸（死人）”凶；又要留意水书忌戒条目【引友】之凶，又要留意按用事者出生属五行年，往下推演，至金位，值水书忌戒条目【高采】为“骸（死人）”凶祸之灾。

注释：① 禄存：为北斗星之一，属北斗星的第三位。

② 二黑：紫白星属八卦星位第二位，属坤卦。

③ 骸：水语音译，意为棺材、死人或重丧。

④ 水书忌戒条目：

【引友】意为引线。丧葬时忌叫他人名，应答者要丧命。

【高采】意为猛兽抓拖。

原文：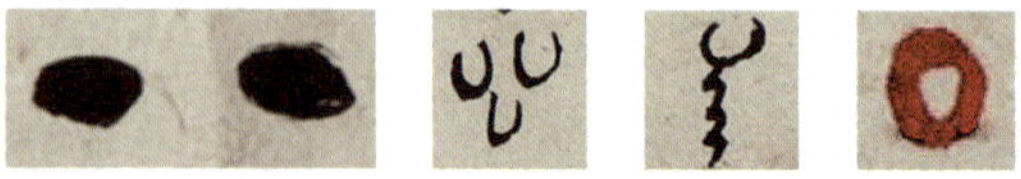

读音：ha:k^{7}van^{1}ʔdjam^{5} fan^{2} ljeu^{4}ȶa^{1}ɕot^{7} van^{1}

直译：连日阴沉 文曲⑤ 家产破败 日

条目：【航问锭】 【辽架玄】⑥

意译：又值水语音译水书忌戒条目【航问锭】，按用事者出生北斗九星年，往下推演，至文曲位。又值水语音译水书忌戒条目【辽架玄】，为吉凶参半。宜斟酌开路、安葬、立碑，不宜婚姻、营造、出行、造圈。

注释：⑤ 文曲：指北斗九星第四位，这里为水书凶星。

⑥ 水书忌戒条目：

【航问锭】意为连日凶祸或连日阴沉。

【辽架玄】意为家产破败。

第11行

原文：

读音：ȶui^{5} ju^{4} si^{2} fan^{2} ʔjət^{7} ʔboŋ^{5}ham^{3} ha:i^{2}

直译：癸 酉 时 文曲① 一白② 罩住 骸④

条目：【补夯】③

意译：癸酉时，值北斗文曲与风水紫白星一白坎照应，北斗文曲为水与地上坎为水，两水为旺，为天地相旺。要留意忌戒水书条目【补夯】为“骸（死人）”之凶祸。

注释：① 文曲：为北斗星之一，属北斗星的第四位。

② 一白：紫白星属八卦星位第一位，属坎卦。

③ 【补夯】水书忌戒条目，意为罩住，与仰相对。

④ 骸：水语音译，意为棺材、死人或重丧。

原文：

读音：ɕoŋ^{1}ɕep^{7} so^{3}sjen^{1} ta:ŋ^{1}ʔdoŋ^{1} eŋ^{1}van^{1} jeŋ^{1}

直译：接应 惹是生非 宽大森林 额问⑥ ？

条目：【休显】 【所线】 【堂弄】⑤

意译：还要留心水书忌戒条目【休显】【所线】【堂弄】凶祸之灾，即使有水书吉利条目“额问”照应，也为吉多凶少。宜斟酌开路、安葬、立碑、婚姻、营造，不宜诉讼。

注释：⑤ 水书忌戒条目：

【休显】意为接言（忌报丧）。

【所线】惹是生非。

【堂弄】意为宽大森林。

⑥ 【额问】为水语音译吉利的水书条目，意为吉利重重。

第12行

原文：

读音：ȶa:p^{7} hət^{7} si^{2} ljem^{2} ȶu^{3} ȶi^{1} ʔjət^{7} pjət^{7}jiŋ^{5} ȶu^{3} pik^{7}sui^{3}ka:ŋ^{5} ʔjeu^{1}fon^{2}hu^{3} ŋ̥a:n^{1}hi^{5}q^{h}a^{1}

直译：甲 戌 时 廉贞① 九紫② 己 乙 环绕 九 泪水哭干 孝旗伞 棺材四角

条目：【必引】 【比水缸】 【料逢虎】【宁喜卡】③

意译：甲戌时，值北斗廉贞与风水紫白星九紫离照应，北斗廉贞为火与地上离为火，两火为旺，为天地相旺。要留心按用事者出生天干年，往下推演，至己位或乙位，为水书忌戒条目【必引】之凶，还要留意按用事者出生地支年，往下推演，至第九位，为水书条忌戒条目【比水缸】【料逢虎】【宁喜卡】凶祸之灾。

注释：① 廉贞：为北斗星之一，属北斗星的第五位。

② 九紫：紫白星属八卦星位第九位，属离卦。

③ 水书忌戒条目：

【必引】意为回环。

【比水缸】意为哭干泪水。

【料逢虎】意为孝旗伞。

【宁喜卡】意为棺材头四角。

原文：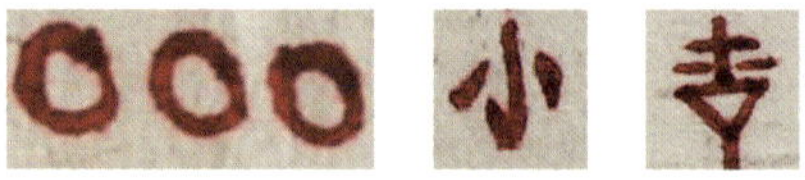

读音：	eŋ^{1}van^{1}	ɕeu^{3}	ɬət^{7}
直译：	额问④	小	吉

意译：又有水书吉利“额问”照应，为吉多凶少。宜开路、安葬、立碑，不宜祭祀、婚姻、营造、出行、造圈。

注释：④　额问：水语音译水书吉利条目，意为吉利重重。

第13行

原文：

读音：	ʔjət^{7}	ʁa:i^{3}	si^{2}	fu^{4}	paət^{7}	lju^{2}lji^{2}sui^{3}	van^{1}	ʔjət^{7}sjeŋ^{3}	ti^{6}ha:ŋ^{1}fan^{1}	ɬət^{7}
直译：	乙	亥	时	武曲①	八白②	泪如柳条	日	一生气④	人丁发达	吉
条目：						【六立水】③			【竹根代】⑤	

意译：乙亥时，值北斗武曲与风水紫白星八白艮照应，北斗武曲为金与地上艮为土，为土生金，为天地相生。要留意水书忌戒条目【六立水】之凶，又值水语音译的水书吉利条目“一生气”照应【竹根代】，为吉利之时。宜开路、安葬、立碑、祭祀、婚姻、营造、出行、造圈。

注释：①　武曲：为北斗星之一，属北斗星的第六位。

②　八白：紫白星属八卦星位第八位，属艮卦。

③　【六立水】为水语音译的水书忌戒条目，意为泪如柳条，指忌哭丧。

④　一生气：为水语音译水书吉利条目，意为和气。

⑤　【竹根代】人丁发达。

第14行

原文：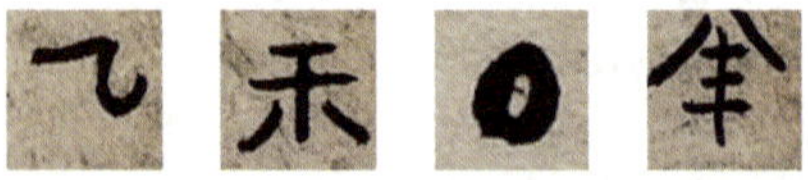

读音：	ʔjət^{7}	mi^{2}	van^{1}	ɬum^{1}
直译：	乙	未	日	金

意译：乙未日，纳音属金。

注释：此为六十甲子日中第三十二日，五行纳音属金。它包含从丙子时起到丁亥时，共十二个时辰。

第15行

原文：

读音：	pjeŋ^3	hi^3	si^2	p^{h}o^5	ɕət^7	hak^{7}van^1	mi^2	ɕət^7
直译：	丙	子	时	破军①	七赤②	航问③	未	吉

直译：丙子时，值北斗破军与风水紫白星七赤兑照应，北斗破军为金与地上兑为金，两金为旺，为天地相旺。又有水语音译的水书吉利“航问”照应，为大吉之时。宜开路、安葬、立碑、栽种、婚姻、营造。

注释：① 破军：为北斗星之一，属北斗星的第七位。

② 七赤：紫白星属八卦星位第七位，属兑卦。

③ 航问：为水语音译的水书吉利条目，意为连日吉利。

第16行

原文：

读音：	tjeŋ^1	su^3	si^2	pu^2	ljok^8	ʔjeu^{1}foŋ^{2}hu^3	q^{h}am^{5}aːn^1	lju^{2}lji^{2}sui^3
直译：	乙	丑	时	辅星①	六白②	孝旗伞	翻倒马鞍	泪如柳条
条目：						【料逢虎】	【缸鞍】	【六立水】③

意译：乙丑时，值北斗辅星与风水紫白星六白乾照应，北斗辅星为水与地上乾金，为金生水，为天地相生。要留意水语音译的水书忌戒条目【料逢虎】【缸鞍】【六立水】凶祸之灾。

注释：① 辅星：为北斗星之一，属北斗星的第八位。

② 六白：紫白星属八卦星位第六位，属乾卦。

③ 水书忌戒条目：

【料逢虎】意为孝旗伞。

【缸鞍】意为翻倒马鞍。

【六立水】意为泪如柳条，指忌哭丧。

原文：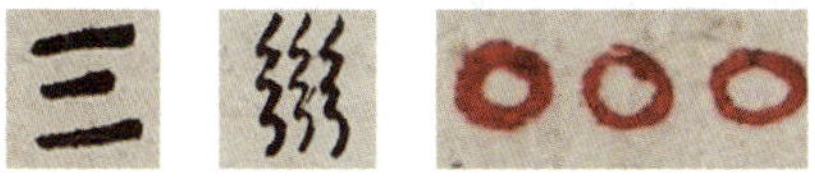

读音：	haːm^1	so^{3}sjen^1	eŋ^{1}van^1
直译：	三	惹是生非	额问⑤
条目：		【所线】④	

意译：又有留心按用事者出生地支年，往下推演，至第三位，有水书忌戒条目【所线】之凶，且有水书吉利“额问”照应，也为吉凶参半之时。宜斟酌开路、安葬、立碑、婚姻、营造、出行，不宜赴任、造马鞍。

注释：④　【所线】为水书忌戒条目，意为惹是生非。

⑤　额问：为水书吉利条目，意为连续吉利。

第17行

原文：

读音：	mu^{2}	ji^{2}	si^{2}	pjət^{7}	ŋo^{4}	ɕət^{7}	qo^{2}tən^{1}	ton^{2}ɣon^{2}
直译：	甲	寅	时	弼星①	五黄②	七	大群队移动	短命
条目：							【各紧】	【端完】③

意译：甲寅时，值北斗弼星与风水紫白星中央五黄照应，北斗弼星为水与地上中央为土，为土克水，为天地相克。又有按用事者出生地支年，往下推演，至第七位，为水书忌戒条目【各紧】【端完】之凶祸。

注释：①　弼星：为北斗星之一，属北斗星的第九位。

②　五黄：紫白星属八卦星位第五位，属中央卦。

③　水书忌戒条目：

【各紧】意为大群队移动。各，水语音译，意为划、移动；紧，水语音译，意为大排场队伍。

【端完】意为短命。

原文：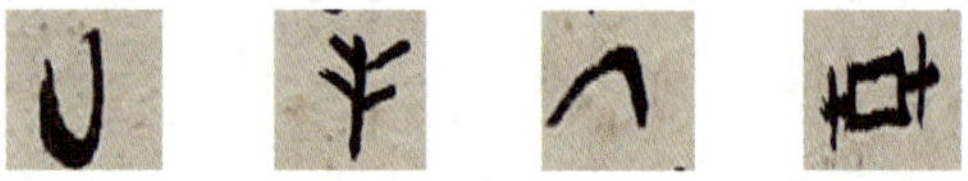

读音：	qau^{3}za:i^{5}	mok^{8}	ʔboŋ^{5}ham^{3}	ha:i^{2}
直译：	猛兽抓拖	木	罩住	骸⑤
条目：	【高采】		【补夯】④	

意译：还有水书忌戒条目【高采】之凶；又还有按用事者出生属五行年，往下推演，至木位，值水书忌戒条目【补夯】为“骸（死人）”凶祸之灾，为大凶之时。不宜开路、安葬、立碑、婚姻、营造、出行。

注释：④　水书忌戒条目：

【高采】意为猛兽抓拖。

【补夯】意为罩住，与仰相对。

⑤　骸：水语音译，意为棺材、死人或重丧。

第18行

原文：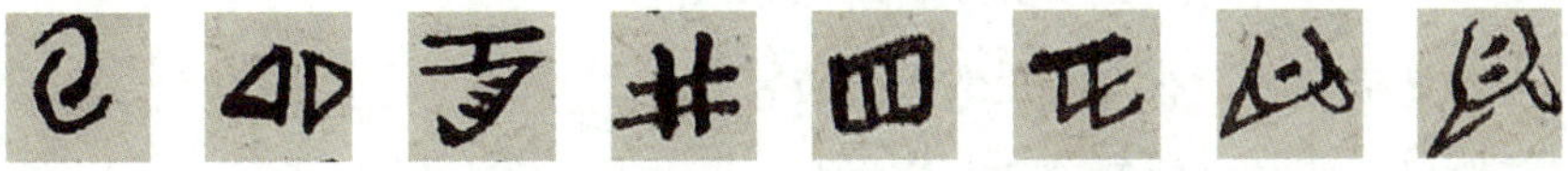

读音：	ȶi^{1}	ma:u^{4}	si^{2}	t^{h}a:m^{1}	hi^{5}	ŋo^{4}	ŋo^{4}hu^{3}	ŋo^{4}hu^{3}
直译：	己	卯	时	贪狼①	四禄②	五	猛虎	猛虎
条目：							【五虎】	【五虎】③

意译：己卯时，值北斗贪狼与风水紫白星四禄巽照应，北斗贪狼为木与地上巽为木，两木为旺，为天地相旺。要留意按用事者出生地支年，往下推演，至第五位，值水书忌戒条目【五虎】之凶。

注释：① 贪狼：为北斗星之一，属北斗星的第一位。

② 四禄：紫白星属八卦星位第四位，属巽卦。

③ 【五虎】为水语音译的水书忌戒条目，意为猛虎。

原文：

读音：	hak^{7}van^{1}	mok^{8}	van^{1}	ʔjən^{5}
直译：	航问	木堂④	日	官员大印
条目：				【官印】⑤

意译：又有水语音译的水书吉星“航问”“木堂”或水书吉利条目【官印】照应，为吉多凶少。宜安葬、立碑、赴任、诉讼，不宜开路、婚姻、营造、出行、造圈。

注释：④ 水书吉星：

航问：意为连日吉利。

木堂：意为富丽堂皇。

⑤ 【官印】水书吉利条目，意为官员大印。

第19行

原文：

读音：	qeŋ^{1}	sən^{2}	si^{2}	ȶu^{2}	ha:m^{1}	pjət^{7}jiŋ^{5}	ȶum^{1}	ma^{4}saŋ^{1}ȶi^{2}	pje^{2}k^{h}u^{1}
直译：	庚	辰	时	巨门①	三碧②	环绕	金	马戴孝	麻风病
条目：						【必引】		【马畅旗】	【别扣】③

意译：庚辰时，值北斗巨门与风水紫白星三碧震照应，北斗巨门为土与地上震为木，为木克土，为

天地相克。又有水书忌戒条目【必引】之凶，还有按用事者出生属五行年，往下推演，至金位，值水书忌戒条目【马畅旗】【别扣】凶祸之灾。

注释：① 巨门：为北斗星之一，属北斗星的第二位。

② 三碧：紫白星属八卦星位第三位，属震卦。

③ 水书忌戒条目：

【必引】意为回环或环绕。

【马畅旗】指马戴孝。

【别扣】意为麻风病。

原文：

读音：	mok^{8}	hak^{7}	ha:i^{2}	so^{3}sjen^{1}	sa:n^{1}
直译：	木	坎坷	骸④	惹是生非	散⑥
条目：		【核】		【所线】⑤	

意译：又还有按用事者出生属五行年，往下推演，至木位，值水书忌戒条目【核】为“骸（死人）”凶；又要留意【所线】或八宫掌“散”凶祸招致之灾，为大凶之时。诸事不宜。

注释：④ 骸：水语音译，意为棺材、死人或重丧。

⑤ 水书忌戒条目：

【核】意为坎坷或堵塞。

【所线】意为惹是生非。

⑥ 散：指八宫掌名称。

第20行

原文：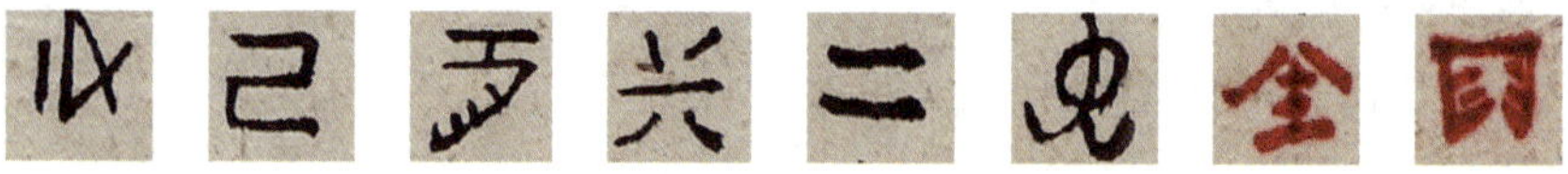

读音：	ɕən^{1}	hi^{4}	si^{2}	ljok^{8}	ŋi^{2}	ɕoŋ^{1}ʔjət^{7}	tum^{1}	mən^{2}ja^{3}sui^{3}
直译：	辛	巳	时	禄存①	二黑②	虫咬	金堂④	水族衙门
条目：						【凶以】③		【门牙水】⑤

意译：辛巳时，值北斗禄存与风水紫白星二黑坤照应，北斗禄存为土与地上坤为土，两土为旺，为天地相旺。要留意水书忌戒条目【凶以】之凶，又有水书吉星“金堂”或值【门牙水】照应，为吉利之时。宜开路、安葬、立碑、婚姻、营造、出行，不宜栽种。

注释：① 禄存：为北斗星之一，属北斗星的第三位。

② 二黑：紫白星属八卦星位第二位，属坤卦。

③ 【凶以】为水语音译的水书忌戒条目，意为虫咬。

④ 金堂：水书吉星，是富丽堂皇。

⑤ 【门牙水】水书吉利条目，意为水族衙门。

第21行

原文：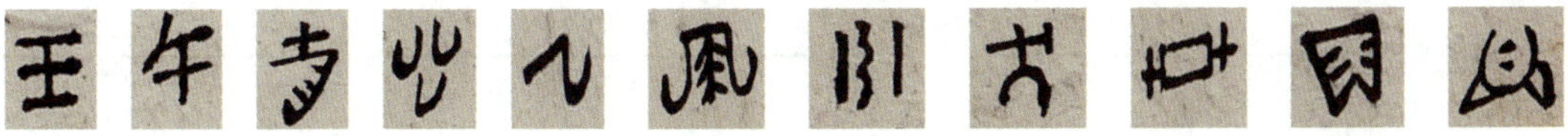

读音：	ɳum^{2}	ŋo^{2}	si^{2}	fan^{2}	jət^{7}	mok^{8}foŋ^{2}	njem^{2}ju^{5}	hak^{7}	haːi^{1}	mən^{2}ja^{3}sui^{3}	ŋo^{4}hu^{4}
直译：	壬	午	时	文曲①	一白②	缠树藤	引线	坎坷	骸④	水族衙门	猛虎
条目：						【木逢】	【引友】	【核】③		【门牙水】	【五虎】⑤

意译：壬午时，值北斗文曲与风水紫白星一白坎照应，北斗文曲为水与地上坎为水，两水为旺，为天地相旺。要留意水语音译的水书忌戒条目【木逢】【引友】【核】为“骸（死人）”凶；又要留意【门牙水】【五虎】凶祸所招致之灾。

注释：① 文曲：为北斗星之一，属北斗星的第四位。

② 一白：紫白星属八卦星位第一位，属坎卦。

③ 水书忌戒条目：

【木逢】意为缠树藤。

【引友】意为引线。丧葬时忌叫他人名字，接应者要丧命。

【核】意为坎坷不顺或堵塞。

④ 骸：水语音译，意为棺材、死人或重丧。

⑤ 水书忌戒条目：

【门牙水】指水族衙门。

【五虎】指猛虎之意，意为多只猛虎。

原文：

读音：	ŋo^{4}	taːŋ^{2ʔ}ɣa^{5}	taːŋ^{2}saːi^{2}	eŋ^{1}van^{1}	sui^{3}	ti^{6}haːŋ^{1}fan^{1}
直译：	五	肥沃大田	宽大竹林	吉利重重	水	人丁发达
条目：		【堂田】	【堂晒】⑥	【额问】		【竹根代】⑦

意译：又要留意按用事者出生地支年，往下推演，至第五位，为水书忌戒条目【堂田】【堂晒】之凶；虽值水书吉利条目【额问】照应【竹根代】，但也仍为凶时。不宜开路、安葬、立碑、婚姻、营造、出行。

注释：⑥ 水书忌戒条目：

【堂田】意为肥沃大田。

【堂晒】意为宽大竹林。

⑦ 【额问】为水语音译水书吉利条目，意为吉利重重。

【竹根代】人丁发达。

第22行

原文：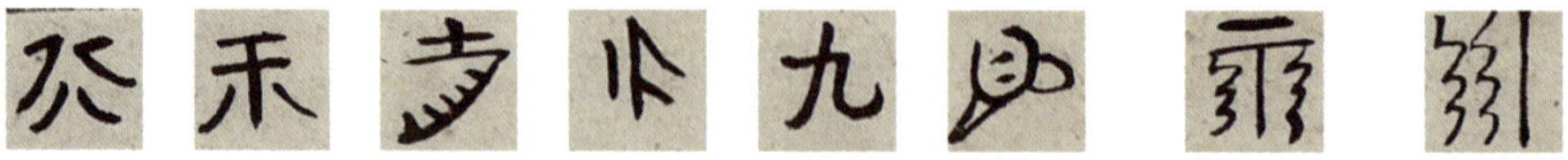

读音：$ʈui^5$ mi^2 si^2 $ljem^2$ $ʈu^3$ $ŋo^4hu^3$ $ʔjeu^1foŋ^2hu^3$ $ɕoŋ^1ɕep^7$

直译：癸 未 时 廉贞① 九紫② 猛虎 孝旗伞 接应

条目：【五虎】【料逢虎】【休显】③

意译：癸未时，值北斗廉贞与风水紫白星九紫离照应，北斗廉贞为火与地上离为火，两火为旺，为天地相旺。要留心水书忌戒条目【五虎】【料逢虎】【休显】凶祸之灾。

注释：① 廉贞：为北斗星之一，属北斗星的第五位。

② 九紫：紫白星属八卦星位第九位，属离卦。

③ 水书忌戒条目：

【五虎】意为猛虎。

【料逢虎】意为孝旗伞。

【休显】意为接言（忌报丧）。

原文：

读音：$eŋ^1van^1$ $ljok^8sup^8$ $ʈət^7$

直译：额问④ 六十 吉

意译：又值水语音译的水书吉利“额问”照应，为“六十吉”，为吉凶参半。宜斟酌开路、安葬、立碑、赴任、诉讼，不宜婚姻、营造、出行。

注释：④ 额问：水语音译，意为吉利重重。

第23行

原文：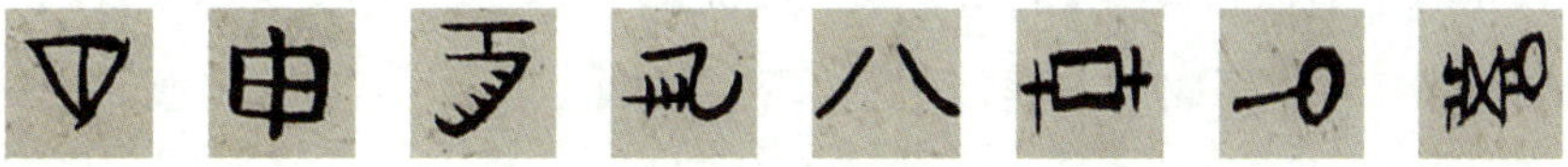

读音：ȶa:p^{8}　sən^{1}　si^{2}　fu^{4}　pa:t^{7}　ha:i^{2}　ŋo^{4}qui^{5}　zən^{1}ta:u^{5}

直译：甲　申　时　武曲①　八白②　骸③　锤敲打　人倒

条目：【五锤】【人倒】③

意译：甲申时，值北斗武曲与风水紫白星八白艮照应，北斗武曲为金与地上艮为土，为土生金，为天地相生。要留意值“骸（死人）”凶；又要留意水语音译的水书忌戒条目【五锤】【人倒】凶祸伤身损耗之灾。

注释：① 武曲：为北斗星之一，属北斗星的第六位。

② 八白：紫白星属八卦星位第八位，属艮卦。

③ 骸：水语音译，意为棺材、死人或重丧。

④ 水书忌戒条目：

【五锤】指锤敲打，表示多锤敲打。

【人倒】指凶恶倒人死亡。

原文：

读音：ȶu^{3}　ʔjət^{7}　lju^{2}lji^{2}sui^{3}　van^{1}　ȶu^{2}

直译：九　乙　泪如柳条　日　巨门⑥

条目：【六立水】⑤

意译：又要留意按用事者出生地支年，往下推演，至第九位，或按用事者出生天干年，往下推演，至乙位，为水书忌戒条目【六立水】之凶；即使有北斗星“巨门”照应，也为吉凶参半。宜斟酌开路、安葬、立碑、婚姻、营造、出行，不宜设席、赴任、诉讼。

注释：⑤ 【六立水】属水书忌戒条目，意为泪如柳条，忌哭丧。

⑥ 巨门：是北斗九星第二位，这里为水书吉星。

第24行

原文：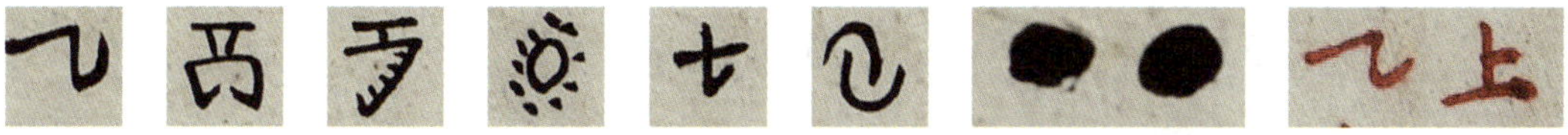

读音：ʔjət^{7}　ju^{4}　si^{2}　p^{h}o^{5}　ȶət^{7}　ȶi^{1}　hak^{7}van^{1}ʔdjam^{5}　ʔjət^{7}sjeŋ^{3}

读音：乙　酉　时　破军①　七赤②　九穷　连日阴沉　一生气④

条目：【九己】　【航问锭】③

意译：乙酉时，值北斗破军与风水紫白星七赤兑照应，北斗破军为金与地上兑为金，两金为旺，为天地相旺。要留意水书忌戒条目【九己】【航问锭】凶祸之灾；即使有水书吉利“一生气”照应，也仍吉凶参半。宜开路、安葬、立碑，不宜婚姻、营造、栽种、造圈。

注释：① 破军：为北斗星之一，属北斗星的第七位。

② 七赤：紫白星属八卦星位第七位，属兑卦。

③ 水书忌戒条目：

【九己】指九穷，二代以后丁财衰败。

【航问锭】意为连日凶祸或连日阴沉。

④ 一生气：水书吉利条目，意为和气。

第25行

原文：

读音：	pjeŋ^{3}	hət^{7}	si^{2}	pu^{2}	ljok^{8}	ŋ̥a:n^{1} hi^{5}q^{h}a^{1}
直译：	甲	戌	时	辅星①	六白②	棺材四角
条目：						【宁喜卡】③

意译：甲戌时，值北斗辅星与风水紫白星六白乾照应，北斗辅星为水与地上乾为金，为金生水，为天地相生。要留意水书禁忌条目【宁喜卡】凶祸之灾。

注释：① 辅星：为北斗星之一，属北斗星的第八位。

② 六白：紫白星属八卦星位第六位，属乾卦。

③ 【宁喜卡】为水书忌戒条目，意为棺材头四角。

原文：

读音：	hi^{5}	ŋo^{4}hu^{3}	ljeu^{4}ȶa^{1}ɕot^{7}	ŋo^{4}hu^{3}	q^{h}am^{5}a:n^{1}	lju^{2}lji^{2}sui^{3}	van^{1}
直译：	四	猛虎	家产破败	猛虎	翻倒马鞍	泪如柳条	日
条目：		【五虎】	【辽架玄】	【五虎】	【缸鞍】	【六立水】④	

意译：还要留意水书忌戒条目【五虎】【辽架玄】【五虎】【缸鞍】【六立水】凶祸招致之灾，为大之凶。不宜开路、安葬、立碑、婚姻、营造、出行。

注释：④ 水书忌戒条目：

【五虎】是猛虎之意，表示多只猛虎。

【辽架玄】意为家产破败。

【缸鞍】意为翻倒马鞍。

【六立水】意为泪如柳条，指忌哭丧。

第26行

原文：

读音：	tjeŋ^{1}	ʁa:i^{3}	si^{2}	pjət^{7}	ŋo^{4}	ʔjən^{5}kwa:n^{1}	sək^{7}ʈi^{1}	ʈi^{1}	van^{1}
直译：	癸	亥	时	弼星①	五黄②	斧头	断梳子	己	日
条目：						【引贯】	【省记】③		

意译：癸亥时，值北斗弼星与风水紫白星中央五黄照应，北斗弼星为水与地上中央为土，为土克水，为天地相克。又有水语音译的水书忌戒条目【引贯】【省记】凶祸之灾，按用事者出生天干年，往下推演，至己位，为吉利，仍为大凶之时。诸事不宜。

注释：① 弼星：为北斗星之一，属北斗星的第九位。

② 五黄：紫白星属八卦星位第五位，属中央卦。

③ 水书忌戒条目：

【引贯】意为斧头。

【省记】意为断梳子。

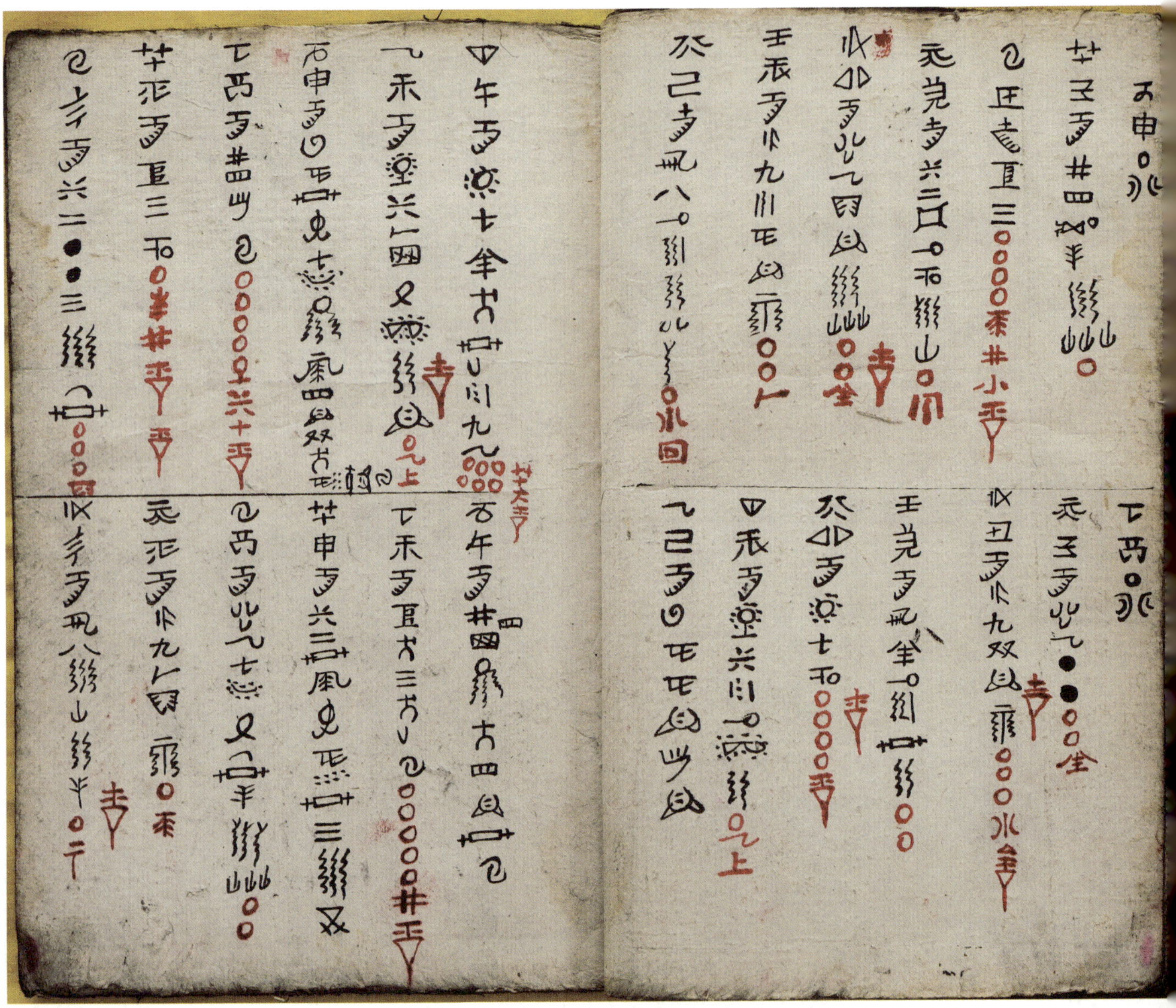

原件 17：丙申 丁酉

第 1 行

原文：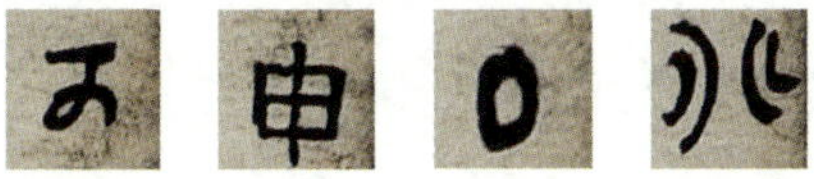

读音：	pjeŋ^{3}	sən^{1}	van^{1}	fa^{3}
直译：	丙	申	日	火

意译：丙申日，纳音属火。

注释：此为六十甲子日的第三十三日，五行纳音属火。它包含从戊子时起到己亥时，共十二个时辰。

第 2 行

原文：

读音：	mu^{2}	hi^{3}	si^{2}	t^{h}a:m^{1}	hi^{5}	zən^{1}ta^{h}u^{5}	mok^{8}	qoŋ^{1}ljok^{8}ma^{4}	ta:ŋ^{2}ʔdoŋ^{1}	van^{1}
直译：	丙	子	时	贪狼①	四禄②	人倒	木	马做工	宽大竹林	日
条目：						【人倒】		【工六马】	【堂弄】③	

意译：丙子时，值北斗贪狼与风水紫白星四禄巽相照应，北斗贪狼为木与地上巽为木，两木为旺，天地相旺。要留意水语音译的水书忌戒条目【人倒】伤身之祸，还要留意按用事者出生属五行年，往下推演，至木位，为水书忌戒条目【工六马】【堂弄】之凶，为吉凶参半之时。宜斟酌婚姻、营造、出行、开路，不宜安葬、立碑。

注释：① 贪狼：为北斗星之一，属北斗星的第一位。

② 四禄：紫白星属八卦星位第四位，属巽卦。

③ 水书忌戒条目：

【人倒】意为凶恶倒人死亡。

【工六马】意为马做工，表示多匹马做工。

【堂弄】意为宽大森林。

第 3 行

原文：

读音：	ȶi^{1}	su^{3}	si^{2}	ȶu^{2}	ha:m^{1}	eŋ^{1}van^{1}	mok^{8}	t^{h}a:m^{1}	ɕeu^{3}	ȶət^{7}
直译：	己	丑	时	巨门①	三碧②	额问	木堂	贪狼③	小	吉

意译：己丑时，值北斗巨门与风水紫白星三碧震相照应，北斗巨门为土与地上震卦属木，为木克土，为天地相克。即使有水书吉利“额问”“木堂”或北斗星“贪狼”照应，也难化解天地相克之凶，仍为凶多吉少之时。宜祭祀、举行法式，不宜婚丧、营造。

注释：① 巨门：为北斗星之一，属北斗星的第二位。

② 三碧：紫白星属八卦星位第三位，属震卦。

③ 水书吉利条目：

额问：意为吉利重重。

木堂：意为富丽堂皇。

贪狼：北斗九星第一位，这里为水书吉星。

第4行

原文：

读音：	qeŋ^{1}	ji^{2}	si^{2}	ljok^{8}	ŋ̊i^{2}	ŋ̊a:n^{1}hi^{5}qʰa^{1}	ŋo^{4}qui^{5}	pje^{2}kʰu^{1}
直译：	庚	寅	时	禄存①	二黑②	棺材四角	锤敲打	麻风病
条目：						【宁喜卡】	【五锤】	【别扣】③

意译：庚寅时，值北斗禄存与风水紫白星二黑坤照应，北斗禄存为土与地坤为木，两土为旺，为天地相旺。要留意水语音译的水书忌戒条目【宁喜卡】【五锤】【别扣】凶祸之灾。

注释：① 禄存：为北斗星之一，属北斗星的第三位。

② 二黑：紫白星属八卦星位第二位，属坤卦。

③ 水书忌戒条目：

【宁喜卡】意为棺材头四角。

【五锤】意为五锤敲打。

【别扣】意为麻风病。

原文：

读音：	ʈui^{3}sat^{7}ʈa^{1}	sa:n^{1}	van^{1}	thjen^{1}qa:ŋ^{1}au^{4}
直译：	鬼卷家	散⑤	日	稻谷丰登
条目：	【居撒架】④			【天罡米】⑥

意译：又要留意水语音译的水书忌戒条目【居撒架】“散”之凶，又有水书吉利照应【天罡米】，仍为吉凶参半。宜斟酌开路、婚姻、营造、立碑，不宜安葬。

注释：④ 水书忌戒条目：

【居撒架】意为鬼卷家。

⑤ 散：为水语音译，是八宫掌总称。

⑥ 【天罡米】稻谷丰登。

第5行

原文：

读音：ɕən^{1}　ma:u^{4}　si^{2}　fan^{2}　ʔjət^{7}　mən^{2} ja^{3}sui^{3}　ŋo^{4}hu^{3}　qoŋ^{1}ljok^{8}ma^{4}　ta:ŋ^{2}ʔdoŋ^{1}

直译：辛　卯　时　文曲①　一白②　水族衙门　猛虎　马做工　宽大森林

条目：【门牙水】【五虎】【工六马】【堂弄】③

意译：辛卯时，值北斗文曲与风水紫白星一白坎照应，北斗文曲为水与地坎为水，两水为旺，为天地相旺。要留意水语音译的水书忌戒条目【门牙水】【五虎】【工六马】【堂弄】凶祸所招致之灾。

注释：① 文曲：为北斗星之一，属北斗星的第四位。

② 一白：紫白星属八卦星位第一位，属坎卦。

③ 水书忌戒条目：

【门牙水】意为水族衙门。

【五虎】意为猛虎。

【工六马】意为马做工，表示多匹马做工。

【堂弄】意为宽大森林。

原文：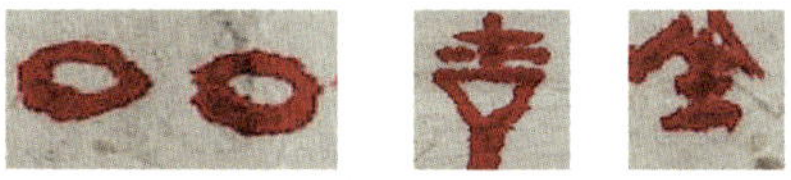

读音：hak^{7}van^{2}　ȶət^{7}　ȶum^{1}

直译：航问　吉　金堂④

意译：又值水书吉利“航问”“金堂”照应，为吉多凶少。宜开路、安葬、立碑，不宜设席、婚姻、营造、造圈。

注释：④ 水语音译水书吉利条目：

航问：意为连日吉利。

金堂：意为富丽堂皇。

第 6 行

原文：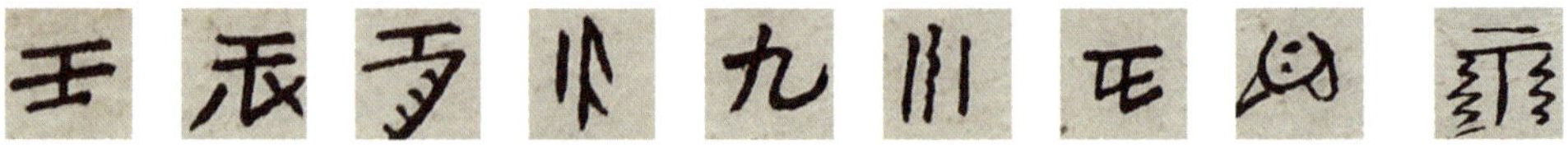

读音：	ȵum^2	sən^2	si^2	ljem^2	ȶu^3	njem^{2}ju^5	ŋo^4	ŋo^{4}hu^3	ʔjeu^{2}foŋ^{2}hu^3
直译：	壬	辰	时	廉贞①	九紫②	引线	五	猛虎	孝旗伞
条目：						【引友】		【五虎】	【料逢虎】③

意译：壬辰时，值北斗廉贞与风水紫白星九紫离照应，北斗廉贞为火与地离为火，两火为旺，为天地相旺。既要留意水语音译的水书忌戒条目【引友】之凶，又要按用事者出生地支年，往下推演，至第五位，为【五虎】【料逢虎】凶祸之灾。

注释：① 廉贞：为北斗星之一，属北斗星的第五位。

② 九紫：紫白星属八卦星位第九位，属离卦。

③ 水书忌戒条目：

【引友】意为引线。丧葬时忌叫他人名，应答者要丧命。

【五虎】意为猛虎。

【料逢虎】意为孝旗伞。

原文：

读音：	hak^{7}van^1	kwa:n^{1}tsai^4
直译：	航问④	利斧
条目：		【贯才】⑤

意译：又值水语音译水书吉利“航问”【贯才】照应，也为吉多凶少。宜开路、安葬、立碑，不宜设席、婚姻、营造、造圈。

注释：④ 航问：意为连日吉利。

⑤ 【贯才】水书吉利条目，意为利斧。

第 7 行

原文：

读音：	ȶui^5	hi^4	si^2	fu^4	pa:t^7	ŋo^{4}qui^5	ɕoŋ^{1}ɕep^7	lju^{2}lji^{2}sui^3
直译：	癸	巳	时	武曲①	八白②	锤敲打	接应	泪如柳条
条目：						【五锤】	【休显】	【六立水】③

意译：癸巳时，值北斗武曲与风水紫白星八白艮照应，北斗武曲为金与地艮为土，为土生金，为天地相生。要留意水语音译的水书忌戒条目【五锤】【休显】【六立水】。

注释：① 武曲：为北斗星之一，属北斗星的第六位。

② 八白：紫白星属八卦星位第八位，属艮卦。

③ 水书忌戒条目：

【五锤】意为五锤敲打。

【休显】指接应，忌报丧。

【六立水】意为泪如柳条，忌哭丧。

原文：

读音：	sa:t^{7}sjeŋ^{1}	ljeu^{4}ȶa^{1}ɕot^{7}	sui^{3}	van^{1}	ʔjən^{5}
直译：	杀伤	家产破败	水	日	官员大印
条目：	【杀上】	【辽架玄】④			【官印】⑤

意译：又要留心水书忌戒条目【杀上】【辽架玄】凶祸招致之灾；又按用事者出生属五行年，往下推演，至水位，值水书吉星【官印】照应，为吉凶参半之时。宜开路、安葬、立碑，不宜设席、婚姻、营造、造圈。

注释：④ 水书忌戒条目：

【杀上】意为凶恶杀伤，致死与非命。

【辽架玄】意为家产破败。

⑤ 【官印】水语音译水书吉利条目，意为官员大印。

第 8 行

原文：

读音：	ȶa:p^{7}	ŋo^{2}	si^{2}	pʰo^{5}	ɕət^{7}	ȶum^{1}	hak^{7}	ha:i^{2}	qau^{3}za:i^{5}	pik^{7}sui^{3}ka:ŋ^{5}
直译：	甲	午	时	破军①	七赤②	金	坎坷	骸④	猛兽抓拖	泪水哭干
条目：							【核】③		【高采】	【比水缸】⑤

意译：甲午时，值北斗破军与风水紫白星七赤兑照应，北斗破军为金与地兑为金，两金为旺，为天地相旺。要留意水语音译的水书忌戒条目【核】为“骸（死人）”凶，又要留意【高采】【比水缸】凶祸之灾。

注释：① 破军：为北斗星之一，属北斗星的第七位。

② 七赤：紫白星属八卦星位第七位，属兑卦。

③ 【核】水书忌戒条目，意为坎坷不顺或堵塞。

④ 骸：水语音译，意为棺材、死人或重丧。

⑤ 水书忌戒条目：

【高采】意为猛兽抓拖。

【比水缸】意为泪水哭干。

原文：

读音：ʈu^{3} ʔjət^{7} eŋ^{1}van^{1} mu^{2} ta:i^{2} ʈət^{7}

直译：九 乙 额问⑥ 戊 大 吉

意译：又按用事者出生地支年，往下推演，至第九位，或按用事者出生天干年，往下推演，至乙位，为水书吉利条目“额问”照应；且按用事者出生天干年，往下推演，至戊位为大吉，为吉凶参半之时。宜开路、安葬、立碑，不宜婚姻、营造、出行、造圈。

注释：⑥ 额问：为吉利水书条目，意为吉利重重。

第 9 行

原文：

读音：ʔjət^{7} mi^{2} si^{2} pu^{2} ljok^{8} ʔjən^{5}kwa:n^{1} ton^{2}ɣon^{2} pjət^{8}jiŋ^{5} q^{h}am^{5}a:n^{1}

直译：乙 未 时 辅星① 六白② 斧头 短命 环绕 翻倒马鞍

条目：【引贯】【端完】【必引】【缸鞍】③

意译：乙未时，值北斗辅星与风水紫白星六白乾照应，北斗辅星为水与地乾为金，为金生水，为天地相生。要留意水语音译的忌戒水书条目【引贯】【端完】【必引】【缸鞍】凶祸之灾。

注释：① 辅星：为北斗星之一，属北斗星的第八位。

② 六白：紫白星属八卦星位第六位，属乾卦。

③ 水书忌戒条目：

【引贯】意为斧头。

【端完】意为短命。

【必引】意为回环或环绕。

【缸鞍】意为翻倒马鞍。

原文：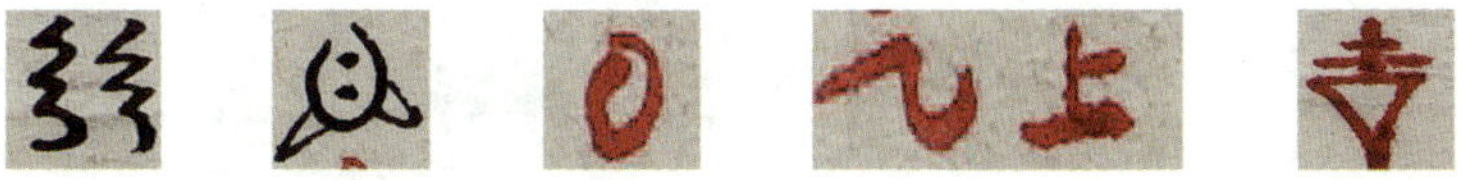

读音：lju^{2}lji^{2}sui^{3}　ŋo^{4}hu^{3}　van^{1}　ʔjət^{7}sjeŋ^{3}　ȶət^{7}

直译：泪如柳条　猛虎　日　一生气⑤　吉

条目：【六立水】【五虎】④

意译：又要留心水语音译水书忌戒条目【六立水】【五虎】之凶，即使有水书吉利“一生气”照应，也为大凶之时。不宜开路、安葬、立碑、婚姻、营造、出行。

注释：④ 水书忌戒条目：

【六立水】意为泪如柳条，指忌哭丧。

【五虎】意为猛虎，表示多只猛虎。

⑤ 一生气：意为和气。

第10行

原文：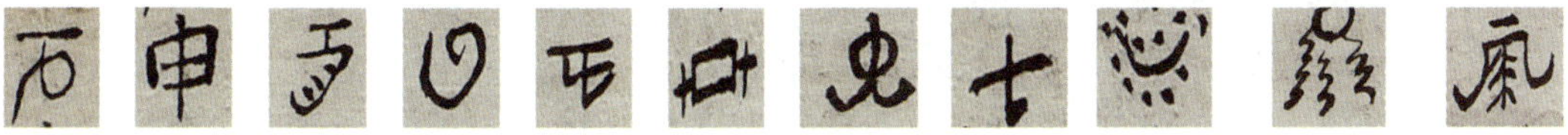

读音：pjeŋ^{3}　sən^{1}　si^{2}　pjət^{8}　ŋo^{4}　ha:i^{2}　ɕoŋ^{1}ʔjət^{7}　ɕət^{7}　qo^{2}tən^{1}　ma^{4}saŋ^{2}ȶi^{1}　mok^{8}foŋ^{2}

直译：丙　申　时　弼星①　五黄②　骸③　虫咬　七　大群队移动　马戴孝　缠树藤

条目：【凶以】【各紧】【马畅旗】【木逢】④

意译：丙申时，值北斗弼星与风水紫白星五黄中央照应，北斗弼星为水与地中央为土，为土克水，为天地相克。又有水语音译的水书忌戒条目【凶以】凶祸之灾；还有按用事者年出生地支年，往下推演，至第七位，值水书忌戒条目【各紧】【马畅旗】【木逢】凶祸招致之灾。

注释：① 弼星：为北斗星之一，属北斗星的第九位。

② 五黄：紫白星属八卦星位第五位，属中央卦。

③ 骸：水语音译，意为棺材、死人或重丧。

④ 水书忌戒条目：

【凶以】意为虫咬。

【各紧】大群队移动。各，水语音译，为划、移动；紧，水语音译，为大排场队伍。

【马畅旗】意为马戴孝。

【木逢】意为缠树藤。

原文：

读音：	hi^5	ŋo^{4}hu^3	ku^{3}sup^7	hak^7	ŋo^4	ʔjum^{5}hən^2	ha:i^2	ŋo^{4}hu^3	ȶi^1
直译：	四	猛虎	预计	坎坷	五	地方拥挤	骸	猛虎	九穷
条目：		【五虎】	【估术】	【核】		【涌恒】		【五虎】	【九己】⑤

意译：既有按用事者出生地支年，往下推演，至第四位，为水书忌戒条目【五虎】【估术】【核】凶祸之灾；又有按用事者出生地支年，往下推演，至第五位，值水书忌戒条目【涌恒】为“骸（死人）”凶；又要留意【五虎】【九己】凶祸所致之灾，为大凶之时。不宜开路、安葬、立碑、婚姻、营造、出行。

注释：⑤ 水书忌戒条目：

【五虎】意为猛虎。

【估术】意为预计。

【核】意为坎坷不顺或堵塞。

【涌恒】意为满地方或地方拥挤。

【九己】指九穷，二代以后丁财衰败。

第11行

原文：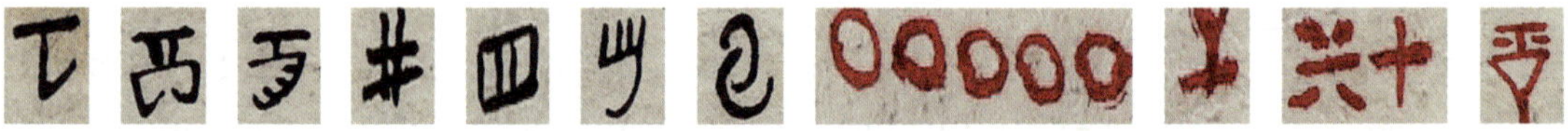

读音：	tjeŋ^1	ju^4	si^2	tʰa:m^1	hi^5	sək^{7}ȶi^1	ȶi^1	eŋ^{1}van^1	?	ljok^{8}sup^8	tət^7
直译：	乙	酉	时	贪狼①	四禄②	断梳子	九穷	额问④	?	六十	吉
条目：						【省记】	【九己】③				

意译：乙酉时，值北斗贪狼与风水紫白星四禄巽照应，北斗贪狼为木与地巽为木，两木为旺，为天地相旺。要留心水语音译的水书忌戒条目【省记】【九己】之凶；又值水语音译水书吉利“额问”相照，为“六十吉”，属吉多凶少。宜开路、安葬、立碑、婚姻、营造、出行，不宜梳头。

注释：① 贪狼：为北斗星之一，属北斗星的第一位。

② 四禄：紫白星属八卦星位第四位，属巽卦。

③ 水书忌戒条目：

【省记】意为断梳子。

【九己】意为九穷，二代以后丁财衰败。

④ 额问：意为吉利重重。

第12行

原文：

读音：	mu^{2}	hət^{7}	si^{2}	ʈu^{2}	ha:m^{1}	pje^{2}k^{h}u^{1}	van^{1}	mi^{2}	t^{h}a:m^{1}	ʈət^{7}	ʈət^{7}
直译：	庚	戌	时	巨门①	三碧②	麻风病	日	未	贪狼④	吉	吉
条目：						【别扣】③					

意译：庚戌时，值北斗巨门星与风水紫白星三碧照应，北斗巨门为土与地震为木，为木克土，为天地相克。又有水语音译水书忌戒条目【别扣】之凶；按用事者出生地支年，往下推演，至未位，即使有北斗星“贪狼”照应，也难以化解天地相克之凶，仍为大凶之时。不宜开路、安葬、立碑、营造、婚姻、出行、造圈。

注释：① 巨门：为北斗星之一，属北斗星的第二位。

② 三碧：紫白星属八卦星位第三位，属震卦。

③ 【别扣】为水书忌戒条目，意为麻风病。

④ 贪狼：属北斗九星第一位，这里为水书吉星。

第13行

原文：

读音：	ʈi^{1}	ʁa:i^{3}	si^{2}	ljok^{8}	ȵi^{2}	ha:k^{7}van^{1}ʔdjam^{5}
直译：	己	亥	时	禄存①	二黑②	连日阴沉
条目：						【航问锭】③

意译：己亥时，值北斗禄存与风水紫白星二黑坤照应，北斗禄存为土与地坤为土，两土为旺，为天地相旺。要留心水语音译的水书忌戒条目【航问锭】之凶。

注释：① 禄存：为北斗星之一，属北斗星的第三位。

② 二黑：紫白星属八卦星位第二位，属坤卦。

③ 航问锭：为水语音译的水书禁忌条目，意为连日凶祸。

原文：

读音：	ha:m^{1}	so^{3}sjen^{1}	ʔdoŋ^{5}ham^{3}	ha:i^{2}	eŋ^{1}van^{1}	mən^{2}ja^{3}sui^{3}
直译：	三	惹是生非	罩住	骸⑤	额问⑥	水族衙门
条目：		【所线】	【补夯】④			【门牙水】⑦

意译：还要留心按用事者出生地支年，往下推演，至第三位，为水书忌戒条目【所线】【补夯】为“骸（死人）”凶祸招致之灾；即使有水书吉利“额问”或值吉利条目【门牙水】照应，也为吉凶参半之时。宜斟酌开路、安葬、立碑，不宜婚姻、营造、出行、造圈。

注释：④ 水书忌戒条目：

【所线】意为惹是生非。

【补夯】指罩住，与仰开相对。

⑤ 骸：水语音译，意为棺材、死人或重丧。

⑥ 额问：意为吉利重重。

⑦ 【门牙水】水书吉利条目，意为水族衙门，这里红字意思为吉星。

第14行

原文：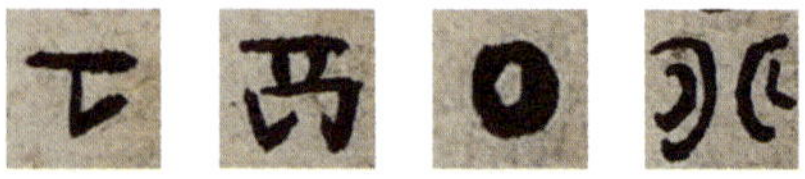

读音：	tjeŋ^{1}	ju^{4}	van^{1}	fa^{3}
直译：	丁	酉	日	火

意译：丁酉日，纳音属火。

注释：此为六十甲子日的第三十四日，五行纳音属火。它包含从庚子时起到辛亥时，共十二个时辰。

第15行

原文：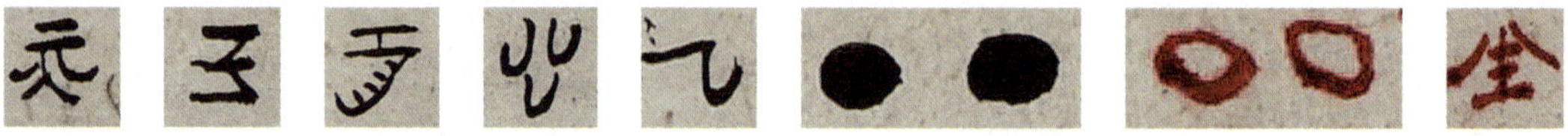

读音：	qeŋ^{1}	hi^{3}	si^{2}	fan^{2}	ʔjət^{7}	ha:k^{7}van^{1}ʔdjam^{5}	ha:k^{7}van^{1}	ȶum^{1}
直译：	庚	子	时	文曲①	一白②	连日阴沉	航问	金堂④
条目：						【航问锭】③		

意译：庚子时，值北斗文曲与风水紫白星一白坎照应，北斗文曲为水与地坎为水，两水为旺，为天地相旺。要留意水语音译的水书吉利条目【航问锭】之凶；又有水语音译水书吉利“航问”“金堂”照应，也为吉凶参半之时。宜斟酌开路、安葬、立碑、婚姻、营造、出行、造圈，不宜栽种、播种。

注释：① 文曲：为北斗星之一，属北斗星的第四位。

② 一白：紫白星属八卦星位第一位，属坎卦。

③ 【航问锭】为水书忌戒条目，意为连日凶祸或连日阴沉。

④ 水书吉利条目：

航问：意为连日吉利。

金堂：意为富丽堂皇。

第16行

原文：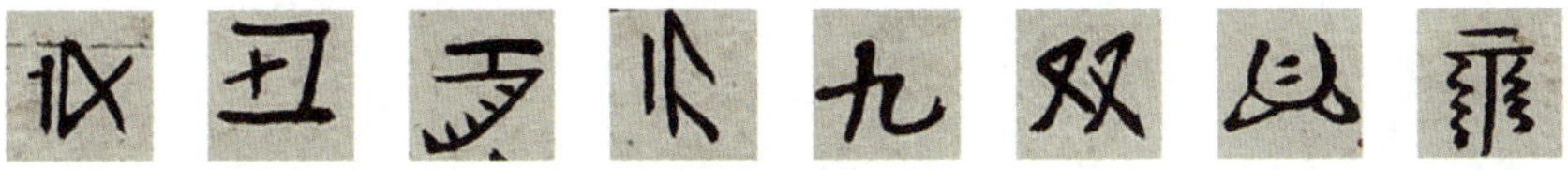

读音：ɕən^1 su^3 si^2 ljem^2 ʈu^3 ku^{3}sup^7 ŋo^{4}hi^3 ʔjeu^{1}foŋ^{2}hu^3

直译：辛 丑 时 廉贞① 九紫② 预计 猛虎 孝旗伞

条目：【估术】【五虎】【料逢虎】③

意译：辛丑时，值北斗廉贞与风水紫白星九紫离照应，北斗廉贞为火与地离为火，两火为旺，为天地相旺。要留意水语音译水书忌戒条目【估术】【五虎】【料逢虎】之凶。

注释：① 廉贞：为北斗星之一，属北斗星的第五位。

② 九紫：紫白星属八卦星位第九位，属离卦。

③ 水书忌戒条目：

【估术】意为预计。

【五虎】意为猛虎。

【料逢虎】意为孝旗伞。

原文：

读音：eŋ^{1}van^1 sui^3 ʈət^7 ʈət^7

直译：额问④ 水 吉 吉

意译：又有水书吉利“额问”照应，且按用事者出生属五行年，往下推演，至水位吉利，仍为吉凶参半之时。宜斟酌开路、安葬、立碑、婚姻、营造。

注释：④ 额问：水书吉利条目，意为连日吉利。

第17行

原文：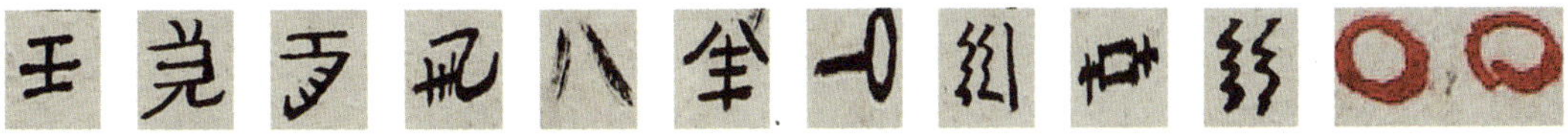

读音：ȵum^2 ji^2 si^2 fu^4 pa:t^7 ʈum^1 ŋo^{4}qui^5 ɕoŋ^{1}ɕep^7 ha:i^2 lju^{2}lji^{2}sui^3 hak^{7}van^1

直译：壬 寅 时 武曲① 八白② 金 锤敲打 接应 骸④ 泪如柳条 航问⑥

条目：【五锤】【休显】③ 【六立水】⑤

意译：壬寅时，值北斗武曲与风水紫白星八白艮照应，北斗武曲为金与地艮为土，为土生金，为天地相生。要留意按用事者出生属五行年，往下推演，至金位，为水书忌戒条目【五锤】【休显】为“骸（死人）”凶；又要留意【六立水】凶祸之灾；又有水书吉利“航问”照应，为吉凶参半之时。宜斟酌开路、安葬、立碑，不宜设席、婚姻、营造、出行。

注释：① 武曲：为北斗星之一，属北斗星的第六位。

② 八白：紫白星属八卦星位第八位，属艮卦。

③ 水书忌戒条目：

【五锤】意为五锤敲打。

【休显】意为接言（忌报丧）。

④ 骸：水语音译，意为棺材、死人或重丧。

⑤ 【六立水】水书忌戒条目，意为泪如柳条，指忌哭丧。

⑥ 航问：水书吉利条目，意为连日吉利。

第18行

原文：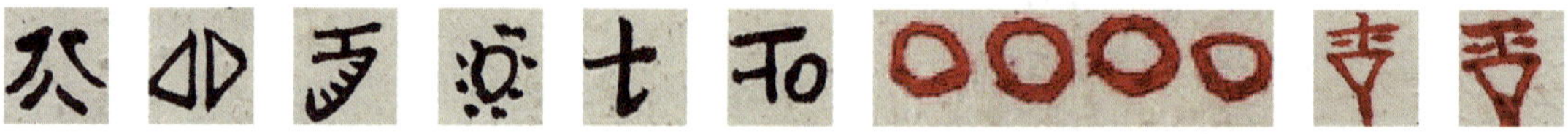

读音：	ţui^{5}	ma:u^{4}	si^{2}	p^{h}o^{5}	ɕət^{7}	pje^{2}k^{h}u^{1}	eŋ^{1}van^{1}	ţət^{7}	ţət^{7}
直译：	癸	卯	时	破军①	七赤②	麻风病	额问④	吉	吉
条目：						【别扣】③			

意译：癸卯时，值北斗破军与风水紫白星七赤兑照应，北斗破军为金与地兑为金，两金为旺，为天地相旺。要留心水语音译的水书忌戒条目【别扣】之凶；又值水水语音译的水书吉利“额问”照应，但也为吉凶参半之时。宜斟酌婚姻、营造、出行，不宜开路、安葬、立碑。

注释：① 破军：为北斗星之一，属北斗星的第七位。

② 七赤：紫白星属八卦星位第七位，属兑卦。

③ 【别扣】为水语音译的水书忌戒条目，意为麻风病。

④ 额问：水书吉利条目，意为吉利重重。

第19行

原文：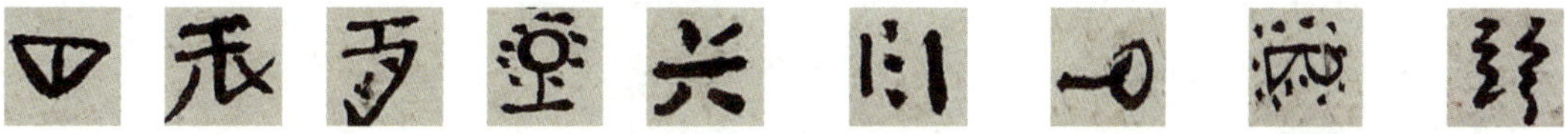

读音：ȶa:p^{7}　sət^{7}　si^{2}　pu^{2}　ljok^{8}　pik^{7}sui^{3}ka:ŋ^{5}　ŋo^{4}qui^{5}　q^{h}am^{5}a:n^{1}　lju^{2}lji^{2}sui^{3}

直译：甲　辰　时　辅星①　六白②　泪水哭干　锤敲打　翻倒马鞍　泪如柳条

条目：【比水缸】【五锤】【缸鞍】【六立水】③

意译：甲辰时，值北斗辅星与风水紫白星六白乾照应，北斗辅星为水与地乾为金，为金生水，为天地相生。要留意水语音译水书忌戒条目【比水缸】【五锤】【缸鞍】【六立水】凶祸招致之灾。

注释：① 辅星：为北斗星之一，属北斗星的第八位。

② 六白：紫白星属八卦星位第六位，属乾卦。

③ 水书忌戒条目：

【比水缸】意为泪水哭干。

【五锤】意为五锤敲打。

【缸鞍】意为翻倒马鞍。

【六立水】意为泪如柳条，忌哭丧。

原文：

读音：van^{1}　ʔjət^{7}sjeŋ^{3}

直译：日　一生气④

意译：又值为水语音译的水书吉利“一生气”照应，为吉凶参半之时。宜斟酌开路、安葬、立碑、婚姻、营造、出行，不宜设席、造圈、造鞍。

注释：④ 一生气：意为和气。

第20行

原文：

读音：ʔjət^{7}　hi^{4}　si^{2}　pjət^{8}　ŋo^{4}　ŋo^{4}　ŋo^{4}hu^{3}　sək^{7}ȶi^{1}　ŋo^{4}hu^{3}

直译：乙　巳　时　弼星①　五黄②　五　猛虎　断梳子　猛虎

条目：【五虎】【省记】【五虎】③

意译：乙巳时，值北斗弼星与风水紫白星中央五黄照应，北斗弼星为水与地中央为土，为土克水，为天地相克。又有按用事者出生地支年，往下推演，至第五位，为水书忌戒条目【五虎】【省记】【五虎】凶祸之灾，属大凶之时。诸事不宜。

注释：① 弼星：为北斗星之一，属北斗星的第九位。

② 五黄：紫白星属八卦星位第五位，属中央卦。

③ 水书忌戒条目：

【五虎】意为猛虎，表示多只猛虎。

【省记】意为断梳子（即死人梳子）。

第21行

原文：

读音：	pjeŋ^{3}	ŋo^{2}	si^{2}	tʰa:m^{1}	hi^{5}	ton^{2}ɣon^{2}	ma^{4}saŋ^{2}ʈi^{2}	hak^{7}	hi^{5}	ŋo^{4}hu^{3}	ha:i^{2}	ʈi^{1}
直译：	丙	午	时	贪狼①	四禄②	短命	马戴孝	坎坷	四	猛虎	骸④	九穷
条目：						【端完】	【马畅旗】	【核】		【五虎】③		【九已】⑤

意译：丙午时，值北斗贪狼与风水紫白星四禄照应，北斗贪狼为木与地巽为木，两木为旺，为天地相旺。要留意水语音译水书忌戒条目【端完】【马畅旗】【核】凶祸之灾；还要留心按用事者出生地支年，往下推演，至第四位，为水书禁忌条目【五虎】为“骸（死人）”凶；又要留意【九已】凶祸招致之灾，为大凶之时。不宜开路、安葬、立碑、婚姻、播种、营造、出行。

注释：① 贪狼：为北斗星之一，属北斗星的第一位。

② 四禄：紫白星属八卦星位第四位，属巽卦。

③ 水书忌戒条目：

【端完】意为短命。

【马畅旗】意为马戴孝。

【核】意为坎坷不顺或堵塞。

【五虎】意为猛虎。

④ 骸：水语音译，意为棺材、死人或重丧。

⑤ 【九已】水书忌戒条目，属九穷，二代以后丁财衰退。

第22行

原文：

读音：tjeŋ^{1} mi^{2} si^{2} ȶu^{3} ha:m^{1} hak^{7} qau^{3}za:i^{5} ȶi^{1} eŋ^{1}van^{1} tʰa:m^{1} ȶət^{7}

直译：丁 未 时 巨门① 三碧② 坎坷 猛兽抓拖 九穷 额问 贪狼④ 吉

条目：【核】【高采】【九己】③

意译：丁未时，值北斗巨门与风水紫白星三碧照应，北斗巨门为土与地震为木，为木克土，为天地相克。又有水语音译水书忌戒条目【核】【高采】【九己】之凶祸；虽值为水语音译水书吉利“额问”和北斗星“贪狼”照应，但难以化解天地相克之凶，仍为大凶之时。诸事不宜。

注释：① 巨门：为北斗星之一，属北斗星的第二位。

② 三碧：紫白星属八卦星位第三位，属震卦。

③ 水书忌戒条目：

【核】意为坎坷不顺或堵塞。

【高采】意为猛兽抓拖。

【九己】意为九穷，二代以后丁财衰败。

④ 额问：水语音译吉利条目，意为吉利重重。

贪狼：为北斗星的第一位，属水书吉星。

第23行

原文：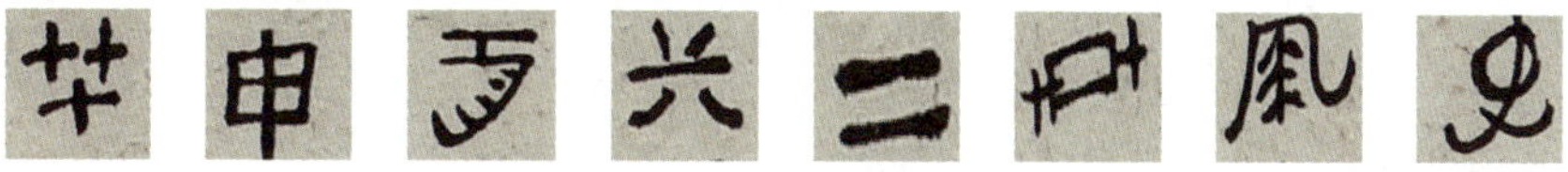

读音：mu^{2} sən^{1} si^{2} ljok^{8} ȵi^{2} ha:i^{2} mok^{8}foŋ^{2} ɕoŋ^{1}ʔjət^{7}

直译：戊 申 时 禄存① 二黑② 骸③ 缠树藤 虫咬

条目：【木逢】【凶以】④

意译：戊申时，值北斗禄存与风水紫白星二黑照应，北斗禄存为土与地坤为土，两土为旺，为天地相克。又有“骸（死人）”凶，又要留意水书忌戒条目【木逢】【凶以】之凶祸。

注释：① 禄存：为北斗星之一，属北斗星的第三位。

② 二黑：紫白星属八卦星位第二位，属坤卦。

③ 骸：水语音译，意为棺材、死人或重丧。

④ 水书忌戒条目：

【木逢】意为缠树藤。

【凶以】指虫咬。

原文：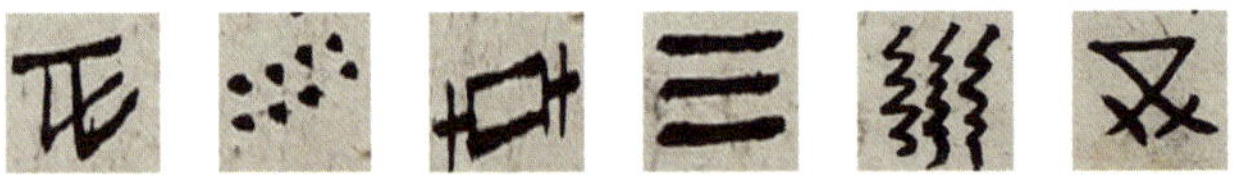

读音：	ŋo^{4}	ta:ŋ^{2}ʔɣa^{5}	ha:i^{2}	ha:m^{1}	so^{3}sjen^{1}	ɕoŋ^{1}
直译：	五	肥沃大田	骸⑥	三	惹是生非	凶
条目：		【堂田】⑤			【所线】⑦	

意译：还要按用事者年出生地支年，往下推演，至第五位，值水语音译水书忌戒条目【堂田】为“骸（死人）”之凶；又还要按用事者出生地支年，往下推演，至第三位，值水语音译水书忌戒条目【所线】之灾，为大凶之时。诸事不宜。

注释：⑤ 【堂田】水书忌戒条目，意为宽大的田。

⑥ 骸：水语音译，意为棺材、死人或重丧。

⑦ 【所线】水书忌戒条目，指惹是生非。

第24行

原文：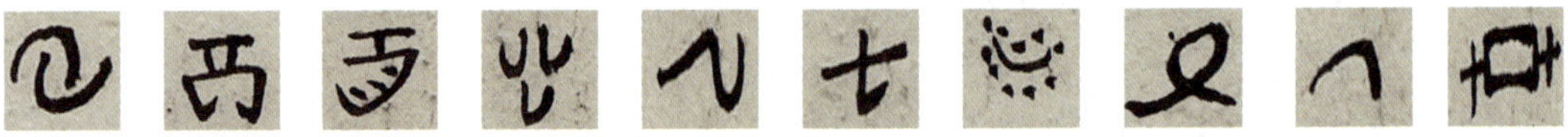

读音：	ti^{1}	ju^{4}	si^{2}	fan^{2}	ʔjət^{7}	ɕət^{7}	qo^{2}tən^{1}	ɕoŋ^{1}ʔjət^{7}	ʔboŋ^{5}ham^{4}	ha:i^{2}
直译：	己	酉	时	文曲①	一白②	七	大群队移动	环绕	罩住	骸④
条目：							【各紧】	【必引】	【补夯】③	

意译：己酉时，值北斗文曲与风水紫白星一白照应，北斗文曲为水与地坎为水，两水为旺，为天地相旺。要留意按用事者出生地支年，往下推演，至第七位，为水书忌戒条目【各紧】【必引】【补夯】为“骸（死人）”凶祸招致之灾。

注释：① 文曲：为北斗星之一，属北斗星的第四位。

② 一白：紫白星属八卦星位第一位，属坎卦。

③ 水书忌戒条目：

【各紧】大群队移动。各，水语音译，为划、移动；紧，水语音译，为大排场队伍。

【必引】意为回环或环绕。

【补夯】指罩住，与仰开相对。

④ 骸：水语音译，意为棺材、死人或重丧。

原文：				
读音：	mok^{8}	ɬui^{3}sa:t^{7}ɬa^{1}	ta:ŋ^{2}ʔdoŋ^{1}	hak^{7}van^{1}
直译：	木	鬼卷家	宽大森林	航问⑥
条目：		【居散架】	【堂弄】⑤	

意译：又要留意按用事者出生属五行年，往下推演，至木位，为水书忌戒条目【居散架】【堂弄】之凶；即使有水书吉利“航问”照应，也为吉凶参半之时。宜斟酌开路、婚姻、营造、出行，不宜安葬、立碑。

注释：⑤ 水书忌戒条目：

【居散架】意为鬼卷家。

【堂弄】意为宽大森林。

⑥ 航问：意为连日吉利。

第25行

原文：										
读音：	qeŋ^{1}	hət^{7}	si^{2}	ljem^{2}	ɬu^{3}	ʔjən^{5}kwa:n^{1}	mən^{2}ja^{3}sui^{3}	ʔjeu^{1}foŋ^{2}hu^{3}	van^{1}	mok^{8}
直译：	庚	戌	时	廉贞①	九紫②	斧头	水族衙门	孝旗伞	日	木堂④
条目：						【引贯】	【门牙水】	【料逢虎】③		

意译：庚戌时，北斗廉贞与风水紫白星九紫照应，北斗廉贞为水与地离为火，为水克火，为天地相克。又有水书忌戒条目【引贯】【门牙水】【料逢虎】凶祸招致之灾，即使有水书吉利“木堂”照应，也难以化解其天地相克之凶，仍为大凶之时。不宜路、安葬、立碑、婚姻、营造、出行。

注释：① 廉贞：为北斗星之一，属北斗星的第五位。

② 九紫：紫白星属八卦星位第九位，属离卦。

③ 水书忌戒条目：

【引贯】意为斧头。

【门牙水】意为水族衙门。

【料逢虎】意为孝旗伞。

④ 木堂：水语音译，为富丽堂皇之意。

第26行

原文：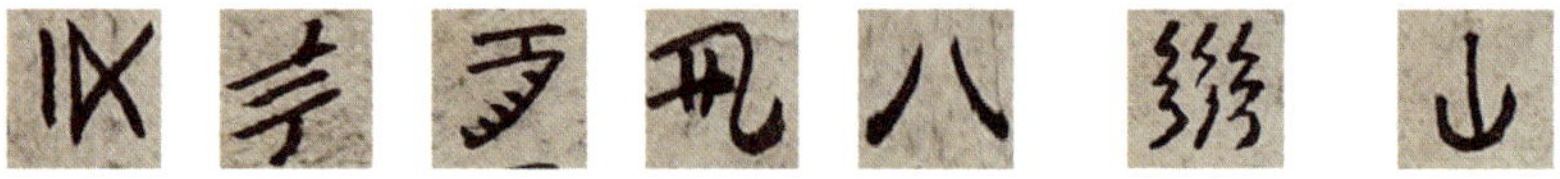

读音：ɕən^{1}　ʁa:i^{3}　si^{2}　fu^{4}　pa:t^{7}　qoŋ^{1}ljok^{8}ma^{4}　sa:n^{1}

直译：辛　亥　时　武曲①　八白②　马做工　散④

条目：【工六马】③

意译：辛亥时，值北斗武曲与风水紫白星八白照应，北斗武曲为金与地艮为土，为土生金，为天地相旺。要留意水书忌戒条目【工六马】或八宫掌“散”之凶。

注释：① 武曲：为北斗星之一，属北斗星的第六位。

② 八白：紫白星属八卦星位第八位，属艮卦。

③ 【工六马】水书忌戒条目，意为马做工，表示多匹马做工。

④ 散：指八宫掌名称。

原文：

读音：lju^{2}lji^{2}sui^{3}　mok^{8}　van^{1}　jeŋ^{1}

直译：泪如柳条　人头　日　？

条目：【六立水】　【各木】⑤

意译：又还要留心水书忌戒条目【六立水】【各木】凶祸之灾；尽管还有水语音译的水书吉利照应，但仍为吉凶参半之时。宜斟酌婚姻、营造、出行、造圈，不宜开路、安葬、立碑。

注释：⑤ 水书忌戒条目：

【六立水】意为泪如柳条，忌哭丧。

【各木】意为人头。

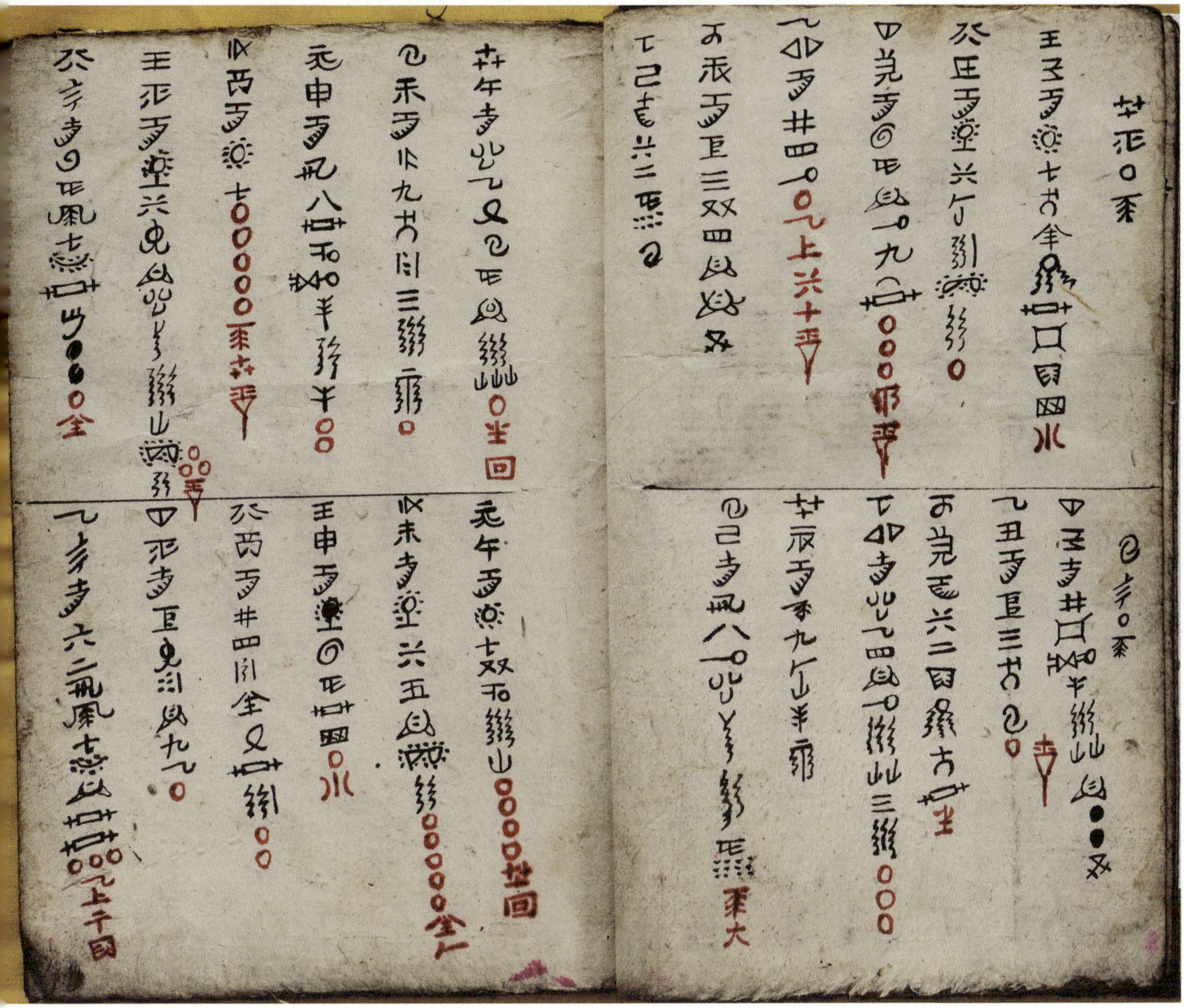

原件 18：戊戌 己亥

第 1 行

原文：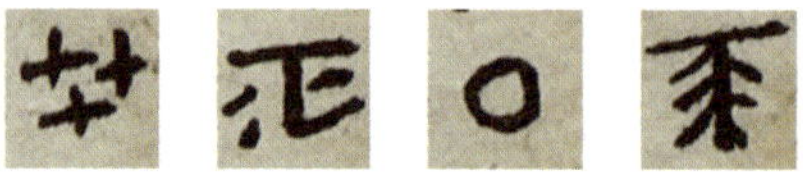

读音：	mu^{2}	hət^{7}	van^{1}	mok^{8}
直译：	戊	戌	日	木

意译：戊戌日，纳音属木。

注释：此为六十甲子日中第三十五日，五行纳音属木。它包含从壬子时起到癸亥时，共十二个时辰。

第 2 行

原文：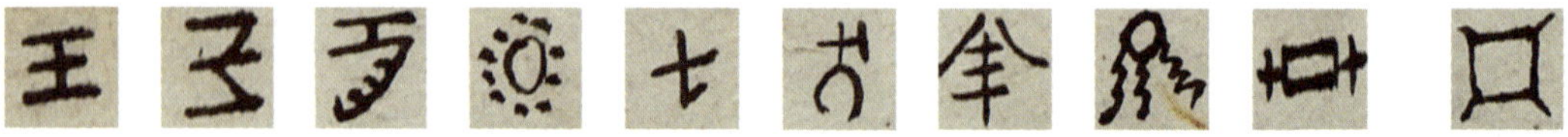

读音：	ȵum^{2}	hi^{3}	si^{2}	pho^{5}	ɕət^{7}	hak^{7}	ʈum^{1}	ma^{4}saŋ^{2}ʈi^{2}	ha:i^{2}	ŋa:n^{1}hi^{5}qha^{1}
直译：	壬	子	时	破军①	七赤②	坎坷	金	马戴孝	骸④	棺材四角
条目：						**【核】**		**【马畅旗】**③		**【宁喜卡】**⑤

意译：壬子时，值北斗破军与风水紫白星七赤兑照应，北斗破军为金与地兑为金，两金为旺，为天地相旺。要留意水书忌戒条目【核】之凶；还要留意按用事者出生属五行年，往下推演，至金位，值水书忌戒条目【马畅旗】为“骸（死人）”凶；又要留意【宁喜卡】凶祸招致之灾。

注释：① 破军：为北斗星之一，属北斗星的第七位。

② 七赤：紫白星属八卦星位第七位，属兑卦。

③ 水书忌戒条目：

【核】意为坎坷不顺或堵塞。

【马畅旗】意为马戴孝。

④ 骸：水语音译，意为棺材、死人或重丧。

⑤ 【宁喜卡】水书忌戒条目，意为棺材头四角。

原文：

读音：	mən^{2}ja^{3}sui^{3}	ton^{2}ɣon^{2}	sui^{3}
直译：	水族衙门	短命	水
条目：	**【门牙水】**	**【端完】**⑥	

意译：又还有水书忌戒条目【门牙水】【端完】之凶；虽按用事者出生属五行年，往下推演，

至水位有吉利相照，但仍为凶多吉少。宜斟酌婚姻、营造、出行，不宜开路、安葬、立碑。

注释：⑥ 水书忌戒条目：

【门牙水】意为水族衙门。

【端完】意为短命。

第 3 行

原文：

读音：ɫui^{5}　su^{3}　si^{2}　pu^{2}　ljok^{8}　ʔjən^{5}kwa:n^{1}　qau^{3}za:i^{5}　ɕoŋ^{1} ɕep^{7}

直译：癸　丑　时　辅星①　六白②　斧头　猛兽抓拖　接应

条目：【引贯】【高采】【休显】③

意译：癸丑时，值北斗辅星与风水紫白星六白乾照应，北斗辅星为水与地乾为金，为金生水，为天地相生。要留心水书忌戒条目【引贯】【高采】【休显】凶祸所招致之灾。

注释：① 辅星：为北斗星之一，属北斗星的第八位。

② 六白：紫白星属八卦星位第六位，属乾卦。

③ 水书忌戒条目：

【引贯】意为斧头。

【高采】意为猛兽抓拖。

【休显】意为接应（忌报丧）。

原文：

读音：q^{h}am^{5}a:n^{1}　lju^{2}lji^{2}sui^{3}　van^{1}

直译：翻倒马鞍　泪如柳条　日

条目：【缸鞍】【六立水】④

意译：又要水书忌戒条目【缸鞍】【六立水】之凶，也为吉凶参半之时。宜开路、安葬、立碑、婚姻、出行、赴任，不宜营造、造马鞍。

注释：④ 水书忌戒条目：

【缸鞍】意为翻倒马鞍。

【六立水】意为泪如柳条，忌哭丧。

第 4 行

原文：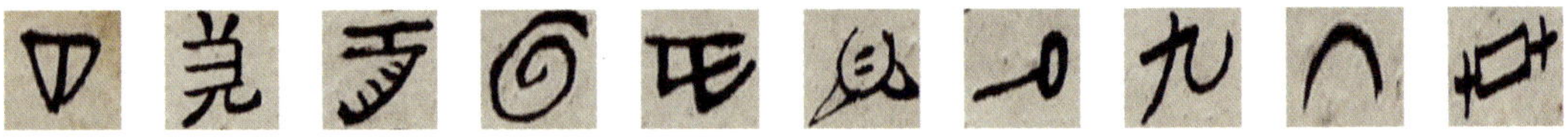

读音：	ȶa:p^{7}	ji^{2}	si^{2}	pjət^{8}	ŋo^{4}	ŋo^{4}hu^{3}	ŋo^{4}qui^{5}	ȶu^{3}	ʔboŋ^{5}ham^{3}	ha:i^{2}
直译：	甲	寅	时	弼星①	五黄②	猛虎	锤敲打	九	罩住	骸④
条目：						【五虎】	【五锤】		【补夯】③	

意译：甲寅时，值北斗弼星与风水紫白星五黄中央照应，北斗弼星为水与地中央为土，为土克水，为天地相克。又值水书忌戒条目【五虎】【五锤】之凶，且按用事者出生地支年，往下推演，至地支第九位，为【补夯】【高采】之凶祸。

注释：① 弼星：为北斗星之一，属北斗星的第九位。

② 五黄：属紫白星八卦第五位，属中央卦。

③ 水语音译水书禁忌条目：

【五虎】意为猛虎。

【五锤】意为五锤敲打。

【补夯】意为罩住。

④ 骸：水语音译，意为棺材、死人或重丧

原文：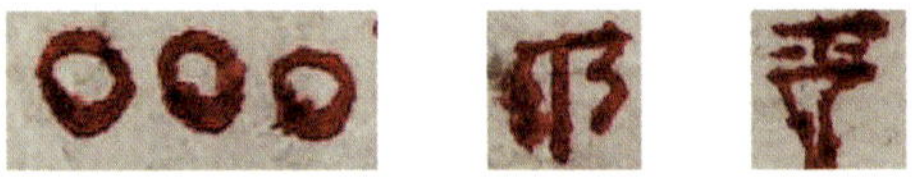

读音：	eŋ^{1} van^{1}	ti^{6}ha:ŋ^{1} fan^{1}	ȶət^{7}
直译：	吉利重重	人丁发达	吉
条目：	【额问】	【竹根代】⑤	

意译：即使有水书吉利条目【额问】照应【竹根代】，也难以化解其天地相克之凶，仍为大凶之时。不宜开路、安葬、立碑、婚姻、营造、出行。

注释：⑤ 【额问】为水语音译水书吉利条目，意为吉利重重。

【竹根代】人丁发达。

第 5 行

原文：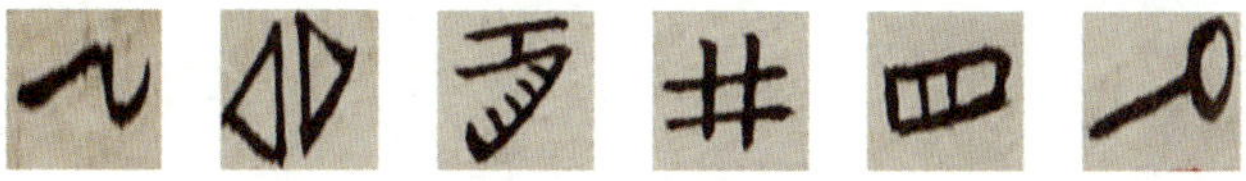

读音：	ʔjət^{7}	maːu^{4}	si^{2}	tʰaːm^{1}	hi^{5}	ŋo^{4}qui^{5}
直译：	乙	卯	时	贪狼①	四禄②	锤敲打
条目：						【五锤】③

意译：乙卯时，值北斗贪狼与风水紫白星四禄巽相照应，北斗贪狼属木与地上巽为木，两木为旺，为天地相旺。要留意水语音译水书忌戒条目【五锤】。

注释：① 贪狼：为北斗星之一，属北斗星的第一位。

② 四禄：属紫白星八卦第四位，属巽卦。

③ 五锤：为水语音译的水书禁忌条目，意为五锤敲打。

原文：

读音：	van^{1}	ʔjət^{7}sjeŋ^{3}	ljok^{8}sup^{8}	ȶət^{7}
直译：	日	一生气④	六十	吉

意译：又值水语音译的水书吉利“一生气”照应，为“六十吉”，属吉利之时。宜开路、丧葬、立碑、赴任、诉讼、起造、造圈、结婚，不宜设席。

注释：④ 一生气：意为和气。

第 6 行

原文：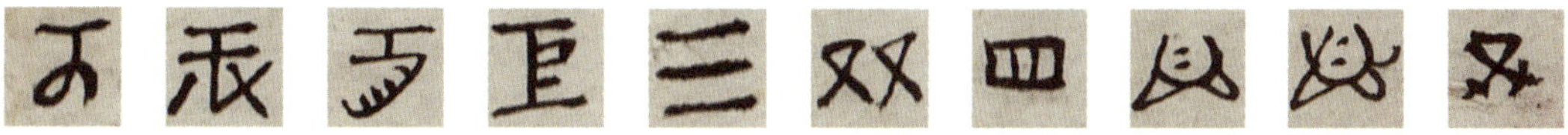

读音：	pjeŋ^{3}	sən^{2}	si^{2}	ȶu^{2}	haːm^{1}	ku^{3}sup^{7}	hi^{5}	ŋo^{4}hu^{3}	ŋo^{4}hu^{3}	ɕoŋ^{1}
直译：	丙	辰	时	巨门①	三碧②	预计	四	猛虎	猛虎	凶
条目：						【估术】		【五虎】	【五虎】③	

意译：丙辰时，值北斗巨门与风水紫白星三碧震相照应，北斗巨门属土与地上震为木，为木克土，为天地相克。又有水语音译水书忌戒条目【估术】之凶，且按用事者出生地支年，往下推演，至第四位，为水书禁忌条目【五虎】之凶祸，为大凶之时。诸事不宜。

注释：① 巨门：为北斗星之一，属北斗星的第二位。

② 三碧：属紫白星八卦第三位，属震卦。

③ 水书忌戒条目：

【估术】意为预计。

【五虎】意为猛虎，表示多只猛虎。

第 7 行

原文：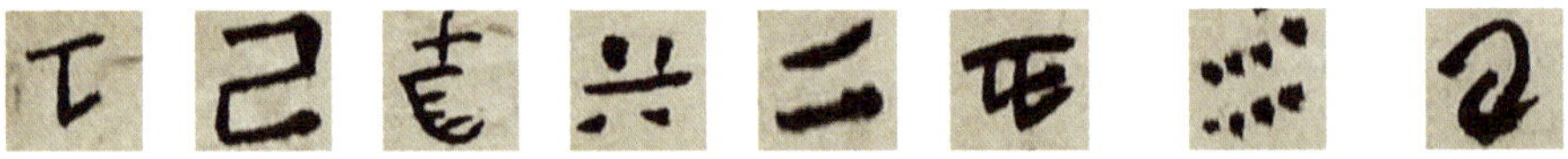

读音：	tjeŋ^{1}	hi^{4}	si^{2}	ljok^{8}	ȵi^{2}	ŋo^{2}	ta:ŋ^{2}ʔɣa^{5}	ʈi^{1}
直译：	丁	巳	时	禄存①	二黑②	五	肥沃大田	九穷
条目：							【堂田】	【九己】③

意译：丁巳时，值北斗禄存与风水紫白星二黑坤卦照应，北斗禄存为土与地二黑坤为土，为两土相旺，为天地相旺。按用事者出生地支年，往下推演，至五位，为水书忌戒条目【堂田】【九己】之凶，为吉凶参半之时。宜斟酌丧葬、婚姻、起造，不宜出行、买卖田地。

注释：① 禄存：为北斗星之一，属北斗星的第三位。

② 二黑：属紫白星八卦第二位，属坤卦。

③ 水书忌戒条目：

【堂田】指肥沃大田。

【九己】是九穷之意，二代以后丁财衰败。

第 8 行

原文：

读音：	mu^{2}	ŋo^{2}	si^{2}	fan^{2}	ʔjət^{7}	pjət^{7}jiŋ^{5}	ʈi^{1}	ŋo^{4}	ŋo4hu^{3}	so^{3}sjen^{1}	ta:ŋ^{2}ʔdoŋ^{1}
直译：	戊	午	时	文曲①	一白②	环绕	九穷	五	猛虎	惹是生非	宽大森林
条目：						【必引】	【九己】		【五虎】	【所线】	【堂弄】③

意译：戊午时，值北斗文曲与风水紫白星一白照应，北斗文曲属水与地上坎水，两水为旺，为天地相旺。要留心水书禁忌条目【必引】【九己】之凶；还要留意按用事者出生地支年，往下推演，至五位，值水书忌戒条目【五虎】【所线】【堂弄】凶祸之灾。

注释：① 文曲：为北斗星之一，属北斗星第四位。

② 一白：为紫白星八卦第一位，为坎卦。

③ 水语音译水书忌戒条目：

【必引】意为回环。

【九己】意为九穷，二代以后丁财逐渐衰败。

【五虎】意为猛虎。

【所线】意为惹是生非。

【堂弄】意为宽大森林。

原文：

读音：van^{1}　mi^{2}　ʔjən^{5}

直译：日　未　官印④

意译：虽有按用事者出生属五行年，往下推演，至未位，值水书吉利条目【官印】照应，但也仍为吉凶参半之时。宜斟酌丧葬、立碑、起造，不宜嫁娶、出行、造圈。

注释：④ 【官印】水书吉利条目，意为官员大印。

第 9 行

原文：

读音：ʈi^{1}　mi^{2}　si^{2}　ljen^{1}　ʈu^{3}　hak^{7}　pik^{7}sui^{3}ka:ŋ^{5}

直译：己　未　时　廉贞①　九紫②　坎坷　泪水哭干

条目：【核】　【比水缸】③

意译：己未时，值北斗廉贞与风水紫白星九紫离相照应，北斗廉贞属火与地上离为火，两火为旺，为天地相旺。要留心水书忌戒条目【核】【比水缸】凶祸之灾。

注释：① 廉贞：为北斗星之一，属北斗星的第五位。

② 九紫：紫白星属八卦星位第九位，属离卦。

③ 水书忌戒条目：

【核】意为坎坷不顺或堵塞。

【比水缸】意为泪水哭干。

原文：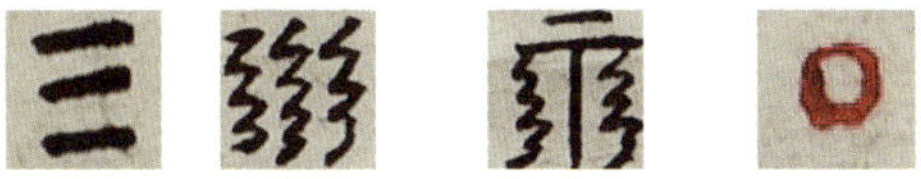

读音：ha:m^{1}　so^{3}sjen^{1}　ʔjeu^{1} foŋ^{2}hu^{3}　van^{1}

直译：三　惹是生非　孝旗伞　日

条目：【所线】　【料逢虎】④

意译：又要留心按用事者出生地支年，往下推演，至第三位，为水书忌戒条目【所线】【料逢虎】之凶；虽还有水书吉利照应，但仍为吉凶参半之时。宜斟酌开路、丧葬、立碑、嫁娶、起造、出行。

注释：④ 水书忌戒条目：

【所线】意为惹是生非。

【料逢虎】意为孝旗伞。

第10行

原文：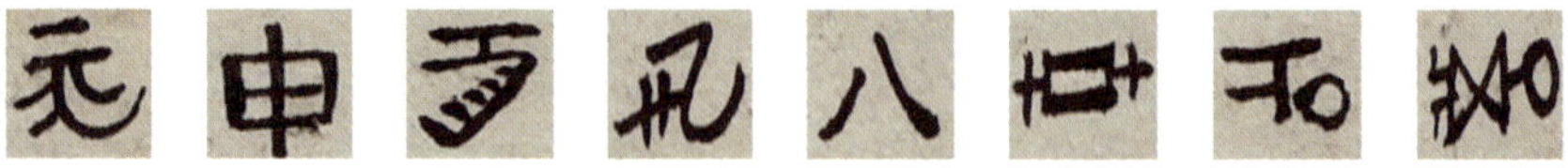

读音：	qeŋ^{1}	sən^{1}	si^{2}	fu^{4}	pa:t^{7}	ha:i^{2}	pje^{2}k^{h}u^{1}	zən^{1} ta:u^{5}
直译：	丙	申	时	武曲①	八白②	骸③	麻风病	人倒
条目：							【别扣】	【人倒】④

意译：丙申时，值北斗武曲与风水紫白星八白艮相照应，北斗武曲属金与地上艮为土，属土生金，为天地相生。要留心值“骸（死人）”凶，又要留意水书忌戒条目【别扣】【人倒】凶祸伤身之灾。

注释：① 武曲：为北斗星之一，属北斗星的第六位。

② 八白：为紫白星八卦第八位，属艮卦。

③ 骸：水语音译，意为棺材、死人或重丧。

④ 水书忌戒条目：

【别扣】意为麻风病。

【人倒】意为凶恶倒人死亡。

原文：

读音：	mok^{8}	lju^{2}lji^{2}sui^{3}	mok^{8}	hak^{7}van^{1}
直译：	木	泪如柳条	人头	航问⑥
条目：		【六立水】	【各木】⑤	

意译：又要留意按用事者出生属五行年，往下推演，至木位，为水书禁忌条目【六立水】【各木】之凶祸；虽有水书吉利“航问”照应，但也为凶时。不宜开路、丧葬、立碑、嫁娶、起造、出行等。

注释：⑤ 水书忌戒条目：

【六立水】意为泪如柳条，忌哭丧。

【各木】意为人头。

⑥ 航问：水书吉利条目，意为连日吉利。

第11行

原文：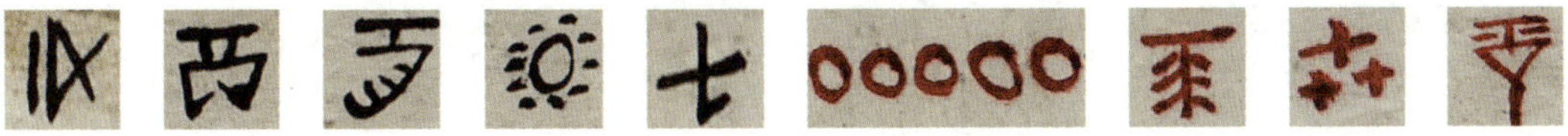

读音：	ɕən^{1}	ju^{4}	si^{2}	pʰo^{5}	ɕət^{7}	eŋ^{1} van^{1}	mok^{8}	mu^{2}	ʨət^{7}
直译：	辛	酉	时	破军①	七赤②	额问	木堂③	戊	吉

意译：辛酉时，值北斗破军与风水紫白星七赤兑相照应，北斗破军属金与地上兑为金，两金为旺。又有水书吉利“额问”“木堂”照应，且按用事者出生天干年，往下推演，至戊位为吉，为大吉之时。宜开路、丧葬、立碑、嫁娶、起造、出行、造圈。

注释：① 破军：为北斗星之一，属北斗星的第七位。

② 七赤：为紫白星八卦第七位，为兑卦。

③ 水书吉星：

额问：意为吉利重重。

木堂：意为富丽堂皇。

第12行

原文：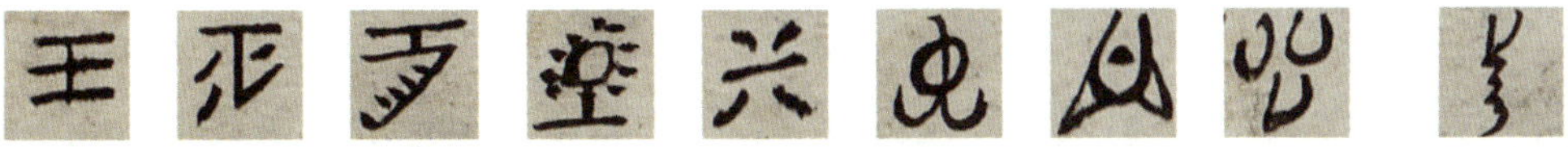

读音：	ȵum^{2}	hət^{7}	si^{2}	pu^{2}	ljok^{8}	ɕoŋ^{1}ʔjət^{7}	ŋo^{4}hu^{3}	fan^{2}	ljeu^{4}ʨa^{1}ɕot^{7}
直译：	壬	戌	时	辅星①	六白②	虫咬	猛虎	文曲③	家产破败
条目：						【凶以】	【五虎】		【辽架玄】④

意译：壬戌时，值北斗辅星与风水紫白星六白照应，北斗辅星属水与地上乾为金，为金生水，为天地相生。要留心水书禁忌条目【凶以】【五虎】之凶；按用事者出生北斗九星年，往下推演，至文曲位，又值水语音译的水书禁忌条目【辽架玄】之凶祸。

注释：① 辅星：为北斗星之一，属北斗星的第八位。

② 六白：为紫白星八卦第六位，为乾卦。

③ 文曲：指北斗九星第四位，这里为水书凶星。

④ 水书忌戒条目：

【凶以】指虫咬之意。

【五虎】为猛虎之意，表示多只猛虎。

【辽架玄】指家产破败。

原文：

读音：so^{3}sjen^{1}　sa:n^{1}　q^{h}am^{5}a:n^{1}　lju^{2}lji^{2}sui^{3}　eŋ^{1}van^{1}　ȶət^{7}

直译：惹是生非　散⑥　翻倒马鞍　泪如柳条　额问⑧　吉

条目：【所线】⑤　【缸鞍】【六立水】⑦

意译：又值水语音译的水书禁忌条目【所线】或八宫掌“散”或水书禁忌条目【缸鞍】【六立水】之凶；即使有水书吉利“额问”照应，也为吉凶参半之时。宜斟酌开路、丧葬、立碑、嫁娶、起造、出行，不宜造马鞍。

注释：⑤　【所线】水书忌戒条目，意为惹是生非。

⑥　散：为八宫掌名称。

⑦　水书忌戒条目：

【缸鞍】意为翻倒马鞍。

【六立水】意为泪如柳条，指忌哭丧。

⑧　额问：水语音译，意为吉利重重。

第13行

原文：

读音：ȶui^{5}　ʁa:i^{3}　si^{2}　pjət^{8}　ŋo^{4}　mok^{8}foŋ^{2}　ɕət^{7}　qo^{2}ȶən^{1}　ha:i^{2}　sək^{7}ȶi^{1}　ha:k^{7}van^{1}ʔdjam^{5}

直译：癸　亥　时　弼星①　五黄②　缠树藤　七　大群队移动　骸④　断梳子　连日阴沉

条目：【木逢】　【各紧】③　【省记】【航问锭】⑤

意译：癸亥时，值北斗弼星与风水紫白星中央五黄照应，北斗弼星为水与地上中央为土，为土克水，为天地相克。又有水书忌戒条目【木逢】之凶，又还有按用事者出生地支年，往下推演，至第七位，为水书忌戒条目【各紧】为“骸（死人）”凶；又要留意【省记】【航问锭】凶祸招致之灾。

注释：①　弼星：为北斗星之一，属北斗星的第九位。

②　五黄：紫白星属八卦星位第五位，属中央卦。

③　水书忌戒条目：

【木逢】意为缠树藤。

【各紧】大群队移动。各，水语音译，为划、移动；紧，水语音译，为大排场队伍。

④　骸：水语音译，意为棺材、死人或重丧。

⑤　水书忌戒条目：

【省记】意为断梳（死人梳子）。

【航问锭】意为连日凶祸或连日阴沉。

原文：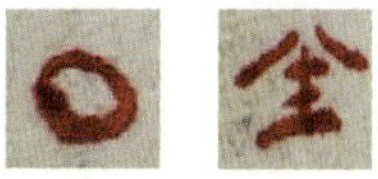

读音：	van^{1}	ʈum^{1}
直译：	日	金堂⑥

意译：虽值水书吉利“金堂”照应，但难以化解其天地相克之凶祸，仍为大凶之时。诸事不宜。

注释：⑥ 金堂：水书吉利条目，意为富丽堂皇。

第14行

原文：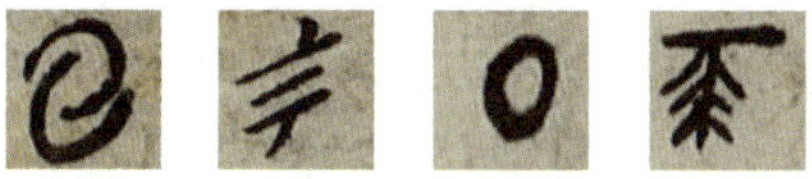

读音：	ʈi^{1}	ʁa:i^{3}	van^{1}	mok^{8}
直译：	己	亥	日	木

意译：己亥日，纳音属木。

注释：此为六十甲子日中第三十六日，五行纳音属木。它包含从甲子时起到乙亥时，共十二个时辰。

第15行

原文：

读音：	ʈa:p^{7}	hi^{3}	si^{2}	t^{h}a:m^{1}	hi^{5}	ŋ̥a:m^{1}hi^{5}q^{h}a^{1}	zən^{1}ta:u^{5}	mok^{8}	so^{3}sjen^{1}
直译：	甲	子	时	贪狼①	四禄②	棺材四角	人倒	人头	惹是生非
条目：						【宁喜卡】	【人倒】	【各木】	【所线】③

意译：甲子时，值北斗贪狼与风水紫白星四禄巽相照应，北斗贪狼为木与地上巽为木，两木为旺，天地相旺。要留意水书忌戒条目【宁喜卡】【人倒】【各木】【所线】凶祸伤身之灾。

注释：① 贪狼：为北斗星之一，属北斗星的第一位。

② 四禄：紫白星属八卦星位第四位，属巽卦。

③ 水书忌戒条目：

【宁喜卡】意为棺材头四角。

【人倒】指凶祸倒人死亡之意。

【各木】意为人头。

【所线】意为惹是生非。

原文：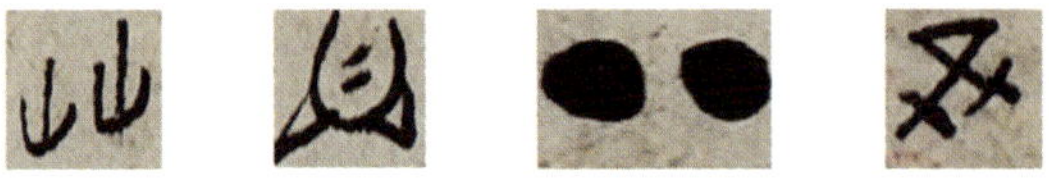

读音：ta:ŋ^{2}sa:i^{2}　ŋo^{4}hu^{3}　ha:k^{7}van^{1}ʔdjam^{5}　ɕoŋ^{1}

直译：宽大竹林　猛虎　连日阴沉　凶

条目：【堂晒】　【五虎】　【航问锭】④

意译：又要留心水书忌戒条目【堂晒】【五虎】【航问锭】凶祸之灾；即使天地相旺也难以化解其凶祸，仍为凶时。不宜开路、丧葬、立碑、嫁娶、起造、出行。

注释：④　水书忌戒条目：

【堂晒】意为宽大竹林。

【五虎】意为猛虎。

【航问锭】意为连日凶祸或连日阴沉。

第16行

原文：

读音：ʔjət^{7}　su^{3}　si^{2}　ʈu^{2}　ha:m^{1}　hak^{7}　ʈi^{1}　van^{1}　ʈət^{7}

直译：乙　丑　时　巨门①　三碧②　坎坷　九穷　日　吉

条目：【核】　【九己】③

意译：乙丑时，值北斗巨门与风水紫白星三碧震相照应，北斗巨门为土与地上震卦属木，为木克土，为天地相克。又有水书忌戒条目【核】【九己】之凶；即使值吉利照应，也难化解其天地相克之凶，仍为大凶之时。不宜开路、丧葬、立碑、嫁娶、起造、出行。

注释：①　巨门：为北斗星之一，属北斗星的第二位。

②　三碧：紫白星属八卦星位第三位，属震卦。

③　水书忌戒条目：

【核】意为坎坷或堵塞。

【九己】意为九穷，二代以后丁财衰败。

第17行

原文：

读音：	pjeŋ^{3}	ji^{2}	si^{2}	ljok^{8}	ŋ̥i^{2}	mən^{2}ja^{3}su^{3}	ma^{4}saŋ^{2}ʈi^{2}	hak^{7}	ha:i^{2}	mi^{2}
直译：	丙	寅	时	禄存①	二黑②	水族衙门	马戴孝	坎坷	骸④	未
条目：						【门牙水】	【马畅旗】	【核】③		

意译：丙寅时，值北斗禄存与风水紫白星二黑坤照应，北斗禄存为土与地上坤为土，两土为旺，为天地相旺。要留心水书忌戒条目【门牙水】【马畅旗】【核】为“骸（死人）”凶祸之灾；又按用事者出生地支年，往下推演，至未位为吉，为吉凶参半时。宜斟酌婚姻、营造、出行，不宜开路、安葬、立碑。

注释：① 禄存：为北斗星之一，属北斗星的第三位。

② 二黑：紫白星属八卦星位第二位，属坤卦。

③ 水书忌戒条目：

【门牙水】意为水族衙门。

【马畅旗】意为马戴孝。

【核】意为坎坷不顺或堵塞。

④ 骸：水语音译，意为棺材、死人或重丧。

第18行

原文：

读音：	tjeŋ^{1}	ma:u^{4}	si^{2}	fan^{2}	ʔjət^{7}	hi^{5}	ŋo4hu^{3}	ŋo^{4}qui^{5}	qoŋ^{1}ljok^{8}ma^{4}	tsjem^{4}
直译：	丁	卯	时	文曲①	一白②	四	猛虎	锤敲打	马做工	凶恶
条目：							【五虎】	【五锤】	【工六马】	【占】③

意译：癸卯时，值北斗文曲与风水紫白星一白坎照应，北斗文曲为水与地上坎为水，两水为旺，为天地相旺。要留意按用事者出生地支年，往下推演，至第四位，为水书忌戒条目【五虎】【五锤】【工六马】【占】凶祸之灾。

注释：① 文曲：为北斗星之一，属北斗星的第四位。

② 一白：紫白星属八卦星位第一位，属坎卦。

③ 水书忌戒条目：

【五虎】意为猛虎。

【五锤】意为五锤敲打。

【工六马】指马做工，表示多匹马做工。

【占】是一种神尖刀，人一触，就昏倒在地（一触即发）。

原文：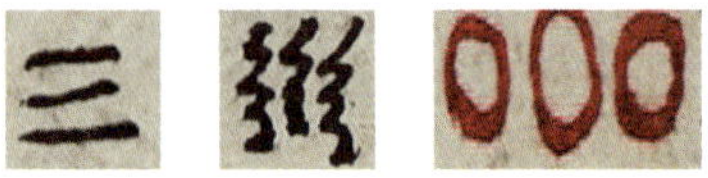

读音：	ha:m^1	so^{3}sjen^1	eŋ^{1}van^1
直译：	三	惹是生非	额问⑤
条目：		【所线】④	

意译：还要留意按用事者出生地支年，往下推演，至第三位，为水书忌戒条目【所线】之凶；即使有水书吉利条目“额问”照应，为吉凶参半时。宜斟酌安葬、营造、立碑，不宜婚姻、出行、赴任、诉讼。

注释：④ 【所线】水书忌戒条目，意为惹是生非。

⑤ 额问：意为吉利重重。

第19行

原文：

读音：	mu^2	sən^2	si^2	ljem^2	ȶu^3	ʔjən^{5}kwa:m^1	sa:n^1	mok^8	ʔjeu^{1}foŋ^{2}hu^3
直译：	戊	辰	时	廉贞①	九紫②	斧头	散④	人头	孝旗伞
条目：						【引贯】③		【各木】	【料逢虎】③

意译：戊辰时，值北斗廉贞与风水紫白星九紫离照应，北斗廉贞为火与地上离为火，两火为旺，为天地相旺。要留心水书忌戒条目【引贯】或值八宫掌“散”或值水书忌戒条目【各木】【料逢虎】凶祸之灾，为吉凶参半之时。宜斟酌安葬、立碑、营造，不宜婚姻、出行。

注释：① 廉贞：为北斗星之一，属北斗星的第五位。

② 九紫：紫白星属八卦星位第九位，属离卦。

③ 【引贯】水书忌戒条目，意为斧头。

④ 散：为八宫掌名称。

⑤ 水书忌戒条目：

【各木】指人头之意。

【料逢虎】意为孝旗伞。

第20行

原文：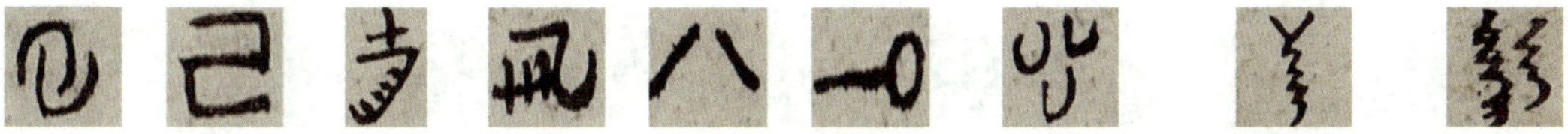

读音：	ȶi^1	hi^4	si^2	fu^4	pa:t^7	ŋo^{4}qui^5	fan^2	ljeu^{4}ȶa^{1}ɕot^7	lju^{2}lji^{2}sui^3
直译：	己	巳	时	武曲①	八白②	锤敲打	文曲③	家产破败	泪如柳条
条目：						【五锤】		【辽架玄】	【六立水】④

意译：己巳时，值北斗武曲与风水紫白星八白艮相照应，北斗武曲属金与地上艮为土，为土生金，为天地相生。要留心水书忌戒条目【五锤】之凶，还要留意按用事者出生北斗九星年，往下推演，至文曲位，为水书忌戒条目【辽架玄】【六立水】凶祸之灾。

注释：① 武曲：为北斗星之一，属北斗星的第六位。

② 八白：为紫白星八卦第八位，属艮卦。

③ 文曲：指北斗九星第四位，这里为水书凶星。

④ 水书忌戒条目：

【五锤】意为五锤敲打。

【辽架玄】意为家产溃败。

【六立水】意为哭，忌哭丧。

原文：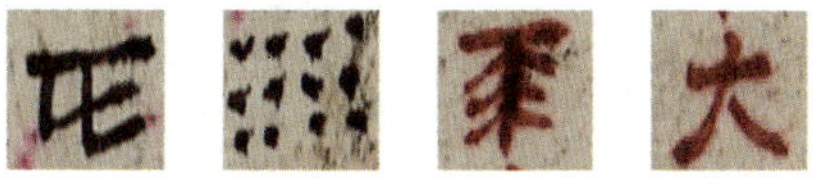

读音：	ŋo^4	ta:ŋ^{2}ʔɣa^5	mok^8	ta:i^1
直译：	五	肥沃大田	木堂⑥	大
条目：		【堂田】⑤		

意译：又留意值水书忌戒条目【堂田】之凶；即使有水书吉利“木堂”照应，也为大凶之时。不宜丧葬、立碑、嫁娶、起造、出行。

注释：⑤ 【堂田】水书忌戒条目，指肥沃大田。

⑥ 木堂：水语音译，指富丽堂皇。

第21行

原文：

读音：	qeŋ^{1}	ŋo^{2}	si^{2}	p^{h}o^{5}	ɕət^{7}	ku^{3}sup^{7}	pje^{2}k^{h}u^{1}	qoŋ^{1}ljok^{8}ma^{4}	sa:n^{1}
直译：	庚	午	时	破军①	七赤②	预计	麻风病	马做工	散④
条目：						**【估术】**	**【别扣】**	**【工六马】**③	

意译：庚午时，值北斗破军与风水紫白星七赤兑相照应，北斗破军属金与地上兑为金，两金为旺。要留意书吉利条目【估术】【别扣】【工六马】或值八宫掌“散”凶祸之灾。

注释：① 破军：为北斗星之一，属北斗星的第七位。

② 七赤：为紫白星八卦第七位，属兑卦。

③ 水书忌戒条目：

【估术】意为预计。

【别扣】意为麻风病。

【工六马】指马做工，表示多匹马做工。

④ 散：指八宫掌名称。

原文：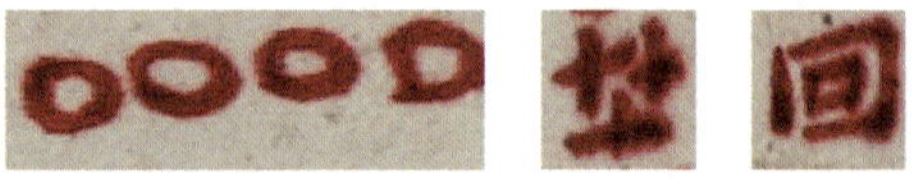

读音：	eŋ^{1}van^{1}	mu^{2}	ʔjən^{5}
直译：	额问⑤	戊	官员大印
条目：			**【官印】**⑥

意译：又有水书吉利“额问”照应，按用事者出生天干年，往下推演，至戊位，为水书吉利条目【官印】照应，为吉凶参半之时。宜斟酌安葬、营造、立碑，不宜婚姻、出行。

注释：⑤ 额问：意为吉利重重。

⑥【官印】指官员大印。

第22行

原文：

读音：	ɕən^{1}	mi^{2}	si^{2}	pu^{2}	ljok^{8}	ŋo^{4}	ŋo^{4}hu^{3}	q^{h}am^{5}a:n^{1}	lju^{2}lji^{2}sui^{3}
直译：	丁	未	时	辅星①	六白②	五	猛虎	翻倒马鞍	泪如柳条
条目：							**【五虎】**	**【缸鞍】**	**【六立水】**③

意译：丁未时，值北斗辅星与风水紫白星六白乾相照应，北斗辅星属水与地上乾为金，为金生水，为天地相生。要留意用事者出生地支年，往下推演，至第五位，为水书忌戒条目【五虎】【缸鞍】【六立水】凶祸招致之灾。

注释：① 辅星：为北斗星之一，属北斗星的第八位。

② 六白：紫白星属八卦星位第六位，属乾卦。

③ 水书忌戒条目：

【五虎】意为猛虎。

【缸鞍】意为翻倒马鞍。

【六立水】意为泪如柳条，指忌哭丧。

原文：  

读音：eŋ^{1}van^{1} ţum^{1} kwaːn^{1}tsai^{4}

直译：额问④ 金 利斧

条目：【贯才】⑤

意译：又值水书吉利“额问”照应，还有按用事者出生属五行年，往下推演，至金位，为水书吉利条目【贯才】高照，也只是为吉凶参半。宜斟酌丧葬、立碑，不宜嫁娶、起造、造圈。

注释：④ 额问：意为吉利重重。

⑤ 【贯才】意为利斧。

第23行

原文：        

读音：ŋum^{2} sən^{2} si^{2} pjət^{7} ŋo^{4} haːi^{2} ton^{2}ɣon^{2} van^{1} sui^{3}

直译：戊 申 时 弼星① 五黄② 骸③ 短命 日 水

条目：【端完】④

意译：戊申时，值北斗弼星与风水紫白星中央五黄照应，北斗弼星属水与地上中央为土，为土克水，为天地相克。又有水语音译的水书忌戒条目【端完】凶祸之灾；虽有水书吉星照应，也难以化解天地相克之凶祸，仍为大凶之时。不宜开路、丧葬、立碑、嫁娶、起造、出行。

注释：① 弼星：为北斗星之一，属北斗星的第九位。

② 五黄：紫白星属八卦星位第五位，为中央卦。

③ 骸：水语音译，意为棺材、死人或重丧。

④ 水书忌戒条目：

【端完】指短命。

第24行

原文：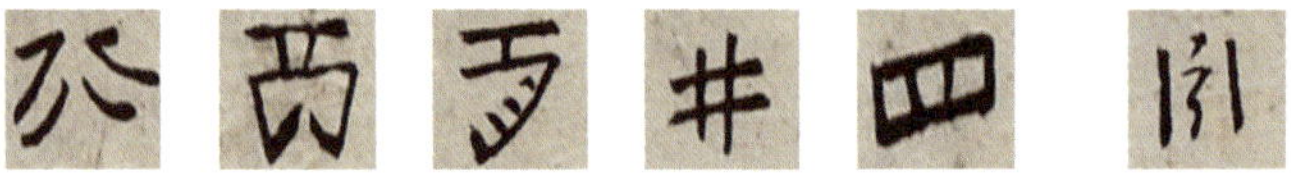

读音：ɬui^5　ju^4　si^2　t^{h}a:m^1　hi^5　pik^{7}sui^{3}ka:ŋ^5

直译：丁　酉　时　贪狼①　四禄②　泪水哭干

条目：【比水缸】③

意译：丁酉时，值北斗贪狼与风水紫白星四禄照应，北斗贪狼属木与地上巽为木，两木为旺，为天地相旺。要留意水书忌戒条目【比水缸】之凶。

注释：① 贪狼：为北斗星之一，属北斗星的第一位。

② 四禄：为紫白星八卦第四位，为巽卦。

③ 【比水缸】为水语音译水书忌戒条目，意为泪水哭干。

原文：

读音：ɬum^1　pjət^{7}jiŋ^5　ha:i^2　ɕoŋ^{1}ɕep^7　hak^{7}van^1

直译：金　环绕　骸⑤　接应　航问⑦

条目：【必引】④　【休显】⑥

意译：又要留意按用事者出生属五行年，往下推演，至金位，为水书忌戒条目【必引】为“骸（死人）”凶；又要留意【休显】凶祸招致之灾；虽逢“航问”照应，也为吉凶参半。宜斟酌丧葬、立碑，宜嫁娶、出行，不宜起造、造圈、修鸡笼。

注释：④ 【必引】水书忌戒条目，意为回环。

⑤ 骸：水语音译，意为棺材、死人或重丧。

⑥ 【休显】水书忌戒条目，意为接言（忌报丧）。

⑦ 航问：水书吉利条目，意为连日吉利。

第25行

原文：

读音：ʈa:p^{7} hət^{7} si^{2} ʈu^{2} ha:m^{1} ɕoŋ^{1}ʔjət^{7} pik^{7}sui^{3}ʈən^{1} ŋo4hu^{3} ʈu^{3} ʔjət^{7} van^{1}

直译：甲 戌 时 巨门① 三碧② 虫咬 泪水哭干 猛虎 九 乙 日

条目：【凶以】【比水缸】【五虎】③

意译：甲戌时，值北斗巨门与风水紫白星三碧照应，北斗巨门属土与地上震为木，为木克土，为天地相克。又有水语音译水书禁忌条目【凶以】【比水缸】【五虎】凶祸招致之灾；虽按用事者出生地支年，往下推演，至第九位，或用事者出生地支年，往下推演，至乙位，为水书吉利条目吉利，但仍为大凶之时。不宜丧葬、立碑、嫁娶、出行。

注释：① 巨门：为北斗星之一，属北斗星的第二位。

② 三碧：紫白星属八卦第三位，为震卦。

③ 水书忌戒条目：

【凶以】意为虫咬。

【比水缸】意为泪水哭干。

【五虎】是猛虎，指多只猛虎之意。

第26行

原文：

读音：ʔjət^{7} ʁa:i^{3} si^{2} ljok^{8} ŋ̥i^{2} fu^{4} moko^{8}foŋ^{2} ɕət^{7} qo^{2}tən^{1} ŋo^{4}hu^{3} ha:i^{2} ha:i^{2}

直译：乙 亥 时 禄存① 二黑② 武曲 缠树藤 七 大群队移动 猛虎 骸 骸④

条目：【木逢】 【各紧】 【五虎】③

意译：乙亥时，值北斗禄存与风水紫白星二黑照应，北斗禄存属土与地上坤为土，两土为旺。要留意按用事者出生北斗九星年，往下推演，至武曲位，为水书忌戒条目【木逢】之凶；又要留意按用事者出生地支年，往下推演，至第七位，值水书忌戒条目【各紧】【五虎】为“骸（死人）”凶祸损耗之灾。

注释：① 禄存：为北斗星之一，属北斗星的第三位。

② 二黑：紫白星属八卦星位第二位，为坤卦。

③ 水书忌戒条目：

【木逢】意为缠树藤。

【各紧】大群队移动。各，水语音译，为划、移动；紧，水语音译，为大排场队伍。

【五虎】意为猛虎。

④ 骸：水语音译，意为棺材、死人或重丧。

原文：

读音：eŋ^{1}van^{1}　ʔjət^{7}sjeŋ^{3}　jeŋ^{1}　mən^{2}ja^{3}sui^{3}

直译：额问　一生气⑤　？　水族衙门

条目：【门牙水】⑥

意译：即使值水书吉利“额问”“一生气”或值水书吉利条目【门牙水】相照，也为吉凶参半。宜斟酌丧葬、立碑，不宜嫁娶、起造、出行。

注释：⑤ 水书吉星：

额问：意为吉利重重。

一生气：意为和气。

⑥ 【门牙水】水书吉利条目，意为水族衙门。

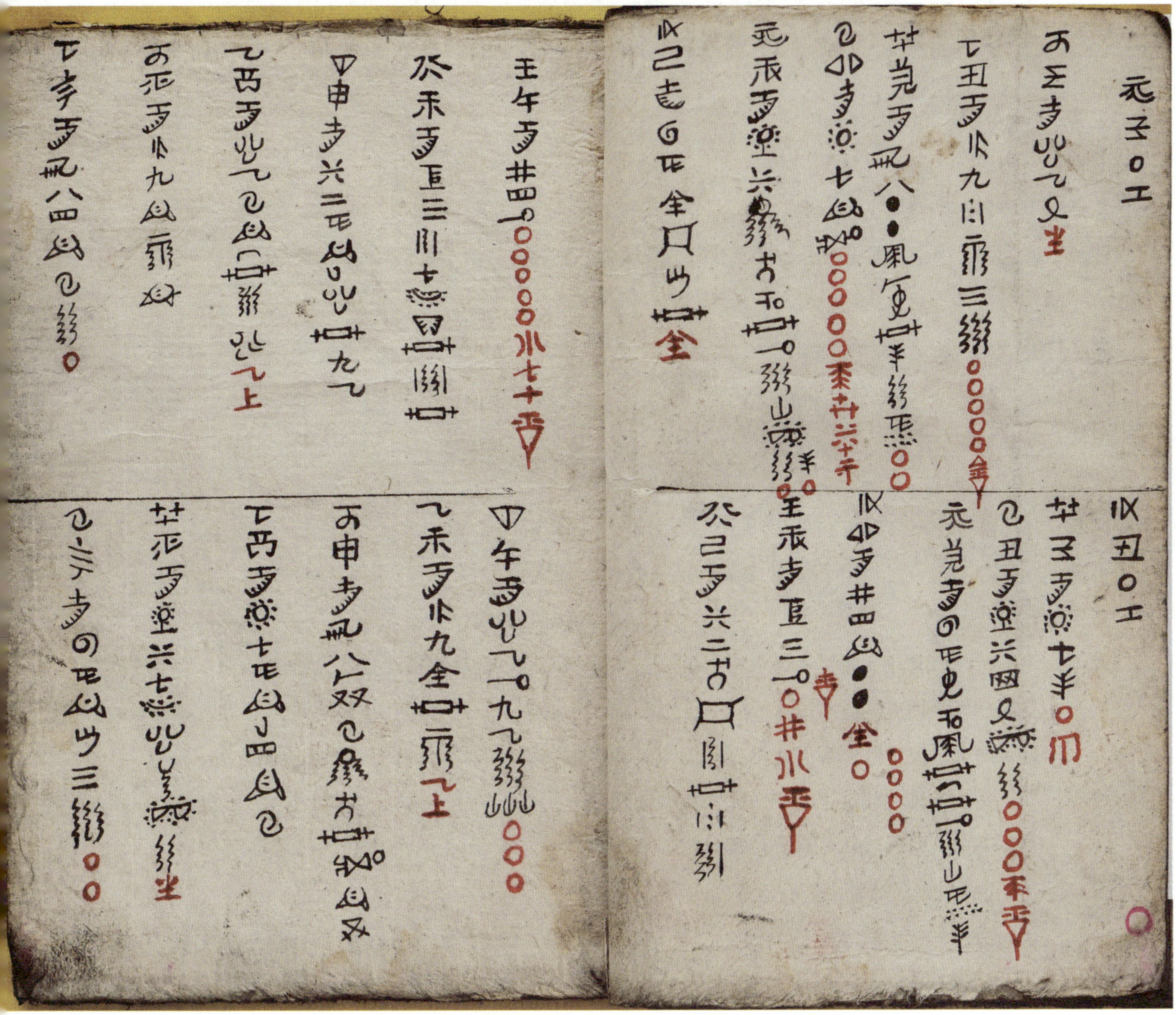

原件 19：庚子 辛丑

第 1 行

原文：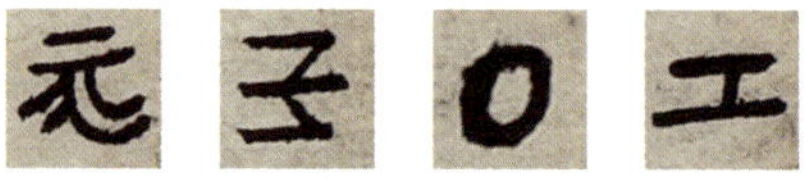

读音：qeŋ^{1}　hi^{3}　van^{1}　t^{h}u^{3}

直译：庚　子　日　土

意译：庚子日，纳音属土。

注释：此为六十甲子日的第三十七日，五行纳音属土。它包含从丙子时起到丁亥时，共十二个时辰。

第 2 行

原文：

读音：pjeŋ^{3}　hi^{3}　si^{2}　fan^{2}　ʔjət^{7}　pjət^{7}jiŋ^{5}　mi^{2}

直译：丙　子　时　文曲①　一白②　环绕　未

条目：【必引】③

意译：丙子时，值北斗文曲星与风水紫白星一白坎卦相照应，北斗文曲星属土与地上坎为水，为土克水，天地相克。值水语音译的忌戒水书条目【必引】，虽有按用事者生庚八字地支推演，至未位吉，但难以化解天地相克，仍为大凶之时。不宜开路、安葬、嫁娶、营造。

注释：① 文曲：为北斗星之一，属北斗星的第四位。

② 一白：紫白星属八卦星位第一位，属坎卦。

③ 【必引】水书忌戒条目，意为回环。

第 3 行

原文：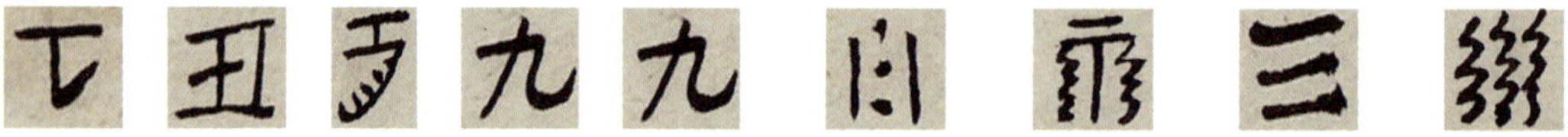

读音：tjeŋ^{1}　su^{3}　si^{2}　tu^{3}　tu^{3}　pik^{7}sui^{3}ka:ŋ^{5}　ʔjeu^{1}foŋ^{2}hu^{3}　ha:m^{1}　qoŋ^{1}ljok^{8}ma^{4}

直译：丁　丑　时　廉贞①　九紫②　泪水哭干　孝旗伞　三　马做工

条目：【比水缸】　【料逢虎】　【工六马】③

意译：丁丑时，值北斗廉贞星与风水紫白星九紫离相照应，北斗廉贞为火与地上离为火，两火为旺，天地相旺。要留意水书忌戒条目【比水缸】【料逢虎】之凶祸，又要留心按用事者出生地支年，往下推演，至第九位，为水书忌戒条目【工六马】之凶。

注释：① 廉贞：为北斗星之一，属北斗星的第五位。

② 九紫：紫白星属八卦星位的第九位，属离卦。

③ 水书忌戒条目：

【比水缸】意为哭干泪水。

【料逢虎】意为孝旗伞。

【工六马】指马做工，表示多匹马做工。

原文： 

读音：eŋ^{1}van^{1}　tət^{7}

直译：额问④　吉

意译：又值水书吉利条目“额问”照应，为吉多凶少之时。宜斟酌开路、安葬、营造，不宜嫁娶、出行、赴任。

注释：④ 额问：水书吉利条目，意为吉利重重。

第 4 行

原文：       

读音：	mu^{2}	ji^{2}	si^{2}	fu^{4}	pa:t^{7}	ha:k^{7}van^{1}ʔdjam^{5}	mok^{8}foŋ^{2}	ʔjən^{5}kwa:n^{1}
直译：	戊	寅	时	武曲①	八白②	连日阴沉	缠树藤	斧头
条目：						【航问锭】	【木逢】	【引贯】③

意译：戊寅时，值北斗武曲星与风水紫白星八白艮相照应，北斗武曲为金与地上艮为土，为土生金，为天地相生。要留心水书忌戒条目【航问锭】【木逢】【引贯】凶祸之灾。

注释：① 武曲：为北斗星之一，属北斗星的第六位。

② 八白：紫白星属八卦星位第八位，属艮卦。

③ 水语音译的水书禁忌条目：

【航问锭】意为连日凶祸。

【木逢】意为缠树藤。

【引贯】意为斧头。

原文：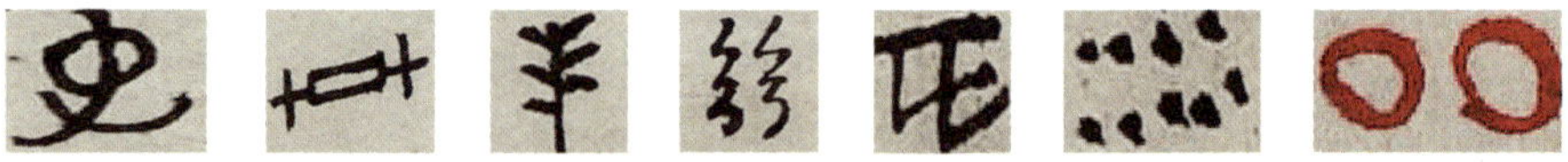

读音：ɕoŋ^{1}ʔjət^{7}　ha:i^{2}　mok^{8}　lju^{2}lji^{2}sui^{3}　ŋo^{4}　ta:ŋ^{2}ʔɣa^{5}　hak^{7}van^{1}

直译：虫咬　骸⑤　木　泪如柳条　五　肥沃大田　航问⑦

条目：【凶以】④　【六立水】　【堂田】⑥

意译：又要留心水书忌戒条目【凶以】为“骸（死人）”之凶；也要留意按用事者出生属五行年，往下推演，至木位，为水书忌戒条目【六立水】之祸；还要留心按用事者出生地支年，往下推演，至第五位，值水书忌戒条目【堂田】之灾；即使有水书吉利“航问”照应，也为凶时。不宜开路、安葬、营造、嫁娶、出行、赴任、诉讼。

注释：④　【凶以】水书忌戒条目，意为虫咬。

⑤　骸：水语音译，意为棺材、死人或重丧。

⑥　水书忌戒条目：

【六立水】意为泪如柳条，指忌哭丧。

【堂田】意为肥沃大田。

⑦　航问：水书吉利条目，意为连日吉利。

第 5 行

原文：

读音：ʈi^{1}　ma:u^{4}　si^{2}　p^{h}o^{5}　ɕət^{7}　ŋo4hu^{3}　zən^{1}ta:u^{5}

直译：己　卯　时　破军①　七赤②　猛虎　人倒

条目：【五虎】【人倒】③

直译：己卯时，值北斗破军星与风水紫白星七赤兑相照应，北斗破军为金与地上兑为金，两金为旺，天地相旺。要留意水书忌戒条目【五虎】【人倒】凶祸伤身损耗之灾。

注释：①　破军：为北斗星之一，属北斗星的第七位。

②　七赤：紫白星属八卦星位第七位，属兑卦。

③　水书忌戒条目：

【五虎】意为猛虎。

【人倒】意为凶恶倒人死亡。

原文：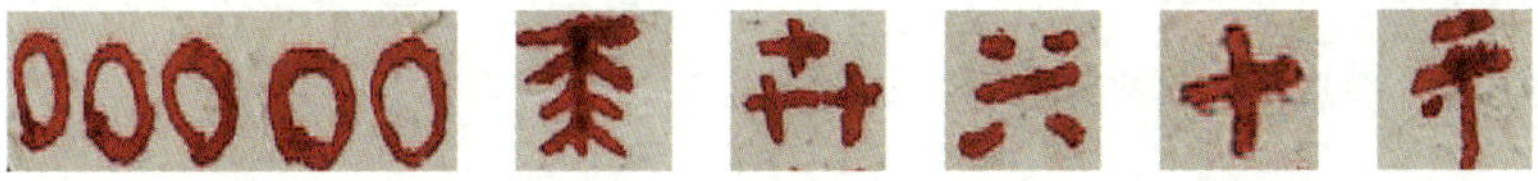

读音：	eŋ^{1}van^1	mok^8	mu^2	ljok^8	sup^8	jeŋ^1
直译：	额问	木堂④	戊	六	十	?

意译：即使值水书吉利“额问”“木堂”照应，且按用事者出生天干年，往下推演，至戊位，为“六十”吉，也为凶时。不宜开路、安葬、立碑、营造、赴任、诉讼、婚姻、出行。

注释：④ 水书吉星：

额问：意为吉利重重。

木堂：意为富丽堂皇。

第 6 行

原文：

读音：	qeŋ^1	sən^2	si^2	pu^2	ljok^8	ma^{4}saŋ^{2}ȶi^2	hak^7	pje^{2}k^{h}u^1	ha:i^1
直译：	庚	辰	时	辅星①	六白②	马戴孝	坎坷	麻风病	骸④
条目：						【马畅旗】	【核】	【别扣】③	

意译：庚辰时，值北斗辅星与风水紫白星六白乾相照应，北斗辅星为水与地上乾为为金，为金生水，天地相生。要留意水书忌戒条目【马畅旗】【核】【别扣】为“骸（死人）”凶祸之灾。

注释：① 辅星：为北斗星之一，属北斗星的第八位。

② 六白：紫白星属八卦星位第六位，属乾卦。

③ 水书忌戒条目：

【马畅旗】意为马戴孝。

【核】意为坎坷不顺或堵塞。

【别扣】指麻风病。

④ 骸：水语音译，意为棺材、死人或重丧。

原文：

读音：	ŋo^{4}qui^5	qoŋ^{1}ljok^{8}ma^4	sa:n^1	q^{h}am^{4}a:n^1	lju^{2}lji^{2}sui^3	mok^8	hak^{7}van^1
直译：	锤敲打	马做工	散⑥	翻倒马鞍	泪如柳条	人头	航问⑧
条目：	【五锤】	【工六马】⑤		【缸鞍】	【六立水】	【各木】⑦	

意译：又要留心水书忌戒条目【五锤】【工六马】或八宫掌“散”，或水书忌戒条目【缸鞍】【六

立水】【各木】凶祸招致之灾；虽有水书吉利“航问”照应，但也为凶时。不宜开路、安葬、立碑、营造、婚姻、设席、造鞍、出行、诉讼。

注释：⑤ 水书忌戒条目：

【五锤】意为五锤敲打。

【工六马】指马做工，表示多匹马做工。

⑥ 散：指八宫掌名称。

⑦ 水书忌戒条目：

【缸鞍】意为翻倒马鞍。

【六立水】意为泪如柳条，忌哭丧。

【各木】意为人头。

⑧ 航问：水书吉利条目，为连日吉利。

第 7 行

原文：

读音：	ɕən^1	hi^4	si^2	pjət^8	ŋo^4	ʈum^1	ŋ̥a:n^{1}hi5q^{h}a^1	sək7ʈi^1	ha:i^2	ʈum^1
直译：	辛	巳	时	弼星①	五黄②	金	棺材四角	断梳子	骸④	金堂⑤
条目：							【宁喜卡】	【省记】③		

意译：辛巳时，值北斗弼星与风水紫白星五黄中央相照，北斗弼星为水与地上中央为土，为土克水，天地相克。又按用事者出生属五行年，往下推演，至金位，值水书忌戒条目【宁喜卡】【省记】为“骸（死人）”凶祸之灾；即使有水书吉星“金堂”照应，也难以化解其天地相克之凶，为大凶之时。不宜开路、安葬、立碑、婚姻、营造、出行。

注释：① 弼星：为北斗星之一，属北斗星的第九位。

② 五黄：紫白星属八卦星位第五位，属中央卦。

③ 水书忌戒条目：

【宁喜卡】意为棺材头四角。

【省记】意为断梳子（即死人梳子）。

④ 骸：水语音译，意为棺材、死人或重丧。

⑤ 金堂：意为富丽堂皇。

第 8 行

原文：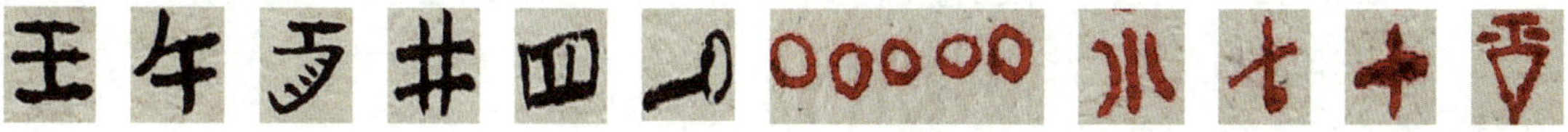

读音：	ŋ̥um^2	ŋo^2	si^2	t^{h}a:m^1	hi^5	ŋo^{4}qui^5	eŋ^{1}van^1	sui^3	ɕət^7	sup^8	ȶət^7
直译：	壬	午	时	贪狼①	四禄②	锤敲打	额问④	水	七	十	吉
条目：						【五锤】③					

意译：壬午时，值北斗贪狼与风水紫白星四禄巽相照应，北斗贪狼为木与地上巽为木，两木为旺，天地相旺。要留心水书忌戒条目【五锤】之凶；又还值水书吉利“额问”照应，且按用事者出生属五行年，往下推演，至水位，为水书“七十吉”，为吉时。宜开路、安葬、立碑、婚姻、营造、出行，不宜设席。

注释：① 贪狼：为北斗星之一，属北斗星的第一位。

② 四禄：紫白星属八卦星位第四位，属巽卦。

③ 【五锤】水语音译水书忌戒条目，意为五锤敲打。

④ 额问：水语音译，意为吉利重重。

第 9 行

原文：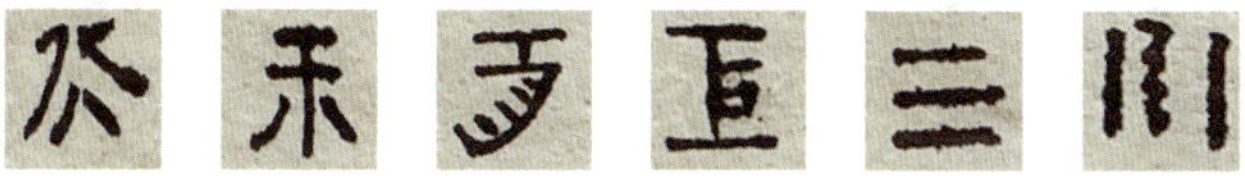

读音：	ȶui^5	mi^2	si^2	ȶu^2	ha:m^1	njem^{2}ju^5
直译：	癸	未	时	巨门①	三碧②	引线
条目：						【引友】③

意译：癸未时，值北斗巨门与风水紫白星三碧震相照应，北斗巨门为土与地上震卦属木，为木克土，为天地相克。又有水书忌戒条目【引友】之凶。

注释：① 巨门：为北斗星之一，属北斗星的第二位。

② 三碧：紫白星属八卦星位第三位，属震卦。

③ 【引友】水书忌戒条目，意为引线。丧葬时，忌叫他人名字，应者要丧命。

原文：

读音：	ɕət^7	qo^{2}ȶən^1	mən^{2}ja^{3}sui^3	ha:i^2	ɕoŋ^{1}ɕep^7	ha:i^2
直译：	七	大群队移动	水族衙门	骸⑤	接应	骸⑤
条目：		【各紧】	【门牙水】④		【休显】⑥	

意译：又还有按用事者出生地支年，往下推演，至第七位，为水书忌戒条目【各紧】【门牙水】为“骸（死人）”凶；又要留意【休显】凶祸之灾，为大凶之时。不宜安葬、立碑、婚姻、营造、出行。

注释：④ 水书忌戒条目：

【各紧】大群队移动。各，水语音译，为划、移动；紧，水语音译，为大排场队伍。

【门牙水】指水族衙门。

⑤ 骸：水语音译，意为棺材、死人或重丧。

⑥ 【休显】水书忌戒条目，意为接应（忌报丧）。

第10行

原文：

读音：	ʈa:p^{7}	sən^{1}	si^{2}	ljok^{8}	ŋ̊i^{2}	ŋo^{4}	ŋo^{4}hu^{3}	fan^{2}	ha:i^{2}	ʈu^{3}	ʔjət^{7}
直译：	甲	申	时	禄存①	二黑②	五	猛虎	文曲	骸④	九	乙
条目：							【五虎】③				

意译：甲申时，值北斗禄存与风水紫白星二黑坤照应，北斗禄存为土与地上坤为土，两土为旺，为天地相旺。要留心按用事者出生地支年，往下推演，至第五位，为【五虎】之凶；还要留心按用事者出生北斗九星年，往下推演，至文曲位，值为“骸（死人）”凶，为凶时。不宜安葬、立碑、婚姻、营造、出行。

注释：① 禄存：为北斗星之一，属北斗星的第三位。

② 二黑：紫白星属八卦星位第二位，属坤卦。

③ 【五虎】水书忌戒条目，意为猛虎，指多只猛虎。

④ 骸：水语音译，意为棺材、死人或重丧。

第11行

原文：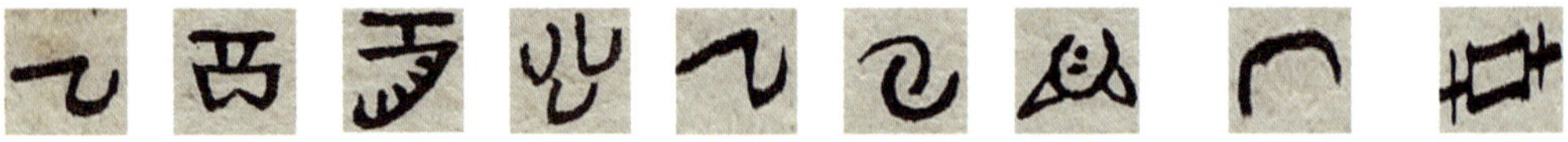

读音：	ʔjət^{7}	ju^{4}	si^{2}	fan^{2}	ʔjət^{7}	ʈi^{1}	ŋo^{4}hu^{3}	ʔboŋ^{5}ham^{3}	ha:i^{2}
直译：	乙	酉	时	文曲①	一白②	已	猛虎	罩住	骸④
条目：							【五虎】	【补夯】③	

意译：乙酉时，值北斗文曲与风水紫白星一白坎照应，北斗文曲为水与地上坎为水，两水为旺，为天地相旺。要留意按用事者出生天干年，往下推演，至第五位，为水书忌戒条目【五虎】

【补夯】为“骸（死人）”凶祸之灾。

注释：① 文曲：为北斗星之一，属北斗星的第四位。

② 一白：紫白星属八卦星位第一位，属坎卦。

③ 水书忌戒条目：

【五虎】指猛虎，表示多只猛虎。

【补夯】为罩住，与仰开相对。

④ 骸：水语音译，意为棺材、死人或重丧。

原文：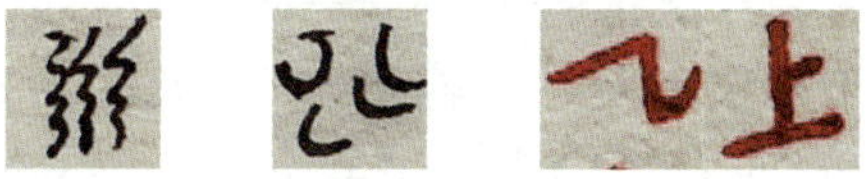

读音：qoŋ^{1}ljok^{8}ma^{4}　ljam^{5}　ʔjət^{7}sjeŋ^{3}

直译：马做工　冷⑥　一生气⑦

条目：【工六马】⑤

意译：又要留心水书忌戒条目【工六马】为“冷”之凶；即使有水书吉星条目“一生气”照应，也为凶时。不宜开路、安葬、立碑、营造、婚姻、出行、赴任。

注释：⑤ 【工六马】为水书忌戒条目，为马做工，表示多匹马做工。

⑥ 冷：水语音译，意为重复多次。

⑦ 一生气：意为和气。

第12行

原文：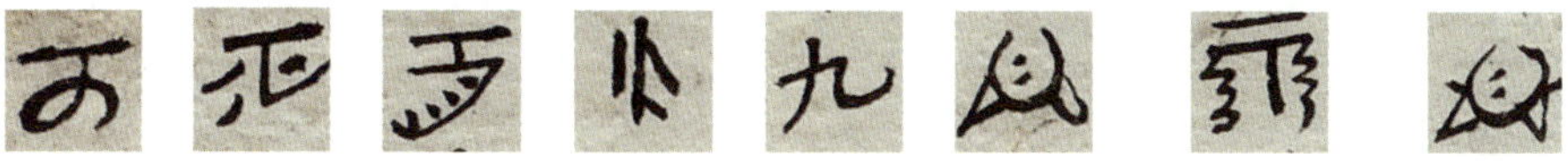

读音：pjeŋ^{3}　hət^{7}　si^{2}　ljem^{2}　ʈu^{3}　ŋo^{4}hu^{3}　ʔjeu^{1}foŋ^{2}hu^{3}　ŋo^{4}hu^{3}

直译：丙　戌　时　廉贞①　九紫②　猛虎　孝旗伞　猛虎

条目：【五虎】【料逢虎】【五虎】③

意译：丙戌时，值北斗廉贞与风水紫白星九紫离照应，北斗廉贞为火与地上离为火，两火为旺，为天地相旺。要留心水书忌戒条目【五虎】【料逢虎】【五虎】凶祸之灾，为吉凶参半之时。宜斟酌开路、安葬、立碑、婚姻、出行、赴任，不宜营造、造圈。

注释：① 廉贞：为北斗星之一，属北斗星的第五位。

② 九紫：紫白星属八卦星位第九位，属离卦。

③ 水书忌戒条目：

【五虎】意为猛虎，表示多只猛虎。

【料逢虎】意为孝旗伞。

第13行

原文：

读音：	tjeŋ^{1}	ʁa:i^{3}	si^{2}	fu^{4}	pa:t^{7}	hi^{5}	ʈi^{1}	lju^{2}lji^{2}sui^{3}	van^{1}
直译：	丁	亥	时	武曲①	八白②	四	九穷	泪如柳条	日
条目：							【九己】	【六立水】③	

意译：丁亥时，值北斗武曲与风水紫白星八白艮照应，北斗武曲为金与地上艮为土，为土生金，为天地相生。要留意按用事者出生地支年，往下推演，至地支第四位，值水书忌戒条目【九己】【六立水】之凶祸；尽管有吉利相照，也只是为吉多凶少。宜斟酌开路、安葬、立碑、出行。

注释：① 武曲：为北斗星之一，属北斗星的第六位。

② 八白：紫白星属八卦星位第八位，属艮卦。

③ 水书忌戒条目：

【九己】指九穷，二代以后丁财衰败。

【六立水】意为泪如柳条，指忌哭丧。

第14行

原文：

读音：	ɕən^{1}	su^{3}	van^{1}	tʰu^{3}
直译：	辛	丑	日	土

意译：辛丑日，纳音属土。

注释：此为六十甲子日的第三十八日，五行纳音属土。它包含从戊子时起到己亥时，共十二个时辰。

第15行

原文：

读音：	mu^{2}	hi^{3}	si^{2}	pʰo^{5}	ɕət^{7}	mok^{8}	van^{1}	joŋ^{2}
直译：	戊	子	时	破军①	七赤②	人头	日	用
条目：						【各木】③		

直译：戊子时，庚子时，值北斗破军与风水紫白星七赤兑照应，北斗破军为金与地上兑为金，两金

为旺，为天地相旺。要留意水书忌戒条目【各木】凶祸之灾；虽有吉日为用事，但也为吉凶参半之时。宜斟酌开路、安葬、立碑，不宜栽种、婚姻、营造。

注释：① 破军：为北斗星之一，属北斗星的第七位。

② 七赤：紫白星属八卦星位第七位，属兑卦。

③ 【各木】为水语音译水书忌戒条目，意为人头。

第16行

原文：

读音：ʈi^{1}　su^{3}　si^{2}　pu^{2}　ljok^{8}　ton^{2}ɣon^{2}　pjət^{8}jiŋ^{5}　q^{h}am^{5}aːn^{1}　lju^{2}lji^{2}sui^{3}

直译：己　丑　时　辅星①　六白②　短命　环绕　翻倒马鞍　泪如柳条

条目：【端完】　【必引】　【缸鞍】　【六立水】③

意译：己丑时，值北斗辅星与风水紫白星六白乾照应，北斗辅星为水与地上乾金，为金生水，为天地相生。要留意水书忌戒条目【端完】【必引】【缸鞍】【六立水】凶祸招致之灾。

注释：① 辅星：为北斗星之一，属北斗星的第八位。

② 六白：紫白星属八卦星位第八位，属艮卦。

③ 水书忌戒条目：

【端完】意为短命。

【必引】意为回环或环绕。

【缸鞍】意为翻倒马鞍。

【六立水】意为泪如柳条，指忌哭丧。

原文：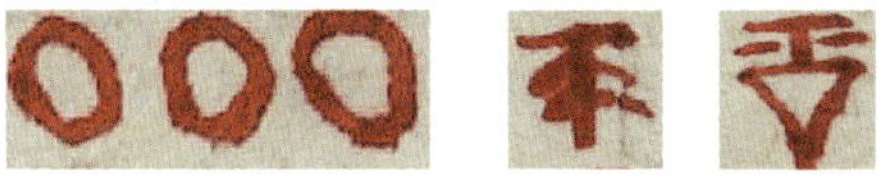

读音：eŋ^{1}van^{1}　mok^{8}　ʈət^{7}

直译：额问　木堂④　吉

意译：又值水书吉利“额问”“木堂”照应，为吉凶参半之时。宜斟酌开路、安葬、立碑，不宜婚姻、营造、出行、造鞍。

注释：④ 水书吉星：

额问：意为吉利重重。

木堂：指富丽堂皇之意。

第17行

原文：

读音：	qeŋ^{1}	ji^{2}	si^{2}	pjət^{8}	ŋo^{4}	ɕoŋ^{1}ʔjət^{7}	pje^{2}k^{h}u^{1}	mok^{8}foŋ^{2}	ha:i^{2}
直译：	庚	寅	时	弼星①	五黄②	虫咬	麻风病	缠树藤	骸④
条目：						【凶以】	【别扣】	【木逢】③	

意译：庚寅时，值北斗弼星与风水紫白星中央五黄照应，北斗弼星为水与地上中央为土，为土克水，为天地相克。又有水语音译的水书忌戒条目【凶以】【别扣】【木逢】为“骸（死人）”凶祸所招之灾祸。

注释：① 弼星：为北斗星之一，属北斗星的第九位。

② 五黄：紫白星属八卦星位第五位，属中央卦。

③ 水书忌戒条目：

【凶以】指虫咬。

【别扣】意为麻风病。

【木逢】意为缠树藤。

④ 骸：水语音译，意为棺材、死人或重丧。

原文：

读音：	ʔboŋ^{5}ham^{3}	ha:i^{2}	ŋo^{4}qui^{5}	ha:i^{4}jən^{2}	sa:n^{1}	ŋo^{4}	ta:ŋ^{2}ʔɣa^{5}	mok^{8}
直译：	罩住	骸④	锤敲打	马肠子	散⑥	五	肥沃大田	人头
条目：	【补夯】⑤		【五锤】	【海寅】⑤			【堂田】	【各木】⑤

意译：还有水书忌戒条目【补夯】为“骸（死人）”凶；又要留意【五锤】【海寅】或八宫掌“散”凶祸之灾；又还有按用事者出生地支年，往下推演，至第五位，值水书忌戒条目【堂田】【各木】之祸害，为大凶之时。不宜开路、安葬、立碑、婚姻、营造、出行。

注释：⑤ 水书忌戒条目：

【补夯】指罩住之意。

【五锤】意为五锤敲打。

【海寅】水语谐音也叫“海马”，是马肠子之意。

【堂田】意为肥沃大田。

【各木】意为人头。

⑥ 散：为八宫掌名称。

第18行

原文：

读音：ɕən^{1} ma:u^{4} si^{2} t^{h}a:m^{1} hi^{5} ŋo^{4}hu^{3} ha:k^{7}van^{1}ʔdjam^{5} ʈum^{1} eŋ^{1}van^{1}

直译：辛 卯 时 贪狼① 四禄② 猛虎 连日阴沉 金堂 额问④

条目：【五虎】 【航问锭】③

意译：辛卯时，值北斗贪狼与风水紫白星四禄巽照应，北斗贪狼为木与地上巽为木，两木为旺，为天地相旺。要留心值水语音译的水书禁忌条目【五虎】【航问锭】之凶祸；又有水书吉利“金堂”“额问”照应，为吉凶参半之时。宜斟酌开路、安葬、立碑，不宜婚姻、营造、出行。

注释：① 贪狼：为北斗星之一，属北斗星的第一位。

② 四禄：紫白星属八卦星位第四位，属巽卦。

③ 水书忌戒条目：

【五虎】意为猛虎，表示多只猛虎。

【航问锭】意为连日凶祸或连日阴沉。

④ 水书吉星：

金堂：是指富丽堂皇。

额问：意为吉利重重。

第19行

原文：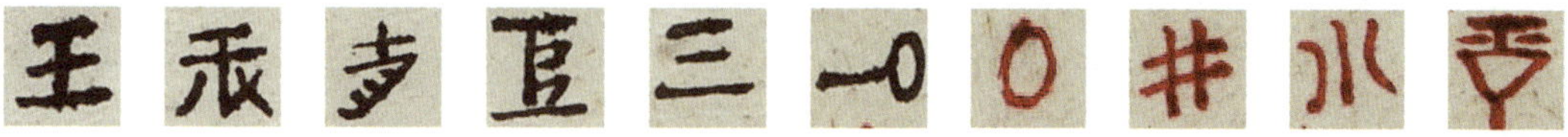

读音：ȵum^{2} sən^{2} si^{2} ʈu^{2} ha:m^{1} ŋo^{4}qui^{5} van^{1} t^{h}a:m^{1} sui^{3} ʈət^{7}

直译：壬 辰 时 巨门① 三碧② 锤敲打 日 贪狼④ 水 吉

条目：【五锤】③

意译：壬辰时，值北斗巨门与风水紫白星三碧震照应，北斗巨门为土与地上震为木，为木克土，为天地相克。又有水语音译的水书忌戒条目【五锤】之凶；虽有北斗星“贪狼”照应，且按用事者出生属五行年，往下推演，至水位，为吉利；但也难以化解其天地相克之凶，仍为大凶之时。诸事不宜。

注释：① 巨门：为北斗星之一，属北斗星的第二位。

② 三碧：紫白星属八卦星位第三位，属震卦。

③ 【五锤】为水语音译的水书忌戒条目，意为五锤敲打。

④ 贪狼：北斗九星第一位，这里为水书吉星。

第20行

原文：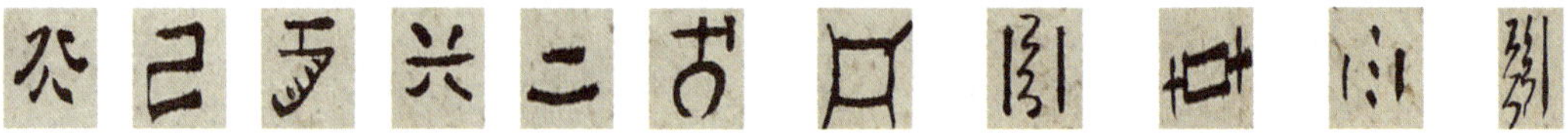

读音：ȶui^{5}　hi^{4}　si^{2}　ljok^{8}　ŋ̥i^{2}　hak^{7}　ŋ̥a:n^{1}hi^{5}q^{h}a^{1}　njem^{2}ju^{5}　ha:i^{2}　pik^{7}sui^{3}ȶən^{1}　ɕoŋ^{1}ɕep^{7}

直译：癸　巳　时　禄存①　二黑②　坎坷　棺材四角　引线　骸④　泪水涌流　接应

条目：【核】【宁喜卡】【引友】③　【比水紧】【休显】⑤

意译：癸巳时，值北斗禄存与风水紫白星二黑坤照应，北斗禄存为土与地上坤为土，两土为旺，为天地相旺。要留意水语音译水书忌戒条目【核】【宁喜卡】【引友】为“骸（死人）”凶；又要留意【比水紧】【休显】凶祸损耗之灾，为大凶时。不宜开路、安葬、立碑、婚姻、营造、出行。

注释：① 禄存：为北斗星之一，属北斗星的第三位。

② 二黑：紫白星属八卦星位第二位，属坤卦。

③ 水书忌戒条目：

【核】意为坎坷不顺或堵塞。

【宁喜卡】意为棺材头四角。

【引友】意为引线（应答）。

④ 骸：水语音译，意为棺材、死人或重丧。

⑤ 水书忌戒条目：

【比水紧】指泪水涌流之意。

【休显】接应（忌报丧）。

第21行

原文：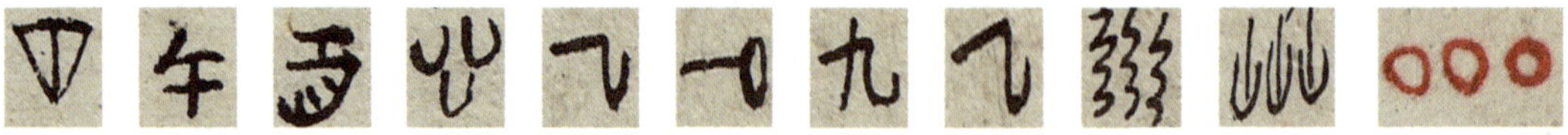

读音：ȶa:p^{7}　ŋo^{2}　si^{2}　fan^{2}　ʔjət^{7}　ŋo^{4}qui^{5}　ȶu^{3}　ʔjət^{7}　so^{3}sjen^{1}　tsjem^{4}　eŋ^{1}van^{1}

直译：甲　午　时　文曲①　一白②　锤敲打　九　一　惹是生非　凶恶　额问④

条目：【五锤】　【所线】【占】③

意译：甲午时，值北斗文曲与风水紫白星一白坎照应，北斗文曲为水与地上坎为水，两水为旺，为天地相旺。要留意水书忌戒条目【五锤】之凶；还要留意按用事者出生地支年，往下推演，至第九位，或按用事者出生天干年，往下推演，至乙位，为水书忌戒条目【所线】【占】凶祸招致之灾；即使又值水语音译的水书吉利“额问”照应，也为吉凶参半之时。宜斟酌开路、安葬、立碑，不宜婚姻、营造、出行。

注释：① 文曲：为北斗星之一，属北斗星的第四位。

② 一白：紫白星属八卦星位第一位，属坎卦。

③ 水书忌戒条目：

【五锤】意为五锤敲打。

【所线】指惹是生非。

【占】为一种神尖刀，凶恶人触击倒（一触即发）。

④ 额问：水语音译，意为吉利重重。

第22行

原文：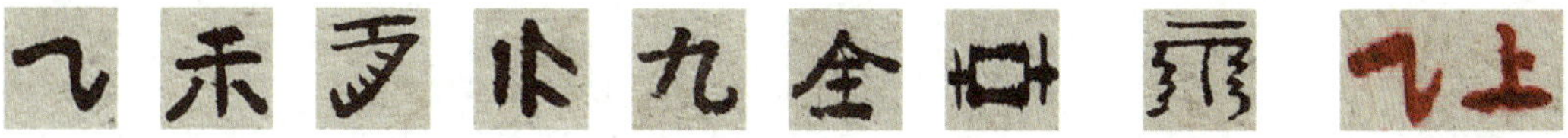

读音：ʔjət^{7}　mi^{2}　si^{2}　ljem^{2}　ʈu^{3}　ʈum^{1}　ha:i^{2}　ʔjeu^{1}foŋ^{2}hu^{3}　ʔjət^{7}sjeŋ^{3}

直译：乙　未　时　廉贞①　九紫②　金　骸③　孝旗伞　一生气⑤

条目：【料逢虎】④

意译：乙未时，值北斗廉贞与风水紫白星九紫离照应，北斗廉贞为火与地上离为火，两火为旺，为天地相旺。要留心按用事者出生属五行年，往下推演，至金位，值“骸（死人）”凶；又要留意水书忌戒条目【料逢虎】凶祸之灾；但又有水书吉利“一生气”照应，为吉多凶少之时。宜开路、安葬、立碑、婚姻、营造、出行，不宜送番旗伞盖。

注释：① 廉贞：为北斗星之一，属北斗星的第五位。

② 九紫：紫白星属八卦星位第九位，属离卦。

③ 骸：水语音译，意为棺材、死人或重丧。

④ 【料逢虎】水书忌戒条目，指孝旗伞。

⑤ 一生气：意为和气。

第23行

原文：

读音：pjeŋ^{3}　sən^{1}　si^{2}　fu^{4}　pa:t^{7}　kwa:n^{1}tsai^{4}　ku^{3}sup^{7}

直译：丙　申　时　武曲①　八白②　斧头　预计

条目：【引贯】　【估术】③

意译：丙申时，值北斗武曲与风水紫白星八白艮照应，北斗武曲为金与地上艮为土，为土生金，为天地相生。要留意水书忌戒条目【引贯】【估术】之凶。

注释：① 武曲：为北斗星之一，属北斗星的第六位。

② 八白：紫白星属八卦星位第八位，属艮卦。

③ 水书忌戒条目：

【引贯】是指斧头。

【估术】意为预计。

原文：

读音：	ȶi^{1}	ma^{4}saŋ^{2}ȶi^{1}	hak^{7}	ha:i^{2}	zən^{1}ta:u^{5}	ŋo^{4}hu^{3}	ɕoŋ^{1}
直译：	己	马戴孝	坎坷	骸⑤	人倒	猛虎	凶
条目：		【马畅旗】	【核】④		【人倒】	【五虎】⑥	

意译：又要留心按用事者出生天干年，往下推演，至己位，为水书忌戒条目【马畅旗】【核】为“骸（死人）”凶；又要留意【人倒】【五虎】凶祸伤身损耗之灾，为大凶之时。诸事不宜。

注释：④ 水书忌戒条目：

【马畅旗】意为马戴孝。

【核】指坎坷不顺或堵塞。

⑤ 骸：水语音译，意为棺材、死人或重丧。

⑥ 水书忌戒条目：

【人倒】意为凶恶人倒死亡。

【五虎】意为猛虎，表示多只猛虎。

第24行

原文：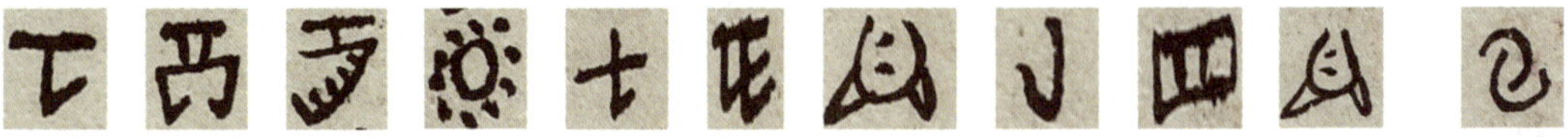

读音：	tjeŋ^{1}	ju^{4}	si^{2}	p^{h}o^{5}	ɕət^{7}	ŋo^{4}	ŋo^{4}hu^{3}	qau^{3}za:i^{5}	hi^{5}	ŋo^{4}hu^{3}	ȶi^{1}
直译：	丁	酉	时	破军①	七赤②	五	猛虎	猛兽抓拖	四	猛虎	九穷
条目：							【五虎】	【高采】		【五虎】	【九己】③

意译：丁酉时，值北斗破军与风水紫白星七赤兑照应，北斗破军为金与地上兑为金，两金为旺，为天地相旺。要留意按用事者出生地支年，往下推演，至第五位，为水书忌戒条目【五虎】【高采】之凶；又要留意按用事者出生地支年，往下推演，至第四位，又水书忌戒条目【五虎】【九己】之凶祸，为凶时。不宜开路、安葬、立碑、婚姻、营造。

注释：① 破军：为北斗星之一，属北斗星的第七位。

② 七赤：紫白星属八卦星位第七位，属兑卦。

③ 水书忌戒条目：

【五虎】意为猛虎，表示多只猛虎。

【高采】意为猛兽抓拖。

【九己】指九穷，二代以后丁财衰败。

第25行

原文：

读音：	mu^{2}	hət^{7}	si^{2}	pu^{2}	ljok^{8}	ɕət^{7}	qo^{2}ȶən^{1}
直译：	戊	戌	时	辅星①	六白②	七	大群队移动
条目：							【各紧】③

意译：戊戌时，值北斗辅星与风水紫白星六白乾照应，北斗辅星为水与地上乾为金，为金生水，为天地相生。要留意按用事者出生地支年，往下推演，至第七位，为水书忌戒条目【各紧】之凶。

注释：① 辅星：为北斗星之一，属北斗星的第八位。

② 六白：紫白星属八卦星位第六位，属乾卦。

③ 【各紧】水书忌戒条目，意为大群队移动。各，水语音译，意为划、移动；紧，水语音译，意为大排场队伍。

原文：

读音：	fan^{2}	ljeu^{4}ȶa^{1}ɕot^{7}	q^{h}am^{5}a:n^{1}	lju^{2}lji^{2}sui^{3}	mi^{2}
直译：	文曲	家产破败	翻倒马鞍	泪如柳条	未
条目：		【辽架玄】	【缸鞍】	【六立水】④	

意译：还要留意按用事者出生北斗九星年，往下推演，至文曲位，值水书忌戒条目【辽架玄】【缸鞍】【六立水】凶祸之灾；按用事者出生地支年，往下推演，至未位，虽为吉利，但仍为凶时。不宜开路、安葬、立碑、婚姻、营造、出行。

注释：④ 水书忌戒条目：

【辽架玄】意为家产破败。

【缸鞍】指翻倒马鞍。

【六立水】意为泪如柳条，指忌哭丧。

第26行

原文：

读音：	ʈi^{1}	ʁaːi^{3}	si^{2}	pjət^{8}	ŋo^{4}	ŋo^{4}hu^{3}	sək^{7}ʈi^{1}	haːm^{1}	so^{3}sjen^{1}	hak^{7}van^{1}
直译：	癸	亥	时	弼星①	五黄②	猛虎	断梳子	三	惹是生非	航问④
条目：						【五虎】	【省记】		【所线】③	

意译：癸亥时，值北斗弼星与风水紫白星中央五黄照应，北斗弼星为水与地上中央为土，为土克水，为天地相克。又有水书忌戒条目【五虎】【省记】凶祸之灾；按用事者出生地支年，往下推演，至第三位，为水书忌戒条目【所线】；虽有水书吉利“航问”照应，但也难化解其凶，仍为凶时。不宜开路、安葬、立碑、婚姻、营造、出行。

注释：① 弼星：为北斗星之一，属北斗星的第九位。

② 五黄：紫白星属八卦星位第五位，属中央卦。

③ 水书忌戒条目：

【五虎】意为猛虎。

【省记】意断梳子，指死人梳子。

【所线】意为惹是生非。

④ 航问：水语音译，意为连日吉利。

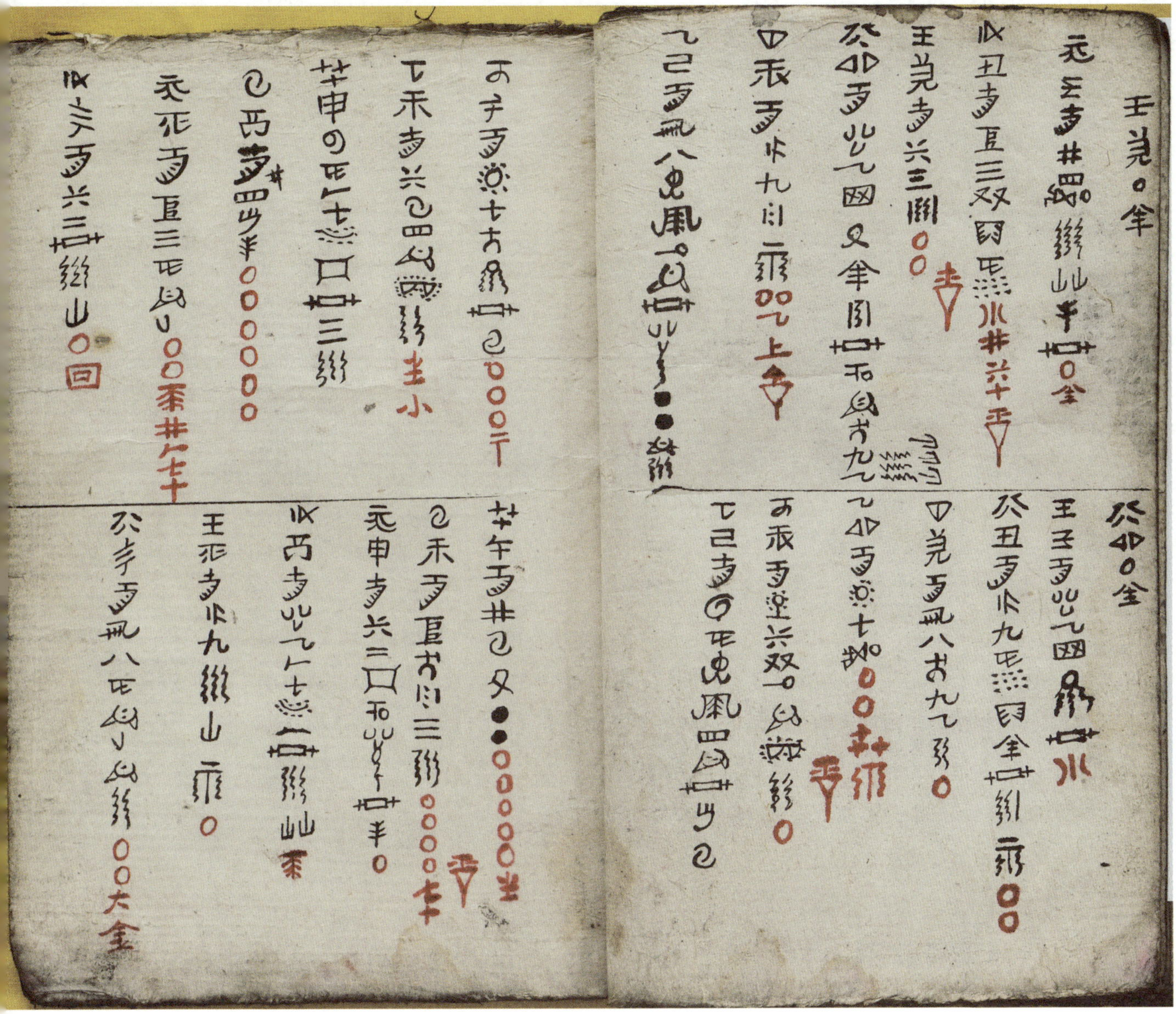

原件 20：壬寅 癸卯

第 1 行

原文：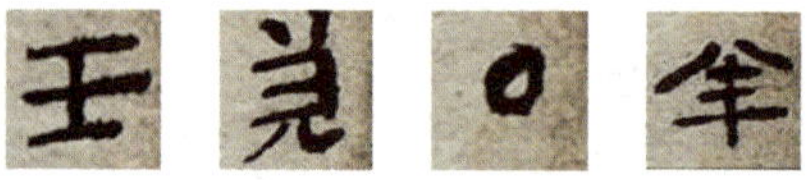

读音：ȵum^{2} ji^{2} van^{1} ʈum^{2}

直译：壬 寅 日 金

意译：壬寅日，纳音属金。

注释：此为六十甲子日的第三十九日，五行纳音属金。它包含从庚子时起到辛亥时，共十二个时辰。

第 2 行

原文：

读音：qeŋ^{1} hi^{3} si^{2} t^{h}a:m^{1} hi^{5} zən^{1}ta:u^{5} so^{3}sjem^{1} ta:ŋ^{2}sa:i^{2}

直译：庚 子 时 贪狼① 四禄② 人倒 惹是生非 宽大竹林

条目：【人倒】【所线】【堂晒】③

意译：庚子时，值北斗贪狼与风水紫白星四禄巽相照应，北斗贪狼为木与地上巽为木，两木为旺，天地相旺。要留意水书忌戒条目【人倒】【所线】【堂晒】凶祸伤身之祸。

注释：① 贪狼：为北斗星之一，属北斗星的第一位。

② 四禄：紫白星属八卦星位第四位，属巽卦。

③ 水书忌戒条目：

【人倒】意为凶恶倒人死亡。

【所线】意为惹是生非。

【堂晒】指宽大竹林。

原文：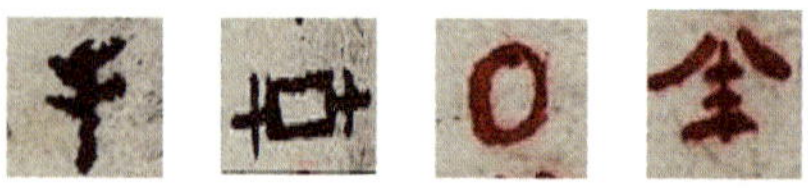

读音：mok^{8} ha:i^{2} van^{1} ȵum^{1}

直译：木 骸④ 日 金堂⑤

意译：还要留意按用事者出生五行年，往下推演，至木位，值“骸（死人）”凶祸之灾；尽管有水书吉利“金堂”照应，但仍为吉凶参半之时。宜婚姻、营造、出行，不宜开路、安葬、立碑。

注释：④ 骸：为水语音译的水书忌戒条目，为棺材或重丧。

⑤ 金堂：水书吉利条目，意为富丽堂皇。

第 3 行

原文：

读音：	ɕən^{1}	su^{3}	si^{2}	ʈu^{2}	ha:m^{1}	ku^{3}sup^{7}	mən^{2}ja^{3}sui^{3}	ʔjum^{5}hən^{2}
直译：	辛	丑	时	巨门①	三碧②	预计	水族衙门	地方拥挤
条目：						【估术】	【门牙水】	【涌恒】③

意译：辛丑时，值北斗巨门与风水紫白星三碧震相照应，北斗巨门为土与地上震卦属木，为木克土，为天地相克。又有水书忌戒条目【估术】【门牙水】【涌恒】凶祸之灾。

注释：① 巨门：为北斗星之一，属北斗星的第二位。

② 三碧：紫白星属八卦星位第三位，属震卦。

③ 水书忌戒条目：

【估术】为预计之意。

【门牙水】指水族衙门。

【涌恒】指地方拥挤。

原文：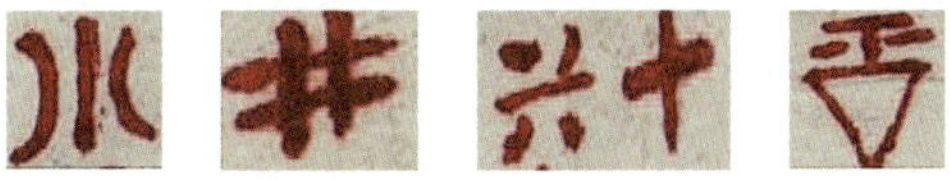

读音：	sui^{3}	t^{h}a:m^{1}	ljok^{8}sup^{8}	ʈət^{7}
直译：	水	贪狼④	六十	吉

意译：按用事者出生属五行年，往下推演，至水位，虽有水书北斗九星“贪狼”照应，为“六十吉”，但也难化解天地相克，仍为凶时。诸事不宜。

注释：④ 贪狼：为北斗九星第一位，这里为吉星。

第 4 行

原文：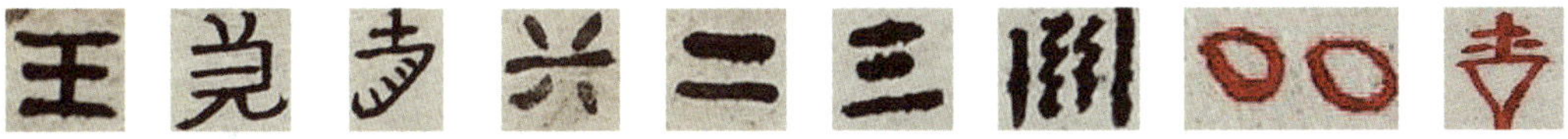

读音：	ȵum^{2}	ji^{2}	si^{2}	ljok^{8}	ȵi^{2}	ha:m^{1}	ɕoŋ^{1}ɕep^{7}	hak^{7}van^{1}	ʈət^{7}
直译：	壬	寅	时	禄存①	二黑②	三	接应	航问④	吉
条目：							【休显】③		

意译：壬寅时，值北斗禄存与风水紫白星二黑坤照应，北斗禄存为土与地坤为土，两土为旺，为天地相旺。要留意按用事者出生地支年，往下推演，至第三位，为水书忌戒条目【休显】之凶；又有水语音译吉利“航问”照应，为吉多凶少之时。宜开路、安葬、立碑、婚姻、营造、出行。

注释：① 禄存：为北斗星之一，属北斗星的第三位。

② 二黑：紫白星属八卦星位第二位，属坤卦。

③ 【休显】水书忌戒条目，意为接应（忌报丧）。

④ 航问：为水语音译，意为连日吉利。

第 5 行

原文：

读音：ɬui^{5}　ma:u^{4}　si^{2}　fan^{2}　ʔjət^{7}　ton^{2}ɣon^{2}　pjət^{8}jiŋ^{5}　ȵum^{1}　njem^{2}ju^{5}　ha:i^{2}

直译：癸　卯　时　文曲①　一白②　短命　回环　金　引线　骸④

条目：【端完】　【必引】　【引友】③

意译：癸卯时，值北斗文曲与风水紫白星一白坎照应，北斗文曲为水与地坎为水，两水为旺，为天地相旺。要留意水书忌戒条目【端完】【必引】之凶，又要留意按用事者出生属五行年，往下推演，至金位，为水书忌戒条目【引友】为“骸（死人）”凶祸之灾。

注释：① 文曲：为北斗星之一，属北斗星的第四位。

② 一白：紫白星属八卦星位第一位，属坎卦。

③ 水语音译的水书禁忌条目：

【端完】意为短命。

【必引】意为回环。

【引友】意为引线。

④ 骸：水语音译，意为棺材、死人或重丧。

原文：

读音：pje^{2}k^{h}u^{1}　ŋo^{4}hu^{3}　hak^{7}　ɬu^{3}　ʔjət^{7}　so^{3}sjem^{1}　ta:ŋ^{2}ʔdoŋ^{1}

直译：麻风病　猛虎　坎坷　九　乙　惹是生非　宽大森林

条目：【别扣】　【五虎】　【核】　【所线】　【堂弄】⑤

意译：还要留心水书忌戒条目【别扣】【五虎】【核】凶祸招致之灾，也还得留心按用事者出生地支年，往下推演，至第九位，或按用事者出生天干年，往下推演，至乙位，值水书忌戒条目【所线】【堂弄】之凶，为吉凶参半之时。宜斟酌开路、安葬、立碑，不宜设席、婚姻、营造、造圈、赴任、诉讼。

注释：⑤ 水书忌戒条目：

【别扣】意为麻风病。

【五虎】指猛虎。

【核】意为坎坷不顺或堵塞。

【所线】指惹是生非。

【堂弄】意为宽大森林。

第 6 行

原文：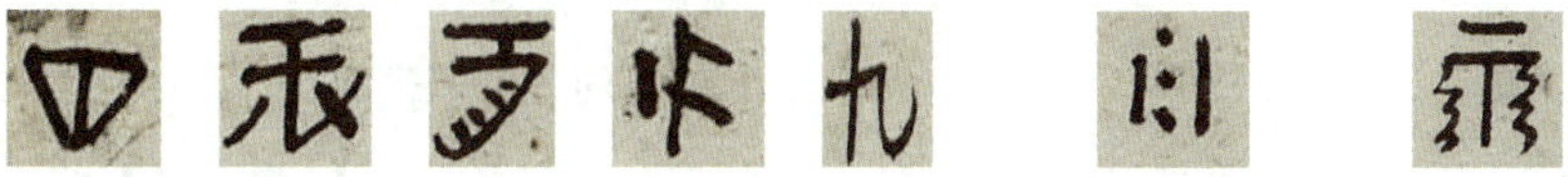

读音：ȶa:p^{7} sən^{2} si^{2} ljem^{2} ȶu^{3} pik^{7}sui^{3}ka:ŋ^{5} ʔjeu^{1}fon^{2}hu^{3}

直译：甲 辰 时 廉贞① 九紫② 泪水哭干 孝旗伞

条目：【比水缸】【料逢虎】③

意译：甲辰时，值北斗廉贞与风水紫白星九紫离照应，北斗廉贞为火与地离为火，两火为旺，为天地相旺。要留意值水语音译的水书忌戒条目【比水缸】【料逢虎】之凶。

注释：① 廉贞：为北斗星之一，属北斗星的第五位。

② 九紫：紫白星属八卦星位第九位，属离卦。

③ 水书忌戒条目：

【比水缸】意为泪水哭干。

【料逢虎】意为孝旗伞。

原文：

读音：hak^{7}van^{1} ʔjət^{7}sjeŋ^{3} ȶət^{7}

直译：航问 一生气④ 吉

意译：即使值水语音译水书吉利“航问”“一生气”照应，也为吉凶参半之时。宜斟酌开路、安葬、营造、立碑，不宜设席、婚姻、造圈、赴任、诉讼。

注释：④ 水书吉星：

航问：意为连日吉利。

一生气：意为和气。

第 7 行

原文：

读音：	ʔjət^{7}	hi^{4}	si^{2}	fu^{4}	pa:t^{7}	ɕoŋ^{1}ʔjət^{7}	mok^{8}fon^{2}	ŋo^{4}qui^{5}	ŋo^{4}hu^{3}	ha:i^{2}
直译：	乙	巳	时	武曲①	八白②	虫咬	缠树藤	锤敲打	猛虎	骸④
条目：						【凶以】	【木逢】	【五锤】	【五虎】③	

意译：乙巳时，值北斗武曲与风水紫白星八白艮照应，北斗武曲为金与地艮为土，两水为旺，为天地相旺。要留意值水语音译的水书忌戒条目【凶以】【木逢】【五锤】【五虎】为“骸（死人）”凶祸所招之灾害。

注释：① 武曲：为北斗星之一，属北斗星的第六位。

② 八白：紫白星属八卦星位第八位，属艮卦。

③ 水书忌戒条目：

【凶以】意为虫咬。

【木逢】指缠树藤。

【五锤】意为五锤敲打。

【五虎】指猛虎，表示多只猛虎。

④ 骸：水语音译，意为棺材、死人或重丧。

原文：

读音：	ljeu^{4}ȶa^{1}ɕon^{2}	hak^{7}van^{1}ʔnjam^{5}	ŋo^{4}hu^{3}	lju^{2}llji^{2}sui^{3}
直译：	家产破败	连日阴沉	猛虎	泪如柳条
条目：	【辽架玄】	【航问锭】	【五虎】	【六立水】⑤

意译：又要留心水书忌戒条目【辽架玄】【航问锭】【五虎】【六立水】凶祸招致之灾，仍为凶时。诸事不宜。

注释：⑤ 水书忌戒条目：

【辽架玄】意为家产破败。

【航问锭】指连日凶祸或连日阴沉。

【六立水】意为泪如柳条，忌哭丧。

第 8 行

原文：

读音： pjeŋ^3	ŋo^2	si^2	p^{h}o^5	ɕət^7	hak^5	ma^{4}saŋ^{2}ȶi^2	ha:i^2	ȶi^1	eŋ^{1}van^1	jeŋ^1
直译： 丙	午	时	破军①	七赤②	坎坷	马戴孝	骸④	九穷	额问⑥	?
条目：					【核】	【马畅旗】③		【九己】⑤		

意译：丙午时，值北斗破军与风水紫白星七赤兑照应，北斗破军为金与地兑为金，两金为旺，为天地相旺。要留心值水语音译水书忌戒条目【核】【马畅旗】【骸】【九己】凶祸招致之灾；即使有水书吉利“额问”照应，为吉凶参半之时。宜斟酌开路、婚姻、营造、出行，不宜安葬、立碑。

注释：① 破军：为北斗星之一，属北斗星的第七位。

② 七赤：紫白星属八卦星位第七位，属兑卦。

③ 水书忌戒条目：

【核】意为坎坷或堵塞。

【马畅旗】意为马戴孝。

④ 骸：水语音译，意为棺材、死人或重丧。

⑤ 【九己】意为九穷，二代以后丁财衰败。

⑥ 额问：为水语音译水书吉利条目，意为吉利重重。

第 9 行

原文：

读音： tjeŋ^1	mi^2	si^2	pu^2	ljok^8	ȶi^1	hi^5	ŋo^{4}hu^3	q^{h}am^{5}a:n^1	ju^{2}lji^{2}sui^3	mi^2	ɕeu^3
直译： 丁	未	时	辅星①	六白②	九穷	四	猛虎	翻倒马鞍	泪如柳条	未	小
条目：					【九己】		【五虎】	【缸鞍】	【六立水】③		

意译：丁未时，值北斗辅星与风水紫白星六白乾照应，北斗辅星为水与地乾为金，为金生水，为天地相生。要留心水书忌戒条目【九己】之凶，也要留意按用事者出生地支年，往下推演，至第四位，值水书忌戒条目【五虎】【缸鞍】【六立水】凶祸招致之灾，为吉凶参半之时。宜斟酌开路、安葬、立碑，不宜婚姻、营造、造鞍、出行、造圈。

注释：① 辅星：为北斗星之一，属北斗星的第八位。

② 六白：紫白星属八卦星位第六位，属乾卦。

③ 水书忌戒条目：

【九己】意为九穷，二代以后丁财衰败。

【五虎】意为猛虎，表示多只猛虎。

【缸鞍】指翻倒马鞍。

【六立水】意为泪如柳条，指忌哭丧。

第10行

原文：

读音：	mu^{2}	sən^{1}	si^{2}	pjət^{8}	ŋo^{4}	ʔjən^{5}kwa:n^{1}	ɕət^{7}	qo^{2}ȶən^{1}	ŋa:n^{1}hi^{5}q^{h}a^{1}	ha:i^{2}
直译：	戊	申	时	弼星①	五黄②	斧头	七	大群队移动	棺材四角	骸④
条目：						【引贯】		【各紧】	【宁喜卡】③	

意译：戊申时，值北斗弼星与风水紫白星五黄中央照应，北斗弼星为水与地中央为土，为土克水，为天地相克。要留意水语音译的水书忌戒条目【引贯】之凶，又要留心按用事者出生地支年，往下推演，至第七位，为水书忌戒条目【各紧】【宁喜卡】为“骸（死人）”凶祸招致之灾。

注释：① 弼星：为北斗星之一，属北斗星的第九位。

② 五黄：紫白星属八卦星位第五位，属中央卦。

③ 水书忌戒条目：

【引贯】意为斧头。

【各紧】大群队移动。各，水语音译，为划、移动；紧，水语音译，为大排场队伍，

【宁喜卡】意为棺材头四角。

④ 骸：水语音译，意为棺材、死人或重丧。

原文：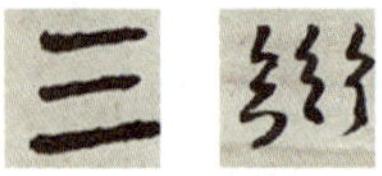

读音：	ha:m^{1}	so^{3}sjen^{1}
直译：	三	所线⑤

意译：还要留心按用事者出生地支年，往下推演，至第三位，为水书忌戒条目【所线】之凶，仍为大凶之时。诸事不宜。

注释：⑤ 【所线】为水书忌戒条目，意为惹是生非。

第11行

原文：

读音：	ȶi^{1}	ju^{4}	si^{2}	tʰa:m^{1}	hi^{5}	sək^{7}ȶi^{1}	qok^{7}mok^{8}	eŋ^{1}van^{1}
直译：	己	酉	时	贪狼①	四禄②	断梳子	人头	额问④
条目：						【省记】	【各木】③	

意译：己酉时，值北斗贪狼与风水紫白星四禄巽照应，北斗贪狼为木与地巽为木，两木为旺，为天地相旺。要留心水书忌戒条目【省记】【各木】凶祸招致之灾；又值水书吉利“额问”相照，为吉多凶少。宜开路、安葬、立碑、婚姻、营造、出行，不宜梳头或买梳子。

注释：① 贪狼：为北斗星之一，属北斗星的第一位。

② 四禄：紫白星属八卦星位第四位，属巽卦。

③ 水书忌戒条目：

【省记】意为断梳子。

【各木】意为人头。

④ 额问：水书吉利条目，意为吉利重重。

第12行

原文：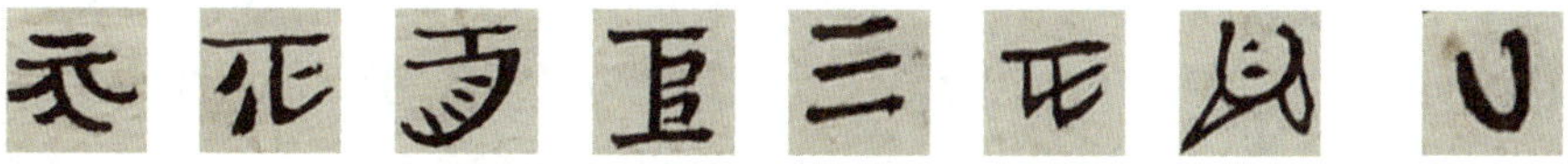

读音：	qeŋ^{1}	hət^{7}	si^{2}	ȶu^{2}	ha:m^{1}	ŋo^{4}	ŋo^{4}hu^{3}	qau^{3}za:i^{5}
直译：	庚	戌	时	巨门①	三碧②	五	猛虎	猛兽抓拖
条目：							【五虎】	【高采】③

意译：庚戌时，值北巨门星与风水紫白星三碧照应，北斗巨门为土与地震为木，为木克土，为天地相克。又有按用事者出生地支年，往下推演，至第五位，为水书忌戒条目【五虎】【高采】。

注释：① 巨门：为北斗星之一，属北斗星的第二位。

② 三碧：紫白星属八卦星位第三位，属震卦。

③ 水书忌戒条目：

【五虎】为猛虎之意，表示多只猛虎。

【高采】指猛兽抓拖。

原文：

读音：	hak^{7}van^{1}	mok^{8}ta:ŋ^{2}	t^{h}a:m^{1}	kwa:n^{1}tsai^{4}	ɕət^{7}	sup^{8}
直译：	航问	木堂	贪狼④	利斧	七	十
条目：			【贯才】⑤			

意译：即使值水书吉利“航问”“木堂”“贪狼”或水书吉利条目【贯才】连续照应，也难以化解天地相克之凶祸，仍为凶时。不宜安葬、立碑、营造、婚姻、出行、造圈。

注释：④ 水书吉星：

航问：意为连日吉利。

木堂：意为富丽堂皇。

贪狼；为北斗九星第一位，这里为水书吉星。

⑤ 【贯才】水书吉利条目，意为利斧。

第13行

原文：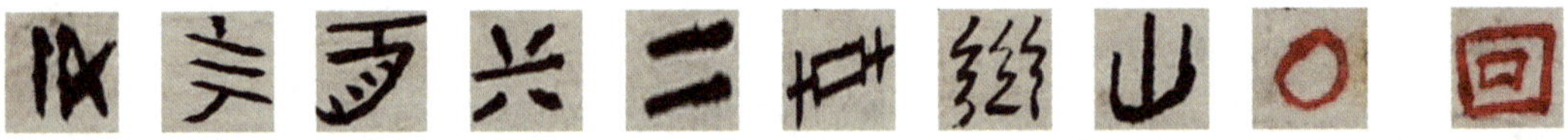

读音：	ɕən^{1}	ʁa:i^{3}	si^{2}	ljok^{8}	ni^{2}	ha:i^{2}	so^{3}sjen^{1}	sa:n^{1}	van^{1}	kwa:n^{3}ʔjən^{5}
直译：	辛	亥	时	禄存①	二黑②	骸③	惹是生非	散⑤	日	官员大印
条目：							【所线】④			【官印】⑥

意译：丁亥时，值北斗禄存与风水紫白星二黑坤照应，北斗禄存为土与地坤为土，两土为旺，为天地相旺。要留心“骸（死人）”凶；又要留意水书忌戒条目【所线】或八宫掌“散”之灾祸；即使值水书吉利条目【官印】照应，为吉凶参半之时。宜斟酌开路、安葬、立碑，不宜婚姻、营造、出行、造圈。

注释：① 禄存：为北斗星之一，属北斗星的第三位。

② 二黑：紫白星属八卦星位第二位，属坤卦。

③ 骸：水语音译，意为棺材、死人或重丧。

④ 【所线】水书忌戒条目，指惹是生非。

⑤ 散：为八宫掌名称。

⑥ 【官印】为水书吉利条目，指官员大印。

第14行

原文：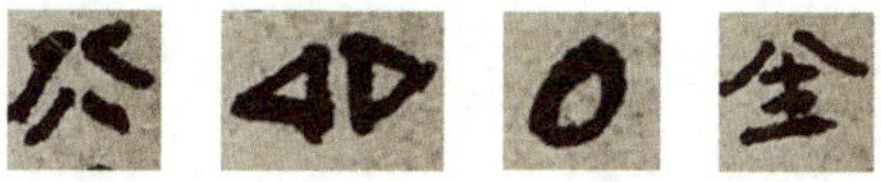

读音：	ɬui^{5}	maːu^{4}	van^{1}	ɬum^{1}
直译：	癸	卯	日	金

意译：癸卯日，纳音属金。

注释：此为六十甲子日的第四十日，五行纳音属金。它包含从壬子时起到癸亥时，共十二个时辰。

第15行

原文：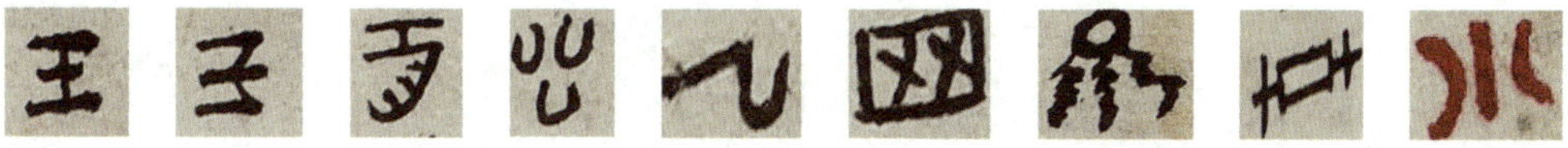

读音：	ŋ̥um^{2}	hi^{3}	si^{2}	fan^{2}	ʔjət^{7}	ton^{2}ɣon^{2}	ma^{4}saŋ^{2}ɬi^{2}	haːi^{2}	sui^{3}
直译：	壬	子	时	文曲①	一白②	短命	马戴孝	骸④	水
条目：						【端完】	【马畅旗】③		

意译：壬子时，值北斗文曲与风水紫白星一白坎照应，北斗文曲为水与地坎为水，两水为旺，为天地相旺。要留意水书忌戒条目【端完】【马畅旗】为“骸（死人）”凶祸招致之灾，为吉凶参半之时。宜斟酌婚姻、营造、出行、造圈，不宜开路、安葬、立碑。

注释：① 文曲：为北斗星之一，属北斗星的第四位。

② 一白：紫白星属八卦星位第一位，属坎卦。

③ 水书忌戒条目：

【端完】意为短命。

【马畅旗】指马戴孝。

④ 骸：水语音译，意为棺材、死人或重丧。

第16行

原文：

读音：	ɬui^{5}	su^{3}	si^{2}	ljem^{2}	ɬu^{3}	ŋo^{4}	ʔjum^{5}hən^{2}	mən^{2}ja^{3}sui^{3}
直译：	癸	丑	时	廉贞①	九紫②	五	地方拥挤	水族衙门
条目：							【涌恒】	【门牙水】③

意译：癸丑时，值北斗廉贞与风水紫白星九紫离照应，北斗廉贞为火与地离为火，两火为旺，为天

地相旺。要留心按用事者出生地支年，往下推演，至第五位，为水书忌戒条目【涌恒】【门牙水】之凶。

注释：① 廉贞：为北斗星之一，属北斗星的第五位。

② 九紫：紫白星属八卦星位第九位，属离卦。

③ 水书忌戒条目：

【涌恒】指地方拥挤。

【门牙水】意为水族衙门。

原文：

读音：ȶum^{1} ha:i^{2} ɕoŋ^{1}ɕep^{7} ʔjeu^{1}fon^{2}hu^{3} hak^{7}van^{1}

直译：金 骸④ 接应 孝旗伞 航问⑥

条目：【休显】【料逢虎】⑤

意译：还要留心按用事者出生属五行年，往下推演，至金位，值“骸（死人）”凶；又要留意水书忌戒条目【休显】【料逢虎】之凶；即使有水书吉利“航问”照应，为吉凶参半之时。宜斟酌开路、安葬、立碑、婚姻、营造。

注释：④ 骸：水语音译，意为棺材、死人或重丧。

⑤ 水书忌戒条目：

【休显】意为接应（忌报丧）。

【料逢虎】意为孝旗伞。

⑥ 航问：水书吉利条目，意为连日吉利。

第17行

原文：

读音：ȶa:p^{7} ji^{2} si^{2} fu^{4} pa:t^{7} hak^{7} ȶu^{3} ʔjət^{7} lju^{2}lji^{2}sui^{3} van^{1}

直译：甲 寅 时 武曲① 八白② 坎坷 九 乙 泪如柳条 日

条目：【核】【六立水】③

意译：甲寅时，值北斗武曲与风水紫白星八白艮照应，北斗武曲为金与地艮为土，为土生金，为天地相生。要留心水书忌戒条目【核】之凶；又要留心按用事者出生地支年，往下推演，至第九位，或按用事者出生属五行年，往下推演，至乙位，为水书忌戒条目【六立水】之祸，为吉凶参半之时。宜斟酌开路、安葬、立碑，不宜婚姻、营造、出行。

注释：① 武曲：为北斗星之一，属北斗星的第六位。

② 八白：紫白星属八卦星位第八位，属艮卦。

③ 水书忌戒条目：

【核】意为坎坷不顺或堵塞。

【六立水】意为哭泪如柳条，指忌哭丧。

第18行

原文：

读音：ʔjət^7 ma:u^4 si^2 p^{h}o^5 ɕət^7 zən^{1}ta:u^5 hak^{7}van^1 mu^{2}ti^6 ha:ŋ^{1}fan^1 ȶət^7

直译：乙 卯 时 破军① 七赤② 人倒 连日吉利 戊 人丁发达 吉

条目：【人倒】③ 【航问】 【竹根代】④

意译：辛卯时，值北斗破军与风水紫白星七赤兑照应，北斗破军为金与地兑为金，两金为旺，为天地相旺。要特别注重水书忌戒条目【人倒】伤身之祸；即使有水书吉利【航问】照应【竹根代】，按用事者出生天干年，往下推演，至戊位为吉，但也为凶时。不宜开路、安葬、立碑，宜婚姻、营造、出行。

注释：① 破军：为北斗星之一，属北斗星的第七位。

② 七赤：紫白星属八卦星位第七位，属兑卦。

③ 【人倒】水书忌戒条目，意为凶祸人倒死亡。

④ 【航问】水书吉利条目，意为连日吉利。

【竹根代】水书吉利条目，人丁发达。

第19行

原文：

读音：pjeŋ^3 sən^2 si^2 pu^2 ljok^8 ku^{3}sup^7 ŋo^{4}qui^5 ŋo^{4}hu^3 q^{h}am^{5}an^1 lju^{2}lji^{2}sui^3 van^1

直译：丙 辰 时 辅星① 六白② 预计 锤敲打 猛虎 翻倒马鞍 泪如柳条 日

条目：【估术】 【五锤】【五虎】 【缸鞍】【六立水】③

意译：丙辰时，值北斗辅星与风水紫白星六白乾照应，北斗辅星为水与地乾为金，为金生水，为天地相生。要留意值水语音译的忌戒水书条目【估术】【五锤】【五虎】【缸鞍】【六立水】凶祸之灾，为吉凶参半之时。宜斟酌开路、安葬、立碑、婚姻、营造、出行，不宜设席、造圈。

注释：① 辅星：为北斗星之一，属北斗星的第八位。

② 六白：紫白星属八卦星位第六位，属乾卦。

③ 水书忌戒条目：

【估术】意为预定或预计。

【五锤】指五锤敲打。

【五虎】为猛虎之意，表示多只猛虎。

【缸鞍】指翻倒马鞍。

【六立水】意为泪如柳条，忌哭丧。

第20行

原文：

读音：tjeŋ^{1} hi^{4} si^{2} pjət^{7} ŋo^{4} ɕoŋ^{1}ʔjət^{7} mok^{8}fon^{2}

直译：丁 巳 时 弼星① 五黄② 虫咬 缠树藤

条目：【凶以】 【木逢】③

意译：丁巳时，值北斗弼星与风水紫白星中央五黄照应，北斗弼星为水与地中央为土，为土克水，为天地相克。又有水书忌戒条目【凶以】【木逢】之凶。

注释：① 弼星：为北斗星之一，属北斗星的第九位。

② 五黄：紫白星属八卦星位第五位，属中央卦。

③ 水语音译的水书禁忌条目：

【凶以】意为虫咬。

【木逢】意为缠树藤。

原文：

读音：hi^{5} ŋo^{4}hu^{3} ha:i^{2} sək^{7}ȶi^{1} ȶu^{3}ȶi^{1}

直译：四 猛虎 骸⑤ 断梳子 九穷

条目：【五虎】④ 【省记】【九己】⑥

意译：还要按用事者出生地支年，往下推演，至第四位，为水书忌戒条目【五虎】为“骸（死人）”凶；又要留意【省记】【九己】凶祸招致之灾；为大凶之时。不宜开路、安葬、婚姻、营造、出行。

注释：④ 【五虎】水书忌戒条目，意为猛虎，表示多只猛虎。

⑤ 骸：水语音译，意为棺材、死人或重丧。

⑥ 水书忌戒条目：

【省记】意为断梳子（即死人梳子）。

【九己】意为九穷，二代以后丁财衰败。

第21行

原文：

读音：mu^{2} ŋo^{2} si^{2} t^{h}a:m^{1} hi^{5} ʈi^{1} pjət^{8}jiŋ^{5} hak^{7}van^{1}ʔdjam^{5} eŋ^{1}van^{1} mi^{1}

直译：戊 午 时 贪狼① 四禄② 九穷 环绕 连日阴沉 额问④ 未

条目：【九己】【必引】【航问锭】③

意译：戊午时，值北斗贪狼与风水紫白星四禄照应，北斗贪狼为木与地巽为木，两木为旺，为天地相旺。要留意值水语音译水书忌戒条目【九己】【必引】【航问锭】凶祸招致之灾；又值水语音译水书吉利“额问”照应，为吉多凶少之时。宜斟酌开路、安葬、立碑，不宜婚姻、播种、营造、出行。

注释：① 贪狼：为北斗星之一，属北斗星的第一位。

② 四禄：紫白星属八卦星位第四位，属巽卦。

③ 水书忌戒条目：

【九己】指九穷，二代以后丁财衰败。

【必引】意为回环或环绕。

【航问锭】意为连日凶祸或连日阴沉。

④ 额问：水语音译水书吉利条目，意为吉利重重。

第22行

原文：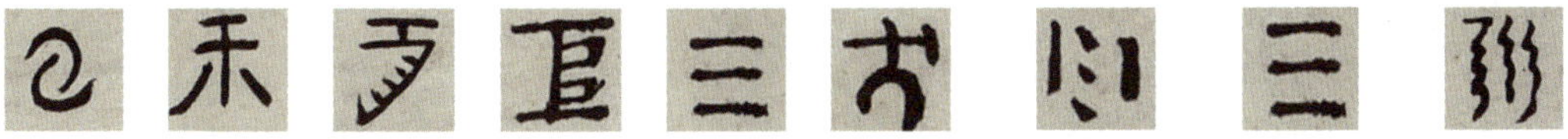

读音：ʈi^{1} mi^{2} si^{1} ʈu^{2} ha:m^{1} hak^{7} pik^{7}sui^{3}ka:ŋ^{5} ha:m^{1} so^{3}sjen^{1}

直译：己 未 时 巨门① 三碧② 坎坷 泪水哭干 三 惹是生非

条目：【核】【比水缸】【所线】③

意译：己未时，值北斗巨门与风水紫白星三碧照应，北斗巨门为土与地震木，为木克为土，为天地相克。又有水语音译水书忌戒条目【核】【比水缸】之凶；按用事者出生地支年，往下推演，至第三位，为水书忌戒条目【所线】之祸。

注释：① 巨门：为北斗星之一，属北斗星的第二位。

② 三碧：紫白星属八卦星位第三位，属震卦。

③ 水语音译水书忌戒条目：

【核】意为坎坷或堵塞。

【比水缸】意为哭干泪水。

【所线】意为惹是生非。

原文：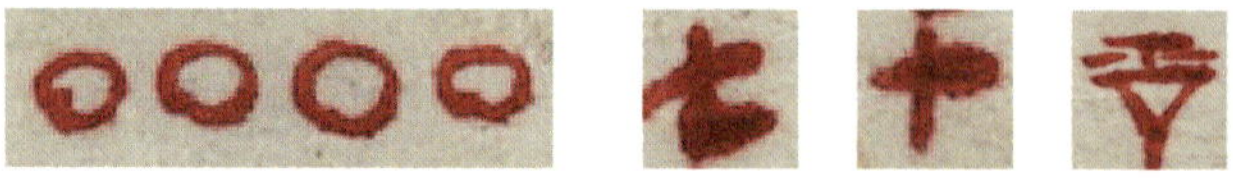

读音：	eŋ^{1}van^1	ɕət^7	sup^8	ȶət^7
直译：	吉利重重	七	十	吉
条目：	【额问】④			

意译：即使有水语音译水书吉利条目“额问”照应，按用事者出生地支年，往下推演，至第七位或第十位为吉利，也难化解天地相克之凶，仍为大凶之时。不宜斟酌开路、安葬、立碑、婚姻、营造、出行、赴任、诉讼。

注释：④ 额问：水语音译，意为吉利重重。

第23行

原文：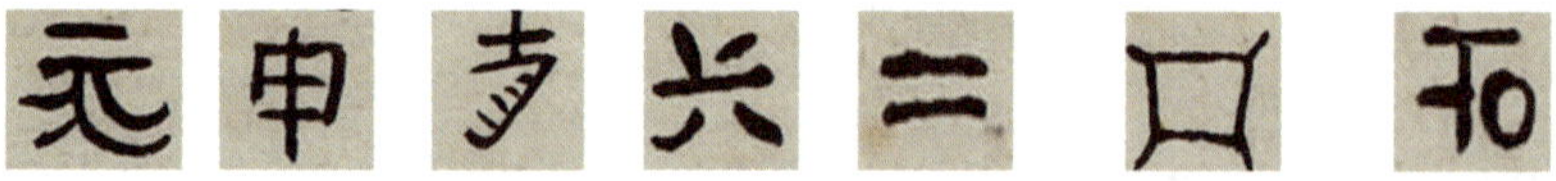

读音：	qeŋ^1	sən^1	si^2	ljok^8	ŋ̊i^2	ŋ̊a:n^{1}hi^{5}q^{h}a^1	pje^{2}k^{h}u^1
直译：	庚	申	时	禄存①	二黑②	棺材四角	麻风病
条目：						【宁喜卡】	【别扣】③

意译：庚申时，值北斗禄存与风水紫白星二黑照应，北斗禄存为土与地坤为土，两土为旺，为天地相旺。又有水语音译水书忌戒条目【宁喜卡】【别扣】之凶。

注释：① 禄存：为北斗星之一，属北斗星的第三位。

② 二黑：紫白星属八卦星位第二位，属坤卦。

③ 水书忌戒条目：

【宁喜卡】意为棺材头四角。

【别扣】意为麻风病。

原文：

读音：	fan^{2}	ljeu^{4}ta^{1}tot^{7}	ha:i^{2}	qok^{8}mok^{8}	van^{1}
直译：	文曲	家产破败	骸⑤	人头	日
条目：		【辽架玄】④		【各木】⑥	

意译：还有按用事者出生北斗九星年，往下推演，至文曲位，为水书忌戒条目【辽架玄】为“骸（死人）”凶；又要留意【各木】凶祸招致之灾，为大凶之时，诸事不宜。

注释：④ 【辽架玄】水书忌戒条目，意为家产破败。

⑤ 骸：水语音译，意为棺材、死人或重丧。

⑥ 【各木】水书忌戒条目，意为人头。

第24行

原文：

读音：	ɕən^{1}	ju^{4}	si^{2}	fan^{2}	ʔjət^{7}	ʔjən^{5}kwa:n^{1}	ɕət^{7}	qo^{2}tən^{2}	ʔbon^{5}ham^{3}	ha:i^{2}
直译：	辛	酉	时	文曲①	一白②	斧头	七	大群队移动	罩住	骸④
条目：						【引贯】		【各紧】	【补夯】③	

意译：辛酉时，值北斗文曲与风水紫白星一白照应，北斗文曲为水与地坎为水，两水为旺，为天地相旺。要留意水书忌戒条目【引贯】之凶；按用事者出生地支年，往下推演，至第七位，又要留意水书忌戒条目【各紧】【补夯】为“骸（死人）”凶祸招致之灾。

注释：① 文曲：为北斗星之一，属北斗星的第四位。

② 一白：紫白星属八卦星位第一位，属坎卦。

③ 水书忌戒条目：

【引贯】意为斧头。

【各紧】大群队移动。各，水语音译，为划、移动；紧，水语音译，为大排场队伍。

【补夯】指罩住之意，与仰开相对。

④ 骸：水语音译，意为棺材、死人或重丧。

原文：

读音：so^{3}sjen^1　ta:ŋ^{2}sa:i^2　mok^8

直译：惹是生非　宽大竹林　木堂⑥

条目：【所线】　【堂晒】⑤

意译：又要留意水书忌戒条目【所线】【堂晒】之凶。即使有水书吉利“木堂”高照，也为大凶之时。不宜开路、安葬、立碑、婚姻、营造、出行。

注释：⑤　水书忌戒条目：

【所线】意为惹是生非。

【堂晒】意为宽大竹林。

⑥　木堂：水语音译，指富丽堂皇。

第25行

原文：

读音：ŋum^2　hət^7　si^2　ljen^2　ȶu^3　so^{3}sjen^1　sa:n^1　ʔjeu^{1}fon^{2}hu^3　van^1

直译：壬　戌　时　廉贞①　九紫②　惹是生非　散④　孝旗伞　日

条目：【所线】③　【料逢虎】⑤

意译：壬戌时，北斗廉贞与风水紫白星九紫照应，北斗廉贞为水与地离为火，为水克火，为天地相克。又有水书忌戒条目【所线】，或八宫掌“散”，或水书忌戒条目【料逢虎】凶祸招致之灾，虽值吉利照应，但仍为大凶之时。不宜安葬、立碑、婚姻、营造。

注释：①　廉贞：为北斗星之一，属北斗星的第九位。

②　九紫：紫白星属八卦星位第九位，属离卦。

③　【所线】水书忌戒条目，意为惹是生非。

④　散：指八宫掌名称。

⑤　【料逢虎】水书忌戒条目，意为孝旗伞。

第26行

原文：

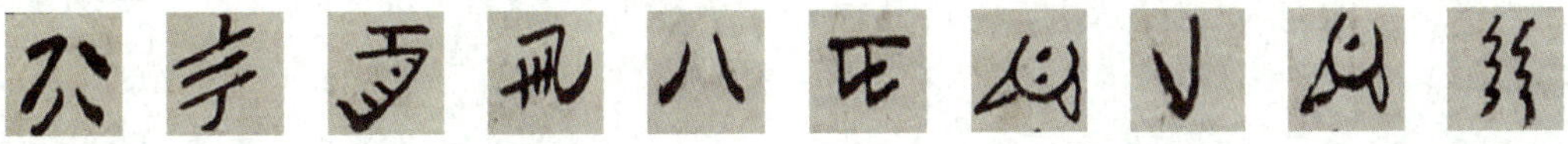

读音：	ţui^{5}	ʁa:i^{3}	si^{2}	fu^{4}	pa:t^{7}	ŋo^{4}	ŋo^{4}hu^{3}	qau^{3}za:i^{5}	ŋo^{4}hu^{3}	lju^{2}lji^{2}sui^{3}
直译：	丁	亥	时	武曲①	八白②	五	猛虎	猛兽抓拖	猛虎	泪如柳条
条目：							【五虎】	【高采】	【五虎】	【六立水】③

意译：丁亥时，值北斗武曲与风水紫白星八白照应，北斗武曲为金与地艮为土，为土生金，为天地相生。要留意按用事者出生地支年，往下推演，至第五位，为水书忌戒条目【五虎】【高采】【五虎】【六立水】凶祸所招之凶祸。

注释：① 武曲：为北斗星之一，属北斗星的第六位。

② 八白：紫白星属八卦星位第八位，属艮卦。

③ 水书忌戒条目：

【五虎】意为猛虎，表示多只猛虎。

【高采】指猛兽抓拖。

【六立水】意为泪如柳条，忌哭丧。

原文：

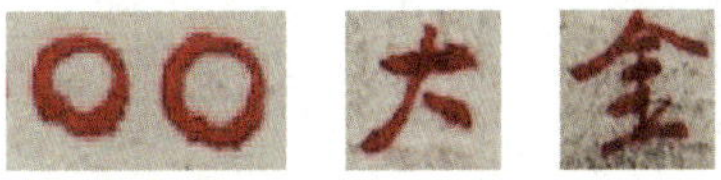

读音：	hak^{7}van^{1}	ta:i^{2}	ţum^{1}
直译：	航问	大	金堂④

意译：又有水书吉利条目“航问”“金堂”照应，为吉多凶少。宜斟酌开路、安葬、立碑，不宜婚姻、营造、出行、造圈。

注释：④ 水书吉星：

航问：意为吉利重重。

金堂：意为富丽堂皇。

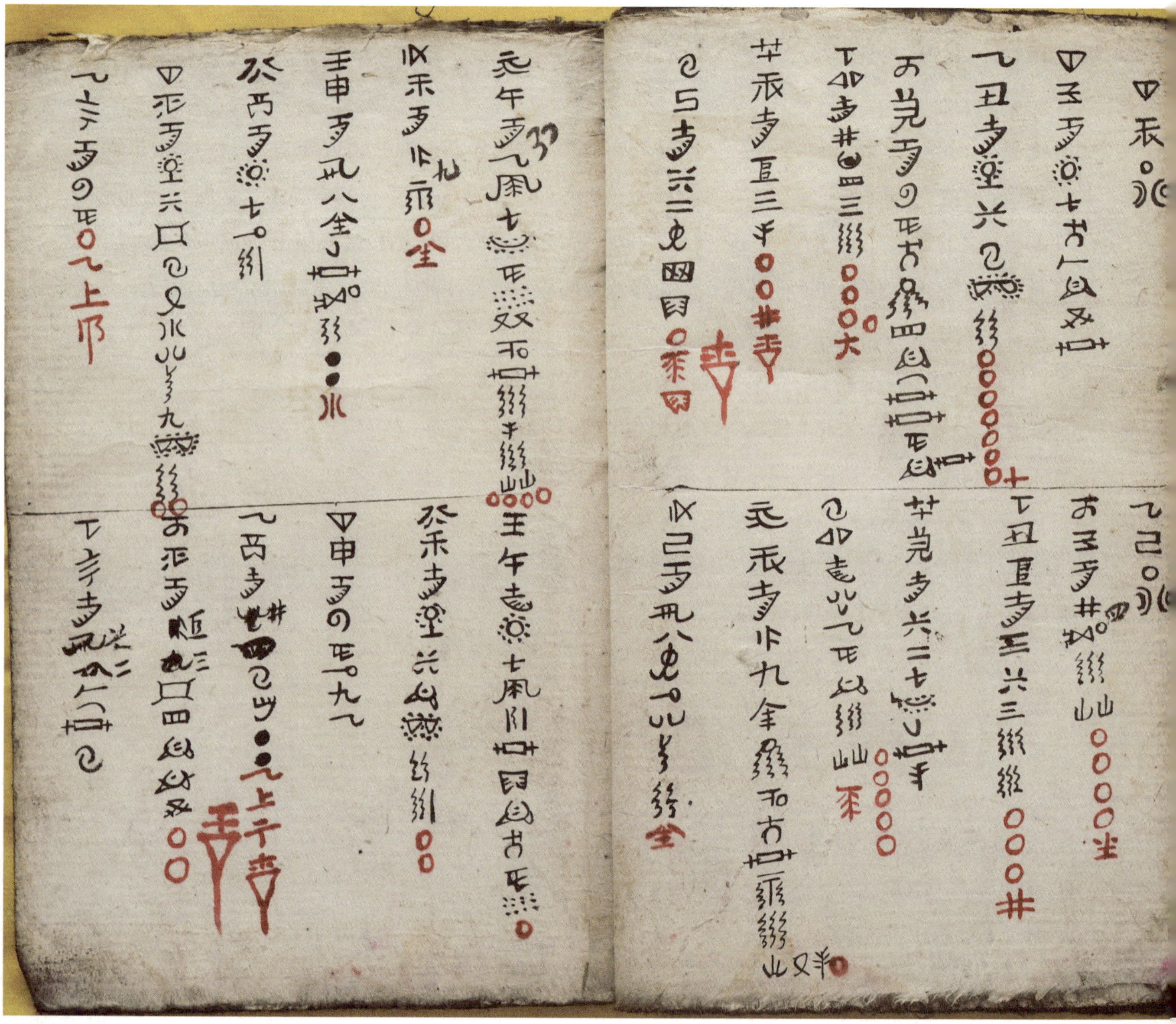

原件 21：甲辰 乙巳

第 1 行

原文：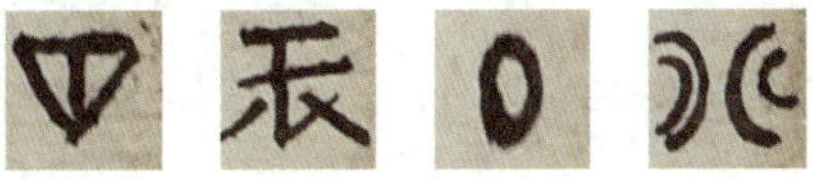

读音：ȶa:p^{7} sən^{2} van^{1} fa^{3}

直译：甲 辰 日 火

意译：甲辰日，纳音属火。

注释：此为六十甲子日中第四十一日，五行纳音属火。它包含从甲子时起到乙亥时，共十二个时辰。

第 2 行

原文：

读音：ȶa:p^{5} hi^{3} si^{2} p^{h}o^{5} ɕət^{7} hak^{7} ʔjən^{5}kwa:n^{1} ŋo^{4}hu^{3} ɕoŋ^{1} ha:i^{2}

直译：甲 子 时 破军① 七赤② 坎坷 斧头 猛虎 凶 骸④

条目：【核】 【引贯】 【五虎】③

意译：甲子时，值北斗破军与风水紫白星七赤兑照应，北斗破军为金与地兑为金，两金为旺，为天地相旺。要留意水书忌戒条目【核】【引贯】【五虎】为“骸（死人）”凶祸之灾，为凶多吉少。宜婚姻、营造、出行，不宜开路、安葬、立碑。

注释：① 破军：为北斗星之一，属北斗星的第七位。

② 七赤：紫白星属八卦星位第七位，属兑卦。

③ 水书忌戒条目：

【核】意为坎坷不顺或堵塞。

【引贯】意为斧头。

【五虎】意为猛虎。

④ 骸：水语音译，意为棺材、死人或重丧。

第 3 行

原文：

读音：ʔjət^{7} su^{3} si^{2} pu^{2} ljok^{8} ȶi^{1} q^{h}am^{5}a:n^{1} lju^{2}lji^{2}sui^{3} eŋ^{1}van^{1} sup^{8}

直译：乙 丑 时 辅星① 六白② 己 翻倒马鞍 泪如柳条 额问④ 十

条目：【缸鞍】【六立水】③

意译：乙丑时，值北斗辅星与风水紫白星六白乾照应，北斗辅星为水与地乾为金，为金生水，为天地相生。要留意按用事者出生地支年，往下推演，至已位，为水书忌戒条目【缸鞍】【六立水】之凶；即使值水书吉利条目“额问”照应，也为吉凶参半之时。宜斟酌开路、安葬、立碑、婚姻、出行、赴任，不宜营造、造马鞍。

注释：① 辅星：为北斗星之一，属北斗星的第八位。

② 六白：紫白星属八卦星位第六位，属乾卦。

③ 水书忌戒条目：

【缸鞍】意为翻倒马鞍。

【六立水】意为泪如柳条，指忌哭丧。

④ 额问：水语音译，意为吉利重重。

第 4 行

原文：

读音：	pjeŋ^{3}	ji^{2}	si^{2}	pjət^{7}	ŋo^{4}	hak^{7}	ma^{4}saŋ^{2}ʈi^{1}	hi^{5}	ŋu^{4}hu^{3}	ʔbon^{5}ham^{3}	ha:i^{1}	ha:i^{2}
直译：	丙	寅	时	弼星①	五黄②	坎坷	马戴孝	四	猛虎	罩住	骸④	骸⑤
条目：						【核】	【马畅旗】		【五虎】	【补夯】③		

意译：丙寅时，值北斗弼星与风水紫白星五黄中央照应，北斗弼星为水与地中央为土，为土克水，为天地相克。又有水书忌戒条目【核】【马畅旗】之凶相应，按用事者出生地支年，往下推演，至第四位，又值水书忌戒条目【五虎】【补夯】为“骸（死人）”凶祸之灾。

注释：① 弼星：为北斗星之一，属北斗星的第九位。

② 五黄：属紫白星八卦第五位，属中央卦。

③ 水书忌戒条目：

【核】意为坎坷不顺或堵塞。

【马畅旗】意为马戴孝。

【五虎】意为猛虎。

【补夯】指罩住，与仰开相反。

④⑤ 骸：水语音译，意为棺材、死人或重丧。

原文：

读音：ŋo^{4} ŋo^{4}hu^{3} ha:i^{2}

直译：五 猛虎 骸⑦

条目：【五虎】⑥

意译：又还有按用事者出生地支年，往下推演，至第五位，又值水书忌戒条目【五虎】为“骸（死人）”凶祸之灾，更为大凶之时。不宜开路、安葬、立碑、婚姻、营造、出行。

注释：⑥ 【五虎】意为猛虎。

⑦ 骸：水语音译，意为棺材、死人或重丧。

第 5 行

原文：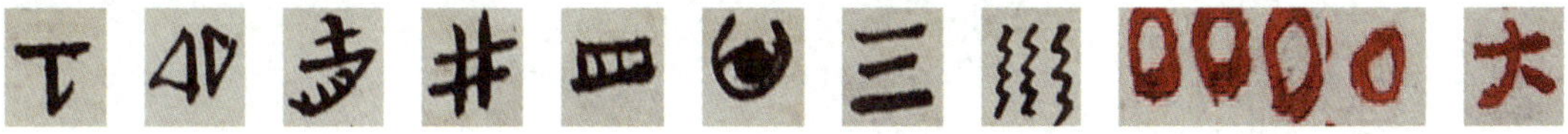

读音：tjeŋ^{1} ma:u^{4} si^{2} t^{h}a:m^{1} hi^{5} ŋo^{4}hu^{3} ha:m^{1} so^{3}sjen^{1} eŋ^{1}van^{1} ta:i^{2}

直译：丁 卯 时 贪狼① 四禄② 猛虎 三 惹是生非 额问④ 大

条目：【五虎】 【所线】③

意译：丁卯时，值北斗贪狼与风水紫白星四禄巽相照应，北斗贪狼属木与地上巽为木，两木为旺，为天地相旺。要留心水书忌戒条目【五虎】之凶；还要留意按用事者出生地支年，往下推演，至第三位，为水书忌戒条目【所线】之凶；即使有水书金吉利“额问”照应，也为吉凶参半之时。宜斟酌开路、安葬、立碑、婚姻、出行，不宜营造、造圈。

注释：① 贪狼：为北斗星之一，属北斗星的第一位。

② 四禄：属紫白星八卦第四位，属巽卦。

③ 水书忌戒条目：

【五虎】意为猛虎。

【所线】意为惹是生非。

④ 额问：水语音译，意为吉利重重。

第 6 行

原文：

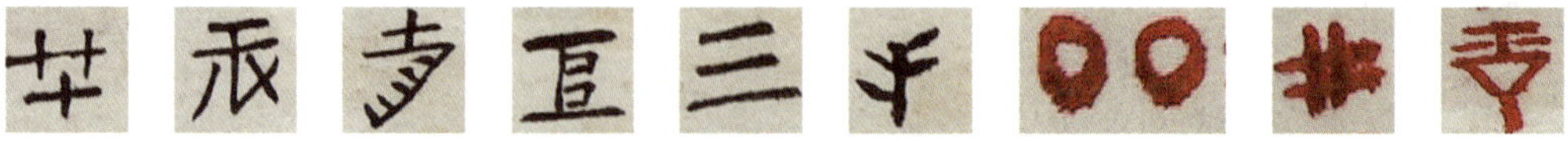

读音：	mu^{2}	sən^{2}	si^{2}	ʈu^{2}	ha:m^{1}	mok^{8}	hak^{7}van^{1}	t^{h}a:m^{1}	ʈət^{7}
直译：	戊	辰	时	巨门①	三碧②	人头	航问	贪狼④	吉
条目：						【各木】③			

意译：戊辰时，值北斗巨门与风水紫白星三碧震相照应，北斗巨门属土与地上震为木，为木克土，为天地相克。又有水语音译水书忌戒条目【各木】凶祸之灾，虽值水语音译水书吉利“航问”“贪狼”照应，但也难化解其天地相克之凶，仍为大凶之时。诸事不宜。

注释：① 巨门：为北斗星之一，属北斗星的第二位。

② 三碧：属紫白星八卦第三位，属震卦。

③ 【各木】水语音译水书忌戒条目，意为人头。

④ 水书吉星：

航问：意为连日吉利。

贪狼：属北斗九星第一位，这里为水书吉星。

第 7 行

原文：

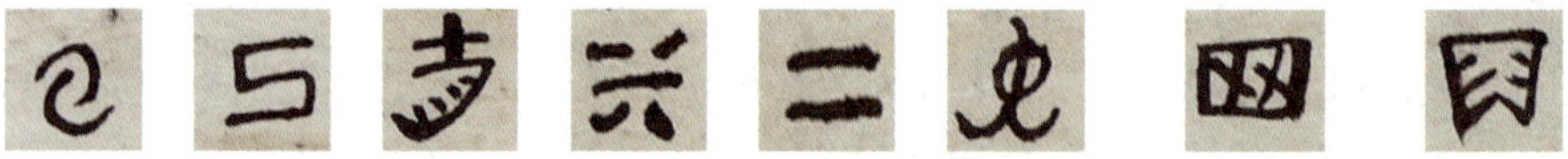

读音：	ʈi^{1}	hi^{4}	si^{2}	ljok^{8}	ŋ̊i^{2}	ɕoŋ^{1}ʔjət^{7}	ton^{2}ɣon^{2}	mən^{2}ja^{3}sui^{3}
直译：	己	巳	时	禄存①	二黑②	虫咬	短命	水族衙门
条目：						【凶以】	【端完】	【门牙水】③

意译：己巳时，值北斗禄存与风水紫白星二黑坤卦照应，北斗禄存为土与地二黑坤为土，为两土相旺，为天地相旺。要留心水书忌戒条目【凶以】【端完】【门牙水】凶祸之灾。

注释：① 禄存：为北斗星之一，属北斗星的第三位。

② 二黑：属紫白星八卦第二位，属坤卦。

③ 水书禁忌条目：

【凶以】意为虫咬。

【端完】意为短命。

【门牙水】意为水族衙门，黑字为凶。

原文：

读音：van^{1} mok^{8} tət^{7} mən^{2}ja^{3}sui^{3}

直译：日 木堂④ 吉 水族衙门

条目：【门牙水】⑤

意译：又值水语音译的水书吉利“木堂”或水书吉星【门牙水】照应，仍为吉凶参半。宜斟酌开路、丧葬、立碑，不宜出行、婚姻、起造。

注释：④ 木堂：水书吉星，意为富丽堂皇

⑤ 【门牙水】意为水族衙门，水书吉利条目。

第8行

原文：

读音：qeŋ^{1} ŋo^{2} si^{2} fan^{2} ʔjət^{7} mok^{8}foŋ^{2} ɕət^{7} qo^{2}tən^{1}

直译：庚 午 时 文曲① 一白② 缠树藤 七 大群队移动③

条目：【木逢】 【各紧】③

意译：庚午时，值北斗文曲与风水紫白星一白照应，北斗文曲属水与地上坎为水，两水为旺，为天地相旺。要留心水书禁忌条目【木逢】之凶，还要留心按用事者出生地支年，往下推演，至七位，为水书禁忌条目【各紧】之祸。

注释：① 文曲：为北斗星之一，属北斗星第四位。

② 一白：为紫白星八卦第一位，为坎卦。

③ 水书忌戒条目：

【木逢】意为缠树藤。

【各紧】大群队移动。各，水语音译，为划、移动；紧，水语音译，为大排场队伍。

原文：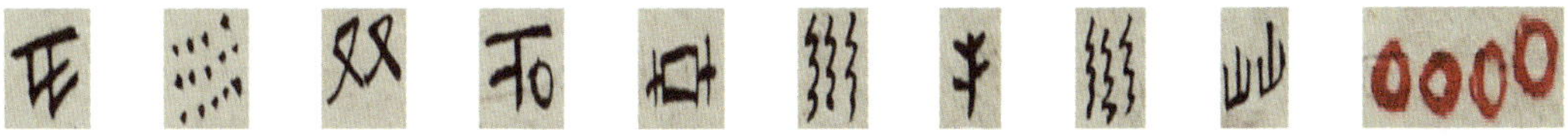

读音：ŋo^{4} ʔjum^{5}hən^{2} ku^{3}sup^{7} pje^{2}k^{h}u^{1} ha:i^{2} so^{3}sjen^{1} mok^{8} so^{3}sjen^{1} ta:ŋ^{2}ʔdoŋ^{1} eŋ^{1}van^{1}

直译：五 地方拥挤 预计 麻风病 骸⑤ 惹是生非 木 惹是生非 宽大森林 额问⑦

条目：【涌恒】【估术】【别扣】④ 【所线】 【所线】【堂弄】⑥

意译：既要留心按用事者出生地支年，往下推演，至五位，为水书忌戒条目【涌恒】【估术】【别扣】【骸】【所线】凶祸之灾，又要留意按用事者出生属五行年，往下推演，至木位，为水书忌戒条目【所线】【堂弄】之凶祸；即使有水书吉利条目“额问”照应，也为凶时。不宜立碑、丧葬、立碑、起造、嫁娶、出行、赴任、诉讼。

注释：④ 水书忌戒条目：

【涌恒】意为地方拥挤。

【估术】意为预计。

【别扣】意为麻风病。

⑤ 骸：水语音译，意为棺材、死人或重丧。

⑥ 水书忌戒条目：

【所线】意为惹是生非。

【堂弄】意为宽大森林。

⑦ 额问：水语音译，意为吉利重重。

第9行

原文：

读音：	ɕən^{1}	mi^{2}	si^{2}	ljem^{2}	ʈu^{3}	ʔjeu^{1}foŋ^{2}hu^{3}	van^{1}	ʈum^{2}
直译：	辛	未	时	廉贞①	九紫②	孝旗伞	日	金堂④
条目：						【料逢虎】③		

意译：辛未时，值北斗廉贞与风水紫白星九紫离相照应，北斗廉贞属火与地上离为火，两火为旺，为天地相旺。要留意水书忌戒条目【料逢虎】之凶；又还有水书“金堂”照应，为吉利之时。宜斟酌开路、丧葬、立碑、嫁娶、起造、出行。

注释：① 廉贞：为北斗星之一，属北斗星的第五位。

② 九紫：紫白星属八卦星位第九位，属离卦。

③【料逢虎】水语音译水书忌戒条目，意为孝旗伞。

④ 金堂：水书吉利条目，意为富丽堂皇。

第10行

原文：

读音：	ȵum^{2}	sən^{1}	si^{2}	fu^{4}	pa:t^{7}	ʈum^{1}	qau^{3}za:i	ha:i^{2}	zən^{1}ta:u^{5}	lju^{2}lji^{2}sui^{3}ha:k^{7}	van^{1}ʔdjam^{5}
直译：	壬	申	时	武曲①	八白②	金	猛兽抓拖	骸④	人倒	泪如柳条	连日阴沉
条目：							【高采】③		【人倒】	【六立水】	【航问锭】⑤

意译：壬申时，值北斗武曲与风水紫白星八白艮相照应，北斗武曲属金与地上艮为土，为土生金，为天地相生。要留心按用事者出生属五行年，往下推演，至金位，为水书忌戒条目【高采】【骸】【人倒】【六立水】【航问锭】凶祸伤身损耗之灾。

注释：① 武曲：为北斗星之一，属北斗星的第六位。

② 八白：为紫白星八卦第八位，属艮卦。

③ 水书忌戒条目：

【高采】意为猛兽抓拖。

④ 骸：水语音译，意为棺材、死人或重丧。

⑤ 水书忌戒条目：

【人倒】意为凶恶倒人死亡。

【六立水】意为哭泪如柳条，忌哭丧。

【航问锭】意为连日凶祸。

原文：

读音： sui^3

直译： 水⑥

意译：按用事者出生属五行年，往下推演，至水位，为水书吉利照应，仍为凶之时。不宜开路、丧葬、立碑、嫁娶、起造、出行。

注释：⑥ 水：是按用事者出生属五行年，往下推演，至水位。

第11行

原文：      

读音：	ʈui^5	ju^4	si^2	p^{h}o^5	ɕət^7	ŋo^{4}qui^5	ɕoŋ^{1}ɕep^7
直译：	癸	酉	时	破军①	七赤②	锤敲打	接应
条目：						【五锤】	【休显】③

意译：癸酉时，值北斗破军与风水紫白星七赤兑相照应，北斗破军属金与地上兑为金，两金为旺，为天地相旺。要留心水书禁忌条目【五锤】【休显】之凶，为吉多凶少之时。宜开路、丧葬、立碑、嫁娶、起造、出行、造圈，不宜设席、设座位。

注释：① 破军：为北斗星之一，属北斗星的第七位。

② 七赤：为紫白星八卦第七位，为兑卦。

③ 水书禁忌条目：

【五锤】意为五锤敲打。

【休显】意为接应（忌报丧）。

第12行

原文：

读音：	ȶa:p^{7}	hət^{7}	si^{2}	pu^{2}	ljok^{8}	ŋ̥a:n^{1}hi^{5}q^{h}a^{1}	ȶi^{1}	Pjət^{8}jiŋ^{5}
直译：	甲	戌	时	辅星①	六白②	棺材四角	九穷	环绕
条目：						【宁喜卡】	【九己】	【必引】③

意译：甲戌时，值北斗辅星与风水紫白星六白照应，北斗辅星属水与地上乾为金，为金生水，为天地相生。要留心值水书禁忌条目【宁喜卡】【九己】【必引】凶祸之灾。

注释：① 辅星：为北斗星之一，属北斗星的第八位。

② 六白：为紫白星八卦第六位，为乾卦。

③ 水书忌戒条目：

【宁喜卡】指棺材四角。

【必引】指回环或环绕。

【九己】指九穷，二代以后丁财衰败。

原文：

读音：	sui^{3}	ljeu^{4}ȶa^{1}ɕot^{7}	ȶu^{3}	q^{h}am^{5}a:n^{1}	lju^{2}lji^{2}sui^{3}	hak^{7}van^{1}
直译：	水	家产破败	九	翻倒马鞍	泪如柳条	航问⑤
条目：		【辽架玄】		【缸鞍】	【六立水】④	

意译：既要留心按用事者出生属五行年，往下推演，至水位，为水书忌戒条目【辽架玄】之凶，又要留心按用事者出生地支年，往下推演，至第九位，为水书忌戒条目【缸鞍】【六立水】之凶祸；即使有水书吉利“航问”照应，也为凶时。不宜开路、丧葬、立碑、嫁娶、起造、出行、造马鞍。

注释：④ 水书忌戒条目：

【辽架玄】意为家产破败。

【缸鞍】意为翻倒马鞍。

【六立水】意为哭泪如柳条，指忌哭丧。

⑤ 航问：水语音译，意为连日吉利。

第13行

原文：

读音：ˀjət^{7}　ʁa:i^{3}　si^{2}　pjət^{7}　ŋo^{4}　van^{1}　ˀjət^{7}sjeŋ^{1}　ti^{6}ha:ŋ^{1}fan^{1}

直译：乙　亥　时　弼星[①]　五黄[②]　日　一生气[③]　人丁发达

条目：【竹根代】[④]

意译：乙亥时，值北斗弼星与风水紫白星中央五黄照应，北斗弼星为水与地上中央为为土，为土克水，为天地相克。虽值水语音译的水书吉利条目“一生气”照应【竹根代】，但难以化解天地相克之凶，仍为大凶之时。诸事不宜。

注释：① 弼星：为北斗星之一，属北斗星的第九位。

② 五黄：紫白星属八卦星位第五位，属中央卦。

③ 一生气：为水语音译的水书吉利条目，意为和气。

④ 【竹根代】指人丁发达。

第14行

原文：

读音：ʔjət^{7}　hi^{4}　van^{1}　fa^{3}

直译：乙　辰　日　火

意译：甲辰日，纳音属火。

注释：此为六十甲子日中第四十二日，五行纳音属火。它包含从丙子时起到丁亥时，共十二个时辰。

第15行

原文：

读音：pjeŋ^{3}　hi^{3}　si^{2}　t^{h}a:m^{1}　hi^{5}　zən^{1}ta:u^{5}　so^{3} sjen^{1}　ta:ŋ^{2}sa:i^{2}

直译：甲　子　时　贪狼[①]　四禄[②]　人倒　惹是生非　宽大竹林

条目：【人倒】　【所线】　【堂晒】[③]

意译：甲子时，值北斗贪狼与风水紫白星四禄巽相照应，北斗贪狼为木与地上巽为木，两木为旺，天地相旺。要留心水语音译水书忌戒条目【人倒】【所线】【堂晒】凶祸伤身之灾祸。

注释：① 贪狼：为北斗星之一，属北斗星的第一位。

② 四禄：紫白星属八卦星位第四位，属巽卦。

③ 水书忌戒条目：

【人倒】意为凶祸倒人死亡。

【所线】意为惹是生非。

【堂晒】意为宽大竹林。

原文：

读音：eŋ^{1}van^1 mi^2

直译：额问④ 未

意译：即使值水书吉利“额问”照应，也仍为凶时。不宜开路、丧葬、立碑、起造、嫁娶、赴任、出行、诉讼。

注释：④ 额问：水语音译，意为吉利重重。

第16行

原文：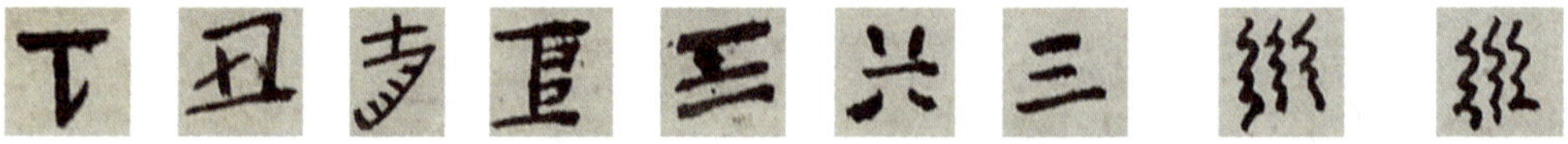

读音：	tjeŋ^1	su^3	si^2	ʈu^2	ha:m^1	ljok^8	ha:m^1	pik^{7}sui^{3}tən^1	so^{3}sjen^1
直译：	丁	丑	时	巨门①	三碧②	六	三	泪水涌流	惹是生非
条目：								【比水紧】	【所线】③

意译：丁丑时，值北斗巨门与风水紫白星三碧震相照应，北斗巨门为土与地上震卦属木，为木克土，为天地相克。又有按用事者出生地支年，往下推演，至第六位或第三位，为水书禁忌条目【比水紧】【所线】之凶。

注释：① 巨门：为北斗星之一，属北斗星的第二位。

② 三碧：紫白星属八卦星位第三位，属震卦。

③ 水书忌戒条目：

【比水紧】意为泪水哭尽。

【所线】指惹是生非。

原文：

读音：eŋ^{1}van^1 t^{h}a:m^1

直译：额问 贪狼④

意译：即使值水书吉利“额问”和北斗星“贪狼”照应，但也难化解其天地相克之凶，仍为大凶之时。不宜开路、丧葬、立碑、嫁娶、起造、出行。

注释：④　额问：水语音译，意为吉利重重。

　　贪狼：属北斗九星第一位，这里为水书吉星。

第17行

原文：

读音：	mu^{2}	ji^{2}	si^{3}	ljok^{8}	ȵi^{2}	ȶət^{7}	qo^{2}ȶən^{1}	qau^{3}za:i^{5}	ha:i^{2}	mok^{8}
直译：	戊	寅	时	禄存①	二黑②	七	大群队移动	猛兽抓拖	骸④	人头
条目：							【各紧】	【高采】③		【各木】③

意译：戊寅时，值北斗禄存与风水紫白星二黑坤照应，北斗禄存为土与地上坤为土，两土为旺，为天地相旺。要留心按用事者出生地支年，往下推演，至第七位，为水书忌戒条目【各紧】【高采】为“骸（死人）”凶；又要留意【各木】凶祸招致之灾，仍为凶时。不宜婚姻、营造、出行、开路、安葬、立碑。

注释：①　禄存：为北斗星之一，属北斗星的第三位。

②　二黑：紫白星属八卦星位第二位，属坤卦。

③　水书忌戒条目：

【各紧】大群队移动。各，水语音译，为划、移动；紧，水语音译，为大排场队伍。

【高采】意为猛兽抓拖。

④　骸：水语音译，意为棺材、死人或重丧。

⑤　【各木】水书忌戒条目，意为人头。

第18行

原文：

读音：	ȶi^{1}	ma:u^{4}	si^{2}	fan^{2}	ʔjət^{7}	ŋo^{4}	ŋo^{4}hu^{3}	so^{3}sjen^{1}	ta:ŋ^{2}sa:i^{2}
直译：	己	卯	时	文曲①	一白②	五	猛虎	惹是生非	宽大竹林
条目：							【五虎】	【所线】	【堂晒】③

意译：己卯时，值北斗文曲与风水紫白星一白坎照应，北斗文曲为水与地上坎为水，两水为旺，为天地相旺。要留意按用事者出生地支年，往下推演，至第五位，为水书忌戒条目【五虎】【所线】【堂晒】之凶。

注释：① 文曲：为北斗星之一，属北斗星的第四位。

② 一白：紫白星属八卦星位第一位，属坎卦。

③ 水语音译的水书忌戒条目：

【五虎】意为猛虎。

【所线】意为惹是生非。

【堂晒】意为宽大竹林。

原文：

读音：eŋ^{1}van^{1} mok^{8}ta:ŋ^{2}

直译：额问 木堂④

意译：又值水语音译的水书吉利“额问”“木堂”照应，为吉凶参半之时。宜斟酌安葬、营造、立碑，不宜婚姻、出行、赴任、诉讼。

注释：④ 水书吉星：

额问：意为吉利重重。

木堂：指富丽堂皇。

第19行

原文：

读音：qeŋ^{1} sən^{2} si^{2} ljem^{2} ʈu^{3} ʈum^{1} ma^{4}saŋ^{1}ʈi^{2} pje^{2}k^{h}u^{1} hak^{7} ha:i^{2}

直译：戊 辰 时 廉贞① 九紫② 金 马戴孝 麻风病 堵塞 骸④

条目：【马畅旗】【别扣】【核】③

意译：戊辰时，值北斗廉贞与风水紫白星九紫离照应，北斗廉贞为火与地上离为火，两火为旺，为天地相旺。要留意按用事者出生地支年，往下推演，至金位，为水书忌戒条目【马畅旗】【别扣】【核】为“骸（死人）”凶祸招致之灾。

注释：① 廉贞：为北斗星之一，属北斗星的第五位。

② 九紫：紫白星属八卦星位第九位，属离卦。

③ 水语音译的水书忌戒条目：

【马畅旗】意为马戴孝。

【别扣】意为麻风病。

【核】意为坎坷或堵塞。

④ 骸：水语音译，棺材、死人或重丧。

原文：

读音：ʔjeu^{1}foŋ^{2}hu^{3} so^{3}sjen^{1} sa^{5}sjeŋ^{1} pjət^{7}jiŋ^{5} mok^{8} van^{1}

直译：孝旗伞 惹是生非 杀伤 环绕 人头 日

条目：【料逢虎】【所线】【杀伤】【必引】【各木】⑤

意译：又要留意水书忌戒条目【料逢虎】【所线】【杀伤】【必引】【各木】凶祸所招之灾害，也为凶时。不宜丧葬、立碑、嫁娶、出行、起造、造圈。

注释：⑤ 水书忌戒条目：

【料逢虎】意为孝旗伞。

【所线】意为惹是生非。

【杀伤】意为凶恶招致非正常死亡。

【必引】意为回环或环绕。

【各木】意为人头。

第20行

原文：

读音：ɕən^{1} hi^{4} si^{2} fu^{4} pa:t^{7} ɕoŋ^{1}ʔjət^{7} ŋo^{4}qui^{5} tsjem^{4}

直译：辛 巳 时 武曲① 八白② 虫咬 锤敲打 凶恶

条目：【凶以】【五锤】【占】③

意译：辛巳时，值北斗武曲与风水紫白星八白艮相照应，北斗武曲属金与地上艮为土，为土生金，为天地相生。要留意水书忌戒条目【凶以】【五锤】【占】之凶。

注释：① 武曲：为北斗星之一，属北斗星的第六位。

② 八白：为紫白星八卦第八位，属艮卦。

③ 水书忌戒条目：

【凶以】意为虫咬。

【五锤】意为五锤敲打。

【占】意为凶恶，一种神尖刀，碰到它，人立刻昏倒，不省人事。

原文：

读音：ljeu^{4}ȶa^{1}ɕot^{7}　lju^{2}lji^{2}sui^{3}　ȶum^{1}

直译：家产破败　泪如柳条　金堂⑤

条目：【辽架玄】【六立水】④

意译：又值水语音译的水书忌戒条目【辽架玄】【六立水】之凶；虽有吉星“金堂”照应，但也为吉凶参半之时。宜嫁娶、起造、出行，不宜丧葬、立碑、设席。

注释：④　水书忌戒条目：

【辽架玄】意为家产破败。

【六立水】意为哭泪如柳条，指忌哭丧。

⑤　金堂：水语音译，意为富丽堂皇。

第21行

原文：

读音：ŋ̥um^{2}　ŋo^{2}　si^{2}　pʰo^{5}　ɕət^{7}　mok^{8}foŋ^{2}　pik^{7}sui^{3}ka:ŋ^{5}　ha:i^{2}

直译：庚　午　时　破军①　七赤②　缠树藤　泪水哭干　骸④

条目：【木逢】【六立水】③

意译：庚午时，值北斗破军与风水紫白星七赤兑相照应，北斗破军属金与地上兑为金，两金为旺。要留意水书忌戒条目【木逢】【六立水】为“骸（死人）”凶祸之灾。

注释：①　破军：为北斗星之一，属北斗星的第七位。

②　七赤：为紫白星八卦第七位，属兑卦。

③　水书忌戒条目：

【木逢】意为缠树藤。

【六立水】意为泪水哭干。

④　骸：水语音译，意为棺材、死人或重丧。

原文：

读音：mən^{2}ja^{3}sui^{3}　ŋo^{4}hu^{3}　hak^{7}　ŋo^{4}　ʔjum^{5}hən^{5}

直译：水族衙门　猛虎　坝坷　五　地方拥挤

条目：【门牙水】【五虎】【核】【涌恒】⑤

意译：又要留心水书忌戒条目【门牙水】【五虎】【核】凶祸招致之灾；还要留意按用事者出生地支年，往下推演，至第五位，为水书忌戒条目【涌恒】之凶，仍为凶时。不宜安葬、营造、立碑、婚姻、出行。

注释：⑤ 水书忌戒条目：

【门牙水】意为水族衙门。

【五虎】意为猛虎。

【核】意为坎坷或堵塞。

【涌恒】意为地方拥挤。

第22行

原文：

读音：	ȶui^{5}	mi^{2}	si^{2}	pu^{2}	ljok^{8}	ŋo^{4}hu^{3}	q^{h}am^{5}an^{1}	lju^{2}lji^{2}sui^{3}	ɕoŋ^{1}ɕep^{7}	hak^{7}van^{1}
直译：	癸	未	时	辅星①	六白②	猛虎	翻倒马鞍	泪如柳条	接应	航问④
条目：						【五虎】	【缸鞍】	【六立水】	【休显】③	

意译：癸未时，值北斗辅星与风水紫白星六白乾相照应，北斗辅星属水与地上乾为金，为金生水，为天地相生。要留意水书忌戒条目【五虎】【缸鞍】【六立水】【休显】凶祸之灾；尽管有水书吉利“航问”照应，也只是为吉凶参半之时。宜斟酌丧葬、立碑，不宜嫁娶、起造、造圈。

注释：① 辅星：为北斗星之一，属北斗星的第八位。

② 六白：紫白星属八卦星位第六位，属乾卦。

③ 水书忌戒条目：

【五虎】指猛虎，表示多只猛虎。

【缸鞍】意为翻倒马鞍。

【六立水】意为哭泪如柳条，忌哭丧。

【休显】意为接言或接应（忌报丧）。

④ 航问：水语音译，意为连日吉利。

第23行

原文：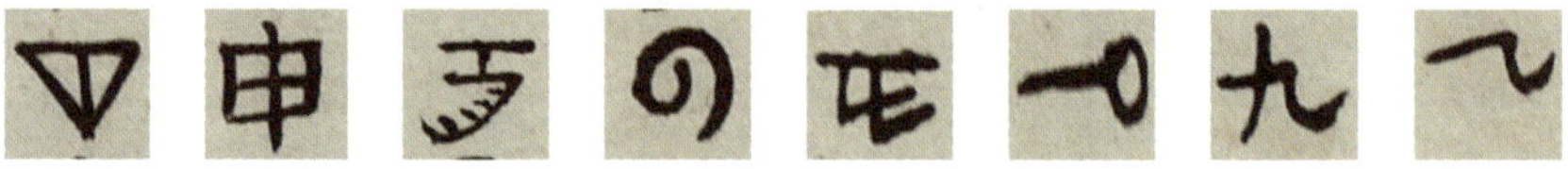

读音：	ȶa:p^{7}	sən^{1}	si^{2}	pjət^{7}	ŋo^{4}	ŋo^{4}qui^{5}	ȶu^{3}	ʔjət^{7}
直译：	甲	申	时	弼星①	五黄②	锤敲打	九	乙
条目：						【五锤】③		

意译：甲申时，值北斗弼星与风水紫白星中央五黄照应，北斗弼星属水与地上中央为土，为土克水，为天地相克。又有值水语音译的水书忌戒条目【五锤】之凶，为大凶之时。不宜开路、丧葬、立碑、嫁娶、起造、出行。

注释：① 弼星：为北斗星之一，属北斗星的第九位。

② 五黄：紫白星属八卦星位第五位，为中央卦。

③ 【五锤】为水语音译水书忌戒条目，意为五锤敲打。

第24行

原文：

读音：	ʔjət^{7}	ju^{4}	si^{2}	t^{h}a:m^{1}	hi^{5}	ȶi^{1}	sək^{7}ȶi^{1}	ha:k^{7}van^{1}ʔdjam^{5}
直译：	乙	酉	时	贪狼①	四禄②	已	断梳子	连日阴沉
条目：							【省记】	【航问锭】③

意译：乙酉时，值北斗贪狼与风水紫白星四禄照应，北斗贪狼属木与地上巽为木，两木为旺，为天地相旺。要留意按用事者出生天干年，往下推演，至已位，值水书忌戒条目【省记】【航问锭】。

注释：① 贪狼：为北斗星之一，属北斗星的第一位。

② 四禄：为紫白星八卦第四位，为巽卦。

③ 水书忌戒条目：

【省记】意为断梳子。

【航问锭】意为连日凶祸或连日阴沉。

原文：

读音：	ʔjət^{7} sjeŋ^{3}	jeŋ^{1}	ȶət^{7}
直译：	一生气④	？	吉

意译：又值水语音译水书吉利“一生气”照应，为吉凶参半之时。宜斟酌丧葬、立碑，宜嫁娶、出行，不宜起造、造圈、修鸡笼、种植。

注释：④　一生气：为水语音译，意为和气。

第25行

原文：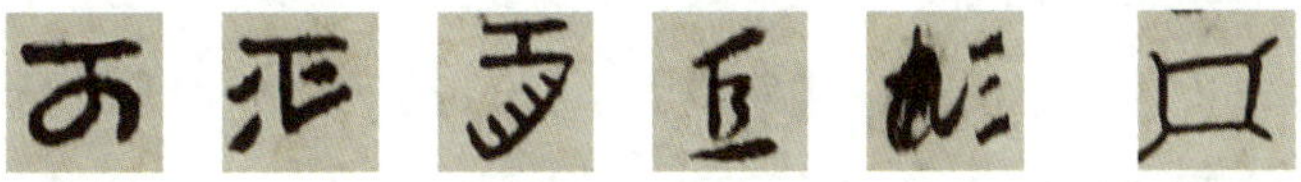

读音：	pjeŋ^{3}	hət^{7}	si^{2}	ʈu^{2}	ha:m^{1}	ŋ̊a:m^{1}hi^{5}q^{h}a^{1}
直译：	丙	戌	时	巨门①	三碧②	棺材四角
条目：						【宁喜卡】③

意译：丙戌时，值北斗巨门与风水紫白星三碧照应，北斗巨门属土与地上震为木，为木克土，为天地相克。又有值水语音译水书忌戒条目【宁喜卡】凶祸之灾。

注释：①　巨门：为北斗星之一，属北斗星的第二位。

②　三碧：紫白星属八卦第三位，为震卦。

③　【宁喜卡】水书忌戒条目，意为棺材四角。

原文：

读音：	hi^{5}	ŋo^{4}hu^{3}	ŋo^{4}hu^{3}	ɕoŋ^{1}	hak^{7}van^{1}	tət^{7}
直译：	四	猛虎	猛虎	凶	航问⑤	吉
条目：		【五虎】	【五虎】④			

意译：又还有按用事者出生天干年，往下推演，至第四位，为水书忌戒条目【五虎】相连之凶，即使值水语音译水书吉利“航问”照应，也难化解其天地相克之凶，仍为大凶之时。不宜丧葬、立碑、嫁娶、出行。

注释：④　【五虎】为水书忌戒条目，意为猛虎。

⑤　航问：水语音译，意为连日吉利。

第26行

原文：

读音：	tjeŋ^{1}	ʁa:i^{3}	si^{2}	ljok^{8}	ŋ̥i^{2}	fu^{4}	kwa:n^{1}tsai^{4}	ʔboŋ^{5}ham^{3}	ha:i^{2}	ȶi^{1}
直译：	辛	亥	时	禄存①	二黑②	武曲	斧头	罩住	骸④	九穷
条目：							【引贯】	【补夯】③		【九己】⑤

意译：辛亥时，值北斗禄存与风水紫白星二黑照应，北斗禄存属土与地上坤为土，两土为旺，为天地相旺。特别注重按用事出生北斗九星年，往下推演，至武曲位，值水书忌戒条目【引贯】【补夯】为“骸（死人）”凶；又要留意【九己】之凶祸，仍为凶时。不宜丧葬、立碑、嫁娶、起造、出行。

注释：① 禄存：为北斗星之一，属北斗星的第三位。

② 二黑：紫白星属八卦星位第二位，为坤卦。

③ 水书忌戒条目：

【引贯】意为斧头。

【补夯】指罩住，与仰开相反。

④ 骸：水语音译，意为棺材、死人或重丧。

⑤ 【九己】水书忌戒条目，意为九穷，二代以后丁财衰败。

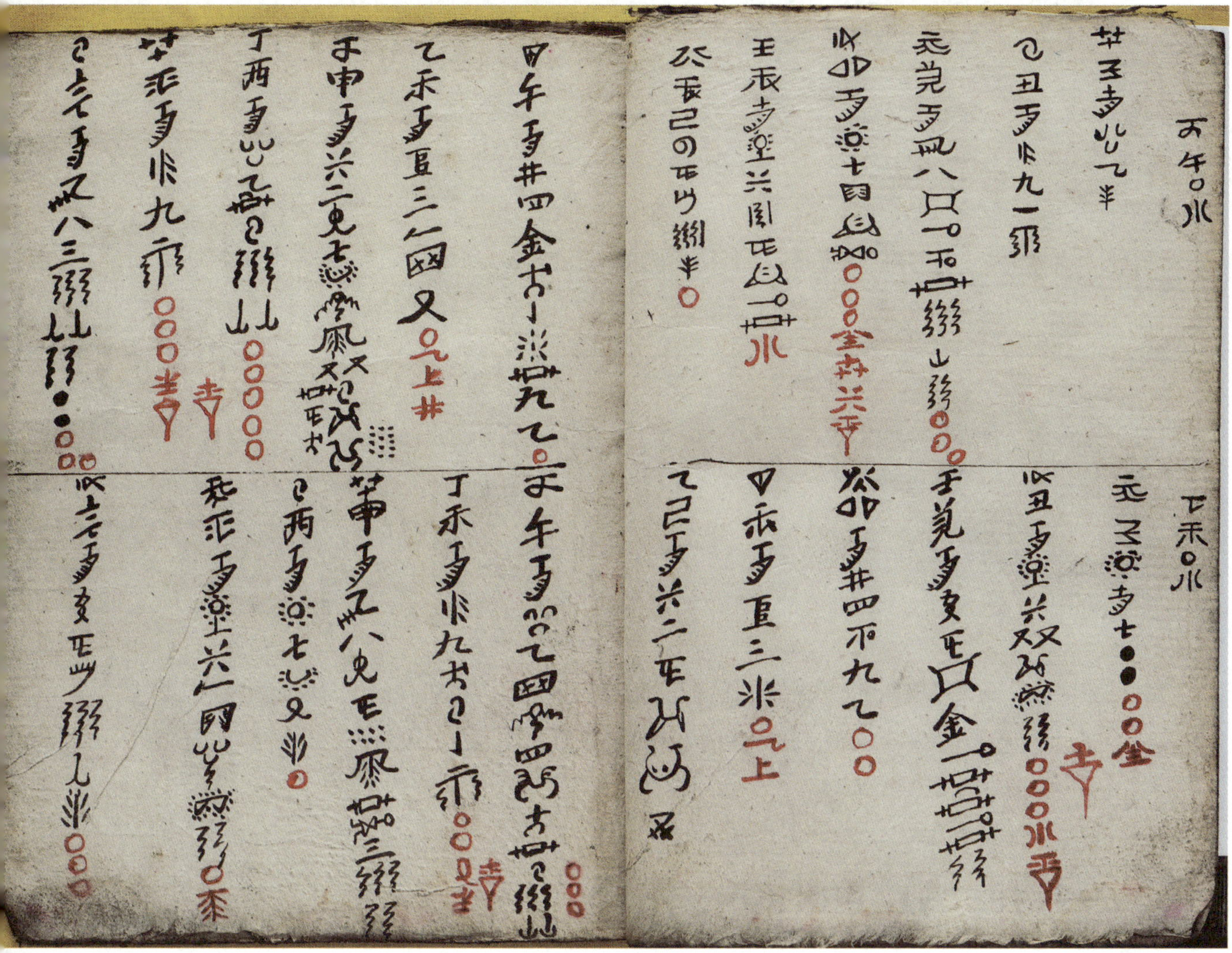

原件 22：丙午 丁未

第 1 行

原文：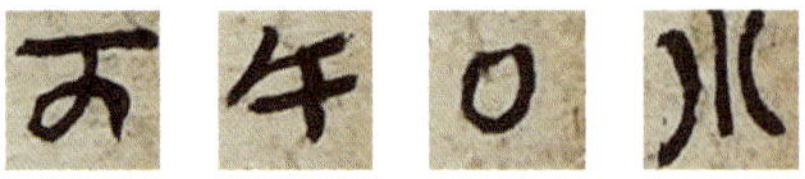

读音：	pjeŋ^{3}	ŋo^{2}	van^{1}	sui^{3}
直译：	丙	午	日	水

意译：丙午日，纳音属水。

注释：此为六十甲子日的第三十七日，五行纳音属水。它包含从戊子时起到己亥时，共十二个时辰。

第 2 行

原文：

读音：	mu^{2}	hi^{3}	si^{2}	fan^{2}	ʔjət^{7}	mok^{8}
直译：	戊	子	时	文曲①	一白②	人头
条目：					【各木】③	

意译：丙子时，值北斗文曲星与风水紫白星一白坎卦相照应，北斗文曲星属土与地上坎为水，为土克水，天地相克。又有值水语音译的水书忌戒条目【各木】之凶祸，为大凶之时。不宜开路、安葬、嫁娶、营造。

注释：① 文曲：为北斗星之一，属北斗星的第四位。

② 一白：紫白星属八卦星位第一位，属坎卦。

③ 【各木】为水语音译的水书忌戒条目，指人头。

第 3 行

原文：

读音：	ȶi^{1}	su^{3}	si^{2}	ljem^{2}	ȶu^{3}	ʔjət^{7}	ʔeu^{1}fon^{2}hu^{3}
直译：	己	丑	时	廉贞①	九紫②	一	孝旗伞
条目：							【料逢虎】③

意译：己丑时，值北斗廉贞星与风水紫白星九紫离相照应，北斗廉贞为火与地上离火，两火为旺，天地相旺。要留意按用事者出生地支年，往下推演，至第一位，为水书忌戒条目【料逢虎】之凶，为吉多凶少之时。宜斟酌开路、安葬、营造、嫁娶、出行、赴任。

注释：① 廉贞：为北斗星之一，属北斗星的第五位。

② 九紫：紫白星属八卦星位的第九位，属离卦。

③ 【料逢虎】水书忌戒条目，意为孝旗伞。

第 4 行

原文：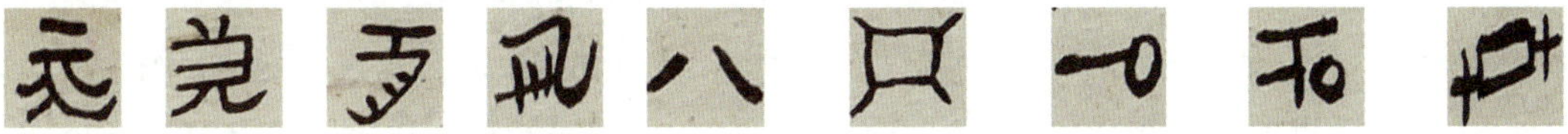

读音：	qeŋ^{1}	ji^{2}	si^{2}	fu^{4}	pa:t^{7}	ŋ̥a:n^{1}hi^{5}q^{h}a^{1}	ŋo^{4}qui^{5}	pje^{2}k^{h}u^{1}	ha:i^{2}
直译：	庚	寅	时	武曲①	八白②	棺材四角	锤敲打	麻风病	骸④
条目：						【宁喜卡】	【五锤】	【别扣】③	

意译：庚寅时，值北斗武曲星与风水紫白星八白艮相照应，北斗武曲为金与地上艮为土，为土生金，为天地相生。要留意水书忌戒条目【宁喜卡】【五锤】【别扣】为“骸（死人）”凶祸之灾。

注释：① 武曲：为北斗星之一，属北斗星的第六位。

② 八白：紫白星属八卦星位第八位，属艮卦。

③ 水书忌戒条目：

【宁喜卡】意为棺材头之四角。

【五锤】意为五锤敲打。

【别扣】意为麻风病。

④ 骸：水语音译，意为棺材、死人或重丧。

原文：

读音：	so^{3}sjen^{1}	sa:n^{1}	lju^{2}lji^{2}sui^{3}	eŋ^{1}van^{1}
直译：	惹是生非	散⑥	泪如柳条	额问⑧
条目：	【所线】⑤		【六立水】⑦	

意译：又要留意水书忌戒条目【所线】八宫掌“散”【六立水】之凶；即使有水书吉利“额问”照应，也为凶时。不宜开路、安葬、营造、嫁娶、出行、赴任、诉讼。

注释：⑤ 【所线】意为惹是生非。

⑥ 散：是指八宫掌名称。

⑦ 【六立水】意为哭泪如柳条，忌哭丧。

⑧ 额问：水语音译，意为吉利重重。

第 5 行

原文：

读音：	ɕən^{1}	maːu^{4}	si^{2}	p^{h}o^{5}	ɕət^{7}	mən^{2}ja^{3}sui^{3}	ŋo^{4}ho^{3}	zən^{1}taːu^{5}
直译：	辛	卯	时	破军①	七赤②	水族衙门	猛虎	人倒
条目：						【门牙水】	【五虎】	【人倒】③

直译：辛卯时，值北斗破军星与风水紫白星七赤兑相照应，北斗破军为金与地上兑为金，两金为旺，为天地相旺。要特别留心水书忌戒条目【门牙水】【五虎】【人倒】凶祸伤身损耗之灾。

注释：① 破军：为北斗星之一，属北斗星的第七位。

② 七赤：紫白星属八卦星位第七位，属兑卦。

③ 水书忌戒条目：

【门牙水】指水族衙门。

【五虎】意为猛虎，表示多只猛虎。

【人倒】意为凶恶倒人死亡。

原文：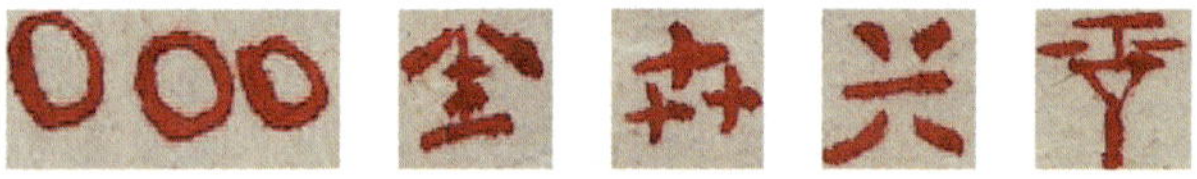

读音：	eŋ^{1}van^{1}	ɬum^{1}	mu^{2}	ljok^{8}	ɬət^{7}
直译：	额问	金堂④	戊	六	吉

意译：即使还有水书吉利“额问”“金堂”照应，且按用事者出生天干年，往下推演，至戊位，为“六十吉”，也难化解【人倒】之凶，仍为凶时。不宜开路、安葬、立碑、营造、赴任、诉讼、婚姻、出行。

注释：④ 水书吉星：

额问：意为吉利重重。

金堂：意为富丽堂皇。

第 6 行

原文：

读音：	ȵum^{2}	sən^{2}	si^{2}	pu^{2}	ljok^{8}	njem^{2}ju^{5}	ŋo^{4}	ŋo^{4}hu^{3}	ŋo^{4}qui^{5}	haːi^{2}	sui^{3}
直译：	壬	辰	时	辅星①	六白②	引线	五	猛虎	锤敲打	骸④	水
条目：						【引友】		【五虎】	【五锤】③		

意译：壬辰时，值北斗辅星与风水紫白星六白乾相照应，北斗辅星为水与地上乾为金，为金生水，天地相生。要注重水书条目【引友】之凶，还要留意按用事者出生地支年，往下推演，至第五位，为水书忌戒条目【五虎】【五锤】为“骸（死人）”之凶，仍为凶时。不宜开路、立碑、营造、安葬、婚姻、设席、造鞍、出行、诉讼。

注释：① 辅星：为北斗星之一，属北斗星的第八位。

② 六白：紫白星属八卦星位第六位，属乾卦。

③ 水书忌戒条目：

【引友】指引线，丧葬时忌叫他人名，应答者要丧命。

【五虎】意为猛虎，表示多只猛虎。

【五锤】意为五锤敲打。

④ 骸：水语音译，意为棺材、死人或重丧。

第 7 行

原文：

读音：	ȶui^{5}	hi^{4}	si^{2}	pjət^{8}	ŋo^{4}	sək^{7}ȶi^{1}	so^{3}sjen^{1}	mok^{8}	van^{1}
直译：	癸	巳	时	弼星①	五黄②	省记	所线	人头	日
条目：						【省记】	【所线】	【各木】③	

意译：癸巳时，值北斗弼星与风水紫白星五黄中央相照，北斗弼星为水与地上中央为土，为土克水，天地相克。又有水书忌戒条目【省记】【所线】【各木】凶祸之灾。为大凶之时。不宜开路、安葬、立碑、婚姻、营造、出行。

注释：① 弼星：为北斗星之一，属北斗星的第九位。

② 五黄：紫白星属八卦星位第五位，属中央卦。

③ 水书忌戒条目：

【省记】意为断梳子（即死人梳子）。

【所线】意为惹是生非。

【各木】意为人头。

第 8 行

原文：

读音：	ȶa:p^{7}	ŋo^{2}	si^{2}	t^{h}a:n^{1}	hi^{4}	ȶum^{1}	hak^{7}	qau^{3}za:i^{5}	pik^{7}sui^{3}ȶən^{1}	ha:i^{2}
直译：	壬	午	时	贪狼①	四禄②	金	坎坷	猛兽抓拖	泪水哭干	骸④
条目：							【核】	【高采】	【比水缸】③	

意译：壬午时，值北斗贪狼与风水紫白星四禄巽相照应，北斗贪狼为木与地上巽为木，两木为旺，天地相旺。要留意按用事者出生属五行年，往下推演，至金位，为水书忌戒条目【核】【高采】【比水缸】为“骸（死人）”凶祸招致之灾。

注释：① 贪狼：为北斗星之一，属北斗星的第一位。

② 四禄：紫白星属八卦星位第四位，属巽卦。

③ 水书忌戒条目：

【核】意为坎坷不顺或堵塞。

【高采】指猛兽抓拖。

【比水缸】意为泪水涌出。

④ 骸：水语音译，意为棺材、死人或重丧。

原文：

读音：	ȶu^{3}	ʔjət^{7}	van^{1}
直译：	九	乙	日

意译：按用事者出生地支年，往下推演，至第九位，或按出生天干年，往下推演，至乙位，为水书吉利条目吉利照应，也为凶时。不宜开路、安葬、立碑、婚姻、营造、出行。

第 9 行

原文：

读音：	ʔjət^{7}	mi^{2}	si^{2}	ȶu^{2}	ha:m^{1}	ʔjən^{5}kwa:n^{1}	ton^{2}ɣon^{2}	pjət^{8}jiŋ^{5}
直译：	乙	未	时	巨门①	三碧②	斧头	短命	环绕
条目：						【引贯】	【端完】	【必引】③

意译：乙未时，值北斗巨门与风水紫白星三碧震相照应，北斗巨门为土与地上震卦属木，为木克土，为天地相克。又有水书忌戒条目【引贯】【端完】【必引】之凶。

注释：① 巨门：为北斗星之一，属北斗星的第二位。

② 三碧：紫白星属八卦星位第三位，属震卦。

③ 水书忌戒条目：

【引贯】意为斧头。

【端完】意为短命。

【必引】意为回环或环绕。

原文：

读音：	van^{1}	ʔjət^{7} sjeŋ^{3}	t^{h}aːn^{1}
直译：	日	一生气	贪狼④

意译：即使有水书吉利“一生气”和北斗星“贪狼”照应，也难化解其天地相克之凶，仍为大凶之时。不宜安葬、立碑、婚姻、营造、出行。

注释：④ 水书吉星：

一生气：意为和气。

贪狼：属北斗九星第一位，这里为水书吉星。

第10行

原文：

读音：	pjeŋ^{3}	sən^{1}	si^{2}	ljok^{8}	ȵi^{2}	ɕoŋ^{1}ʔjət^{7}	ɕət^{7}	qo^{2}tən^{1}	ma^{4}saŋ^{2}ʈi^{2}	mok^{8}foŋ^{2}
直译：	甲	申	时	禄存①	二黑②	虫咬	七	大群队移动	马戴孝	缠树藤
条目：						【凶以】		【各紧】	【马畅旗】	【木逢】③

意译：甲申时，值北斗禄存与风水紫白星二黑坤照应，北斗禄存为土与地上坤为土，两土为旺，为天地相旺。要留意水书忌戒条目【凶以】之凶；又要留意按用事者出生地支年，往下推演，至第七位，为水书忌戒条目【各紧】【马畅旗】【木逢】之祸。

注释：① 禄存：为北斗星之一，属北斗星的第三位。

② 二黑：紫白星属八卦星位第二位，属坤卦。

③ 水书忌戒条目：

【凶以】指虫咬。

【各紧】大群队移动。各，水语音译，为划、移动；紧，水语音译，为大排场队伍。

【马畅旗】意为马戴孝。

【木逢】意为缠树藤。

原文：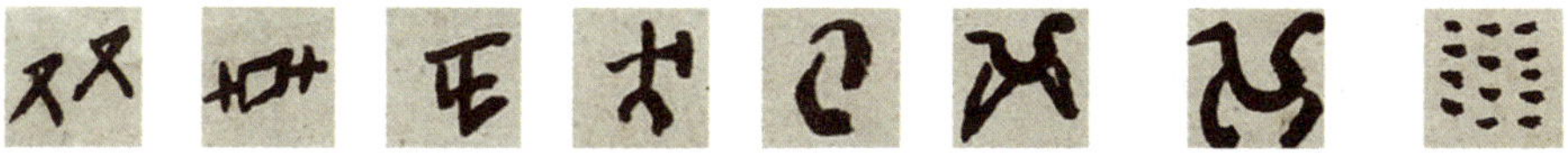

读音：ku^{3}sup^7　ha:i^2　ŋo^4　hak^7　ȶi^1　ŋo^{4}hu^3　ŋ̥u^{2}ȶum^{1}ŋ̥u^2　ta:ŋ^{2}ʔɣa^5

直译：预计　骸⑤　五　坎坷　九穷　猛虎　牛金牛⑦　肥沃大田

条目：【估术】④　【核】　【九己】【五虎】⑥　【堂田】⑧

意译：既要留意水书忌戒条目【估术】为“骸（死人）”之凶，又要留心按用事者年出生地支年，往下推演，至第五位，为水书忌戒条目【核】【九己】【五虎】之祸，若遇“牛金牛”宿更为凶，也还要留心水书忌戒条目【堂田】之凶祸，为大凶之时。不宜开路、安葬、立碑、婚姻、营造、出行。

注释：④ 【估术】水书忌戒条目，指预计。

⑤ 骸：水语音译，意为棺材、死人或重丧。

⑥ 水书忌戒条目：

【核】指坎坷不顺或堵塞。

【九己】指九穷，二代以后丁财破败。

【五虎】指猛虎，表示多只猛虎。

⑦ 牛金牛：二十八宿之一，这里为凶星。

⑧ 【堂田】水书忌戒条目，意为肥沃大田。

第11行

原文：

读音：tjeŋ^1　ju^4　si^2　fan^1　ʔjət^7　ha:i^2　ȶi^1　qoŋ^{1}ljok^{8}ma^4　ta:ŋ^{2}sa:i^2　eŋ^{1}van^1

直译：丁　酉　时　文曲①　一白②　骸③　九穷　马做工　宽大竹林　额问⑤

条目：【九己】【工六马】　【堂晒】④

意译：丁酉时，值北斗文曲与风水紫白星一白坎照应，北斗文曲为水与地上坎为水，两水为旺，为天地相旺。要留心值“骸（死人）”凶；又要留意水书忌戒条目【九己】【工六马】【堂晒】凶祸之灾；即使有水书吉利条目“额问”照应，也为凶时。不宜开路、安葬、立碑、营造、婚姻、出行、赴任、诉讼。

注释：① 文曲：为北斗星之一，属北斗星的第四位。

② 一白：紫白星属八卦星位第一位，属坎卦。

③ 骸：水语音译，意为棺材、死人或重丧。

④ 水书忌戒条目：

【九己】指九穷，二代以后丁财衰败。

【工六马】意为马做工，表示多匹马做工。

【堂晒】意为宽大竹林。

⑤ 额问：水语音译，意为吉利重重。

第12行

原文：

读音：	mu^{2}	hət^{7}	si^{2}	ljem^{2}	ʈu^{3}	ʔjeu^{1}foŋ^{2}hu^{3}	eŋ^{1}van^{1}	mi^{2}	ʈət^{7}
直译：	戊	戌	时	廉贞①	九紫②	孝旗伞	额问④	未	吉
条目：						【料逢虎】③			

意译：戊戌时，值北斗廉贞与风水紫白星九紫离照应，北斗廉贞为火与地上离为火，两火为旺，为天地相旺。要留心水书忌戒条目【料逢虎】之凶；又值水语音译水书吉利条目“额问”照应，且按用事者出生地支年，往下推演，至未位，为吉祥，仍为吉凶参半之时。宜斟酌开路、安葬、立碑、婚姻、出行、赴任，不宜营造、造圈、造孝旗伞。

注释：① 廉贞：为北斗星之一，属北斗星的第五位。

② 九紫：紫白星属八卦星位第九位，属离卦。

③ 【料逢虎】水书忌戒条目，意为孝旗伞。

④ 额问：水语音译，意为吉利重重。

第13行

原文：

读音：	ʈi^{1}	ʁa:i^{3}	si^{2}	fu^{4}	pa:t^{7}	so^{3}sjen^{1}	ta:ŋ^{2}sa:i^{2}	lju^{2}lji^{2}sui^{3}	ha:k^{7}van^{1}ʔdjam^{5}	eŋ^{1}van^{1}
直译：	丁	亥	时	武曲①	八白②	惹是生非	宽大竹林	泪如柳条	连日阴沉	额问④
条目：						【所线】	【堂晒】	【六立水】	【航问锭】③	

意译：丁亥时，值北斗武曲与风水紫白星八白艮照应，北斗武曲为金与地上艮为土，为土生金，为天地相生。要注重水书忌戒条目【所线】【堂晒】【六立水】【航问锭】凶祸招致之灾；即使有水书吉利条目【额问】照应，为吉多凶少。宜斟酌开路、安葬、立碑、出行。

注释：① 武曲：为北斗星之一，属北斗星的第六位。

② 八白：紫白星属八卦星位第八位，属艮卦。

③ 水书忌戒条目：

【所线】指惹是生非。

【堂晒】指宽大竹林。

【六立水】意为哭泪如柳条，忌哭丧。

【航问锭】意为连日凶祸或连日阴沉。

④ 额问：水语音译，意为吉利重重。

第14行

原文：

读音：	tjeŋ^{1}	mi^{2}	van^{1}	sui^{3}
直译：	丁	未	日	水

意译：丁未日，纳音属水。

注释：此为六十庚子日的第四十四日，五行纳音属水。它包含从戊子时起到辛亥时，共十二个时辰。

第15行

原文：

读音：	qeŋ^{1}	hi^{3}	si^{2}	p^{h}o^{5}	ɕət^{7}	ha:k^{7}van^{1}ʔdjam^{5}	ha:k^{7}van^{1}	ȶum^{1}
直译：	庚	子	时	破军①	七赤②	连日阴沉	航问	金堂④
条目：						【航问锭】③		

直译：庚子时，值北斗破军与风水紫白星七赤兑照应，北斗破军为金与地上兑为金，两金为旺，为天地相旺。要留意水书忌戒条目【航问锭】凶祸招致之灾；又值水书吉利条目“航问”“金堂”照应，为吉多凶少。宜斟酌开路、安葬、立碑，不宜栽种、婚姻、营造。

注释：① 破军：为北斗星之一，属北斗星的第七位。

② 七赤：紫白星属八卦星位第七位，属兑卦。

③ 【航问锭】水书忌戒条目，意为连日凶祸或连日阴沉。

④ 水书吉星：

航问：水语音译，意为连日吉利。

金堂：意为富丽堂皇。

第16行

原文：

读音：	ɕən^{1}	su^{3}	si^{2}	pu^{2}	ljok^{8}	ku^{3}sup^{7}	ŋo^{4}hu^{3}	q^{h}am^{5}a:n^{1}	lju^{2}lji^{2}sui^{3}
直译：	辛	丑	时	辅星①	六白②	预计	猛虎	翻倒马鞍	泪如柳条
条目：						【估术】	【五虎】	【缸鞍】	【六立水】③

意译：辛丑时，值北斗辅星与风水紫白星六白乾照应，北斗辅星为水与地上乾为金，为金生水，为天地相生。要留意水书忌戒条目【估术】【五虎】【缸鞍】【六立水】凶祸招致之灾。

注释：① 辅星：为北斗星之一，属北斗星的第八位。

② 六白：紫白星属八卦星位第八位，属乾卦。

③ 水书忌戒条目：

【估术】意为预定或预计。

【五虎】意为猛虎，表示多只猛虎。

【缸鞍】意为翻倒马鞍。

【六立水】意为哭泪如柳条，指忌哭丧。

原文：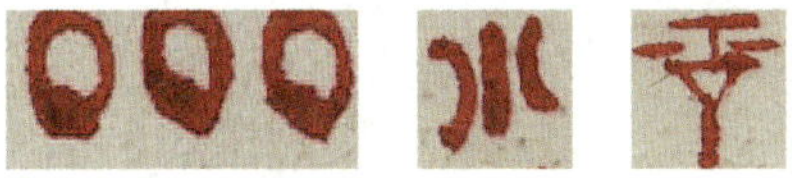

读音：	eŋ^{1}van^{1}	sui^{3}	ȶət^{7}
直译：	额问④	水	吉

意译：又有水书吉利条目“额问”照应，且按用事者出生属五行年，往下推演，至水位为吉利，仍为吉凶参半之时。宜斟酌开路、安葬、立碑，不宜婚姻、营造、出行、造鞍。

注释：④ 额问：水语音译，意为吉利重重。

第17行

原文：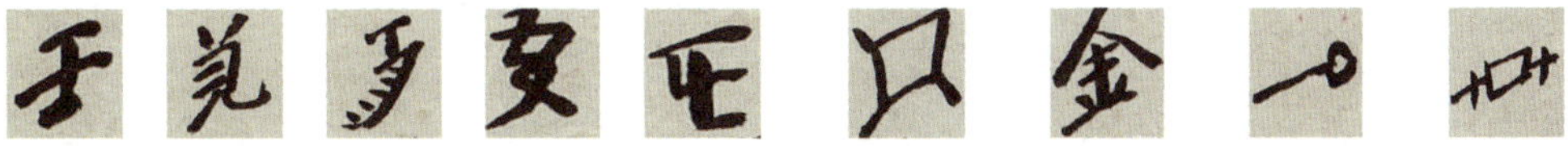

读音：	ȵum^{2}	ji^{2}	si^{2}	pjət^{8}	ŋo^{4}	ȵa:n^{1}hi^{5}q^{h}a^{1}	ȶum^{1}	ŋo^{4}qui^{5}	ha:i^{2}
直译：	壬	寅	时	弼星①	五黄②	棺材四角	金	锤敲打	骸④
条目：						【宁喜卡】		【五锤】③	

意译：壬寅时，值北斗弼星与风水紫白星中央五黄照应，北斗弼星为水与地上中央为土，为土克水，为天地相克。又有水书忌戒条目【宁喜卡】之凶，按用事者出生属五行年，往下推演，

至金位，又为水书忌戒条目【五锤】“骸”之祸。

注释：① 弼星：为北斗星之一，属北斗星的第九位。

② 五黄：紫白星属八卦星位第五位，属中央卦。

③ 水书忌戒条目：

【宁喜卡】意为棺材四角。

【五锤】意为五锤敲打。

④ 骸：水语音译，意为棺材、死人或重丧。

原文：

读音：ʔba:ŋ^{5}ham^{3}　ha:i^{2}　ŋo^{4}qui^{5}　ha:i^{2}　lju^{2}lji^{2}sui^{3}

直译：罩住　骸⑤　锤敲打　骸⑥　泪如柳条

条目：【补夯】　【五锤】　【六立水】⑦

意译：还连有水书忌戒条目【补夯】为“骸（死人）”凶；又要留意【五锤】【六立水】凶祸招致之灾，为大凶之时。不宜开路、安葬、立碑、婚姻、营造、出行。

注释：⑤⑥ 骸：水语音译，意为棺材、死人或重丧。

⑦ 水书忌戒条目：

【补夯】指罩住，与仰开相反。

【五锤】意为五锤敲打。

【六立水】意为哭泪如柳条，忌哭丧。

第18行

原文：

读音：ʈui^{5}　ma:u^{4}　si^{2}　t^{h}a:m^{1}　hi^{5}　pje^{2}k^{h}u^{1}　ʈu^{3}　ʔjət^{7}　hak^{7}van^{1}

直译：癸　卯　时　贪狼①　四禄②　麻风病　九　乙　航问④

条目：【别扣】③

意译：癸卯时，值北斗贪狼与风水紫白星四禄巽照应，北斗贪狼为木与地上巽为木，两木为旺，为天地相旺。要留意水书禁忌条目【别扣】之凶；按用事者出生地支年，往下推演，至第九位，或按用事者出生天干年，往下推演，至乙位，又为水书吉利“航问”照应，为吉多凶少之时。宜斟酌开路、安葬、立碑、婚姻、营造、出行。

注释：① 贪狼：为北斗星之一，属北斗星的第一位。

② 四禄：紫白星属八卦星位第四位，属巽卦。

③ 【别扣】水书忌戒条目，意为麻风病。

④ 航问：水语音译，意为吉利重重。

第19行

原文：

读音：	ȶa:p^7	sən^2	si^2	ȶu^2	ha:m^1	pik^{7}sui^{3}ȶən^1	van^1	ʔjət^{7}sjeŋ^3
直译：	甲	辰	时	巨门①	三碧②	泪水涌流	日	一生气④
条目：						【比水紧】③		

意译：甲辰时，值北斗巨门与风水紫白星三碧震照应，北斗巨门为土与地上震为木，为木克土，为天地相克。又有水书忌戒条目【比水紧】之凶；虽值水语音译水书吉利“一生气”照应，但也难化解其天地相克之凶，仍为大凶之时。诸事不宜。

注释：① 巨门：为北斗星之一，属北斗星的第二位。

② 三碧：紫白星属八卦星位第三位，属震卦。

③ 【比水紧】水书忌戒条目，意为泪水涌流出。

④ 一生气：意为和气。

第20行

原文：

读音：	ʔjət^7	hi^4	si^2	ljok^8	ŋ̊i^2	ŋo^4	ŋo^{4}hu^3	ŋ̊u^{2}ȶum^{1}ŋ̊u^2	ɕoŋ^1
直译：	乙	巳	时	禄存①	二黑②	五	猛虎	牛金牛④	凶
条目：							【五虎】③		

意译：乙巳时，值北斗禄存与风水紫白星二黑坤照应，北斗禄存为土与地上坤为土，两土为旺，为天地相旺。要留意按用事者出生地支年，往下推演，至第五位，为水书忌戒条目【五虎】遇上“牛金牛”宿照应，更为凶，仍为凶时。不宜开路、安葬、立碑、婚姻、营造、出行。

注释：① 禄存：为北斗星之一，属北斗星的第三位。

② 二黑：紫白星属八卦星位第二位，属坤卦。

③ 【五虎】水书忌戒条目，意为猛虎，表示多只猛虎。

④ 牛金牛：二十八宿之一，这里为凶星。

第21行

原文：

读音：	pjeŋ^{3}	ŋo^{2}	si^{2}	fan^{2}	ʔjət^{7}	ton^{2}ɣon^{2}	ma^{4}saŋ^{2}ȶi^{2}	hi^{5}	ȵu^{2}tum^{1}ȵu^{2}
直译：	丙	午	时	文曲①	一白②	短命	马戴孝	四	牛金牛④
条目：						【端完】	【马畅旗】③		

意译：丙午时，值北斗文曲与风水紫白星一白坎照应，北斗文曲为水与地上坎为水，两水为旺，为天地相旺。要留意水书忌戒条目【端完】【马畅旗】之凶，又按用事者年庚八字地支推演，至第四位，值“牛金牛”宿照应，尤为凶。

注释：① 文曲：为北斗星之一，属北斗星的第四位。

② 一白：紫白星属八卦星位第一位，属坎卦。

③ 水书忌戒条目：

【端完】意为短命。

【马畅旗】意为马戴孝。

④ 牛金牛：二十八宿之一，这里为凶星。

原文：

读音：	hak^{7}	ha:i^{2}	ȶi^{1}	so^{3}sjen^{1}	ta:ŋ^{2}sa:i^{2}	eŋ^{1}van^{1}
直译：	坎坷	骸⑥	己	惹是生非	宽大竹林	额问⑧
条目：	【核】⑤			【所线】	【堂晒】⑦	

意译：又有水书忌戒条目【核】为“骸（死人）”凶祸之灾，还有按用事者出生天干年，往下推演，至己位，为水书忌戒条目【所线】【堂晒】之凶；即使水书吉利条目“额问”照应，也为凶时。不宜开路、安葬、立碑、婚姻、营造、出行、赴任、诉讼。

注释：⑤ 【核】水书忌戒条目，意为坎坷不顺或堵塞。

⑥ 骸：水语音译，意为棺材、死人或重丧。

⑦ 水书忌戒条目：

【所线】意为惹是生非。

【堂晒】意为宽大竹林。

⑧ 额问：水语音译，意为吉利重重。

第22行

原文：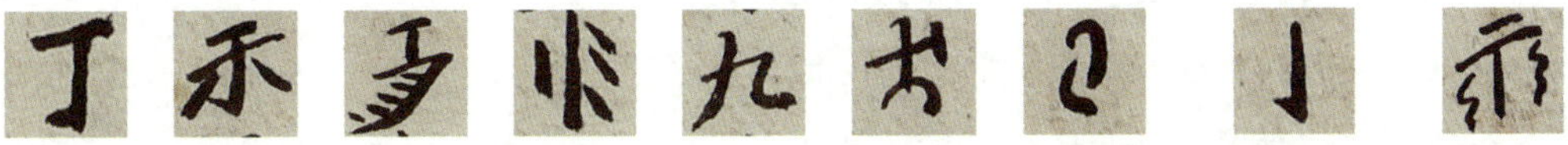

读音：	tjeŋ^1	mi^2	si^2	ljem^2	tu^3	hak^7	ti^1	qau^{3}za:i^5	ʔjeu^{1}foŋ^{2}hu^3
直译：	丁	未	时	廉贞①	九紫②	坎坷	已	猛兽抓拖	孝旗伞
条目：						【核】		【高采】	【料逢虎】③

意译：丁未时，值北斗廉贞与风水紫白星九紫离照应，北斗廉贞为火与地上离为火，两火为旺，为天地相旺。要留意水书禁忌条目【核】之凶，还要留意按用事者出生天干年，往下推演，至已位，为【高采】【料逢虎】之祸。

注释：① 廉贞：为北斗星之一，属北斗星的第五位。

② 九紫：紫白星属八卦星位第九位，属离卦。

③ 水语音译的水书忌戒条目：

【核】意为坎坷或堵塞。

【高采】意为凶恶猛兽抓拖。

【料逢虎】意为孝旗伞。

原文：

读音：	eŋ^{1}van^1	mi^2	tət^7
直译：	额问④	未	吉

意译：又有水书吉利条目“额问”照应，按用事者出生地支年，往下推演，至未位为吉祥，为多凶少之时。宜开路、安葬、立碑、婚姻、出行，不宜营造、送番旗伞盖。

注释：④ 额问：水语音译，意为吉利重重。

第23行

原文：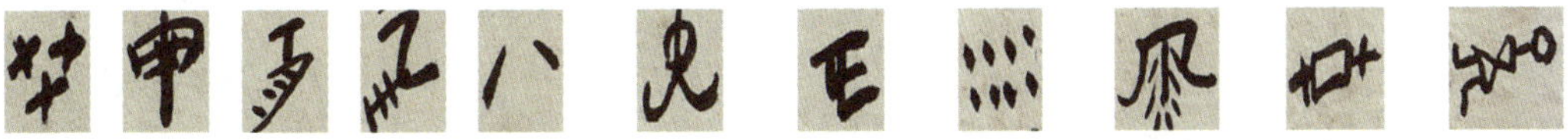

读音：	mu^2	sən^1	si^2	fu^4	pa:t^7	t^{h}jen^{1}ta:i^2	ŋo^4	ta:ŋ^{2}ʔɣa^5	mok^{8}foŋ^2	ha:i^2	zən^{1}ta:u^5
直译：	戊	申	时	武曲①	八白②	垮田地	五	肥沃大田	缠树藤	骸③	人倒
条目：						【添大】		【堂田】	【木逢】		【人倒】④

意译：戊申时，值北斗武曲与风水紫白星八白艮照应，北斗武曲为金与地上艮为土，为土生金，为天地相生。要特别注重水书忌戒条目【添大】【堂田】【木逢】为“骸（死人）”凶；又要

留意【人倒】凶祸或伤身损耗之灾。

注释：① 武曲：为北斗星之一，属北斗星的第六位。

② 八白：紫白星属八卦星位第八位，属艮卦。

③ 骸：水语音译，意为棺材、死人或重丧。

④ 水书忌戒条目：

【添大】意为垮田地。

【堂田】意为肥沃大田。

【木逢】意为缠树藤。

【人倒】指凶恶倒人死亡。

原文：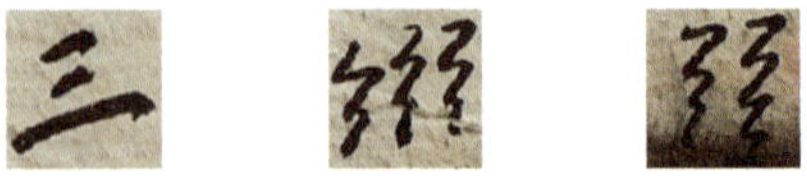

读音：	ha:m^{1}	qoŋ^{1}ljok^{8}ma^{4}	lju^{2}lji^{2}sui^{3}
直译：	三	马做工	泪如柳条
条目：		【工六马】	【六立水】⑤

意译：又还要留意按用事者出生地支年，往下推演，至第三位，为水书忌戒条目【工六马】【六立水】之凶，也为大凶之时。诸事不宜。

注释：⑤ 水书忌戒条目：

【工六马】指马做工，表示多匹马做工。

【六立水】意为哭泪如柳条，忌哭丧。

第24行

原文：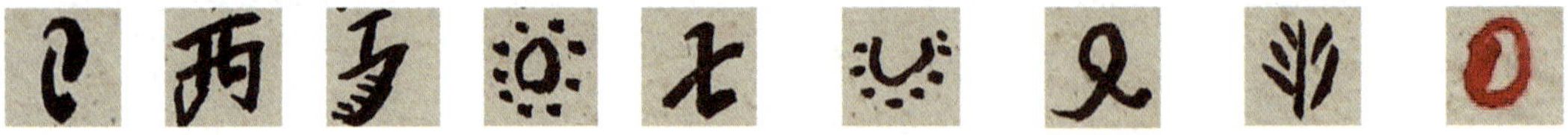

读音：	ʈi^{1}	ju^{4}	si^{2}	p^{h}o^{5}	ɕət^{7}	qo^{2}ʈən^{1}	Pjət^{8}jiŋ^{5}	mok^{8}	van^{1}
直译：	己	酉	时	破军①	七赤②	大群队移动	环绕	人头	日
条目：						【各紧】	【必引】	【各木】③	

意译：己酉时，值北斗破军与风水紫白星七赤兑照应，北斗破军为金与地上兑为金，两金为旺，为天地相旺。要留意水书忌戒条目【各紧】【必引】【各木】之凶，为吉凶参半之时。宜斟酌开路、安葬、立碑、婚姻、营造、出行。

注释：① 破军：为北斗星之一，属北斗星的第七位。

② 七赤：紫白星属八卦星位第七位，属兑卦。

③ 水书忌戒条目：

【各紧】大群队移动。各，水语音译，为划、移动；紧，水语音译，为大排场队伍。

【必引】意为回环或环绕。

【各木】意为人头。

第25行

原文：

读音：qeŋ^{1} hət^{7} si^{2} pu^{2} ljok^{8} ʔjən^{5}kwa:n^{1} mən^{2}ja^{3}sui^{3} ljeu^{4}ta^{1}ɕot^{7}

直译：庚 戌 时 辅星① 六白② 斧头 水族衙门 家产破败

条目：【引贯】 【门牙水】 【辽架玄】③

意译：庚戌时，值北斗辅星与风水紫白星六白乾照应，北斗辅星为水与地上乾为金，为金生水，为天地相生。要留意水书禁忌条目【引贯】【门牙水】【辽架玄】凶祸之灾。

注释：① 辅星：为北斗星之一，属北斗星的第八位。

② 六白：紫白星属八卦星位第六位，属乾卦。

③ 水书忌戒条目：

【引贯】意为斧头。

【门牙水】意为水族衙门。

【辽架玄】意为家产破败。

原文：

读音：q^{h}am^{5}a:n^{1} lju^{2}lji^{2}sui^{3} van^{1} mok^{8}ta:ŋ^{2}

直译：翻倒马鞍 泪如柳条 日 木堂⑤

条目：【缸鞍】【六立水】④

意译：还要留意水书忌戒条目【缸鞍】【六立水】之凶，又有水书吉利“木堂”照应，为吉多凶少。宜斟酌开路、安葬、立碑、婚姻、营造、出行。

注释：④ 水书忌戒条目：

【缸鞍】意为翻倒马鞍。

【六立水】意为哭泪如柳条，指忌哭丧。

⑤ 木堂：水语音译，意为富丽堂皇。

第26行

原文：

读音：	ɕən^{1}	ʁa:i^{3}	si^{2}	pjət^{7}	ŋo^{4}	sək^{7}ȶi^{1}	so^{3}sjen^{1}	sa:n^{1}	mok^{8}	eŋ^{1}van^{1}
直译：	辛	亥	时	弼星①	五黄②	断梳子	惹是生非	散④	人头	额问⑥
条目：						【省记】	【所线】③		【各木】⑤	

意译：辛亥时，值北斗弼星与风水紫白星中央五黄照应，北斗弼星为水与地上中央为土，为土克水，为天地相克。又有水书忌戒条目【省记】【所线】或八宫掌“散”或值水书忌戒条目【各木】凶祸之灾。即使有水书吉利“航问”照应，也难化解其天地相克之凶，仍为大凶之时。不宜开路、安葬、立碑、婚姻、营造、出行。

注释：① 弼星：为北斗星之一，属北斗星的第九位。

② 五黄：紫白星属八卦星位第五位，属中央卦。

③ 水书忌戒条目：

【省记】意为断梳子（即死人梳子）。

【所线】意为惹是生非。

④ 散：为八宫掌名称。

⑤ 【各木】意为人头。

⑥ 额问：水语音译，意为吉利重重。

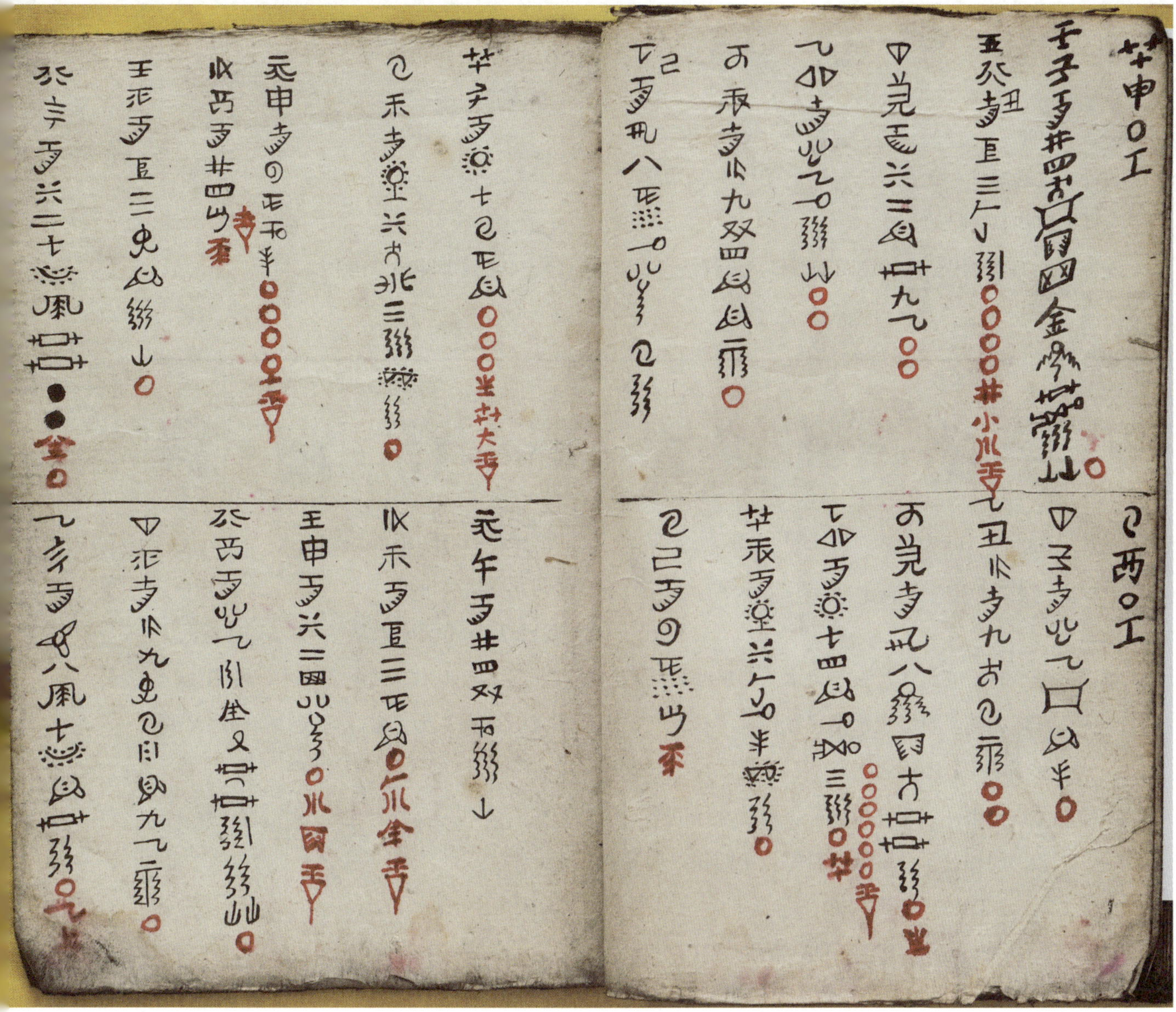

原件 23：戊申 己酉

第 1 行

原文：

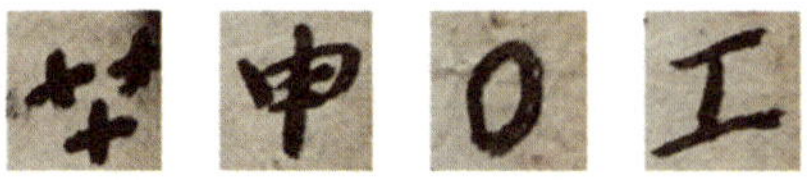

读音：	mu^{2}	sən^{1}	van^{1}	t^{h}u^{3}
直译：	戊	申	日	土

意译：戊申日，纳音属土。

注释：此为六十甲子日的第四十五日，五行纳音属土。它包含从壬子时起到癸亥时，共十二个时辰。

第 2 行

原文：

读音：	ȵum^{2}	hi^{3}	si^{2}	t^{h}a:m^{1}	hi^{5}	hak^{7}	ȵa:n^{1}hi^{5}q^{h}a^{1}	mən^{2}ja^{3}sui^{3}	ha:i^{2}	ton^{2}ɣon^{2}
直译：	壬	子	时	贪狼①	四禄②	坎坷	棺材四角	水族衙门	骸④	短命
条目：						【核】	【宁喜卡】	【门牙水】③		【端完】⑤

意译：壬子时，值北斗贪狼与风水紫白星四禄巽相照应，北斗贪狼为木与地上巽为木，两木为旺，天地相旺。要留意水书忌戒条目【核】【宁喜卡】【门牙水】为“骸（死人）”凶，又要留意【端完】凶祸之灾。

注释：① 贪狼：为北斗星之一，属北斗星的第一位。

② 四禄：紫白星属八卦星位第四位，属巽卦。

③ 水书忌戒条目：

【核】意为坎坷不顺或堵塞。

【宁喜卡】意为棺材头之四角。

【门牙水】意为水族衙门。

④ 骸：水语音译，意为棺材、死人或重丧。

⑤ 【端完】水书忌戒条目，意为短命。

原文：

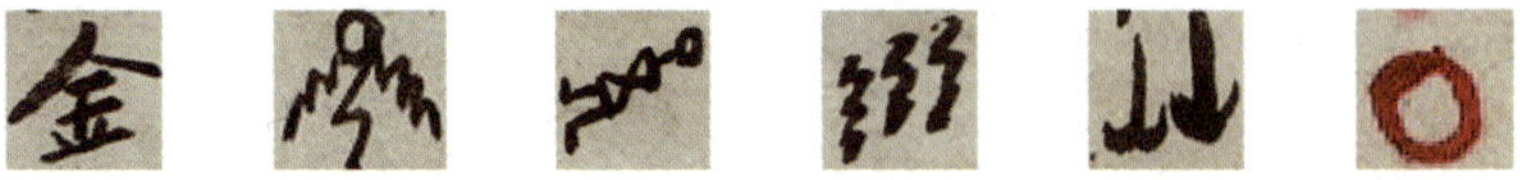

读音：	ʈum^{1}	ma^{4}saŋ^{2}ʈi^{2}	zən^{1}ta:u^{5}	so^{3}sjen^{1}	ta:ŋ^{2}sa:i^{2}	van^{1}
直译：	金	马戴孝	人倒	惹是生非	宽大竹林	日
条目：		【马畅旗】	【人倒】	【所线】	【堂晒】⑥	

意译：又要注重按用事者出生五行年，往下推演，至金位，为水书忌戒条目【马畅旗】【人倒】

【所线】【堂晒】凶祸或伤身损耗之灾；即使有吉利照应，也为吉凶参半。宜婚姻、营造、出行，不宜开路、安葬、立碑、赴任、诉讼。

注释：⑥ 水书忌戒条目：

【马畅旗】意为马戴孝。

【人倒】意为凶恶倒人死亡。

【所线】意为惹是生非。

【堂晒】意为宽大竹林。

第3行

原文：

读音：ʈui^{5} su^{3} si^{2} ʈu^{2} ha:m^{1} ʔjən^{5}kwa:n^{1} qau^{3}za:i^{5} ɕoŋ^{1}ɕep^{7}

直译：癸 丑 时 巨门① 三碧② 斧头 猛兽抓拖 接应

条目：【引贯】【高采】【休显】③

意译：癸丑时，值北斗巨门与风水紫白星三碧震相照应，北斗巨门为土与地上震卦属木，为木克土，为天地相克。又有水书忌戒条目【引贯】【高采】【休显】之凶。

注释：① 巨门：为北斗星之一，属北斗星的第二位。

② 三碧：紫白星属八卦星位第三位，属震卦。

③ 水书忌戒条目：

【引贯】意为斧头。

【高采】意为猛兽抓拖。

【休显】意为接言或接应（忌报丧）。

原文：

读音：eŋ^{1}van^{1} t^{h}a:n^{1} ɕeu^{3} sui^{3} ʈət^{7}

直译：额问 贪狼④ 小 水 吉

意译：即使值水书吉利“额问”或值北斗星“贪狼”照应，也难化解其天地相克之凶，仍为凶时。诸事不宜。

注释：④ 水书吉星：

额问：水语音译，意为吉利重重。

贪狼：北斗九星第一位，这里为水书吉星。

第 4 行

原文：

读音：	ȶa:p^{7}	ji^{2}	si^{2}	ljok^{8}	ȵi^{2}	ŋo^{4}hu^{3}	ha:i^{2}	ȶu^{3}	ʔjət^{7}	hak^{8}van^{1}
直译：	甲	寅	时	禄存①	二黑②	猛虎	骸④	九	乙	航问⑤
条目：						【五虎】③				

意译：甲寅时，值北斗禄存与风水紫白星二黑坤照应，北斗禄存为土与地坤为土，两土为旺，为天地相旺。要留心水书忌戒条目【五虎】为“骸（死人）”之凶；按用事者出生地支年，往下推演，至第九位，或按用事者出生天干年，往下推演，至乙位，为水书吉利“航问”照应，也为凶时。不宜开路、安葬、立碑、婚姻、营造、出行。

注释：① 禄存：为北斗星之一，属北斗星的第三位。

② 二黑：紫白星属八卦星位第二位，属坤卦。

③ 【五虎】水书吉利条目，是指猛虎，表示多只猛虎。

④ 骸：水语音译，意为棺材、死人或重丧。

⑤ 航问：水语音译，意为连日吉利。

第 5 行

原文：

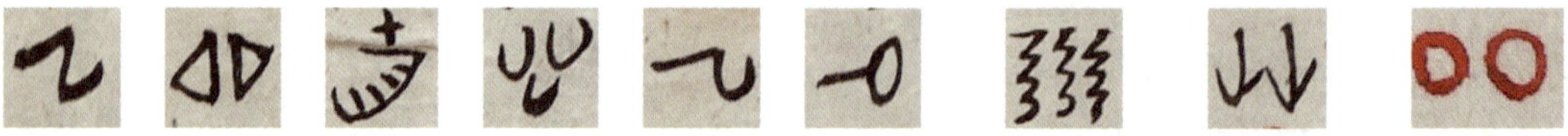

读音：	ʔjət^{7}	mau^{4}	si^{2}	fan^{2}	ʔjət^{7}	ŋo^{4}qui^{5}	qoŋ^{1}ljok^{8}ma^{4}	tsjem^{4}	hak^{7}van^{1}
直译：	乙	卯	时	文曲①	一白②	锤敲打	马做工	凶恶	航问④
条目：						【五锤】	【工六马】	【占】③	

意译：乙卯时，值北斗文曲与风水紫白星一白坎照应，北斗文曲为水与地坎为水，两水为旺，为天地相旺。要留意水书忌戒条目【五锤】【工六马】【占】之凶；又有水书吉利“航问”照应，为吉多凶少之时。宜斟酌开路、安葬、立碑、婚姻、营造、出行。

注释：① 文曲：为北斗星之一，属北斗星的第四位。

② 一白：紫白星属八卦星位第一位，属坎卦。

③ 水书忌戒条目：

【五锤】意为猛虎，表示多只猛虎。

【工六马】指马做工，表示多匹马做工。

【占】意为凶恶，一种神尖刀，碰到它，人立刻昏倒，不省人事。

④ 航问：水语音译，意为连日吉利。

第 6 行

原文：

读音：	pjeŋ^3	sən^2	si^2	ljem^2	ȶu^3	ku^{3}sup^7	hi^5	ŋo^{4}hu^3	ŋo^{4}hu^3	ʔjeu^{1}foŋ^{2}hu^3	van^1
直译：	丙	辰	时	廉贞①	九紫②	预计	四	猛虎	猛虎	孝旗伞	日
条目：						【估术】		【五虎】	【五虎】	【料逢虎】③	

意译：丙辰时，值北斗廉贞与风水紫白星九紫离照应，北斗廉贞为火与地离为火，两火为旺，为天地相旺。要留意水书忌戒条目【估术】之凶，又要留意按用事者出生地支年，往下推演，至第四位，为水书译忌戒条目【五虎】和【料逢虎】之祸；即使有吉利水书照应，也为吉凶参半之时。宜斟酌开路、安葬、立碑、赴任、诉讼，不宜婚姻、营造、出行。

注释：① 廉贞：为北斗星之一，属北斗星的第五位。

② 九紫：紫白星属八卦星位第九位，属离卦。

③ 水书忌戒条目：

【估术】意为预定或预计。

【五虎】意为猛虎，表示多只猛虎。

【料逢虎】意为孝旗伞。

第 7 行

原文：

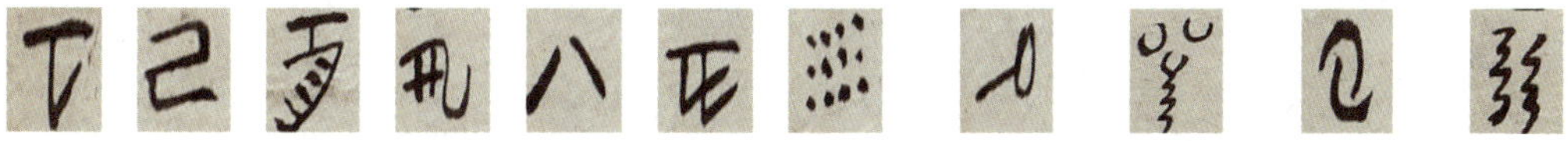

读音：	tjeŋ^1	hi^4	si^2	fu^4	paːt^7	ŋo^4	taːŋ^{1}ʔɣa^5	ŋo^{4}qui^5	ljeu^{4}ȶa^{1}ɕot^7	ȶi^1	lju^{2}lji^{2}sui^3
直译：	丁	巳	时	武曲①	八白②	五	肥沃大田	锤敲打	家产破败	九穷	泪如柳条
条目：							【堂田】	【五锤】	【辽架玄】	【九己】	【六立水】③

意译：丁巳时，值北斗武曲与风水紫白星八白艮照应，北斗武曲为金与地艮为土，为土生金，为天地相生。要留意按用事者出生地支年，往下推演，至第五位，为水书音译忌戒条目 【堂田】【五锤】【辽架玄】【九己】【六立水】凶祸招致之灾，仍大凶。诸事不宜。

注释：① 武曲：为北斗星之一，属北斗星的第六位。

② 八白：紫白星属八卦星位第八位，属艮卦。

③ 水书忌戒条目：

【堂田】指肥沃大田。

【五锤】意为五锤敲打。

【辽架玄】意为家产破败。

【九己】指九穷，二代以后丁财衰败。

【六立水】意为哭泪如柳条，忌哭丧。

第 8 行

原文：

读音：	mu^2	ŋo^2	si^2	p^{h}o^5	ɕət^7	ȶi^1	ŋo^4	ŋo^{5}hu^3
直译：	丙	午	时	破军①	七赤②	九穷	五	猛虎
条目：						【九己】		【五虎】③

意译：丙午时，值北斗破军与风水紫白星七赤兑照应，北斗破军为金与地兑为金，两金为旺，为天地相旺。要留心水书忌戒条目【九己】之凶；还要留意按用事者出生地支年，往下推演，至第五位，为水书吉利条目【五虎】之祸。

注释：① 破军：为北斗星之一，属北斗星的第七位。

② 七赤：紫白星属八卦星位第七位，属兑卦。

③ 水书忌戒条目：

【九己】意为九穷，二代以后丁财衰败。

【五虎】意为猛虎，表示多只猛虎。

原文：

读音：	eŋ^{1}van^1	mi^2	mu^2	ta:i^2	ȶət^7
直译：	额问④	未	戊	大	吉

意译：又有水书吉利“额问”照应，按用事者出生地支年或天干年，往下推演，至地支未位或至天干戊位为大吉，也为吉凶参半之时。宜斟酌开路、安葬、立碑、婚姻、营造、出行。

注释：④ 额问：水语音译，意为吉利重重。

第 9 行

原文：

读音：	ȶi^1	mi^2	si^2	pu^2	ljok^8	hak^7	ha:m^1	qoŋ^{1}ljok^{8}ma^4	q^{h}am^{5}a:n^1	lju^{2}lji^{2}sui^3	van^1
直译：	己	未	时	辅星①	六白②	坎坷	三	马做工	翻倒马鞍	泪如柳条	日
条目：						【核】		【工六马】	【缸鞍】	【六立水】③	

意译：己未时，值北斗辅星与风水紫白星六白乾照应，北斗辅星为水与地乾为金，为金生水，为天地相生。要留意水书忌戒条目【核】之凶，又要留意按用事者出生地支年，往下推演，至第三位，为水书忌戒条目【工六马】【缸鞍】【六立水】凶祸之灾；即使有水书吉星照应，也为吉凶参半之时。宜斟酌开路、安葬、立碑，不宜婚姻、营造、造鞍、出行。

注释：① 辅星：为北斗星之一，属北斗星的第八位。

② 六白：紫白星属八卦星位第六位，属乾卦。

③ 水书忌戒条目：

【核】意为坎坷不顺或堵塞。

【工六马】意为马做工，表示多匹马做工。

【缸鞍】意为翻倒马鞍。

【六立水】意为哭泪如柳条，指忌哭丧。

第10行

原文：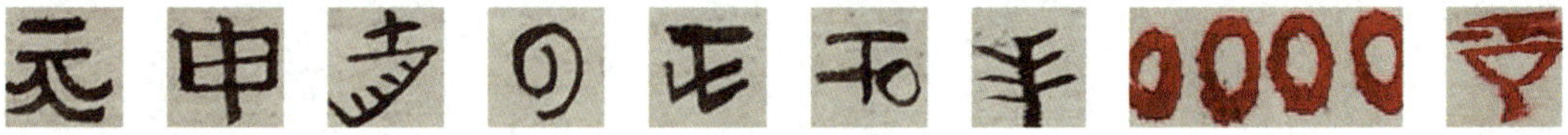

读音：	qeŋ^{1}	sən^{1}	si^{2}	pjət^{7}	ŋo^{4}	pje^{2}k^{h}u^{1}	mok^{8}	eŋ^{1}van^{1}	ɬət^{7}
直译：	庚	申	时	弼星①	五黄②	麻风病	人头	额问④	吉
条目：						【别扣】	【各木】③		

意译：庚申时，值北斗弼星与风水紫白星五黄中央照应，北斗弼星为水与地中央为土，为土克水，为天地相克。又还有水书忌戒条目【别扣】【各木】凶祸之灾；即使值水语音译水书吉利条目“额问”照应，也难化解天地相克之凶，仍为大凶之时。诸事不宜。

注释：① 弼星：为北斗星之一，属北斗星的第九位。

② 五黄：紫白星属八卦星位第五位，属中央卦。

③ 水书忌戒条目：

【别扣】意为麻风病。

【各木】指人头。

④ 额问：水语音译，意为吉利重重。

第11行

原文：

读音：	ɕən^{1}	ju^{4}	si^{2}	t^{h}a:m^{1}	hi^{5}	sək^{7}ȶi^{1}	ȶət^{7}	mok^{8}ta:ŋ^{2}
直译：	辛	酉	时	贪狼①	四禄②	断梳子	吉	木堂④
条目：						【省记】③		

意译：辛酉时，值北斗贪狼与风水紫白星四禄巽照应，北斗贪狼为木与地巽为木，两木为旺，为天地相旺。要注重水书忌戒条目【省记】凶祸之灾；又值水语音译水书吉星“木堂”照应，为吉多凶少。宜斟酌开路、安葬、立碑、婚姻、营造、出行，不宜梳头。

注释：① 贪狼：为北斗星之一，属北斗星的第一位。

② 四禄：紫白星属八卦星位第四位，属巽卦。

③ 【省记】水书忌戒条目，意为断梳子（即死人梳子）。

④ 木堂：水语音译，意为富丽堂皇。

第12行

原文：

读音：	ŋ̥um^{2}	hət^{7}	si^{2}	ȶu^{2}	ha:m^{1}	ɕoŋ^{1}ʔjət^{7}	ŋo^{4}hu^{3}	qoŋ^{1}ljok^{8}ma^{4}	sa:n^{1}	van^{1}
直译：	壬	戌	时	巨门①	三碧②	虫咬	猛虎	马做工	散④	日
条目：						【凶以】	【五虎】	【工六马】③		

意译：壬戌时，值北斗巨门星与风水紫白星三碧照应，北斗巨门为土与地震为木，为木克土，为天地相克。又有水书忌戒条目【凶以】【五虎】【工六马】或八宫掌“散”凶祸招致之灾；即使值水书吉星照应，也难化解天地相克之凶，仍为大凶之时。不宜斟酌开路、安葬、立碑、营造、婚姻、出行、造圈。

注释：① 巨门：为北斗星之一，属北斗星的第二位。

② 三碧：紫白星属八卦星位第三位，属震卦。

③ 水书忌戒条目：

【凶以】意为虫咬。

【五虎】意为猛虎，表示多只猛虎。

【工六马】指马做工，表示多匹马做工。

④ 散：为八宫掌名称。

第13行

原文：

读音：ɬui^{5} ʁa:i^{3} si^{2} ljok^{8} ȵi^{2} ɕət^{7} qo^{2}ɬən^{1} mok^{8}foŋ^{2} ha:i^{2} ha:i^{2} ha:k^{7}van^{1}ʔdjam^{5}

直译：癸 亥 时 禄存① 二黑② 七 大群队移动 缠树藤 骸④ 骸⑤ 连日阴沉

条目：【各紧】【木逢】③ 【航问锭】⑥

意译：亥时，值北斗禄存与风水紫白星二黑坤照应，北斗禄存为土与地坤为土，两土为旺，为天地相旺。要特别注重按用事者出生地支年，往下推演，至七位，为水书忌戒条目【各紧】【木逢】【骸】【航问锭】凶祸招致之灾。

注释：① 禄存：为北斗星之一，属北斗星的第三位。

② 二黑：紫白星属八卦星位第二位，属坤卦。

③ 水书忌戒条目：

【各紧】大群队移动。各，水语音译，为划、移动；紧，水语音译，大排场队伍。

【木逢】指缠树藤。

④⑤ 骸：水语音译，意为棺材、死人或重丧。

⑥ 【航问锭】指连日阴沉或连日凶祸。

原文：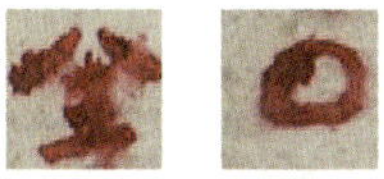

读音：ɬum^{1} van^{1}

直译：金堂⑥ 日

意译：又还有水书吉利“金堂”照应，也为吉凶参半之时。宜斟酌婚姻、营造、出行、造圈，不宜开路、安葬、立碑。

注释：⑥ 金堂：水语音译，意为富丽堂皇。

第14行

原文：

读音：ɬi^{1} ju^{4} van^{1} t^{h}u^{3}

直译：己 酉 日 土

意译：己酉日，纳音属土。

注释：此为六十甲子日的第四十六日，五行纳音属土。它包含从甲子时起到乙亥时，共十二个时辰。

第15行

原文：

读音：	ȶa:p^{7}	hi^{3}	si^{2}	fan^{2}	ʔjət^{7}	ŋ̊a:n^{1}hi^{5}q^{h}a^{1}	ŋo^{4}hu^{3}	mok^{8}	van^{1}
直译：	甲	子	时	文曲①	一白②	棺材四角	猛虎	人头	日
条目：						【宁喜卡】	【五虎】	【各木】③	

意译：甲子时，值北斗文曲与风水紫白星一白坎照应，北斗文曲为水与地坎为水，两水为旺，为天地相旺。要留意水书忌戒条目【宁喜卡】【五虎】【各木】凶祸之灾，即使有水书吉星照应，也为凶时。不宜婚姻、营造、出行、造圈、开路、安葬、立碑。

注释：① 文曲：为北斗星之一，属北斗星的第四位。

② 一白：紫白星属八卦星位第一位，属坎卦。

③ 水书忌戒条目：

【宁喜卡】意为棺材头之四角。

【五虎】意为猛虎，表示多只猛虎。

【各木】意为人头。

第16行

原文：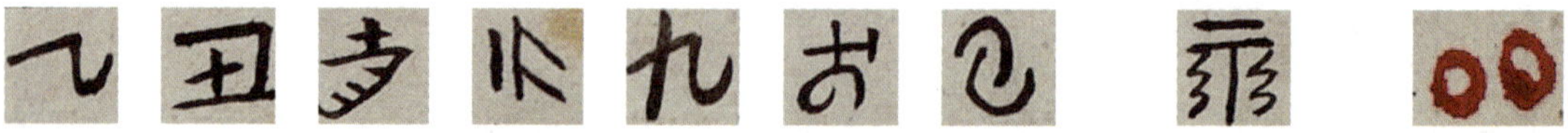

读音：	ʔjət^{7}	su^{3}	si^{2}	ljem^{2}	ȶu^{3}	hak^{7}	ȶi^{1}	ʔjeu^{1}foŋ^{2}hu^{3}	ha:k^{7}van^{1}
直译：	乙	丑	时	廉贞①	九紫②	坎坷	己	孝旗伞	航问④
条目：						【核】		【料逢虎】③	

意译：乙丑时，值北斗廉贞与风水紫白星九紫离照应，北斗廉贞为火与地离为火，两火为旺，为天地相旺。要留意水书忌戒条目【核】之凶，还要留意按用事者出生天干年，往下推演，至己位，为水书忌戒条目【料逢虎】之祸；尽管值水书吉利“航问”照应，也为吉凶参半之时。宜斟酌开路、安葬、立碑、婚姻、营造。

注释：① 廉贞：为北斗星之一，属北斗星的第五位。

② 九紫：紫白星属八卦星位第九位，属离卦。

③ 水书忌戒条目：

【核】意为坎坷或堵塞。

【料逢虎】意为孝旗伞。

④ 航问：水语音译，意为连日吉利。

第17行

原文：

读音：pjeŋ^3 ji^2 si^2 fu^4 pa:t^7 ma^{4}saŋ^{2}ȶi^2 mən^{2}ja^{3}sui^3 hak^8 ha:i^2 ha:i^2 lju^{2}lji^{2}sui^3

直译：丙 寅 时 武曲① 八白② 马戴孝 水族衙门 坎坷 骸④ 骸④ 泪如柳条

条目：【马畅旗】【门牙水】【核】③ 【六立水】⑤

意译：丙寅时，值北斗武曲与风水紫白星八白艮照应，北斗武曲为金与地艮土，为土生为金，为天地相生。要留意值水书忌戒条目【马畅旗】【门牙水】为“骸（死人）”凶，又要留意【六立水】凶祸之灾。

注释：① 武曲：为北斗星之一，属北斗星的第六位。

② 八白：紫白星属八卦星位第八位，属艮卦。

③ 水书忌戒条目：

【马畅旗】意为马戴孝。

【门牙水】意为水族衙门。

【核】意为坎坷不顺或堵塞。

④ 骸：水语音译，意为棺材、死人或重丧。

⑤ 【六立水】意为哭泪如柳条，指忌哭丧。

原文：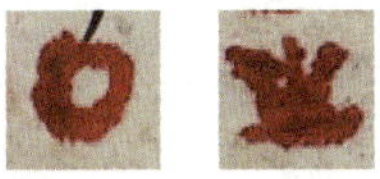

读音：van^1 mok^8

直译：日 木堂⑥

意译：即使有水书吉利“木堂”照应，也为凶时。不酌开路、安葬、婚姻、营造、出行。

注释：⑥ 木堂：水语音译，意为富丽堂皇。

第18行

原文：

读音：tjeŋ^1 ma:u^4 si^2 p^{h}o^5 ɕət^7 hi^5 ŋo^{4}hu^3 ŋo^{4}qui^5 zən^{1}ta:u^5 ha:m^1 so^{3}sjen^1

直译：丁 卯 时 破军① 七赤② 四 猛虎 锤敲打 人倒 三 惹是生非

条目：【五虎】【五锤】【人倒】 【所线】③

意译：丁卯时，值北斗破军与风水紫白星七赤兑照应，北斗破军为金与地兑金，两金为旺，为天地相旺。既要留意按用事者出生地支年，往下推演，至第四位，为水书忌戒条目【五虎】【五锤】【人倒】凶祸或伤身损耗之灾，又要留心按用事者出生地支年，往下推演，至第三位，水书忌戒条目【所线】之凶。

注释：① 破军：为北斗星之一，属北斗星的第七位。

② 七赤：紫白星属八卦星位第七位，属兑卦。

③ 水书忌戒条目：

【五虎】意为猛虎。

【五锤】意为五锤敲打。

【人倒】指凶祸倒人死亡。

【所线】意为惹是生非。

原文：

读音：	van^{1}	mu^{2}	eŋ^{1}van^{1}	ȶət^{7}
直译：	日	戊	额问④	吉

意译：按用事者出生天干年，往下推演，至戊位，即使有水书吉利条目“额问”照应，也仍为凶时。不宜婚姻、营造、出行、开路、安葬、立碑。

④航问：水语音译，意为吉利重重。

第19行

原文：

读音：	mu^{2}	sən^{2}	si^{2}	pu^{2}	ljok^{8}	ʔjən^{5}kwa:n^{1}	qau^{3}za:i^{5}	ŋo^{4}qui^{5}
直译：	戊	辰	时	辅星①	六白②	斧头	猛兽抓拖	锤敲打
条目：						【引贯】	【高采】	【五锤】③

意译：戊辰时，值北斗辅星与风水紫白星六白乾照应，北斗辅星为水与地乾为金，为金生水，为天地相生。要留意水书忌戒条目【引贯】【高采】【五锤】。

注释：① 辅星：为北斗星之一，属北斗星的第八位。

② 六白：紫白星属八卦星位第六位，属乾卦。

③ 水书忌戒条目：

【引贯】指斧头。

【高采】意为猛兽抓拖。

【五锤】意为五锤敲打。

原文：

读音：	mok^{8}	q^{h}am^{5}a:n^{1}	lju^{2}lji^{2}sui^{3}	van^{1}
直译：	木	翻倒马鞍	泪如柳条	日
条目：		【缸鞍】	【六立水】④	

意译：还要留意按用事者出生属五行年，往后推演至木位，为水书忌戒条目【缸鞍】【六立水】之凶，为凶时。不宜开路、安葬、立碑、婚姻、营造、出行、设席、造圈、造鞍。

注释：④ 水书忌戒条目：

【缸鞍】意为翻倒马鞍。

【六立水】意为哭泪如柳条，忌哭丧。

第20行

原文：

读音：	ȶi^{1}	hi^{4}	si^{2}	pjət^{7}	ŋo^{4}	ta:ŋ^{2}ʔɣa^{5}	sək^{7}ȶi^{1}	mok^{8}ta:ŋ^{2}
直译：	丁	巳	时	弼星①	五黄②	肥沃大田	虫咬	木堂④
条目：						【堂田】	【凶以】③	

意译：丁巳时，值北斗弼星与风水紫白星中央五黄照应，北斗弼星为水与地中央土，为土克为水，为天地相克。又有水书忌戒条目【堂田】【凶以】凶祸之灾，即使有水书吉星“木堂”照应，也难化解其天地相克之凶，仍为大凶之时。不宜开路、安葬、立碑、婚姻、营造、出行。

注释：① 弼星：为北斗星之一，属北斗星的第九位。

② 五黄：紫白星属八卦星位第五位，属中央卦。

③ 水书忌戒条目：

【堂田】意为肥沃大田。

【凶以】指虫咬。

④ 木堂：水语音译，意为富丽堂皇。

第21行

原文：

读音：	qeŋ^{1}	ŋo^{2}	si^{2}	t^{h}a:m^{1}	hi^{5}	ku^{3}sup^{7}	pje^{2}k^{h}u^{1}	so^{3}sjem^{1}	sa:n^{1}
直译：	庚	午	时	贪狼①	四禄②	预计	麻风病	惹是生非	散④
条目：						【估术】	【别扣】	【所线】③	

意译：庚午时，值北斗贪狼与风水紫白星四禄照应，北斗贪狼为木与地巽为木，两木为旺，为天地相旺。要留意水书忌戒条目【估术】【别扣】【所线】或值八宫掌“散”凶祸招致之灾。宜斟酌开路、安葬、营造、立碑、婚姻、出行、诉讼。

注释：① 贪狼：为北斗星之一，属北斗星的第一位。

② 四禄：紫白星属八卦星位第四位，属巽卦。

③ 水书忌戒条目：

【估术】意为预定或预计。

【别扣】指麻风病。

【所线】意为惹是生非。

④ 散：为八宫掌名称。

第22行

原文：

读音：	ɕən^{1}	mi^{2}	si^{2}	ʈu^{2}	ha:m^{1}	ŋo^{4}	ŋo^{4}hu^{3}	van^{1}	kwa:m^{1}tsai^{4}	sui^{3}	ʈum^{1}	ʈət^{7}
直译：	辛	未	时	巨门①	三碧②	五	猛虎	日	利斧	水	金堂⑤	吉
条目：							【五虎】③		【贯才】④			

意译：辛未时，值北斗巨门与风水紫白星三碧照应，北斗巨门为土与地震为木，为木克土，为天地相克。又有按用事者年出生地支年，往后推演，至第五位，为水书忌戒条目【五虎】；即使有水书吉利条目【贯才】，或按用事者年庚八字五行推演，至水位，为水书吉利“金堂”照应，但也难以化解天地相克之凶，仍为大凶之时。诸事不宜。

注释：① 巨门：为北斗星之一，属北斗星的第二位。

② 三碧：紫白星属八卦星位第三位，属震卦。

③ 【五虎】水语音译忌戒条目，意为猛虎。

④ 【贯才】水书吉利条目，意为利斧。

⑤ 金堂：水语音译，意为富丽堂皇。

第23行

原文：

读音：	ŋ̩um^{2}	sən^{1}	si^{2}	ljok^{8}	ŋ̩i^{2}	ton^{2}ɣon^{2}	ljeu^{4}ʈa^{1}ɕot^{7}
直译：	壬	申	时	禄存①	二黑②	短命	家产破败
条目：						【端完】	【辽架玄】③

意译：壬申时，值北斗禄存与风水紫白星二黑照应，北斗禄存为土与地坤为土，两土为旺，为天地相克。又有水书忌戒条目【端完】【辽架玄】之凶。

注释：① 禄存：为北斗星之一，属北斗星的第三位。

② 二黑：紫白星属八卦星位第二位，属坤卦。

③ 水书忌戒条目：

【端完】意为短命。

【辽架玄】意为家产破败。

原文：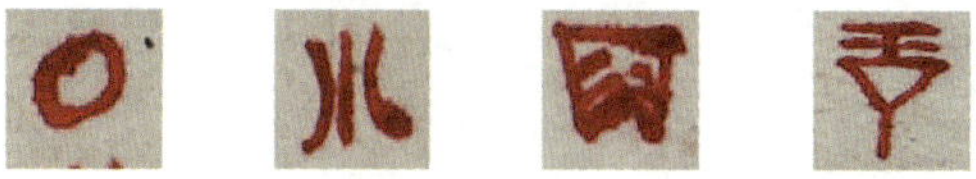

读音：	van^{1}	sui^{3}	mən^{2}ja^{3}sui^{3}	ʈət^{7}
直译：	日	水	水族衙门	吉
条目：			【门牙水】④	

意译：即使有按用事者出生属五行年，往后推演，至水位，有水书吉利条目【门牙水】照应，也难化解天地相克之凶，仍为大凶之时。诸事不宜。

注释：④ 【门牙水】该字在水书中为红色，表示吉利，为吉利条目，意为水族衙门。

第24行

原文：

读音：	ʈui^{5}	ju^{4}	si^{2}	fan^{2}	ʔjət^{7}	njem^{2}ju^{5}	ŋ̩um^{1}	Pjət^{8}jiŋ^{5}	ha:i^{2}
直译：	癸	酉	时	文曲①	一白②	引线	金	环绕	骸④
条目：						【引友】		【必引】③	

意译：癸酉时，值北斗文曲与风水紫白星一白照应，北斗文曲为水与地坎为水，两水为旺，为天地相旺。要留心水书忌戒条目【引友】之凶；还要留意按用事者出生属五行年，往后推演至金位，为水书忌戒条目【必引】为“骸（死人）”凶祸之灾。

注释：① 文曲：为北斗星之一，属北斗星的第四位。

② 一白：紫白星属八卦星位第一位，属坎卦。

③ 水书忌戒条目：

【引友】指引线，丧葬时忌叫他人名，应答者要丧命。

【必引】意为回环或环绕。

④ 骸：水语音译，意为棺材、死人或重丧。

原文：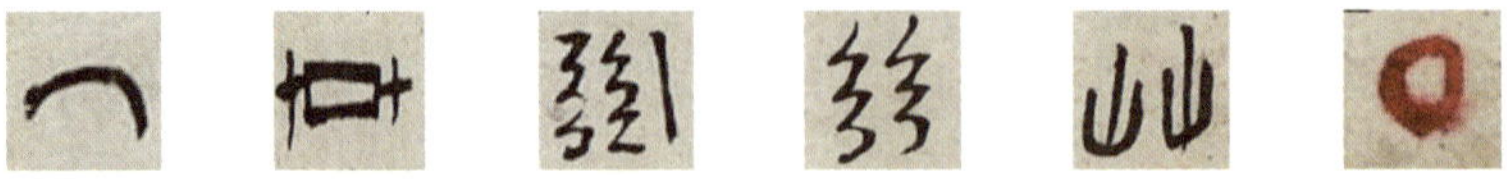

读音：ʔba:ŋ^{5}ham^{3}　ha:i^{2}　ɕoŋ^{1}ɕep^{7}　lju^{2}lji^{2}sui^{3}　ta:ŋ^{2}sa:i^{2}　van^{1}

直译：罩住　骸⑥　接应　泪如柳条　宽大竹林　日

条目：【补夯】⑤　【休显】【六立水】【堂晒】⑦

意译：又还要留意水书忌戒条目【补夯】为“骸（死人）”凶；又要留意【休显】【六立水】【堂晒】凶祸招致之灾，虽值水书吉利照应，但仍为大凶之时。不宜开路、安葬、立碑、婚姻、营造、出行。

注释：⑤ 【补夯】指罩住，与仰开相反。

⑥ 骸：水语音译，意为棺材、死人或重丧。

⑦ 水书忌戒条目：

【休显】意为接言（忌报丧）。

【六立水】意为哭泪如柳条，忌哭丧。

【堂晒】意为宽大竹林。

第25行

原文：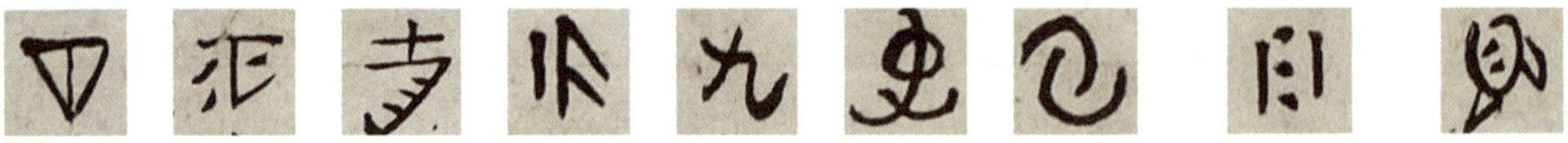

读音：ȶa:p^{7}　hət^{7}　si^{2}　ljem^{2}　ȶu^{3}　ɕoŋ^{1}jət^{7}　ȶi^{1}　pik^{7}sui^{3}ka:ŋ^{5}　ŋo^{4}hu^{3}

直译：甲　戌　时　廉贞①　九紫②　虫咬　已　泪水哭干　猛虎

条目：【凶以】　【比水缸】【五虎】③

意译：甲戌时，北斗廉贞与风水紫白星九紫照应，北斗廉贞为水与地离为火，为水克火，为天地相克。要留心水书忌戒条目【凶以】之凶，又要留意按用事者出生天干年，往后推演，至已位，为水书忌戒条目【比水缸】【五虎】凶祸之灾。

注释：① 廉贞：为北斗星之一，属北斗星的第九位。

② 九紫：紫白星属八卦星位第九位，属离卦。

③ 水书忌戒条目：

【凶以】意为虫咬。

【比水缸】意为泪水哭干。

【五虎】意为猛虎，表示多只猛虎。

原文：

读音：	ʈu^{3}	ʔjət^{7}	ʔjeu^{1}foŋ^{2}hu^{3}	van^{1}
直译：	九	乙	孝旗伞	日
条目：			【料逢虎】④	

意译：按用事者出生地支年，往后推演，至第九位，或按用事者出生天干年，往后推演，至乙位，为水书忌戒条目【料逢虎】之凶；尽管值水书"吉日"照应，但仍为大凶之时。诸事不宜。

注释：④ 【料逢虎】水书忌戒条目，意为孝旗伞。

第26行

原文：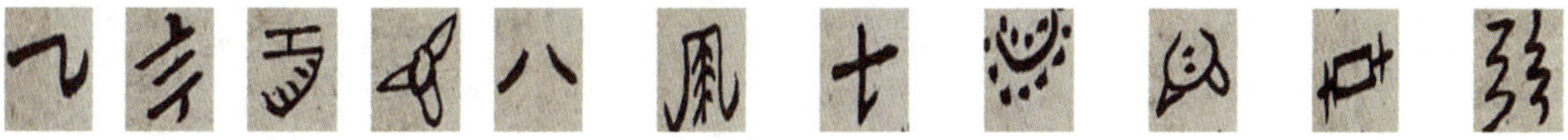

读音：	ʔjət^{7}	ʁa:i^{3}	si^{2}	fu^{4}	pa:t^{7}	mok^{8}foŋ^{2}	ɕət^{7}	qo^{2}ʈən^{1}	ŋo^{4}hu^{3}	ha:i^{2}	lju^{2}li^{2}sui^{3}
直译：	乙	亥	时	武曲①	八白②	缠树藤	七	大群队移动	猛虎	骸④	泪如柳条
条目：						【木逢】		【各紧】	【五虎】③		【六立水】⑤

意译：乙亥时，值北斗武曲与风水紫白星八白照应，北斗武曲为金与地艮为土，为土生金，为天地相生。要留意水书忌戒条目【木逢】之凶，还要留意按用事者出生地支年，往后推演，至第七位，水书忌戒条目【各紧】【五虎】【骸】【六立水】凶祸之灾。

注释：① 武曲：为北斗星之一，属北斗星的第六位。

② 八白：紫白星属八卦星位第八位，属艮卦。

③ 水书忌戒条目：

【木逢】意为缠树藤。

【各紧】大群队移动。各，水语音译，为划、移动；紧，水语音译，为大排场队伍。

【五虎】意为猛虎，表示多只猛虎。

④ 骸：水语音译，意为棺材、死人或重丧。

⑤ 【六立水】水书忌戒条目，指哭泪如柳条，忌哭丧。

原文：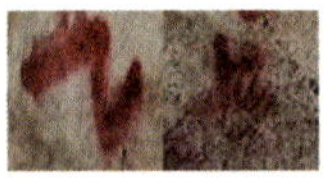 

读音：　ʔjət^{7}sjeŋ^{3}　　van^{1}

直译：　一生气[⑥]　　日

意译：虽有水书吉利“一生气”照应，但仍为吉凶参半之时。宜斟酌开路、安葬、立碑，不宜婚姻、营造、出行、造圈。

注释：⑥　一生气：意为和气。

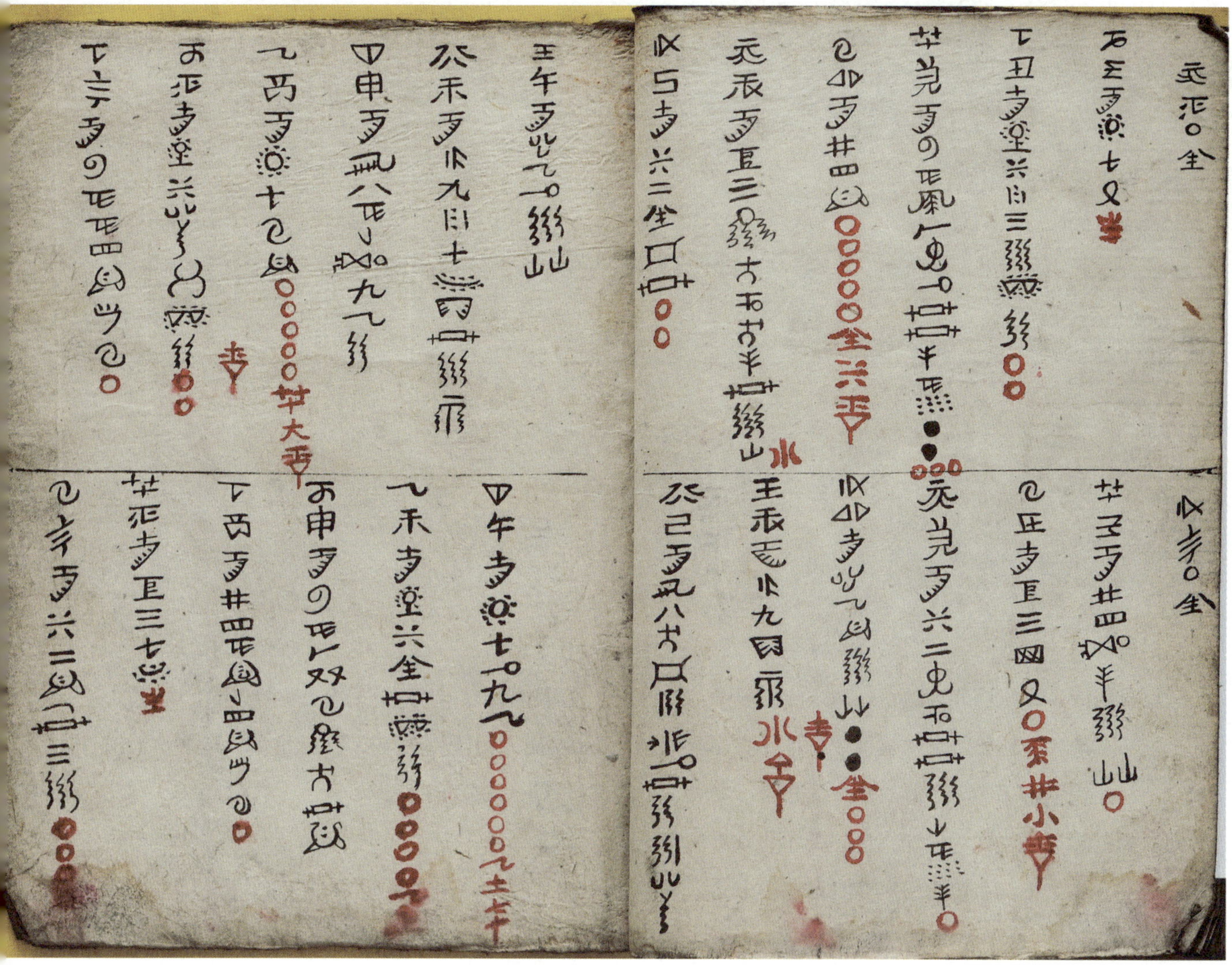

原件 24：庚戌 辛亥

第 1 行

原文：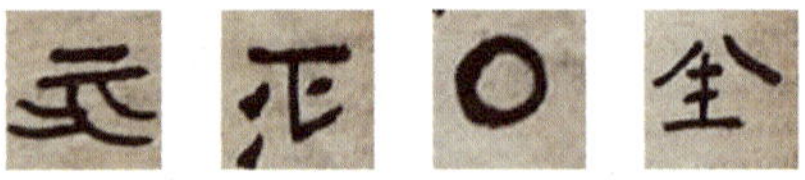

读音：qeŋ^{1}　hət^{7}　van^{1}　ʇum^{1}

直译：庚　戌　日　金

意译：庚戌日，纳音属金。

注释：此为六十甲子日中第四十七日，五行纳音属金。它包含从丙子时起到丁亥时，共十二个时辰。

第 2 行

原文：

读音：pjeŋ^{3}　hi^{3}　si^{3}　p^{h}o^{5}　ɕət^{7}　Pjət^{8}jiŋ^{5}　mi^{2}

直译：丙　子　时　破军①　七赤②　环绕　未

条目：【必引】③

意译：丙子时，值北斗破军与风水紫白星七赤兑照应，北斗破军为金与地兑为金，两金为旺，为天地相旺。要留意水书忌戒条目【必引】之凶；又按用事者出生地支年，往后推演，至未位，仍为吉凶参半之时。宜斟酌开路、安葬、立碑、婚姻、营造、出行。

注释：① 破军：为北斗星之一，属北斗星的第七位。

② 七赤：紫白星属八卦星位第七位，属兑卦。

③ 【必引】水书忌戒条目，意为回环或环绕。

第 3 行

原文：

读音：tjeŋ^{1}　su^{3}　si^{2}　pu^{2}　ljok^{8}　pik^{7}sui^{3}ka:ŋ^{5}　ha:m^{1}　so^{3}sjen^{1}　q^{h}am^{5}a:n^{1}　lju^{2}li^{2}sui^{3}　hak^{7}van^{1}

直译：丁　丑　时　辅星①　六白②　泪水哭干　三　惹是生非　翻倒马鞍　泪如柳条　航问④

条目：【比水缸】　【所线】【缸鞍】【六立水】③

意译：丁丑时，值北斗辅星与风水紫白星六白乾照应，北斗辅星为水与地乾为金，为金生水，为天地相生。要留意水书忌戒条目【比水缸】之灾；又要留意按用事者出生地支年，往后推演，至第三位，为水书忌戒条目【所线】【缸鞍】【六立水】之祸；又值水书吉利“航问”照应，也为吉凶参半之时。宜斟酌开路、安葬、立碑、婚姻、出行，不宜营造、造鞍、赴任、诉讼。

注释：① 辅星：为北斗星之一，属北斗星的第八位。

② 六白：紫白星属八卦星位第六位，属乾卦。

③ 水书忌戒条目：

【比水缸】意为泪水哭干。

【所线】意为惹是生非。

【缸鞍】意为翻倒马鞍。

【六立水】意为哭泪如柳条，忌哭丧。

④ 航问：水语音译，意为连日吉利。

第 4 行

原文：

读音：	mu^{2}	ji^{2}	si^{2}	pjət^{7}	ŋo^{4}	mok^{8}foŋ^{2}	ʔjən^{5}kwa:n^{1}	ɕoŋ^{1}ʔjət^{7}	ŋo^{4}qui^{5}	ha:i^{2}	ha:i^{2}
直译：	戊	寅	时	弼星①	五黄②	缠树藤	斧头	虫咬	锤敲打	骸④	骸⑤
条目：						【木逢】	【引贯】	【凶以】	【五锤】③		

意译：戊寅时，值北斗弼星与风水紫白星五黄中央照应，北斗弼星为水与地中央为土，为土克水，为天地相克。又有水书忌戒条目【木逢】【引贯】【凶以】【五锤】为“骸（死人）”凶祸招致之灾。

注释：① 弼星：为北斗星之一，属北斗星的第九位。

② 五黄：属紫白星八卦第五位，属中央卦。

③ 水书忌戒条目：

【木逢】指缠树藤。

【引贯】指斧头。

【凶以】意为虫咬。

【五锤】指锤敲打，表示多锤敲打。

④⑤ 骸：水语音译，意为棺材、死人或重丧。

原文：

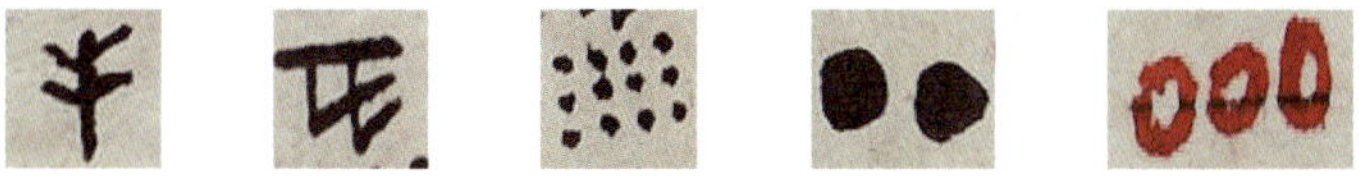

读音：	mok^{8}	ŋo^{4}	ta:ŋ^{2}ʔɣa^{5}	ha:k^{7}van^{1}ʔdjam^{5}	ha:k^{7}van^{1}
直译：	人头	五	肥沃大田	连日阴沉	额问⑦
条目：	【各木】		【堂田】	【航问锭】⑥	

意译：还要留心水书忌戒条目【各木】之凶祸；又还要留心按用事者出生地支年，往后推演，至第

五位，为水书禁忌条目【堂田】【航问锭】之灾；虽值水语音译的水书吉利条目“额问”照应，但仍为大凶之时。不宜开路、安葬、立碑、婚姻、营造、出行。

注释：⑥ 水书忌戒条目：

【各木】意为人头。

【堂田】意为肥沃大田。

【航问锭】意为连日凶祸或连日阴沉。

⑦ 额问：水语音译，意为吉利重重。

第 5 行

原文：

读音：	ȶi^{1}	ma:u^{4}	si^{2}	t^{h}a:m^{1}	hi^{5}	ŋo^{4}hu^{3}	eŋ^{1}van^{1}	ȶum^{1}	ljok^{8}	ȶət^{7}
直译：	己	卯	时	贪狼①	四禄②	猛虎	额问	金堂④	六十	吉
条目：						【五虎】③				

意译：己卯时，值北斗贪狼与风水紫白星四禄巽相照应，北斗贪狼属木与地上巽为木，两木为旺，为天地相旺。要留意水书禁忌条目【五虎】之凶；又值水语音译的水书金吉利“额问”“金堂”，为水书“六十吉”。宜开路、安葬、立碑、出行，不宜营造、造圈、婚姻。

注释：① 贪狼：为北斗星之一，属北斗星的第一位。

② 四禄：属紫白星八卦第四位，属巽卦。

③ 【五虎】水书忌戒条目，意为猛虎。

④ 水书吉星：

额问：水语音译，意为吉利重重。

金堂：水语音译，意为富丽堂皇。

第 6 行

原文：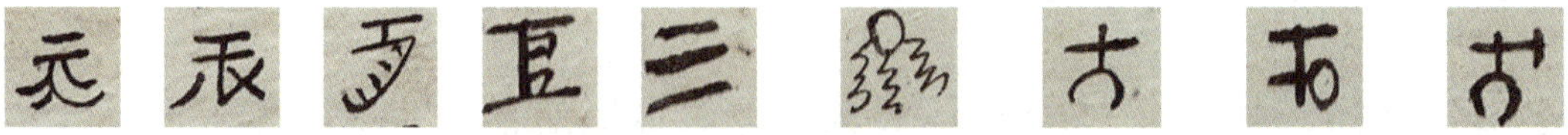

读音：	qeŋ^{1}	sən^{2}	si^{2}	ȶu^{2}	ha:m^{1}	ma^{4}saŋ^{2}ȶi^{2}	hak^{7}	pje^{2}k^{h}u^{1}	hak^{7}
直译：	庚	辰	时	巨门①	三碧②	马戴孝	坎坷	麻风病	坎坷
条目：						【马畅旗】	【核】	【别扣】	【核】③

意译：庚辰时，值北斗巨门与风水紫白星三碧震相照应，北斗巨门属土与地上震为木，为木克土，为天地相克。又有水书忌戒条目【马畅旗】【核】【别扣】【核】凶祸之灾。

注释：① 巨门：为北斗星之一，属北斗星的第二位。

② 三碧：属紫白星八卦第三位，属震卦。

③ 水书忌戒条目：

【马畅旗】意为马戴孝。

【核】意为坎坷不顺或堵塞。

【别扣】指麻风病。

原文：

读音：	mok^{8}	ha:i^{2}	so^{3}sjen^{1}	sa:n^{1}	sui^{3}
直译：	木	骸④	惹是生非	散⑥	水
条目：			【所线】⑤		

意译：还要留意按用事者出生属五行年，往后推演，至木位，值“骸（死人）”凶；又要留意水书忌戒条目【所线】或八宫掌“散”之凶祸，为大凶之时。诸事不宜。

注释：④ 骸：水语音译，意为棺材、死人或重丧。

⑤ 【所线】水书忌戒条目，意为惹是生非。

⑥ 【散】是指八宫掌名称。

第 7 行

原文：

读音：	ɕən^{1}	hi^{4}	si^{2}	ljok^{8}	ȵi^{2}	ȶum^{1}	ŋ̥a:n^{1}hi^{5}q^{h}a^{1}	ha:i^{2}	hak^{7}van^{1}
直译：	辛	巳	时	禄存①	二黑②	金	棺材四角	骸④	航问⑤
条目：							【宁喜卡】③		

意译：辛巳时，值北斗禄存与风水紫白星二黑坤卦照应，北斗禄存为土与地二黑坤为土，为两土相旺，为天地相旺。按用事者出生属五行年，往后推演，至木位，为水书忌戒条目【宁喜卡】为“骸（死人）”凶祸招致之灾；又值水书吉利“航问”照应，也为凶时。不宜开路、出行、婚姻、起造、立碑、丧葬。

注释：① 禄存：为北斗星之一，属北斗星的第三位。

② 二黑：属紫白星八卦第二位，属坤卦。

③ 【宁喜卡】水书忌戒条目，意为棺材头四角。

④ 骸：水语音译，意为棺材、死人或重丧。

⑤ 航问：水语音译，意为连日吉利。

第 8 行

原文：

读音：	ŋ̥um^{2}	ŋo^{2}	si^{2}	fan^{2}	ʔjət^{7}	ŋo^{4}qui^{5}	so^{3}sjen^{1}	ta:ŋ^{2}sa:i^{2}
直译：	壬	午	时	文曲①	一白②	锤敲打	惹是生非	肥沃大田
条目：						【五锤】	【所线】	【堂晒】③

意译：壬午时，值北斗文曲与风水紫白星一白照应，北斗文曲属水与地上坎为水，两水为旺，为天地相旺。要注重水书忌戒条目【五锤】【所线】【堂晒】凶祸所招之灾。宜斟酌立碑、丧葬、立碑、起造，不宜嫁娶、出行、赴任、诉讼。

注释：① 文曲：为北斗星之一，属北斗星第四位。

② 一白：为紫白星八卦第一位，为坎卦。

③ 水书忌戒条目：

【五锤】意为五锤敲打。

【所线】意为惹是生非。

【堂晒】指宽大竹林。

第 9 行

原文：

读音：	ʈui^{5}	mi^{2}	si^{2}	ljem^{2}	ʈu^{3}	pik^{7}sui^{3}ka:ŋ^{5}	ɕət^{7}	qo^{2}ʈən^{1}	mən^{2}ja^{3}sui^{3}	ha:i^{2}
直译：	癸	未	时	廉贞①	九紫②	泪水哭干	七	大群队移动	水族衙门	骸④
条目：						【比水缸】		【各紧】	【门牙水】③	

意译：癸未时，值北斗廉贞与风水紫白星九紫离相照应，北斗廉贞属火与地上离为火，两火为旺，为天地相旺。要注意水书忌戒条目【比水缸】之凶；还要留意按用事者出生地支年，往后推演，至第七位，值水书忌戒条目【各紧】【门牙水】为“骸（死人）”凶祸之灾。

注释：① 廉贞：为北斗星之一，属北斗星的第五位。

② 九紫：紫白星属八卦星位第九位，属离卦。

③ 水书忌戒条目：

【比水缸】意为泪水哭干。

【各紧】大群队移动。各，水语音译，为划、移动；紧，水语音译，为大排场队伍。

【门牙水】意为水族衙门。

④ 骸：水语音译，意为棺材、死人或重丧。

原文：

读音：so^{3}sjen^{1}　ʔjeu^{1}foŋ^{2}hu^{3}

直译：惹是生非　孝旗伞

条目：【所线】【料逢虎】⑤

意译：又还要留心水书禁忌条目【所线】【料逢虎】之凶，为大凶之时。不宜开路、丧葬、立碑、嫁娶、起造、出行。

注释：⑤ 水书忌戒条目：

【所线】意为惹是生非。

【料逢虎】意为孝旗伞。

第10行

原文：

读音：	ɬa:p^{7}	sən^{1}	si^{2}	fu^{4}	pa:t^{7}	ŋo^{4}	qau^{3}za:i^{5}	zən^{1}ta:u^{5}	ɬu^{3}	ʔjət^{7}	lju^{2}lji^{2}sui^{3}
直译：	甲	申	时	武曲①	八白②	五	猛兽抓拖	人倒	九	乙	泪如柳条
条目：							【高采】	【人倒】			【六立水】③

意译：甲申时，值北斗武曲与风水紫白星八白艮相照应，北斗武曲属金与地上艮为土，为土生金，为天地相生。要留意按用事者年庚八字地支推演，至第五位，值水语音译的水书忌戒条目【高采】【人倒】凶祸伤身之灾，还要留心按用事者出生地支年，往后推演，至第九位，或按用事者出生天干年，往后推演，至乙位，为水书忌戒条目【六立水】之凶。宜开路、嫁娶、出行，不宜丧葬、立碑、起造、造圈。

注释：① 武曲：为北斗星之一，属北斗星的第六位。

② 八白：为紫白星八卦第八位，属艮卦。

③ 水书忌戒条目：

【高采】意为猛兽抓拖。

【人倒】意为凶恶倒人死亡之意。

【六立水】意为哭泪如柳条，忌哭丧。

第11行

原文：

读音：ʔjət^{7} ju^{4} si^{2} p^{h}o^{5} ɕət^{7} ȶi^{1} ŋo^{4}hu^{3} eŋ^{1}van^{1} mu^{2} ta:i^{2} ȶjət^{7}

直译：乙 酉 时 破军① 七赤② 己 猛虎 额问④ 戊 大 吉

条目：【五虎】③

意译：乙酉时，值北斗破军与风水紫白星七赤兑相照应，北斗破军属金与地上兑为金，两金为旺，为天地相旺。按用事者出生天干年，往后推演，至己位，值水书忌戒条目【五虎】之凶；又值水书吉利条目“额问”照应；且按用事者出生天干年，往后推演，至戊位为吉利。宜斟酌开路、丧葬、立碑、出行，不宜设席、设座位、嫁娶、起造、造圈。

注释：① 破军：为北斗星之一，属北斗星的第七位。

② 七赤：为紫白星八卦第七位，为兑卦。

③ 【五虎】水书忌戒条目，意为猛虎，表示多只猛虎。

④ 额问：水语音译，意为吉利重重。

第12行

原文：

读音：pjeŋ^{3} hət^{7} si^{2} pu^{2} ljok^{8} ljeuta^{1}ɕot^{8} nu^{2}ȶum^{1}ŋ̥u^{2} q^{h}am^{5}a:n^{1} lju^{2}lji^{2}sui^{3} hak^{7}van^{1} ȶət^{7}

直译：丙 戌 时 辅星① 六白② 家产破败 牛金牛④ 翻倒马鞍 泪如柳条 航问⑥ 吉

条目：【辽架玄】③ 【缸鞍】 【六立水】⑤

意译：丙戌时，值北斗辅星与风水紫白星六白照应，北斗辅星属水与地上乾为金，为金生水，为天地相生。注重值水书禁忌条目【辽架玄】逢【牛金牛】宿照应，更为凶；又要留心水书忌戒条目【缸鞍】【六立水】凶祸之灾；即使有水书吉利“航问”照应，也为凶时。不宜开路、丧葬、立碑、嫁娶、起造、出行、造马鞍。

注释：① 辅星：为北斗星之一，属北斗星的第八位。

② 六白：为紫白星八卦第六位，为乾卦。

③ 【辽架玄】水书忌戒条目，意为家产破败。

④ 牛金牛：二十八宿之一，这里为凶星。

⑤ 水书忌戒条目：

【缸鞍】意为翻倒马鞍。

【六立水】意为哭泪如柳条，指忌哭丧。

⑥ 航问：水语音译，意为连日吉利。

第13行

原文：

读音：	tjeŋ^{1}	ʁaːi^{3}	si^{2}	pjət^{7}	ŋo^{4}	ŋo^{4}	hi^{5}	ŋo^{4}hu^{3}	sək^{7}ʈi^{1}	ʈi^{1}	van^{1}
直译：	丁	亥	时	弼星①	五黄②	五	四	猛虎	断梳子	九穷	日
条目：								【五虎】	【省记】	【九己】③	

意译：丁亥时，值北斗弼星与风水紫白星中央五黄照应，北斗弼星为水与地上中央为土，为土克水，为天地相克。按用事者出生地支年，往后推演，至第五位或第四位，又值水书禁忌条目【五虎】【省记】【九己】凶祸之灾；虽值水语音译的水书“吉日”照应，但也难化解天地相克之凶，仍为大凶之时。诸事不宜。

注释：① 弼星：为北斗星之一，属北斗星的第九位。

② 五黄：紫白星属八卦星位第五位，属中央卦。

③ 水书忌戒条目：

【五虎】意为猛虎，表示多只猛虎。

【省记】意为断梳子（即死人梳子）。

【九己】意为九穷，二代以后丁财衰败。

第14行

原文：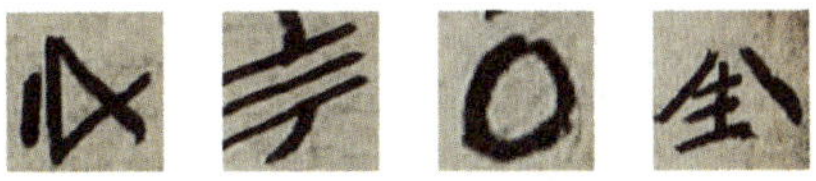

读音：	ɕən^{1}	ʁaːi^{3}	van^{1}	ʈum^{1}
直译：	辛	亥	日	金

意译：辛亥日，纳音属金。

注释：此为六十甲子日中第四十八日，五行纳音属金。它包含从戊子时起到己亥时，共十二个时辰。

第15行

原文：

读音：	mu^{2}	hi^{3}	si^{2}	t^{h}a:n^{1}	hi^{5}	zən^{1}ta:u^{5}	mok^{8}	qoŋ^{1}ljok^{8}ma^{4}	ta:ŋ^{2}sa:i^{2}	van^{1}
直译：	戊	子	时	贪狼①	四禄②	人倒	人头	马做工	宽大竹林	日
条目：						【人倒】	【各木】	【工六马】	【堂晒】③	

意译：戊子时，值北斗贪狼与风水紫白星四禄巽相照应，北斗贪狼为木与地上巽为木，两木为旺，天地相旺。要注重水书条目【人倒】【各木】【工六马】【堂晒】凶祸伤身之灾；即使有水书“吉日”照应，也为凶时。不宜婚姻、营造、开路、安葬、立碑。

注释：① 贪狼：为北斗星之一，属北斗星的第一位。

② 四禄：紫白星属八卦星位第四位，属巽卦。

③ 水书忌戒条目。

【人倒】意为凶祸倒人死亡。

【各木】意为人头。

【工六马】指马做工，表示多匹马做工。

【堂晒】意为宽大竹林。

第16行

原文：

读音：	ȶi^{1}	su^{3}	si^{1}	ȶu^{2}	ha:m^{1}	ton^{2}ɣon^{2}	pjət^{7}jiŋ^{5}
直译：	己	丑	时	巨门①	三碧②	短命	环绕
条目：						【端完】	【必引】③

意译：己丑时，值北斗巨门与风水紫白星三碧震相照应，北斗巨门为土与地上震卦属木，为木克土，为天地相克。还有水书忌戒条目【端完】【必引】之凶。

注释：① 巨门：为北斗星之一，属北斗星的第二位。

② 三碧：紫白星属八卦星位第三位，属震卦。

③ 水书忌戒条目：

【端完】意为短命。

【必引】意为回环或环绕。

原文：

读音：	van^{1}	mok^{8}	t^{h}a:m^{1}	ɕeu^{3}	tət^{7}
直译：	日	木堂	贪狼④	小	吉

意译：即使值水书吉星“木堂”“贪狼”照应为小吉，也难化解天地相克之凶，仍为大凶之时。不宜开路、丧葬、立碑、嫁娶、起造、出行。

注释：④ 木堂：水语音译，意为富丽堂皇。

贪狼：北斗九星第一位，这里为水书吉星。

第17行

原文：

读音：	qeŋ^{1}	ji^{2}	si^{2}	ljok^{8}	ȵi^{2}	ɕoŋ^{1}ʔjət^{7}	pje^{2}k^{h}u^{1}	hai^{2}	hai^{2}	so^{3}sjen^{1}	san^{1}
直译：	庚	寅	时	禄存①	二黑②	虫咬	麻风病	骸④	骸⑤	惹是生非	散⑦
条目：						【凶以】	【别扣】③			【所线】⑥	

意译：庚寅时，值北斗禄存与风水紫白星二黑坤照应，北斗禄存为土与地上坤为土，两土为旺，为天地相旺。要注重水书忌戒条目【凶以】【别扣】为“骸（死人）”凶；又要留意【所线】或八宫掌“散”凶祸招致之灾。

注释：① 禄存：为北斗星之一，属北斗星的第三位。

② 二黑：紫白星属八卦星位第二位，属坤卦。

③ 水书忌戒条目：

【凶以】意为虫咬。

【别扣】意为麻风病。

④⑤ 骸：水语音译，意为棺材、死人或重丧。

⑥ 【所线】水书忌戒条目，指惹是生非。

⑦ 散：为八宫掌名称。

原文：

读音：	ŋo^{4}	ʔjum^{5}hən^{2}	qok^{8}mok^{8}	van^{1}
直译：	五	地方拥挤	人头	日
条目：		【涌恒】	【各木】⑧	

意译：还要留心按用事者出生地支年，往后推演，至第五位，为水书忌戒条目【涌恒】【各木】之凶。宜斟酌开路、婚姻、营造、出行，不宜安葬、立碑。

注释：⑧ 水书忌戒条目：

【涌恒】意为地方拥挤。

【各木】意为人头。

第18行

原文：

读音：	ɕən^{1}	ma:u^{4}	si^{2}	fan^{2}	ʔjət^{7}	ŋo^{4}hu^{3}	so^{3}sjen^{1}	tsem^{4}	ha:k^{7}van^{1}ʔdjam^{5}
直译：	辛	卯	时	文曲①	一白②	猛虎	惹是生非	凶恶	连日阴沉
条目：						【五虎】	【所线】	【占】	【航问锭】③

意译：辛卯时，值北斗文曲与风水紫白星一白坎照应，北斗文曲为水与地上坎为水，两水为旺，为天地相旺。值水书忌戒条目【五虎】【所线】【占】【航问锭】之凶。

注释：① 文曲：为北斗星之一，属北斗星的第四位。

② 一白：紫白星属八卦星位第一位，属坎卦。

③ 水书忌戒条目：

【五虎】意为猛虎，表示多只猛虎。

【所线】意为惹是生非。

【占】意为凶恶，一种神尖刀，碰到它，人立刻昏倒，不省人事。

【航问锭】意为连日凶祸或连日阴沉。

原文：

读音：	tum^{1}	eŋ^{1}van^{1}
直译：	金堂	额问④

意译：即使有水书吉星“金堂”“额问”照应，也为吉凶参半时。宜斟酌安葬、营造、立碑，不宜婚姻、出行、赴任、诉讼。

注释：④ 水书吉星：

金堂：意为富丽堂皇。

额问：水语音译，意吉利重重。

第19行

原文：

读音：	ȵum^{2}	sən^{2}	si^{2}	ljem^{2}	ȶu^{3}	mən^{2}ja^{3}sui^{3}	ʔjeu^{1}foŋ^{2}hu^{3}	sui^{3}	ȶət^{7}	ȶət^{7}
直译：	壬	辰	时	廉贞①	九紫②	水族衙门	孝旗伞	水	吉	吉
条目：						【门牙水】	【料逢虎】③			

意译：壬辰时，值北斗廉贞与风水紫白星九紫离照应，北斗廉贞为火与地上离为火，两火为旺，为天地相旺。要留意水书忌戒条目【门牙水】【料逢虎】之凶；还要留意按用事者出生属五行年，往后推演，至水位为吉。宜斟酌立碑、嫁娶、出行，不宜丧葬、营造。

注释：① 廉贞：为北斗星之一，属北斗星的第五位。

② 九紫：紫白星属八卦星位第九位，属离卦。

③ 水书忌戒条目：

【门牙水】意为水族衙门。

【料逢虎】意为孝旗伞。

第20行

原文：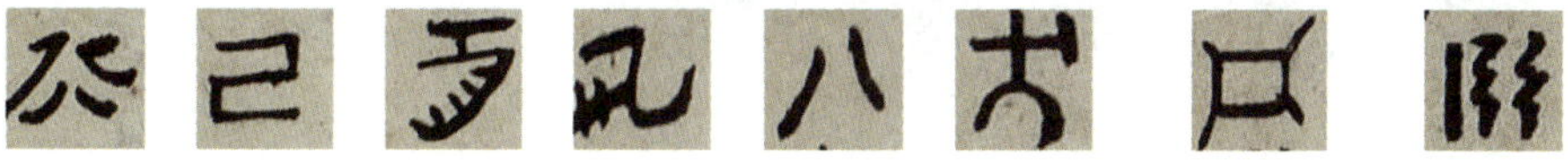

读音：	ȶui^{5}	hi^{4}	si^{2}	fu^{4}	pa:t^{7}	hak^{7}	ȵa:n^{1}hi^{5}q^{h}a^{1}	ɕoŋ^{1}ɕe:p^{7}
直译：	癸	巳	时	武曲①	八白②	坎坷	棺材四角	接应
条目：						【核】	【宁喜卡】	【休显】③

意译：癸巳时，值北斗武曲与风水紫白星八白艮相照应，北斗武曲属金与地上艮为土，为土生金，为天地相生。值水语音译的水书忌戒条目【核】【宁喜卡】【休显】。

注释：① 武曲：为北斗星之一，属北斗星的第六位。

② 八白：为紫白星八卦第八位，属艮卦。

③ 水书忌戒条目：

【核】意为坎坷或堵塞。

【宁喜卡】意为棺材头之四角。

【休显】意为接言（忌报丧）。

原文：

读音：ɕu^{1} ŋo^{4}qui^{5} ha:i^{2} lju^{2}lji^{2}sui^{2} ɕoŋ^{1}ɕe:p^{7} ljeu^{4}ta^{1}ɕot^{7}

直译：秋季 锤敲打 骸⑤ 泪如柳条 接应 家产破败

条目：【五锤】④ 【六立水】 【休显】 【辽架玄】⑥

意译：要特别注意，在秋季用事为水书忌戒条目【五锤】【骸】【六立水】【休显】【辽架玄】凶祸招致之灾，为大凶之时。不宜丧葬、立碑、设席、嫁娶、起造、出行。

注释：④ 【五锤】水书忌戒条目，意为五锤敲打。

⑤ 骸：水语音译，意为棺材、死人或重丧。

⑥ 水书忌戒条目：

【六立水】意为哭，指忌哭丧。

【休显】意为接言（忌报丧）。

【辽架玄】意为家产破败。

第21行

原文：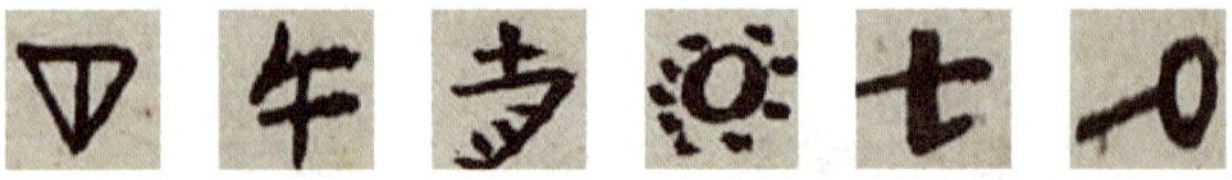

读音：ʈa:p^{7} ŋo^{2} si^{2} p^{h}o^{5} ɕət^{7} ŋo^{4}qui^{5}

直译：甲 午 时 破军① 七赤② 锤敲打

条目：【五锤】③

意译：**甲午时，值北斗破军与风水紫白星七赤兑相照应，北斗破军属金与地上兑为金，两金为旺。**也要留心水书忌戒条目【五锤】之凶。

注释：① 破军：为北斗星之一，属北斗星的第七位。

② 七赤：为紫白星八卦第七位，属兑卦。

③ 【五锤】水书忌戒条目，意为五锤敲打。

原文：

读音：ʈu^{3} ʔjət^{7} eŋ^{1}van^{1} ʔjət^{7} t^{h}u^{3} ɕət^{7} sup^{8}

直译：九 乙 额问 一生气④ 七 十

意译：按用事者出生地支年，往后推演，至第九位，或按用事者出生天干年，往后推演，至乙位，又值水书吉星“额问”“一生气”照应，为吉凶参半之时。宜斟酌安葬、营造、立碑，不宜婚姻、出行、设席。

注释：④ 水书吉星：

额问：意为吉利重重。

一生气：意为和气。

第22行

原文：

读音：	ʔjət^{7}	mi^{2}	si^{2}	pu^{2}	ljok^{8}	ɬum^{1}	ha:i^{2}	q^{h}am^{5}a:n^{1}	lju^{2}lji^{2}sui^{3}	eŋ^{1}van^{1}	ʔjət^{7}sjeŋ^{3}
直译：	乙	未	时	辅星①	六白②	金	骸③	翻倒马鞍	泪如柳条	额问	一生气④
条目：								【缸鞍】	【六立水】④		

意译：乙未时，值北斗辅星与风水紫白星六白乾相照应，北斗辅星属水与地上乾为金，为金生水，为天地相生。要留意按用事者出生属五行年，往后推演，至金位，为水书忌戒条目【缸鞍】【六立水】凶祸之灾；又有水书吉星“额问”“一生气”照应，也为吉凶参半之时。宜斟酌安葬、营造、立碑，不宜婚姻、出行。

注释：① 辅星：为北斗星之一，属北斗星的第八位。

② 六白：紫白星属八卦星位第六位，属乾卦。

③ 骸：水语音译，意为棺材、死人或重丧。

④ 水书忌戒条目：

【缸鞍】意为翻倒马鞍。

【六立水】意为哭泪如柳，指忌哭丧。

⑤ 水书吉星：

额问：意为吉利重重。

一生气：意为和气。

第23行

原文：

读音：	pjeŋ^{3}	sən^{1}	si^{2}	pjət^{7}	ŋo^{4}	ʔjən^{5}kwa:n^{1}	ku^{3}sup^{7}	ɬi^{1}
直译：	丙	申	时	弼星①	五黄②	斧头	预计	九穷
条目：						【引贯】	【估术】	【九己】③

意译：丙申时，值北斗弼星与风水紫白星中央五黄照应，北斗弼星属水与地上中央为土，为土克

水，为天地相克。又有水书忌戒条目【引贯】【估术】【九己】之凶。

注释：① 弼星：为北斗星之一，属北斗星的第九位。

② 五黄：紫白星属八卦星位第五位，为中央卦。

③ 五锤：为水语音译的水书忌戒条目，意为五锤敲打。

原文：

读音：ma^{4}saŋ^{2}ȶi^2 hak^7 ha:i^2 ŋo^{4}hu^3

直译：马戴孝 坎坷 骸⑤ 猛虎

条目：【马畅旗】【核】④ 【五虎】⑥

意译：又还有水书忌戒条目【马畅旗】【核】为“骸（死人）”凶；又要留意【五虎】凶祸招致之灾，为大凶之时。不宜开路、丧葬、立碑、嫁娶、起造、出行。

注释：④ 【马畅旗】意为马戴孝。

【核】意为坎坷不顺或堵塞。

⑤ 骸：水语音译，意为棺材、死人或重丧。

⑥ 【五虎】水书忌戒条目，意为猛虎，表示多只猛虎。

第24行

原文：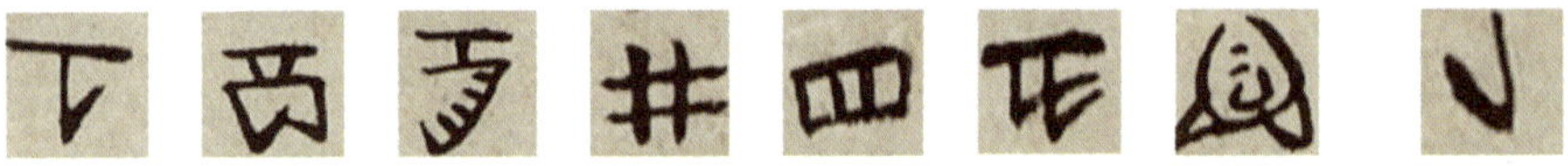

读音：tjeŋ^1 ju^4 si^2 t^{h}a:n^1 hi^5 ŋo^4 ŋo^{4}hu^3 qau^{3}za:i^5

直译：丁 酉 时 贪狼① 四禄② 五 猛虎 猛兽抓拖

条目：【五虎】 【高采】③

意译：丁酉时，值北斗贪狼与风水紫白星四禄照应，北斗贪狼属木与地上巽为木，两木为旺，为天地相旺。要留心按用事者出生地支年，往后推演，至第五位，为水书忌戒条目【五虎】【高采】之凶。

注释：① 贪狼：为北斗星之一，属北斗星的第一位。

② 四禄：为紫白星八卦第四位，为巽卦。

③ 水书忌戒条目：

【五虎】意为猛虎，表示多只猛虎。

【高采】意为猛兽抓拖。

原文：

读音： hi^{5} ŋo^{4}hu^{3} sək^{7}ʈi^{1} ʈi^{1} van^{1}

直译： 四 猛虎 断梳子 九穷 日

条目： 【五虎】【省记】【九己】④

意译：还有留意按用事者出生地支年，往后推演，至第四位，为水书忌戒条目【五虎】【省记】【九己】凶祸之灾；即使有水书“吉日”相照，也为吉凶参半。宜斟酌丧葬、立碑，不宜嫁娶、起造、造圈。

注释：④ 水书忌戒条目：

【省记】意为断梳子。

【九己】意为九穷，二代以后丁财衰败。

【五虎】水书忌戒条目，意为猛虎，表示多只猛虎。

第25行

原文：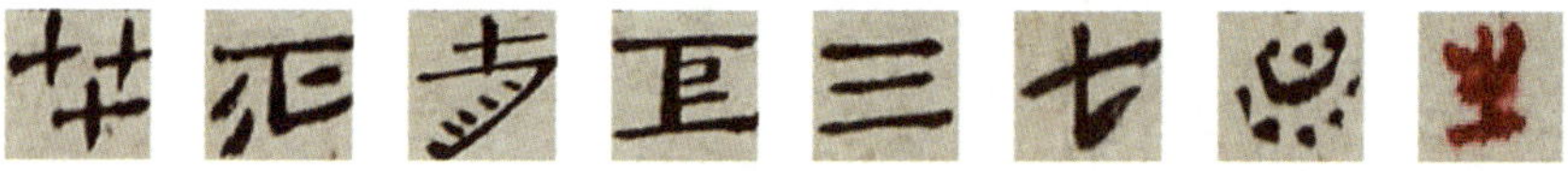

读音： mu^{2} hət^{7} si^{2} ʈu^{2} ha:m^{1} ɕət^{7} qo^{2}ʈən^{1} sən^{2}

直译： 戊 戌 时 巨门① 三碧② 七 大群队移动 未

条目： 【各紧】③

意译：戊戌时，值北斗巨门与风水紫白星三碧照应，北斗巨门属土与地上震为木，为木克土，为天地相克。按用事者出生地支年，往后推演，至第七位，又有水书忌戒条目【各紧】之凶；即使按用事者出生地支年，往后推演，至地支未位，有吉利相照，也难化解其天地相克之凶，为大凶之时。诸事不宜。

注释：① 巨门：为北斗星之一，属北斗星的第二位。

② 三碧：紫白星属八卦第三位，为震卦。

③ 【各紧】大群队移动。各，水语音译，为划、移动；紧，水语音译，为大排场队伍。

第26行

原文：

读音：	ʈi^{1}	ʁa:i^{3}	si^{2}	ljok^{8}	ȵi^{2}	ʔba:ŋ^{5}ham^{3}	ŋo^{4}hu^{3}	ha:i^{2}	ha:m^{1}	so^{3}sjen^{1}	eŋ^{1}van^{1}
直译：	己	亥	时	禄存①	二黑②	罩住	猛虎	骸③	三	惹是生非	额问⑤
条目：						【补夯】	【五虎】			【所线】④	

意译：己亥时，值北斗禄存与风水紫白星二黑照应，北斗禄存属土与地上坤为土，两土为旺，为天地相旺。要留意水书忌戒条目【补夯】【五虎】为“骸（死人）”凶祸招致之灾；还要留意按用事者出生地支年，往后推演，至地支第三位，又值水书忌戒条目【所线】之凶；即使有水书吉利条目“额问”照应，也为凶时。不宜丧葬、立碑、嫁娶、起造、出行。

注释：① 禄存：为北斗星之一，属北斗星的第三位。

② 二黑：紫白星属八卦星位第二位，为坤卦。

③ 骸：水语音译，意为棺材、死人或重丧。

④ 水书忌戒条目：

【补夯】指罩住，与仰相反。

【五虎】指猛虎，表示多只猛虎。

【所线】意为惹是生非。

⑤ 额问：水语音译，意为吉利重重。

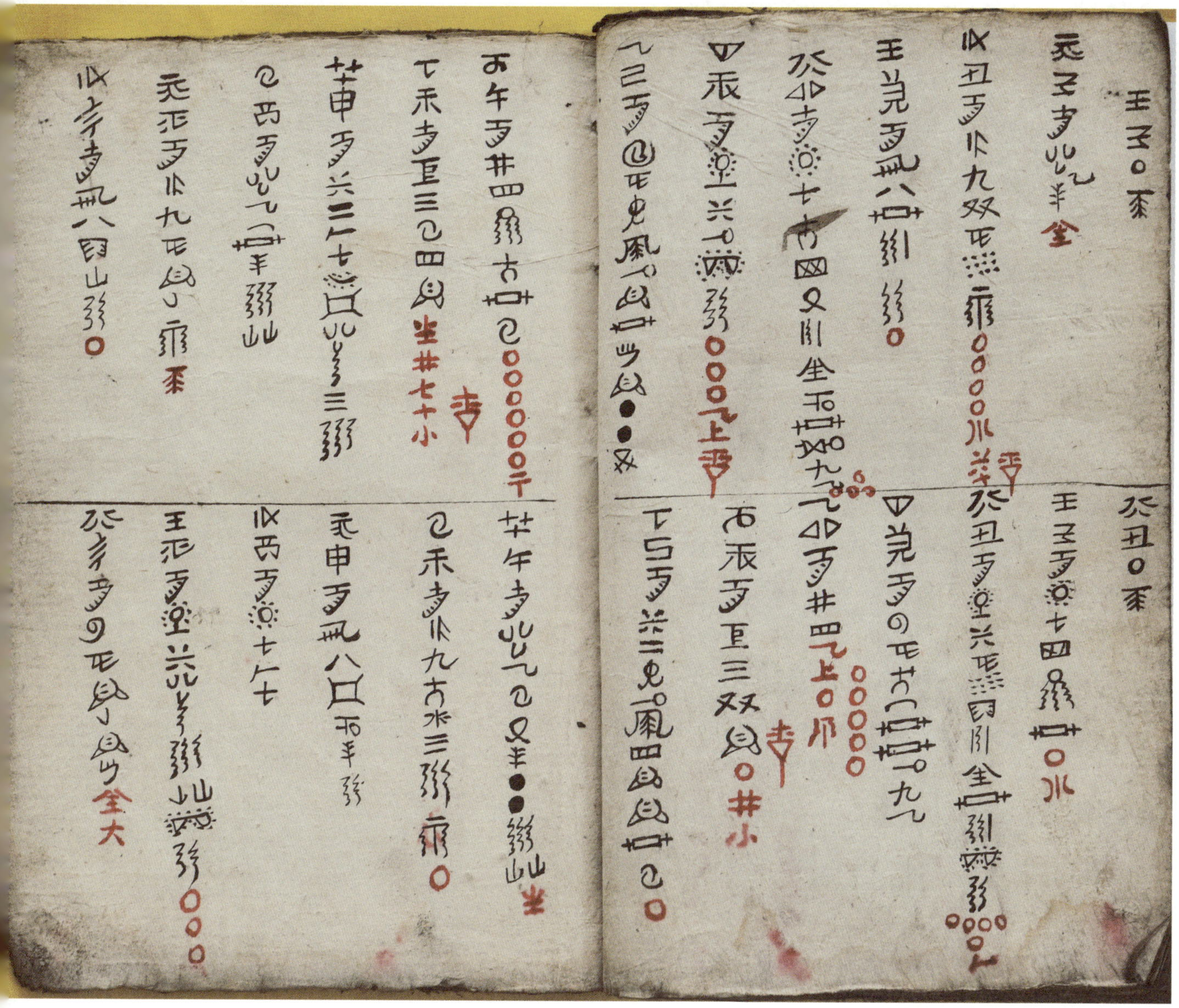

原件 25：壬子 癸丑

第 1 行

原文：

读音：	ȵum^{2}	hi^{3}	van^{1}	mok^{8}
直译：	壬	子	日	木

意译：壬子日，纳音属木。

注释：此为六十甲子日的第四十九日，五行纳音属木。它包含从庚子时起到辛亥时，共十二个时辰。

第 2 行

原文：

读音：	qeŋ^{1}	hi^{3}	si^{2}	fan^{2}	ʔjət^{7}	mok^{8}	ȵum^{1}
直译：	庚	子	时	文曲①	一白②	人头	金堂④
条目：						【各木】③	

意译：庚子时，值北斗文曲星与风水紫白星一白坎卦相照应，北斗文曲星属土与地上坎为水，为土克水，天地相克。又有水书忌戒条目【各木】凶祸之灾；即使有水书吉利条目【金堂】相照，也为大凶之时。诸事不宜。

注释：① 文曲：为北斗星之一，属北斗星的第四位。

② 一白：紫白星属八卦星位第一位，属坎卦。

③ 【各木】水书忌戒条目，意为人头。

④ 金堂：水语音译，意为富丽堂皇 。

第 3 行

原文：

读音：	ɕən^{1}	su^{3}	si^{2}	ljem^{2}	ȶu^{3}	ku^{3}sup^{7}	ŋo^{4}	ta:ŋ^{2}ʔɣa^{5}	ʔjeu^{1}foŋ^{2}hu^{3}
直译：	辛	丑	时	廉贞①	九紫②	预计	五	肥沃大田	孝旗伞
条目：						【估术】		【堂田】	【料逢虎】③

意译：辛丑时，值北斗廉贞星与风水紫白星九紫离相照应，北斗廉贞为火与地上离为火，两火为旺，天地相旺。要留意水书忌戒条目【估术】之凶，还要留意按用事者出生地支年，往后推演，至第五位，为水书忌戒条目【堂田】【料逢虎】凶祸之灾。

注释：① 廉贞：为北斗星之一，属北斗星的第五位。

② 九紫：紫白星属八卦星位的第九位，属离卦。

③ 水书忌戒条目：

【估术】是指预定或预计。

【堂田】指肥沃大田。

【料逢虎】为孝旗伞。

原文：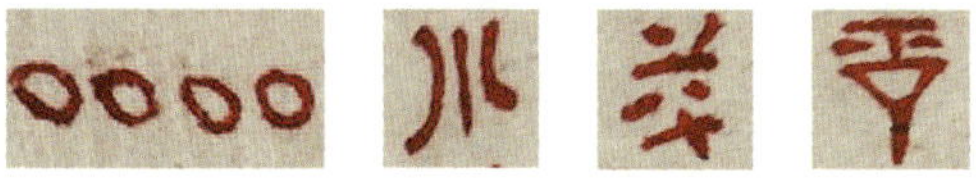

读音：	eŋ^{1}van^{1}	sui^{3}	ljok^{8}sup^{8}	tət^{7}
直译：	航问④	水	六十	吉

意译：又值水书吉利条目“额问”照应，且按用事者出生属五行年，往后推演，至水位，又值水书“六十吉”，也为吉凶参半之时。宜斟酌开路、安葬、立碑、婚姻、营造、出行。

注释：④ 额问：水语音译，意为吉利重重。

第 4 行

原文：

读音：	ŋum^{2}	ji^{2}	si^{2}	fu^{4}	pa:t^{7}	ha:i^{2}	ɕoŋ^{1}ɕep^{7}	lju^{2}lji^{2}sui^{3}	van^{1}
直译：	壬	寅	时	武曲①	八白②	骸③	接应	泪如柳条	日
条目：							【休显】	【六立水】④	

意译：壬寅时，值北斗武曲星与风水紫白星八白艮相照应，北斗武曲为金与地上艮为土，为土生金，天地相生。要留意水书忌戒条目【休显】【六立水】凶祸之灾，为凶时。不宜开路、嫁娶、出行、安葬、营造、立碑、造圈。

注释：① 武曲：为北斗星之一，属北斗星的第六位。

② 八白：紫白星属八卦星位第八位，属艮卦。

③ 骸：水语音译，意为棺材、死人或重丧。

④ 水书忌戒条目：

【休显】意为接言（忌报丧）。

【六立水】意为哭泪如柳条，忌哭丧。

第 5 行

原文：

读音：	ȶui^{5}	maːu^{4}	si^{2}	p^{h}o^{5}	ɕət^{7}	hak^{7}	ton^{2}ɣon^{2}	pjət^{7}jiŋ^{5}	njem^{2}ju^{5}
直译：	癸	卯	时	破军①	七赤②	坎坷	短命	环绕	引线
条目：						【核】	【端完】	【必引】	【引友】③

意译：癸卯时，值北斗破军星与风水紫白星七赤兑相照应，北斗破军为金与地上兑为金，两金为旺，天地相旺。要留意水书忌戒条目【核】【端完】【必引】【引友】凶祸招致之灾。

注释：① 破军：为北斗星之一，属北斗星的第七位。

② 七赤：紫白星属八卦星位第七位，属兑卦。

③ 水书忌戒条目：

【核】意为坎坷不顺或堵塞。

【端完】意为短命。

【必引】意为回环或环绕。

【引友】意为引线，丧葬时忌叫他人名，应答者要丧命。

原文：

读音：	ȶum^{1}	pje^{2}k^{h}u^{1}	haːi^{2}	zən^{1}taːu^{5}	ȶu^{3}	ʔjət^{7}	eŋ^{1}van^{1}
直译：	金	麻风病	骸⑤	人倒	九	乙	额问⑦
条目：		【别扣】④		【人倒】⑥			

意译：还要留意按用事者出生属五行年，往后推演，至金位，值水书忌戒条目【别扣】为“骸（死人）”凶；又要留意【人倒】凶祸或伤身损耗之灾；即使按用事者出生地支年，往后推演，至第九位，或按用事者出生天干年，往后推演，至乙位，有水书吉利条目“额问”照应，也为凶时。不宜安葬、立碑、开路、婚姻、营造。

注释：④ 【别扣】水书忌戒条目，意为麻风病。

⑤ 骸：水语音译，意为棺材、死人或重丧。

⑥ 【人倒】指凶恶倒人死亡。

⑦ 额问：水语音译，意为吉利重重。

第 6 行

原文：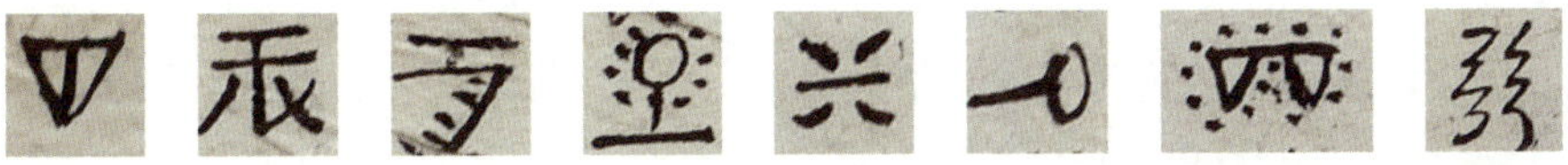

读音：	ɬa:p^{7}	sən^{2}	si^{2}	pu^{2}	ljok^{8}	ŋo^{4}qui^{5}	q^{h}an^{5}a:n^{1}	lju^{2}lji^{2}sui^{3}
直译：	甲	辰	时	辅星①	六白②	锤敲打	翻倒马鞍	泪如柳条
条目：						【五锤】	【缸鞍】	【六立水】③

意译：甲辰时，值北斗辅星与风水紫白星六白乾相照应，北斗辅星为水与地上乾为金，为金生水，天地相生。要留意水书条目【五锤】【缸鞍】【六立水】之凶。

注释：① 辅星：为北斗星之一，属北斗星的第八位。

② 六白：紫白星属八卦星位第六位，属乾卦。

③ 水书忌戒条目：

【五锤】意为五锤敲打。

【缸鞍】意为翻倒马鞍。

【六立水】意为哭泪如柳条，指忌哭丧。

原文：

读音：	eŋ^{1}van^{1}	ʔjət^{7}saŋ^{1}	ɬət^{7}
直译：	额问	一生气④	吉

意译：即使有水书吉星“额问”“一生气”照应，也为吉多凶少之时。宜斟酌开路、安葬、立碑、婚姻、营造、造圈，不宜设席、造马鞍。

注释：④ 水书吉星：

额问：意为吉利重重。

一生气：意为和气。

第 7 行

原文：

读音：	ʔjət^{7}	hi^{4}	si^{2}	pjət^{7}	ŋo^{4}	ɕoŋ^{1}ʔjət^{7}	mok^{8}foŋ^{2}	ŋo^{4}qui^{5}	ŋo^{4}hu^{3}	ha:i^{2}
直译：	乙	巳	时	弼星①	五黄②	虫咬	缠树藤	锤敲打	猛虎	骸④
条目：						【凶以】	【木逢】	【五锤】	【五虎】③	

意译：乙巳时，值北斗弼星与风水紫白星五黄中央相照，北斗弼星为水与地上中央为土，为土克

水，天地相克。又有水书忌戒条目【凶以】【木逢】【五锤】【五虎】为“骸（死人）”凶祸招致之灾。

注释：① 弼星：为北斗星之一，属北斗星的第九位。

② 五黄：紫白星属八卦星位第五位，属中央卦。

③ 水书忌戒条目：

【凶以】意为虫咬。

【木逢】指缠树藤。

【五锤】意为五锤敲打。

【五虎】意为猛虎，表示多只猛虎。

④ 骸：水语音译，意为棺材、死人或重丧。

原文：

读音：sək^{7}ȶi^{1}　ŋo^{4}hu^{3}　ha:k^{7}van^{1}ʔdjam^{5}　ɕoŋ^{1}

直译：断梳子　猛虎　连日阴沉　凶

条目：【省记】　【五虎】　【航问锭】⑤

意译：又还有水书忌戒条目【省记】【五虎】【航问锭】凶祸之灾，为大凶之时。诸事不宜。

注释：⑤ 水书忌戒条目：

【省记】意为断梳子。

【航问锭】指连日凶祸连日阴沉。

第 8 行

原文：

读音：pjeŋ^{3}　ŋo^{2}　si^{2}　t^{h}a:n^{1}　hi^{5}　ma^{4}saŋ^{2}ȶi^{2}　hak^{7}　ha:i^{2}　ȶi^{1}　eŋ^{1}van^{1}　jeŋ^{1}

直译：丙　午　时　贪狼①　四禄②　马戴孝　坎坷　骸④　九穷　额问⑥　？

条目：【马畅旗】【核】③　【九己】⑤

意译：丙午时，值北斗贪狼与风水紫白星四禄巽相照应，北斗贪狼为木与地上巽为木，两木为旺，天地相旺。要留意水书忌戒条目【马畅旗】【核】为“骸（死人）”凶；又要留意【九己】凶祸之灾；虽值【额问】照应，但也为吉凶参半之时。宜斟酌开路、安葬、立碑，不宜婚姻、营造、造圈。

注释：① 贪狼：为北斗星之一，属北斗星的第一位。

② 四禄：紫白星属八卦星位第四位，属巽卦。

③ 水书忌戒条目：

【马畅旗】意为马戴孝。

【核】意为坎坷不顺或堵塞。

④ 骸：水语音译，意为棺材、死人或重丧。

⑤【九己】水书忌戒条目，意为九穷，二代以后丁财衰败。

⑥ 额问：水语音译，意为吉利重重。

第 9 行

原文：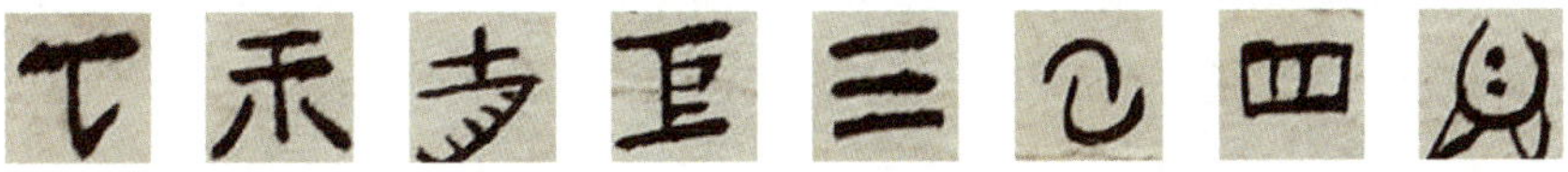

读音：	tjeŋ^{1}	mi^{2}	si^{2}	ʈu^{2}	haːm^{1}	ʈi^{1}	hi^{5}	ŋo^{4}hu^{3}
直译：	丁	未	时	巨门①	三碧②	九穷	四	猛虎
条目：						【九己】		【五虎】③

意译：丁未时，值北斗巨门与风水紫白星三碧震相照应，北斗巨门为土与地上震卦属木，为木克土，为天地相克。又有水书忌戒条目【九己】之凶，按用事者出生地支年，往后推演，至第四位，有为水书忌戒条目【五虎】之祸。

注释：① 巨门：为北斗星之一，属北斗星的第二位。

② 三碧：紫白星属八卦星位第三位，属震卦。

③ 水书忌戒条目：

【九己】意为九穷，二代以后丁财衰败。

【五虎】意为猛虎，表示多只猛虎。

原文：

读音：	mi^{2}	t^{h}aːn^{1}	ɕət^{7}sup^{8}	ɕeu^{3}	ʈət^{7}
直译：	未	贪狼④	七十	小	吉

意译：即使有北斗星“贪狼”照应为“七十吉”，也难化解天地相克之凶，仍为大凶之时。不宜开路、安葬、立碑、婚姻、营造、出行。

注释：④ 贪狼：北斗九星第一位，这里为水书吉星。

第10行

原文：

读音：	mu^{2}	sən^{1}	si^{2}	ljok^{8}	ŋ̥i^{2}	ʔjən^{5}kwa:n^{1}	ȶət^{7}	qo^{1}ȶən^{1}	ŋ̥a:n^{1}hi^{5}q^{h}a^{1}	ljeu^{4}ȶa^{1}ɕot^{7}
直译：	戊	申	时	禄存①	二黑②	斧头	七	大群队移动	棺材四角	家产破败
条目：						【引贯】		【各紧】	【宁喜卡】	【辽架玄】③

意译：戊申时，值北斗禄存与风水紫白星二黑坤照应，北斗禄存为土与地上坤为土，两土为旺，为天地相旺。要留心水书忌戒条目【引贯】之凶，又要留意按用事者出生地支年，往后推演，至第七位，为水书忌戒条目【各紧】【宁喜卡】【辽架玄】凶祸招致之灾。

注释：① 禄存：为北斗星之一，属北斗星的第三位。

② 二黑：紫白星属八卦星位第二位，属坤卦。

③ 水书忌戒条目：

【引贯】意为斧头。

【各紧】群队移动。各，水语音译，为划、移动；紧，水语音译，意为大排场队伍。

【宁喜卡】指棺材四角。

【辽架玄】意为家产破败。

原文：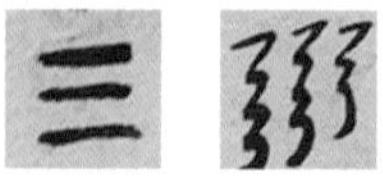

读音：	ha:m^{1}	so^{3}sjen^{1}
直译：	三	惹是生非
条目：		【所线】④

意译：还要留意按用事者出生地支年，往后推演，至第三位，为水书忌戒条目【所线】之灾，为吉凶参半。宜斟酌开路、安葬、立碑，不宜婚姻、营造、出行、造圈。

注释：④ 【所线】水书忌戒条目，指惹是生非。

第11行

原文：

读音：	ȶi^{1}	ju^{4}	si^{2}	fan^{2}	ʔjət^{7}	ʔda:ŋ^{5}ham^{3}	ha:i^{2}	mok^{8}	qoŋ^{1}ljok^{8}ma^{1}	tsem^{4}
直译：	癸	酉	时	文曲①	一白②	罩住	骸④	人头	马做工	凶恶
条目：						【补夯】③		【各木】	【工六马】	【占】⑤

意译：癸酉时，值北斗文曲与风水紫白星一白坎照应，北斗文曲为水与地上坎为水，两水为旺，为天地相旺。要留意水书忌戒条目【补夯】为“骸（死人）”凶；又要留意【各木】【工六马】【占】凶祸招致之灾，仍为凶时。不宜开路、安葬、婚姻、营造、出行。

注释：① 文曲：为北斗星之一，属北斗星的第四位。

② 一白：紫白星属八卦星位第一位，属坎卦。

③ 【补夯】水书忌戒条目，指罩住，与仰相反。

④ 骸：水语音译，意为棺材、死人或重丧。

⑤ 水书忌戒条目：

【各木】意为人头。

【工六马】意为马做工，表示多匹马做工。

【占】意为凶恶，一种神尖刀，碰到它，人立刻昏倒，不省人事。

第12行

原文：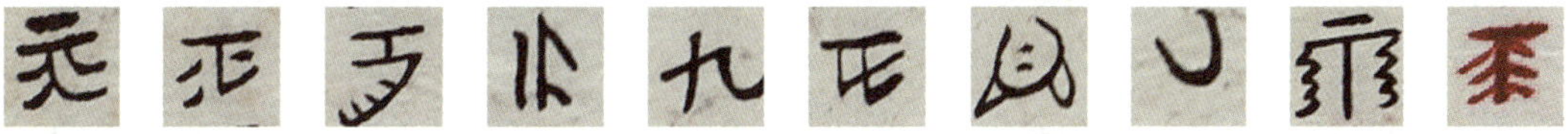

读音：	qeŋ^{1}	hət^{7}	si^{2}	ljem^{2}	ʨu^{3}	ŋo^{4}	ŋo^{4}hu^{3}	qau^{3}za:i^{4}	ʔjeu^{1}foŋ^{2}hu^{3}	mok^{8}
直译：	庚	戌	时	廉贞①	九紫②	五	猛虎	猛兽抓拖	孝旗伞	木堂④
条目：							【五虎】	【高采】	【料逢虎】③	

意译：庚戌时，值北斗廉贞与风水紫白星九紫离照应，北斗廉贞为火与地上离为火，两火为旺，为天地相旺。要留意按用事者出生地支年，往后推演，至第五位，为水书忌戒条目【五虎】【高采】【料逢虎】之凶；即使有水书吉利“木堂”照应，也为吉凶参半之时。宜斟酌祭祀、开路、安葬、立碑，不宜婚姻、营造、出行、造圈。

注释：① 廉贞：为北斗星之一，属北斗星的第五位。

② 九紫：紫白星属八卦星位第九位，属离卦。

③ 水书忌戒条目：

【五虎】意为猛虎，表示多只猛虎。

【高采】意为猛兽抓拖。

【料逢虎】指孝旗伞。

④ 木堂：水语音译，意为富丽堂皇。

第13行

原文：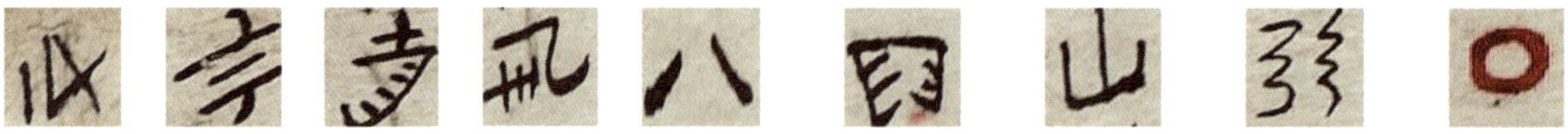

读音：	ɕən^{1}	ʁa:i^{3}	si^{2}	fu^{4}	pa:t^{7}	mən^{2}ja^{3}sui^{3}	sa:n^{1}	lju^{2}lji^{2}sui^{3}	van^{1}
直译：	辛	亥	时	武曲①	八白②	水族衙门	散④	泪如柳条	日
条目：						【门牙水】③		【六立水】⑤	

意译：辛亥时，值北斗武曲与风水紫白星八白艮照应，北斗武曲为金与地上艮为土，为土生金，为天地相生。要注重水书忌戒条目【门牙水】或八宫掌“散”或值水书忌戒条目【六立水】凶祸之灾；虽值水书“吉日”照应，但也也为吉凶参半之时。宜斟酌开路、安葬、立碑、祭祀、婚姻、营造、出行、造圈。

注释：① 武曲：为北斗星之一，属北斗星的第六位。

② 八白：紫白星属八卦星位第八位，属艮卦。

③ 【门牙水】水书忌戒条目，意为水族衙门。

④ 散：是指八宫掌名称。

⑤ 【六立水】意为哭泪如柳条，指忌哭丧。

第14行

原文：

读音：	ʈui^{5}	su^{3}	van^{1}	mok^{8}
直译：	癸	丑	日	木

意译：癸丑日，纳音属木。

注释：此为六十甲子日的第五十日，五行纳音属木。它包含从壬子时起到癸亥时，共十二个时辰。

第15行

原文：

读音：	ȵum^{2}	hi^{3}	si^{2}	p^{h}o^{5}	ɕət^{7}	ton^{2}ɣon^{2}	ma^{4}saŋ^{2}ʈi^{2}	ha:i^{2}	van^{1}	sui^{2}
直译：	壬	子	时	破军①	七赤②	短命	马戴孝	骸④	日	水
条目：						【端完】	【马畅旗】③			

直译：壬子时，值北斗破军与风水紫白星七赤兑照应，北斗破军为金与地上兑为金，两金为旺，为

天地相旺。要留心水书忌戒条目【端完】【马畅旗】为“骸（死人）”凶祸损耗之灾；按用事者出生属五行年，往后推演，至水位，为水书“吉日”照应，也仍为吉凶参半之时。宜斟酌开路、安葬、立碑，不宜婚姻、营造。

注释：① 破军：为北斗星之一，属北斗星的第七位。

② 七赤：紫白星属八卦星位第七位，属兑卦。

③ 水书忌戒条目：

【端完】意为短命。

【马畅旗】意为马戴孝。

④ 骸：水语音译，意为棺材、死人或重丧。

第16行

原文：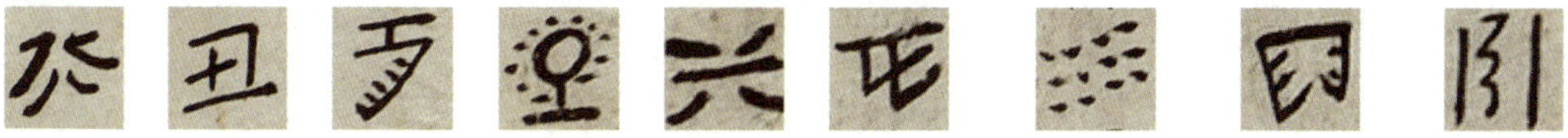

读音：	tui^{5}	su^{3}	si^{2}	pu^{2}	ljok^{8}	ŋo^{4}	ta:ŋ^{2}ʔɣa^{5}	mən^{2}ja^{3}sui^{3}	njem^{2}ju^{5}
直译：	癸	丑	时	辅星[1]	六白[2]	五	肥沃大田	水族衙门	引线
条目：							【堂田】	【门牙水】	【引友】[3]

意译：癸丑时，值北斗辅星与风水紫白星六白乾照应，北斗辅星为水与地上乾为金，为金生水，为天地相生。要留意按用事者出生地支年，往后推演，至第五位，为水书忌戒条目【堂田】【门牙水】【引友】之凶。

注释：① 辅星：为北斗星之一，属北斗星的第八位。

② 六白：紫白星属八卦星位第六位，属乾卦。

③ 水书忌戒条目：

【堂田】意为肥沃大田。

【门牙水】意为水族衙门。

【引友】指引线，丧葬时忌叫他人名，应答者要丧命。

原文：

读音：	tum^{1}	ha:i^{2}	ɕoŋ^{1}ɕep^{7}	qʰam^{5}a:n^{1}	lju^{2}lji^{2}sui^{3}	eŋ^{1}van^{1}	kwa:n^{1}tsai^{4}
直译：	金	骸[4]	接应	翻倒马鞍	泪如柳条	额问[6]	利斧
条目：			【休显】	【缸鞍】	【六立水】[5]		【贯才】[7]

意译：又要留意按用事者出生属五行年，往后推演，至金位，值“骸（死人）”凶；又要留意水书忌戒条目【休显】【缸鞍】【六立水】凶祸之灾；又值水书吉利“额问”和水书吉利条目

【贯才】照应，仍为凶时。不宜安葬、婚姻、营造、出行、造鞍。

注释：④ 骸：水语音译，意为棺材、死人或重丧。

⑤ 水书忌戒条目：

【休显】意为接言或接应（忌报丧）。

【缸鞍】意为翻倒马鞍。

【六立水】意为哭泪如柳条，忌哭丧。

⑥ 额问：意为吉利重重。

⑦ 【贯才】水书吉利条目，该字在水书中为红色，意为利斧，为水书吉星。

第17行

原文：

读音：	ʈa:p^{7}	ji^{2}	si^{2}	pjət^{7}	ŋo^{4}	hak^{7}	ʔboŋ^{5}ham^{3}	ha:i^{2}	ha:i^{2}	ŋo^{4}qui^{5}	ʈu^{3}	ʔjət^{7}
直译：	甲	寅	时	弼星①	五黄②	坎坷	罩住	骸④	骸④	锤敲打	九	乙
条目：						【核】	【补夯】③			【五锤】⑤		

意译：甲寅时，值北斗弼星与风水紫白星中央五黄照应，北斗弼星为水与地上中央为土，为土克水，为天地相克。又值水书忌戒条目【核】【补夯】为“骸（死人）”凶；又要留意【五锤】凶祸之灾，按用事者出生地支年，往后推演，至第九位，或按用事者出生天干年，往后推演，至乙位，为大凶之时。不宜开路、安葬、立碑、婚姻、营造、出行。

注释：① 弼星：为北斗星之一，属北斗星的第九位。

② 五黄：紫白星属八卦星位第五位，属中央卦。

③ 水书忌戒条目：

【核】意为坎坷或堵塞。

【补夯】意为罩住，与仰相反。

④ 骸：水语音译，意为棺材、死人或重丧。

⑤ 【五锤】水书忌戒条目，意为五锤敲打。

第18行

原文：

读音：	ˀjət^{7}	ma:u^{4}	si^{2}	tha:m^{1}	hi^{5}	ˀjət^{7}sjeŋ^{3}	van^{1}	ti^{6}ha:ŋ^{1}fan^{1}	eŋ^{1}van^{1}
直译：	乙	卯	时	贪狼①	四禄②	一生气③	日	人丁发达	额问⑤
条目：								【竹根代】④	

意译：乙卯时，值北斗贪狼与风水紫白星四禄巽照应，北斗贪狼为木与地上巽为木，两木为旺，为天地相旺。又值水书吉利条目“一生气”“额问”照应【竹根代】，为大吉之时。宜开路、安葬、立碑、婚姻、营造、出行。

注释：① 贪狼：为北斗星之一，属北斗星的第一位。

② 四禄：紫白星属八卦星位第四位，属巽卦。

③ 一生气：意为和气。

④ 水书吉利条目：

【竹根代】人丁发达。

⑤ 额问：意为吉利重重。

第19行

原文：

读音：	pjeŋ^{3}	sən^{2}	si^{2}	tu^{2}	ha:m^{1}	ku^{3}sup^{7}	ŋo^{4}hu^{3}	ɬət^{7}	van^{1}	t^{h}a:m^{1}	ɕeu^{3}
直译：	丙	辰	时	巨门①	三碧②	预计	猛虎	吉	日	贪狼④	小
条目：						【估术】	【五虎】③				

意译：丙辰时，值北斗巨门与风水紫白星三碧震照应，北斗巨门为土与地上震为木，为木克土，为天地相克。又有水书忌戒条目【估术】【五虎】之凶，虽值水书吉星“贪狼”照应，但也难化解其天地相克之凶，仍为大凶之时。诸事不宜。

注释：① 巨门：为北斗星之一，属北斗星的第二位。

② 三碧：紫白星属八卦星位第三位，属震卦。

③ 水书忌戒条目：

【估术】意为预定或预计。

【五虎】指猛虎，表示多只猛虎。

④ 贪狼：北斗九星第一位，这里为水书吉星。

第20行

原文：

读音：tjeŋ^{1}　hi^{4}　si^{2}　ljok^{8}　ȵi^{2}　ɕoŋ^{1}ʔjət^{7}　ŋo^{4}qui^{5}　mok^{8}foŋ^{2}

直译：丁　巳　时　禄存①　二黑②　虫咬　锤敲打　缠树藤

条目：【凶以】　【五锤】　【木逢】③

意译：丁巳时，值北斗禄存与风水紫白星二黑坤照应，北斗禄存为土与地上坤为土，两土为旺，为天地相旺。要留意水书忌戒条目【凶以】【五锤】【木逢】凶祸之灾。

注释：① 禄存：为北斗星之一，属北斗星的第三位。

② 二黑：紫白星属八卦星位第二位，属坤卦。

③ 水书忌戒条目：

【凶以】意为虫咬。

【五锤】意为五锤敲打。

【木逢】意为缠树藤。

原文：

读音：hi^{5}　ŋo^{4}hu^{3}　ŋo^{4}hu^{3}　ha:i^{2}　ʈi^{1}　van^{1}

直译：四　猛虎　猛虎　骸⑤　九穷　日

条目：【五虎】【五虎】④　【九己】⑥

意译：还要留意按用事者出生地支年，往后推演，至第四位，值水书忌戒条目【五虎】为“骸（死人）”凶；又要留意【九己】之凶。为凶时，不宜开路、安葬、立碑、婚姻、营造、出行、设席。

注释：④ 【五虎】水书忌戒条目，意为猛虎。

⑤ 骸：水语音译，意为棺材、死人或重丧。

⑥ 【九己】水书忌戒条目，意为九穷，二代以后丁财衰败。

第21行

原文：

读音：mu^{2}　ŋo^{2}　si^{2}　fan^{2}　ʔjət^{7}　ȶi^{1}　pjət^{7}jiŋ^{5}　mok^{8}　ha:k^{7}van^{1}ʔdjam^{5}　qoŋ^{1}ljok^{8}ma^{4}　tsem^{4}　mi^{2}

直译：戊　午　时　文曲①　一白②　己　环绕　人头　连日阴沉　马做工　凶恶　未

条目：【必引】【各木】【航问锭】【工六马】【占】③

意译：戊午时，值北斗文曲与风水紫白星一白坎照应，北斗文曲为水与地上坎为水，两水为旺，为天地相旺。要留心按用事者出生天干年，往后推演，至已位，为水语音译水书忌戒条目【必引】【各木】【航问锭】【工六马】【占】凶祸招致之灾；按用事者出生地支年，往后推演，至未位，即使有吉利照应，也仍为吉凶参半之时。宜斟酌开路、安葬、立碑，不宜婚姻、营造、出行、栽种、赴任、诉讼。

注释：① 文曲：为北斗星之一，属北斗星的第四位。

② 一白：紫白星属八卦星位第一位，属坎卦。

③ 水书忌戒条目：

【必引】意为回环。

【各木】意为人头。

【航问锭】意为连日凶祸或连日阴沉。

【工六马】指马做工，表示多匹马做工。

【占】意为凶恶，一种神尖刀，碰到它，人立刻昏倒，不省人事。

第22行

原文：

读音：ȶi^{1}　mi^{2}　si^{2}　ljem^{2}　ȶu^{3}　hak^{7}　pik^{7}sui^{3}ȶən^{1}

直译：己　未　时　廉贞①　九紫②　坎坷　泪水涌流

条目：【核】【比水紧】③

意译：己未时，值北斗廉贞与风水紫白星九紫离照应，北斗廉贞为火与地上离为火，两火为旺，为天地相旺。要注重水书忌戒条目【核】【比水紧】之凶。

注释：① 廉贞：为北斗星之一，属北斗星的第五位。

② 九紫：紫白星属八卦星位第九位，属离卦。

③ 水书忌戒条目：

【核】意为坎坷不顺或堵塞。

【比水紧】意为泪水涌流。

原文：				
读音：	ha:m^{1}	qoŋ^{1}ljok^{8}ma^{4}	ʔjeu^{1}foŋ^{2}hu^{3}	van^{1}
直译：	三	马做工	孝旗伞	吉
条目：		【工六马】	【料逢虎】④	

意译：按用事者出生地支年，往后推演，至第三位，为水书禁忌条目【工六马】【料逢虎】之祸；虽有水书吉利照应，但也为凶时。不宜开路、安葬、立碑、婚姻、营造、出行。

注释：④ 水书忌戒条目：

【工六马】意为马做工，表示多匹马做工。

【料逢虎】意为孝旗伞。

第23行

原文：									
读音：	qeŋ^{1}	sən^{1}	si^{2}	fu^{4}	paət^{7}	n̥a:n^{1}hi^{5}q^{h}a^{1}	pje^{2}k^{h}u^{1}	mok^{8}	lju^{2}lji^{2}sui^{3}
直译：	庚	申	时	武曲①	八白②	棺材四角	麻风病	人头	泪如柳条
条目：						【宁喜卡】	【别扣】	【各木】	【六立水】③

意译：庚申时，值北斗武曲与风水紫白星八白艮照应，北斗武曲为金与地上艮为土，为土生金，为天地相生。要注重水书条目【宁喜卡】【别扣】【各木】【六立水】凶祸损耗之灾，为大凶之时。诸事不宜。

注释：① 武曲：为北斗星之一，属北斗星的第六位。

② 八白：紫白星属八卦星位第八位，属艮卦。

③ 水书忌戒条目：

【宁喜卡】意为棺材四角。

【别扣】指麻风病。

【各木】意为人头。

【六立水】意为哭泪如柳条，指忌哭丧。

第24行

原文：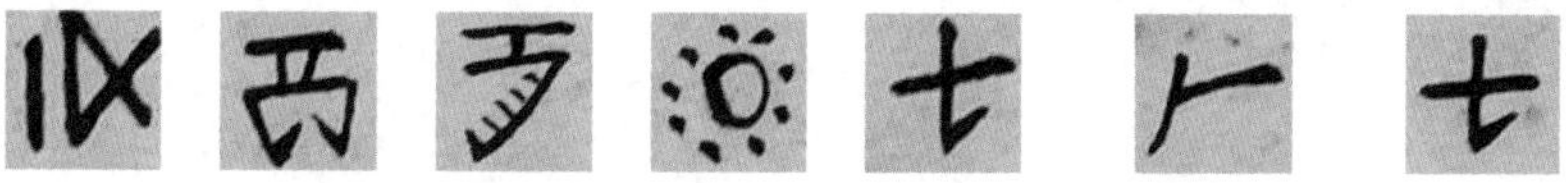

读音：	ɕən^{1}	ju^{4}	si^{2}	p^{h}o^{5}	ɕət^{7}	ʔjən^{5}kwa:n^{1}	ɕət^{7}
直译：	辛	酉	时	破军①	七赤②	斧头	七
条目：						【引贯】③	

意译：辛酉时，值北斗破军与风水紫白星七赤兑照应，北斗破军为金与地上兑为金，两金为旺，为天地相旺。要留意水书忌戒条目【引贯】之凶；按用事者出生地支年，往后推演，至第七位为凶；为吉凶参半之时。宜斟酌开路、安葬、立碑、婚姻、营造、出行。

注释：① 破军：为北斗星之一，属北斗星的第七位。

② 七赤：紫白星属八卦星位第七位，属兑卦。

③ 【引贯】水书忌戒条目，意为斧头。

第25行

原文：

读音：	ȵum^{2}	hət^{7}	si^{2}	pu^{2}	ljok^{8}	ljeu^{4}ta^{1}ɕot^{7}	qoŋ^{1}ljok^{8}ma^{4}	ta:ŋ^{2}sa:i^{2}
直译：	壬	戌	时	辅星①	六白②	家产破败	马做工	宽大竹林
条目：						【辽架玄】	【工六马】	【堂晒】③

意译：壬戌时，值北斗辅星与风水紫白星六白乾照应，北斗辅星为水与地上乾为金，为金生水，为天地相生。要留意水书忌戒条目【辽架玄】【工六马】【堂晒】之凶。

注释：① 辅星：为北斗星之一，属北斗星的第八位。

② 六白：紫白星属八卦星位第六位，属乾卦。

③ 水书忌戒条目：

【辽架玄】意为家产破败。

【工六马】意为马做工，表示多匹马做工。

【堂晒】意为宽大竹林。

原文：

读音：q^{h}am^{5}a:n^{1}　lju^{2}lji^{2}sui^{3}　eŋ^{1}van^{1}

直译：翻倒马鞍　泪如柳条　额问⑤

条目：【缸鞍】【六立水】④

意译：又要留心水书忌戒条目【缸鞍】【六立水】之祸；即使有水书吉利条目“额问”照应，为吉凶参半之时。宜斟酌开路、安葬、立碑、婚姻、营造、出行。

注释：④ 水书忌戒条目：

【缸鞍】意为翻倒马鞍。

【六立水】意为哭泪如柳条，指忌哭丧。

⑤ 额问：水语音译，意为吉利重重。

第26行

原文：

读音：ʈui^{5}　ʁa:i^{3}　si^{2}　pjət^{7}　ŋo^{4}　ŋo^{4}hu^{3}　qau^{3}za:i^{5}　ŋo^{4}hu^{3}　sək^{7}ʈi^{1}　ʈum^{1}　ta:i^{2}

直译：癸　亥　时　弼星①　五黄②　猛虎　猛兽抓拖　猛虎　断梳子　金堂④　大

条目：【五虎】【高采】【五虎】【省记】③

意译：癸亥时，值北斗弼星与风水紫白星中央五黄照应，北斗弼星为水与地上中央为土，为土克水，为天地相克。又有水书忌戒条目【五虎】【高采】【省记】凶祸之灾；虽有水书吉利“金堂”照应，但也难化解其天地相克之凶，仍为大凶之时。诸事不宜。

注释：① 弼星：为北斗星之一，属北斗星的第九位。

② 五黄：紫白星属八卦星位第五位，属中央卦。

③ 水书忌戒条目：

【五虎】意为猛虎，多只猛虎。

【高采】意为猛兽抓拖。

【省记】意为断梳子。

④ 金堂：水语音译，意为富丽堂皇。

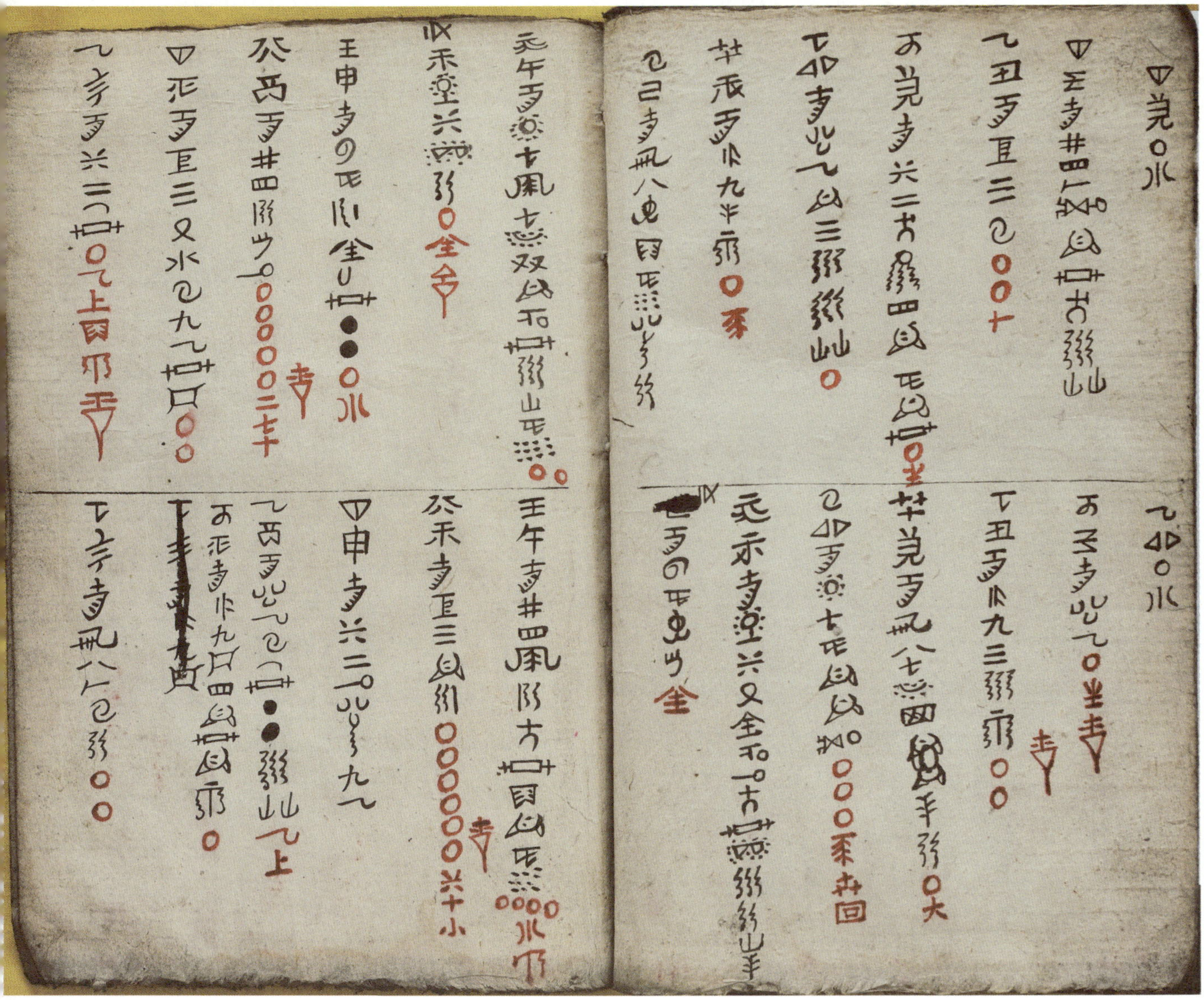

原件 26：甲寅 乙卯

第 1 行

原文：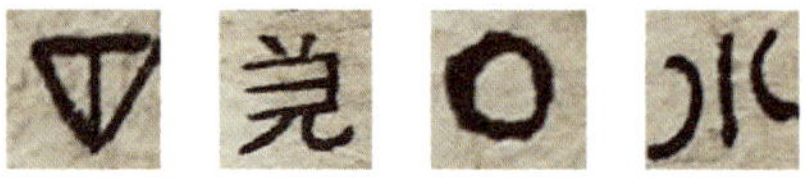

读音：ȶa:p^{7}　ji^{2}　van^{1}　sui^{3}

直译：甲　寅　日　水

意译：甲寅日，纳音属水。

注释：此为六十甲子日的第五十一日，五行纳音属水。它包含从甲子时起到乙亥时，共十二个时辰。

第 2 行

原文：

读音：ȶa:p^{7}　hi^{3}　si^{2}　ta:m^{1}　hi^{5}　ʔjən^{5}kwa:n^{1}　zən^{1}ta:u^{5}　ŋo^{4}hu^{3}　ha:i^{2}

直译：甲　子　时　贪狼①　四禄②　斧头　人倒　猛虎　骸④

条目：【引贯】　【人倒】　【五虎】③

意译：甲子时，值北斗贪狼与风水紫白星四禄巽相照应，北斗贪狼为木与地上巽为木，两木为旺，天地相旺。要留意水书忌戒条目【引贯】【人倒】【五虎】为“骸（死人）”凶祸伤身损耗之灾。

注释：① 贪狼：为北斗星之一，属北斗星的第一位。

② 四禄：紫白星属八卦星位第四位，属巽卦。

③ 水书忌戒条目：

【引贯】意为斧头。

【人倒】指凶恶倒人死亡。

【五虎】意为猛虎，表示多只猛虎。

④ 骸：水语音译，意为棺材、死人或重丧。

原文：

读音：hak^{7}　qoŋ^{1}ljok^{8}ma^{4}　ta:ŋ^{2}sa:i^{2}

直译：坎坷　马做工　宽大竹林

条目：【核】　【工六马】　【堂晒】⑤

意译：又要留意水书忌戒条目【核】【工六马】【堂晒】之凶，为凶时。不宜婚姻、营造、出行、开路、安葬、立碑、赴任、诉讼。

注释：⑤ 水书忌戒条目：

【核】意为坎坷不顺或堵塞。

【工六马】意为马做工，表示多匹马做工。

【堂晒】意为宽大竹林。

第 3 行

原文：

读音：	ʔət^{7}	su^{3}	si^{2}	ʈu^{2}	haːm^{1}	ʈi^{1}	hak^{7}van^{1}	sup^{8}
直译：	乙	丑	时	巨门①	三碧②	九穷	航问④	十
条目：						【九己】③		

意译：乙丑时，值北斗巨门与风水紫白星三碧震相照应，北斗巨门为土与地上震卦属木，为木克土，为天地相克。又有水书忌戒条目【九己】之凶；虽值水书吉利“航问”照应，但也难化解天地相克，仍为大凶之时。诸事不宜。

注释：① 巨门：为北斗星之一，属北斗星的第二位

② 三碧：紫白星属八卦星位第三位，属震卦。

③ 【九己】水语音译水书忌戒条目，意为九穷，二代以后丁财衰败。

④ 航问：水语音译，意为连日吉利。

第 4 行

原文：

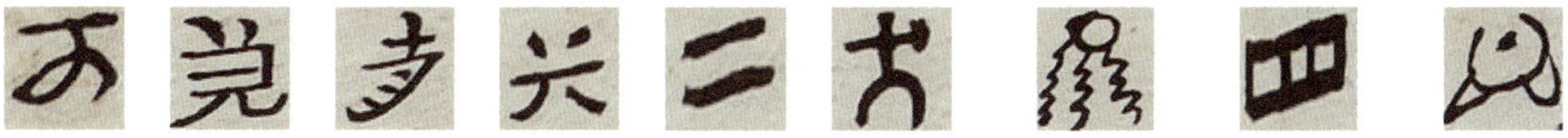

读音：	pjeŋ^{3}	ji^{2}	si^{2}	ljok^{8}	ȵi^{2}	hak^{7}	ma^{4}saŋ^{2}ʈi^{2}	hi^{5}	ŋo^{4}hu^{3}
直译：	丙	寅	时	禄存①	二黑②	坎坷	马戴孝	四	猛虎
条目：						【核】	【马畅旗】		【五虎】③

意译：丙寅时，值北斗禄存与风水紫白星二黑坤照应，北斗禄存为土与地坤为土，两土为旺，为天地相旺。要留意水书忌戒条目【核】【马畅旗】之凶；又要留意按用事者出生地支年，往后推演，至第四位，值水书忌戒条目【五虎】之祸。

注释：① 禄存：为北斗星之一，属北斗星的第三位。

② 二黑：紫白星属八卦星位第二位，属坤卦。

③ 水书忌戒条目：

【核】意为坎坷不顺或堵塞。

【马畅旗】意为马戴孝。

【五虎】意为猛虎，表示多只猛虎。

原文：

读音：ŋo^{4}　ŋo^{4}hu^{3}　ha:i^{2}　van^{1}　mi^{1}

直译：五　猛虎　骸⑤　日　未

条目：【五虎】④

意译：还要留意按用事者出生地支年，往下推演，至第五位，值水书忌戒条目【五虎】为“骸（死人）”凶祸之灾；按用事者出生地支年，往后推演，至未位，即使值水书“吉日”照应，也为吉凶参半之时。宜斟酌开路、安葬、立碑，不宜婚姻、营造、出行。

注释：④　骸：水语音译，意为棺材、死人或重丧。

⑤　水语音译的水书忌戒条目：

【五虎】意为猛虎。

第 5 行

原文：

读音：tjeŋ^{1}　ma:u^{4}　si^{2}　fan^{2}　ʔjət^{7}　ŋo^{4}hu^{3}　ha:m^{1}　so^{3}sjen^{1}　qoŋ^{1}ljok^{8}ma^{4}　ta:ŋ^{2}sa:i^{2}　van^{1}

直译：丁　卯　时　文曲①　一白②　猛虎　三　惹是生非　马做工　宽大竹林　日

条目：【五虎】　【所线】　【工六马】【堂晒】③

意译：丁卯时，值北斗文曲与风水紫白星一白坎照应，北斗文曲为水与地坎为为水，两水为旺，为天地相旺。要留心水书忌戒条目【五虎】之凶，还要留意按用事者出生地支年，往下推演，至第三位，值水书忌戒条目【所线】【工六马】【堂晒】凶祸之灾，为吉凶参半时。宜斟酌开路、安葬、立碑、婚姻、营造、出行。

注释：①　文曲：为北斗星之一，属北斗星的第四位。

②　一白：紫白星属八卦星位第一位，属坎卦。

③　水语音译的水书忌戒条目：

【五虎】意为猛虎。

【所线】意为惹是生非。

【工六马】意为马做工，表示多匹马做工。

【堂晒】意为宽大竹林。

第6行

原文：

读音：mu^{2} sən^{2} si^{2} ljem^{2} ȶu^{3} mok^{8} ʔjeu^{1}foŋ^{2}hu^{3} van^{1} mok^{8}ta:ŋ^{2}

直译：戊 辰 时 廉贞① 九紫② 人头 孝旗伞 日 木堂④

条目：【各木】【料逢虎】③

意译：戊辰时，值北斗廉贞与风水紫白星九紫离照应，北斗廉贞为火与地离为火，两火为旺，为天地相旺。要留意水书忌戒条目【各木】【料逢虎】凶祸之灾；虽又值水书吉利“木堂”照应，为吉利，但也为吉凶参半之时。宜斟酌开路、安葬、立碑、赴任、诉讼，不宜婚姻、营造、出行。

注释：① 廉贞：为北斗星之一，属北斗星的第五位。

② 九紫：紫白星属八卦星位第九位，属离卦。

③水书忌戒条目：

【各木】意为人头。

【料逢虎】意为孝旗伞。

④木堂：水语音译，意为富丽堂皇。

第7行

原文：

读音：ȶi^{1} hi^{4} si^{2} fu^{4} pa:t^{7} ɕoŋ^{1}ʔjət^{7} mən^{2}ja^{3}sui^{3}

直译：己 巳 时 武曲① 八白② 虫咬 水族衙门

条目：【凶以】【门牙水】③

意译：己巳时，值北斗武曲与风水紫白星八白艮照应，北斗武曲为金与地艮为土，为土生金，为天地相生。要留心水书忌戒条目【凶以】【门牙水】之凶。

注释：① 武曲：为北斗星之一，属北斗星的第六位。

② 八白：紫白星属八卦星位第八位，属艮卦。

③ 水书忌戒条目：

【凶以】意为虫咬。

【门牙水】意为水族衙门。

原文：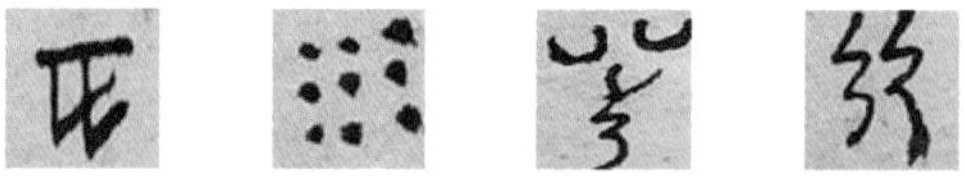

读音：ŋo^4　ta:ŋ^{2}ʔɣa^5　ljeu^4 ʈa^{1}ɕot^8　lju^{2}lji^{2}sui^3

直译：五　肥沃大田　家产破败　泪如柳条

条目：【堂田】【辽架玄】【六立水】④

意译：又留意水书忌戒条目【堂田】【辽架玄】【六立水】凶祸之灾，仍为凶时。诸事不宜。

注释：④　水书忌戒条目：

【堂田】意为肥沃大田。

【辽架玄】意为家产破败。

【六立水】意为哭泪如柳条，指忌哭丧。

第 8 行

原文：

读音：qeŋ^1　ŋo^2　si^2　p^{h}o^5　ɕət^7　mok^{8}foŋ^2　ɕət^7　qo^{2}ʈən^1　ku^{3}sup^7　ŋo^{4}hu^3

直译：庚　午　时　破军①　七赤②　缠树藤　七　大群队移动　预计　猛虎

条目：【木逢】　【各紧】【估术】【五虎】③

意译：庚午时，值北斗破军与风水紫白星七赤兑照应，北斗破军为金与地兑为金，两金为旺，为天地相旺。要留意水书忌戒条目【木逢】之凶；又要留意按用事者出生地支年，往下推演，至第七位，值水书禁忌条目【各紧】【估术】【五虎】之祸。

注释：①　破军：为北斗星之一，属北斗星的第七位。

②　七赤：紫白星属八卦星位第七位，属兑卦。

③　水语音译水书忌戒条目：

【木逢】指缠树藤。

【各紧】大群队移动。各，水语音译，为划、移动；紧，水语音译，为大排场队伍。

【估术】指预定或预计。

【五虎】意为猛虎，表示多只猛虎。

原文：

读音：	pje^{2}k^{h}u^{1}	ha:i^{2}	qoŋ^{1}ljok^{8}ma^{4}	sa:n^{1}	ŋo^{4}	ta:ŋ^{2}sa:i^{2}	hak^{7}van^{1}
直译：	麻风病	骸⑤	马做工	散⑦	五	肥沃大田	连日吉利
条目：	【别扣】④		【工六马】⑥			【堂田】⑧	【航问】⑨

意译：还要留意水书忌戒条目【别扣】【骸】【工六马】【散】凶祸招致之灾，又还要留意按用事者出生地支年，往下推演，至第五位，值水语音译水书忌戒条目【堂田】之祸；即使有水语音译吉利“航问”照应，也为凶时。不宜开路、安葬、立碑、婚姻、营造、出行、赴任。

注释：④ 【别扣】水书忌戒条目，指麻风病。

⑤ 骸：水语音译，意为棺材、死人或重丧。

⑥ 【工六马】水书忌戒条目，意为马做工，表示多匹马做工。

⑦ 散：是指八宫掌名称。

⑧ 【堂田】水书忌戒条目，指肥沃大田。

⑨ 航问：水语音译，意为连日吉利。

第 9 行

原文：

读音：	ɕən^{1}	mi^{2}	si^{2}	pu^{2}	ljok^{8}	q^{h}an^{5}a:n^{1}	lju^{2}lji^{2}sui^{3}	van^{1}	tum^{1}	tət^{7}
直译：	辛	未	时	辅星①	六白②	翻倒马鞍	泪如柳条	日	金堂④	吉
条目：						【缸鞍】	【六立水】③			

意译：辛未时，值北斗辅星与风水紫白星六白乾照应，北斗辅星为水与地乾为金，为金生水，为天地相生。要留意水书忌戒条目【缸鞍】【六立水】凶祸之灾；又值水语音译“金堂”照应为吉利，但也为吉凶参半之时。宜斟酌开路、安葬、立碑、婚姻、营造、出行，不宜造鞍或哭丧。

注释：① 辅星：为北斗星之一，属北斗星的第八位。

② 六白：紫白星属八卦星位第六位，属乾卦。

③ 水书忌戒条目：

【缸鞍】意为翻倒马鞍。

【六立水】意为哭泪如柳条，指忌哭丧。

④ 金堂：水语音译，意为富丽堂皇。

第10行

原文：

读音：ȵum^{2}　sən^{1}　si^{2}　pjət^{7}　ŋo^{4}　njem^{2}ju^{5}　ʈum^{1}　qau^{3}za:i^{5}　ha:i^{2}　ha:k^{7}van^{1}ʔdjam^{5}

直译：壬　申　时　弼星①　五黄②　引线　金　猛兽抓拖　骸④　连日阴沉

条目：【引友】　【高采】③　【航问锭】⑤

意译：壬申时，值北斗弼星与风水紫白星五黄中央照应，北斗弼星为水与地中央为土，为土克水，为天地相克。又有水语音译水书忌戒条目【引友】之凶；还有按用事者出生五行年，往下推演，至金位，为水书忌戒条目【高采】【骸】【航问锭】凶祸之灾。

注释：① 弼星：为北斗星之一，属北斗星的第九位。

② 五黄：紫白星属八卦星位第五位，属中央卦。

③ 水书忌戒条目：

【引友】意为引线（应答）。

【高采】指猛兽抓拖。

④ 骸：水语音译，意为棺材、死人或重丧。

⑤ 【航问锭】意为连日凶祸或连日阴沉。

原文：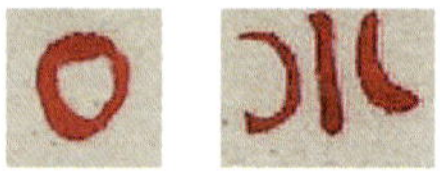

读音：van^{1}　sui^{3}

直译：日　水⑥

意译：按用事者出生五行年，往下推演，至水位，即使有水书吉星照应，也难化解天地相克之凶，仍为大凶之时。诸事不宜。

注释：⑥ 水：属五行之一，按用事者年出生五行年，往下推演，至水位。

第11行

原文：

读音：ʈui^{5}　ju^{4}　si^{2}　t^{h}a:m^{1}　hi^{5}　ɕoŋ^{1}ɕe:p^{7}　sək^{7}ʈi^{1}　ŋo^{4}qui^{5}

直译：癸　酉　时　贪狼①　四禄②　接应　断梳子　锤敲打

条目：【引友】　【省记】　【五锤】③

意译：癸酉时，值北斗贪狼与风水紫白星四禄巽照应，北斗贪狼为木与地巽为木，两木为旺，为天地相旺。要留意水书忌戒条目【引友】【省记】【五锤】凶祸之灾。

注释：① 贪狼：为北斗星之一，属北斗星的第一位。

② 四禄：紫白星属八卦星位第四位，属巽卦。

③ 水书忌戒条目：

【引友】指引线，丧葬时忌叫他人名，应答者要丧命。

【省记】意为断梳子（死人梳子）。

【五锤】意为五锤敲打。

原文：

读音：	eŋ^{1}van^{1}	ʈət^{7}	ȵi^{2}	ɕət^{7}	sup^{8}
直译：	额问④	吉	二	七	十

意译：即使有水书吉利条目“额问”照应，也为吉凶参半之时。宜斟酌开路、安葬、立碑、婚姻、营造、出行，不宜设席、梳头。

注释：④ 额问：水语音译，意为吉利重重。

第12行

原文：

读音：	ta:p^{7}	hət^{7}	si^{2}	ʈu^{2}	ha:m^{1}	pjət^{7}jiŋ^{5}	sui^{3}	ʈi^{1}
直译：	甲	戌	时	巨门①	三碧②	环绕	水	九穷
条目：						【必引】		【九己】③

意译：甲戌时，值北斗巨门星与风水紫白星三碧照应，北斗巨门为土与地震为木，为木克土，为天地相克。又有水书忌戒条目【必引】之凶，还有按用事者出生属五行年，往下推演，至水位，为水书忌戒条目【九己】之祸。

注释：① 巨门：为北斗星之一，属北斗星的第二位。

② 三碧：紫白星属八卦星位第三位，属震卦。

③ 水书忌戒条目：

【必引】意为环绕或回环。

【九己】意为九穷。

原文：

读音：ʈu^{3}　　ʔjət^{7}　　ha:i^{2}　　ŋ̥a:n^{1}hi^{5}q^{h}a^{1}　　hak^{7}van^{1}

直译：九　　乙　　骸④　　棺材四角　　航问⑥

条目：【宁喜卡】⑤

意译：又还有按用事者出生地支年，往下推演，至第九位，或按用事者出生天干年，往下推演，至乙位，为“骸（死人）”凶；又要留意水书忌戒条目【宁喜卡】凶祸之灾；即使值水书吉利“航问”照应为吉利，也难化解天地相克之凶，仍为大凶之时。不宜开路、安葬、立碑、营造、婚姻、出行、造圈。

注释：④　骸：水语音译，意为棺材、死人或重丧。

⑤　【宁喜卡】水书忌戒条目，指棺材四角。

⑥　额问：水语音译，意为吉利重重。

第13行

原文：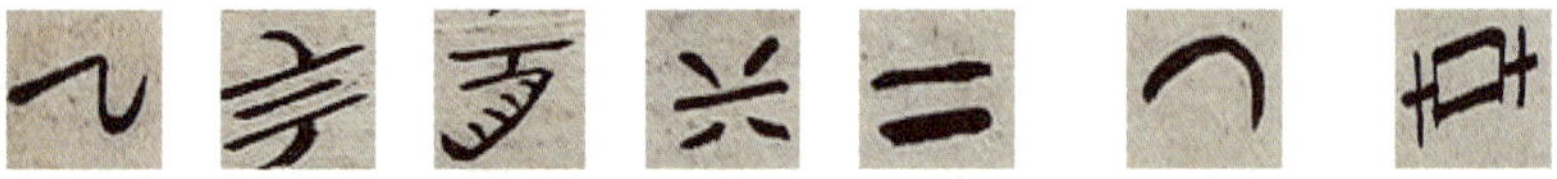

读音：ʔjət^{7}　　ʁa:i^{3}　　si^{2}　　ljok^{8}　　ŋi^{2}　　ʔboŋ^{5}ham^{3}　　ha:i^{2}

直译：乙　　亥　　时　　禄存①　　二黑②　　罩住　　骸④

条目：【补夯】③

意译：乙亥时，值北斗禄存与风水紫白星二黑坤照应，北斗禄存为土与地坤为土，两土为旺，为天地相旺。要留心水书忌戒条目【补夯】为“骸（死人）”凶祸招致之灾。

注释：①　禄存：为北斗星之一，属北斗星的第三位。

②　二黑：紫白星属八卦星位第二位，属坤卦。

③　【补夯】水书忌戒条目，意为罩住，与仰相对。

④　骸：水语音译，意为棺材、死人或重丧。

原文：

读音：van^{1}　　ʔət^{7} sjeŋ^{3}　　mən^{2}ja^{3}sui^{3}　　ti^{6}ha:ŋ^{1}fan^{1}　　ʈət^{7}

直译：日　　一生气⑤　　水族衙门　　人丁发达　　吉

条目：【门牙水】　【竹根代】⑥

意译：又值水语音译水书吉利条目“一生气”【门牙水】照应【竹根代】，为吉吉利。宜斟酌婚姻、营造、出行、造圈，不宜开路、安葬、立碑。

注释：⑤ 一生气：意为和气。

⑥ 水书吉利条目：

【门牙水】意为水族衙门。

【竹根代】人丁发达。

第14行

原文：

读音：	ʔjət^{7}	ma:u^{4}	van^{1}	sui^{3}
直译：	乙	卯	日	水

意译：乙卯日，属水。乙卯日为六十甲子日的第五十二日，属五行纳音水。它包含从丙子时到丁亥时，共十二个时辰。

第15行

原文：

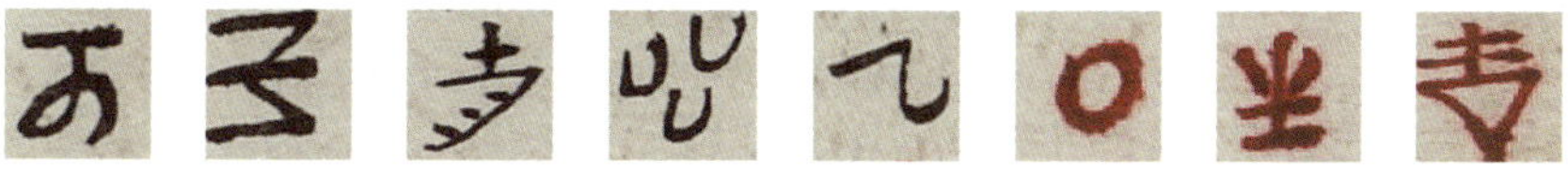

读音：	pjeŋ^{3}	hi^{3}	si^{2}	fan^{2}	ʔjət^{7}	van^{1}	mi^{2}	ʈət^{7}
直译：	丙	子	时	文曲①	一白②	日	未	吉

意译：丙子时，值北斗文曲与风水紫白星一白坎照应，北斗文曲为水与地坎为水，两水为旺，为天地相旺。按用事者出生地支年，往下推演，至未位，值水书吉利照应，为大吉之时。宜开路、安葬、立碑、婚姻、营造、出行、造圈。

注释：① 文曲：为北斗星之一，属北斗星的第四位。

② 一白：紫白星属八卦星位第一位，属坎卦。

第16行

原文：

读音：	tjeŋ^{1}	su^{3}	si^{2}	ljem^{2}	ʈu^{3}	ha:m^{1}	so^{3}sjen^{1}	ʔjeu^{1}foŋ^{2}hu^{3}	hak^{7}van^{1}	ʈət^{7}
直译：	丁	丑	时	廉贞①	九紫②	三	惹是生非	孝旗伞	航问④	吉
条目：							【所线】	【料逢虎】③		

意译：丁丑时，值北斗廉贞与风水紫白星九紫离照应，北斗廉贞为火与地离为火，两火为旺，为天地相旺。要留意按用事者出生地支年，往下推演，至第三位，为水书忌戒条目【所线】【料逢虎】凶祸之灾；又值水书吉利“航问”照应，为吉凶参半之时。宜斟酌开路、安葬、立碑、婚姻、营造，不宜赴任、诉讼。

注释：① 廉贞：为北斗星之一，属北斗星的第五位。

② 九紫：紫白星属八卦星位第九位，属离卦。

③ 水书忌戒条目：

【所线】意为惹是生非。

【料逢虎】意为孝旗伞。

④ 航问：水语音译，意为连日吉利。

第17行

原文：

读音：	mu^{2}	ji^{2}	si^{2}	fu^{4}	pa:t^{7}	ɕət^{7}	qo^{2}tən^{1}	ton^{2}ɣon^{2}
直译：	戊	寅	时	武曲①	八白②	七	大群队移动	短命
条目：							【各紧】	【端完】③

意译：戊寅时，值北斗武曲与风水紫白星八白艮照应，北斗武曲为金与地艮为土，为土生金，为天地相生。要留意按用事者出生地支年，往下推演，至第七位，为水书忌戒条目【各紧】【端完】凶祸之灾。

注释：① 武曲：为北斗星之一，属北斗星的第六位。

② 八白：紫白星属八卦星位第八位，属艮卦。

③ 水书忌戒条目：

【各紧】大群队移动。各，水语音译，意为划、移动；紧，水语音译，意为大排场队伍。

【端完】意为短命。

原文：

读音：	qau^{3}za:i^{5}	mok^{8}	lju^{2}lji^{2}sui^{3}	van^{1}	ta:i^{2}
直译：	猛兽抓拖	人头	泪如柳条	日	大
条目：	【高采】	【各木】	【六立水】④		

意译：还要留意水书忌戒条目【高采】【各木】【六立水】凶祸招致之灾；即使有水书“吉日”照应，也为凶时。不宜开路、安葬、立碑、婚姻、营造、出行。

注释：④ 水书忌戒条目：

【高采】意为猛兽抓拖。

【各木】意为人头。

【六立水】意为哭泪如柳条，指忌哭丧。

第18行

原文：

读音：ti^{1} ma:u^{4} si^{2} p^{h}o^{5} ɕət^{7} ŋo^{4} ŋo^{4}hu^{3} ŋo^{4}hu^{3} zən^{1}ta:u^{5}

直译：己 卯 时 破军① 七赤② 五 猛虎 猛虎 人倒

条目：【五虎】【五虎】【人倒】③

意译：己卯时，值北斗破军与风水紫白星七赤兑照应，北斗破军为金与地兑为金，两金为旺，为天地相旺。要留意按用事者出生地支年，往下推演，至第五位，为水书忌戒条目【五虎】【五虎】【人倒】凶祸伤身之灾。

注释：① 破军：为北斗星之一，属北斗星的第七位。

② 七赤：紫白星属八卦星位第七位，属兑卦。

③ 水书忌戒条目：

【五虎】意为猛虎，表示多只猛虎。

【人倒】指凶恶倒人死亡。

原文：

读音：eŋ^{1}van^{1} mok^{8}ta:ŋ^{2} mu^{2} ʔjən^{5}

直译：额问 木堂④ 戊 官员大印

条目：【官印】⑤

意译：即使水书吉星“额问”“木堂”为吉利，又按用事者出生天干年，往下推演，至戊位，又值水书吉利条目【官印】高照，也为凶时。不宜开路、婚姻、出行、安葬、营造、立碑。

注释：④ 水书吉星：

额问：意为吉利重重。

木堂：为富丽堂皇。

⑤【官印】水语音译，指官员大印。

第19行

原文：

读音：	qeŋ^{1}	sən^{2}	si^{3}	pu^{2}	ljok^{8}	pjət^{7}jiŋ^{5}	ɬm^{1}	pje^{2}k^{h}u^{1}	ŋo^{4}qui^{5}	hak^{7}	ha:i^{2}
直译：	庚	辰	时	辅星①	六白②	环绕	金	麻风病	锤敲打	坎坷	骸④
条目：						【必引】		【别扣】	【五锤】	【核】③	

意译：庚辰时，值北斗辅星与风水紫白星六白乾照应，北斗辅星为水与地乾为金，为金生水，为天地相生。要留心水书忌戒条目【必引】之凶，又要留意按用事者出生属五行年，往下推演，至金位，为水书忌戒条目【别扣】【五锤】【核】为“骸（死人）”凶祸招致之灾。

注释：① 辅星：为北斗星之一，属北斗星的第八位。

② 六白：紫白星属八卦星位第六位，属乾卦。

③ 水书忌戒条目：

【必引】意为回环。

【别扣】指麻风病。

【五锤】意为五锤敲打。

【核】意为坎坷不顺或堵塞。

④ 骸：水语音译，意为棺材、死人或重丧。

原文：

读音：	q^{h}am^{5}a:n^{1}	so^{3}sjen^{1}	lju^{2}lji^{2}sui^{3}	sa:n^{1}	mok^{8}
直译：	翻倒马鞍	惹是生非	泪如柳条	散⑥	人头
条目：	【缸鞍】	【所线】	【六立水】⑤		【各木】⑦

意译：还要留意水书禁忌条目【缸鞍】【所线】【六立水】或八宫掌“散”或值【各木】凶祸所招之灾祸，为凶时。不宜开路、安葬、立碑、婚姻、营造、出行、设席、造圈、造鞍。

注释：⑤ 水书忌戒条目：

【缸鞍】意为翻倒马鞍。

【所线】意为惹是生非。

【六立水】意为哭泪如柳条，忌哭丧。

⑥ 散：指八宫掌名称。

⑦ 【各木】水书忌戒条目，意为人头。

第20行

原文：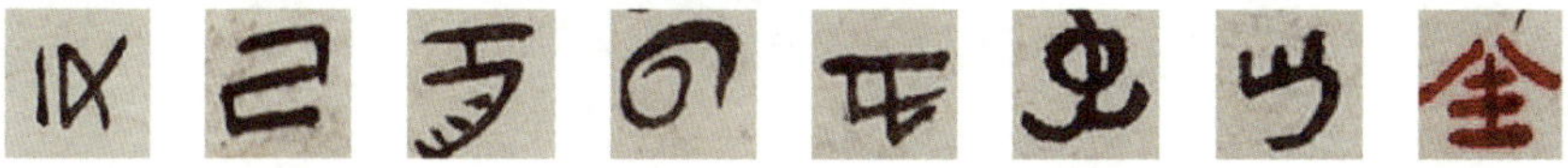

读音：	ɕən^{1}	hi^{4}	si^{2}	pjət^{7}	ŋo^{4}	ɕoŋ^{1}ʔjət^{7}	sək^{7}ti^{1}	tum^{1}
直译：	辛	巳	时	弼星①	五黄②	虫咬	断梳子	木堂④
条目：						【凶以】	【省记】③	

意译：辛巳时，值北斗弼星与风水紫白星中央五黄照应，北斗弼星为水与地中央为土，为土克水，为天地相克。又值水语音译水书忌戒条目【凶以】【省记】之凶；即使有水书吉利“木堂”照应，也仍为大凶之时。诸事不宜。

注释：① 弼星：为北斗星之一，属北斗星的第九位。

② 五黄：紫白星属八卦星位第五位，属中央卦。

③ 水书忌戒条目：

【凶以】意为虫咬。

【省记】指断梳子（即死人梳子）。

④ 木堂：水语音译，意为富丽堂皇。

第21行

原文：

读音：	ȵum^{2}	ŋo^{2}	si^{2}	tʰa:m^{1}	hi^{5}	mok^{8}foŋ^{2}	ɕoŋ^{2}ɕep^{7}	hak^{7}	ha:i^{2}
直译：	壬	午	时	贪狼①	四禄②	缠树藤	接应	坎坷	骸④
条目：						【木逢】	【休显】	【核】③	

意译：壬午时，值北斗贪狼与风水紫白星四禄照应，北斗贪狼为木与地巽为木，两木为旺，为天地相旺。要留意水书忌戒条目【木逢】【休显】【核】为“骸（死人）”凶祸招致之灾。

注释：① 贪狼：为北斗星之一，属北斗星的第一位。

② 四禄：紫白星属八卦星位第四位，属巽卦。

③ 水书忌戒条目：

【木逢】意为缠树藤。

【休显】意为接应（指忌报丧，有接应者要上命）。

【核】指坎坷不顺或堵塞。

④ 骸：水语音译，意为棺材、死人或重丧。

原文：

读音：	mən^{2}ja^{3}sui^{3}	ŋo^{4}hu^{3}	ŋo^{4}	ʔjum^{5}hən^{2}	eŋ^{1}van^{1}	sui^{3}	joŋ^{2}
直译：	水族衙门	猛虎	五	地方拥挤	额问⑥	水	用
条目：	【门牙水】【五虎】			【涌恒】⑤			

意译：又要留意水书忌戒条目【门牙水】【五虎】之凶，还要留意按用事者出生地支年，往下推演，至第五位，值水书中性条目【涌恒】之祸；即使按用事者出生属五行年，往下推演，至水位，值水语音译水书吉利条目“额问”照应，也为凶时。不宜开路、安葬、营造、立碑、婚姻、播种、出行、诉讼。

注释：⑤ 水书忌戒条目：

【门牙水】意为水族衙门。

【五虎】意为猛虎，表示多只猛虎。

【涌恒】意为地方拥挤。

⑥ 额问：水语音译，意为吉利重重。

第22行

原文：

读音：	tui^{5}	mi^{2}	si^{2}	tu^{2}	ha:m^{1}	ŋo^{4}hu^{3}	ɕoŋ^{1}ɕep^{7}
直译：	癸	未	时	巨门①	三碧②	猛虎	接应
条目：						【五虎】【休显】③	

意译：癸未时，值北斗巨门与风水紫白星三碧照应，北斗巨门为土与地震为木，为木克土，为天地相克。又值水语音译水书忌戒条目【五虎】【休显】之凶。

注释：① 巨门：为北斗星之一，属北斗星的第二位。

② 三碧：紫白星属八卦星位第三位，属震卦。

③ 水书忌戒条目：

【五虎】意为猛虎，表示多只猛虎。

【休显】意为接应（指忌报丧，有接应者要上命）。

原文：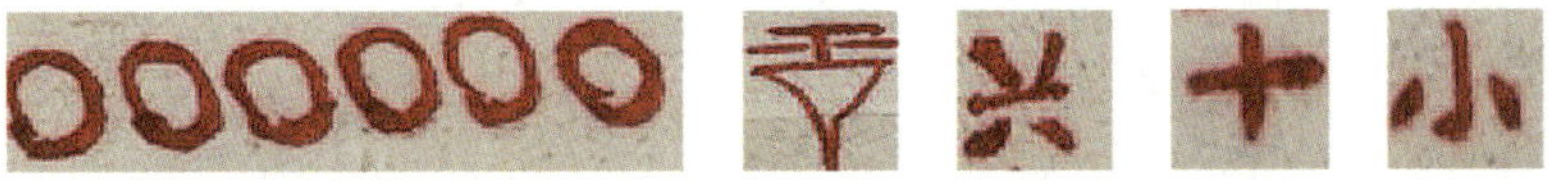

读音：	eŋ^{1}van^{1}	ȶət^{7}	ljok^{8}	sup^{8}	ɕeu^{3}
直译：	额问④	吉	六	十	小

意译：虽值水语音译水书吉利条目“额问”照应，为“六十吉”，也难化解天地相克之凶，仍为大凶之时。诸事不宜。

注释：④ 额问：水语音译，意为吉利重重。

第23行

原文：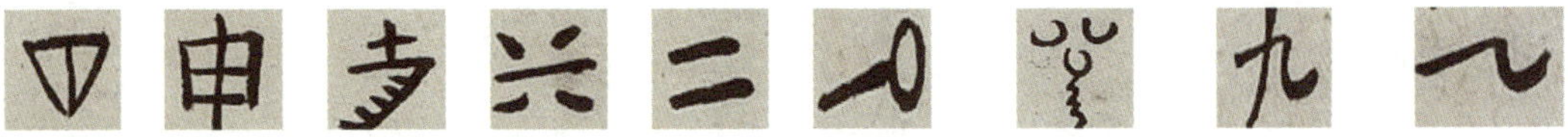

读音：	ȶa:p^{7}	sən^{1}	si^{2}	ljok^{8}	ŋ̊i^{2}	ŋo^{5}qui^{5}	ljeu^{4}ȶa^{1}ɕot^{8}	ȶu^{3}	ʔjət^{7}
直译：	甲	申	时	禄存①	二黑②	锤敲打	家产破败	九	乙
条目：						【五锤】	【辽架玄】③		

意译：甲申时，值北斗禄存与风水紫白星二黑照应，北斗禄存为土与地坤为土，两土为旺，为天地相旺。还有水语音译水书忌戒条目【五锤】【辽架玄】之凶祸；按用事者出生地支年，往下推演，至第九位，或按用事者出生天干年，往下推演，至乙位为凶，为大凶之时。诸事不宜。

注释：① 禄存：为北斗星之一，属北斗星的第三位。

② 二黑：紫白星属八卦星位第二位，属坤卦。

③ 水书忌戒条目：

【五锤】意为五锤敲打。

【辽架玄】指家产破败。

第24行

原文：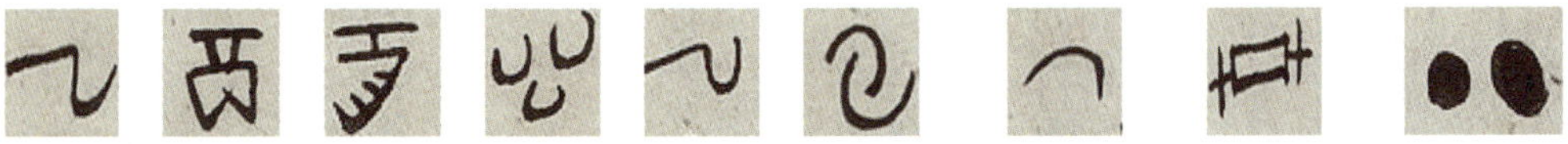

读音：	ʔjət^{7}	ju^{4}	si^{2}	fan^{2}	ʔjət^{7}	ȶi^{1}	ʔboŋ^{5}ham^{3}	ha:i^{2}	ɕha:k^{7}van^{1}ʔdjam^{5}
直译：	乙	酉	时	文曲①	一白②	己	罩住	骸④	连日阴沉
条目：							【补夯】③		【航问锭】⑤

意译：乙酉时，值北斗文曲与风水紫白星一白照应，北斗文曲为水与地坎为水，两水为旺，为天地相旺。要留意按用事者出生天干年，往下推演，至己位，值水书忌戒条目【补夯】【骸】

【航问锭】之凶。

注释：① 文曲：为北斗星之一，属北斗星的第四位。

② 一白：紫白星属八卦星位第一位，属坎卦。

③ 【补夯】水书忌戒条目，意为罩住，与仰相对。

④ 骸：水语音译，意为棺材、死人或重丧。

⑤ 【航问锭】水书忌戒条目，意为连日凶祸或连日阴沉。

原文：

读音：so^{3}sjen^{1}　ta:ŋ^{2}sa:i^{2}　ʔjət^{7}sjeŋ^{3}

直译：惹是生非　宽大竹林　一生气⑦

条目：【所线】　【堂晒】⑥

意译：又留意水书忌戒条目【所线】【堂晒】之祸，即使值水语音译水书吉利“一生气”照应，也为大凶之时。不宜开路、安葬、立碑、婚姻、营造、出行、赴任、栽种。

注释：⑥ 水书忌戒条目：

【所线】意为惹是生非。

【堂晒】意为宽大竹林。

⑦ 一生气：意为和气。

第25行

原文：

读音：pjeŋ^{3}　hət^{7}　si^{2}　ljem^{2}　ʈu^{3}　ŋ̥a:n^{1}hi^{5}q^{h}a^{1}　hi^{5}　ŋo^{4}hu^{3}　ha:i^{2}　ŋo^{4}hu^{3}　ʔjeu^{1}foŋ^{2}hu^{3}　van^{1}

直译：丙　戌　时　廉贞①　九紫②　棺材四角　四　猛虎　骸④　猛虎　孝旗伞　日

条目：【宁喜卡】　【五虎】③　【五虎】【料逢虎】⑤

意译：丙戌时，北斗廉贞与风水紫白星九紫照应，北斗廉贞为水与地离为火，为水克火，为天地相克。又有水书忌戒条目【宁喜卡】之灾祸，还有按用事者出生地支年，往下推演，至第四位，为水书忌戒条目【五虎】【骸】【五虎】【料逢虎】凶祸招致之灾；虽值水书“吉日”照应，但仍为大凶之时。诸事不宜。

注释：① 廉贞：为北斗星之一，属北斗星的第九位。

② 九紫：紫白星属八卦星位第九位，属离卦。

③ 水书忌戒条目：

【宁喜卡】意为棺材头之四角。

【五虎】意为猛虎，表示多只猛虎。

④ 骸：水语音译，意为棺材、死人或重丧。

⑤ 【料逢虎】水书忌戒条目，意为孝旗伞。

第26行

原文：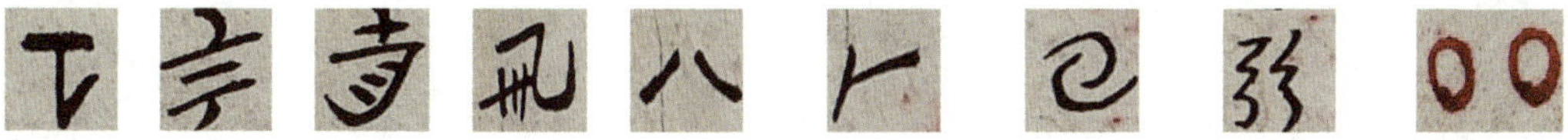

读音：	tjeŋ^{1}	ʁa:i^{3}	si^{2}	fu^{4}	paət^{7}	ʔjən^{5}kwa:n^{1}	ȶi^{1}	lju^{2}lji^{2}sui^{3}	hak^{7}van^{1}
直译：	丁	亥	时	武曲①	八白②	斧头	己	泪如柳条	航问④
条目：						【引贯】		【六立水】③	

意译：丁亥时，值北斗武曲与风水紫白星八白照应，北斗武曲为金与地艮为土，为土生金，为天地相生。要留心水书忌戒条目【引贯】之凶，又要留意按用事者出生天干年，往下推演，至己位，为水书忌戒条目【六立水】之祸；又还有水书吉利“航问”照应，为吉凶参半之时。宜斟酌开路、安葬、立碑、婚姻、营造、出行、造圈。

注释：① 武曲：为北斗星之一，属北斗星的第六位。

② 八白：紫白星属八卦星位第八位，属艮卦。

③ 水书忌戒条目：

【引贯】意为斧头。

【六立水】意为哭泪如柳条，指忌哭丧。

④ 航问：水语音译，意为连日吉利。

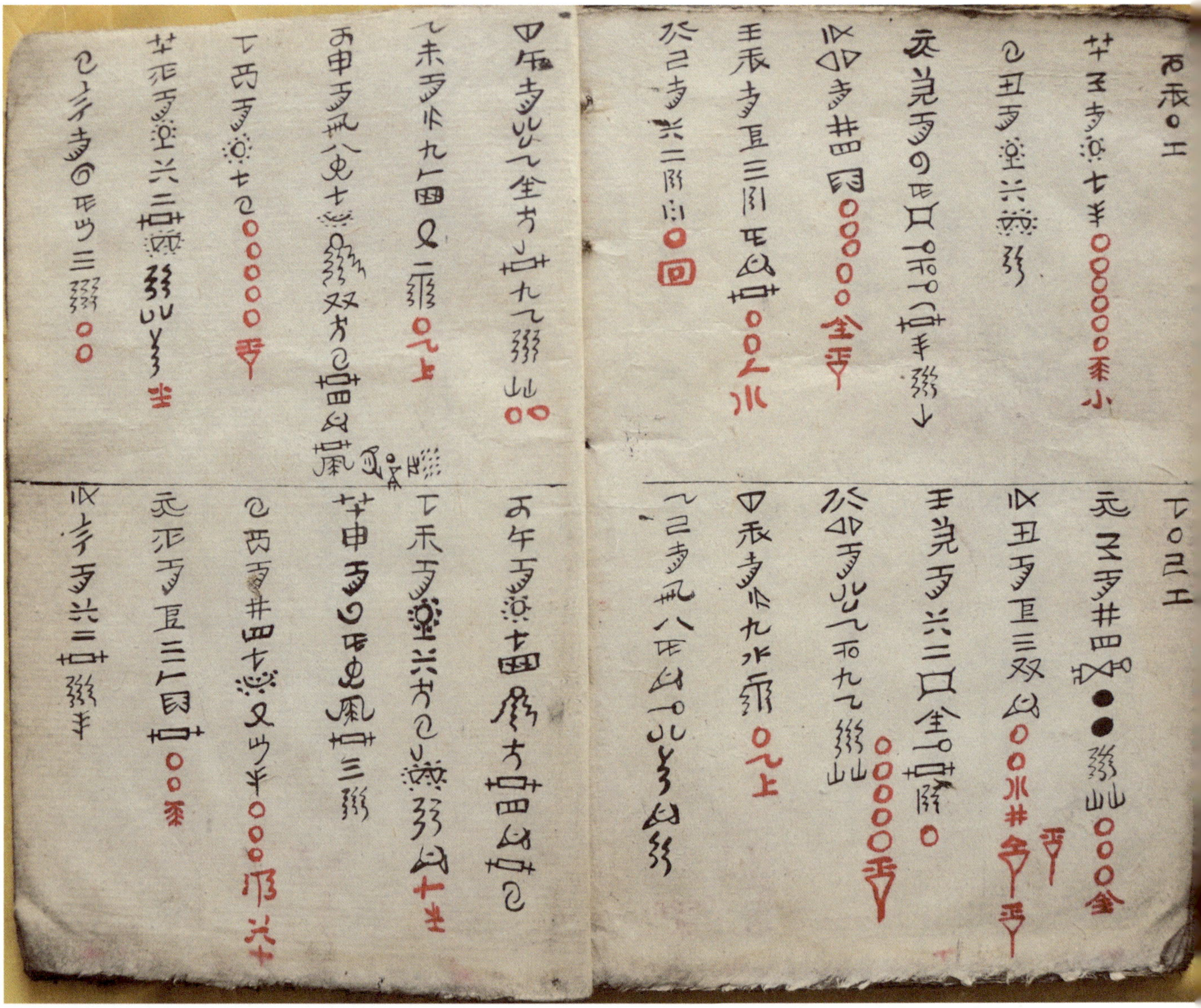

原件 27：丙辰 丁巳

第1行

原文：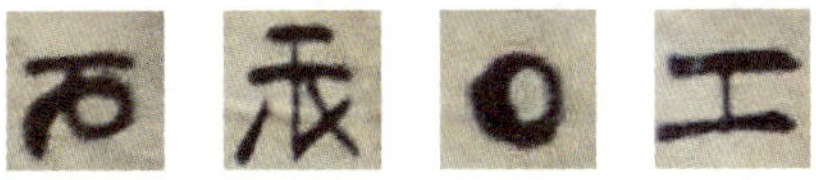

读音：	pjeŋ^{3}	sən^{2}	van^{1}	t^{h}u^{3}
直译：	丙	辰	日	土

意译：丙辰日，属土。丙辰日为六十甲子日中第五十三日，属五行纳音土。它包含从戊子时到己亥时，共十二个时辰。

第2行

原文：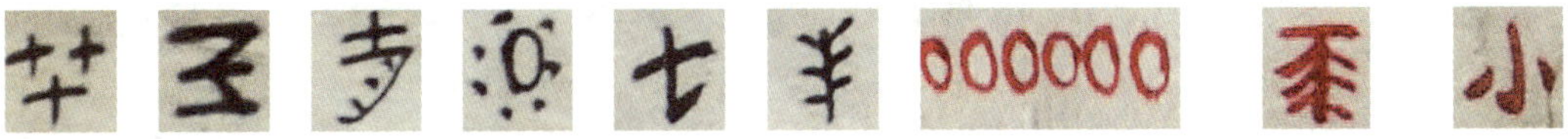

读音：	mu^{2}	hi^{3}	si^{2}	p^{h}o^{5}	ɕət^{7}	mok^{8}	eŋ^{1}van^{1}	mok^{8}ta:ŋ^{2}	ɕeu^{3}
直译：	戊	子	时	破军①	七赤②	人头	额问	木堂④	小
条目：						【各木】③			

意译：戊子时，值北斗破军与风水紫白星七赤兑照应，北斗破军为金与地兑为金，两金为旺，为天地相旺。虽有水书忌戒条目【各木】凶祸之灾，但又连有水书吉星“额问”“木堂”为吉利，为吉凶参半之时。宜斟酌开路、安葬、立碑、婚姻、营造、出行。

注释：① 破军：为北斗星之一，属北斗星的第七位。

② 七赤：紫白星属八卦星位第七位，属兑卦。

③ 【各木】水书忌戒条目，意为人头。

④ 水书吉星：

额问：意为吉利重重。

木堂：意为富丽堂皇。

第3行

原文：

读音：	ȶi^{1}	su^{3}	si^{2}	pu^{2}	ljok^{8}	q^{h}am^{5}a:n^{1}	lju^{2}lji^{2}sui^{3}
直译：	己	丑	时	辅星①	六白②	翻倒马鞍	泪如柳条
条目：						【缸鞍】	【六立水】③

意译：己丑时，值北斗辅星与风水紫白星六白乾照应，北斗辅星为水与地乾为金，为金生水，为天

地相生。要留意值水语音译水书忌戒条目【缸鞍】【六立水】之凶祸，为吉凶参半之时。宜斟酌开路、安葬、立碑、婚姻、营造、出行，不宜造鞍。

注释：① 辅星：为北斗星之一，属北斗星的第八位。

② 六白：紫白星属八卦星位第六位，属乾卦。

③ 水书忌戒条目：

【缸鞍】意为翻倒马鞍。

【六立水】意为哭泪如柳条，指忌哭丧。

第 4 行

原文：

读音：	qeŋ^{1}	ji^{2}	si^{2}	pjət^{7}	ŋo^{4}	ŋ̥a:n^{1}hi^{5}q^{h}a^{1}	ŋo^{4}qui^{5}	pje^{2}k^{h}u^{1}
直译：	庚	寅	时	弼星①	五黄②	棺材四角	锤敲打	麻风病
条目：						【宁喜卡】	【五锤】	【别扣】③

意译：庚寅时，值北斗弼星与风水紫白星五黄中央照应，北斗弼星为水与地中央为土，为土克水，为天地相克。又有水语音译水书忌戒条目【宁喜卡】【五锤】【别扣】凶祸之灾。

注释：① 弼星：为北斗星之一，属北斗星的第九位。

② 五黄：属紫白星八卦第五位，属中央卦。

③ 水书忌戒条目：

【宁喜卡】指棺材头之四角。

【五锤】意为五锤敲打。

【别扣】意为麻风病。

原文：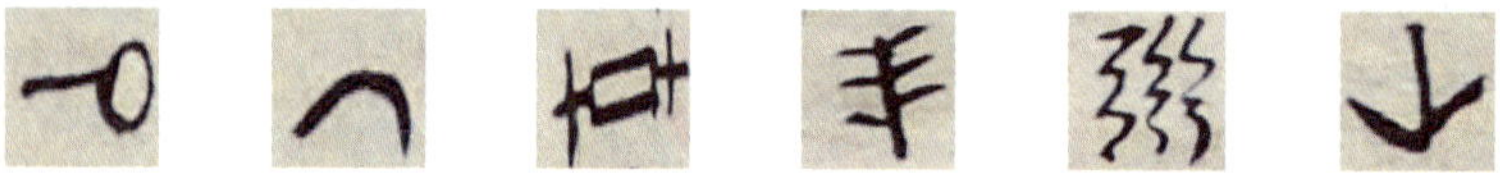

读音：	ŋo^{4}qui^{5}	ʔboŋ^{5}ham^{3}	ha:i^{2}	mok^{8}	so^{3}sjen^{1}	tsjem^{4}
直译：	锤敲打	罩住	骸⑤	人头	惹是生非	凶恶
条目：	【五锤】	【补夯】④		【各木】	【所线】	【占】⑥

意译：又还要留意水书忌戒条目【五锤】【补夯】为“骸（死人）”凶；又要留意【各木】【所线】【占】凶祸所招致之灾，为大凶之时。不宜安葬、婚姻、营造、出行。

注释：④【补夯】水书忌戒条目，指罩住，与仰相对。

⑤ 骸：水语音译，意为棺材、死人或重丧。

⑥ 水书忌戒条目：

【各木】意为人头。

【所线】意为惹是生非。

【占】意为凶恶，一种神尖刀，碰到它，人立刻昏倒，不省人事。

第 5 行

原文：

读音：	ɕən^{1}	ma:u^{4}	si^{2}	tʰa:n^{1}	hi^{5}	mən^{2}ja^{3}sui^{3}	eŋ^{1}van^{1}	ʈum^{1}	ʈət^{7}
直译：	辛	卯	时	贪狼①	四禄②	水族衙门	额问	金堂④	吉
条目：						【门牙水】③			

意译：辛卯时，值北斗贪狼与风水紫白星四禄巽相照应，北斗贪狼属木与地上巽为木，两木为旺，为天地相旺。虽有水书忌戒条目【门牙水】凶祸之灾，但又连有水书吉利“额问”“金堂”，为吉凶参半之时。宜斟酌开路、安葬、立碑、婚姻、营造、出行。

注释：① 贪狼：为北斗星之一，属北斗星的第一位。

② 四禄：属紫白星八卦第四位，属巽卦。

③ 【门牙水】为水语音译水书忌戒条目，意为水族衙门。

④ 水书吉星：

额问：意为吉利重重。

木堂：意为富丽堂皇。

第 6 行

原文：

读音：	ȵum^{2}	sən^{2}	si^{2}	ʈu^{2}	ha:m^{1}	njem^{1}ju^{5}	ŋo^{4}	ŋo^{4}hu^{3}	ha:i^{2}
直译：	壬	辰	时	巨门①	三碧②	引线	五	猛虎	骸④
条目：						【休显】		【五虎】③	

意译：壬辰时，值北斗巨门与风水紫白星三碧震相照应，北斗巨门属土与地上震为木，为木克土，为天地相克。又有水书忌戒条目【休显】之凶，又还有按用事者出生地支年，往下推演，至第五位，又值水语音译的水书忌戒条目【五虎】为“骸（死人）”凶祸之灾。

注释：① 巨门：为北斗星之一，属北斗星的第二位。

② 三碧：属紫白星八卦第三位，属震卦。

③ 水语音译水书禁忌条目：

【休显】意为引线（应答）。

【五虎】意为猛虎。

④ 骸：水语音译，意为棺材、死人或重丧。

原文：

读音：	hak^{7}van^{1}	kwa:n^{1}tsai^{4}	sui^{3}
直译：	航问⑤	利斧	水
条目：		【贯才】⑥	

意译：虽又值水书吉利“航问”和吉利条目【贯才】照应，但也难以化解其天地相克，仍为大凶之时。不宜开路、安葬、立碑、婚姻、出行、营造、造圈。

注释：⑤ 航问：水语音译，意为连日吉利。

⑥ 【贯才】水书吉利条目，意为利斧。

第 7 行

原文：

读音：	ȶui^{5}	hi^{4}	si^{2}	ljok^{8}	ȵi^{2}	ɕoŋ^{1}ɕe:p^{7}	pik^{7}sui^{3}ȶən^{1}	van^{1}	kwa:n^{3}ʔjən^{5}
直译：	癸	巳	时	禄存①	二黑②	接应	泪水涌流	日	官员大印
条目：						【休显】	【比水紧】③		【官印】④

意译：癸巳时，值北斗禄存与风水紫白星二黑坤卦照应，北斗禄存为土与地二黑坤为土，为两土相旺，为天地相旺。要留意水书忌戒条目【休显】【比水紧】凶祸之灾；又有水书吉利条目【官印】照应，为吉凶参半之时。宜斟酌开路、出行、婚姻，不宜丧葬、起造、立碑。

注释：① 禄存：为北斗星之一，属北斗星的第三位。

② 二黑：属紫白星八卦第二位，属坤卦。

③ 水书忌戒条目：

【休显】意为接应（指忌报丧，有接应者要上命）。

【比水紧】意为泪水涌出。

④ 【官印】水语音译水书吉利条目，意为官印大印。

第8行

原文：

读音：	ʈa:p^{7}	ŋo^{2}	si^{2}	fan^{1}	ʔjət^{7}	ʈum^{1}	hak^{7}	qau^{3}za:i^{5}	ha:i^{2}
直译：	甲	午	时	文曲①	一白②	金	坎坷	猛兽抓拖	骸④
条目：							【核】	【高采】③	

意译：甲午时，值北斗文曲与风水紫白星一白照应，北斗文曲属水与地上坎为水，两水为旺，为天地相旺。要留意水书忌戒条目【核】【高采】为“骸（死人）”凶祸之灾。

注释：① 文曲：为北斗星之一，属北斗星第四位。

② 一白：为紫白星八卦第一位，为坎卦。

③ 水语音译水书忌戒条目：

【核】意为坎坷不顺或堵塞。

【高采】意为猛兽抓拖。

④ 骸：水语音译，意为棺材、死人或重丧。

原文：

读音：	ʈu^{3}	ʔjət^{7}	so^{3}sjen^{1}	ta:ŋ^{2}sa:i^{2}	hak^{7}van^{1}
直译：	九	乙	惹是生非	宽大竹林	航问⑥
条目：			【所线】	【堂晒】⑤	

意译：还要注重按用事者出生地支年，往下推演，至第九位，或按用事者出生天干年，往下推演，至乙位，为水书禁忌条目【所线】【堂晒】之凶；即使有水书吉利“航问”照应，也为吉凶参半之时。宜斟酌立碑、丧葬、立碑、起造，不宜嫁娶、出行、赴任、诉讼。

注释：⑤ 水语音译水书忌戒条目：

【所线】意为惹是生非。

【堂晒】指宽大竹林。

⑥ 航问：水语音译，意为连日吉利。

第9行

原文：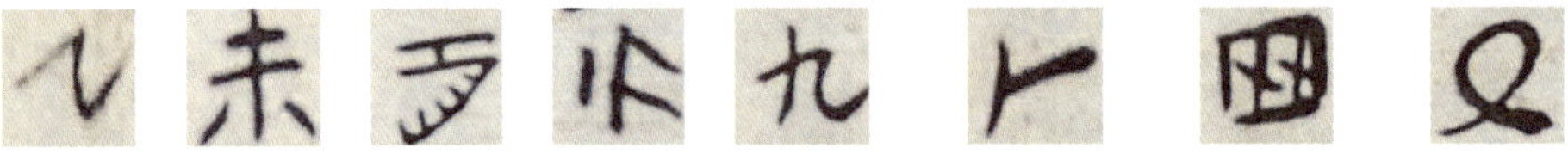

读音：	ʔjət^{7}	mi^{2}	si^{2}	ljem^{2}	ȶu^{3}	ʔjən^{5}kwa:n^{1}	ton^{2}ɣon^{2}	pjət^{7}jiŋ^{5}
直译：	乙	未	时	廉贞①	九紫②	斧头	短命	环绕
条目：						【引贯】	【端完】	【必引】③

意译：乙未时，值北斗廉贞与风水紫白星九紫离相照应，北斗廉贞属火与地上离为火，两火为旺，为天地相旺。要注重水语音译水书忌戒条目【引贯】【端完】【必引】凶祸之灾。

注释：① 廉贞：为北斗星之一，属北斗星的第五位。

② 九紫：紫白星属八卦星位第九位，属离卦。

③ 水语音译水书忌戒条目：

【引贯】意为斧头。

【端完】指短命。

【必引】意为回环或环绕。

原文：

读音：	ʔjət^{7}	ʔjeu^{1}foŋ^{2}hu^{3}	van^{1}	ʔjət^{7} sjeŋ^{1}
直译：	一	孝旗伞	日	一生气⑤
条目：		【料逢虎】④		

意译：按用事者出生地支年，往下推演，至第一位，又要留意值水书忌戒条目【料逢虎】之凶；虽有水书吉利“一生气”照应，也为吉凶参半之时。宜斟酌开路、丧葬、立碑、嫁娶、起造、出行。

注释：④ 【料逢虎】水语音译水书忌戒条目，意为孝旗伞。

⑤ 一生气：水语音译，意为和气。

第10行

原文：

读音：	pjeŋ^{3}	sən^{1}	si^{2}	fu^{4}	pa:t^{7}	ɕoŋ^{1}ʔjət^{7}	hi^{5}	qo^{2}ȶən^{1}	ma^{4}saŋ^{1}ȶi^{2}	ku^{3}sup^{7}
直译：	丙	申	时	武曲①	八白②	虫咬	七	大群队移动	马戴孝	预计
条目：						【凶以】		【各紧】	【马畅旗】	【估术】③

意译：丙申时，值北斗武曲与风水紫白星八白艮相照应，北斗武曲属金与地上艮为土，为土生金，为天地相生。要注重水书忌戒条目【凶以】之凶，按用事者出生地支年，往下推演，至第七位，要注重值水语音译水书忌戒条目【各紧】【马畅旗】【估术】凶祸之灾。

注释：① 武曲：为北斗星之一，属北斗星的第六位。

② 八白：为紫白星八卦第八位，属艮卦。

③ 水语音译水书忌戒条目：

【凶以】意为虫咬。

【各紧】大群队移动。各，水语音译，为划、移动；紧，水语音译，为大排场队伍。

【马畅旗】马戴孝。

【估术】意为预定或预计。

原文：

读音：	hak^{7}	ȶi^{1}	ha:i^{2}	hi^{5}	ŋo^{4}hu^{3}	ha:i^{2}	mok^{7}foŋ^{2}	ŋo^{4}hu^{3}	zən^{1}ta:u^{5}	ŋo^{1}	ta:ŋ^{1}ʔɣa^{5}
直译：	坎坷	九穷	骸⑤	四	猛虎	骸⑤	缠树藤	猛虎	人倒	五	肥沃大田
条目：	【核】	【九己】④			【五虎】		【木逢】	【五虎】	【人倒】		【堂田】⑥

意译：既要留心水书忌戒条目【核】【九己】为“骸（死人）”凶祸之灾；又要留意按用事者出生地支年，往下推演，至第四位，为水书忌戒条目【五虎】【骸】【木逢】【五虎】【人倒】凶祸或伤身损耗之灾；还要留意按用事者出生地支年，往下推演，至第五位，为水书忌戒条目【堂田】，为大凶之时。不宜开路、丧葬、立碑、嫁娶、造圈、起造、出行。

注释：④ 水语音译水书忌戒条目：

【核】意为坎坷不顺或堵塞。

【九己】意为九穷，二代以后丁财衰败。

⑤ 骸：水语音译，意为棺材、死人或重丧。

⑥ 水语音译水书忌戒条目：

【五虎】指猛虎，表示多只猛虎。

【木逢】指缠树藤。

【人倒】指凶恶倒人死亡。

【堂田】意为肥沃大田。

第11行

原文：

读音：	tjeŋ^{1}	ju^{2}	si^{2}	p^{h}o^{5}	ɕət^{7}	ti^{1}	eŋ^{1}van^{1}	tət^{7}
直译：	丁	酉	时	破军①	七赤②	九穷	额问④	吉
条目：						【九己】③		

意译：丁酉时，值北斗破军与风水紫白星七赤兑相照应，北斗破军属金与地上兑为金，两金为旺，为天地相旺。要留心水书忌戒条目【九己】；又值水书吉利“额问”相照，为吉利之时。宜开路、丧葬、立碑、嫁娶、起造、出行。

注释：① 破军：为北斗星之一，属北斗星的第七位。

② 七赤：为紫白星八卦第七位，为兑卦。

③ 【九己】水语音译水书忌戒条目，意为九穷，二代以后丁财衰败。

④ 额问：水语音译，意为吉利重重。

第12行

原文：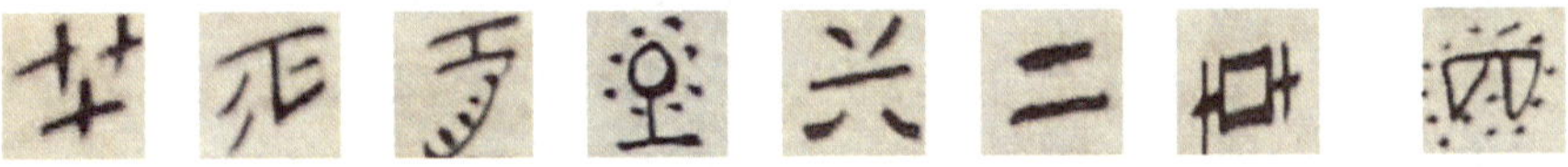

读音：	mu^{2}	hət^{7}	si^{2}	pu^{2}	ljok^{8}	ȵi^{2}	ha:i^{2}	q^{h}am^{5}a:n^{1}
直译：	丙	戌	时	辅星①	六白②	二	骸③	翻倒马鞍
条目：								【缸鞍】④

意译：丙戌时，值北斗辅星与风水紫白星六白照应，北斗辅星属水与地上乾为金，为金生水，为天地相生。要留意按用事者出生地支年，往下推演，至第二位，为水书忌戒条目【缸鞍】之凶。

注释：① 辅星：为北斗星之一，属北斗星的第八位。

② 六白：为紫白星八卦第六位，为乾卦。

③ 骸：水语音译，意为棺材、死人或重丧。

④ 【缸鞍】水语音译的水书忌戒条目，意为翻倒马鞍。

原文：

读音：	lju^{2}lji^{2}sui^{3}	sa:t^{7}sjeŋ^{1}	ljeu^{4}ta^{1}ɕot^{7}	mi^{2}
直译：	泪如柳条	杀伤	家产破败	未
条目：	【六立水】	【杀伤】	【辽架玄】⑤	

意译：又要留意水书忌戒条目【六立水】【杀伤】【辽架玄】凶祸之灾；即使按用事者出生地支年，往下推演，至未位，为吉利，也难以化解其凶，仍为凶时。诸事不宜。

注释：⑤ 水语音译水书忌戒条目：

【六立水】意为哭泪如柳条，指忌哭丧。

【杀伤】指凶恶祸害，死于非命。

【辽架玄】指家产破败。

第13行

原文：

读音：	ʈi^{1}	ʁa:i^{3}	si^{2}	pjət^{8}	ŋo^{4}	sək^{7}ʈi^{1}	ha:m^{1}	so^{3}sjen^{1}	hak^{7}van^{1}
直译：	己	亥	时	弼星①	五黄②	断梳子	三	惹是生非	航问④
条目：						【省记】		【所线】③	

意译：己亥时，值北斗弼星与风水紫白星中央五黄照应，北斗弼星为水与地上中央为土，为土克水，为天地相克。又有水书忌戒条目【省记】之凶，按用事者出生地支年，往下推演，至第三位，为水书忌戒条目【所线】之祸；虽值水语音译水书吉利“航问”照应，但也难化解天地相克之凶，仍为大凶之时。诸事不宜。

注释：① 弼星：为北斗星之一，属北斗星的第九位。

② 五黄：紫白星属八卦星位第五位，属中央卦。

③ 水语音译水书忌戒条目：

【省记】意为断梳子（即死人梳子）。

【所线】意为惹是生非。

④ 航问：水语音译，意为连日吉利。

第14行

原文：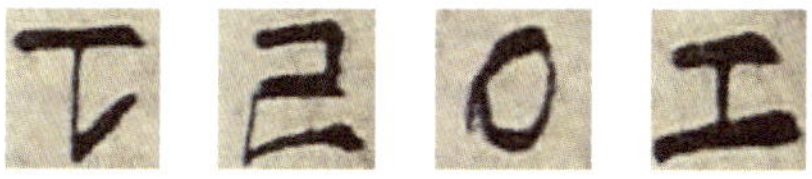

读音：	tjeŋ^{1}	hi^{4}	van^{1}	t^{h}u^{3}
直译：	丁	巳	日	土

意译：丁巳日，属土。丁巳日为六十甲子日中第五十四日，属五行纳音土。它包含从庚子时到辛亥时，共十二个时辰。

第15行

原文：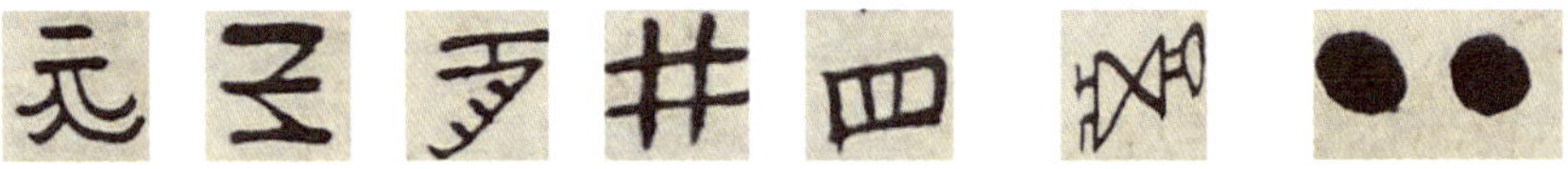

读音：	qeŋ^{1}	hi^{3}	si^{2}	t^{h}a:m^{1}	hi^{5}	zən^{1}ta:u^{5}	ha:k^{7}van^{1}ʔdjam^{5}
直译：	庚	子	时	贪狼①	四禄②	人倒	连日阴沉
条目：						【人倒】	【航问锭】③

意译：庚子时，值北斗贪狼与风水紫白星四禄巽相照应，北斗贪狼为木与地上巽为木，两木为旺，天地相旺。要特别注重水语音译水书忌戒条目【人倒】【航问锭】凶祸伤身损耗之灾。

注释：① 贪狼：为北斗星之一，属北斗星的第一位。

② 四禄：紫白星属八卦星位第四位，属巽卦。

③ 水语音译的水书忌戒条目：

【人倒】指凶恶倒人死亡。

【航问锭】指连日凶祸或连日阴沉。

原文：

读音：	so^{3}sjen^{1}	ta:ŋ^{2}sa:i^{2}	eŋ^{1}van^{1}	ȵum^{1}
直译：	惹是生非	宽大竹林	额问	金堂⑤
条目：	【所线】	【堂晒】④		

意译：又要留心水书忌戒条目【所线】【堂晒】之凶；即使又有水书吉利条目“航问”“金堂”照应，也为凶时。不宜开路、安葬、立碑、婚姻、营造。

注释：④ 水语音译水书忌戒条目：

【所线】指惹是生非。

【堂晒】意为宽大竹林。

⑤ 水语音译水书吉利条目：

额问：水语音译，意为吉利重重。

金堂：水语音译，意为富丽堂皇。

第16行

原文：

读音：ɕən^{1}　su^{3}　si^{2}　ʈu^{2}　ha:m^{1}　ku^{3}sup^{7}　ŋo^{4}hu^{3}

直译：辛　丑　时　巨门①　三碧②　预计　猛虎

条目：【估术】【五虎】③

意译：辛丑时，值北斗巨门与风水紫白星三碧震相照应，北斗巨门为土与地上震卦属木，为木克土，为天地相克。又值水语音译水书忌戒条目【估术】【五虎】之凶。

注释：① 巨门：为北斗星之一，属北斗星的第二位。

② 三碧：紫白星属八卦星位第三位，属震卦。

③ 水书忌戒条目：

【估术】意为预计。

【五虎】意为猛虎。

原文：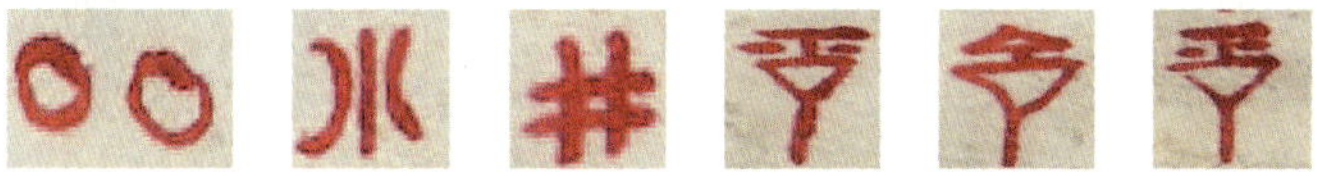

读音：hak^{7}van^{1}　sui^{3}　t^{h}a:m^{1}　ʈət^{7}　ʈət^{7}　ʈət^{7}

直译：航问　水　贪狼④　吉　吉　吉

意译：按用事者出生属五行年，往下推演，至水位，即使值水书吉利“航问”和北斗星“贪狼”高照，也难化解天地相克之凶，仍为大凶之时。不宜开路、丧葬、立碑、嫁娶、起造、出行。

注释：④ 航问：水语音译，指连日吉利。

贪狼：属北斗九星第一位，这里为水书吉星。

第17行

原文：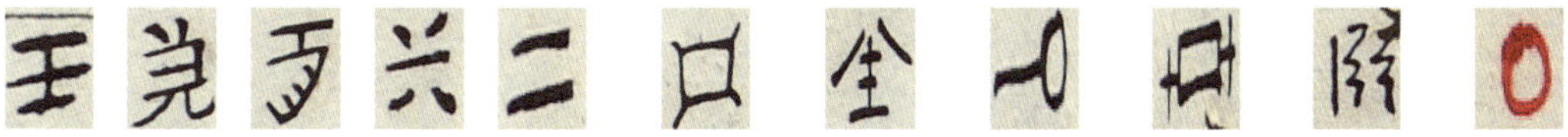

读音：ȵum^{2}　ji^{2}　si^{2}　ljok^{8}　ȵi^{2}　ȵa:n^{1} hi^{5}q^{h}a^{1}　ʈum^{1}　ŋo^{4}qui^{5}　ha:i^{2}　ɕoŋ^{1}ɕep^{7}　van

直译：壬　寅　时　禄存①　二黑②　棺材四角　金　锤敲打　骸④　接应　日

条目：【宁喜卡】　【五锤】③　【休显】③

意译：壬寅时，值北斗禄存与风水紫白星二黑坤照应，北斗禄存为土与地上坤为土，两土为旺，为天地相旺。要留意水书条目【宁喜卡】之凶；又要留意按用事者出生属五行年，往下推演，至金位，又值水语音译的忌戒水书条目【五锤】为“骸（死人）”凶；又要留意【休显】凶祸之灾；虽有水书“吉日”照应，但也为吉凶参半时。宜斟酌开路、婚姻、营造、出行，不宜安葬、立碑。

注释：① 禄存：为北斗星之一，属北斗星的第三位。

② 二黑：紫白星属八卦星位第二位，属坤卦。

③ 水书忌戒条目：

【宁喜卡】意为棺材头之四角。

【五锤】意为五锤敲打。

④ 骸：水语音译，意为棺材、死人或重丧。

⑥ 【休显】意为接应（指忌报丧，有接应者要上命）。

第18行

原文：

读音：	ȶui^{5}	ma:u^{4}	si^{2}	fan^{2}	ʔjət^{7}	pje^{2}k^{h}u^{1}	ȶu^{3}	ʔjət^{7}	so^{3}sjen^{1}	ta:ŋ^{2}sa:i^{2}
直译：	癸	卯	时	文曲①	一白②	麻风病	九	乙	惹是生非	宽大竹林
条目：						【别扣】			【所线】	【堂晒】③

意译：癸卯时，值北斗文曲与风水紫白星一白坎照应，北斗文曲为水与地上坎为水，两水为旺，为天地相旺。要留意水书忌戒条目【别扣】之灾，还要注重按用事者出生地支年，往下推演，至第九位，或按用事者出生天干年，往下推演，至乙位，为水书忌戒条目【所线】【堂晒】之凶。

注释：① 文曲：为北斗星之一，属北斗星的第四位。

② 一白：紫白星属八卦星位第一位，属坎卦。

③ 水书忌戒条目：

【别扣】意为麻风病。

【所线】意为惹是生非。

【堂晒】指宽大竹林。

原文：

读音：	eŋ^{1}van^{1}	ȶət^{7}
直译：	额问④	吉

意译：即使有水书吉利条目“额问”照应，也为吉凶参半时。宜斟酌安葬、营造、立碑，不宜婚姻、出行、赴任、诉讼。

注释：④ 额问：水语音译水书吉利条目，意为吉利重重。

第19行

原文：

读音：ʈa:p^{7} sən^{2} si^{2} ljem^{2} ʈu^{3} pik^{7}sui^{3}ʈən^{1} ʔjeu^{1}foŋ^{2}hu^{3} van^{1} ʔjət^{7} sjeŋ^{3}

直译：甲 辰 时 廉贞① 九紫② 泪水涌流 孝旗伞 日 一生气④

条目：【比水紧】【料逢虎】③

意译：甲辰时，值北斗廉贞与风水紫白星九紫离照应，北斗廉贞为火与地上离为火，两火为旺，为天地相旺。要留意水书忌戒条目【比水紧】【料逢虎】之凶；然后又值水语音译的水书吉利“一生气”照应，也为吉凶参半之时。宜斟酌丧葬、立碑、嫁娶、出行、营造。

注释：① 廉贞：为北斗星之一，属北斗星的第五位。

② 九紫：紫白星属八卦星位第九位，属离卦。

③ 水语音译的水书忌戒条目：

【比水紧】意为泪水涌出。

【料逢虎】意为孝旗伞。

④ 一生气：水语音译，意为和气。

第20行

原文：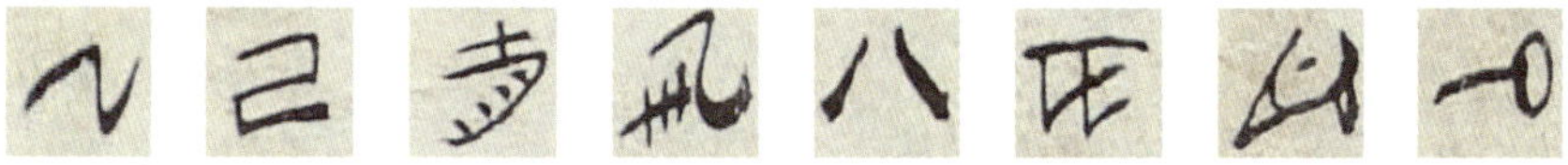

读音：ʔjət^{7} hi^{4} si^{2} fu^{3} pa:t^{7} ŋo^{4} ŋo^{4}hu^{3} ŋo^{4}qui^{5}

直译：乙 巳 时 武曲① 八白② 坎坷 猛虎 锤敲打

条目：【核】【五虎】【五锤】③

意译：乙巳时，值北斗武曲与风水紫白星八白艮相照应，北斗武曲属金与地上艮为土，为土生金，为天地相生。要留意水书忌戒条目【核】【五虎】【五锤】之凶。

注释：① 武曲：为北斗星之一，属北斗星的第六位。

② 八白：为紫白星八卦第八位，属艮卦。

③ 水语音译忌戒水书条目：

【核】意为坎坷不顺或堵塞。

【五虎】意为多只猛虎。

【五锤】意为五锤敲打。

原文：

读音：sa:t^{7}sjeŋ^{1} ljeu^{4}ȶa^{1}ɕot^{7} ŋo^{4}hu^{3} lju^{2}lji^{2}sui^{3}

直译：凶恶祸害 家产破败 猛虎 泪如柳条

条目：【杀伤】【辽架玄】 【五虎】【六立水】④

意译：又要留心水书忌戒条目【杀伤】【辽架玄】【五虎】【六立水】凶祸招致之灾，为凶时。不宜丧葬、立碑、设席、嫁娶、起造、出行。

注释：④ 水语音译水书忌戒条目：

【杀伤】指凶恶祸害，死于非命。

【辽架玄】意为家产破败。

【五虎】意为猛虎，多只猛虎。

【六立水】意为哭泪如柳条，指忌哭丧。

第21行

原文：

读音：	pjeŋ^{3}	ŋo^{2}	si^{2}	p^{h}o^{5}	ɕət^{7}	ton^{2}ɣon^{2}	ma^{4}saŋ^{2}ȶi^{2}	hak^{7}	ha:i^{2}
直译：	丙	午	时	破军①	七赤②	短命	马戴孝	坎坷	骸④
条目：						【端完】	【马畅旗】	【核】③	

意译：丙午时，值北斗破军与风水紫白星七赤兑相照应，北斗破军属金与地上兑为金，两金为旺。要留意水书忌戒条目【端完】【马畅旗】【核】为“骸（死人）”凶祸之灾。

注释：① 破军：为北斗星之一，属北斗星的第七位。

② 七赤：为紫白星八卦第七位，属兑卦。

③ 水语音译水书忌戒条目：

【端完】意为短命。

【马畅旗】意为马戴孝。

【核】意为坎坷不顺或堵塞。

④ 骸：水语音译，意为棺材、死人或重丧。

原文：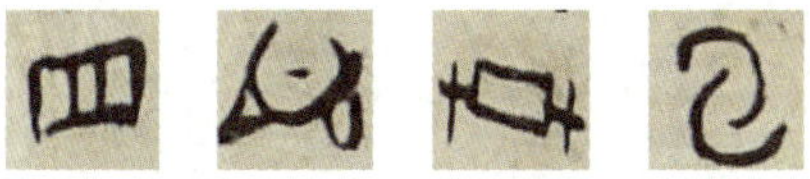

读音：	hi^{5}	ŋo^{4}hu^{3}	ha:i^{2}	ʈi^{1}
直译：	四	猛虎	骸⑥	九穷
条目：		【五虎】⑤		【九己】⑦

意译：又要留意按用事者出生地支年，往下推演，至第四位，为水书忌戒条目【五虎】为“骸（死人）”凶；又要留意【九己】之凶，仍为凶时。不宜安葬、营造、婚姻、出行。

注释：⑤ 【五虎】水书忌戒条目，意为猛虎，多只猛虎。

⑥ 骸：水语音译，意为棺材、死人或重丧。

⑦ 【九己】水书忌戒条目，意为九穷，二代以后丁财衰败。

第22行

原文：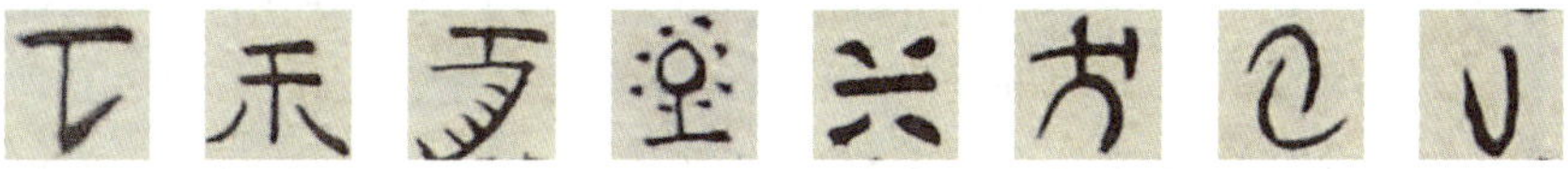

读音：	tjeŋ^{1}	mi^{2}	si^{2}	pu^{2}	ljok^{8}	hak^{7}	ʈi^{1}	qau^{3}za:i^{5}
直译：	丁	未	时	辅星①	六白②	坎坷	九穷	猛兽抓拖
条目：						【核】	【九己】	【高采】③

意译：丁未时，值北斗辅星与风水紫白星六白乾相照应，北斗辅星属水与地上乾为金，为金生水，为天地相生。要留心水书禁忌条目【核】【九己】【高采】之凶。

注释：① 辅星：为北斗星之一，属北斗星的第八位。

② 六白：紫白星属八卦星位第六位，属乾卦。

③ 水语音译水书忌戒条目：

【核】意为坎坷不顺或堵塞。

【九己】意为九穷，二代以后丁财衰败。

【高采】意为猛兽抓拖。

原文：

读音：	q^{h}am^{5}a:n^{1}	lju^{2}lji^{2}sui^{3}	ŋo^{4}hu^{3}	sup^{8}	mi^{2}
直译：	翻倒马鞍	泪如柳条	猛虎	十	未
条目：	【缸鞍】	【六立水】	【五虎】④		

意译：又要留心水语音译的水书忌戒条目【缸鞍】【六立水】【五虎】之祸，为凶时。不宜安葬、

立碑、赴任、诉讼、婚姻、营造、出行、造鞍。

注释：④ 水语音译的水书忌戒条目：

【缸鞍】意为翻倒马鞍。

【六立水】意为哭泪如柳条，忌哭丧。

【五虎】意为猛虎，多只猛虎。

第23行

原文：

读音：	mu^{2}	sən^{1}	si^{2}	pjən^{1}	ŋo^{4}	ɕoŋ^{1}ʔjət^{7}	mok^{8}foŋ^{2}	ha:m^{1}	so^{3}sjen^{1}
直译：	戊	申	时	弼星①	五黄②	虫咬	缠树藤	三	惹是生非
条目：						【凶以】	【木逢】		【所线】③

意译：戊申时，值北斗弼星与风水紫白星中央五黄照应，北斗弼星属水与地上中央为土，为土克水，为天地相克。又值水语音译的水书忌戒条目【凶以】【木逢】之凶祸；按用事者出生地支年，往下推演，至第四位，还为水书忌戒条目【所线】之灾，为大凶之时。不宜开路、丧葬、立碑、嫁娶、起造、出行。

注释：① 弼星：为北斗星之一，属北斗星的第九位。

② 五黄：紫白星属八卦星位第五位，为中央卦。

③ 水语音译的水书忌戒条目：

【凶以】意为虫咬。

【木逢】意为缠树藤。

【所线】意为惹是生非。

第24行

原文：

读音：	ȶi^{1}	ju^{4}	si^{2}	t^{h}a:m^{1}	hi^{5}	ɕət^{7}	qo^{2}ȶən^{1}	pjət^{8}jiŋ^{5}	sək^{7}ȶi^{1}	mok^{8}
直译：	己	酉	时	贪狼①	四禄②	七	大群队移动	环绕	断梳子	人头
条目：							【各紧】	【必引】	【省记】	【各木】③

意译：己酉时，值北斗贪狼与风水紫白星四禄照应，北斗贪狼属木与地上巽为木，两木为旺，为天地相旺。要留意按用事者出生地支年，往下推演，至第七位，为水书忌戒条目【各紧】【必引】【省记】【各木】。

注释：① 贪狼：为北斗星之一，属北斗星的第一位。

② 四禄：为紫白星八卦第四位，为巽卦。

③ 水语音译水书忌戒条目：

【各紧】大群队移动。各，水语音译，为划、移动；紧，水语音译，为大排场队伍。

【必引】意为回环或环绕。

【省记】意为断梳子（即死人梳子）。

【各木】意为人头。

原文：

读音：	eŋ^{1}van^{1}	ti^{6}ha:ŋ^{1}fan^{1}	ljok^{8}sup^{8}
直译：	吉利重重	人丁发达	六十
条目：	【额问】	【竹根代】④	

意译：又有水语音译水书吉利条目【额问】照应【竹根代】为“六十吉”，也只为吉凶参半。宜斟酌丧葬、立碑，不宜嫁娶、起造、造圈。

注释：④ 【额问】水语音译水书吉利条目，意为吉利重重。

【竹根代】人丁发达。

第25行

原文：

读音：	qeŋ^{1}	hət^{7}	si^{2}	ʈu^{2}	ha:m^{1}	ʔjən^{5}kwa:n^{1}	mən^{1}ja^{3}sui^{3}	ha:i^{1}	hak^{7}van^{1}	mok^{8}ta:ŋ^{1}
直译：	庚	戌	时	巨门①	三碧②	斧头	水族衙门	骸④	航问	木堂⑤
条目：						【引贯】	【门牙水】③			

意译：庚戌时，值北斗巨门与风水紫白星三碧照应，北斗巨门属土与地上巽为木，为木克土，为天地相克。又值水语音译水书忌戒条目【引贯】【门牙水】为“骸（死人）”之凶祸；即使值水语音译水书吉利“航问”“木堂”照应，也仍为大凶之时。诸事不宜。

注释：① 巨门：为北斗星之一，属北斗星的第二位。

② 三碧：紫白星属八卦第三位，为震卦。

③ 水语音译的水书忌戒条目：

【引贯】意为斧头。

【门牙水】指水族衙门。

④ 骸：水语音译，意为棺材、死人或重丧。

⑤ 水语音译水书吉星：

航问：意为连日吉利。

木堂：水语音译水书吉利条目，意为富丽堂皇。

第26行

原文：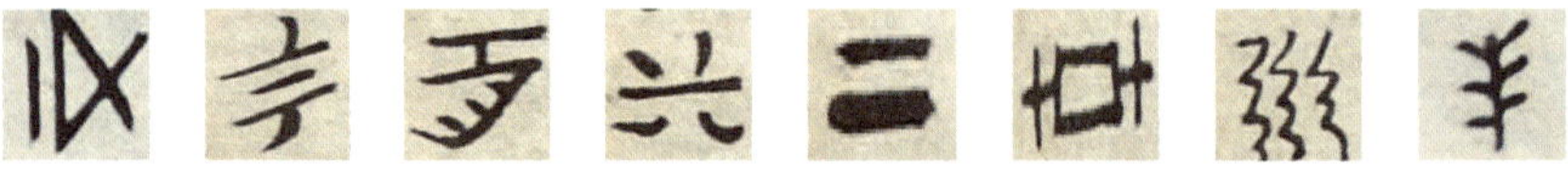

读音：	ɕən^{1}	ʁa:i^{3}	si^{2}	ljok^{8}	ŋ̊i^{2}	ha:i^{2}	so^{3}sjen^{1}	mok^{8}
直译：	辛	亥	时	禄存①	二黑②	骸③	惹是生非	人头
条目：							【所线】	【各木】④

意译：辛亥时，值北斗禄存与风水紫白星二黑照应，北斗禄存属土与地上坤为土，两土为旺，为天地相旺。要特别留意水语音译水书忌戒条目【所线】【各木】之凶祸，为凶时。不宜嫁娶、起造、造圈、丧葬、立碑。

注释：① 禄存：为北斗星之一，属北斗星的第三位。

② 二黑：紫白星属八卦星位第二位，为坤卦。

③ 骸：水语音译，意为棺材、死人或重丧。

④ 水语音译水书忌戒条目：

【所线】意为惹是生非。

【各木】意为人头。

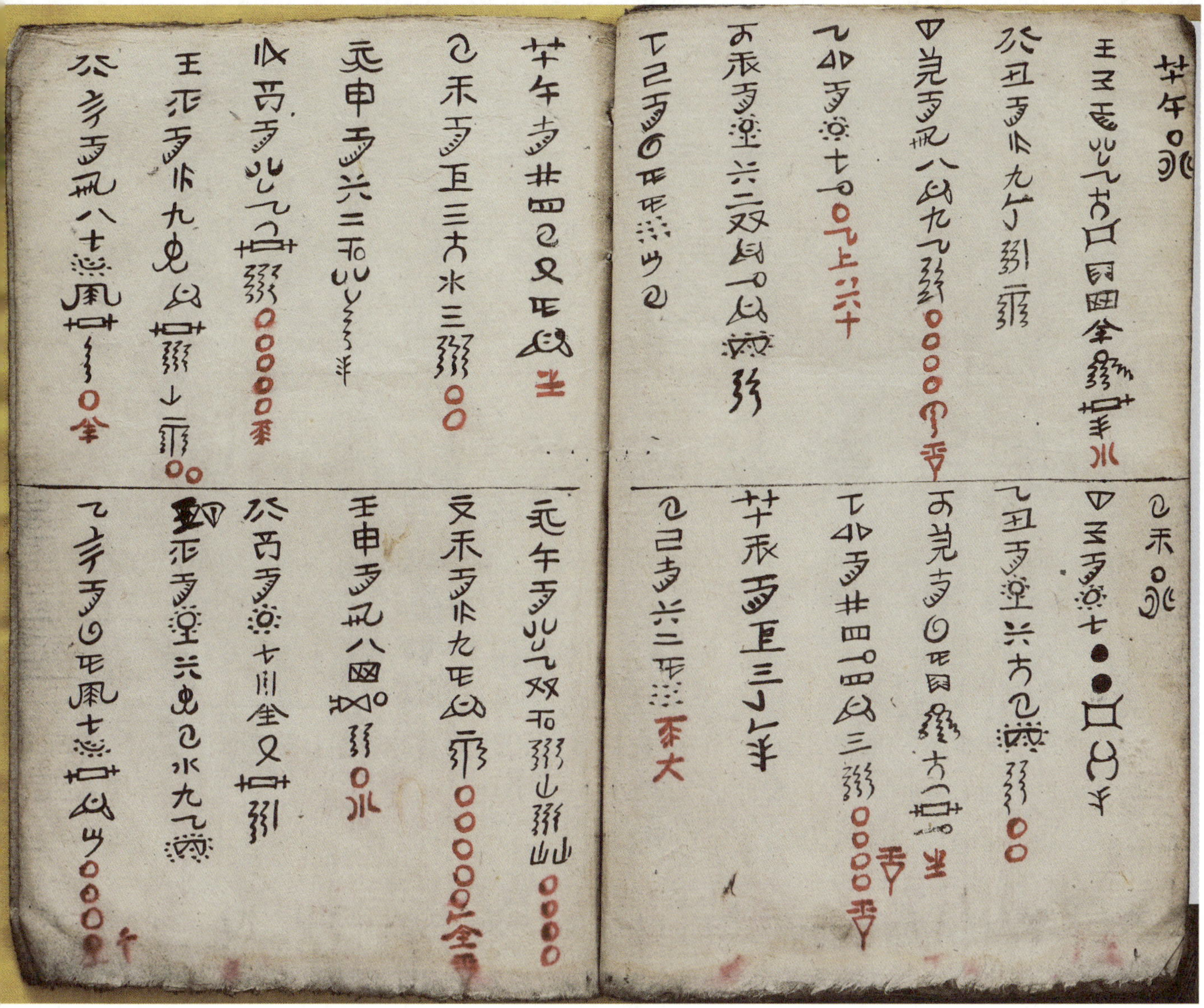

原件 28：戊午　己未

第 1 行

原文：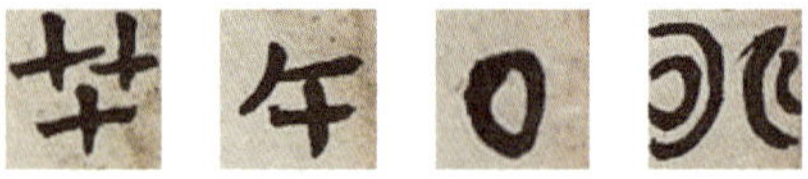

读音：	mu^{2}	ŋo^{2}	van^{1}	fa^{3}
直译：	戊	午	日	火

意译：戊午日，属火。戊午日为六十甲子日的第五十五日，属五行纳音火。包含从壬子时到癸亥时，共十二个时辰。

第 2 行

原文：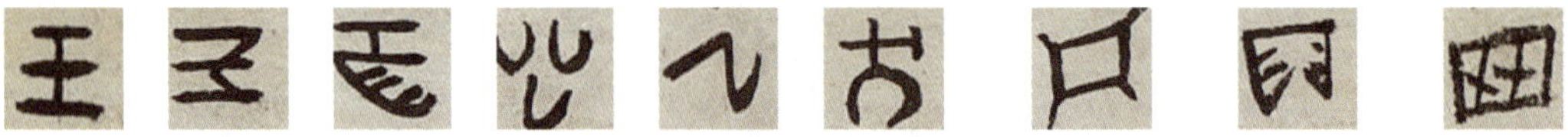

读音：	ȵum^{2}	hi^{3}	si^{2}	fan^{2}	ʔjət^{7}	hak^{7}	ȵa:n^{1} hi^{5}q^{h}a^{1}	mən^{2}ja^{3}sui^{3}	ton^{2}ɣon^{2}
直译：	壬	子	时	文曲①	一白②	坎坷	棺材四角	水族衙门	短命
条目：						【核】	【宁喜卡】	【门牙水】	【端完】③

意译：壬子时，值北斗文曲星与风水紫白星一白坎卦相照应，北斗文曲星属土与地上坎为水，为土克水，天地相克。又值水语音译水书忌戒条目【核】【宁喜卡】【门牙水】【端完】凶祸之灾。

注释：① 文曲：为北斗星之一，属北斗星的第四位。

② 一白：紫白星属八卦星位第一位，属坎卦。

③ 水书忌戒条目：

【核】意为坎坷不顺或堵塞。

【宁喜卡】意为棺材四角。

【门牙水】意为水族衙门。

【端完】意为短命。

原文：

读音：	ȶum^{1}	ma^{4}saŋ^{2}ȶi^{2}	ha:i^{2}	moko^{8}	sui^{3}
直译：	金	马戴孝	骸⑤	人头	水
条目：		【马畅旗】④		【各木】⑥	

意译：按用事者出生属五行年，往下推演，至金位，又还值水语音译水书忌戒条目【马畅旗】【骸】【各木】之凶，为大凶之时。诸事不宜。

注释：④ 【马畅旗】水语音译水书忌戒条目，意为马戴孝。

⑤ 骸：水语音译，意为棺材、死人或重丧。

⑥【各木】水语 音译水书忌戒条目，意为人头。

第 3 行

原文：

读音：	ȶui^{5}	su^{3}	si^{2}	ljen^{2}	ȶu^{3}	ʔjən^{5}kwa:n^{1}	qau^{3}za:i^{5}	ɕoŋ^{1}ɕe:p^{7}	ʔjeu^{1}foŋ^{2}hu^{3}
直译：	癸	丑	时	廉贞①	九紫②	斧头	猛兽抓拖	接应	孝旗伞
条目：						【引贯】	【高采】	【休显】	【料逢虎】③

意译：癸丑时，值北斗廉贞星与风水紫白星九紫离相照应，北斗廉贞为火与地上离为火，两火为旺，天地相旺。要留意水书忌戒条目【引贯】【高采】【休显】【料逢虎】之凶祸，为吉凶参半之时。宜斟酌开路、安葬、立碑，不宜婚姻、营造、出行、造圈。

注释：① 廉贞：为北斗星之一，属北斗星的第五位。

② 九紫：紫白星属八卦星位的第九位，属离卦。

③ 水书忌戒条目：

【引贯】意为斧头。

【高采】意为猛兽抓拖。

【休显】意为接言（忌报丧）。

【料逢虎】意为孝旗伞。

第 4 行

原文：

读音：	ȶa:p^{7}	ji^{2}	si^{2}	fu^{4}	pa:t^{7}	ŋo^{4}hu^{3}	ȶu^{3}	ʔjət^{7}	lju^{2}lji^{2}sui^{3}
直译：	壬	寅	时	武曲①	八白②	猛虎	九	乙	泪如柳条
条目：						【五虎】			【六立水】③

意译：壬寅时，值北斗武曲星与风水紫白星八白艮相照应，北斗武曲为金与地上艮为土，为土生金，天地相生。要留意值水语音译水书忌戒条目【五虎】之凶；还要留意按用事者出生地支年，往下推演，至第九位，或按用事者出生天干年，往下推演，至乙位，为【六立水】之祸。

注释：① 武曲：为北斗星之一，属北斗星的第六位。

② 八白：紫白星属八卦星位第八位，属艮卦。

③ 水语音译的水书忌戒条目：

【五虎】意为猛虎，指多只猛虎。

【六立水】意为哭泪如柳条，忌哭丧。

原文：

读音：	eŋ^{1}van^{1}	thjen^{1}qaːŋ^{1}au^{4}	ȶət^{7}
直译：	吉利重重	稻谷丰登	吉
条目：	【额问】	【天罡米】④	

意译：即使有水书吉利条目【额问】照应【天罡米】，也为吉凶参半。宜斟酌安葬、营造、立碑、造圈，不宜开路、嫁娶、出行。

注释：④ 【额问】水语音译水书吉利条目，意为吉利重重。

【天罡米】稻谷丰登。

第5行

原文：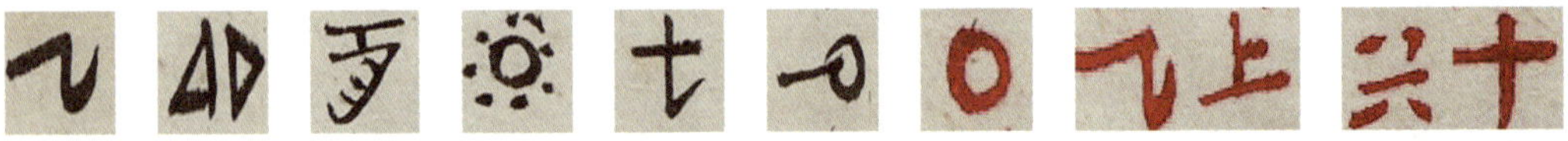

读音：	ʔjət^{7}	maːu^{4}	si^{2}	p^{h}o^{5}	ɕət^{7}	ŋo^{4}qui^{5}	van^{1}	ʔjət^{7} sjeŋ^{1}	ljok^{8} sup^{8}
直译：	乙	卯	时	破军①	七赤②	锤敲打	日	一生气③	六 十
条目：						【五锤】③			

意译：乙卯时，值北斗破军星与风水紫白星七赤兑相照应，北斗破军为金与地上兑为金，两金为旺，天地相旺。要留心水书忌戒条目【五锤】之凶；又有水书吉利“一生气”照应为“六十吉”，为吉利之时，宜超度、开路、安葬、立碑、婚姻、营造，不宜设席。

注释：① 破军：为北斗星之一，属北斗星的第七位。

② 七赤：紫白星属八卦星位第七位，属兑卦。

③ 【五锤】水语音译水书忌戒条目，意为五锤敲打。

④ 一生气：水语音译，意为和气。

第6行

原文：

读音：	pjeŋ^3	sən^2	si^2	pu^2	ljok^8	ŋ̥i^2	ku^{3}sup^7	ŋo^{4}hu^3	ŋo^{4}qui^5
直译：	丙	辰	时	辅星①	六白②	二	预计	猛虎	锤敲打
条目：							【估术】	【五虎】	【五锤】③

意译：丙辰时，值北斗辅星与风水紫白星六白乾相照应，北斗辅星为水与地上乾为为金，为金生水，天地相生。要留意按用事者出生地支年，往下推演，至第二位，为水书忌戒条目【估术】【五虎】【五锤】之凶祸。

注释：① 辅星：为北斗星之一，属北斗星的第八位。

② 六白：紫白星属八卦星位第六位，属乾卦。

③ 水语音译的水书忌戒条目：

【估术】意为预定或预计。

【五虎】意为猛虎，指多只猛虎。

【五锤】意为五锤敲打。

原文：

读音：	ŋo^{4}hu^3	q^{h}am^{5}a:n^1	lju^{2}lji^{2}sui^3
直译：	猛虎	翻倒马鞍	泪如柳条
条目：	【五虎】	【缸鞍】	【六立水】④

意译：又要留意水书忌戒条目【五虎】【缸鞍】【六立水】之凶，为吉多凶少之时。宜斟酌开路、安葬、立碑、婚姻，不宜设席、造马鞍、营造、造圈。

注释：④ 水书忌戒条目：

【缸鞍】意为翻倒马鞍。

【六立水】意为哭泪如柳条，忌哭丧。

第 7 行

原文：

读音：	tjeŋ^{1}	hi^{4}	si^{2}	pjət^{8}	ŋo^{4}	ŋo^{4}	ʔjum^{5}hən^{2}	sək^{7}ʈi^{1}	ʈi^{1}
直译：	丁	巳	时	弼星①	五黄②	五	地方拥挤	断梳子	九穷
条目：							【涌恒】	【省记】	【九己】③

意译：丁巳时，值北斗弼星与风水紫白星五黄中央相照，北斗弼星为水与地上中央为土，为土克水，天地相克。按用事者出生地支年，往下推演，至第五位，又有水书忌戒条目【涌恒】【省记】【九己】之凶祸，为大凶之时。诸事不宜。

注释：① 弼星：为北斗星之一，属北斗星的第九位。

② 五黄：紫白星属八卦星位第五位，属中央卦。

③ 水语音译的水书忌戒条目：

【涌恒】意为挤满天下或地方拥挤。

【省记】意为断梳子（即死人梳子）。

【九己】意为九穷，二代以后丁财衰败。

第 8 行

原文：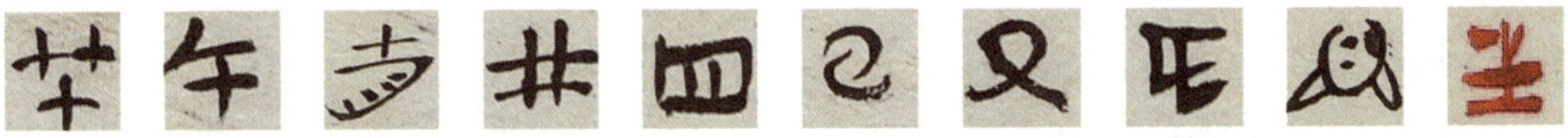

读音：	mu^{2}	ŋo^{2}	si^{2}	t^{h}a:m^{1}	hi^{5}	ʈi^{1}	pjət^{8}jiŋ^{5}	ŋo^{4}	ŋo^{4}hu^{3}	mi^{2}
直译：	戊	午	时	贪狼①	四禄②	九穷	环绕	五	猛虎	未
条目：						【九己】	【必引】		【五虎】③	

意译：戊午时，值北斗贪狼与风水紫白星四禄巽相照应，北斗贪狼为木与地上巽为木，两木为旺，天地相旺。要留意水书忌戒条目【九己】【必引】之凶，还要留意按用事者出生地支年，往下推演，至第五位，为水书忌戒条目【五虎】之祸，也为吉凶参半。宜斟酌开路、安葬、立碑，不宜婚姻、营造、造圈。

注释：① 贪狼：为北斗星之一，属北斗星的第一位。

② 四禄：紫白星属八卦星位第四位，属巽卦。

③ 水书忌戒条目：

【九己】意为九穷，二代以后丁财衰败。

【必引】意为回环或环绕。

【五虎】意为猛虎，指多只猛虎。

第9行

原文：

读音：	ȶi^{1}	mi^{2}	si^{2}	ȶu^{2}	haːm^{1}	hak^{7}	pik^{7}sui^{3}ȶən^{1}	haːm^{1}	qoŋ^{1}ljok^{8}ma^{4}	hak^{7}van^{1}
直译：	己	未	时	巨门①	三碧②	坎坷	泪水涌流	三	马做工	航问④
条目：						【核】	【比水紧】		【工六马】③	

意译：己未时，值北斗巨门与风水紫白星三碧震相照应，北斗巨门为土与地上震卦属木，为木克土，为天地相克。又有值水书忌戒条目【核】【比水紧】之灾；还有按用事者出生地支年，往下推演，至三位，值水书忌戒条目【工六马】之凶；虽值水书吉利“航问”照应，也为大凶之时。诸事不宜。

注释：① 巨门：为北斗星之一，属北斗星的第二位。

② 三碧：紫白星属八卦星位第三位，属震卦。

③ 水书忌戒条目：

【核】意为坎坷不顺或堵塞。

【比水紧】意为泪水涌出。

【工六马】意为马做工，表示多匹马做工。

④ 航问：水语音译，意为连日吉利。

第10行

原文：

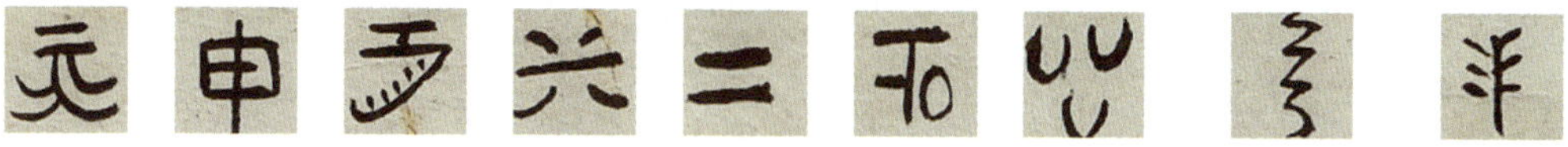

读音：	qeŋ^{1}	sən^{1}	si^{2}	ljok^{8}	ȵi^{2}	pjeʔk^{h}u^{1}	fan^{2}	ljeu^{4}ȶa^{1}ɕot^{7}	mok^{8}
直译：	庚	申	时	禄存①	二黑②	麻风病	文曲	家产破败	人头
条目：						【别扣】		【辽架玄】	【各木】③

意译：庚申时，值北斗禄存与风水紫白星二黑坤照应，北斗禄存为土与地上坤为土，两土为旺，为天地相旺。要留心值水语音译水书忌戒条目【别扣】之凶，更要留意按用事者出生北斗九星年，往下推演，至文曲位，为水书忌戒条目【辽架玄】【各木】凶祸招致之灾，为凶时。不宜开路、安葬、立碑、婚姻、营造、出行、造圈。

注释：① 禄存：为北斗星之一，属北斗星的第三位。

② 二黑：紫白星属八卦星位第二位，属坤卦。

③ 水语音译的水书忌戒条目：

【别扣】意为麻风病。

【辽架玄】意为家产破败。

【各木】意为人头。

第11行

原文：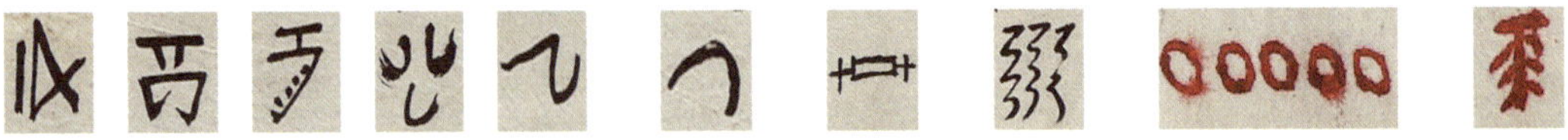

读音：	ɕən^1	ju^4	si^2	fan^2	ʔjət^7	ʔboŋ^{5}ham^3	ha:i^2	so^{3}sjen^1	eŋ^{1}van^1	mok^8
直译：	辛	酉	时	文曲①	一白②	罩住	骸④	惹是生非	额问	木堂⑥
条目：						【补夯】③		【所线】⑤		

意译：辛酉时，值北斗文曲与风水紫白星一白坎照应，北斗文曲为水与地上坎为水，两水为旺，为天地相旺。要留意水书忌戒条目【补夯】为“骸（死人）”凶；又要留意【所线】之凶；又连值水书吉星“额问”“木堂”为吉利，为吉多凶少。宜斟酌开路、安葬、立碑、婚姻、营造、出行，不宜赴任、诉讼。

注释：① 文曲：为北斗星之一，属北斗星的第四位。

② 一白：紫白星属八卦星位第一位，属坎卦。

③ 【补夯】水语音译水书忌戒条目，意为罩住，与仰相对。

④ 骸：水语音译，意为棺材、死人或重丧。

⑤ 【所线】水语音译水书忌戒条目，意为惹是生非。

⑥ 水书吉星：

额问：水语音译，意为吉利重重。

木堂：水语音译，意为富丽堂皇。

第12行

原文：

读音：	ŋ̥um^2	hət^7	si^2	ljen^2	tu^3	ɕoŋ^{2}ʔjət^7	ŋo^{4}hu^3	ha:i^2
直译：	壬	戌	时	廉贞①	九紫②	虫咬	猛虎	骸④
条目：						【凶以】	【五虎】③	

意译：壬戌时，值北斗廉贞与风水紫白星九紫离照应，北斗廉贞为火与地上离为火，两火为旺，为天地相旺。要留心值水语音译水书忌戒条目【凶以】【五虎】为“骸（死人）”凶祸招致之灾。

注释：① 廉贞：为北斗星之一，属北斗星的第五位。

② 九紫：紫白星属八卦星位第九位，属离卦。

③ 水书条忌戒条目：

【凶以】意为虫咬。

【五虎】意为猛虎，指多只猛虎

④ 骸：水语音译，意为棺材、死人或重丧。

原文：

读音：	qoŋ^{1}ljok^{8}ma^{4}	sa:n^{1}	ljeu^{4}ȶa^{1}ɕot^{7}	hak^{7}van^{1}
直译：	马做工	骸⑥	孝旗伞	航问⑧
条目：	【工六马】⑤		【料逢虎】⑦	

意译：又要留意值水语音译水书忌戒条目【工六马】【散】【料逢虎】之凶；虽值水书吉利“航问”照应，但也为凶时。不宜祭祀、开路、安葬、婚姻、营造、出行、造圈。

注释：⑤ 【工六马】水书忌戒条目，意为马做工。

⑥ 骸：水语音译，意为棺材、死人或重丧。

⑦ 【料逢虎】水书忌戒条目，意为孝旗伞。

⑧ 航问：水语音译，意为连日吉利。

第13行

原文：

读音：	ȶui^{5}	ʁa:i^{3}	si^{2}	fu^{4}	pa:t^{7}	ɕət^{7}	qo^{2}ȶən^{1}	mok^{8}foŋ^{2}	ha:i^{2}	lju^{2}lji^{2}sui^{3}
直译：	癸	亥	时	武曲①	八白②	七	大群队移动	缠树藤	骸④	泪如柳条
条目：							【各紧】	【木逢】③		【六立水】⑤

意译：癸亥时，值北斗武曲与风水紫白星八白艮照应，北斗武曲为金与地上艮为土，为土生金，为天地相生。要留意按用事者出生地支年，往下推演，至第七位，值水书忌戒条目【各紧】【木逢】为“骸（死人）”凶；又要留意【六立水】之凶祸。

注释：① 武曲：为北斗星之一，属北斗星的第六位。

② 八白：紫白星属八卦星位第八位，属艮卦。

③ 水书忌戒条目：

【各紧】大群队移动。各，水语音译，为划、移动；紧，水语音译，为大排场队伍。

【木逢】意为缠树藤。

④ 骸：水语音译，意为棺材、死人或重丧。

⑤ 【六立水】水书忌戒条目，意为哭泪如柳条，指忌哭丧。

原文：

读音：　van^{1}　　ȶum^{1}

直译：　日　　金堂⑥

意译：虽值水语音译水书吉利“金堂”照应，但也为凶时。不宜开路、安葬、立碑、祭祀、婚姻、营造、出行、造圈。

注释：⑥　金堂：水语音译，意为富丽堂皇。

第14行

原文：

读音：　ȶi^{1}　　mi^{2}　　van^{1}　　fa^{3}

直译：　己　　未　　日　　火

意译：己未日，属火。己未日为六十甲子日第五十六日，属五行纳音火。包含从甲子时到乙亥时，共十二个时辰。

第15行

原文：

读音：	ȶa:p^{7}	hi^{3}	si^{2}	p^{h}o	ɕət^{7}	ha:k^{7}van^{1}ʔdjam^{5}	ȵa:n^{1}hi^{5}q^{h}a^{1}	ȵu^{2}ȶum^{1}ȵu^{2}	mok^{8}
直译：	甲	子	时	破军①	七赤②	连日阴沉	棺材四角	牛金牛④	人头
条目：						【航问锭】	【宁喜卡】③		【各木】⑤

直译：甲子时，值北斗破军与风水紫白星七赤兑照应，北斗破军为金与地上兑为金，两金为旺，为天地相旺。要留意水书忌戒条目【航问锭】【宁喜卡】之凶，且遇上“牛金牛”宿照应，为水书忌戒条目【各木】更为凶。不宜开路、安葬、立碑、婚姻、营造、播种、种植。

注释：① 破军：为北斗星之一，属北斗星的第七位。

② 七赤：紫白星属八卦星位第七位，属兑卦。

③ 水书忌戒条目：

【航问锭】意为连日凶祸或连日阴沉。

【宁喜卡】意为棺材四角。

④ 牛金牛：二十八宿之一，这里为凶星。

⑤ 【各木】水书忌戒条目，意为人头。

第16行

原文：

读音：	ʔjət^{7}	su^{3}	si^{2}	pu^{2}	ljok^{8}	hak^{7}	ʈi^{1}	q^{h}am^{1}aːn^{1}	lju^{2}lji^{2}sui^{3}	hak^{7}van^{1}
直译：	乙	丑	时	辅星①	六白②	坎坷	己	翻倒马鞍	泪如柳条	航问④
条目：						【核】		【缸鞍】	【六立水】③	

意译：乙丑时，值北斗辅星与风水紫白星六白乾照应，北斗辅星为水与地上乾我金，为金生水，为天地相生。要留意水书忌戒条目【核】之凶，还要留意按用事者出生天干年，往下推演，至己位，值水语音译水书忌戒条目【缸鞍】【六立水】凶祸招致之灾；即使还有水语音译水书吉利“航问”照应，也为吉凶参半之时。宜斟酌开路、安葬、立碑，不宜婚姻、营造、出行、造鞍。

注释：① 辅星：为北斗星之一，属北斗星的第八位。

② 六白：紫白星属八卦星位第六位，属乾卦。

③ 水语音译水书忌戒条目：

【核】意为坎坷不顺或堵塞。

【缸鞍】意为翻倒马鞍。

【六立水】意为哭泪如柳条，指忌哭丧。

④ 航问：水语音译，意为连日吉利。

第17行

原文：

读音：	pjeŋ^{3}	ji^{2}	si^{2}	pjət^{7}	ŋo^{4}	mən^{2}ja^{3}sui^{3}	ma^{4}saŋ^{2}ʈi^{1}	hak^{7}
直译：	丙	寅	时	弼星①	五黄②	水族衙门	马戴孝	坎坷
条目：						【门牙水】	【马畅旗】	【核】③

意译：丙寅时，值北斗弼星与风水紫白星中央五黄照应，北斗弼星为水与地上中央为土，为土克水，为天地相克。又值水语音译水书忌戒条目【门牙水】【马畅旗】【核】之凶。

注释：① 弼星：为北斗星之一，属北斗星的第九位。

② 五黄：紫白星属八卦星位第五位，属中央卦。

③ 水书忌戒条目：

【门牙水】指水族衙门。

【马畅旗】指马戴孝。

【核】意为坎坷不顺或堵塞。

原文：				
读音：	ʔboŋ^{5}ham^3	ha:i^2	ŋo^{5}qui^5	mi^2
直译：	罩住	骸⑤	锤敲打	未
条目：	【补夯】④		【五锤】⑥	

意译：又还值水书忌戒条目【补夯】为“骸（死人）”凶；又要留意【五锤】凶祸招致之灾，为大凶之时。诸事不宜。

注释：④ 【补夯】水书忌戒条目，意为罩住，与仰相对。

⑤ 骸：水语音译，意为棺材、死人或重丧。

⑥ 【五锤】水书忌戒条目，意为五锤敲打。

第18行

原文：										
读音：	tjeŋ^1	ma:u^4	si^2	t^{h}a:n^1	hi^5	ŋo^{4}qui^5	hi^5	ŋo^{4}hu^3	ha:m^1	so^{3}sjen^1
直译：	丁	卯	时	贪狼①	四禄②	锤敲打	四	猛虎	三	惹是生非
条目：						【五锤】		【五虎】		【所线】③

意译：丁卯时，值北斗贪狼与风水紫白星四禄巽照应，北斗贪狼为木与地上巽为木，两木为旺，为天地相旺。要留意水书忌戒条目【五锤】之凶；按用事者出生地支年，往下推演，至四位，还要留意水书忌戒条目【五虎】之祸；按用事者出生地支年，往下推演，至三位，更要留意水书忌戒条目【所线】凶祸之灾。

注释：① 贪狼：为北斗星之一，属北斗星的第一位。

② 四禄：紫白星属八卦星位第四位，属巽卦。

③ 水语音译水书忌戒条目：

【五锤】意为五锤敲打。

【五虎】意为猛虎，表示多只猛虎。

【所线】意为惹是生非。

原文：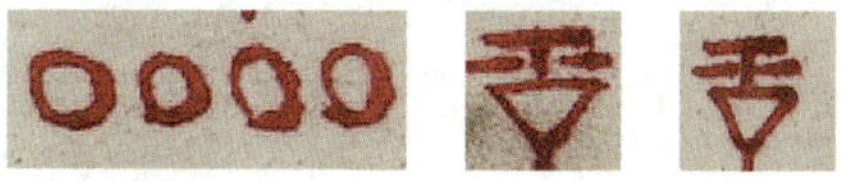

读音：eŋ^{1}van^{1}　ɬət^{7}　ɬət^{7}

直译：额问④　吉　吉

意译：即使值水书吉利条目“额问”照应，为吉利，也为吉凶参半之时。宜斟酌开路、安葬、立碑、出行，不宜设席、婚姻、营造。

注释：④　额问：水语音译，意为连日吉利。

第19行

原文：

读音：mu^{2}　sən^{2}　si^{2}　ʈu^{2}　ha:n^{1}　qau^{3}za:i^{5}　ʔjən^{5}kwa:n^{1}　mok^{8}

直译：戊　辰　时　巨门①　三碧②　猛兽抓拖　斧头　人头

条目：【高采】　【引贯】　【各木】③

意译：戊辰时，值北斗巨门与风水紫白星三碧震照应，北斗巨门为土与地上震为木，为木克土，为天地相克。又值水语音译水书忌戒条目【高采】【引贯】【各木】凶祸招致之灾，为大凶之时。诸事不宜。

注释：①　巨门：为北斗星之一，属北斗星的第二位。

②　三碧：紫白星属八卦星位第三位，属震卦。

③　水语音译水书忌戒条目：

【高采】意为猛兽抓拖。

【引贯】指斧头。

【各木】意为人头。

第20行

原文：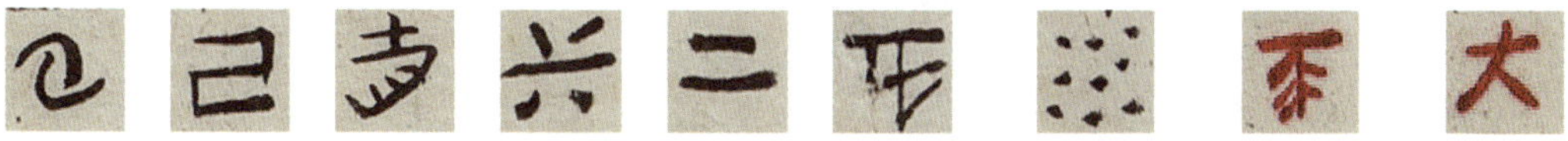

读音：ʈi^{1}　hi^{4}　si^{2}　ljok^{8}　ŋ̥i^{2}　ŋo^{2}　ʔjum^{5}hən^{2}　mok^{8}ta:ŋ^{2}　ta:i^{1}

直译：己　巳　时　禄存①　二黑②　五　地方拥挤　木堂④　大

条目：【涌恒】③

意译：己巳时，值北斗禄存与风水紫白星二黑坤照应，北斗禄存为土与地上坤为土，两土为旺，为天地相旺。要留心按用事者出生地支年，往下推演，至第五位，值水语音译水书忌戒条目【涌恒】之凶；又值水语音译水书吉利“木堂”照应，也为吉凶参半之时。宜斟酌开路、安葬、立碑，不宜婚姻、营造、出行、设席。

注释：① 禄存：为北斗星之一，属北斗星的第三位。

② 二黑：紫白星属八卦星位第二位，属坤卦。

③ 【涌恒】水语音译水书忌戒条目，意为挤满天下或地方拥挤。

④ 木堂：水书吉利条目，意为富丽堂皇。

第21行

原文：

读音：	qeŋ^{1}	ŋo^{2}	si^{2}	fan^{2}	ʔjət^{7}	ku^{3}sup^{7}	pje^{2}k^{h}u^{2}	so^{3}sjen^{1}
直译：	庚	午	时	文曲①	一白②	预计	麻风病	惹是生非
条目：						【估术】	【别扣】	【所线】③

意译：庚午时，值北斗文曲与风水紫白星一白坎照应，北斗文曲为水与地上坎为水，两水为旺，为天地相旺。要留意值水语音译水书忌戒条目【估术】【别扣】【所线】之凶。

注释：① 文曲：为北斗星之一，属北斗星的第四位。

② 一白：紫白星属八卦星位第一位，属坎卦。

③ 水语音译水书忌戒条目：

【估术】意为预定或预计。

【别扣】指麻风病。

【所线】意为惹是生非。

原文：

读音：	sa:n^{1}	so^{3}sjen^{1}	ta:ŋ^{2}ʔdoŋ^{1}	eŋ^{1}van^{1}
直译：	散④	惹是生非	宽大竹林	额问⑥
条目：		【所线】	【堂晒】⑤	

意译：又要留意水书忌戒条目【散】【所线】【堂晒】凶祸之灾；虽有水书吉利条目“额问”照应，但也为吉凶参半之时。宜斟酌开路、安葬、立碑，不宜婚姻、营造、出行、栽种、赴任、诉讼。

注释：④ 散：八宫掌名称。

⑤ 水语音译的水书禁忌条目：

【所线】意为惹是生非。

【堂晒】意为宽大竹林。

⑥ 额问：水语音译，意为吉利重重。

第22行

原文：

读音：	ɕən^{1}	mi^{2}	si^{2}	ljen^{2}	ʈu^{3}	ŋo^{4}	ŋo^{4}hu^{3}	ʔjeu^{1}foŋ^{2}hu^{3}
直译：	辛	未	时	廉贞①	九紫②	五	猛虎	孝旗伞
条目：							【五虎】	【料逢虎】③

意译：辛未时，值北斗廉贞与风水紫白星九紫离照应，北斗廉贞为火与地上离为火，两火为旺，为天地相旺。要留心按用事者出生地支年，往下推演，至第五位，值水语音译水书忌戒条目【五虎】【料逢虎】凶祸之灾。

注释：① 廉贞：为北斗星之一，属北斗星的第五位。

② 九紫：紫白星属八卦星位第九位，属离卦。

③ 水语音译的水书忌戒条目：

【五虎】意为猛虎，表示多只猛虎。

【料逢虎】意为孝旗伞。

原文：

读音：	eŋ^{1}van^{1}	kwa:n^{1}tsai^{4}	ʈum^{1}	ʈət^{7}
直译：	额问④	利斧	金堂⑥	吉
条目：		【贯才】⑤		

意译：又值水语音译水书吉利条目【额问】【贯才】【金堂】照应，为吉多凶少之时。宜开路、安葬、立碑，不宜婚姻、营造、出行、送番旗伞盖。

注释：④ 额问：水语音译，意为吉利重重。

⑤【贯才】水书吉利条目，红字意为利斧，这里为水书吉星。

⑥ 金堂：水语音译，意为富丽堂皇。

第23行

原文：

读音：	ȵum^{2}	sən^{1}	si^{2}	fu^{4}	pa:t^{7}	ton^{2}ɣon^{2}	z:n^{1}ta:u^{5}	lju^{2}lji^{2}sui^{3}	van^{1}	sui^{3}
直译：	壬	申	时	武曲①	八白②	短命	人倒	泪如柳条	日	水
条目：						【端完】	【人倒】	【六立水】③		

意译：壬申时，值北斗武曲与风水紫白星八白艮照应，北斗武曲为金与地上艮为土，为土生金，为天地相生。要留心值水语音译水书忌戒条目【端完】【人倒】【六立水】凶祸之灾，为大凶之时。诸事不宜。

注释：① 武曲：为北斗星之一，属北斗星的第六位。

② 八白：紫白星属八卦星位第八位，属艮卦。

③ 水语音译的水书忌戒条目：

【端完】意为短命。

【人倒】指凶恶倒人死亡。

【六立水】意为哭泪如柳条，忌哭丧。

第24行

原文：

读音：	ȶui^{5}	ju^{4}	si^{2}	pʰo^{5}	ɕət^{7}	pik^{7}sui^{3}ka:ŋ^{5}	ȶum^{1}	pjət^{7}jiŋ^{5}	ha:i^{2}	ɕoŋ^{1}ɕep^{7}
直译：	癸	酉	时	破军①	七赤②	泪水哭干	金	环绕	骸④	接应
条目：						【比水缸】		【必引】③		【休显】⑤

意译：癸酉时，值北斗破军与风水紫白星七赤兑照应，北斗破军为金与地上兑为金，两金为旺，为天地相旺。要留心水语音译水书忌戒条目【比水缸】之凶；又要留意按用事者出生属五行年，往下推演，至金位，值水语音译水书忌戒条目【必引】为“骸（死人）”凶；又要留意【休显】凶祸招致之灾，也仍为吉凶参半之时。宜斟酌开路、安葬、立碑、婚姻、营造、出行。

注释：① 破军：为北斗星之一，属北斗星的第七位。

② 七赤：紫白星属八卦星位第七位，属兑卦。

③ 水书忌戒条目：

【比水缸】意为泪水哭干。

【必引】意为回环或环绕。

④ 骸：水语音译，意为棺材、死人或重丧。

⑤ 【休显】水书忌戒条目，意为接言或接应（忌报丧）。

第25行

原文：

读音：	ʈa:p^{7}	hət^{7}	si^{2}	pu^{2}	ljok^{8}	ɕoŋ^{1}ʔjət^{7}	ʈi^{1}	sui^{3}	ʈu^{3}	ʔjət^{7}	q^{h}am^{5}a:n^{1}
直译：	甲	戌	时	辅星①	六白②	虫咬	九穷	水	九	乙	翻倒马鞍
条目：						【凶以】	【九己】				【缸鞍】③

意译：甲戌时，值北斗辅星与风水紫白星六白乾照应，北斗辅星为水与地上乾金，为金生水，为天地相生。要留心水书忌戒条目【凶以】【九己】之凶，又要留意按用事者出生属五行年、地支年或天干年，往下推演，至水位、至地支第九位或天干乙位，为水书忌戒条目【缸鞍】之凶，为吉凶参半之时。宜斟酌开路、安葬、立碑、婚姻、营造。

注释：① 辅星：为北斗星之一，属北斗星的第八位。

② 六白：紫白星属八卦星位第六位，属乾卦。

③ 水书忌戒条目：

【凶以】意为虫咬。

【九己】意为九穷，二代以后丁财衰败。

【缸鞍】意为翻倒马鞍。

第26行

原文：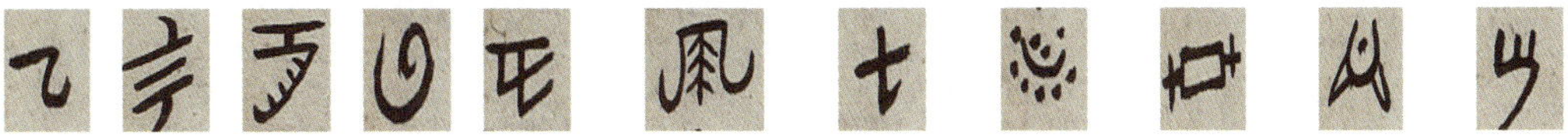

读音：	ʔjət^{7}	ʁa:i^{3}	si^{2}	pjət^{8}	ŋo^{4}	mok^{8}foŋ^{2}	ɕət^{7}	qo^{2}tən^{2}	ha:i^{2}	ŋo^{4}hu^{3}	sək^{7}ʈi^{1}
直译：	乙	亥	时	弼星①	五黄②	缠树藤	七	大群队移动	骸④	猛虎	断梳子
条目：						【木逢】		【各紧】③		【五虎】	【省记】⑤

意译：乙亥时，值北斗弼星与风水紫白星中央五黄照应，北斗弼星为水与地上中央为土，为土克水，为天地相克。又有水书忌戒条目【木逢】之凶，按用事者出生天干年，往下推演，至第七位，又为水书忌戒条目【各紧】【骸】【五虎】【省记】凶祸损耗之灾。

注释：① 弼星：为北斗星之一，属北斗星的第九位。

② 五黄：紫白星属八卦星位第五位，属中央卦。

③ 水语音译水书忌戒条目：

【木逢】意为缠树藤。

【各紧】大群队移动。各，水语音译，为划、移动；紧，水语音译，为大排场队伍。

④ 骸：水语音译，意为棺材、死人或重丧。

⑤ 水书忌戒条目：

【五虎】意为猛虎，表示多只猛虎。

【省记】意为断梳子（即死人梳子）。

原文：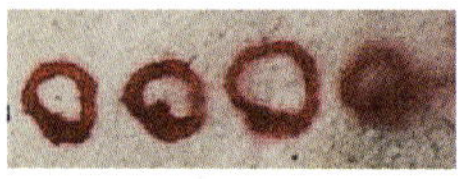 

读音：　eŋ¹van¹　　jeŋ¹

直译：　额问⑥　　？

意译：虽有水书吉利条目“额问”照应，但也难化解其天地相克之凶，仍为大凶之时。不宜开路、安葬、立碑、婚姻、营造、出行。

注释：⑥ 额问：水语音译，意为吉利重重。

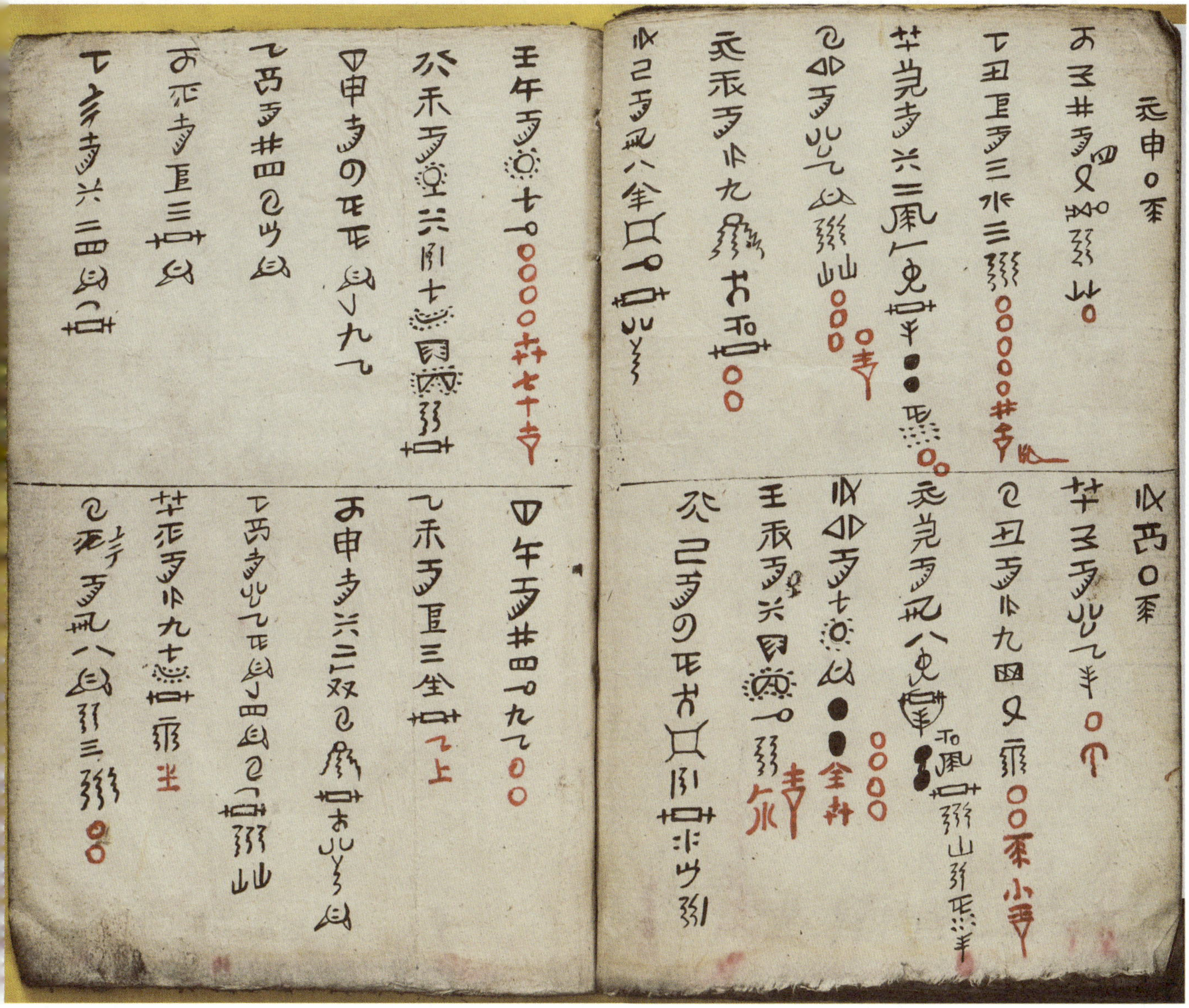

原件 29：庚申 辛酉

第 1 行

原文：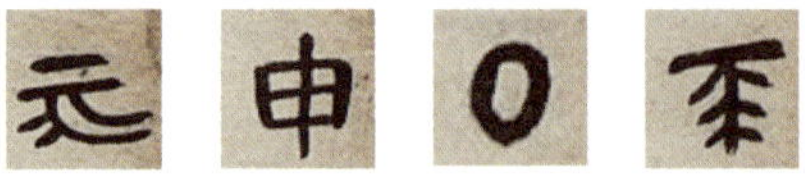

读音：	qeŋ^{1}	sən^{1}	van^{1}	mok^{8}
直译：	庚	申	日	木

意译：庚申日，属木。庚申日为六十甲子日的第五十七日，属五行纳音木。它包含从丙子时到丁亥时，共十二个时辰。

第 2 行

原文：

读音：	pjeŋ^{3}	hi^{3}	si^{2}	t^{h}a:n^{1}	hi^{5}	pjət^{7}jiŋ^{5}	zən^{1}ta:u^{5}	qoŋ^{1}ljok^{8}ma^{4}	ta:ŋ^{2}sa:i^{2}	van^{1}
直译：	丙	子	时	贪狼①	四禄②	环绕	人倒	马做工	宽大竹林	日
条目：						【必引】	【人倒】	【工六马】	【堂晒】③	

意译：丙子时，值北斗贪狼与风水紫白星四禄巽相照应，北斗贪狼为木与地上巽为木，两木为旺，天地相旺。要留意水书忌戒条目【必引】【人倒】【工六马】【堂晒】凶祸或伤身损耗之灾。宜斟酌婚姻、营造、出行，不宜开路、安葬、立碑、赴任、诉讼。

注释：① 贪狼：为北斗星之一，属北斗星的第一位。

② 四禄：紫白星属八卦星位第四位，属巽卦。

③ 水语音译水书忌戒条目：

【必引】意为回环或环绕。

【人倒】指凶恶倒人死亡。

【工六马】指马做工，表示多匹马做工。

【堂晒】意为宽大竹林。

第 3 行

原文：

读音：	tjeŋ^{1}	su^{3}	si^{2}	tu^{2}	ha:n^{1}	pik^{7}sui^{3}ɬən^{1}	ha:n^{1}	so^{3}sjen^{1}
直译：	丁	丑	时	巨门①	三碧②	泪水涌流	三	惹是生非
条目：						【比水紧】		【所线】③

意译：丁丑时，值北斗巨门与风水紫白星三碧震相照应，北斗巨门为土与地上震卦属木，为木克土，为天地相克。又有值水语音译水书忌戒条目【比水紧】之凶，按用事者出生地支年，往下推演，至第三位，还值水语音译的水书忌戒条目【所线】之祸。

注释：① 巨门：为北斗星之一，属北斗星的第二位。

② 三碧：紫白星属八卦星位第三位，属震卦。

③ 水书忌戒条目：

【比水紧】意为泪水涌出。

【所线】意为惹是生非。

原文：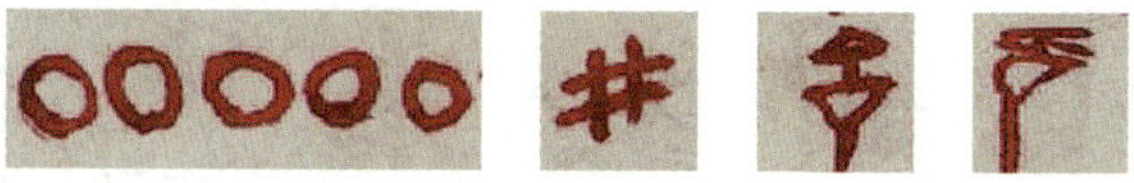

读音：	eŋ^{1}van^{1}	t^{h}a:m^{1}	ʈət^{7}	ʈət^{7}
直译：	额问	贪狼④	吉	吉

意译：虽值水书吉利“额问”和北斗星“贪狼”照应，但也难化解天地相克，仍为大凶之时。诸事不宜。

注释：④ 额问：水语音译，意为吉利重重。

贪狼：属北斗九星第一位，这里为水书吉星。

第 4 行

原文：

读音：	mu^{2}	ji^{2}	si^{2}	ljok^{8}	ȵi^{2}	mok^{8}foŋ^{2}	ʔjən^{5}kwa:n^{1}	ɕoŋ^{1}ʔjət^{7}	ha:i^{2}	mok^{8}	ha:k^{7}van^{1}ʔdjam^{5}
直译：	戊	寅	时	禄存①	二黑②	缠树藤	斧头	虫咬	骸③	人头	连日阴沉
条目：						【木逢】	【引贯】	【凶以】		【各木】	【航问锭】④

意译：戊寅时，值北斗禄存与风水紫白星二黑坤照应，北斗禄存为土与地坤为土，两土为旺，为天地相旺。要留意水书忌戒条目【木逢】【引贯】【凶以】为“骸（死人）”凶；又要留意【各木】【航问锭】凶祸招致之灾。

注释：① 禄存：为北斗星之一，属北斗星的第三位。

② 二黑：紫白星属八卦星位第二位，属坤卦。

③ 骸：水语音译，意为棺材、死人或重丧。

④ 水语音译水书忌戒条目：

【木逢】意为缠树藤。

【引贯】指斧头。

【凶以】指虫咬。

【各木】指人头。

【航问锭】意为连日阴沉或连日凶祸。

原文：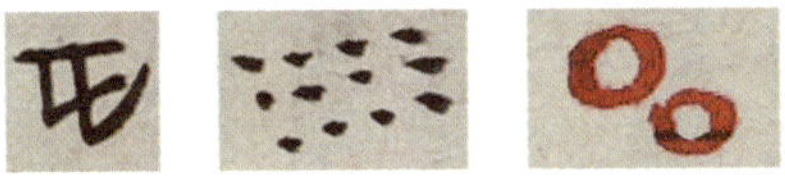

读音：ŋo^{4}　ʔjum^{5}hən^{2}　hak^{7}van^{1}

直译：五　地方拥挤　航问⑥

条目：【涌恒】⑤

意译：按用事者出生地支年，往下推演，至第五位，又要留心值水语音译的水书忌戒条目【涌恒】之凶；即使又值水语音译水书吉利“航问”照应，也为凶时。不宜开路、安葬、立碑、婚姻、营造、出行、播种、种植。

注释：⑤【涌恒】水语音译水书忌戒条目，指挤满天下或地方拥挤。

⑥【航问】水语音译水书吉利条目，意为连日吉利。

第5行

原文：

读音：ʈi^{1}　ma:u^{4}　si^{2}　fan^{2}　ʔjət^{7}　ŋo^{4}hu^{3}　qoŋ^{1}ljok^{8}ma^{4}　ta:ŋ^{2}sa:i^{2}

直译：己　卯　时　文曲①　一白②　猛虎　马做工　宽大竹林

条目：【五虎】　【工六马】　【堂晒】③

意译：己卯时，值北斗文曲与风水紫白星一白坎照应，北斗文曲为水与地坎为水，两水为旺，为天地相旺。要留意值水语音译水书忌戒条目【五虎】【工六马】【堂晒】凶祸之灾。

注释：① 文曲：为北斗星之一，属北斗星的第四位。

② 一白：紫白星属八卦星位第一位，属坎卦。

③ 水语音译的水书忌戒条目：

【五虎】意为猛虎，表示多只猛虎。

【工六马】指马做工，表示多匹马做工。

【堂晒】意为宽大竹林。

原文：

读音：eŋ^{1}van^1　　tət^7

直译：额问④　　吉

意译：虽有水语音译吉利条目“额问”照应，但也为吉凶参半之时。宜开路、安葬、立碑，不宜婚姻、营造、出行。

注释：④　额问：水语音译，意为吉利重重。

第 6 行

原文：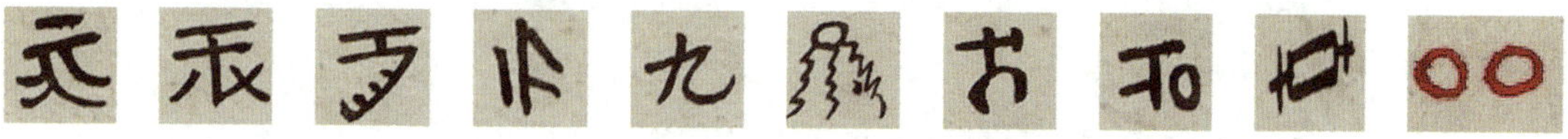

读音：	qeŋ^1	sən^2	si^2	ljem^2	ʈu^3	ma^{4}saŋ^{2}ʈi^2	hak^7	pje^{2}k^{h}u^2	haːi^2	hak^{7}van^1
直译：	庚	辰	时	廉贞①	九紫②	孝旗伞	坎坷	麻风病	骸④	航问⑤
条目：						【料逢虎】	【核】	【别扣】③		

意译：庚辰时，值北斗廉贞与风水紫白星九紫离照应，北斗廉贞为火与地离为火，两火为旺，为天地相旺。要留心水书忌戒条目【料逢虎】【核】【别扣】为“骸（死人）”凶祸招致之灾；虽值水语音译水书吉利“航问”照应，但也仍为凶时。不宜开路、安葬、立碑、赴任、诉讼、婚姻、营造、出行。

注释：①　廉贞：为北斗星之一，属北斗星的第五位。

②　九紫：紫白星属八卦星位第九位，属离卦。

③　水语音译的水书忌戒条目：

【料逢虎】意为孝旗伞。

【核】意为坎坷不顺或堵塞。

【别扣】意为麻风病。

④　骸：水语音译，意为棺材、死人或重丧。

⑤　航问：水语音译，意为连日吉利。

第 7 行

原文：

读音：	ɕən^{1}	hi^{4}	si^{2}	fu^{4}	pa:t^{7}	ȶum^{1}	ŋ̥a:n^{1}hi^{5}q^{h}a^{1}	ŋo^{4}qui^{5}	ha:i^{2}	ljeu^{4}ta^{1}ɕot^{7}
直译：	辛	巳	时	武曲①	八白②	金	棺材四角	锤敲打	骸④	家产破败
条目：							【宁喜卡】	【五锤】③		【辽架玄】⑤

意译：辛巳时，值北斗武曲与风水紫白星八白艮照应，北斗武曲为金与地艮为为土，为土生金，为天地相生。要留意按用事者出生属五行年，往下推演，至金位，值水语音译水书忌戒条目【宁喜卡】【五锤】为“骸（死人）”凶；又要留意【辽架玄】凶祸之灾，仍为凶时。不宜婚姻、营造、出行、开路、赴任、诉讼、安葬、营造、立碑。

注释：① 武曲：为北斗星之一，属北斗星的第六位。

② 八白：紫白星属八卦星位第八位，属艮卦。

③ 水语音译的水书忌戒条目：

【宁喜卡】意为棺材四角。

【五锤】意为五锤敲打。

④ 骸：水语音译，意为棺材、死人或重丧。

⑤ 【辽架玄】指家 产破败。

第 8 行

原文：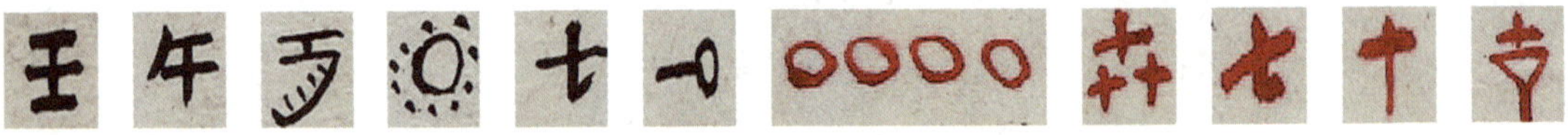

读音：	ȶum^{2}	ŋo^{2}	si^{2}	p^{h}o^{5}	ɕət^{7}	ŋo^{4}qui^{5}	eŋ^{1}van^{1}	mu^{2}	ɕət^{7}	sup^{8}	ȶət^{7}
直译：	壬	午	时	破军①	七赤②	锤敲打	额问④	戊	七	十	吉
条目：						【五锤】③					

意译：壬午时，值北斗破军与风水紫白星七赤兑照应，北斗破军为金与地兑为金，两金为旺，为天地相旺。要留意值水语音译的水书忌戒条目【五锤】之凶；但又值水语音译水书吉利条目“额问”照应，按用事者出生天干年，往下推演，至戊位，又为“七十吉”，为吉利之时。宜开路、安葬、立碑、婚姻、营造、出行、赴任，不宜设席。

注释：① 破军：为北斗星之一，属北斗星的第七位。

② 七赤：紫白星属八卦星位第七位，属兑卦。

③ 【五锤】水语音译水书忌戒条目，意为五锤敲打。

④ 额问：水语音译，指吉利重重。

第 9 行

原文：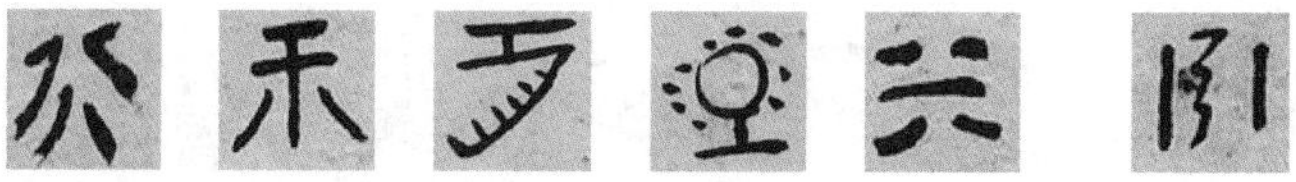

读音：ɬui^{5}　mi^{2}　si^{2}　pu^{2}　ljok^{8}　pik^{7}sui^{3}kaːŋ^{5}

直译：癸　未　时　辅星①　六白②　哭干泪水

条目：【比水缸】③

意译：癸未时，值北斗辅星与风水紫白星六白乾照应，北斗辅星为水与地乾为金，为金生水，为天地相生。值水语音译的水书忌戒条目【比水缸】之凶。

注释：① 辅星：为北斗星之一，属北斗星的第八位。

② 六白：紫白星属八卦星位第六位，属乾卦。

③【比水缸】水语音译水书忌戒条目，意为哭干泪水。

原文：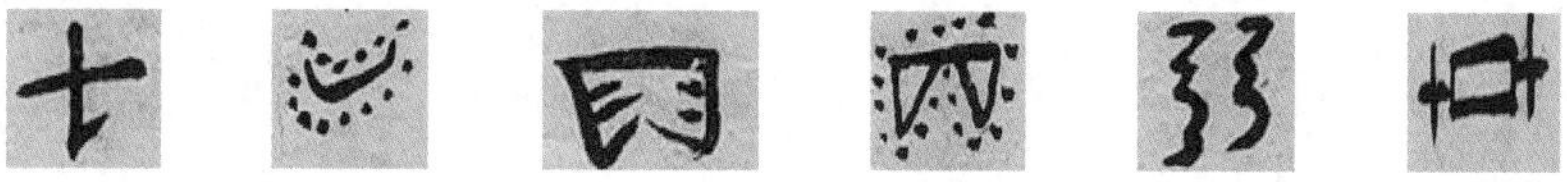

读音：ɕat^{7}　qo^{2}ɬən^{1}　mən^{2}ja^{3}sui^{3}　q^{h}am^{5}aːn^{1}　lju^{2}lji^{2}sui^{3}　haːi^{2}

直译：七　大群队移动　水族衙门　翻倒马鞍　泪如柳条　骸⑤

条目：【各紧】　【门牙水】　【缸鞍】　【六立水】④

意译：按用事者年庚八字地支推演，至七位，又要留意值水语音译水书忌戒条目【各紧】【门牙水】【缸鞍】【六立水】为“骸（死人）”凶祸招致之灾，仍为凶时。宜斟酌祭祀、开路、立碑，不宜安葬、造鞍、婚姻、营造、出行。

注释：④ 水语音译的忌戒水书条目：

【各紧】大群队移动。各，水语音译，为划、移动；紧，水语音译，为大排场队伍。

【门牙水】意为水族衙门。

【缸鞍】指翻倒马鞍。

【六立水】意为哭泪如柳条，忌哭丧。

⑤ 骸：水语音译，意为棺材、死人或重丧。

第10行

原文：

读音：	ŧa:p^{7}	sən^{1}	si^{2}	pjət^{7}	ŋo^{4}	ŋo^{4}	ŋo^{4}hu^{3}	qau^{3}za:i^{5}	ŧu^{3}	ʔjət^{7}
直译：	甲	申	时	弼星①	五黄②	五	猛虎	猛兽抓拖	九	乙
条目：							【五虎】	【高采】③		

意译：甲申时，值北斗弼星与风水紫白星五黄中央照应，北斗弼星为水与地中央为土，为土克水，为天地相克。按用事者出生地支年，往下推演，至五位，又值水语音译的水书忌戒条目【五虎】【高采】之凶祸；还有按用事者出生地支年，往下推演，至第九位，或按用事者出生天干年，往下推演，至乙位，为大凶之时。诸事不宜。

注释：① 弼星：为北斗星之一，属北斗星的第九位。

② 五黄：紫白星属八卦星位第五位，属中央卦。

③ 水语音译的水书忌戒条目：

【五虎】意为猛虎，表示多只猛虎。

【高采】指猛兽抓拖。

第11行

原文：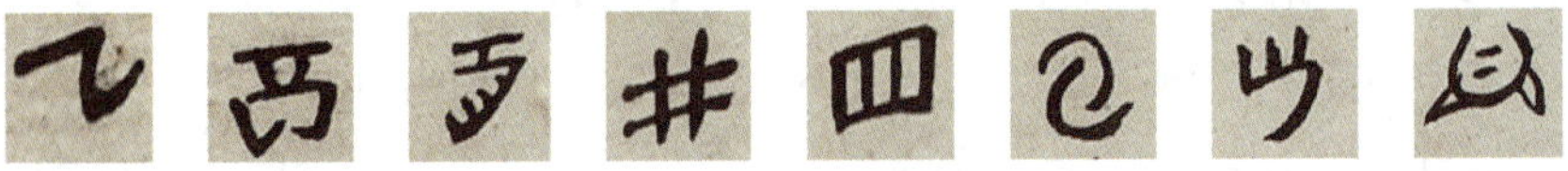

读音：	ʔjət^{7}	ju^{4}	si^{2}	t^{h}a:m^{1}	hi^{5}	ŧi^{1}	sək^{7}ŧi^{1}	ŋo^{4}hu^{3}
直译：	乙	酉	时	贪狼①	四禄②	己	断梳子	猛虎
条目：							【省记】	【五虎】③

意译：乙酉时，值北斗贪狼与风水紫白星四禄巽照应，北斗贪狼为木与地巽为木，两木为旺，为天地相旺。按用事者出生天干年，往下推演，至己位，要留心值水语音译的水书忌戒条目【省记】【五虎】之凶祸，为吉凶参半之时。宜斟酌开路、安葬、立碑、婚姻、营造、出行，不宜设席、梳头。

注释：① 贪狼：为北斗星之一，属北斗星的第一位。

② 四禄：紫白星属八卦星位第四位，属巽卦。

③ 水语音译水书忌戒条目：

【省记】意为断梳子（即死人梳子）。

【五虎】意为猛虎，表示多只猛虎。

第12行

原文：

读音：	pjeŋ^{3}	hət^{7}	si^{2}	ȶu^{2}	ha:m^{1}	ha:i^{2}	ŋo^{4}hu^{3}
直译：	丙	戊	时	巨门①	三碧②	骸③	猛虎
条目：							【五虎】④

意译：丙戊时，值北斗巨门星与风水紫白星三碧照应，北斗巨门为土与地震为木，为木克土，为天地相克。又还值水语音译水书忌戒条目【五虎】凶祸之灾，为大凶之时。诸事不宜。

注释：① 巨门：为北斗星之一，属北斗星的第二位。

② 三碧：紫白星属八卦星位第三位，属震卦。

③ 骸：水语音译，意为棺材、死人或重丧。

④ 【五虎】水书忌戒条目，意为猛虎，表示多只猛虎。

第13行

原文：

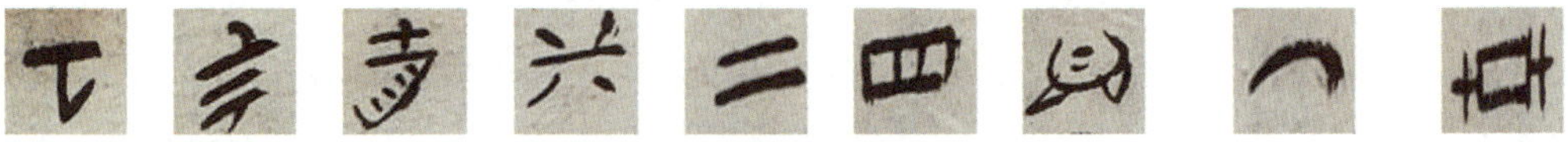

读音：	tjeŋ^{1}	ʁa:i^{3}	si^{2}	ljok^{8}	ȵi^{2}	hi^{5}	ŋo^{4}hu^{3}	ʔboŋ^{5}ham^{3}	ha:i^{2}
直译：	丁	亥	时	禄存①	二黑②	四	猛虎	罩住	骸④
条目：							【五虎】	【补夯】③	

意译：丁亥时，值北斗禄存与风水紫白星二黑坤照应，北斗禄存为土与地坤为土，两土为旺，为天地相旺。按用事者出生地支年，往下推演，至四位，要留意值水语音译水书忌戒条目【五虎】【补夯】为“骸（死人）”凶祸之灾。宜斟酌婚姻、营造、出行、造圈，不宜开路、安葬、立碑。

注释：① 禄存：为北斗星之一，属北斗星的第三位。

② 二黑：紫白星属八卦星位第二位，属坤卦。

③ 水语音译水书忌戒条目：

【五虎】指猛虎，表示多只猛虎。

【补夯】指罩住，与仰相对。

④ 骸：水语音译，意为棺材、死人或重丧。

第14行

原文：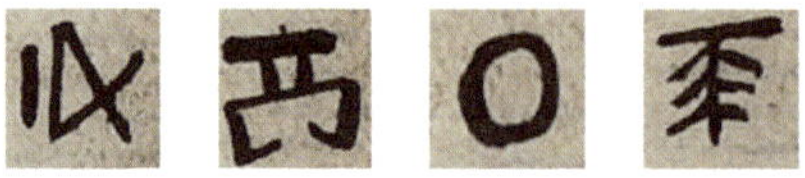

读音：ɕən^{1}　ju^{4}　van^{1}　mok^{8}

直译：辛　酉　日　木

意译：辛酉日，属木。辛酉日为六十甲子日的第五十八日，属五行纳音木。它包含从戊子时到己亥时，共十二个时辰。

第15行

原文：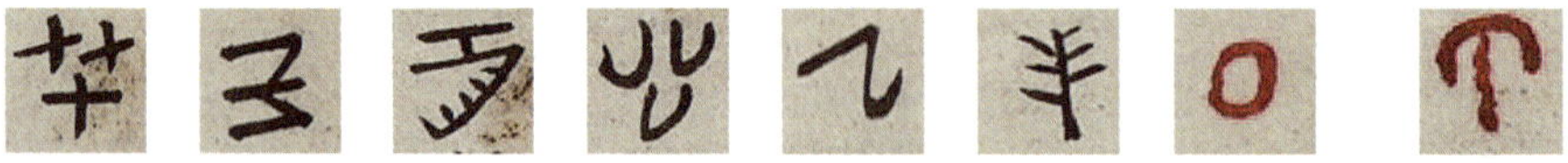

读音：mu^{2}　hi^{3}　si^{2}　fan^{2}　$^{?}$jət^{7}　mok^{8}　van^{1}　thjen^{1}qa:ŋ^{1}au^{4}

直译：戊　子　时　文曲①　一白②　人头　日　稻谷丰登

条目：【各木】③　【天罡米】④

意译：戊子时，值北斗文曲与风水紫白星一白坎照应，北斗文曲为水与地坎为水，两水为旺，为天地相旺。要留意值水语音译水书忌戒条目【各木】凶祸之灾；虽又值吉利照应，但也为吉凶参半之时。宜斟酌开路、安葬、立碑、婚姻、营造、出行、造圈。

注释：① 文曲：为北斗星之一，属北斗星的第四位。

② 一白：紫白星属八卦星位第一位，属坎卦。

③ 【各木】水语音译的水书忌戒条目，意为人头。

④ 【天罡米】稻谷丰登。

第16行

原文：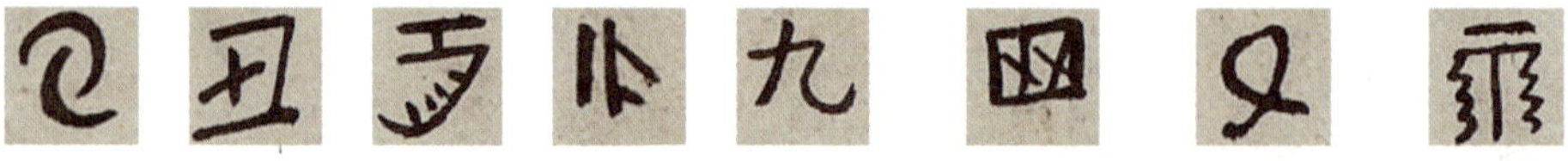

读音：ʈi^{1}　su^{3}　si^{2}　ljem^{2}　ʈu^{3}　ton^{2}ɣon^{2}　pjət^{7}jiŋ^{5}　ʔjeu^{1}foŋ^{2}hu^{3}

直译：己　丑　时　廉贞①　九紫②　短命　环绕　孝旗伞

条目：【端完】　【必引】　【料逢虎】③

意译：己丑时，值北斗廉贞与风水紫白星九紫离照应，北斗廉贞为火与地离为火，两火为旺，为天地相旺。要留意值水语音译水书忌戒条目【端完】【必引】【料逢虎】之灾.

注释：① 廉贞：为北斗星之一，属北斗星的第五位。

② 九紫：紫白星属八卦星位第九位，属离卦。

③ 水语音译忌戒水书条目：

【端完】意为短命。

【必引】指回环或环绕。

【料逢虎】意为孝旗伞。

原文：

读音：	hak^{7}van^{1}	mok^{8}ta:ŋ^{2}	ɕeu^{3}	ʈət^{7}
直译：	航问	木堂④	小	吉

意译：但又值水书吉利“航问”“木堂”照应，也为吉凶参半之时。宜斟酌开路、安葬、立碑、婚姻、营造，不宜赴任、诉讼。

注释：④ 水书吉星：

航问：水语音译，意为连日吉利。

木堂：水语音译，意为富丽堂皇。

第17行

原文：

读音：	qeŋ^{1}	ji^{2}	si^{2}	fu^{4}	pa:t^{7}	ɕoŋ^{1}ʔjət^{7}	pje^{2}k^{h}u^{1}	mok^{8}foŋ^{2}	ha:i^{2}
直译：	庚	寅	时	武曲①	八白②	环绕	麻风病	缠树藤	骸④
条目：						【必引】	【别扣】	【木逢】③	

意译：庚寅时，值北斗武曲与风水紫白星八白艮照应，北斗武曲为金与地艮为土，为土生金，为天地相生。要留意值水语音译水书忌戒条目【必引】【别扣】【木逢】为“骸（死人）”凶祸招致之灾。

注释：① 武曲：为北斗星之一，属北斗星的第六位。

② 八白：紫白星属八卦星位第八位，属艮卦。

③ 水语音译水书忌戒条目：

【必引】意为回环或环绕。

【别扣】指麻风病。

【木逢】意为缠树藤。

④ 骸：水语音译，意为棺材、死人或重丧。

原文：

读音：	qoŋ^{1}ljok^{8}ma^{4}	sa:n^{1}	lju^{2}lji^{2}sui^{3}	ŋo^{4}	ta:ŋ^{2}ʔɣa^{5}	mok^{8}	ha:k^{7}van^{1}ʔdjam^{5}
直译：	马做工	散⑥	泪如柳条	五	肥沃大田	人头	连日阴沉
条目：	【工六马】⑤		【六立水】		【堂田】	【各木】	【航问锭】⑦

意译：又要留意值水语音译水书忌戒条目【工六马】或八宫掌“散”或水书忌戒条目【六立水】之凶；按用事者出生地支年，往下推演，至第五位，还要留心值水语音译水书忌戒条目【堂田】【各木】【航问锭】之祸，为凶祸时。不宜开路、婚姻、出行、安葬、营造、立碑。

注释：⑤【工六马】水语音译，指马做工，表示多匹马做工。

⑥ 散：指八宫掌名称。

⑦ 水语音译水书忌戒条目：

【六立水】意为哭泪如柳条，指忌哭丧。

【堂田】意为肥沃大田。

【各木】指人头之意。

【航问锭】意为连日凶祸或连日阴沉。

第18行

原文：

读音：	ɕən^{1}	ma:u^{4}	si^{2}	p^{h}o^{5}	ɕət^{7}	ŋo^{4}hu	ha:k^{7}van^{1}ʔdjam^{5}	ŋum^{1}	eŋ^{1}van^{1}	mu^{2}
直译：	辛	卯	时	破军①	七赤②	猛虎	连日阴沉	金堂	额问④	戊
条目：						【五虎】	【航问锭】③			

意译：辛卯时，值北斗破军与风水紫白星七赤兑照应，北斗破军为金与地兑为金，两金为旺，为天地相旺。要留意值水语音译水书忌戒条目【五虎】【航问锭】之凶；又有值水语音译水书吉星“金堂”“额问”照应，为吉凶参半之时。宜斟酌安葬、营造、立碑，不宜开路、婚姻、出行、播种、栽种。

注释：① 破军：为北斗星之一，属北斗星的第七位。

② 七赤：紫白星属八卦星位第七位，属兑卦。

③ 水语音译水书忌戒条目：

【五虎】指猛虎，表示多只猛虎。

【航问锭】意为连日凶祸或连日阴沉。

④ 水书吉利条目：

金堂：水语音译，意为富丽堂皇。

额问：水语音译，意为吉利重重。

第19行

原文：

读音：	ȵum^{2}	sən^{2}	si^{2}	pu^{2}	ljok^{8}	mən^{2}ja^{3}sui^{3}	q^{h}am^{5}aːn^{1}	ŋo^{4}qui^{5}	lju^{2}lji^{2}sui^{3}
直译：	壬	辰	时	辅星①	六白②	水族衙门	翻倒马鞍	锤敲打	泪如柳条
条目：						【门牙水】	【缸鞍】	【五锤】	【六立水】③

意译：壬辰时，值北斗辅星与风水紫白星六白乾照应，北斗辅星为水与地乾为金，为金生水，为天地相生。要留意值水语音译水书忌戒条目【门牙水】【缸鞍】【五锤】【六立水】凶祸之灾。

注释：① 辅星：为北斗星之一，属北斗星的第八位。

② 六白：紫白星属八卦星位第六位，属乾卦。

③ 水语音译水书忌戒条目：

【门牙水】意为水族衙门。

【缸鞍】意为翻倒马鞍。

【五锤】意为五锤敲打。

【六立水】意为哭泪如柳条，指忌哭丧。

原文：

读音：	kwaːn^{1}tsai^{4}	ȶət^{7}	sui^{3}
直译：	利斧	吉	水
条目：	【贯才】④		

意译：又有值水语音译水书吉利条目【贯才】照应，也为吉凶参半之时。宜斟酌开路、安葬、立碑、婚姻、出行，不宜设席、营造、造圈、造鞍。

注释：④【贯才】水语音译水书吉利条目，字体颜色为红色的“贯才”意为利斧，这里相当于水书吉星。

第20行

原文：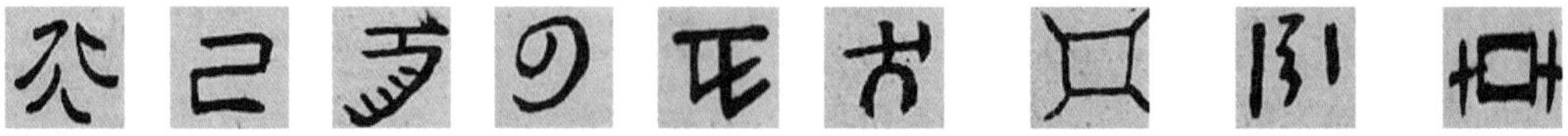

读音：ȶui^{5}　hi^{4}　si^{2}　pjət^{8}　ŋo^{4}　hak^{7}　ŋ̥a:n^{1}hi^{5}q^{h}a^{1}　njem^{2}ju^{5}　ha:i^{2}

直译：癸　巳　时　弼星①　五黄②　坎坷　棺材四角　引线　骸④

条目：【核】　【宁喜卡】　【引友】③

意译：癸巳时，值北斗弼星与风水紫白星中央五黄照应，北斗弼星为水与地中央为土，为土克水，为天地相克。又有值水语音译水书忌戒条目【核】【宁喜卡】【引友】为“骸（死人）”凶祸之灾。

注释：① 弼星：为北斗星之一，属北斗星的第九位。

② 五黄：紫白星属八卦星位第五位，属中央卦。

③ 水语音译水书忌戒条目：

【核】意为坎坷不顺或堵塞。

【宁喜卡】指棺材四角。

【引友】指引线，丧葬时忌叫他人名，应答者要丧命。

④ 骸：水语音译，意为棺材、死人或重丧。

原文：

读音：pik^{7}sui^{3}ȶən^{1}　sək^{7}ȶi^{1}　ɕoŋ^{1}ɕep^{7}

直译：泪水涌流　断梳子　接应

条目：【比水紧】　【省记】　【休显】⑤

意译：又还值水语音译水书忌戒条目【比水紧】【省记】【休显】之凶祸，为大凶之时。诸事不宜。

注释：⑤ 水语音译水书忌戒条目：

【比水紧】意为泪水涌出。

【省记】指断梳子（即死人梳子）。

【休显】意为接应（指忌报丧，有接应者要上命）。

第21行

原文：

读音：	ȶa:p^7	ŋo^2	si^2	t^{h}a:m^1	hi^5	ŋo^{4}qui^5	ȶu^3	ʔjət^7	hak^{7}van^1
直译：	甲	午	时	贪狼①	四禄②	锤敲打	九	乙	航问④
条目：						【五锤】③			

意译：甲午时，值北斗贪狼与风水紫白星四禄照应，北斗贪狼为木与地巽为木，两木为旺，为天地相旺。要留意值水语音译水书忌戒条目【五锤】之凶；又还有按用事者出生地支年，往下推演，至第九位，或按用事者出生天干年，往下推演，至乙位，值水语音译的水书吉利“航问”照应，为吉凶参半之时。宜斟酌婚姻、出行、营造、诉讼，不宜开路、安葬、立碑。

注释：① 贪狼：为北斗星之一，属北斗星的第一位。

② 四禄：紫白星属八卦星位第四位，属巽卦。

③ 【五锤】水语音译水书忌戒条目，意为五锤敲打。

④ 航问：水语音译，意为连日吉利。

第22行

原文：

读音：	ʔjət^7	mi^2	si^2	ȶu^2	ha:m^1	ȶum^1	ha:i^2	ʔjət^{7}sjeŋ^3
直译：	乙	未	时	巨门①	三碧②	金	骸③	一生气④

意译：乙未时，值北斗巨门与风水紫白星三碧照应，北斗巨门为土与地震为木，为木克土，为天地相克。按用事者出生属五行年，往下推演，至金位，又还有水语音译“骸（死人）”之凶祸；即使有水语音译水书吉利“一生气”照应，也难化解天地相克之凶，仍为大凶之时。诸事不宜。

注释：① 巨门：为北斗星之一，属北斗星的第二位。

② 三碧：紫白星属八卦星位第三位，属震卦。

③ 骸：水语音译，意为棺材、死人或重丧。

④ 一生气：水语音译，意为和气。

第23行

原文：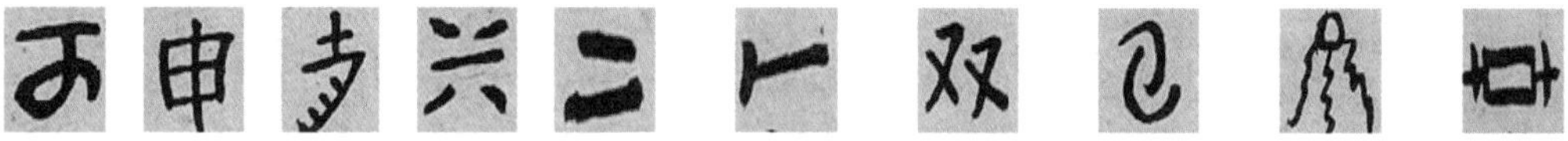

读音：pjeŋ^{3} sən^{1} si^{2} ljok^{8} ŋ̥i^{2} ʔjən^{5}kwa:n^{1} ku^{3}sup^{7} ȶi^{1} ma^{4}saŋ^{1}ȶi^{2} ha:i^{2}

直译：丙 申 时 禄存① 二黑② 斧头 预计 己 马戴孝 骸④

条目：【引贯】【估术】【马畅旗】③

意译：丙申时，值北斗禄存与风水紫白星二黑照应，北斗禄存为土与地坤为土，两土为旺，为天地相旺。既还值水语音译水书忌戒条目【引贯】【估术】之凶；按用事者出生天干年，往下推演，至已位，又还值水语音译水书忌戒条目【马畅旗“骸”之祸。

注释：① 禄存：为北斗星之一，属北斗星的第三位。

② 二黑：紫白星属八卦星位第二位，属坤卦。

③ 水语音译水书忌戒条目：

【引贯】意为斧头。

【估术】指预订或预计。

【马畅旗】指马戴孝。

④ 骸：水语音译，意为棺材、死人或重丧。

原文：

读音：hak^{7} ljeu^{4}ȶa^{1}ɕot^{7} ŋo^{4}hu^{3}

直译：坎坷 家产破败 猛虎

条目：【核】【辽架玄】【五虎】⑤

意译：还有水语音译水书忌戒条目【核】【辽架玄】【五虎】凶祸招致之灾，为大凶之时。诸事不宜。

注释：⑤ 水书忌戒条目：

【核】意为坎坷或堵塞。

【辽架玄】意为家产破败。

【五虎】指猛虎，表示多只猛虎。

第24行

原文：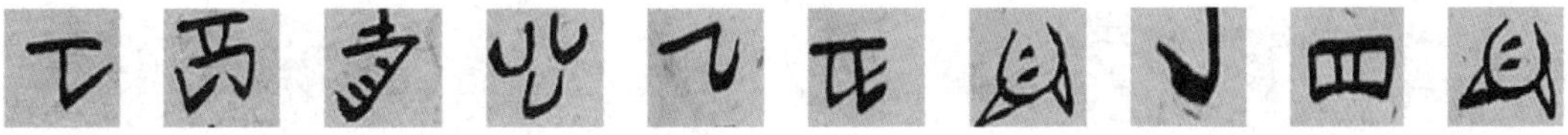

读音：	tjeŋ^{1}	ju^{4}	si^{2}	fan^{2}	ʔjət^{7}	ŋo^{4}	ŋo^{4}hu^{3}	qau^{3}za:i^{5}	hi^{5}	ŋo^{4}hu^{3}
直译：	丁	酉	时	文曲①	一白②	五	猛虎	猛兽抓拖	四	猛虎
条目：							【五虎】	【高采】		【五虎】③

意译：丁酉时，值北斗文曲与风水紫白星一白照应，北斗文曲为水与地坎为水，两水为旺，为天地相旺。按用事者出生地支年，往下推演，至第五位，要留意值水语音译水书忌戒条目【五虎】【高采】之凶，按用事者出生地支年，往下推演，至第四位，还有留心值水语音译水书忌戒条目【五虎】凶祸之灾。

注释：① 文曲：为北斗星之一，属北斗星的第四位。

② 一白：紫白星属八卦星位第一位，属坎卦。

③ 水语音译水书忌戒条目。

【五虎】指猛虎，表示多只猛虎。

【高采】意为猛兽抓拖。

原文：

读音：	ȶi^{1}	ʔboŋ^{5}ham^{3}	ha:i^{2}	so^{3}sjen^{1}	ta:ŋ^{2}sa:i^{2}
直译：	己	罩住	骸⑤	所线	宽大竹林
条目：		【补夯】④		【所线】	【堂晒】⑥

意译：按用事者出生天干年，往下推演，至己位，又还要留意值水语音译水书忌戒条目【补夯】为“骸（死人）”凶；又要留意【所线】【堂晒】凶祸招致之灾，为大凶之时。不宜开路、安葬、立碑、婚姻、营造、出行、赴任、诉讼、栽种。

注释：④ 【补夯】水书忌戒条目，指罩住，与仰相对。

⑤ 骸：水语音译，意为棺材、死人或重丧。

⑥ 水语音译的水书忌戒条目：

【所线】意为惹是生非。

【堂晒】意为宽大竹林。

第25行

原文：

读音：	mu^{2}	hət^{7}	si^{2}	ljem^{2}	ʈu^{3}	ɕət^{7}	qo^{2}ʈən^{1}	ha:i^{2}	ʔjeu^{1}foŋ^{2}hu^{3}	mi^{2}
直译：	戊	戌	时	廉贞①	九紫②	七	大群队移动	骸④	孝旗伞	未
条目：							【各紧】③		【料逢虎】⑤	

意译：戊戌时，北斗廉贞与风水紫白星九紫照应，北斗廉贞为水与地离为火，为水克火，为天地相克。按用事者出生地支年，往下推演，至第七位，又值水语音译水书忌戒条目【各紧】为“骸（死人）”凶；又要留意【料逢虎】凶祸招致之灾；即使有吉利照应，也难化解天地相克之凶，为大凶之时。诸事不宜。

注释：① 廉贞：为北斗星之一，属北斗星的第九位。

② 九紫：紫白星属八卦星位第九位，属离卦。

③ 【各紧】大群队移动。各，水语音译，为划、移动；紧，水语音译，为大排场队伍。

④ 骸：水语音译，意为棺材、死人或重丧。

⑤ 【料逢虎】水书忌戒条目，意为孝旗伞。

第26行

原文：

读音：	ʈi^{1}	ʁa:i^{3}	si^{2}	fu^{4}	pa:t^{7}	ŋo^{4}hu^{3}	lju^{2}lji^{2}sui^{3}	ha:m^{1}	so^{3}sjen^{1}	hak^{7}van^{1}
直译：	己	亥	时	武曲①	八白②	猛虎	泪如柳条	三	惹是生非	航问④
条目：						【五虎】	【六立水】		【所线】③	

意译：己亥时，值北斗武曲与风水紫白星八白照应，北斗武曲为金与地艮为土，为土生金，为天地相生。要留意水语音译水书忌戒条目【五虎】【六立水】之凶，按用事者出生地支年，往下推演，至第三位，又值水语音译水书忌戒条目【所线】之祸；即使值水语音译水书吉利“航问”照应，也为吉凶参半之时。宜斟酌开路、安葬、立碑、婚姻、营造、出行、造圈。

注释：① 武曲：为北斗星之一，属北斗星的第六位。

② 八白：紫白星属八卦星位第八位，属艮卦。

③ 水语音译水书忌戒条目：

【五虎】指猛虎，表示多只猛虎。

【六立水】意为哭泪如柳条，指忌哭丧。

【所线】意为惹是生非。

④ 航问：水语音译，意为连日吉利。

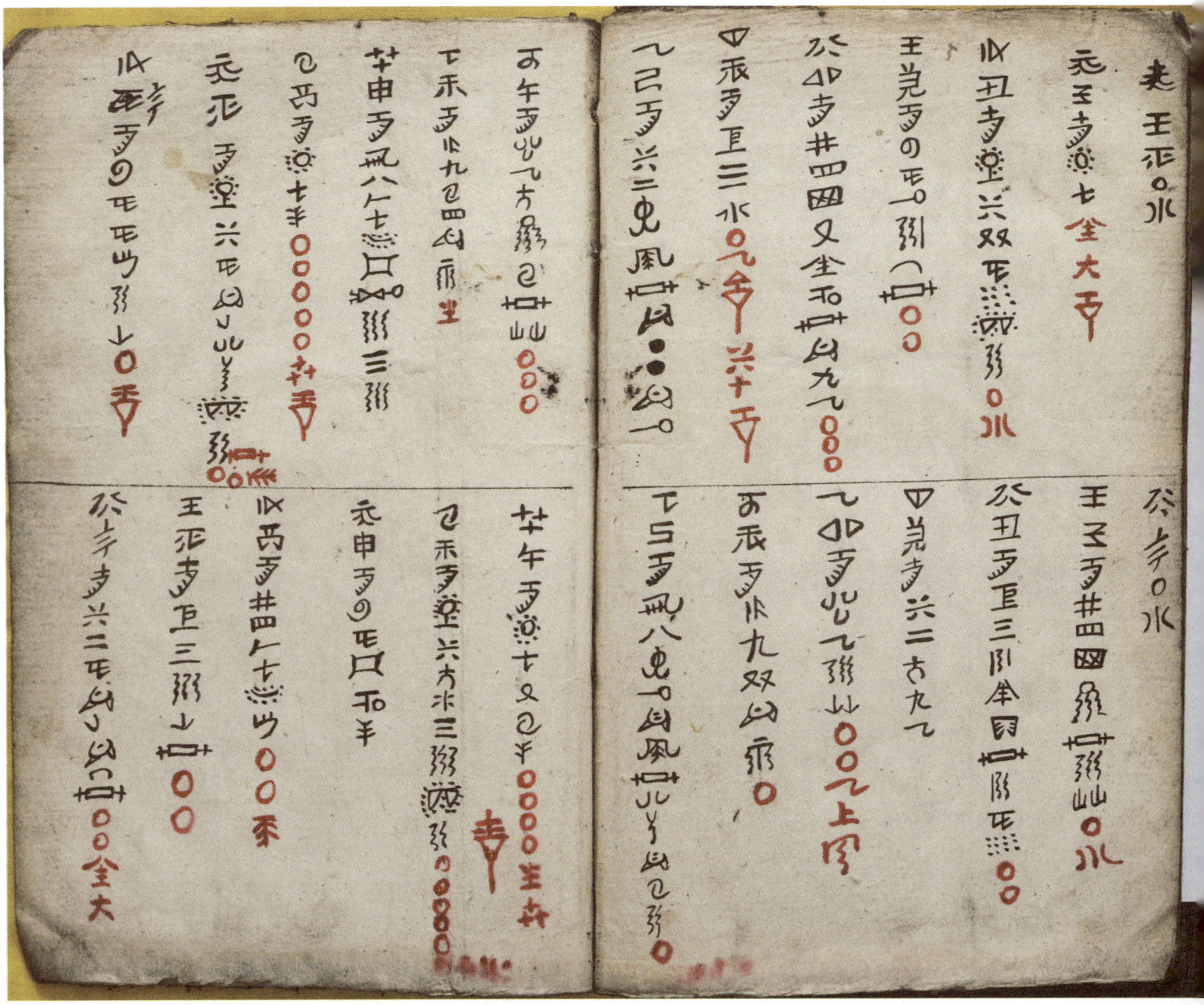

原件 30：壬戌 癸亥

第 1 行

原文：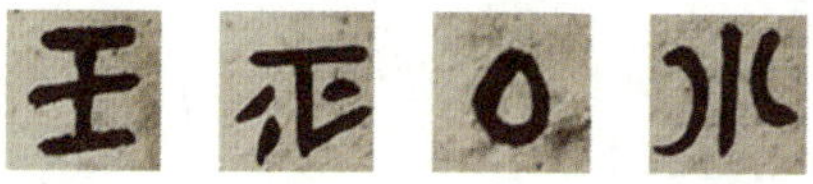

读音：	ȵum^{2}	hət^{7}	van^{1}	sui^{3}
直译：	壬	戌	日	水

意译：壬戌日，纳音属水。

注释：此为六十甲子日的第五十九日，五行纳音属水。它包含从庚子时起到辛亥时，共十二个时辰。

第 2 行

原文：

读音：	qeŋ^{1}	hi^{3}	si^{2}	p^{h}o^{5}	ɕət^{7}	ʈum^{1}	ta:i^{2}	ʈət^{7}
直译：	庚	子	时	破军①	七赤②	金堂③	大	吉

意译：庚子时，值北斗破军与风水紫白星七赤兑照应，北斗破军为金与地兑为金，两金为旺，为天地相旺。又值水语音译的水书吉利“金堂”照应，为大吉之时。宜开路、安葬、立碑、婚姻、营造、出行。

注释：① 破军：为北斗星之一，属北斗星的第七位。

② 七赤：紫白星属八卦星位第七位，属兑卦。

③ 金堂：水语音译，意为富丽堂皇。

第 3 行

原文：

读音：	ɕən^{1}	su^{3}	si^{2}	p^{h}o^{2}	ljok^{8}	ku^{3}sup^{7}	ŋo^{4}	ta:ŋ^{2}ʔɣa^{5}	q^{h}am^{5}a:n^{1}	lju^{2}lji^{2}sui^{3}
直译：	辛	丑	时	辅星①	六白②	预计	五	肥沃大田	翻倒马鞍	泪如柳条
条目：						【估术】		【堂田】	【缸鞍】	【六立水】③

意译：辛丑时，值北斗辅星与风水紫白星六白乾照应，北斗辅星为水与地乾为金，为金生水，为天地相生。要留意水书忌戒条目【估术】之凶，按用事者出生地支年，往下推演，至第五位，为水书忌戒条目【堂田】【缸鞍】【六立水】凶祸之灾。

注释：① 辅星：为北斗星之一，属北斗星的第八位。

② 六白：紫白星属八卦星位第六位，属乾卦。

③ 水语音译水书忌戒条目：

【估术】意为预定或预计。

【堂田】指肥沃大田。

【缸鞍】意为翻倒马鞍。

【六立水】意为泪如柳条，指忌哭丧。

原文：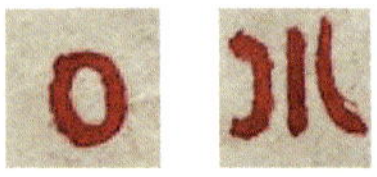

读音：	van^{1}	sui^{3}
直译：	日	水

意译：即使值吉利照应，也为吉凶参半之时。宜斟酌开路、安葬、立碑、婚姻、营造、出行，不宜造鞍、修田地。

第 4 行

原文：

读音：	ȵum^{2}	ji^{2}	si^{2}	pjət^{7}	ŋo^{5}	ŋo^{4}qui^{5}	so^{3}sjen^{1}	ʔboŋ^{5}ham^{3}	ha:i^{2}	hak^{7}van^{1}
直译：	壬	寅	时	弼星①	五黄②	锤敲打	惹是生非	罩住	骸④	航问⑤
条目：						【五锤】	【所线】	【补夯】③		

意译：壬寅时，值北斗弼星与风水紫白星五黄中央照应，北斗弼星为水与地中央为土，为土克水，为天地相克。又值水语音译水书忌戒条目【五锤】【所线】【补夯】为“骸（死人）”凶祸招致之灾，仍为大凶之时。不宜开路、安葬、立碑、婚姻、营造、出行。

注释：① 弼星：为北斗星之一，属北斗星的第九位。

② 五黄：属紫白星八卦第五位，属中央卦。

③ 水语音译水书忌戒条目：

【五锤】意为五锤敲打。

【所线】指惹是生非。

【补夯】指罩住，与仰相对。

④ 骸：水语音译，意为棺材、死人或重丧。

⑤ 航问：水语音译，意为连日吉利。

第5行

原文：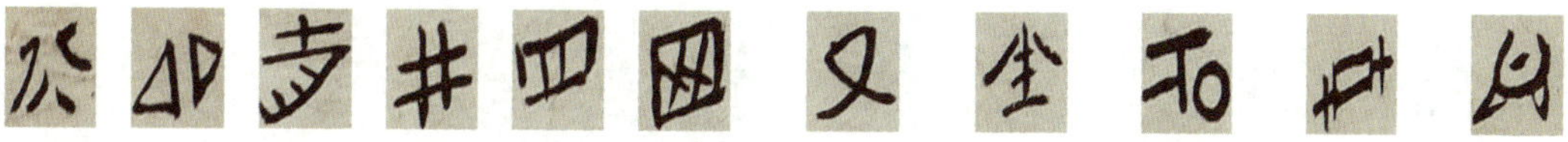

读音：	ʈui^{5}	ma:u^{4}	si^{2}	t^{h}a:m^{1}	hi^{5}	ton^{2}ɣon^{2}	pjət^{7}jiŋ^{5}	ʈum^{1}	pje^{2}k^{h}u^{1}	ha:i^{2}	ŋo^{4}hu^{3}
直译：	癸	卯	时	贪狼①	四禄②	短命	环绕	金	麻风病	骸④	猛虎
条目：						【端完】	【必引】		【别扣】③		【五虎】③

意译：癸卯时，值北斗文贪狼与风水紫白星四禄巽相照应，北斗贪狼属木与地上巽为木，两木为旺，为天地相旺。要留意值水语音译水书忌戒条目【端完】【必引】之凶；还要留意按用事者出生属五行年，往下推演，至金位，为水书忌戒条目【别扣】为“骸（死人）”凶；又要留意【五虎】凶祸招致之灾。

注释：① 贪狼：为北斗星之一，属北斗星的第一位。

② 四禄：属紫白星八卦第四位，属巽卦。

③ 水书忌戒条目：

【端完】意为短命。

【必引】指回环或环绕。

【别扣】 指麻风病。

④ 骸：水语音译，意为棺材、死人或重丧。

⑤ 【五虎】水书忌戒条目，指猛虎，表示多只猛虎。

原文：

读音：	ʈu^{3}	ʔjət^{7}	eŋ^{1}van^{1}
直译：	九	乙	额问⑥

意译：还有按用事者出生地支年，往下推演，至第九位，或按用事者出生天干年，往下推演，至乙位，又值水语音译的水书金吉利条目“额问”照应，为吉多凶少之时。宜开路、安葬、立碑、婚姻、出行，不宜营造、造圈。

注释：⑥ 额问：水语音译，意为吉利重重。

第 6 行

原文：

读音：	ȶa:p^{7}	sən^{2}	si^{2}	ȶu^{2}	ha:m^{1}	sui^{3}	van^{1}	ʔjət^{7}	ȶət^{7}	ljok^{8}	sup^{8}	ȶət^{7}
直译：	甲	辰	时	巨门①	三碧②	水③	日	乙	吉	六	十	吉

意译：甲辰时，值北斗巨门与风水紫白星三碧震相照应，北斗巨门属土与地上震为木，为木克土，为天地相克。又按用事者出生属五行年，往下推演，至水位，为凶祸；即使按用事者出生天干年，往下推演，至乙位，为“六十吉”，也难化解天地相克之凶，仍为大凶之时。诸事不宜。

注释：① 巨门：为北斗星之一，属北斗星的第二位。

② 三碧：属紫白星八卦第三位，属震卦。

③ 水：为水书属五行，是指按用事者出生属五行年，往下推演，至水位。

第 7 行

原文：

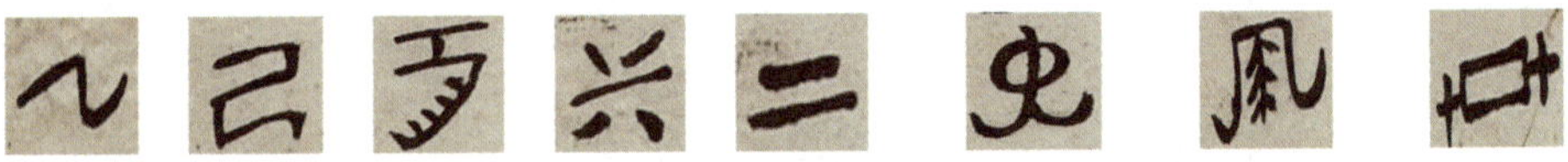

读音：	ʔjət^{7}	hi^{4}	si^{2}	ljok^{8}	ȵi^{2}	ɕoŋ^{1}ʔjət^{7}	mok^{8}foŋ^{2}	ha:i^{2}
直译：	乙	巳	时	禄存①	二黑②	虫咬	缠树藤	骸④
条目：						【凶以】	【木逢】③	

意译：乙巳时，值北斗禄存与风水紫白星二黑坤卦照应，北斗禄存为土与地二黑坤为土，为两土相旺，为天地相旺。要留意值水语音译水书忌戒条目【凶以】【木逢】为“骸（死人）”之凶祸。

注释：① 禄存：为北斗星之一，属北斗星的第三位。

② 二黑：属紫白星八卦第二位，属坤卦。

③ 水语音译水书忌戒条目：

【凶以】指虫咬。

【木逢】指缠树藤。

④ 骸：水语音译，意为棺材、死人或重丧。

原文：

读音：ŋo^{4}hu^{3} ha:k^{7}van^{1}ʔdjam^{5} ŋo^{4}hu^{3} ŋo^{4}qui^{5}

直译：猛虎 连日阴沉 猛虎 锤敲打

条目：【五虎】【航问锭】【五虎】【五锤】⑤

意译：又要留意值水语音译水书忌戒条目【五虎】【航问锭】【五虎】【五锤】凶祸招致之灾，为凶多吉少之时。宜斟酌诉讼、赴任、开路、出行，不宜丧葬、起造、立碑、婚姻、播种、栽种。

注释：⑤ 水语音译水书忌戒条目：

【五虎】意为猛虎，表示多只猛虎。

【航问锭】意为连日凶祸或连日阴沉。

【五锤】意为五锤敲打。

第8行

原文：

读音：pjeŋ^{3} ŋo^{2} si^{2} fan^{2} ʔjət^{7} hak^{7} ma^{4}saŋ^{1}ȶi^{2} ȶi^{1} ha:i^{2} ta:ŋ^{2}sa:i^{2} eŋ^{1}van^{1}

直译：丙 午 时 文曲① 一白② 坎坷 马戴孝 己 骸④ 宽大竹林 额问⑥

条目：【核】【马畅旗】③ 【堂晒】⑤

意译：丙午时，值北斗文曲与风水紫白星一白照应，北斗文曲属水与地上坎为水，两水为旺，为天地相旺。要留意值水语音译水书忌戒条目【核】【马畅旗】之凶，还要留意按用事者出生天干年，往下推演，至己位，为水书忌戒条目【堂晒】凶祸之灾；即使值水语音译水书吉利条目“额问”照应，也为吉凶参半之时。宜斟酌立碑、丧葬、立碑、起造，不宜嫁娶、出行、赴任、诉讼。

注释：① 文曲：为北斗星之一，属北斗星第四位。

② 一白：为紫白星八卦第一位，为坎卦。

③ 水语音译水书忌戒条目：

【核】有为坎坷不顺或堵塞。

【马畅旗】意为马戴孝。

④ 骸：水语音译，意为棺材、死人或重丧。

⑤ 【堂晒】水书忌戒条目，意为宽大竹林。

⑥ 额问：水语音译，意为吉利重重。

第 9 行

原文：

读音：	tjeŋ^{1}	mi^{2}	si^{2}	ljem^{2}	ȶu^{3}	ȶi^{1}	hi^{5}	ŋo^{4}hu^{3}	ʔjeu^{1}foŋ^{2}hu^{3}	mi^{2}
直译：	丁	未	时	廉贞①	九紫②	九穷	四	猛虎	孝旗伞	未
条目：						【九己】		【五虎】	【料逢虎】③	

意译：丁未时，值北斗廉贞与风水紫白星九紫离相照应，北斗廉贞属火与地上离为火，两火为旺，为天地相旺。要留心水语音译水书忌戒条目【九己】之凶；按用事者出生地支年，往下推演，至第四位，为水书忌戒条目【五虎】【料逢虎】之祸；又遇上按用事者出生地支年，往下推演，至未位为吉利，也仍是吉凶参半之时。宜斟酌开路、丧葬、立碑、嫁娶、起造、出行。

注释：① 廉贞：为北斗星之一，属北斗星的第五位。

② 九紫：紫白星属八卦星位第九位，属离卦。

③ 水语音译水书忌戒条目：

【九己】意为九穷，二代以后丁财衰败。

【五虎】意为猛虎，表示多只猛虎。

【料逢虎】指孝旗伞。

第10行

原文：

读音：	mu^{2}	sən^{1}	si^{2}	fu^{4}	pa:t^{7}	ʔjən^{5}kwa:n^{1}	ɕət^{7}	qo^{2}ȶən^{1}
直译：	戊	申	时	武曲①	八白②	斧头	七	大群队移动
条目：						【引贯】		【各紧】③

意译：戊申时，值北斗武曲与风水紫白星八白艮相照应，北斗武曲属金与地上艮为土，为土生金，为天地相生。要留心值水语音译水书忌戒条目【引贯】之凶，又要留意按用事者出生天干年，往下推演，至第七位，为水书忌戒条目【各紧】之祸。

注释：① 武曲：为北斗星之一，属北斗星的第六位。

② 八白：为紫白星八卦第八位，属艮卦。

③ 水语音译水书忌戒条目：

【引贯】意为斧头。

【各紧】大群队移动。各，水语音译，为划、移动；紧，水语音译，为大排场队伍。

原文：					
读音：	ŋ̊a:n^{1}hi^{5}q^{h}a^{1}	zən^{1}ta:u^{5}	so^{3}sjem^{1}	ha:m^{1}	so^{3}sjen^{1}
直译：	棺材四角	人倒	惹是生非	三	惹是生非
条目：	【宁喜卡】	【人倒】	【所线】		【所线】④

意译：既要留心水书忌戒条目【宁喜卡】【人倒】【所线】凶祸伤身之灾；又要按用事者出生地支年，往下推演，至第三位，为水书忌戒条目【所线】之凶，为大凶之时。不宜开路、丧葬、立碑、嫁娶、造圈、起造、出行。

注释：④ 水语音译水书忌戒条目：

【宁喜卡】意为棺材四角。

【人倒】指凶恶倒人死亡。

【所线】指惹是生非。

第11行

原文：	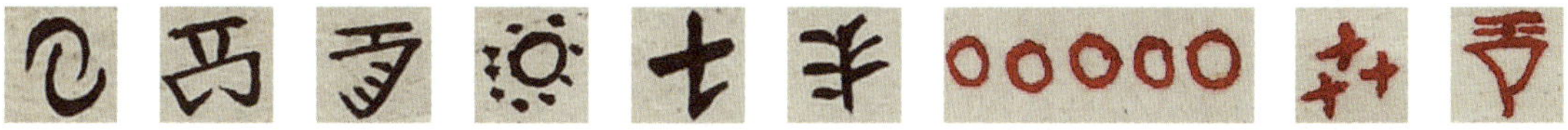								
读音：	ʈi^{1}	ju^{4}	si^{2}	p^{h}o^{5}	ɕət^{7}	mok^{8}	eŋ^{1}van^{1}	mu^{2}	ʈət^{7}
直译：	己	酉	时	破军①	七赤②	人头	额问④	戊	吉
条目：						【各木】③			

意译：己酉时，值北斗破军与风水紫白星七赤兑相照应，北斗破军属金与地上兑为金，两金为旺，为天地相旺。要留意值水语音译水书忌戒条目【各木】凶祸之灾；即使又值水书吉利条目“额问”照应，或按用事者出生天干年，往下推演，至戊位为吉利，也仍为凶时。不宜开路、丧葬、立碑、嫁娶、起造、出行。

注释：① 破军：为北斗星之一，属北斗星的第七位。

② 七赤：为紫白星八卦第七位，为兑卦。

③ 【各木】水书忌戒条目，意为人头。

④ 额问：水书吉利条目，意为吉利重重。

第12行

原文：

读音：	qeŋ^{1}	hət^{7}	si^{2}	pu^{2}	ljok^{8}	ŋo^{4}	ŋo^{4}hu^{3}	fan^{2}	ljeu^{4}ta^{1}ɕot^{7}	q^{h}am^{5}a:n^{1}	lju^{2}lji^{2}sui^{3}	ha:i^{2}
直译：	庚	戌	时	辅星①	六白②	五	猛虎	文曲	家产破败	翻倒马鞍	泪如柳条	骸④
条目：							【五虎】		【辽架玄】	【缸鞍】	【六立水】③	

意译：庚戌时，值北斗辅星与风水紫白星六白照应，北斗辅星属水与地上乾为金，为金生水，为天地相生。按用事者出生地支年，往下推演，至第五位，要留心值水书忌戒条目【五虎】之凶，按用事者出生北斗九星年，往下推演，至文曲位，还要留意值水书忌戒条目【辽架玄】【缸鞍】【六立水】为“骸（死人）”凶祸招致之灾。

注释：① 辅星：为北斗星之一，属北斗星的第八位。

② 六白：为紫白星八卦第六位，为乾卦。

③ 水语音译的水书忌戒条目

【五虎】指猛虎，表示多只猛虎。

【辽架玄】意为家产破败。

【缸鞍】意为翻倒马鞍。

【六立水】意为哭泪如柳条，指忌哭丧。

④ 骸：水语音译，意为棺材、死人或重丧。

原文：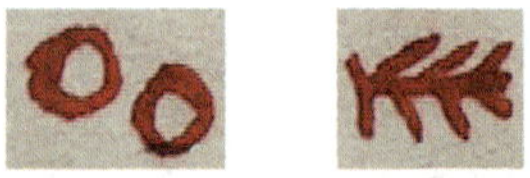

读音：	hak^{7}van^{1}	mok^{8}ta:ŋ^{2}
直译：	航问	木堂⑤

意译：虽有水书吉利“航问”“木堂”照应，但也难化解其凶，仍为凶时。诸事不宜。

注释：⑤ 水书吉星：

航问：水语音译，意为连日吉利。

木堂：水语音译，意为富丽堂皇。

第13行

原文：

读音：ɕən^{1} ʁa:i^{3} si^{2} pjət^{7} ŋo^{4} ŋo^{4} sək^{7}ʈi^{1} lju^{2}lji^{2}sui^{3} sa:n^{1} van^{1} ʈət^{7}

直译：辛 亥 时 弼星① 五黄② 五 断梳子 泪如柳条 散④ 日 吉

条目：【省记】【六立水】③

意译：辛亥时，值北斗弼星与风水紫白星中央五黄照应，北斗弼星为水与地上中央为土，为土克水，为天地相克。按用事者出生地支年，往下推演，至第五位，又值水语音译的水书忌戒条目【省记】【六立水】或八宫掌“散”凶祸之灾；虽值吉利照应，但也难化解天地相克之凶，仍为大凶之时。诸事不宜。

注释：① 弼星：为北斗星之一，属北斗星的第九位。

② 五黄：属紫白星八卦第五位，属中央卦。

③ 水语音译的水书忌戒条目：

【省记】意为断梳子（死人梳子）。

【六立水】意为哭泪如柳条，忌哭丧。

④ 散：为八宫掌名称。

第14行

原文：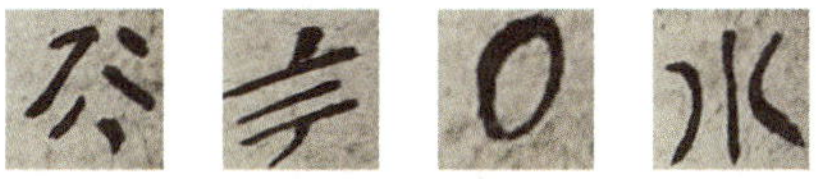

读音：ʈui^{5} ʁa:i^{3} van^{1} sui^{3}

直译：癸 亥 日 水

意译：癸亥日，属水。癸亥日为六十甲子日的第六十日，属五行纳音水。它包含从壬子时到癸亥时，共十二个时辰。

第15行

原文：

读音：ŋum^{2} hi^{3} si^{2} tʰa:m^{1} hi^{5} ton^{2}ɣon^{2} ma^{4}saŋ^{2}ʈi^{2} so^{3}sjen^{1} ta:ŋ^{2}sa:i^{2} van^{1} sui^{3}

直译：壬 子 时 贪狼① 四禄② 短命 马戴孝 惹是生非 宽大竹林 日 水

条目：【端完】【马畅旗】【所线】【堂晒】③

意译： 壬子时，值北斗贪狼与风水紫白星四禄巽相照应，北斗贪狼为木与地上巽为木，两木为旺，天地相旺。要留意值水语音译水书忌戒条目【端完】【马畅旗】【所线】【堂晒】凶祸招致之灾；按用事者出生属五行年，往下推演，至水位，有吉利照应，仍为吉凶参半之时。宜婚姻、营造、出行，不宜开路、安葬、立碑、造鞍。

注释： ① 贪狼：为北斗星之一，属北斗星的第一位。

② 四禄：紫白星属八卦星位第四位，属巽卦。

③ 水语音译水书忌戒条目：

【端完】意为短命。

【马畅旗】指马戴孝。

【所线】指惹是生非。

【堂晒】意为宽大竹林。

第16行

原文：

读音：	ʈui^{5}	su^{3}	si^{2}	ʈu^{2}	ha:m^{1}	njem^{2}ju^{5}	ʈum^{1}	mən^{2}ja^{3}sui^{3}	ha:i^{2}	ɕoŋ^{1}ɕep^{7}
直译：	癸	丑	时	巨门①	三碧②	预计	金	水族衙门	骸④	接应
条目：						【估术】		【门牙水】③		【休显】⑤

意译： 癸丑时，值北斗巨门与风水紫白星三碧震相照应，北斗巨门为土与地上震卦属木，为木克土，为天地相克。又值水语音译水书忌戒条目【估术】之凶，按用事者出生属五行年，往下推演，至金位，又连值水语音译水书忌戒条目【门牙水】为“骸（死人）”凶；又要留意【休显】凶祸招致之灾。

注释： ① 巨门：为北斗星之一，属北斗星的第二位。

② 三碧：紫白星属八卦星位第三位，属震卦。

③ 水语音译的水书忌戒条目：

【估术】意为预定或预计。

【门牙水】指水族衙门。

④ 骸：水语音译，意为棺材、死人或重丧。

⑤ 【休显】水书忌戒条目，意为接言或接应（忌报丧）。

原文：

读音：ŋo^4　ta:ŋ^{2}ʔɣa^5　hak^{7}van^1

直译：五　肥沃大田　航问⑦

条目：【堂田】⑥

意译：按用事者出生地支年，往下推演，至第五位，又还值水语音译水书忌戒条目【堂田】之凶；即使值水书吉利“航问”照应，也难化解天地相克之凶，仍为大凶之时。不宜开路、丧葬、立碑、嫁娶、起造、出行。

注释：⑥ 堂田：水语音译，意为肥沃大田。

⑦ 航问：水语音译，意为连日吉利。

第17行

原文：

读音：ʈa:p^7　ji^2　si^2　ljok^8　ŋ̥i^2　hak^7　ʈu^3　ʔjət^7

直译：甲　寅　时　禄存①　二黑②　坎坷　九　乙

条目：【核】③

意译：甲寅时，值北斗禄存与风水紫白星二黑坤照应，北斗禄存为土与地上坤为土，两土为旺，为天地相旺。要留意值水语音译水书忌戒条目【核】之凶；按用事者出生地支年，往下推演，至第九位，或按用事者出生天干年，往下推演，至乙位，为凶时。不宜婚姻、营造、开路、安葬、立碑、出行。

注释：① 禄存：为北斗星之一，属北斗星的第三位。

② 二黑：紫白星属八卦星位第二位，属坤卦。

③ 【核】水语音译水书忌戒条目，意为坎坷不顺或堵塞。

第18行

原文：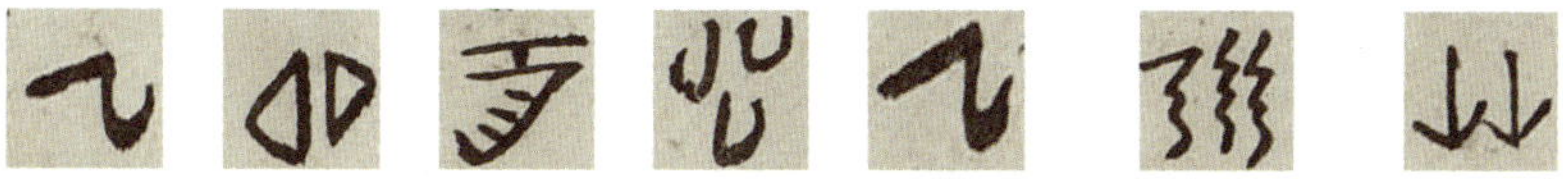

读音：ʔjət^7　ma:u^4　si^2　fan^2　ʔjət^7　so^{3}sjen^1　ta:ŋ^{2}sa:i^2

直译：乙　卯　时　文曲①　一白②　惹是生非　宽大竹林

条目：【所线】　【堂晒】③

意译：乙卯时，值北斗文曲与风水紫白星一白坎照应，北斗文曲为水与地上坎为水，两水为旺，为天地相旺。要留意值水语音译水书忌戒条目【所线】【堂晒】之凶祸。

注释：① 文曲：为北斗星之一，属北斗星的第四位。

② 一白：紫白星属八卦星位第一位，属坎卦。

③ 水语音译的水书忌戒条目：

【所线】意为惹是生非。

【堂晒】意为宽大竹林。

原文：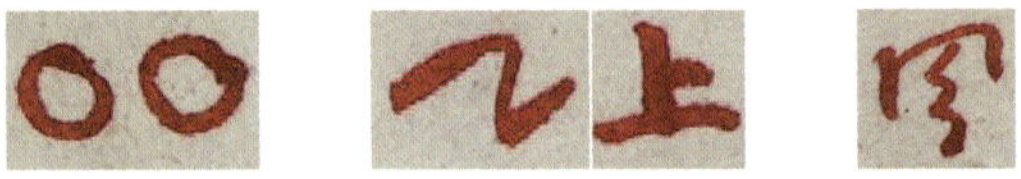

读音：	hak^{7}van^{1}	ˀjət^{7} sjeŋ^{3}	thjen^{1}qa:ŋ^{1}au^{4}
直译：	连日吉利	一生气④	稻谷丰登
条目：	【航问】		【天罡米】⑤

意译：又连值水语音译水书吉利条目【航问】“一生气”照应【天罡米】，仍为吉凶参半时。宜斟酌安葬、营造、立碑，不宜婚姻、出行、赴任、诉讼。

注释：④ 一生气：意为和气。

⑤ 水语音译的水书忌戒条目：

【航问】意为连日吉利。

【天罡米】稻谷丰登。

第19行

原文：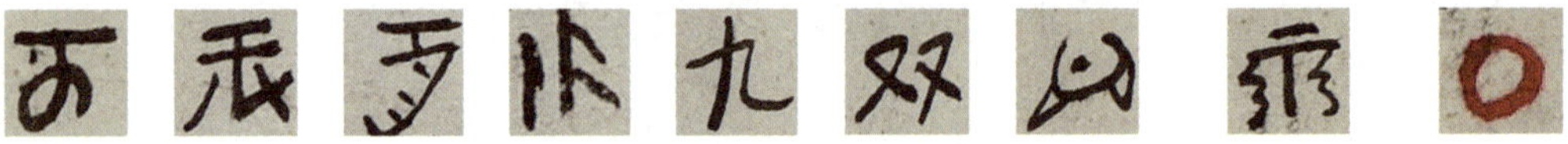

读音：	pjeŋ^{3}	sən^{2}	si^{2}	ljem^{2}	ʈu^{3}	ku^{3}sup^{7}	ŋo^{4}hu^{3}	ʔjeu^{1}foŋ^{2}hu^{3}	van^{1}
直译：	丙	辰	时	廉贞①	九紫②	预计	猛虎	孝旗伞	日
条目：						【估术】	【五虎】	【料逢虎】③	

意译：丙辰时，值北斗廉贞与风水紫白星九紫离照应，北斗廉贞为火与地上离为火，两火为旺，为天地相旺。要留意值水语音译水书忌戒条目【估术】【五虎】【料逢虎】凶祸之灾；即使有水书“吉日”照应，也为吉多凶少之时。宜斟酌丧葬、嫁娶、出行、营造。

注释：① 廉贞：为北斗星之一，属北斗星的第五位。

② 九紫：紫白星属八卦星位第九位，属离卦。

③ 水语音译水书忌戒条目：

【估术】意为预定或预计。

【五虎】意为猛虎，表示多只猛虎。

【料逢虎】指孝旗伞。

第20行

原文：

读音：	tjeŋ^{1}	hi^{4}	si^{2}	fu^{4}	pa:t^{7}	ɕoŋ^{1}ʔjət^{7}	ŋo^{4}qui^{5}	ŋo^{4}hu^{3}	mok^{8}foŋ^{2}	ha:i^{2}
直译：	丁	巳	时	武曲①	八白②	虫咬	锤敲打	猛虎	缠树藤	骸④
条目：						【凶以】	【五锤】	【五虎】	【木逢】③	

意译：丁巳时，值北斗武曲与风水紫白星八白艮相照应，北斗武曲属金与地上艮为土，为土生金，为天地相生。要留意水语音译水书忌戒条目【凶以】【五锤】【五虎】【木逢】为“骸（死人）”凶祸招致之灾。

注释：① 武曲：为北斗星之一，属北斗星的第六位。

② 八白：为紫白星八卦第八位，属艮卦。

③ 水语音译水书忌戒条目：

【凶以】指虫咬。

【五锤】指锤敲打，表示多锤敲打。

【五虎】指猛虎，表示多只猛虎。

【木逢】意为缠树藤。

④ 骸：水语音译，意为棺材、死人或重丧。

原文：

读音：	sa:t^{7}sjeŋ^{1}	ljeu^{4}ʈa^{1}ɕot^{7}	ŋo^{4}hu^{3}	ʈi^{1}	lju^{2}lji^{2}sui^{3}	eŋ^{1}van^{1}
直译：	凶恶祸害	家产破败	猛虎	九穷	泪如柳条	额问⑥
条目：	【杀伤】	【辽架玄】	【五虎】	【九己】	【六立水】⑤	

意译：又要留心值水语音译的水书忌戒条目【杀伤】【辽架玄】【五虎】【九己】【六立水】凶祸损耗之灾；即使有水书吉利条目“额问”照应，也为凶时。不宜嫁娶、起造、出行、丧葬、立碑、设席。

注释：⑤ 水语音译水书忌戒条目：

【杀伤】指凶恶祸害，死于非命。

【辽架玄】意为家产破败。

【五虎】意为猛虎，多只猛虎。

【九己】指九穷，二代以后丁财衰败。

【六立水】意为哭，指忌哭丧。

⑥ 额问：水语音译，意为吉利重重。

第21行

原文：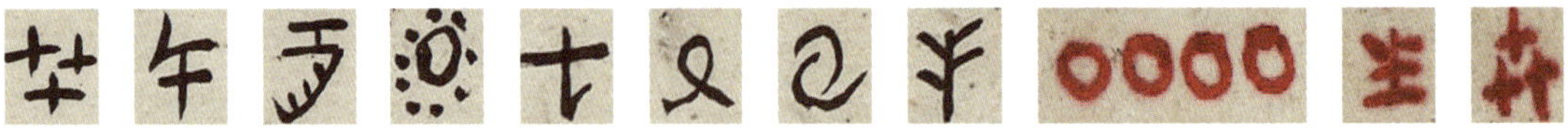

读音：	mu^{2}	ŋo^{2}	si^{2}	p^{h}o^{5}	ɕət^{7}	pjət^{7}jiŋ^{5}	ȶi^{1}	mok^{8}	eŋ^{1}van^{1}	mi^{2}	mu^{2}
直译：	戊	午	时	破军①	七赤②	环绕	九穷	人头	额问④	未	戊
条目：						【必引】	【九己】	【各木】③			

意译：戊午时，值北斗破军与风水紫白星七赤兑相照应，北斗破军属金与地上兑为金，两金为旺。要留意值水语音译水书忌戒条目【必引】【九己】【各木】凶祸之灾；即使又有水书吉利条目“额问”照应，且按用事者出生地支年或天干年，往下推演，至地支第九位或至天干戊位，为吉利，也仍为凶时。不宜安葬、营造、立碑、婚姻、出行。

注释：① 破军：为北斗星之一，属北斗星的第七位。

② 七赤：为紫白星八卦第七位，属兑卦。

③ 水语音译水书忌戒条目：

【必引】意为回环或环绕。

【九己】指九穷，二代以后丁财衰败。

【各木】意为人头。

④ 额问：水语音译，指吉利重重。

第22行

原文：

读音：	ȶi^{1}	mi^{2}	si^{2}	pu^{2}	ljok^{8}	hak^{7}	pik^{7}sui^{3}ȶən^{1}	ha:m^{1}	so^{3}sjen^{1}	q^{h}am^{5}a:n^{1}	lju^{2}lji^{2}sui^{3}
直译：	己	未	时	辅星①	六白②	坎坷	泪水涌流	三	惹是生非	翻倒马鞍	泪如柳条
条目：						【核】	【比水紧】		【所线】	【缸鞍】	【六立水】③

意译：己未时，值北斗辅星与风水紫白星六白乾相照应，北斗辅星属水与地上乾金，为金生水，为天地相生。按用事者出生地支年，往下推演，至第三位，要留心值水语音译水书忌戒条目【核】【比水紧】【所线】【缸鞍】【六立水】凶祸招致之灾。

注释：① 辅星：为北斗星之一，属北斗星的第八位。

② 六白：紫白星属八卦星位第六位，属乾卦。

③ 水语音译水书忌戒条目：

【核】意为坎坷不顺或堵塞。

【比水紧】意为泪水涌出。

【所线】意为惹是生非。

【缸鞍】意为翻倒马鞍。

【六立水】意为哭泪如柳条，指忌哭丧。

原文：

读音：	tət^{7}	eŋ^{1}van^{1}	sup^{8}ljok^{8}
直译：	吉	额问④	十六

意译：又值水书吉利条目“额问”照应为“六十吉”，也仍为吉凶参半之时。宜斟酌安葬、立碑、赴任、诉讼，不宜婚姻、营造、出行、造鞍。

注释：④ 额问：水语音译，意为吉利重重。

第23行

原文：

读音：	qeŋ^{1}	sən^{1}	si^{2}	pjət^{7}	ŋo^{4}	ŋ̥a:n^{1}hi^{5}q^{h}a^{1}	pje^{2}k^{h}u^{1}	mok^{8}
直译：	庚	申	时	弼星①	五黄②	棺材四角	麻风病	人头
条目：						【宁喜卡】	【别扣】	【各木】③

意译：丙申时，值北斗弼星与风水紫白星中央五黄照应，北斗弼星属水与地上中央为土，为土克水，为天地相克。又有水书忌戒条目【宁喜卡】【别扣】【各木】凶祸之灾，为大凶之时。

诸事不宜。

注释：① 弼星：为北斗星之一，属北斗星的第九位。

② 五黄：紫白星属八卦星位第五位，为中央卦。

③ 水语音译水书忌戒条目：

【宁喜卡】意为棺材四角。

【别扣】意为麻风病。

【各木】指人头。

第24行

原文：

读音：	ɕən^{1}	ju^{4}	si^{2}	t^{h}a:m^{1}	hi^{5}	ʔjən^{5}kwa:n^{1}	ɕət^{7}	qo^{2}ʈən^{1}	sək^{7}ʈi^{1}	hak^{7}van^{1}	mok^{8}ta:ŋ^{2}
直译：	辛	酉	时	贪狼①	四禄②	斧头	七	大群队移动	断梳子	航问	木堂④
条目：						【引贯】		【各紧】	【省记】③		

意译：辛酉时，值北斗贪狼与风水紫白星四禄照应，北斗贪狼属木与地上巽为木，两木为旺，为天地相旺。要留意值水语音译水书忌戒条目【引贯】之凶，按用事者出生地支年，往下推演，至第七位，又有值水语音译水书忌戒条目【各紧】【省记】之祸；即使值水语音译水书吉利“航问”“木堂”照应，也为吉凶参半。宜斟酌丧葬、立碑，不宜嫁娶、起造、造圈。

注释：① 贪狼：为北斗星之一，属北斗星的第一位。

② 四禄：为紫白星八卦第四位，为巽卦。

③ 水语音译水书忌戒条目：

【引贯】意为斧头。

【各紧】大群队移动。各，水语音译，为划、移动；紧，水语音译，为大排场队伍。

【省记】意为断梳子（死人梳子）。

④ 水语音译水书吉星：

航问：意为连日吉利。

木堂：意为富丽堂皇。

第25行

原文：

读音：	ȵum^{2}	hət^{7}	siv	ʈu^{2}	ha:m^{1}	qoŋ^{1}ljok^{8}ma^{4}	sa:n^{1}	ha:i^{2}	hak^{7}van^{1}
直译：	壬	戌	时	巨门①	三碧②	马做工	散④	骸⑤	航问⑥
条目：						【工六马】③			

意译：壬戌时，值北斗巨门与风水紫白星三碧照应，北斗巨门属土与地上震为木，为木克土，为天地相克。又有水语音译水书忌戒条目【工六马】或值八宫掌“散”为“骸（死人）”凶祸之灾；虽值水语音译水书吉利“航问”照应，但也难化解天地相克之凶，仍为大凶之时。诸事不宜。

注释：① 巨门：为北斗星之一，属北斗星的第二位。

② 三碧：紫白星属八卦第三位，为震卦。

③ 【工六马】水书忌戒条目，指马做工，表示多匹马做工。

④ 散：为八宫掌名称。

⑤ 骸：水语音译，意为棺材、死人或重丧。

⑥ 航问：水语音译，意为连日吉利。

第26行

原文：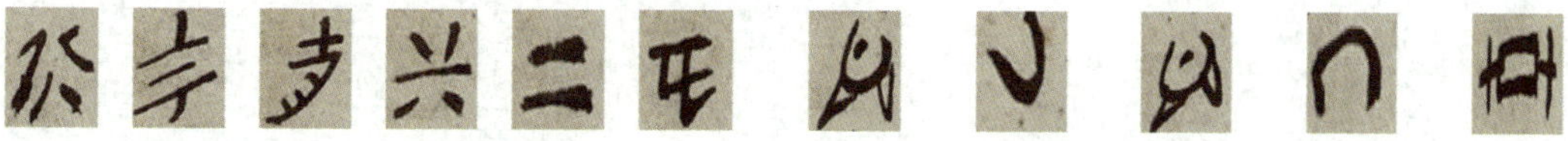

读音：	ȶui^{5}	ʁa:i^{3}	si^{2}	ljok^{8}	ȵi^{2}	ŋo^{4}	ŋo^{4}hu^{3}	qau^{3}za:i^{5}	ŋo^{4}hu^{3}	ʔboŋ^{5}ham^{3}	ha:i^{2}
直译：	癸	亥	时	禄存①	二黑②	五	猛虎	猛兽抓拖	猛虎	罩住	骸④
条目：							【五虎】	【高采】	【五虎】	【补夯】③	

意译：癸亥时，值北斗禄存与风水紫白星二黑照应，北斗禄存属土与地上坤为土，两土为旺，为天地相旺。要留意值水语音译水书忌戒条目【五虎】【高采】【五虎】【补夯】为“骸（死人）”凶祸招致之灾。

注释：① 禄存：为北斗星之一，属北斗星的第三位。

② 二黑：紫白星属八卦星位第二位，为坤卦。

③ 水语音译水书忌戒条目：

【五虎】意为猛虎，多只猛虎。

【高采】意为猛兽抓拖。

【补夯】指罩住，与仰相对。

④ 骸：水语音译，意为棺材、死人或重丧。

原文：

读音：	hak^{7}van^{1}	ȶum^{1}	ta:i^{2}
直译：	航问	金堂⑤	大

意译：即使连有水书吉利条目“航问”“金堂”照应，也只为吉凶参半之时。宜斟酌嫁娶、起造、造圈，不宜丧葬、立碑。

注释：⑤ 水语音译水书吉星：

航问：意为连日吉利。

金堂：指富丽堂皇。

二、条目解读

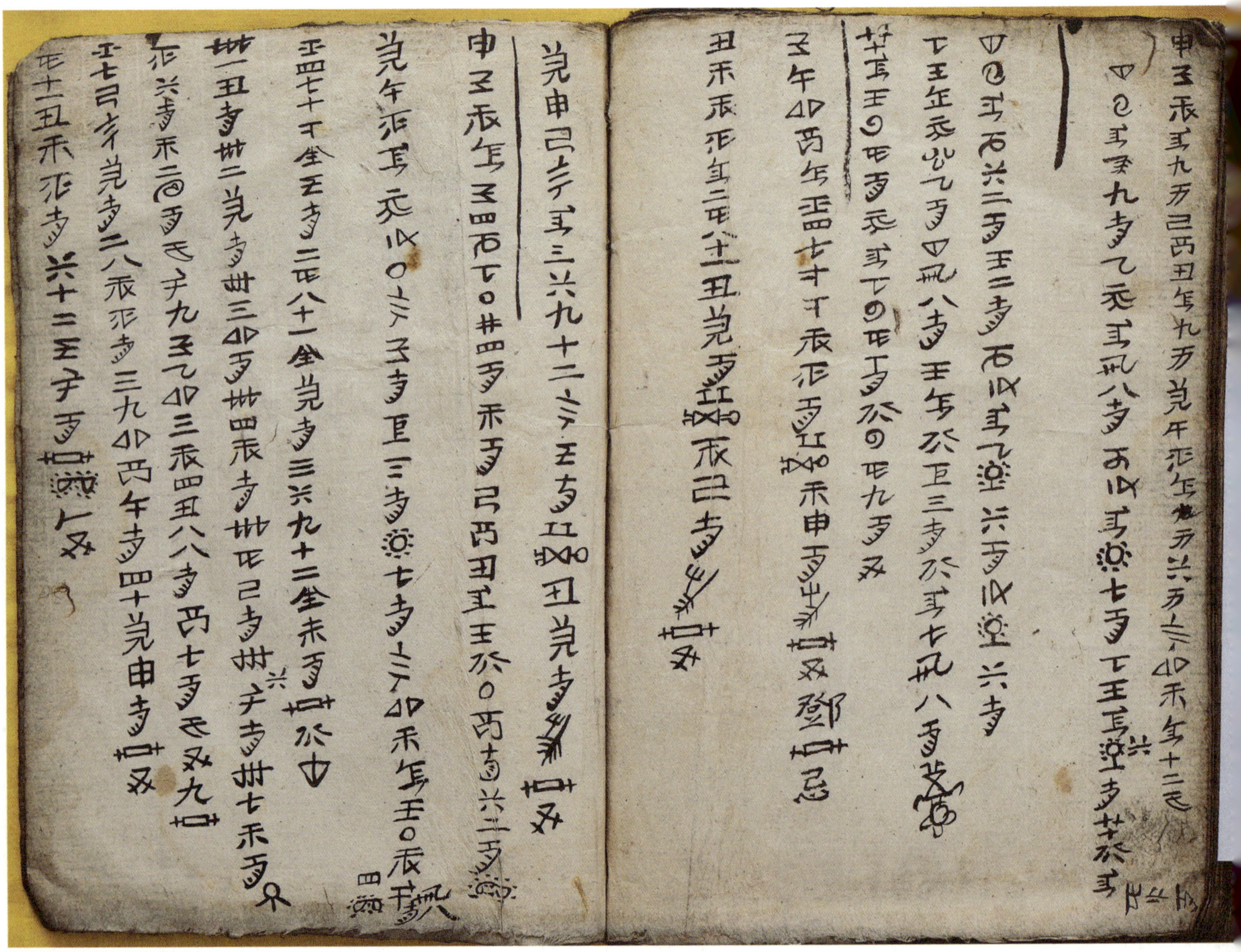

原件 31：三合年忌方 则斗 引腊 啥骸 线朦 不罡 刀点 空朦海

第1行 三合年忌方

原文：

读音：	sən^{1}	hi^{3}	sən^{2}	be^{1}	ȶu^{3}	fa:ŋ^{1}
直译：	申	子	辰	年	九	方

意译：申子辰年忌第九方。

注释：九：分别从地支申子辰为第一位推演，至地支第九位，为凶方。

原文：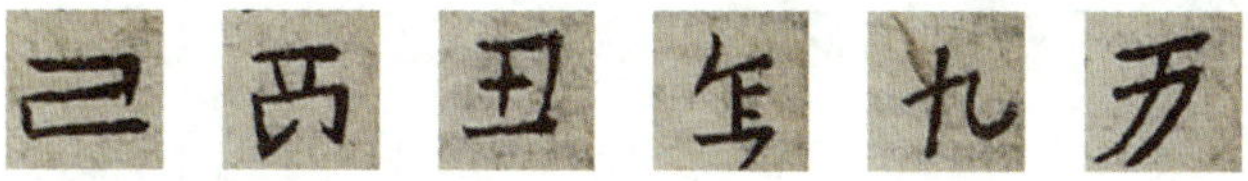

读音：	hi^{4}	ju^{4}	su^{3}	be^{1}	ȶu^{3}	fa:ŋ^{1}
直译：	巳	酉	丑	年	九	方

意译：巳酉丑年忌第九方。

注释：九：分别从地支巳酉丑为第一位推演，至地支第九位，为凶方。

原文：

读音：	ji^{2}	ŋo^{2}	hət^{7}	be^{1}	ȶu^{3}	fa:ŋ^{1}	ljok^{8}	fa:ŋ^{1}
直译：	寅	午	戌	年	九	方	六	方

意译：寅午戌年忌第九方、第六方。

注释：九、六：分别从地支寅午戌为第一位推演，至地支第九位、六位，为凶方。

原文：

读音：	ʁa:i^{3}	ma:u^{4}	mi^{2}	be^{1}	sup^{8}	ȵi^{2}	fa:ŋ^{1}
直译：	亥	卯	未	年	十	二	方

意译：亥卯未年忌第十二方。

注释：十二：分别从地支寅午戌为第一位推演，至地支第十二位，为凶方。

用途：忌用方位。主要以地支太岁为主，在办丧事忌设的各种席位，出殡忌的方位。

第2行 则斗

原文：

读音：ȶa:p^{7} ȶi^{1} be^{1} ljem^{2} ȶu^{3} si^{2}

直译：甲 己 年 廉 九 时

意译：甲己年起廉贞九紫时。

原文：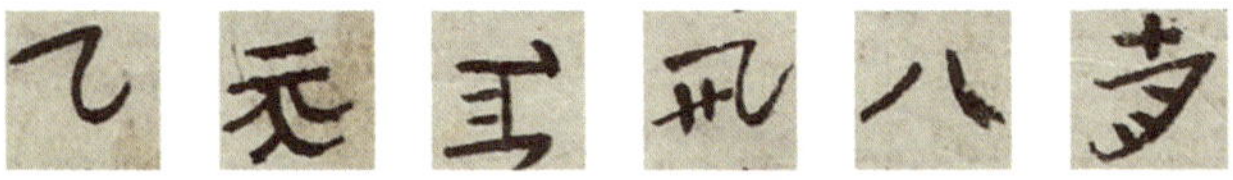

读音：ʔjət^{7} qeŋ^{1} be^{1} fu^{4} pa:t^{7} si^{2}

直译：乙 庚 年 武曲 八白 时

意译：乙庚年起武曲八白时。

原文：

读音：pjeŋ^{3} ɕən^{1} be^{1} p^{h}o^{5} ɕət^{7} si^{2}

直译：丙 辛 年 破 七 时

意译：丙辛年起破军七赤时。

原文：

读音：tjeŋ^{1} ȵum^{2} be^{1} pu^{2} ljok^{8} si^{2}

直译：丁 壬 年 辅 六 时

意译：丁壬年起辅星六白时。

原文：

读音：mu^{2} ȶui^{5} be^{1} ljem^{2} ŋo^{4} si^{2}

直译：戊 癸 年 廉 五黄 时

意译：戊癸年起廉贞五黄时。

用途：忌安葬，犯之要得事。又名“则斗”。

第 3 行 引腊

原文：

读音：	ʈa:p^7	ʈi^1	be^1	pjeŋ^3	ljok^8	ȵi^2	si^2	ȵum^2	ȵi^1	si^2
直译：	甲	己	年	丙	禄	二	时	壬	二	时

意译：甲己年取天干丙日值禄存二黑时或壬日值二黑时凶。

原文：

读音：	pjeŋ^3	ɕən^1	be^1	ʔjət^7	pu^2	ljok^8	si^2	ɕən^1	pu^2	ljok^8	si^2
直译：	丙	辛	年	乙	辅	六	时	辛	辅	六	时

意译：丙辛年取天干乙日辅星六白时或辛日辅星六白时凶。

第4行

原文：

读音：	tjeŋ^1	ȵum^2	be^1	qeŋ^1	fan^2	ʔjət^7	si^2	ʈa:p^7	fu^4	pa:t^7	si^2
直译：	丁	壬	年	庚	文	一	时	甲	武	八	时

意译：丁壬年取天干庚日值文曲一白时或甲日武曲八白时凶。

原文：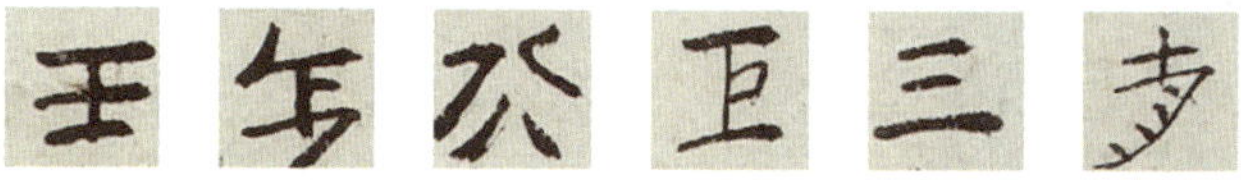

读音：	ȵum^2	be^1	ʈui^5	ʈu^2	ha:m^1	si^2
直译：	壬	年	癸	巨	三	时

意译：壬年取天干癸日巨门三碧时凶。

原文：

读音：	ʈui^5	be^1	tjeŋ^1	fu^4	pa:t^7	si^2	nju^{4}t^{h}u^{3}fok^7
直译：	癸	年	丁	武	八	时	女土蝠

意译：癸年取天干丁日值武曲八白时，又值女土蝠宿，为大凶。

注释：女土蝠：为二十八宿之一。

第5行

原文：

读音：	mu^{2}	be^{1}	ȵum^{2}	pjət^{7}	ŋo^{4}	si^{2}
直译：	戊	年	壬	弼	五黄	时

意译：戊年取天干壬日值弼星五黄时凶。

原文：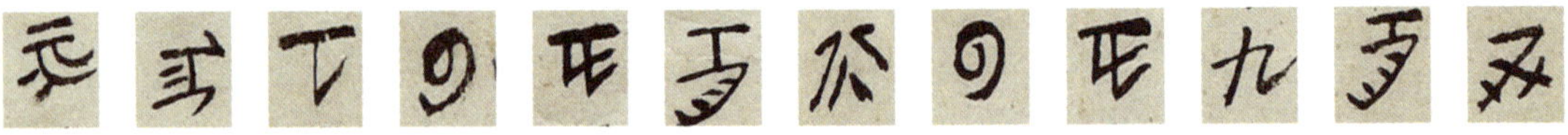

读音：	qeŋ^{1}	be^{1}	tjeŋ^{1}	pjət^{7}	ŋo^{4}	si^{2}	ʈui^{5}	pjət^{7}	ŋo^{4}	ʈu^{3}	si^{2}	ɕoŋ^{2}
直译：	庚	年	丁	弼	五黄	时	癸	弼	五黄	九紫	时	凶

意译：庚年取天干丁日，值弼星五黄时凶；癸日值弼星五黄时，或值九紫，为时凶。

用途：“则斗”水语音译的忌戒水书条目，意为克亲或相残。人出生犯之，是要克父母或亲兄弟或姐妹；安葬犯之，以致人丁、家财退败。

第6行 啥骸

原文：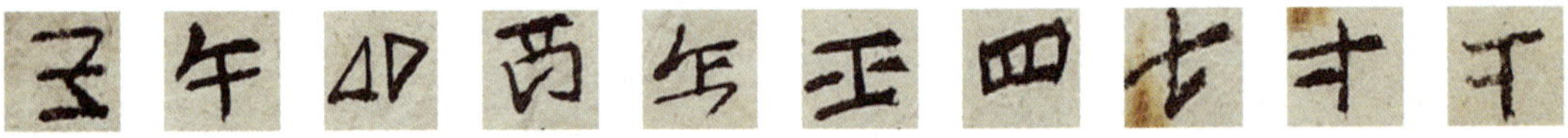

读音：	hi^{3}	ŋo^{2}	ma:u^{4}	ju^{4}	be^{1}	tsjeŋ^{1}	hi^{5}	ɕət^{7}	sup^{8}	sjeŋ^{2}
直译：	子	午	卯	酉	年	正	四	七	十	上

意译：子午卯酉年，正、四、七、十月。

原文：

读音：	sən^{2}	hət^{7}	si^{2}	p^{h}at^{7}zən^{1}	mi^{2}	sən^{1}	si^{2}	sa^{1}ha:i^{2}	ɕoŋ^{1}	tən^{5}ha:i^{2}	ti^{2}
直译：	辰	戌	时	喷任①	未	申	时	啥骸②	凶	邓骸③	忌

意译：择辰戌时，为水语音译“喷任”凶；择未申时，忌“啥骸”“邓骸”大凶。

注释：①喷任：水语音译，意为倒人（重丧）。

②啥骸：水语音译，意为刺棺材，犯之是要再出现重丧。

③邓骸：水语音译，属安葬前的“超度”。

第 7 行

原文：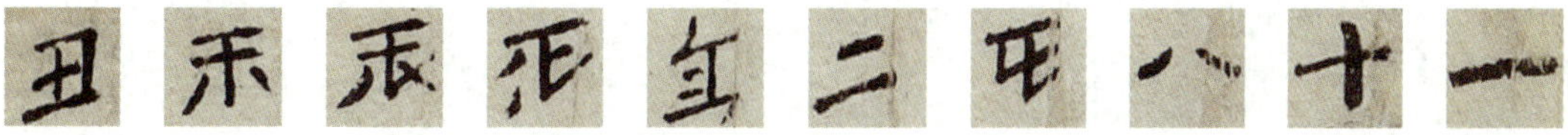

读音：	su^{3}	mi^{2}	sən^{2}	hət^{7}	be^{1}	ȵi^{2}	ŋo^{4}	paət^{7}	sup^{8}	ʔjət^{7}
直译：	丑	未	辰	戌	年	二	五	八	十	一

意译：丑未辰戌年，二、五、八、十一月，

原文：

读音：	su^{3}	ji^{2}	si^{2}	p^{h}at^{7}zən^{1}	sən^{2}	hi^{4}	si^{2}	sa^{1}ha:i^{2}	ɕoŋ^{1}
直译：	丑	寅	时	喷任	辰	巳	时	啥骸	凶

意译：择丑寅时为水语音译“喷任”凶；辰巳时“啥骸”凶。

第 8 行

原文：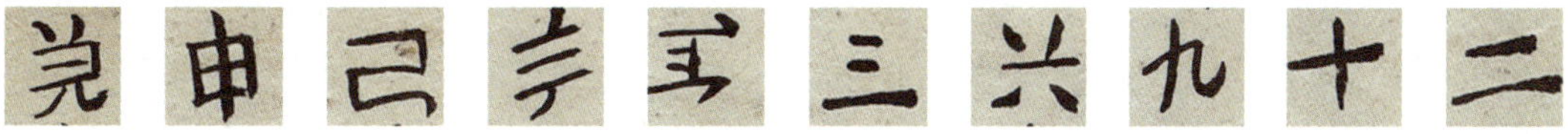

读音：	ji^{2}	sən^{1}	hi^{4}	ʁa:i^{3}	be^{1}	ha:n^{1}	ljok^{8}	tu^{3}	sup^{8}	ȵi^{2}
直译：	寅	申	巳	亥	年	三	六	九	十	二

意译：寅申巳亥年，三、六、九、十二月，

原文：

读音：	p^{h}at^{7}	ʁa:i^{3}	hi^{3}	si^{2}	ɕoŋ^{1}	zən^{2}ta:u^{5}	su^{3}	ji^{2}	si^{2}	ha:i^{2}	ha:i^{2}
直译：	喷	亥	子	时	凶	人倒	丑	寅	时	骸	骸

意译：取亥子时为水语音译“喷任”凶；择丑寅时，为水语音译“啥骸”凶。

用途：此章为水语音译“啥骸”。安葬、超度老人犯之，要有重丧出现。

第 9 行 线滕

原文：

读音：	sən^{1}	hi^{3}	sən^{2}	be^{1}	hi^{3}	hi^{5}	pjeŋ^{3}	tjeŋ^{1}	van^{1}
直译：	申	子	辰	年	子	四	丙	丁	日

意译：申子辰年，忌子日、天干丙丁日、

原文：

读音：	t^{h}aːm^{1}	hi^{5}	si^{2}	mi^{2}	si^{2}
直译：	贪狼	四	时	未	时

意译：为贪狼四禄时，或未时，为凶。

原文：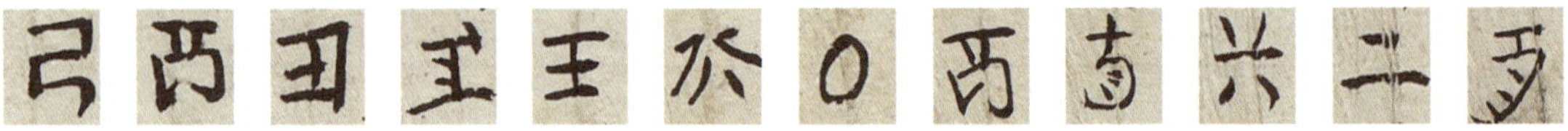

读音：	hi^{4}	ju^{4}	su^{3}	be^{1}	ȵum^{2}	ʈui^{5}	van^{1}	ju^{4}	si^{2}	ljok^{8}	ȵi^{2}	si^{2}
直译：	巳	酉	丑	年	壬	癸	日	酉	时	禄	二	时

意译：巳酉丑年，忌天干壬癸日，择酉时值禄存二黑时，为大凶。

第10行

原文：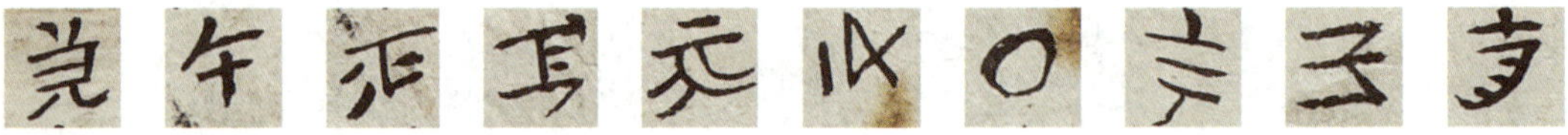

读音：	ji^{2}	ŋo^{2}	hət^{7}	be^{1}	qeŋ^{1}	ɕən^{1}	van^{1}	ʁaːi^{3}	hi^{3}	si^{2}
直译：	寅	午	戌	年	庚	辛	日	亥	子	时

意译：寅午戌年庚辛日，亥子时。

原文：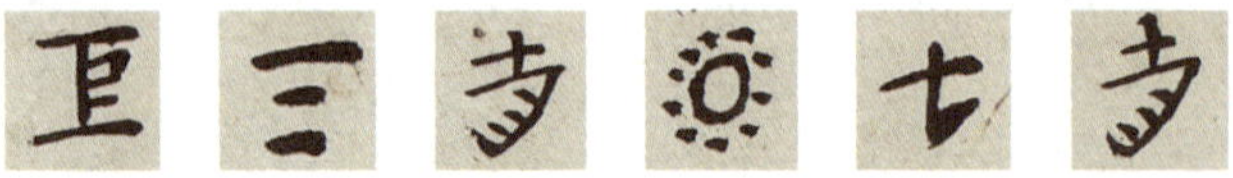

读音：	ʈu^{2}	haːm^{1}	si^{2}	p^{h}o^{5}	ɕət^{7}	si^{2}
直译：	巨	三	时	破	七	时

意译：值巨门三碧时，或为破军七赤时，为大凶。

原文：

读音：ʁa:i^3 ma:u^4 mi^2 be^1 ŋ̥um^2 van^1 sən^2 ŋo^2 si^2 fu^4 pa:t^7 hi^5 q^{h}am^{5}a:n^1

直译：亥 卯 未 年 壬 日 辰 午 时 武 八 四 缸鞍

意译：亥卯未年取壬日择辰午时，值武曲八白，或值武曲四禄，为水语音译禁忌条目“缸鞍”，为大凶。

注释：缸鞍：为水语音译，意为翻倒马鞍。

用途：“线朦”水语音译，意为虎煞。主忌安葬、起造、婚姻。犯之易被虎伤，或导致死于非命。搬石头、伐木易被跌倒摔伤或被砍伤。

第11行 不缸

原文：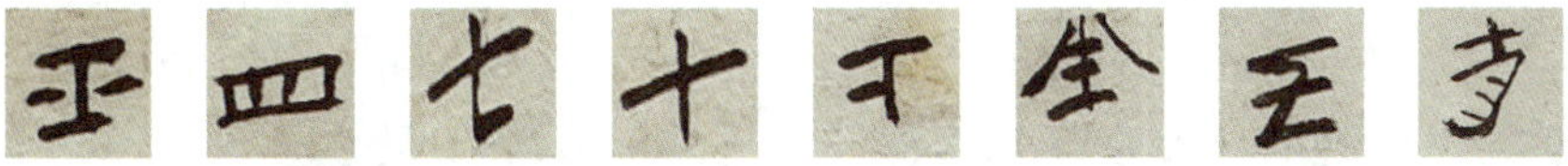

读音：tsjeŋ^1 hi^5 ɕət^7 sup^8 sjeŋ^2 ţum^1 hi^3 si^2

直译：正 四 七 十 上 金 子 时

意译：正、四、七、十月忌子时。

原文：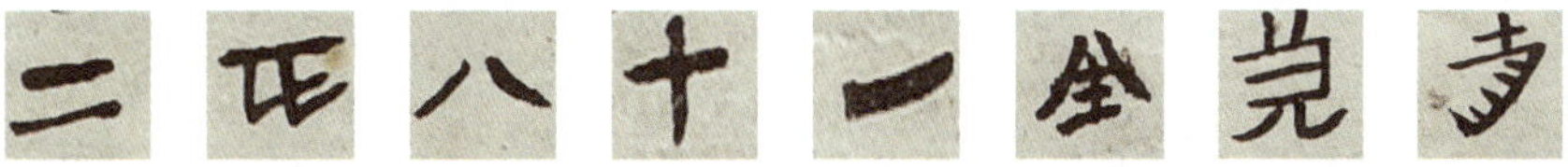

读音：ŋ̥i^2 ŋo^4 pa:t^7 sup^8 ʔjət^7 ţum^1 ji^2 si^2

直译：二 五 八 十 一 金 寅 时

意译：二、五、八、十一月忌寅时。

原文：

读音：ha:m^1 ljok^8 ţu^3 sup^8 ŋ̥i^2 ţum^1 mi^2 si^2 ha:i^2 ţui^5 ţa:p^7

直译：三 六 九 十 二 金 未 时 骸 癸 甲

意译：三、六、九、十二月忌未时，犯之有可能有重丧出现。

用途：“不缸”水语音译，意为苦瓜（烂瓜）。忌安葬、婚姻、起造、栽种、伐木。主要是以月份忌时。安葬、婚姻、起造犯之后代生活贫困、人丁稀少；栽种、伐木、养殖犯之就逐渐枯萎，像瓜一样烂掉。

第12行 刀点

原文：

读音：	ti^{2}	ʔjət^{7}	su^{3}	si^{2}	ti^{2}	ȵi^{2}	ji^{2}	si^{2}
直译：	第	一	丑	时	第	二	寅	时

意译：第一元日忌丑时；第二元日忌寅时。

原文：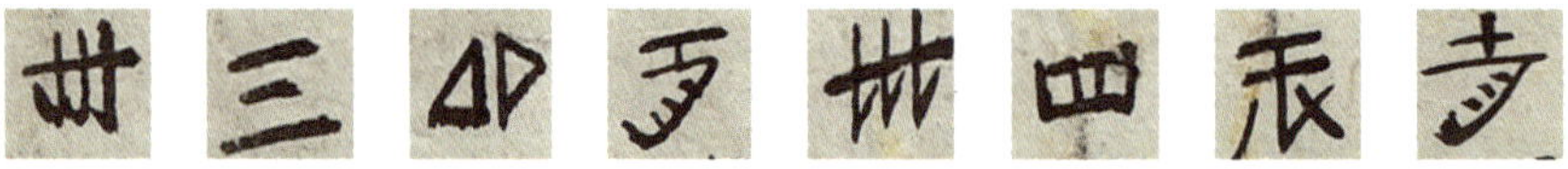

读音：	ti^{2}	ha:m^{1}	ma:u^{4}	si^{2}	ti^{2}	hi^{5}	sən^{2}	si^{2}
直译：	第	三	卯	时	第	四	辰	时

意译：第三元日忌卯时；第四元日忌辰时。

原文：

读音：	ti^{2}	ŋo^{4}	hi^{4}	si^{2}	ti^{2}	ljok^{8}	ŋo^{2}	si^{2}
直译：	第	五	巳	时	第	六	午	时

意译：第五元日忌巳时；第六元日忌午时。

原文：

读音：	ti^{2}	ɕət^{7}	mi^{2}	si^{2}	tjau^{3}tjət^{7}
直译：	第	七	未	时	刀点

意译：第七元日忌未时，为刀点时。

用途：“刀点”水语音译，意为扫。忌安葬、嫁女、卖田地。主要是以纪元日忌时。安葬，犯之后代生活贫困、人丁稀少。嫁女、卖田地，主家逐渐穷困潦倒。也可以用于扫家、驱邪。

第13行

原文：

读音：	hət^{7}	ljok^{8}	si^{2}	mi^{2}	pjət^{7}	ȵi^{2}	si^{2}	fa:ŋ^{1}
直译：	戊	六	时	未	弼	二	时	方

意译：戊六白时，未弼二黑时方。

原文：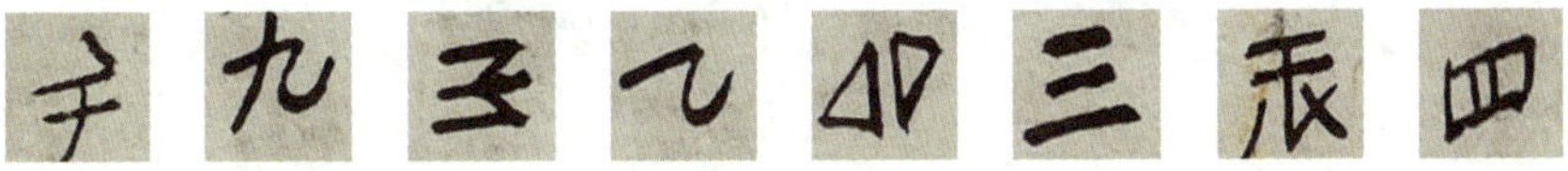

读音：ŋo^{2}　ʈu^{3}　hi^{3}　ʔjət^{7}　ma:u^{4}　ha:m^{1}　sən^{2}　hi^{5}

直译：午　九　子　一　卯　三　辰　四

意译：午九紫、子一白、卯三碧、辰四禄。

原文：

读音：su^{3}　pa:t^{7}　pa:t^{7}　si^{2}　ju^{4}　ɕət^{7}　si^{2}　fa:ŋ^{1}　ɕoŋ^{1}　ʈu^{3}　ha:i^{2}

直译：丑　八　八　时　酉　七　时　方　凶　九　骸

意译：丑八白时、酉七赤时方，连凶“九骸”。

注释：九骸：水语音译，骸，意为重丧。九骸，意为连出九丧（连死九人）。

第14行 空蒙海

原文：

读音：tsjeŋ^{1}　ɕət^{7}　hi^{4}　ʁa:i^{3}　ji^{2}　si^{2}　ŋ̥i^{2}　pa:t^{7}　sən^{2}　hət^{7}　si^{2}

直译：正　七　巳　亥　寅　时　二　八　辰　戌　时

意译：正、七月忌巳亥寅时，二、八月忌辰戌时。

原文：

读音：ha:m^{1}　ʈu^{3}　ma:u^{4}　ju^{4}　ŋo^{2}　si^{2}

直译：三　九　卯　酉　午　时

意译：三、九月忌卯酉午时。

原文：

读音：hi^{5} sup^{8} ji^{2} sən^{1} si^{2} ha:i^{2} ɕoŋ^{1}

直译：四 十 寅 申 时 骸 凶

意译：四、十月忌寅申时，为重丧凶。

注释：骸：水语音译，意为重丧。

第15行

原文：

读音：ŋo^{4} sup^{8} ?jət^{7} su^{3} mi^{2} hət^{7} si^{2}

直译：五 十 一 丑 未 戌 时

意译：五、十一月忌丑未戌时。

原文：

读音：ljok^{8} sup^{8} ȵi^{2} hi^{3} ŋo^{2} si^{2} ha:i^{2} q^{h}am^{5}a:n^{1} kwa:n^{1}tsai^{4}

直译：六 十 二 子 午 时 骸 缸鞍 贯才

意译：六、十二月忌子午时，为重丧、缸鞍、贯才凶。

注释：骸：意为棺材、死人或重丧。

水书忌戒条目：

【缸鞍】意为翻倒马鞍。

【贯才】意为利斧。

用途：名为“空濛”，为水语音译，又叫“天翻”，也叫“引贯”，意为导致凶祸、甚至丧命。忌借耕牛、背幼孩去婆家、砍树、造屋。小孩子生对此时要夭折；人死对此时，葬父死母、葬男死女、葬兄死弟。又忌开路、接亲、杀牛敬祖宗等。念咒辞死师人。抓盗贼可用此时辰。

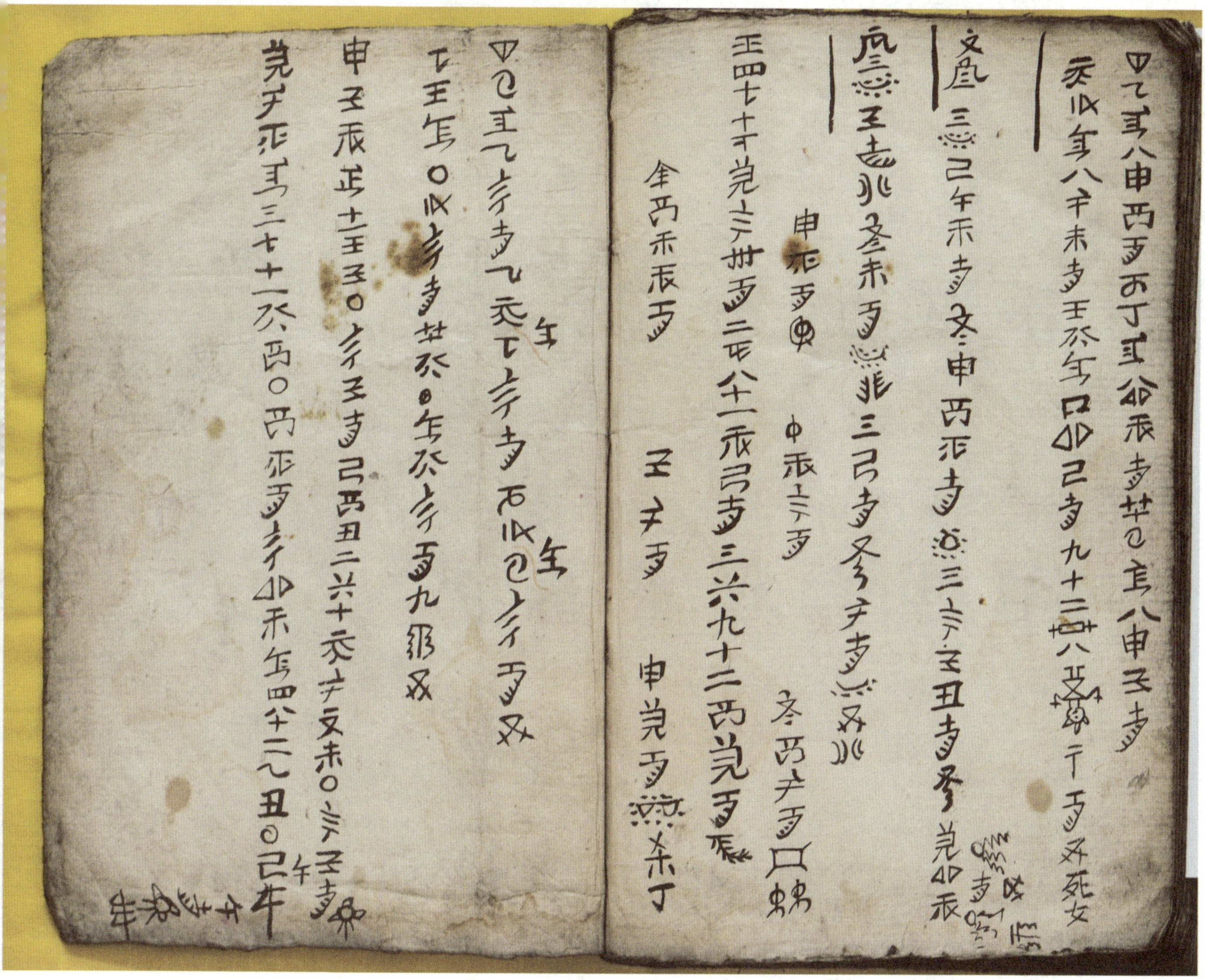

原件 32：杀上 姑又 夕花 沙朋 杀伤 大更

第 1 行　杀上

原文：

读音：ȶa:p^{7}　ʔjət^{7}　be^{1}　pa:t^{7}　sən^{1}　hu^{4}　si^{2}

直译：甲　乙　年　八　申　酉　时

意译：甲乙年八月忌申酉时。

原文：

读音：pjeŋ^{3}　tjeŋ^{1}　be^{1}　pa:t^{7}ma:u^{4}　sən^{2}　si^{2}

直译：丙　丁　年　八卯　辰　时

意译：丙丁年八月忌卯辰时。

原文：

读音：mu^{2}　ȶi^{1}　be^{1}　pa:t^{7}　sən^{1}　hi^{3}　si^{2}

直译：戊　己　年　八　申　子　时

意译：戊己年八月忌申子时。

第 2 行

原文：

读音：qeŋ^{1}　ɕən^{1}　be^{1}　pa:t^{7}　ŋo^{2}　mi^{2}　si^{2}

直译：庚　辛　年　八　午　未　时

意译：庚辛年八月忌午未时。

原文：

读音：ȵum^{2}　ȶui^{5}　be^{1}　foŋ^{2}tau^{3}　ma:u^{4}　hi^{4}　si^{2}　ȶu^{3}　sup^{8}　ȵi^{2}　ha:i^{2}

直译：壬　癸　年　草鱼盘　卯　巳　时　九　十　二　骸

意译：壬癸年忌卯巳时为九紫时，连凶“十二骸”。

注释：十二骸：水语音译，指连续凶死十二人。骸，意为重丧。

原文：

读音：pa:t^{7}　nju^{4}t^{h}u^{3}fok^{7}　jeŋ^{1}　si^{2}　ɕoŋ^{1}　tai^{1}　ʔbek^{7}

直译：八　女土蝠　堵塞　时　凶　死　女

意译：在八月取卯巳时为九紫时，又值女土蝠宿，可能要凶死女人。

用途：忌安葬、嫁女，犯之凶死女人。

第 3 行　姑又

原文：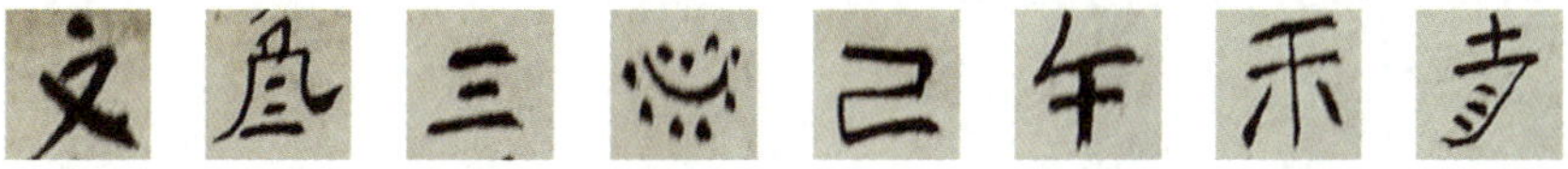

读音：ŋ̊ot^{8}　sən^{1}　ha:m^{1}　tsi^{2}　hi^{4}　ŋo^{2}　mi^{2}　si^{2}

直译：月　春　三　忌　己　午　未　时

意译：水历春三月忌巳午未时凶。

原文：

读音：ja^{3}　sən^{1}　ju^{4}　hət^{7}　si^{2}

直译：夏　申　酉　戌　时

意译：水历夏三月忌申酉戌时凶。

原文：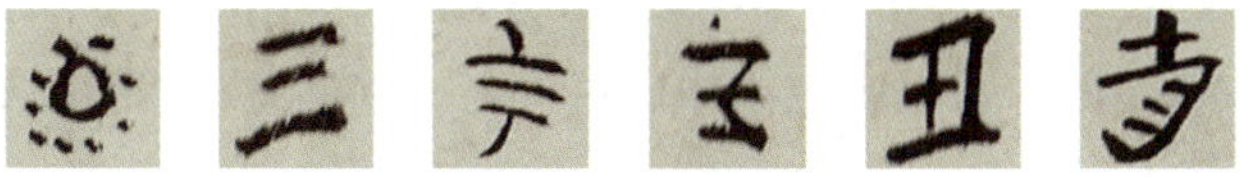

读音：ɕu^{1}　ha:m^{1}　ʁa:i^{3}　hi^{3}　su^{3}　si^{2}

直译：秋　三　亥　子　丑　时

意译：水历秋三月忌亥子丑时凶。

原文：

读音：toŋ^{1}　ji^{2}　ma:u^{4}　sən^{2}　ma^{4}saŋ^{2}ȶi^{2}　si^{2}　ɕoŋ^{1}　ʔjeu^{1}foŋ^{2}hu^{3}

直译：冬　寅　卯　辰　马畅旗　时　凶　料逢虎

意译：水历冬三月忌寅卯辰时，为水语音译“马畅旗”“料逢虎”凶。

注释：马畅旗、料逢虎：均为水语音译，马畅旗，意为马戴孝；料逢虎，意为孝旗伞。

用途：名为“姑叉”，水语音译，意为剪刀。忌接亲，犯之亲家剪断；安葬忌师人不入此方向分金，或忌师人不坐此方向念咒词，犯之会伤师人。

第 4 行 夕花

原文：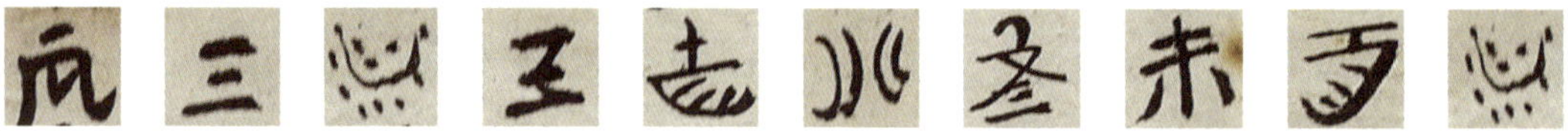

读音：sən^{1} ha:m^{1} tsi^{2} hi^{3} si^{2} fa^{3} ja^{3} mi^{2} si^{2} tsi^{2}

直译：春 三 忌 子 时 火 夏 未 时 忌

意译：水历春季忌子时为火星时；水历夏季忌未时为火星时。

原文：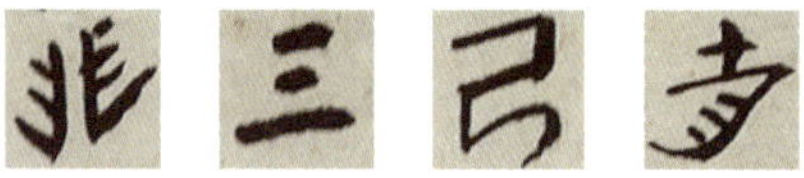

读音：ɕu^{1} ha:m^{1} hi^{4} si^{2}

直译：秋 三 巳 时

意译：水历秋季忌巳时为火星时。

原文：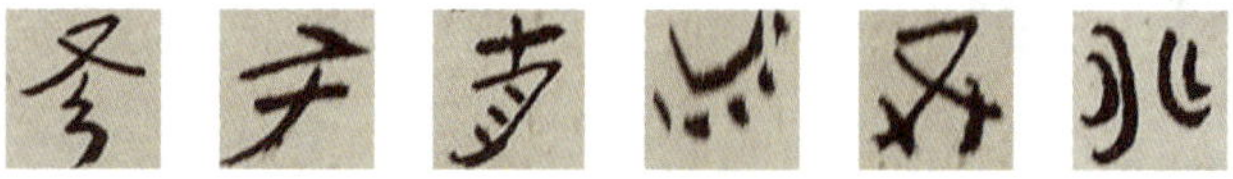

读音：toŋ^{2} ŋo^{2} si^{2} tsi^{2} ɕoŋ^{1} fa^{3}

直译：冬 午 时 忌 凶 火

意译：水历冬季忌午时为火星时。

用途：名为“夕花”，为水语音译，属火星时。忌吊丧放铁炮、舂火药、立房屋、修门闾等，犯之引起火灾。

第5–6–7行 合并条目

原文： （右边横写）—沙朋

读音：sən^{1} hət^{7} si^{2} tai^{1}ti^{3}ai^{3}

直译：申 戌 时 死一人

意译：正、四、七、十月取申戌时，三家六房死一人凶。

原文：（中间横写）

读音：tsjeŋ^{1} hi^{5} ɕət^{7} sup^{8} sjeŋ^{3} ji^{2} ʁa:i^{3} ti^{2} si^{2}

直译：正 四 七 十 上 寅 亥 第 时

意译：正、四、七、十月取寅亥时，主家凶。

原文：（左边横写）—杀伤

读音：ʈum^{1} ju^{4} mi^{2} sən^{2} si^{2}

直译：金 酉 未 辰 时

意译：正、四、七、十月取酉未辰时，且值五行属金，三家六房人凶。

原文：（右边横写）

读音：tsoŋ^{2} sən^{2} ʁa:i^{3} si^{2}

直译：层 辰 亥 时

意译：二、五、八、十一月取辰亥时，三家六房人凶。

原文：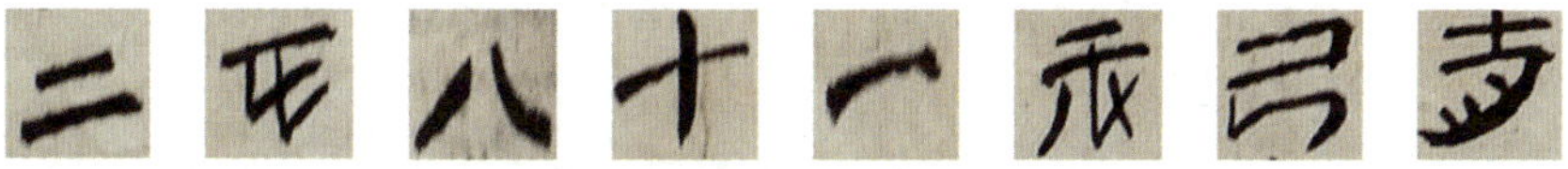（中间横写）

读音：ȵi^{2} ŋo^{4} pa:t^{7} sup^{8} ʔjət^{7} sən^{2} hi^{4} si^{2}

直译：二 五 八 十 一 辰 巳 时

意译：二、五、八、十一月忌辰巳时，主家凶。

原文：（左边横写）

读音：hi^{3} ŋo^{2} si^{2}

直译：子 午 时

意译：二、五、八、十一月忌子午时，三家六房人凶。

原文：（右边横写）

读音：toŋ^{2}　ju^{4}　ŋo^{2}　si^{2}　ŋ̥a:n^{1}hi^{5}q^{h}a^{1}　tai^{1}ɣa^{2}ai^{3}

直译：夏　酉　午　时　宁喜卡　死二人

意译：夏月取酉午时，为水语音译“宁喜卡”；三家六房死二男人凶。

注释：宁喜卡：水语音译，意为棺材头的四角。

原文：（中间横写）

读音：ha:m^{1}　ljok^{8}　ȶu^{3}　sup^{8}　ŋ̥i^{2}　ju^{4}　ji^{2}　si^{2}　ljem^{2}

直译：三　六　九　十　二　酉　寅　时　廉

意译：三、六、九、十二月忌酉时、忌寅时值九星为廉贞，主家凶。

原文：（左边横写）

读音：sən^{1}　ji^{2}　si^{2}　q^{h}am^{5}a:n^{1}　tai^{1}la:k^{8}ʔba:n^{1}

直译：申　寅　时　缸鞍　死男人

意译：三、六、九、十二月取申寅时，为水语音译“缸鞍”，三家六房死男丁凶。

注释：缸鞍：水语音译，意为翻倒马鞍。

用途：此为写在一起，分左中右，中间月份，就是左右两边的月份，各代表一个条目。翻译时，把它们横写，先写右边、再写中间、第三才写左边。

右边横写条目，名为“沙朋”，为水语音译，意为口舌。安葬犯之，口舌是非。又忌吃新米、初次说亲、打官司。

中间横写条目，名为“沙朋”，为水语音译，意为口舌。

左边横写条目，名为“杀伤”，为水语音译，意为伤害。主要忌砍树、安葬、整屋基、起造、安石碓[duì]（舂也）、舂火药、开墓穴、抬石。

第 8 行　大更

原文：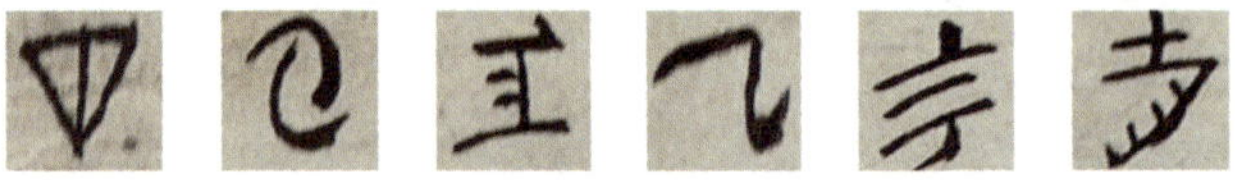

读音：ȶa:p^{7}　ȶi^{1}　be^{1}　ʔjət^{7}　ʁa:i^{3}　si^{2}

直译：甲　己　年　乙　亥　时

意译：甲己年忌乙亥时。

原文：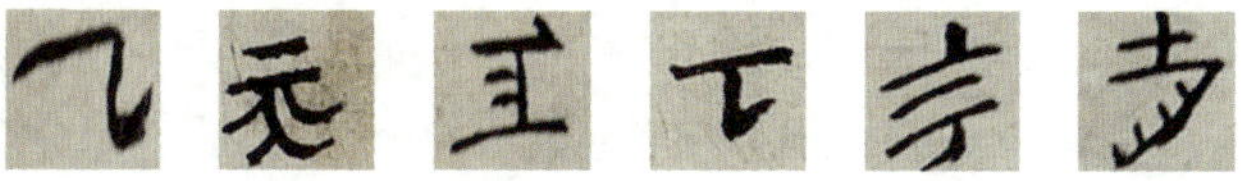

读音：ʔjət^7 qeŋ^1 be^1 tjeŋ^1 ʁa:i^3 si^2

直译：乙 庚 年 丁 亥 时

意译：乙庚年忌丁亥时。

原文：

读音：pjeŋ^3 ɕən^1 be^1 ʈi^1 ʁa:i^3 si^2 ɕoŋ^1

直译：丙 辛 年 己 亥 时 凶

意译：丙辛年忌己亥时。

第 9 行

原文：

读音：tjeŋ^1 ȵum^2 be^1 van^1 ɕən^1 ʁa:i^3 si^2

直译：丁 壬 年 日 辛 亥 时

意译：丁壬年忌辛亥时。

原文：

读音：mu^2 ʈui^5 be^1 ʈui^5 ʁa:i^3 si^2 ʈu^3 jeŋ^1 ɕoŋ^1

直译：戊 癸 年 癸 亥 时 九 ？ 凶

意译：戊癸年忌癸亥时凶。

用途：“大更”为水语音译，属导致钱财推移、祸福互换的水书忌戒条目。主忌安葬，富者葬变穷，穷者葬变富。

第10行 杀伤（女）

原文：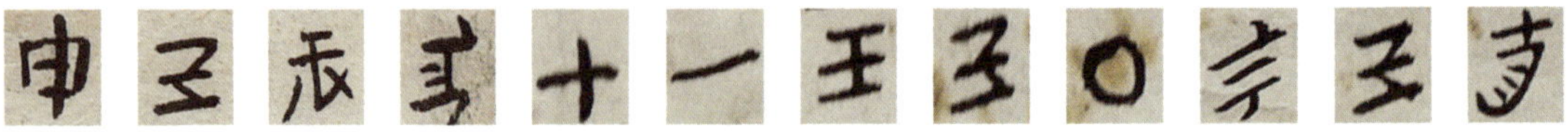

读音：	sən^{1}	hi^{3}	sən^{2}	be^{1}	sup^{8}	ʔjət^{7}	ȵum^{2}	hi^{3}	van^{1}	ʁa:i^{3}	hi^{3}	si^{2}
直译：	申	子	辰	年	十	一	壬	子	日	亥	子	时

意译：申子辰年十一月，取壬子日亥子时凶。

原文：

读音：	hi^{4}	ju^{4}	su^{3}	be^{1}	ȵi^{2}	ljok^{8}	sup^{8}
直译：	巳	酉	丑	年	二	六	十

意译：巳酉丑年二、六、十月。

原文：

读音：	qeŋ^{1}	ŋo^{2}	ɕən^{1}	mi^{1}	van^{1}	ʁa:i^{3}	hi^{3}	si^{2}	tai^{1}mbek^{7}
直译：	庚	午	辛	未	日	亥	子	时	死女人

意译：取庚午辛未日亥子时，死女人凶。

第11行

原文：

读音：	ji^{2}	ŋo^{2}	hət^{7}	be^{1}	ha:m^{1}	ɕət^{7}	sup^{8}	ʔjət^{7}	ţui^{5}	ju^{4}	van^{1}	ju^{4}	hət^{7}	si^{2}
直译：	寅	午	戌	年	三	七	十	一	癸	酉	日	酉	戌	时

意译：寅午戌年三、七、十一月取癸酉日酉戌时凶。

原文：

读音：	ʁa:i^{3}	ma:u^{4}	mi^{2}	be^{1}	hi^{5}	pa:t^{7}	sup^{8}	ȵi^{2}	ʔjət^{7}	su^{3}	van^{1}
直译：	亥	卯	未	年	四	八	十	二	乙	丑	日

意译：亥卯未年四、八、十二月，取乙丑日。

原文：

读音： hi^4 ŋo^2 si^2 tai^{1}ti^{3}ʔbek^7

直译： 巳 午 时 死一女人

意译：择巳午时，死一女人凶。

用途：忌安葬、嫁女，犯之是要有损女人，或导致有女人死亡。

第四章 《六十甲子·时辰》水书字符统计

制表说明：

本统计表基于水书《六十甲子·时辰》水书字符频率统计制作。

通过对水书《六十甲子·时辰》中使用水书字符全面统计，增补异体字后制成本表。

经采取逐页逐字人工统计制成本表。统计过程中遵循实事求是的原则。

本统计表对水书《六十甲子·时辰》中使用水书字符的具体统计，反映水书《六十甲子·时辰》的总体用字情况，包括个字符数、用字频率、单字异体、异体频率，同时能作为单字意义快速查询的工具。

本表从统计的角度分析了水书《六十甲子·时辰》的用字情况，可从一个侧面分析了水书用字规律。对于水书的解读译注、整理和抢救工作方法作了一定的探索。同时，统计的数据为水书的数字化打下一定的基础，具有积极意义。

水书《六十甲子·时辰》水族文字字频统计表

序号	水字									汉字	字频总计	说明
	水字	音标	字频	异体	字频	异体	字频	异体	字频			
1		ʈaːp^{7}	77		4		1			甲	82	
2	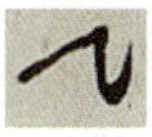	ʔjət^{7}	84							乙	84	
3		pjeŋ^{3}	73		10					丙	83	
4		tjeŋ^{1}	76		7					丁	83	
5		mu^{6}	110							戊	110	
6		ʔi^{1}	181							己	181	
7		qeŋ^{1}	81		4					庚	85	
8		ɕən^{1}	83		1					辛	84	
9		ʔum^{2}	126							壬	126	
10		ʔui^{5}	87							癸	87	
11		hi^{3}	74		8		1			子	83	
12		su^{3}	73		3					丑	76	
13		ji^{2}	78							寅	78	
14		maʔu^{4}	75							卯	75	
15		sʔn^{2}	80							辰	80	

序号	水字									汉字	字频总计	说明
	水字	音标	字频	异体	字频	异体	字频	异体	字频			
16		hi^{4}	77							巳	77	
17		ŋo^{2}	75		5					午	80	
18		mi^{2}	101		30					未	131	
19		sən^{1}	76							申	76	
20		ju^{4}	79							酉	79	
21		hət^{7}	76							戌	76	
22		ʁa:i^{3}	82							亥	82	
23		be^{1}	14		13		4		4	年	36	
					1							
24		ʔot^{8}	2							月	2	
25		van^{1}	252							日	252	
26		si^{2}	615		193		13			时	821	
27		faʔŋ^{1}	4		1		1			方	6	
28		tsjeŋ^{1}	3							正	3	
29		ʔjət^{7}	5		172					一	177	
30		ʔi^{2}	91							二	91	
31		ha:m^{1}	147							三	147	
32		hi^{5}	138							四	138	

序号	水字									汉字	字频总计	说明
	水字	音标	字频	异体	字频	异体	字频	异体	字频			
33		ŋo^4	205							五	205	
34		ljok^8	126							六	126	
35		ɕət^7	159		8					七	167	
36	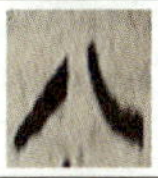	paʔt^7	96							八	96	
37		ʔu^3	149							九	149	
38		sup^8	71							十	71	
39		sup^8 ʔjət^7	8							十一	8	
40		sup^8 ʔi^2	7							十二	7	
41		sjeŋ^3	46		3					上	49	
42		t^{h}a:n^1	119							贪	119	贪狼：为北斗星之一，属北斗星的第一位。
43	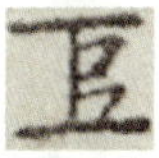	ʈu^2	45		22		14		2	巨	83	巨门：为北斗星之一，属北斗星的第二位。
44		ljok^8	75							禄	75	禄存：为北斗星之一，属北斗星的第三位。
45	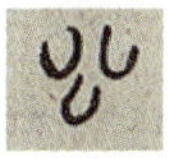	fan^2	114		3	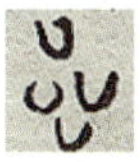	1			文	118	文曲：为北斗星之一，属北斗星第四位。
46		ljem^2	67		11		2		1	廉	81	廉贞：为北斗星之一，属北斗星的第五位。
47		fu^4	26		57		1			武	84	武曲：为北斗星之一，属北斗星的第六位。
48		p^{h}o^5	84							破	84	破军：为北斗星之一，属北斗星的第七位。
49		pu^2	80		3					辅	83	辅星：为北斗星之一，属北斗星的第八位。
50		pjət^7	37		35		2			弼	74	弼星：为北斗星之一，属北斗星的第九位。

序号	水字									汉字	字频总计	说明
	水字	音标	字频	异体	字频	异体	字频	异体	字频			
51		pjət^{8}	8							弼	8	弼星：为北斗星之一，属北斗星的第九位。
52		sən^{1}	2							春	2	
53		ja^{3}	2							夏	2	
54		ɕu^{1}	2							秋	2	
55		toŋ^{1}	2							冬	2	
56		ʈum^{1}	110							金	110	
57		mok^{8}	16							木	16	
58		sui^{3}	73							水	73	
59		fa^{3}	14							火	14	
60		t^{h}u^{3}	12							土	12	
61		ʈət^{7}	171		22		7		4	吉	204	
62		ɕoŋ^{1}	43							凶	43	
63		taːi^{1}	21							大	21	
64		ɕeu^{3}	25							小	25	
65		ti^{2}	6		4					第	10	
66		tsi^{2}	4							忌	4	
67		qo^{2} ʈən^{1}	62							各紧	62	各紧：意为大群队移动。
68		taːŋ^{2} ʔγa^{5}	16		12		3			堂田	31	堂田：意为肥沃的大田。

序号	水字									汉字	字频总计	说明
	水字	音标	字频	异体	字频	异体	字频	异体	字频			
69		ʔjum^{5} hən^{2}	10		17					涌恒	27	涌恒：意为满天下。
70		ljeu^{4} ʈa^{1} ɕot^{7}	29							辽架玄	29	辽架玄：意为家产破败。
71		lju^{2} lji^{2} sui^{3}	100							六立水	100	六立水：指丧事忌哭。
72		ha:i^{4} jən^{2}	59							海寅	59	海寅：也叫“海马”，意为马肠子。
73		so^{3} sjen^{1}	226							所线	226	所线：意为惹是生非。
74		ɕoŋ^{1} ɕe:p^{7}	30							休显	30	休显：意为接言（忌哭丧）。
75		ɕoŋ^{1} ɕe:p^{7}	20							引友	20	引友：意为接言、接应。
76		njem^{2} ju^{5}	31		10					引友	41	引友：意为引答（丧葬忌叫人名）、引线（忌应答）。
77		pik^{7} sui^{3} ka:ŋ^{5}	31		1		1			比水缸	33	比水缸：意为流干泪水。
78	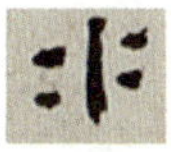	pik^{7} sui^{3} ʈən^{1}	1		1					比水紧	2	比水紧：意为泪水涌出
79	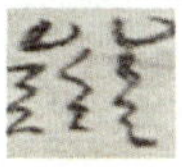	ʈui^{3} sat^{7} ʈa^{1}	12							居散架	12	居散架：意为家产破败。
80	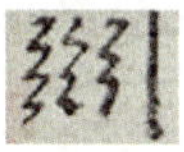	qoŋ^{1} ljok^{8} ma^{4}	2							工六马	2	工六马：意为马做工。
81		kwa:n^{3} ʔjən^{5}	18							官印	18	官印：意为官员大印。
82		hak^{7} van^{1}	5							航问	5	航问：意为连续吉利。
83		eŋ^{1} van^{1}	63							额问	63	额问：意为吉利重重。
84		eŋ^{1} van^{1}	45							额问	45	额问：意为吉利重重。
85		eŋ^{1} van^{1}	47							额问	47	额问：意为吉利重重。
86		eŋ^{1} van^{1}	12							额问	12	额问：意为吉利重重。

序号	水字									汉字	字频总计	说明
	水字	音标	字频	异体	字频	异体	字频	异体	字频			
87		eŋ^{1} van^{1}	2							额问	2	额问：意为吉利重重。
88	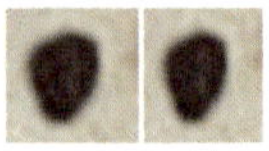	ha:k^{7} van^{1} ʔdjam^{5}	51							航问锭	51	航问锭：意为连日阴沉或连日凶祸。
89		ʔjeu^{1} foŋ^{2} hu^{3}	110							料逢虎	110	料逢虎：意为孝旗伞。
90		ma^{4} saŋ^{2} ʈi^{2}	61							马畅旗	61	马畅旗：意为马戴孝。
91		ŋo^{4} hu^{3}	200	 	77 4	 	23 1		7	五虎	312	五虎：意为猛虎。
92		mən^{2} ja^{3} sui^{3}	69		1					门牙水	70	门牙水：意为水族衙门。
93		ŋo^{4} qui^{5}	65		1					五锤	66	五锤：意为五锤敲打。
94		zən^{1} ta:u^{5}	60							人倒	60	人倒：意为重丧（连续死人）。
95		sək^{7} ʈi^{1}	44		13					省记	57	省记：意为断梳子。
96	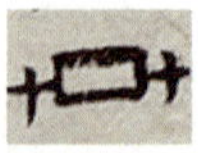	ha:i^{2}	284							骸	284	骸：意为棺材或重丧。
97	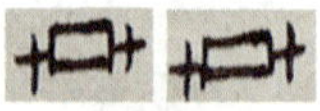	ha:i^{2} ha:i^{2}	12							啥骸	12	啥骸：意为棺材或重丧，大凶。
98		hak^{7}	109							核	109	核：意为坎坷或堵塞。
99	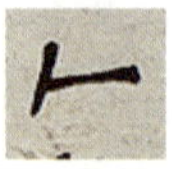	kwa:n^{1} tsai^{4}	81							贯才	81	贯才：意为斧头，可导致凶祸或丧命。
100		ɕoŋ^{1} ʔjət^{7}	52		8					凶以	60	凶以：意为虫咬。
101		t^{h}jen^{1} ta:i^{2}	3							添大	3	添大：意为垮田地。
102		mok^{8}	81		14		8		3	各木	106	各木：意为人头。
103		ku^{3}sup^{7}	61							估术	61	估术：意为预择时间。

序号	水字									汉字	字频总计	说明
	水字	音标	字频	异体	字频	异体	字频	异体	字频			
104		q^{h}am^{5} a:n^{1}	82							缸鞍	82	缸鞍：意为翻倒马鞍。
105		pik^{7} sui^{3} ȶən^{1}	1		1		1			比水紧	3	比水紧：意为泪水涌出。
106		joŋ^{2}	5							腊用	5	腊用：阴的别称，与阳相对。
107		jeŋ^{1}	16							堵塞	16	堵塞：意为坎坷。
108		mok^{8} foŋ^{2}	58							木逢	58	木逢：意为缠树藤。
109		tai^{1} ti^{3} ai^{3}	1							沙朋	1	沙朋：口舌生非，招惹祸害。
110		qau^{3} za:i^{5}	62							高采	62	高采：意为猛兽抓拖。
111		ʔboŋ^{5} ham^{3}	44							补夯	44	补夯：意为罩住。
112		ljam^{5}	1							冷	1	冷：意为重复多次。
113		pa^{2} laŋ^{2}	2							巴朗	2	巴朗：意为正耙（为吉利）。
114		ton^{2} ɣon^{2}	48							端完	48	端完：意为短命。
115		sa:n^{1}	53							散	53	散：为八宫掌名称。
116		tsjem^{4}	15							占	15	占：意为凶恶，杀伤（一触即发）。
117		ta:ŋ^{2} ʔdoŋ^{1}	20							当弄	20	当弄：意为森林。
118		ta:ŋ^{2} sa:i^{2}	30							堂晒	30	堂晒：意为宽敞竹林。
119		tsjem^{4}	14							堂弄	14	堂弄：意为宽大森林。
120		ṇa:n^{1} hi^{5} q^{h}a^{1}	58							宁喜卡	58	宁喜卡：意为棺材头之四角。
121	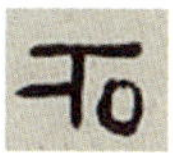	pje^{2} k^{h}u^{1}	60							别库	60	别库：意为麻风病。

序号	水字									汉字	字频总计	说明
	水字	音标	字频	异体	字频	异体	字频	异体	字频			
122		pjət^{7} jiŋ^{5}	59							必引	59	必引：意为回环。
123		mok^{8} ta:ŋ^{2}	51		1					木堂	52	木堂：意为富丽堂皇，水书吉星。
124		ȵu^{2} ȶum^{1} ȵu^{2}	11							牛金牛	11	二十八宿之一。
125		pjət^{7}	21							壁水㺄	21	二十八宿之一。
126		nju^{4} tʰu^{3} fok^{7}	1							女土蝠	1	二十八宿之一。
127		hən^{2}	1							地方	1	
128		tsoŋ^{2}	1							层数	1	意为一层一层。
129		kup^{7}	1							谷	1	
130		tjau^{3} tjət^{7}	1							刀点	1	刀点：意为扫。
131		foŋ^{2} tau^{3}	1							草鱼盘	1	给去世者供祭草鱼的“黑木盘”。
132		pʰat^{7}	3							喷	3	喷：意为取、选择。喷任：意为倒人（重丧）。
133		sa^{1}	3							煞	3	煞骸：意为刺棺材，犯之是要再出现重丧。
134		tai^{1} ti^{3}	2							代	2	代：意为死一女人。
135		ta:p^{8}	1		1					杀伤	2	杀伤：水书忌戒条目。
136		tai^{1} ɣa^{2} ai^{3}	1							代	1	代：意为死二人。
137		tən^{5}	1							邓	1	邓骸：属安装前的“超度”。
138		ȶi^{2}	1							忌	1	汉字
139		tai^{1} la:k^{8}	1							杀	1	汉字

序号	水字									汉字	字频总计	说明
	水字	音标	字频	异体	字频	异体	字频	异体	字频			
140		tai^{1}	1							死	1	汉字
141		$ʔbek^{7}$	1							女	1	汉字
142		$ʔba:n^{1}$	1							丁	1	汉字
合计											9005	

第五章　水书著录目录

中国民族图书馆馆藏水书目录

登录号码	书名	抄刻本	版本年代或抄写者	装帧	来源	册数
1	水书	抄本	清光绪	线装		1
2	水书	抄本	清光绪	线装		1
3	逢井	抄本	清光绪十八年六月十四日（1892年）	线装	三都水族自治县韦锦秀	1
4	己酉丑	抄本	清光绪辛丑年（清光绪二十七年）	线装		1
5	八井生年	抄本	清光绪三十一年二月二十五日	线装	三都水族自治县韦光悦	1
6	正七	抄本	清宣统三年正月	线装	三都水族自治县韦光悦	1
7	地龙飞	抄本	民国三年三月	线装		1
8	逢井吉用	抄本	民国九年	线装	三都水族自治县韦光悦	1
9	八井命生吉★	抄本	民国二十七年三月	线装	三都水族自治县韦必如	1
10	甲巳丙寅错	抄本	民国二十七年腊月十一日	线装	三都水族自治县韦锦彝	1
11	甲巳年	抄本	民国二十七年	线装		1
12	八井阴拾吉凶	抄本	民国二十八年一月七日	线装	三都水族自治县韦锦圭	1
13	甲子乙丑金	抄本	民国二十八年元月十日	线装	三都水族自治县韦锦圭	1
14	龙飞凤舞	抄本	民国二十九年六月十八日	线装	三都水族自治县韦锦彝	1
15	甲丙戊庚壬子年—（大旺）	抄本	民国二十九年六月十三日	线装	三都水族自治县韦锦彝	1
16	山吉锭本	抄本	民国二十九年七月七日	线装	三都水族自治县韦锦彝	1

登录号码	书名	抄刻本	版本年代或抄写者	装帧	来源	册数
17	亲亲书日时吉凶	抄本	民国二十九年八月一日	线装	三都水族自治县韦锦彝	1
18	也腊六十	抄本	民国二十九年腊月初五日	线装	三都水族自治县韦锦圭	1
19	八井吉年生	抄本	民国二十九年	线装	三都水族自治县韦锦彝	1
20	甲申年	抄本	民国三十二年十二月十日	线装	三都水族自治县韦锦圭	1
21	入棺凶日	抄本		线装		1
22	掌诀宫	抄本		线装		1
23	甲子乙丑金时吉	抄本		线装		1
24	甲子年井正七	抄本		线装		1
25	甲子年井子午卯酉年	抄本		线装		1
26	甲子乙丑金年卯方—	抄本		线装		1
27	开山吉	抄本		线装	三都水族自治县韦锦秀	1
28	井三月庚午—	抄本		线装		1
29	甲巳九月未方	抄本		线装	三都水族自治县韦锦彝	1
30	山吉锭本	抄本		线装	三都水族自治县韦光亮	1
31	龙戏	抄本		线装		1
32	探巨	抄本		线装		1
33	正七庚甲	抄本		线装		1
34	甲子乙丑金 子午卯酉年—	抄本		线装		1
35	正七己¤时吉凶择用	抄本		线装		1
36	正马	抄本		线装		1
37	掌诀	抄本		线装		1
38	起造吉凶	抄本		线装	三都水族自治县韦光宇	1
39	阳顺阴逆	抄本		线装		1

登录号码	书名	抄刻本	版本年代或抄写者	装帧	来源	册数
40	甲子井时吉（八共）	抄本		线装		1
41	把井生年	抄本		线装	三都水族自治县王复钦	1
42	亲书便用	抄本		线装	三都水族自治县韦锦圭	1
43	甲己年丙寅★	抄本		线装		1
44	甲子年丑寅未申方吉	抄本		线装		1
45	甲己丙寅日	抄本		线装	三都水族自治县韦光宇	1
46	居古短	抄本		线装		1
47	子井年八井吉	抄本		线装		1
48	花甲人生	抄本		线装		1
49	起造吉凶	抄本		线装	三都水族自治县韦朝馨	1
50	甲子井子午卯酉年	抄本		线装		1
51	正七连庚甲	抄本		线装		1
52	八井年生吉	抄本		线装	独山县天星韦德盛	1
53	卦书	抄本		线装		1
54	申子辰年★	抄本		线装		1
55	探巨	抄本		线装		1
56	逢井吉	抄本		线装		1
57	开丧路安葬吉凶日时	抄本		线装		1
58	八井生年木滩	抄本		线装	三都水族自治县韦朝榜	1
59	壬辰十二金水吉	抄本		线装	三都水族自治县韦锦彝	1
60	八井海	抄本		线装	三都水族自治县韦锦彝	1
61	大旺书一卷吉★	抄本	一九八一年	线装	三都水族自治县韦家余	1

登录号码	书名	抄刻本	版本年代或抄写者	装帧	来源	册数
62	申子未年未方 一卷凶★	抄本	一九八一年	线装	三都水族自治县韦家余	1
63	大吉井二卷吉★	抄本	一九八一年	线装	三都水族自治县韦家余	1
64	辰未年丑日方二卷凶★	抄本	一九八一年	线装	三都水族自治县韦家余	1
65	改鬼吉三卷吉★	抄本	一九八一年	线装	三都水族自治县韦家余	1
66	沙朋三卷凶★	抄本	一九八一年	线装	三都水族自治县韦家余	1
67	接亲吉凶四卷吉	抄本	一九八一年	线装	三都水族自治县韦家余	1
68	起房书五卷吉	抄本	一九八一年	线装	三都水族自治县韦家余	1
69	堂华五卷	抄本	一九八一年	线装	三都水族自治县韦家余	1
70	化命甲子六卷吉	抄本	一九八一年	线装	三都水族自治县韦家余	1
71	甲己丙庚六卷	抄本	一九八一年	线装	三都水族自治县韦家余	1
72	？？七卷吉	抄本	一九八一年	线装	三都水族自治县韦家余	1
73	也腊、则斗六十 凶本七卷凶★	抄本	一九八一年	线装	三都水族自治县韦祥盛	1
74	壬辰大旺 八卷吉★	抄本	一九八一年	线装	三都水族自治县韦祥盛	1
75	壬辰吉凶八卷	抄本	一九八一年	线装	三都水族自治县韦家余	1
76	井巨海九卷	抄本	一九八一年	线装	三都水族自治县韦家余	1
77	欢书九卷凶★	抄本	一九八一年	线装	三都水族自治县韦祥盛	1
78	开山吉十卷	抄本	一九八一年	线装	三都水族自治县韦家余	1
79	吉凶十一卷	抄本	一九八一年	线装	三都水族自治县韦家余	1
80	作当吉十二卷吉★	抄本	一九八一年	线装	三都水族自治县韦祥盛	1
81	正七连庚甲十三卷	抄本	一九八一年	线装	三都水族自治县韦家余	1
82	龙吉	抄本		线装	三都水族自治县塘州乡拉下村一组潘世钦	1
83	灭门（己未）	抄本	一九八〇年	线装	三都水族自治县塘州乡拉下村一组潘世钦	1

登录号码	书名	抄刻本	版本年代或抄写者	装帧	来源	册数
84	壬申	抄本		线装	三都水族自治县塘州乡拉下村一组潘世钦	1
85	梭项——杀伤兄弟	抄本	一九七六年	线装	三都水族自治县塘州乡拉下村一组潘世钦	1
86	龙犬——节了水杀伤	抄本	一九七六年	线装	三都水族自治县塘州乡拉下村一组潘世钦	1
87	寅丑——金可对必良	抄本	一九七六年	线装	三都水族自治县塘州乡拉下村一组潘世钦	1
88	海头	抄本	一九七六年	线装	三都水族自治县塘州乡拉下村一组潘世钦	1
89	时日相克	抄本	一九七六年	线装	三都水族自治县塘州乡拉下村一组潘世钦	1
90	顺逆行	抄本	一九七六年	线装	三都水族自治县塘州乡拉下村一组潘世钦	1
91	九忌——九火五鬼	抄本	一九七六年	线装	三都水族自治县塘州乡拉下村一组潘世钦	1
92	漏尸山——山义	抄本	一九七六年	线装	三都水族自治县塘州乡拉下村一组潘世钦	1
93	二爻——引贯月	抄本	一九七六年	线装	三都水族自治县塘州乡拉下村一组潘世钦	1
94	五寅上——五寅下	抄本	一九七六年	线装	三都水族自治县塘州乡拉下村一组潘世钦	1
95	引蜡遁——山爻	抄本	一九七六年	线装	三都水族自治县塘州乡拉下村一组潘世钦	1
96	瞎眼山——坎山	抄本	一九七六年	线装	三都水族自治县塘州乡拉下村一组潘世钦	1
97	十二生命——忌寸门	抄本	一九七六年	线装	三都水族自治县塘州乡拉下村一组潘世钦	1
98	宜头五虎——金巳元弟杀兄弟	抄本	一九七六年	线装	三都水族自治县塘州乡拉下村一组潘世钦	1
99	众忌	抄本	一九七六年	线装	三都水族自治县塘州乡拉下村一组潘世钦	1
100	杂忌	抄本	一九七六年	线装	三都水族自治县塘州乡拉下村一组潘世钦	1
101	头生干起葬	抄本	一九七六年	线装	三都水族自治县塘州乡拉下村一组潘世钦	1
102	百木忌	抄本	一九七六年	线装	三都水族自治县塘州乡拉下村一组潘世钦	1
103	十二辅吉（水书吉卷）	抄本		线装	三都水族自治县塘州乡塘州村比寨组潘祥恩	1
104	沙朋六十（水书凶卷）	抄本		线装	三都水族自治县塘州乡塘州村比寨组潘祥恩	1
105	正七	抄本	清同治十二年六月十五日	线装	三都水族自治县档案局	1

登录号码	书名	抄刻本	版本年代或抄写者	装帧	来源	册数
106	庚子（小 32 开）	抄本	清光绪二年一月十九日	线装	三都水族自治县档案局	1
107	甲巳年	抄本	清光绪八年十一月二十二日	线装	三都水族自治县档案局	1
108	甲子凶	抄本	清光绪八年十一月二十五日	线装	三都水族自治县档案局	1
109	子午四十吉	抄本	清光绪九年八月	线装	三都水族自治县档案局	1
110	男女吉（小 32 开）	抄本	清光绪九年十一月二十九日	线装	三都水族自治县档案局	1
111	日上起时通吉凶	抄本	清光绪十一年一月十七日	线装	三都水族自治县档案局	1
112	取年生算金用吉凶克	抄本	清光绪十一年二月十五日	线装	三都水族自治县档案局	1
113	甲巳生年	抄本	清光绪十一年三月十日	线装	三都水族自治县档案局	1
114	八井三年	抄本	清光绪十七年七月	线装	三都水族自治县档案局	1
115	时凶庚寅	抄本	清光绪二十年	线装	三都水族自治县档案局	1
116	第一甲子日吉	抄本	民国三年丁卯月十日	线装	三都水族自治县档案局	1
117	甲子凶初一六十凶	抄本	民国十四年三月五日	线装	三都水族自治县档案局	1
118	壬辰年盘心吉	抄本		线装	三都水族自治县档案局	1
119	壬辰 吉	抄本		线装	三都水族自治县档案局	1
120	一年生十二年（死）齐用大吉大利	抄本		线装	三都水族自治县档案局	1
121	大清井宜吉	抄本		线装	三都水族自治县档案局	1
122	壬辰○○○吉	抄本		线装	三都水族自治县档案局	1
123	壬辰○吉	抄本		线装	三都水族自治县档案局	1
124	八井生年	抄本		线装	三都水族自治县档案局	1
125	逢井木	抄本		线装	三都水族自治县档案局	1
126	五 凶○日吉	抄本		线装	三都水族自治县档案局	1
127	甲子年八井吉	抄本		线装	三都水族自治县档案局	1

登录号码	书名	抄刻本	版本年代或抄写者	装帧	来源	册数
128	八井甲木子年井 金 吉	抄本		线装	三都水族自治县档案局	1
129	八井甲子年吉	抄本		线装	三都水族自治县档案局	1
130	？火？三吉	抄本		线装	三都水族自治县档案局	1
131	八井年吉卷一	抄本		线装	三都水族自治县档案局	1
132	八井年吉卷二	抄本		线装	三都水族自治县档案局	1
133	八井年吉卷三	抄本		线装	三都水族自治县档案局	1
134	正七	抄本		线装	三都水族自治县档案局	1
135	正七（白书）	抄本		线装	三都水族自治县档案局	1
136	二十八属	抄本		线装	三都水族自治县档案局	1
137	立房书（小开本）	抄本		线装	三都水族自治县档案局	1
138	遁宫集（小开本）	抄本		线装	三都水族自治县档案局	1
139	安埋便用吉凶（小开本）	抄本		线装	三都水族自治县档案局	1
140	婚姻秘诀（小开本）	抄本		线装	三都水族自治县档案局	1
141	安埋吉凶（小开本）	抄本		线装	三都水族自治县档案局	1
142	安埋吉凶（小开本）	抄本		线装	三都水族自治县档案局	1
143	第十二上贪	抄本	韦天辉	线装		1
144	临时便用	抄本	韦天辉	线装		1
145	子午卯酉快用日	抄本	韦天辉	线装		1
146	九翻	抄本	韦天辉	线装		1
147	子午卯酉辰辰	抄本	韦天辉	线装		1
148	书屋	抄本	韦天辉	线装		1
149	混贪百八	抄本	韦天辉	线装		1

登录号码	书名	抄刻本	版本年代或抄写者	装帧	来源	册数
150	甲子乙丑 * 吉	抄本	韦天辉	线装		1
151	辰戌年四丑方	抄本	韦天辉	线装		1
152	大吉通书日	抄本	韦天辉	线装		1
153	贪狼……	抄本	韦天辉	线装		1
154	贪母六十金水未申	抄本	韦天辉	线装		1
155	忌杀牛敬祖公	抄本	韦天辉	线装		1
156	甲已年九月未方	抄本	韦天辉	线装		1
157	子午卯酉亥则勒	抄本	韦天辉	线装		1
158	当大旺	抄本	韦天辉	线装		1
159	这本推怪	抄本	韦天辉	线装		1
160	立房书	抄本	韦天辉	线装		1
161	辰戌年丑方	抄本	韦天辉	线装		1
162	塞事	抄本	韦天辉	线装		1
163	春寅午戌	抄本	韦天益	线装		1
164	子午卯酉亥则勒	抄本	韦天益	线装		1
165	子午年酉 * 方	抄本	韦天益	线装		1
166	九翻	抄本	韦天益	线装		1
167	临时便用	抄本	韦天益	线装		1
168	甲子时	抄本	韦天益	线装		1
169	甲已年九月未方	抄本	韦天益	线装		1
170	塞事	抄本	韦天益	线装		1
171	子午卯酉辰辰	抄本	韦天益	线装		1

登录号码	书名	抄刻本	版本年代或抄写者	装帧	来源	册数
172	贪狼……	抄本	韦天益	线装		1
173	贪百八	抄本	韦天益	线装		1
174	贪母六十金水未申	抄本	韦天益	线装		1
175	大吉通书日	抄本	韦天益	线装		1
176	当大旺	抄本	韦天益	线装		1
177	第十二上贪	抄本	韦天益	线装		1
178	正七庚甲二八己辛	抄本	韦天高	线装		1
179	水书	抄本	韦天高	线装		1
180	通选宜避凶 *	抄本	杨	线装		1
181	木年 * 吉	抄本		线装		1
182	当大旺	抄本	杨胜廷	线装		1
183	水书	抄本	潘德才	线装		1
184	通用	抄本	杨光焕	线装		1
185	万岁用	抄本	杨	线装		1
186	丙丁时	抄本	杨光焕	线装		1
187	乡下通书	抄本	杨光焕	线装		1
188	水书	抄本	杨	线装		1
189	吉时禁忌知识	抄本	姚	线装		1
190	* 水书	抄本	潘家义	线装		1
191	立房宜看吉凶	抄本	韦国顺	线装		1
192	贪五株	抄本	韦国顺	线装		1
193	婚姻	抄本	韦国顺	线装		1

登录号码	书名	抄刻本	版本年代或抄写者	装帧	来源	册数
194	子午卯酉年寅申亥方	抄本	韦国顺	线装		1
195	水书	抄本	韦天禄	线装		1
196	第十二上贪	抄本	杨昌仁	线装		1
197	当大旺	抄本	杨光禄	线装		1
198	水书	抄本		线装		1
199	这本 **	抄本	石文锋	线装		1
200	二十八宿	抄本	石文锋	线装		1
201	未申年贪	抄本	杨光禄	线装		1
202	迁旧坟	抄本	韦国华	线装		1
203	占推凶日时用吉时	抄本		线装		1
204	邓书	抄本		线装		1
205	水书	抄本	杨光禄	线装		1
206	戌山 * 年方	抄本	杨昌仁	线装		1
207	自本推怪	抄本		线装		1
208	水书	抄本		线装		1
209	水书	抄本		线装		1
210	贪狼……	抄本	杨光禄	线装		1
211	子午年 * 酉方	抄本	杨昌仁	线装		1
212	水书	抄本	杨光禄	线装		1
213	甲己年九月	抄本	杨昌仁	线装		1
214	水书	抄本	杨光禄	线装		1
215	辰戌年丑方	抄本	石文锋	线装		1

登录号码	书名	抄刻本	版本年代或抄写者	装帧	来源	册数
216	水书	抄本		线装		1
217	书屋	抄本	杨光禄	线装		1
218	十二年土……申子辰	抄本	杨光禄	线装		1
219	甲子 * 凶 *	抄本	潘泰	线装		1
220	告相寅问	抄本	杨光禄	线装		1
221	水书	抄本		线装		1
222	水书	抄本	杨昌仁	线装		1
223	水书	抄本		线装		1
224	贪巨六十庚甲	抄本	潘昌茂	线装		1
225	水书	抄本	石文翰	线装		1
226	告相寅问	抄本	石文翰	线装		1
227	贪百八	抄本	石文翰	线装		1
228	贪母	抄本	石文翰	线装		1
229	第一甲子	抄本	石文翰	线装		1
230	忌砍牛	抄本	石文翰	线装		1
231	春…夏…秋…冬…	抄本	石文翰	线装		1
232	水书	抄本	石文翰	线装		1
233	辰甲年贪	抄本	石文翰	线装		1
234	水书	抄本	石文翰	线装		1
235	汉书屋	抄本	石文翰	线装		1
236	水书	抄本	石文翰	线装		1
237	水书	抄本	石文翰	线装		1

登录号码	书名	抄刻本	版本年代或抄写者	装帧	来源	册数
238	水书	抄本	石文翰	线装		1
239	水书	抄本	石文翰	线装		1
240	戌山 * 年方	抄本	石文翰	线装		1
241	子午卯酉破文贪	抄本	石文翰	线装		1
242	贪吵都借	抄本	石文翰	线装		1
243	甲己丙寅	抄本	姚昌培	线装		1
244	未申贪大吉	抄本	姚昌培	线装		1
245	壬戌年	抄本	姚昌培	线装		1
246	起造通书	抄本	姚昌培	线装		1
247	日时吉	抄本	姚昌培	线装		1
248	武禄	抄本	姚昌培	线装		1
249	子午卯酉	抄本		线装		1
250	这本看百八……	抄本		线装		1
251	子午卯酉	抄本	姚昌培	线装		1
252	甲己九月未方己	抄本	姚昌培	线装		1
253	水书	抄本	姚昌培	线装		1
254	这本看有吉凶	抄本	姚昌培	线装		1
255	马、牛头型	抄本	姚昌培	线装		1
256	甲子乙丑	抄本	姚昌培	线装		1
257	年男女 **	抄本	姚昌培	线装		1
258	子辰寅丑	抄本	姚昌培	线装		1
259	年壬辰	抄本	姚昌培	线装		1

登录号码	书名	抄刻本	版本年代或抄写者	装帧	来源	册数
260	正七庚甲	抄本	姚昌培	线装		1
261	五寅回亥卯未	抄本	姚昌能	线装		1
262	水书	抄本		线装		1
263	甲己九月未方	抄本	姚昌周	线装		1
264	水书	抄本		线装		1
265	水书	抄本		线装		1
266	正七庚甲	抄本		线装		1
267	* 寅年戌	抄本	韦锦仁	线装		1
268	这本书抄看……	抄本		线装		1
269	这本看方吉凶	抄本	姚昌周	线装		1
270	六宫	抄本	姚昌周	线装		1
271	日时记葬	抄本	姚昌周	线装		1
272	甲己丙寅	抄本		线装		1
273	这本看方吉凶	抄本		线装		1
274	子辰寅丑	抄本		线装		1
275	水书	抄本	姚昌周	线装		1
276	子午卯酉年……	抄本		线装		1
277	这本看百八……	抄本		线装		1
278	论本择日……	抄本		线装		1
279	甲己年丙寅方	抄本		线装		1
280	子午卯酉年……	抄本	姚昌照	线装		1
281	春寅午戌……	抄本	石文锋	线装		1

登录号码	书名	抄刻本	版本年代或抄写者	装帧	来源	册数
282	水书	抄本		线装		1
283	甲己九月未方	抄本	姚昌照	线装		1
284	这本看百八……	抄本	姚昌照	线装		1
285	论本吉与安葬……	抄本	姚昌照	线装		1
286	日时记葬	抄本	姚昌照	线装		1
287	水书	抄本	姚昌照	线装		1
288	甲己丙寅	抄本	姚昌照	线装		1
289	正七庚甲	抄本	姚昌照	线装		1
290	水书	抄本		线装		1
291	子午卯酉年 *	抄本		线装		1
292	水书	抄本		线装		1
293	水书	抄本		线装		1
294	得一	抄本		线装		1
295	水书	抄本		线装		1
296	水书	抄本		线装		1
297	水书	抄本		线装		1
298	丙子年	抄本	潘亮明	线装		1
299	水书	抄本		线装		1
300	年戊子	抄本	潘亮明	线装		1
301	年壬子反书……	抄本	潘亮明	线装		1
302	子午卯酉金龙	抄本	潘国辉	线装		1
303	反书	抄本	潘亮明	线装		1

登录号码	书名	抄刻本	版本年代或抄写者	装帧	来源	册数
304	常四常生要用	抄本	潘国辉	线装		1
305	门口也用吉日	抄本	潘国辉	线装		1
306	看要用大吉好	抄本	潘国辉	线装		1
307	万年……	抄本	永昌	线装		1
308	甲已年丙寅	抄本	永昌	线装		1
309	反书要用革门	抄本	潘国辉	线装		1
310	占推凶日时用吉	抄本	永昌	线装		1
311	甲子年五九分大吉	抄本	潘国辉	线装		1
312	水书	抄本		线装		1
313	反书用时吉	抄本		线装		1
314	千年书	抄本	潘起顺	线装		1
315	水书	抄本		线装		1
316	水书	抄本		线装		1
317	武禄戌亥	抄本		线装		1
318	通书	抄本	杨光顺	线装		1
319	正七庚甲	抄本		线装		1
320	吉星便览	抄本	杨有德	线装		1
321	年午二子三癸未	抄本		线装		1
322	乡下通书	抄本	杨有德	线装		1
323	水书	抄本		线装		1
324	九*吉	抄本	杨光顺	线装		1
325	贪狼书吉凶定用	抄本	杨光顺	线装		1

登录号码	书名	抄刻本	版本年代或抄写者	装帧	来源	册数
326	地龙睡	抄本		线装		1
327	通书宜看凶吉	抄本	杨有德	线装		1
328	水书	抄本	杨光顺	线装		1
329	水书	抄本	杨有德	线装		1
330	贪巨腊	抄本	杨有德	线装		1
331	宜看吉凶	抄本	杨有德	线装		1
332	通书	抄本	杨有德	线装		1
333	娶寡书	抄本	杨有德	线装		1
334	通书	抄本	杨有德	线装		1
335	万岁用	抄本	杨有德	线装		1
336	大通吉书	抄本		线装		1
337	贪武辅子金水	抄本	姚昌锡	线装		1
338	甲已九月未方	抄本	姚胜波	线装		1
339	子午卯酉年……	抄本	姚昌锡	线装		1
340	水书	抄本		线装		1
341	日时忌用	抄本	姚昌锡	线装		1
342	断蛋吉凶	抄本	姚昌锡	线装		1
343	年用年女日文	抄本	姚昌锡	线装		1
344	门吉	抄本	杨有德	线装		1
345	日时忌用	抄本	姚昌锡	线装		1
346	这本……	抄本	姚胜波	线装		1
347	占病起掌	抄本	韦永吉	线装		1

登录号码	书名	抄刻本	版本年代或抄写者	装帧	来源	册数
348	二十八宿流连歌诀	抄本		线装		1
349	占痛 ** 吉凶	抄本		线装		1
350	贪百八	抄本	潘家裕	线装		1
351	水书	抄本	潘家裕	线装		1
352	年用男女日文	抄本	韦克怀	线装		1
353	修桥歌诀	抄本	韦德高	线装		1
354	五九吉	抄本	姚胜芬	线装		1
355	五 * 生年月时日	抄本	姚胜芬	线装		1
356	春寅午戌	抄本	姚胜芬	线装		1
357	贪吵都借	抄本	潘文秀	线装		1
358	水书	抄本	姚胜芬	线装		1
359	看公正看五寅……	抄本	姚胜芬	线装		1
360	戌亥年五十一 *	抄本	潘文均	线装		1
361	水书	抄本	潘文均	线装		1
362	申子辰年……	抄本	潘文均	线装		1
363	甲子年用……	抄本		线装		1
364	子午卯酉年……	抄本	潘文均	线装		1
365	水书	抄本		线装		1
366	大火破……	抄本		线装		1
367	子午卯酉年……	抄本		线装		1
368	甲己九月未方已	抄本		线装		1
369	子午卯酉年……	抄本		线装		1

登录号码	书名	抄刻本	版本年代或抄写者	装帧	来源	册数
370	子午卯酉年……	抄本		线装		1
371	大火破……	抄本		线装		1
372	水书	抄本		线装		1
373	水书	抄本		线装		1
374	子午卯酉年探	抄本		线装	已入选第四批名录	1
375	* 午年……	抄本		线装		1
376	阴阳……	抄本		线装		1
377	水书	抄本		线装		1
378	甲已年九月未方	抄本	潘少龙	线装		1
379	子午卯酉年亥亥	抄本	潘学义	线装		1
380	戌 ** 午方	抄本	潘学义	线装		1
381	子午卯酉年亥	抄本	潘国泰	线装		1
382	万年书	抄本	潘宇锡	线装		1
383	春寅午戌……	抄本		线装		1
384	子午卯酉……	抄本	潘国泰	线装		1
385	春三寅午戌	抄本		线装		1
386	甲已九月未方已月	抄本	潘国泰	线装		1
387	水书	抄本		线装		1
388	水书	抄本		线装		1
389	春三寅午戌	抄本		线装		1
390	五寅看日吉凶	抄本		线装		1
391	子午卯酉年……	抄本	潘文德	线装		1

登录号码	书名	抄刻本	版本年代或抄写者	装帧	来源	册数
392	子午卯酉年……	抄本	潘文德	线装		1
393	子年年……	抄本	潘文均	线装		1
394	春寅午戌大败	抄本	潘大利	线装		1
395	水书	抄本		线装		1
396	水书	抄本		线装		1
397	水书	抄本		线装		1
398	水书	抄本	潘文贵	线装		1
399	水书	抄本		线装		1
400	水书	抄本		线装		1
401	癸丑年	抄本	潘文均	线装		1
402	年用男女日用品	抄本	姚昌能	线装		1
403	大火破门	抄本	姚昌能	线装		1
404	甲己九月未方	抄本	姚昌能	线装		1
405	子午卯酉年……	抄本	姚昌能	线装		1
406	子午卯酉年……	抄本	姚昌能	线装		1
407	上无甲第一甲子	抄本	姚胜利	线装		1
408	申寅午戌大吉	抄本	姚胜利	线装		1
409	第一甲寅破	抄本	姚胜利	线装		1
410	子午卯酉……	抄本	姚胜利	线装		1
411	一人牵一牛图	抄本	姚胜利	线装		1
412	水书	抄本	姚胜利	线装		1
413	贪五九……	抄本	姚胜利	线装		1

登录号码	书名	抄刻本	版本年代或抄写者	装帧	来源	册数
414	这本推怪	抄本	姚胜利	线装		1
415	** 生年月时日	抄本	姚胜波	线装		1
416	文言诗书	抄本	姚胜利	线装		1
417	告相寅相	抄本	姚胜利	线装		1
418	子午年 *	抄本	姚胜利	线装		1
419	子年八辅吉……	抄本	姚胜利	线装		1
420	五 * 生年月日时	抄本	姚胜利	线装		1
421	这本文武……	抄本	姚胜利	线装		1
422	子午卯酉年亥方	抄本	姚胜利	线装		1
423	子午年……	抄本	姚胜利	线装		1
424	子午年……	抄本		线装		1
425	这本看借寡妇吉凶	抄本		线装		1
426	子午卯酉	抄本		线装		1
427	子辰寅丑	抄本		线装		1
428	关病	抄本		线装		1
429	水书	抄本		线装		1
430	起造通书	抄本		线装		1
431	水书	抄本	潘再标	线装		1
432	第一甲寅……	抄本	潘再标	线装		1
433	看生年用	抄本	潘再标	线装		1
434	吉日利时	抄本	潘再标	线装		1
435	子午卯酉年……	抄本	潘再标	线装		1

登录号码	书名	抄刻本	版本年代或抄写者	装帧	来源	册数
436	子午卯酉年亥亥	抄本	潘再标	线装		1
437	子午年 * 酉方第	抄本	潘再标	线装		1
438	子午卯酉年第……	抄本	潘再标	线装		1
439	看日用神本	抄本	潘再标	线装		1
440	甲己九月未方	抄本	潘再标	线装		1
441	甲己年贪已卯文四吉	抄本	潘再标	线装		1
442	二十八宿星择要	抄本	潘再标	线装		1
443		抄本		线装		1
444	正四七十上	抄本	潘炳祥	线装		1
445		抄本		线装		1
446		抄本		线装		1
447	日时通书……	抄本	潘炳祥	线装		1
448	子午卯酉年戌酉	抄本	潘玉光	线装		1
449	增订返书流年……	抄本	姚广显	线装		1
450		抄本	姚昌礼	线装		1
451		抄本	姚昌礼	线装		1
452	生犯占解	抄本	蒙学芳	线装		1
453		抄本		线装		1
454	总择日吉凶	抄本		线装		1
455	增订流年看安葬老人…	抄本	杨光和	线装		1
456	看生年用日病忌要	抄本	杨光明	线装		1
457	贪四吉	抄本		线装		1

登录号码	书名	抄刻本	版本年代或抄写者	装帧	来源	册数
458	申子辰年……	抄本	韦国顺	线装		1
459	择日通书	抄本		线装		1
460	这本书能可砍七煞	抄本	杨光明	线装		1
461	看生年用日病忌要	抄本		线装		1
462	贪四吉……	抄本	杨光明	线装		1
463	这根本富贵读本	抄本	杨光明	线装		1
464	这本观……	抄本	杨光明	线装		1
465	小儿关煞全本抄录	抄本	潘茂典	线装		1
466	看接亲	抄本	杨光明	线装		1
467	看立房	抄本	杨光明	线装		1
468	贪五九吉……	抄本	杨光明	线装		1
469	这本书忌各项日凶	抄本		线装		1
470	这本看时安葬……	抄本		线装		1
471	这本看生年用……	抄本	杨光明	线装		1
472	这本分富贵……	抄本	杨光明	线装		1
473	增订返书流年……	抄本		线装		1
474	这本看祖公、太公用…	抄本		线装		1
475	土正癸丑月 +	抄本		线装		1
476	氐寅丑书	抄本		线装		1
477	子年子八吉	抄本		线装		1
478	开亥子	抄本		线装		1
479	氐亥子书	抄本		线装		1

登录号码	书名	抄刻本	版本年代或抄写者	装帧	来源	册数
480	新屋用日	抄本	昌茂	线装		1
481	亥子书	抄本	潘昌茂	线装		1
482		抄本	潘昌茂	线装		1
483	正五九子O丙	抄本		线装		1
484		抄本		线装		1
485	甲己甲子时	抄本	昌茂	线装		1
486	贪典低书	抄本		线装		1
487	结婚嫁娶宜用	抄本	何朝荣	线装		1
488	定时吉凶摘要	抄本	何朝荣	线装		1
489	贪未申年宜贪	抄本	何朝荣	线装		1
490	当大旺	抄本	何朝荣	线装		1
491	此本推怪	抄本	何朝荣	线装		1
492	子午卯酉年丑方	抄本		线装		1
493		抄本	何朝荣	线装		1
494	第十二上贪	抄本	何朝荣	线装		1
495	开亥子戌山忌午辰丑	抄本	何朝荣	线装		1
496	九翻	抄本	何朝荣	线装		1
497	临时便用	抄本	何朝荣	线装		1
498	花红字	抄本	何朝荣	线装		1
499	忌砍牛	抄本	何朝荣	线装		1
500	子午卯酉……	抄本	何朝荣	线装		1
501	创造新宅	抄本	何朝荣	线装		1

登录号码	书名	抄刻本	版本年代或抄写者	装帧	来源	册数
502	塞事	抄本	何朝荣	线装		1
503	子午卯酉用三贪	抄本	何朝荣	线装		1
504	春寅午戌年大败	抄本	何朝荣	线装		1
505	辰戌丑方	抄本	何朝荣	线装		1
506	贪百八	抄本	何朝荣	线装		1
507	六十年贪巨	抄本		线装		1
508	申子辰年	抄本		线装		1
509	春寅午戌年	抄本		线装		1
510	大吉通书	抄本		线装		1
511	贪母	抄本		线装		1
512	甲己九月未方己	抄本		线装		1
513	申子辰年	抄本		线装		1
514		抄本		线装		1
515		抄本		线装		1
516		抄本		线装		1
517	正七连庚甲	抄本	家财	线装		1
518	贪百八吉利	抄本		线装		1
519	返书结婚全卷	抄本	杨通彬	线装		1
520		抄本		线装		1
521		抄本		线装		1
522	富贵根吉	抄本	杨光文	线装		1
523	看日起屋吉凶	抄本	潘国辉	线装		1

登录号码	书名	抄刻本	版本年代或抄写者	装帧	来源	册数
524	甲己丑丙辛……	抄本	潘亮明	线装		1
525	亥子丑年	抄本	潘亮明	线装		1
526	年甲子	抄本	潘国辉	线装		1
527	贪年吉	抄本		线装		1
528	这本推怪	抄本	杨通斌	线装		1
529		抄本		线装		1
530	剪背带用娘娘吉日…	抄本		线装		1
531	忌入棺安葬	抄本		线装		1
532		抄本		线装		1
533		抄本		线装		1
534		抄本		线装		1
535		抄本		线装		1
536		抄本		线装		1
537		抄本		线装		1
538		抄本		线装		1
539	子午卯酉	抄本		线装		1
540		抄本	潘国辉	线装		1
541	寸门书	抄本		线装		1
542		抄本		线装		1
543	二十八宿	抄本	陆朝忠	线装		1
544		抄本		线装		1
545		抄本		线装		1

登录号码	书名	抄刻本	版本年代或抄写者	装帧	来源	册数
546	正七凶星	抄本		线装	都匀书	1
547	阴阴阳	抄本	张家和	线装	都匀书	1
548	金木水火土	抄本		线装	都匀书	1
549	甲己丁亥壬戌癸	抄本		线装	都匀书	1
550	择吉紧要	抄本	韩荣宽	线装	都匀书	1
551		抄本		线装		1
552	子午正七	抄本		线装		1
553		抄本		线装	都匀书	1
554		抄本		线装	都匀书	1
555		抄本		线装	都匀书	1
556		抄本		线装	都匀书	1
557		抄本		线装	都匀书	1
558		抄本		线装	都匀书	1
559		抄本		线装	都匀书	1
560		抄本		线装		1
561		抄本		线装		1
562		抄本	陆廷章	线装		1
563		抄本		线装		1
564		抄本		线装		1
565	正四七十下……	抄本		线装		1
566	申子辰年	抄本		线装		1
567		抄本		线装		1

登录号码	书名	抄刻本	版本年代或抄写者	装帧	来源	册数
568		抄本		线装		1
569		抄本		线装		1
570		抄本		线装		1
571		抄本		线装		1
572	正七秘旨	抄本		线装		1
573		抄本		线装		1
574		抄本		线装		1
575		抄本		线装		1
576		抄本		线装		1
577		抄本		线装		1
578		抄本		线装		1
579		抄本		线装		1
580		抄本		线装		1
581		抄本		线装		1
582		抄本		线装		1
583		抄本		线装		1
584		抄本		线装		1
585		抄本	姚子明、吴光玉	线装		1
586	正七六庚甲	抄本	吴贵邦	线装		1
587		抄本		线装		1
588	贪狼交媾吉凶	抄本	杨光顺	线装	乌兄 109	1
589	子午正七两本抄录…	抄本		线装		1

登录号码	书名	抄刻本	版本年代或抄写者	装帧	来源	册数
590	子午正七	抄本	吴兴本	线装		1
591	壬辰号订正	抄本	吴兴本	线装		1
592	正七	抄本	吴兴本	线装		1
593	五子年，六十年吉日，七元，五虎	抄本		线装		1
594	七元吉日	抄本		线装		1
595	四正三合年吉凶日	抄本		线装		1
596	春夏秋冬七元拦门书	抄本		线装		1
597	三合年拦门吉日	抄本		线装		1
598	三合年春夏秋冬吉日	抄本		线装		1
599	三合年七元吉日	抄本		线装		1
600	四正三合年三合吉日	抄本		线装		1
601	三合七元拦门用吉日时	抄本		线装		1
602	六十年吉日	抄本		线装		1
603	六十年吉日挡书	抄本		线装		1
604	七元吉凶日方	抄本		线装		1
605	五子年月贪巨吉日	抄本		线装		1
606	开山吉凶日	抄本		线装		1
607	七元吉凶日	抄本		线装		1
608	五子六十年日时吉凶	抄本		线装		1
609	五子年金木水火土年七元吉日	抄本		线装		1
610	甲己年七元吉凶	抄本		线装		1
611	七元吉凶日	抄本		线装		1

登录号码	书名	抄刻本	版本年代或抄写者	装帧	来源	册数
612	凶星日 六十日贪巨	抄本		线装		1
613	正四七十月 正五九月日时吉	抄本		线装		1
614	七元吉凶日	抄本		线装		1
615	大小火金水日凶五子六十年吉日	抄本		线装		1
616	四正年正四七十月吉凶日	抄本		线装		1
617	十干年吉凶日时	抄本		线装		1
618	四正对冲年孟仲季月吉凶日	抄本		线装		1
619	三合四正年吉凶日	抄本		线装		1
620	三合四正年吉凶日	抄本		线装		1
621	五子年贪巨吉日	抄本		线装		1
622	六宫忌日时凶	抄本		线装		1
623	四正三合年吉凶日	抄本		线装		1
624	三合四正贪巨吉凶日	抄本		线装		1
625	四正三合年凶日	抄本		线装		1
626	三合年七元吉日	抄本		线装		1
627	五子六十年吉日	抄本		线装		1
628	三合四正年 十天干吉日	抄本		线装		1
629	六宫二十四山忌日 七元吉日时	抄本		线装		1
630	四正三合年孟仲季月吉凶日	抄本		线装		1
631	三合四正年孟仲季月日方时吉	抄本		线装		1
632	六十甲子年吉凶日	抄本		线装		1
633	三合年七元吉日	抄本		线装		1

登录号码	书名	抄刻本	版本年代或抄写者	装帧	来源	册数
634	十天干十二地支孟仲季月吉凶 日时方	抄本		线装		1
635	六十年十天干年吉日	抄本		线装		1
636	黑书 放鬼返鬼用年月日时方	抄本		线装		1
637	三合四正七元大旺吉日	抄本		线装		1
638	十二年阴阳 阴见阴阳见阳吉	抄本		线装		1
639	三合年七元吉日	抄本		线装		1
640	五子六十年八贪古第吉日	抄本		线装		1
641	六十年吉日 六甲—癸山凶日	抄本		线装		1
642	六宫凶日 六十年吉日	抄本		线装		1
643	三合四正年吉日 十干年凶日	抄本		线装		1
644	三合年古第日时吉	抄本		线装		1
645	六十年三贪三文三辅三武吉日	抄本		线装		1
646	上中下元六十甲子年贪巨吉日	抄本		线装		1
647	三合四正年吉日时方	抄本		线装		1
648	四正三合年吉日阴阳相合	抄本		线装		1
649	三合年甲己年凶日	抄本		线装		1
650	十二年金木水火土年阴阳日吉	抄本		线装		1
651	三合四正年孟仲季元宿吉凶日	抄本		线装		1
652	四正三合年孟仲季月吉凶日	抄本		线装		1
653	三合年凶日方	抄本		线装		1
654	十干年 三合年 六十年贪巨日方	抄本		线装		1
655	正七日忌	抄本		线装		1

登录号码	书名	抄刻本	版本年代或抄写者	装帧	来源	册数
656	六十年元宿用日时吉	抄本		线装		1
657	四正三合年孟仲季月凶日	抄本		线装		1
658	黑书 放鬼 返鬼 改鬼见日时方	抄本		线装		1
659	孟仲季月日时吉凶时	抄本		线装		1
660	金木水火土年 十干年三合年日时方吉	抄本		线装		1
661	用鬼凶日时方	抄本		线装		1
662	贪巨六十年吉日	抄本		线装		1
663	六年十干年 阴阳干六（申子辰寅午戌六年、巳酉丑亥卯未六年）	抄本		线装		1
664	四正三合年孟仲季月吉凶	抄本		线装		1
665	五子六十年古第贪巨日吉	抄本		线装		1
666	三合四正日时方凶	抄本		线装		1
667	四正三合古第日时方吉	抄本		线装		1
668	大旺六十年第贪日时方吉	抄本		线装		1
669	正七改鬼书方第日凶	抄本		线装		1
670	三合年日时方凶	抄本		线装		1
671	三合四正年孟仲季月日时方吉	抄本		线装		1
672	正七忌日时凶	抄本		线装		1
673	年五行贪巨九星日吉	抄本		线装		1
674	古第年五行贪巨九星日吉	抄本		线装		1
675	古第月正四年日时吉	抄本		线装		1
676	十干年三合年日时方凶	抄本		线装		1
677	三合年正四月日时凶	抄本		线装		1

登录号码	书名	抄刻本	版本年代或抄写者	装帧	来源	册数
678	嫁娶吉凶日时	抄本		线装		1
679	六十年古第日吉	抄本		线装		1
680	四正三合年孟仲季月日时吉	抄本		线装		1
681	三合年孟仲季月日时方吉凶	抄本		线装		1
682	用鬼书 吉凶日时	抄本		线装		1
683	四正年孟仲季月日吉	抄本		线装		1
684	三合四正年七元日时方凶	抄本		线装		1
685	十干年三合四正年吉凶日时方	抄本		线装		1
686	四正三合年月第日时吉凶	抄本		线装		1
687	三合年月日第凶	抄本		线装		1
688	凶星忌 埋葬起造嫁娶凶日时	抄本		线装		1
689	凶星忌日 吉星用日	抄本		线装		1
690	六宫吉凶日时	抄本		线装		1
691	三合四正年月吉日时	抄本		线装		1
692	暖娘桌 挡门 做桥 挡大旺日时吉凶	抄本		线装		1
693	作仓 交友 讨账 和合	抄本		线装		1
694	正五九月 正四七十月三合年日时方凶	抄本		线装		1
695	三合四正年古第日时吉	抄本		线装		1
696	四正三合年孟仲季月吉日时	抄本		线装		1
697	四正三合十干年第日方时吉	抄本		线装		1
698	三合年四正月第贪日吉	抄本		线装		1
699	14710 甲子贪 25811 甲子文 36912 甲子破日吉十二年第日吉	抄本		线装		1

登录号码	书名	抄刻本	版本年代或抄写者	装帧	来源	册数
700	十干三合年日时吉	抄本		线装		1
701	六十年吉日方 五子年吉凶	抄本		线装		1
702	十二年五行阴阳吉日	抄本		线装		1
703	三合年孟仲季月日方吉	抄本		线装		1
704	大旺日时吉凶星忌	抄本		线装		1
705	孟仲季月四正三合年日时吉	抄本		线装		1
706	三合年第日吉	抄本		线装		1
707	十干三合年古第日方凶	抄本		线装		1
708	十干三合年古第日方吉凶	抄本		线装		1
709	四正三合年孟仲季月古第日时吉	抄本		线装		1
710	凶星凶第	抄本		线装		1
711	六十年吉日	抄本		线装		1
712	六十年日吉 十干年日凶 六阴阳年日方	抄本		线装		1
713	十干年日方凶	抄本		线装		1
714	三合四正年 三合四正月日时吉	抄本		线装		1
715	甲子—癸亥 30 年七元吉日	抄本		线装		1
716	甲子—癸巳 30 年七元吉日	抄本		线装		1
717	子—午年一至七元吉日	抄本		线装		1
718	四正年孟仲季月日方吉	抄本		线装		1
719	甲子—戊辰二十五年七元吉日	抄本		线装		1
720	阴阳吉日	抄本		线装		1
721	四正三合年凶日	抄本		线装		1

登录号码	书名	抄刻本	版本年代或抄写者	装帧	来源	册数
722	六十年吉日	抄本		线装		1
723	三合年日方吉日	抄本		线装		1
724	六十年年七元吉日	抄本		线装		1
725	三合四正年月日吉 七元吉日	抄本		线装		1
726	七元吉日	抄本		线装		1
727	十干年四正三合年月日方时凶	抄本		线装		1
728	三合四正年月日方时凶	抄本		线装		1
729	七元吉日	抄本		线装		1
730	黑书吉日时	抄本		线装		1
731	十干年三合四正年七元吉凶日	抄本		线装		1
732	十二年金木水火土阴阳吉日	抄本		线装		1
733	挡书 放反鬼书 三合四正年月吉凶日时方	抄本		线装		1
734	申子辰年丙丁	抄本		线装		1
735	水书	抄本		线装		1
736	子午卯酉年	抄本		线装		1
737	中元文	抄本		线装		1
738	子午正七庚甲子甲庚午	抄本		线装		1
739	反书便览取凶	抄本		线装		1
740	甲巳年	抄本		线装		1
741	甲巳年	抄本		线装		1
742	正四十七上贪甲子	抄本		线装		1
743	酉山□金戌亥□金	抄本		线装		1

登录号码	书名	抄刻本	版本年代或抄写者	装帧	来源	册数
744	凶记开交	抄本	华亭	线装		1
745	子午卯酉年寅申方	抄本		线装		1
746	起房（书本）	抄本		线装		1
747	望时	抄本	韦国松	线装		1
748	一二三四五六七	抄本		线装		1
749	甲子乙丑	抄本		线装		1
750	壬辰遴选（一共二本）	抄本	潘庆兰	线装		1
751	礼仪道作	抄本		线装		1
752	子午正七	抄本		线装		1
753	子午年正七	抄本		线装		1
754	甲子年九未方	抄本		线装		1
755	保家神吉凶通用	抄本	徐洪昌	线装		1
756	金木水火土	抄本		线装		1
757	家和人立吉人倒凶	抄本		线装		1
758	正月初四日立用吉	抄本		线装		1
759	六十甲子	抄本		线装		1
760	正七庚甲	抄本		线装		1
761	宅哭·宅□·宅死	抄本		线装		1
762	子午卯酉年子未丑寅	抄本		线装		1
763	酉正贪	抄本		线装		1
764	子午年	抄本		线装		1
765	大吉时	抄本		线装		1

登录号码	书名	抄刻本	版本年代或抄写者	装帧	来源	册数
766	五六七八九十	抄本		线装		1
767	接亲	抄本	王成兴	线装		1
768	□□□小金六子午	抄本	潘光粲	线装		1
769	子午正七	抄本		线装		1
770	子□□十八	抄本		线装		1
771	甲巳正七	抄本	锡封氏	线装		1
772	子午年	抄本		线装		1
773	甲巳九月未方	抄本	韦德明	线装		1
774	集避凶神各在其类	抄本		线装		1
775	甲记九云大	抄本		线装		1
776	八山	抄本		线装		1
777	地龙飞	抄本	杨玉芳	线装		1
778	甲子年丁卯已未	抄本		线装		1
779	子午正七已亥	抄本		线装		1
780	吉书	抄本		线装		1
781	水书	抄本	王公英洞代	线装		1
782	癸寅	抄本		线装		1
783	正七庚甲	抄本		线装		1
784	尅金用吉凶万年书	抄本	鸣卿	线装		1
785	六十甲子	抄本		线装		1
786	正七合解	抄本		线装		1
787	开大吉用事	抄本		线装		1

登录号码	书名	抄刻本	版本年代或抄写者	装帧	来源	册数
788	正七庚甲	抄本		线装		1
789	水书	抄本		线装		1
790	水书	抄本		线装		1
791	子午卯酉年	抄本		线装		1
792	子午年	抄本	韦德明	线装		1
793	正七连庚甲	抄本		线装		1
794	申子未年	抄本		线装		1
795	申子辰	抄本		线装		1
796	六连封占	抄本		线装		1
797	甲巳又年	抄本		线装		1
798	乙丑年	抄本		线装		1
799	第□□吉（壬辰录）	抄本		线装		1
800	甲子年文地三六文	抄本		线装		1
801	六十年通书	抄本		线装		1
802	第三癸已吉	抄本		线装		1
803	三元	抄本	杨枝华	线装		1
804	甲子年井	抄本	谢世荣	线装		1
805	戊癸壬子癸亥时	抄本		线装		1
806	甲庚癸年	抄本		线装		1
807	一元甲子	抄本		线装		1
808	子午卯酉年	抄本		线装		1
809	甲巳九年	抄本		线装		1

登录号码	书名	抄刻本	版本年代或抄写者	装帧	来源	册数
810	水书	抄本		线装		1
811	甲乙年	抄本		线装		1
812	正七井	抄本		线装		1
813	子午卯酉年	抄本	吴明光	线装		1
814	接亲起房造屋用	抄本		线装		1
815	子午卯酉年	抄本		线装		1
816	火第一丙寅	抄本		线装		1
817	申子未年	抄本		线装		1
818	申子未年	抄本		线装		1
819	子午卯酉年吉	抄本		线装		1
820	富贵根基　反书干支九星合六宫兼用	抄本	韦鸿元	线装		1
821	正丁七癸	抄本	韦鸿元	线装		1
822	腊斗	抄本		线装		1
823	壬寅己日	抄本		线装		1
824	五虎但五虎把怕忌埋葬大凶	抄本	韦登云	线装		1
825	子年第一八戊申日	抄本		线装		1
826	象吉通书夏至　卷二	抄本	韦鸿元	线装		1
827	正宗备妙	抄本	石映祥	线装		1
828	历书	抄本		线装		1
829	甲巳年	抄本		线装		1
830	辰戌	抄本		线装		1
831	接亲字	抄本	韦光起	线装		1

登录号码	书名	抄刻本	版本年代或抄写者	装帧	来源	册数
832	望八字命	抄本	李永昌	线装		1
833	水书	抄本		线装		1
834	正月正	抄本	李永昌	线装		1
835	度数唑穴吉凶	抄本	吴品馨	线装		1
836	六年甲申子未	抄本	李永昌	线装		1
837	申子未吉	抄本	星和	线装		1
838	甲子乙丑金吉年	抄本		线装		1
839	亚移	抄本	德卿	线装		1
840	子午卯酉年	抄本		线装		1
841	正七	抄本		线装		1
842	天元	抄本		线装		1
843	大书井	抄本	潘凤仪	线装		1
844	万古流传大吉	抄本	韦登云	线装		1
845	水书	抄本		线装		1
846	甲乙日子时	抄本		线装		1
847	子午正七	抄本		线装		1
848	六顽	抄本		线装		1
849	申子辰	抄本		线装		1
850	壬辰木	抄本	张直	线装		1
851	申子辰年	抄本		线装		1
852	年月日凶	抄本		线装		1
853	贪吉	抄本		线装		1

登录号码	书名	抄刻本	版本年代或抄写者	装帧	来源	册数
854	丙子年占吉凶	抄本		线装		1
855	甲巳年九	抄本		线装		1
856	鼓响书	抄本		线装		1
857	陆十花甲八贪	抄本		线装		1
858	申子未九反	抄本		线装		1
859	申子辰年凶吉	抄本	杨明超	线装		1
860	壬辰盤心吉	抄本	杨明超	线装		1
861	甲子	抄本	潘运先	线装		1
862	子午卯酉年	抄本	潘玉林	线装		1
863	於生十二年告終通書	抄本	潘文超	线装		1
864	水书	抄本	杨士贤	线装		1
865	申子辰年	抄本		线装		1
866	正七庚甲时	抄本		线装		1
867	申子未年九日	抄本		线装		1
868	子午年	抄本		线装		1
869	申子未年	抄本		线装		1
870	水书	抄本	吴志华	线装		1
871	甲舌	抄本	韦德卿	线装		1
872	子午卯酉年	抄本		线装		1
873	甲戊时	抄本		线装		1
874	九未十寅十一酉十二未	抄本		线装		1
875	水书	抄本		线装		1

登录号码	书名	抄刻本	版本年代或抄写者	装帧	来源	册数
876	嫁娶吉凶日	抄本		线装		1
877	甲子年贪	抄本		线装		1
878	子午卯酉年	抄本		线装		1
879	起房讨	抄本		线装		1
880	接亲事	抄本	潘文秀	线装		1
881	求则得知	抄本		线装		1
882	子午卯酉年未方	抄本	韦老高	线装		1
883	子午卯年亥方	抄本	韦德明	线装		1
884	八井生年	抄本	韦玉珍	线装		1
885	反书通用	抄本	陆王□	线装		1
886	葬事 卷三	抄本		线装		1
887	玉匣七煞	抄本	庚辰	线装		1
888	申子辰	抄本		线装		1
889	子午卯酉甲巳	抄本		线装		1
890	子午卯酉年	抄本		线装		1
891	年乙丑金木□吉	抄本		线装		1
892	甲巳九	抄本		线装		1
893	甲子井	抄本		线装		1
894	甲己丁壬戌癸	抄本		线装		1
895	甲巳乙年	抄本		线装		1
896	风寅吉凶	抄本	吴凤□	线装		1
897	甲子年井	抄本		线装		1

登录号码	书名	抄刻本	版本年代或抄写者	装帧	来源	册数
898	鹅一屡	抄本		线装		1
899	申子未年	抄本		线装		1
900	己未年皿金	抄本		线装		1
901	子午年正七庚甲	抄本		线装		1
902	冬寅正七	抄本		线装		1
903	辰戌年丑方	抄本		线装		1
904	甲巳年未方	抄本		线装		1
905	子午正七庚甲	抄本		线装		1
906	甲子未年凶	抄本		线装		1
907	寸门书	抄本	德卿	线装		1
908	水书	抄本		线装		1
909	甲子未年吉	抄本		线装		1
910	甲子未年	抄本		线装		1
911	子午卯酉年	抄本		线装		1
912	子午卯酉年三井	抄本		线装		1
913	正七	抄本		线装		1
914	甲子未年	抄本		线装		1
915	子午年正七	抄本		线装		1
916	甲子乙丑土金	抄本		线装		1
917	第一甲子井	抄本		线装		1
918	子午卯酉年	抄本		线装		1
919	水书	抄本		线装		1

登录号码	书名	抄刻本	版本年代或抄写者	装帧	来源	册数
920	水书	抄本		线装		1
921	则独	抄本		线装		1
922	正五九酉时	抄本		线装		1
923	庚午时井皿	抄本		线装		1
924	水书	抄本		线装		1
925	甲巳丙寅	抄本		线装		1
926	水书	抄本		线装		1
927	子午卯酉年	抄本		线装		1
928	辛酉年	抄本		线装		1
929	甲巳丙壬字（龙绞书）	抄本	潘庆兰	线装		1
930	第一丙子日	抄本		线装		1
931	正四七十上	抄本		线装		1
932	子午卯酉年正四七十下	抄本		线装		1
933	寅亥年子寅方	抄本		线装		1
934	甲乙年酉戌日	抄本		线装		1
935	子午卯酉年甲乙吉本	抄本		线装		1
936	水书	抄本		线装		1
937	壬未的定	抄本		线装		1
938	大火破	抄本		线装		1
939	甲子年	抄本		线装		1
940	水书	抄本		线装		1
941	通用书凶吉	抄本		线装		1

登录号码	书名	抄刻本	版本年代或抄写者	装帧	来源	册数
942	甲子年	抄本		线装		1
943	子午卯酉年	抄本		线装		1
944	第一甲子井	抄本		线装		1
945	六十甲子	抄本		线装		1
946	读本看做当	抄本		线装		1
947	水书	抄本		线装		1
948	正七	抄本		线装		1
949	宅度六十大凶	抄本		线装		1
950	阴阳	抄本		线装		1
951	水书	抄本		线装		1
952	子午卯酉年	抄本		线装		1
953	六十甲子	抄本		线装		1
954	午年寅方	抄本		线装		1
955	六十二壬寅	抄本		线装		1
956	甲巳年九未方	抄本		线装		1
957	大火卯日	抄本		线装		1
958	乙亥年	抄本		线装		1
959	论年忌山安葬	抄本		线装		1
960	水书	抄本		线装		1
961	子午卯酉年贪文破	抄本	李永昌	线装		1
962	正七庚甲	抄本	李永昌	线装		1
963	申子未吉	抄本	李永昌	线装		1

登录号码	书名	抄刻本	版本年代或抄写者	装帧	来源	册数
964	灵吉通知	抄本	韦玉教	线装		1
965	富贵大吉贪巨	抄本		线装		1
966	六十甲子	抄本		线装		1
967	寅午戌	抄本	韦德明	线装		1
968	壬辰井	抄本		线装		1
969	壹本辅吉	抄本	李永昌	线装		1
970	水书	抄本		线装		1
971	水书	抄本		线装		1
972	凤林	抄本		线装		1
973	水书	抄本		线装		1
974	水书定桥本	抄本	韦学刚	线装		1
975	十二年十二月八贪吉凶用法	抄本		线装		1
976	水书	抄本		线装		1
977	子午卯酉年	抄本		线装		1
978	水书	抄本		线装		1
979	水书	抄本		线装		1
980	庚辰辛已年选择吉凶书	抄本		线装		1
981	隔儿□花	抄本		线装		1
982	子年	抄本	韦玉连	线装		1
983	水书	抄本		线装		1
984	起月天罡	抄本	谢□贤	线装		1
985	大火破	抄本		线装		1

登录号码	书名	抄刻本	版本年代或抄写者	装帧	来源	册数
986	地理本	抄本		线装		1
987	子午年	抄本		线装		1
988	水书	抄本		线装		1
989	水书	抄本		线装		1
990	甲子	抄本		线装		1
991	申子	抄本		线装		1
992	庚夏秋冬	抄本		线装		1
993	六十未申吉	抄本		线装		1
994	辛丑巨	抄本		线装		1
995	甲巳寅卯大白书	抄本	潘庆兰	线装		1
996	水书	抄本		线装		1
997	计开	抄本	吴金神	线装		1
998	通用择日做菩砂萨	抄本	杨先明	线装		1
999	甲巳子年未方	抄本		线装		1
1000	申子未年	抄本		线装		1
1001	大火破巨小火巨门	抄本		线装		1
1002	申子辰未壬乙吉	抄本	潘庆兰	线装		1
1003	大火破小火巨	抄本		线装		1
1004	阴阳顺逆	抄本		线装		1
1005	出门杀相打鸟	抄本		线装		1
1006	天杠白木	抄本		线装		1
1007	乙未时	抄本		线装		1

登录号码	书名	抄刻本	版本年代或抄写者	装帧	来源	册数
1008	水书	抄本		线装		1
1009	子午卯酉年	抄本	吴奉漳	线装		1
1010	子午年	抄本		线装		1
1011	水书	抄本		线装		1
1012	阴阳歌语通书唱言	抄本		线装		1
1013	水书	抄本	何文选	线装		1
1014	甲子日时	抄本		线装		1
1015	甲巳年	抄本	吴金顺	线装		1
1016	水书	抄本		线装		1
1017	水书	抄本		线装		1
1018	甲子年	抄本		线装		1
1019	甲巳年	抄本		线装		1
1020	大所公	抄本		线装		1
1021	接寡婆取日	抄本		线装		1
1022	子午年正七	抄本		线装		1
1023	巳卯选择	抄本	石文昌	线装		1
1024	水书	抄本		线装		1
1025	一正四七十上上	抄本		线装		1
1026	正七庚甲	抄本	兰亭氏	线装		1
1027	年甲子金	抄本		线装		1
1028	正七庚甲	抄本		线装		1
1029	贪巨甲子	抄本		线装		1

登录号码	书名	抄刻本	版本年代或抄写者	装帧	来源	册数
1030	水书	抄本		线装		1
1031	甲巳年	抄本	韦玉珍	线装		1
1032	甲子贪	抄本		线装		1
1033	正四七十申午日	抄本		线装		1
1034	子午卯酉年	抄本		线装		1
1035	甲巳九	抄本		线装		1
1036	甲午年	抄本		线装		1
1037	水书	抄本		线装		1
1038	留立	抄本		线装		1
1039	申子未年	抄本		线装		1
1040	子丑	抄本		线装		1
1041	接魂寸门吉日	抄本		线装		1
1042	通书选用	抄本		线装		1
1043	正四七十	抄本		线装		1
1044	水书	抄本		线装		1
1045	水书	抄本		线装		1
1046	甲巳	抄本		线装		1
1047	子午年	抄本	韦国隆	线装		1
1048	造娶八□	抄本		线装		1
1049	采贼盗脚	抄本		线装		1
1050	水书	抄本		线装		1
1051	鬼名	抄本	王子珍	线装		1

登录号码	书名	抄刻本	版本年代或抄写者	装帧	来源	册数
1052	贰拾捌宿通流	抄本		线装		1
1053	敢字	抄本		线装		1
1054	宪书通用	抄本		线装		1
1055	正七贪九未申方（当书）	抄本	韦耀山	线装		1
1056	大火	抄本		线装		1
1057	子午卯酉年	抄本		线装		1
1058	甲子时记	抄本		线装		1
1059	放鬼又日时退头	抄本	民国间抄本	线装		1
1060	大花把近在内	抄本	民国间抄本	线装		1
1061	韦懋全书	抄本	民国间抄本	线装		1
1062	术灵公	抄本	民国间抄本	线装		1
1063	五虎上下	抄本	民国二十四年抄本	线装		1
1064	碑书	抄本	民国六年抄本（廷英记）	线装		1
1065	杨先荣计反书	抄本	民国间抄本	线装		1
1066	水书	抄本	清光绪三十二年抄本	线装		1
1067	嫁娶择日	抄本	清光绪十五年抄本	线装		1
1068	丧葬仪式	抄本	清抄本	线装		1
1069	腾订蛋法	抄本	民国四年抄本	线装		1
1070	亲书	抄本	同治三年抄本	线装		1
1071	水书	抄本	清抄本	线装		1
1072	水书	抄本	清抄本	线装		1
1073	水书	抄本	清抄本	线装		1

登录号码	书名	抄刻本	版本年代或抄写者	装帧	来源	册数
1074	水书	抄本	清抄本	线装		1
1075	送娘或送鬼□□而解大士祥	抄本	清光绪元年抄本	线装		1
1076	三教圣贤神位	抄本	清抄本	线装		1
1077	水书	抄本	抄本	线装		1
1078	□经 透解	抄本	抄本	线装		1
1079	论宫利年月日时	抄本	抄本	线装		1
1080	杂录吉凶日	抄本	民国二十六年抄本	线装		1
1081	占六宫官符忌	抄本	抄本	线装		1
1082	二十艺句解	抄本	清抄本	线装		1
1083	水通在内有符扫鬼	抄本	抄本	线装		1
1084	浪九	抄本	民国三十九年抄本	线装		1
1085	还乔应用	抄本	清抄本	线装		1
1086	地七癸亥年	抄本	1983 年抄本	线装		1
1087	占移锅唱	抄本	旧抄本	线装		1
1088	水书	抄本	抄本	线装		1
1089	水书	抄本	清光绪十一年抄本	线装		1
1090	则屠九己	抄本	民国二十一年抄本	线装		1
1091	水书	抄本	抄本	线装		1
1092	五寅上下全集	抄本	抄本	线装		1
1093	水书	抄本	民国十八年抄本	线装		1
1094	水书	抄本	抄本	线装		1
1095	水书	抄本	抄本	线装		1

登录号码	书名	抄刻本	版本年代或抄写者	装帧	来源	册数
1096	水书	抄本	抄本	线装		1
1097	水书	抄本	民国十四年抄本	线装		1
1098	水书	抄本	抄本	线装		1
1099	水书	抄本	抄本	线装		1
1100	水书	抄本	抄本	线装		1
1101	水书	抄本	抄本	线装		1
1102	八井六马	抄本	旧抄本	线装		1
1103	七元甲子年贪文破	抄本	旧抄本	线装		1
1104	水书	抄本	清光绪二十八年抄本	线装		1
1105	正七连庚甲	抄本	抄本	线装		1
1106	水书	抄本	抄本	线装		1
1107	钱送容戊忌	抄本	抄本	线装		1
1108	水书	抄本	清抄本	线装		1
1109	六十年妙甲	抄本	清宣统元年抄本	线装		1
1110	择日书	抄本	民国间抄本	线装		1
1111	祭解	抄本	民国六年抄本	线装		1
1112	占转身用	抄本	抄本	线装		1
1113	安葬书	抄本	抄本	线装		1
1114	择时书	抄本	抄本	线装		1
1115	六十引辣名	抄本	抄本	线装		1
1116	八贪乙公乙母	抄本	抄本	线装		1
1117	水书	抄本	抄本	线装		1

登录号码	书名	抄刻本	版本年代或抄写者	装帧	来源	册数
1118	水书	抄本	抄本	线装		1
1119	水书	抄本	抄本	线装		1
1120	□房字	抄本	民国二年抄本	线装		1
1121	春寅午戌	抄本	抄本	线装		1
1122	水书	抄本	抄本	线装		1
1123	甲子	抄本	抄本	线装		1
1124	葬事贫穷备要	抄本	抄本	线装		1
1125	水书	抄本	抄本	线装		1
1126	水书	抄本	抄本	线装		1
1127	水书	抄本	抄本	线装		1
1128	占小儿忌初	抄本	抄本	线装		1
1129	养胎绝	抄本	抄本	线装		1
1130	陆道根源	抄本	抄本	线装		1
1131	水书	抄本	抄本	线装		1
1132	甲子计本	抄本	抄本	线装		1
1133	捌贪阴汤	抄本	抄本	线装		1
1134	把贪金堂	抄本	抄本	线装		1
1135	子午卯酉年	抄本	抄本	线装		1
1136	嫁娶通用吉凶	抄本	抄本	线装		1
1137	水书	抄本	清光绪二十七年抄本	线装		1
1138	水书	抄本	清抄本	线装		1
1139	水书	抄本	抄本	线装		1

登录号码	书名	抄刻本	版本年代或抄写者	装帧	来源	册数
1140	占偷花六害	抄本	清抄本	线装		1
1141	水书	抄本	抄本	线装		1
1142	占□收兵念用	抄本	抄本	线装		1
1143	傩书	抄本	抄本	线装		1
1144	水书	抄本	抄本	线装		1
1145	正七	抄本	抄本	线装		1
1146	地理三盘	抄本	清光绪三十一年抄本	线装		1
1147	阴阳论	抄本	抄本	线装		1
1148	水书	抄本	抄本	线装		1
1149	水书	抄本	民国间抄本	线装		1
1150	吉时凶	抄本	清光绪二十九年抄本	线装		1
1151	望星楼通书	抄本	民国二十三年刻本	线装		1
1152	新订崇正辟谬通书	抄本	抄本	线装		1
1153	占难日吉凶全本通用	抄本	清抄本	线装		1
1154	九火凶	抄本	抄本	线装		1
1155	傩书	抄本	清抄本	线装		1
1156	水书	抄本	清抄本	线装		1
1157	傩书	抄本	清抄本	线装		1
1158	掌诀吉凶	抄本	民国三十五年抄本	线装		1
1159	水书	抄本	民国七年抄本	线装		1
1160	八山吉凶	抄本	清光绪三十五年抄本	线装		1
1161	水书	抄本	清抄本	线装		1

登录号码	书名	抄刻本	版本年代或抄写者	装帧	来源	册数
1162	水书	抄本	清抄本	线装		1
1163	水书	抄本	抄本	线装		1
1164	水书	抄本	民国三十一年抄本	线装		1
1165	嫁娶通用吉凶	抄本	抄本·	线装		1
1166	水书	抄本	抄本	线装		1
1167	水书	抄本	清光绪二年抄本	线装		1
1168	水书	抄本	清光绪二年抄本	线装		1
1169	开山吉凶	抄本	抄本	线装		1
1170	反书通用	抄本	抄本	线装		1
1171	其中有应	抄本	民国二十四年抄本	线装		1
1172	门品在中	抄本	抄本	线装		1
1173	水书	抄本	抄本	线装		1
1174	水书	抄本	抄本	线装		1
1175	甲巳乙本	抄本	民国三十年抄本	线装		1
1176	门品在中	抄本	抄本	线装		1
1177	子午卯酉年	抄本	抄本	线装		1
1178	水书	抄本	抄本	线装		1
1179	水书	抄本	抄本	线装		1
1180	反书通用	抄本	民国十九年抄本	线装		1
1181	水文手绘	抄本	清末民初	线装		1
1182	甲骨 1	抄本		甲骨		1
1183	甲骨 2	抄本		甲骨		1

登录号码	书名	抄刻本	版本年代或抄写者	装帧	来源	册数
1184	子午卯酉年	抄本		线装		1
1185	又口井用	抄本		线装		1
1186	十一时	抄本		线装		1
1187	甲巳九未…	抄本		线装		1
1188	丑未辰…	抄本		线装		1
1189	埋葬凶日时	抄本		线装		1
1190	水书	抄本		线装		1
1191	甲乙—卯时	抄本		线装		1
1192	卯酉年	抄本		线装		1
1193	水书	抄本		线装		1
1194	水书	抄本		线装		1
1195	申子未年	抄本		线装		1
1196	甲子年	抄本		线装		1
1197	子午卯酉年	抄本		线装		1
1198	水书	抄本		线装		1
1199	通书	抄本	潘文邦	线装		1
1200	第一甲午	抄本		线装		1
1201	甲子	抄本	清光绪十九年	线装		1
1202	坐黑	抄本	兴贵	线装		1
1203	八宫方凶	抄本	兴贵	线装		1
1204	龙着	抄本		线装		1
1205	金木水火土	抄本		线装		1

登录号码	书名	抄刻本	版本年代或抄写者	装帧	来源	册数
1206	小接头	抄本		线装		1
1207	子丑 1	抄本	吴金龙	线装		1
1208	第文 1	抄本	吴金龙	线装		1
1209	甲子年吉	抄本	吴金龙	线装		1
1210	第文 5	抄本	吴金龙	线装		1
1211	吉	抄本		线装		1
1212	酉三九	抄本		线装		1
1213	壬 卯酉年	抄本		线装		1

第六章 调研报告

贵州省独山县水族水书传承与研究

独山县地处贵州最南端，是黔南布依族苗族自治州管辖的一个县，与广西河池地区接壤，素有“贵州南大门”之称。县城距广西南丹县城120公里，距黔南州府都匀市48公里，距贵州省城贵阳市198公里。全县总面积2442.2平方公里，辖18个乡镇，其中有本寨、甲定、翁台等3个水族乡。本寨水族乡位于独山县城东南部，全乡总面积145平方公里，下辖12个行政村、176个村民小组。甲定水族乡位于独山县城东北部，距县城37公里，全乡总面积56平方公里，下辖5个行政村、36个村民小组、40个自然村寨，3469人，水族占95%以上。翁台水族乡位于独山县城东北部，距县城45公里。全乡总面积45平方公里，下辖3个行政村、29个村民小组。乡镇水族人口分布：本寨水族乡9251人，城关镇4135人，基长镇3815人，甲定水族乡3102人，水岩乡2786人，翁台水族乡1674人。

一、水书收藏及保护情况

为了解独山县的水书收藏情况，近几年吴贵飙二访独山县民宗局，三次到本寨水族乡天星村大寨组韦光荣、韦光许、韦朝想、韦朝永先生家调查。

2007年2月，吴贵飙第一次到独山县进行调研水书，首先要去看单位收藏的水书，当时水书由独山县档案局保管，但是只有民宗局开介绍信才能看。2010年12月吴贵飙再次到独山县进行水书调研时，水书已转移到县民宗局水书办保管，藏、用一体化管理。独山县民宗局水书办收藏有水书216册（包括复印本），放在一个木柜子里，原本水书破损严重，亟待修复。这些水书来源于独山县本寨水族乡天星村大寨组，农力村、交努组，群力村4组、7组、8组；翁台水族乡苗翁村；水岩乡维寨村、麻除组、上汪组、庙寨组，水东村6组；三都水族自治县廷牌乡等地。

独山县的水书除在县民宗局水书办收藏外，其他都是民间收藏。多分布在水族聚居区水书先生家。

1.2009年10月29日，吴贵飙到本寨水族乡天星村大寨组调研水书。

（1）在十三代水书传人韦光荣先生家，看到家藏水书共有49种：1.六十甲子，2.黑书，3.寨路吉，4.八贪，5.黑书，6.镇疫经，7.星宿，8.甲子立字，9.安葬集用，10.正七吉凶，11.金用，12.善龙正本，13.踏伤，14.乙初，15.杀牛部，16.龙虎门反书，17.八井生命大吉，18.锣鸣，19.反书便用，20.放腊，21.杀牛部（祭祖卷），22.引腊辨证（上册），23.金可辨证（中册），24.火腊辨证（下册），25.开山，26.子年，27.歹往当，28.时家集要，29.起造秘诀，30.敬怪便览，

31. 起造秘指，32. 玉石襄经，33. 富贵吉用（安葬用卷一二三壬辰），34. 富贵吉用（安葬用卷四五六壬辰），35. 水伤杀，36. 金水八贪，37. 归掌，38. 八贪，39. 八贪吉，40. 婚姻秘诀，41. 金谷魂，42. 宫掌秘指，43. 六轮手掌，44. 甲子年，45. 正七全本，46. 正七注，47. 正七便读，48. 申子辰年，49. 大整通用乙本。吴贵飙听韦光荣先生讲，他家在“文革”前约有水书四百余本，有一次寨子发生火灾烧掉一部分，“文革”期间又把水书当“四旧”烧掉一部分，“文革”后大约只有不到二百本。后来送一部分给三都水族自治县档案馆，一部分给黔南民族师范学院，一部分给贵州民族学院，现在家藏只有 50 余本了，其中《善龙正本》抄写最精致，有较高的艺术价值。现在留下的是一套内容比较完整的水书。独山县翻译水书的底本都是韦光荣先生提供的藏本，三都水族自治县翻译水书的一部分底本也是他提供的藏本。用木箱装。

（2）在韦朝永先生家见到 5 种水书：1. 大火粥，2. 富贵吉用，3. 年子已择日开弟便用，4. 玉石囊经，5. 子午年四十吉五十一吉。他说是借来学的。

2.2010 年 12 月 9 日，吴贵飙再次来到独山县本寨水族乡天星村大寨组调研水书。

（1）在六代水书传人韦朝想家，他珍藏有《甲子年》（二十八宿）、《八贪六十年吉》、《八贪年吉第六十》、《丁未》、《戊癸年寅五卯》等 40 多种水书，用木箱装。其中《甲子年》（二十八宿）一书的封面有一个头朝上“蜥蜴”图案的水书手抄本，“蜥蜴”上方写有水字“甲子年”，书中多为二十八宿象字符等。这次发现“蜥蜴”图案水书的年代至少是清代中晚期的手抄本。《八贪六十年吉》、《八贪年吉第六十》两书抄写十分工整，用黑色墨抄字、红色墨标注，具有较高的艺术价值。

（2）在韦光许先生的家，他珍藏水书 25 册，用木箱装。也有一本《甲子年》的清代抄本，封面右下角同样画有 1 只头朝上的蜥蜴图，与韦朝想先生的藏本基本一样。这说明两个徒弟都是从一个老师那里拿一册母本抄录下来的。

据了解，本寨水族乡天星村大寨组还有两家有水书，主人去打工了。

3.2010 年 12 月 9 日，吴贵飙到独山县本寨水族乡交也寨调查水书的保存、保护、使用和传承情况。两位水书先生把自己藏的水书拿出来给吴贵飙看，共有 20 多册。在这些书中，根据纸张初步推断有 2 册是清朝晚期的抄本，8 册是民国期间的抄本，其他是 1950 年之后的抄本，内容包括天文、历法、造房、接亲、保福等。

总之，从民间水书收藏的地点和单位收藏水书的来源看，本寨水族乡是独山县的“水书珍藏中心”。

二、水书先生分布及传承情况

“水书先生”是指那些能看懂“水书”，“能与鬼神对话的人”，被称为“水书师”。水书的传承主要靠水书先生的传承，水书先生的传承，主要靠水书先生招收一些弟子，更主要是以直系传授为主，比如父亲传给儿子，儿子传给孙子，所以抢救工作尤为重要。抢救水书主要是抢救水书先生，每一个水书先生就是一个水书的活化石和水书的档案。水书从来没有统一的版本，其传承方式完全靠水书先生口传手抄。一个“水书先生”的头脑，就是一座水族传统文化的“活宝库”。随着时间的推移，能精通使用水书的水书先生绝大多数已年逾古稀，据调查了解，年龄大多在 50 至 80 岁，而年轻一辈又少有致力于水书的研究者，这给水书及水族古文字的传承带来很大的难度。

在长期的生产、生活中，水书的传播和运用被人为地局限在原始宗教、民间民俗活动中，排斥了普通人学习与运用的主动性。加上这些文字都是通过手抄传承下来，越抄异体越多，致使同为水书先生却有不识彼此之字的现象不时出现。

成为水书先生，就要依靠水书为族人占卜凶吉、还愿祭祀等，这必然要求水书先生除精通水族天文历法外，更要通晓易卦、星象、五行之理，能推演凶吉、预测祸福、消灾避难。所以，能够运用水书进行占卜的人非常少。

独山县水书先生主要分布在：本寨水族乡的天星村、农历村、群力村、联合村、本寨村，水岩乡的水东村、江寨村、维寨村，甲定水族乡的甲定村、坝力村，翁台水族乡的翁台村，麻万镇的麻万村等村寨约 50 余人。

韦光荣先生是独山县本寨水族乡天星村大寨 1 组人，是当地著名的水书先生，是黔南布依族苗族自治州水书传承人、贵州省水书传承人，今年 80 岁，身体很硬朗，精通水书，汉语文功底也很深厚，2009 年 10 月下旬，吴贵飙专程到韦光荣先生家拜访他。他给吴贵飙介绍了他家水书传承情况和他参加翻译水书的情况。他说，20 世纪 90 年代初，水书研究专家、贵州省文史研究馆馆员、三都水族自治县政协副主席王品魁先生就请他到三都去讲释翻译水书。他在三都讲释翻译的水书有《正七卷》《壬辰卷》《丧葬卷》《营造卷》《婚嫁卷》《秘籍卷》《时辰卷》《超度卷》《祭祖卷》《七元宿卷》等卷本；在独山讲释翻译的水书有《金用卷》《麒麟正七卷》《太平卷》（丧葬上、下）《八山卷》（八卦）等。他先后被三都水族自治县人民政府、荔波县人民政府、独山县人民政府、黔南布依族苗族自治州水书抢救领导小组聘为水书顾问、水书翻译研究员。他说，他家的祖辈为了奖励晚辈学习水书，拿出山林和耕田来设立“学山学田”，还专程带吴贵飙去看。他指着一片足有四五十亩的山林和两块约二亩左右的水田说：“学山学田，在水族地区，我们家是独一无二的。”由此可以看出水族先人对文化有多么珍视，多么重视水书的学习和传承。他说，他家的水书传到他这辈人是第 13 代。

随着时代的变迁，读懂水书、运用水书的人更是越来越少。因而，日渐稀少的民间“水书先生”同样是“水书”文化抢救与保护的重要对象。

三、水书抢救工作取得丰硕成果

中共独山县委、县人民政府高度重视水书抢救工作，于 2004 年成立县水书抢救工作领导小组，组长由副县长潘鸿广担任，副组长由县委宣传部副部长、文明办主任吴昌文，县委统战部副部长、民宗局局长杨泽林，县文体局局长王庆波担任，成员由相关委、办、局、水族乡领导 16 人担任。领导小组下设办公室，办公室设民宗局，民宗局副局长温明慧任主任，抽调县委党校韦章炳、县委党史办杨介钦，聘请水书先生韦光荣等 3 人到水书抢救工作领导小组办公室工作，制定了《独山县水书办工作制度》。县财政逐年加大对水书抢救所需经费的投入。在县民宗局的精心组织下，独山县水书抢救工作正有序进行。他们首先开展水书的调查和征集，进行水书先生的了解和建档，开始水书的翻译工作。

到目前为止，共完成了水书《正七卷》、《九星八卦卷》、《盈亏卷》、《九宫飞拳卷》、《五宫飞拳卷》、《龙神煞》、《六甲卷》、《丧葬卷》的（子、丑、寅、卯）4 卷，《开山卷》、《用金》上下卷共 14 卷。已把翻译完成的《金用卷》、《麒麟正七卷》、《太平卷》（丧葬上、下）、《八山卷》（八卦）等水书译稿交到黔南布依族苗族自治州水书翻译专家组，通过州专家审核后出版发行，即日可与公众见面。2011 年 10 月，杨介钦、韦光荣译注的《水书·麒麟正七卷》和《水书·金用卷》

由贵州民族出版社出版。

2007 年，韦章炳著《中国水书探析》由中国文史出版社出版。2012 年 8 月韦章炳著《水书文化与中华断代文明》，由光明日报出版社出版。

现在他们正在进行独山县藏本水书普查及申报“国家珍贵古籍名录”的准备工作。

“独山县水书文化调查工作”得到独山县人民政府副县长潘鸿广，县委统战部副部长、县民宗局局长杨泽林，县民宗局副局长温明慧，县民宗局副局长易单，县委党校韦章炳老师，县委党史办副主任杨介钦，水书先生韦光荣，塘立中学韦光团老师等人的大力支持和帮助。

特此致谢！

参考文献：

[1]韦忠仕.水书研究概况[J].贵州文史丛刊,1992,(4).

[2]韦忠仕,黎汝标.五十年来《水书》研究述评[Z].贵州省水家学会.水家学研究(二),贵州省水家学会(内部编印),1993.

[3]韦学纯.百年"水书"研究综述[Z].第二届语言接触与语言比较国际学术研讨会论文.上海:上海大学,2006.

[4]刘世彬.莫友芝对水族古文字的研究[J].黔南民族师范学院学报,2006,(1).

[5]潘朝霖.水书文化研究150年概述[Z].陆勇昌,潘朝霖.《采风论坛7》.北京:中国文联出版社,2006.12.

[6]潘朝霖.神奇水字 神秘水书——《中国水书》管窥[Z].中国水书.成都:巴蜀书社,四川民族出版社,2006.12.

[7]韦学纯.水书研究的历史分期与未来趋势探索[Z].中国·水书文化国际学术研讨会论文.都匀市:黔南民族师范学院,2007.1;水书文化研究.贵阳:贵州民族出版社,2009.10.

[8]罗春寒.水族、水书与水书研究评述[Z].中国·水书文化国际学术研讨会论文.都匀市:黔南民族师范学院,2007.1.

[9]刘世彬.潘一志对水族古文字的研究[J].黔南民族师范学院学报,2008,(2).

[10]潘兴文.水书文字及其研究历程[J].贵州民族宗教,2008,(4)

[11]潘朝霖.咸丰迄今的水书文化研究[M].水书文化研究.贵阳:贵州民族出版社,2009.10.

[12]张公瑾,黄建明.中国民族古籍研究60年.北京:中央民族大学出版社,2010.7.